Springer-Lehrbuch

Springer-Verlag Berlin Heidelberg GmbH

Engineering ONLINE LIBRARY

http://www.springer.de/engine-de/

Hans Liebig

Rechnerorganisation

Die Prinzipien

Unter Mitwirkung von M. Menge

3., neu bearbeitete und erweiterte Auflage

mit 172 Abbildungen

Springer

Professor Dr. Hans Liebig
Technische Universität Berlin
Institut für Technische Informatik
und Mikroelektronik
Franklinstr. 28/29
10587 Berlin
e-mail: liebig@cs.tu-berlin.de

ISBN 978-3-540-00027-3 ISBN 978-3-642-55490-2 (eBook)
DOI 10.1007/978-3-642-55490-2

Die Deutsche Bibliothek – Cip-Einheitsaufnahme
Bibliografische Information Der Deutschen Bibliothek
Die Deutsche Bibliothek verzeichnet diese Publikation in der Deutschen Nationalbibliografie; detaillierte bibliografische Daten sind im Internet über <http://dnb.ddb.de> abrufbar

http:// www.springer.de

Einbandentwurf: Design & Production, Heidelberg
Satz: camara ready-Vorlage vom Autor
Gedruckt auf säurefreiem Papier 07/3020/kk - 5 4 3 2 1 0

Vorwort

Bücher über Rechnerorganisation, Rechnerstrukturen oder Rechnerarchitektur behandeln üblicherweise die Hardware und Software digitaler Rechner als getrennte Gebiete. Wenig oder gar nicht findet die Tatsache Berücksichtigung, daß die Funktion von Digitalrechnern erst durch das Zusammenwirken von Hardware und Software zustandekommt und daß beim Entwurf eines Rechners für jede Funktionseinheit zwischen den Möglichkeiten der Hardware- oder der Software-Realisierung gewählt werden kann. Das vorliegende Buch soll hier eine Lücke schließen, indem diese gegenüberstellende Betrachtungsweise konsequent durchgeführt und durch viele Beispiele untermauert wird. – Dieses im Vorwort zur ersten Auflage vorgestellte Anliegen ist beibehalten bzw. weiterentwickelt worden.

Das Buch wendet sich in erster Linie an Technische Informatiker, auch an Elektrotechniker und Informatiker, im Grunde an alle, die an methodischem Vorgehen im Computerbau interessiert sind und die die zukünftige Computerentwicklung mitgestalten wollen. Es wendet sich aber auch an diejenigen, die Computer in technischen Geräten einsetzen und programmieren wollen.

Das Tätigkeitsfeld des Technischen Informatikers wird dabei von uns nicht so einengend gesehen wie im deutschsprachigen Raum vielerorts üblich, nämlich beschränkt auf die Entwicklung der Rechner-Hardware. Wir folgen somit nicht der liebgewordenen Einteilung der Informatik in Technische Informatik (Hardware), Praktische Informatik (Software), Theoretische Informatik und Angewandte Informatik. Vielmehr verstehen wir – siehe oben – gerade die Entwicklung von Software, aber auch die technischen Anwendungen als in die Technische Informatik mit einbezogen. Nicht ohne Grund hat sich seit geraumer Zeit der Begriff Hardware-/Software-Codesign etabliert.

Weiterhin wird mit diesem Buch nicht beabsichtigt, die vielen in der Computerwelt entwickelten Konzepte an Rechnerarchitekturen breit gefächert zu behandeln – notgedrungen oberflächlich. Hingegen werden hier die grundlegenden Ideen der Rechnerorganisation in den Vordergrund gestellt, und zwar in einer Tiefe, die die Nähe zur Konstruktion kommerziell tragfähiger Produkte der Computerindustrie herstellt.

Diese Detailtreue fordert den Leser. Wer die Mühe nicht scheut, sollte Bleistift und Papier zur Hand nehmen und beim Lesen des Buches die vielen aus der

Praxis stammenden Beispiele durcharbeiten. – Wer in den Stoff noch tiefer eindringen möchte, versuche sich in der Lösung der eingestreuten Aufgaben.

Das Buch ist betont systematisch geschrieben – der Untertitel weist darauf hin. Denn nur aus der Systematik heraus entsteht die Transparenz, die notwendig ist, um die Gemeinsamkeiten der oft nur äußerlich unterschiedlichen Konzepte von Rechnerprodukten bzw. -architekturen erkennen zu können und somit zu einem Überblick über die Vielfalt an Rechnerentwicklungen der Industrie und wissenschaftlicher Forschungslaboratorien zu gelangen.

Was Rechnerorganisation und damit die Rechnerkonstruktion schwierig gestaltet, ist das Fehlen quantitativer Konstruktions- und Beschreibungsmittel. Im Vordergrund steht nicht die Frage, ob man überhaupt „etwas" bauen kann, sondern es geht unter Abwägung von Hardware/Software darum, wie effizient „etwas" gebaut werden kann. Es handelt sich also bei dieser Thematik um eine typisch ingenieurmäßige Aufgabenstellung. Als Ausdrucks- wie als Konstruktionsmittel bedienen wir uns deshalb vieler Zeichnungen.

Wer in der Rechnerorganisation Rechnerkomponenten nicht entwerfen möchte, sondern mit Rechnerkomponenten „nur" arbeiten bzw. sie „nur" zusammensetzen möchte, übergehe tiefergründige Abschnitte (zum Teil kenntlich gemacht). Wer umgekehrt es ganz genau wissen will, wird nicht umhin können, manche Abschnitte bzw. manches Kapitel mehrmals zu lesen und den vielen Verweisungen und Querbezügen nachzugehen. – Grundkenntnisse im Entwurf digitaler Systeme und im Programmieren in einer höheren Programmiersprache werden vorausgesetzt.

Für dieses Buch sind einige wesentliche Beiträge von Herrn Dr.-Ing. Thomas Flik verfaßt worden. Die im Buch benutzte Darstellungstechnik mit Fließbandgraphen geht auf Herrn Dr.-Ing. Duc Thin Ninh zurück. An der Definition der benutzten Hardware-Sprache und der Entwicklung der Hardware-Programme hat Herr Dr.-Ing. Irenäus Schoppa maßgeblichen Anteil. – Wir bedanken uns bei Herrn Dipl.-Inform. Rolf Herber für die Durchsicht des Textes und bei Frau Eveline Homberg für die Erstellung der Zeichnungen.

Berlin, im Oktober 2002

H. Liebig

M. Menge

Inhaltsverzeichnis

1 Grundlagen klassischer Rechnerorganisation

1.1 Information, Algorithmen, Automaten

1.1.1 Materie- und Informationsprozesse

Im Alltag begegnen uns zwei in ihrem Erscheinungsbild sehr unterschiedliche, in ihrem Handlungsablauf jedoch sehr ähnliche Prozesse: und zwar solche, die *Materie* transportieren, bearbeiten, verarbeiten, und solche, die *Information* transportieren, bearbeiten, verarbeiten.

Eine erste Bemerkung gelte den *Unterschieden* zwischen Materie und Information: Diese betreffen – wie gesagt – ihr Erscheinungsbild, ihr „Sein“, und sind entsprechend augenfällig. Es gibt aber daneben auch einen eher unauffälligen Unterschied, nämlich beim Transport von Materie und Information. Während Materie beim Transport von A nach B in A verschwindet und in B wieder erscheint, bleibt Information beim Transport von A nach B in A erhalten und erscheint in B dupliziert. Man denke z.B. an einen Brief, der von A nach B geschickt wird – das ist Materietransport – bzw. der von A nach B gefaxt wird – das ist Informationstransport.

Eine zweite Bemerkung gelte den *Ähnlichkeiten* von Materie- und Informationsprozessen: Diese betreffen – wie gesagt – ihren Handlungsablauf, ihr „Geschehen“, und sind eher unauffällig. Der Ablauf eines Prozesses erfolgt für beide Objekte, d.h. für Materie wie für Information, planmäßig nach bestimmten Mustern oder Schemata. Diese sind in schrittweise ablaufende, teils vom Zustand der Objekte abhängige Handlungen gegliedert und heißen Algorithmen. Die Ähnlichkeit zwischen Materie- und Informationsprozessen besteht natürlich nicht darin, *was* diese Handlungen ausdrücken, sie besteht also nicht in ihrer Wirkung auf die Objekte, sondern sie besteht darin, *wie* sie zu einem Ganzen zusammengefügt sind, d.h., sie besteht in der Beschreibung ihres Ablaufgeschehens. Man vergleiche z.B. ein Kochrezept oder eine Robotersteuerung als Beispiele für Algorithmen *materie*verarbeitender Prozesse mit einer Gehaltsabrechnung oder einem Näherungsverfahren als Beispiele für Algorithmen *informations*verarbeitender Prozesse; beide Typen sind durch jeweils völlig unterschiedliche Objekte, Handlungen und Wirkungen gekennzeichnet. Man vergleiche die Prozesse aber auch hinsichtlich der Form der Aufschreibung und der Art der Ausführung ihrer Algorithmen; beide Typen sind hier gleichermaßen durch schrittweises Beobachten und Verändern des Zustands ihrer Objekte gekennzeichnet.

Algorithmen

An dieser Stelle sei ausdrücklich darauf hingewiesen, daß wir nur solche Prozesse algorithmisch beschreiben, deren Handlungen in Schritten ablaufen, die als unteilbar angesehen werden können. Das heißt nicht, daß diese Handlungen ruckartig und unendlich schnell ausgeführt werden müssen. Das heißt aber, daß jeder Handlung, bezogen auf einen Schritt, eindeutig ein Anfang und ein Ende der Handlung zugeordnet werden kann.

Neben Materie/Information und Algorithmen gehört ein Drittes zur Erzielung einer Art Vollständigkeit, und zwar in dem Sinn, daß keines der drei Teile fehlen darf: Um einen Prozeß ausführen zu können, bedarf es eines *Prozessors*. Der Prozessor kann ein Mensch sein, der gemäß dem Algorithmus Materie/Information verarbeitet, oder der Prozessor kann eine Maschine sein, die diese Aufgabe wahrnimmt; ein jeder von beiden ausgestattet mit arteigenen, ganz unterschiedlichen Stärken und Schwächen, wie z.B. Assoziierungsvermögen als Stärke des Menschen gegenüber Rechengeschwindigkeit als Stärke der Maschine, aber auch Fehleranfälligkeit als Schwäche beim Menschen gegenüber Einsichtslosigkeit als Schwäche bei der Maschine.

Beinahe selbstverständlich, aber wichtig festzuhalten ist es, daß beide Subjekte, Mensch wie Maschine, den Algorithmus verstehen (interpretieren) können müssen und daß sie Materie bzw. Information handhaben (manipulieren) können müssen. Es bedarf also zum Verstehen des Algorithmus und zum Handhaben der Objekte einer geeigneten Darbietung von Algorithmus einerseits und Materie bzw. Information andererseits:

- Das ist der statische Aspekt von Materie-/Informationsprozessen.

Weiterhin selbstverständlich und ebenso wichtig festzuhalten ist es, daß sich der Prozeß, ausgehend von einem Anfangszustand, bezüglich des aktuellen Stands der Materie- bzw. Informationsverarbeitung sowie bezüglich seines aktuellen Stands im Ablaufgeschehen des Algorithmus in jedem Schritt in einem bestimmten Zustand befindet. Es bedarf also sowohl der Möglichkeit der Veränderung (des Zustands) von Materie/Information als auch der Fortschaltung des Zustands (im Ablauf) des Algorithmus:[1]

- Das ist der dynamische Aspekt von Materie-/Informationsprozessen.

Bevor wir im Stoff fortfahren und auf diese beiden Aspekte von Prozessen, den statischen Aspekt in 1.1.2 und den dynamischen Aspekt in 1.1.3, genauer eingehen, wollen wir die Thematik einengen und uns von der Betrachtung von Materieprozessen lösen. Materieprozesse und die damit zusammenhängenden Fragen sind nicht unser Thema. Das ist vielmehr z.B. Thema der Steuerungs- und Regelungstechnik mit ihrem Hauptanliegen der Projektierung von Prozeßleit- und -überwachungssystemen in industriellen Anlagen.

---

1. Die jeweils in Klammern gesetzten genaueren Ausdrucksweisen werden der Kürze halber i.allg. weggelassen.

Obwohl wir uns – wie gesagt – von Materieprozessen lösen wollen, soll aber nicht versäumt werden darauf hinzuweisen, daß man sich viele, insbesondere schwer durchschaubare Informationsprozesse durch Analogien entsprechender Materieprozesse veranschaulichen kann, natürlich mit Berücksichtigung der beschriebenen Unterschiede. Ähnliches gilt für die Betrachtungen über die Vorstellung eines Menschen als Prozessor; auch hier sei darauf hingewiesen, daß man sich schwer durchschaubare Informationsprozesse oft durch sich selbst und andere Menschen als Prozessoren in entsprechenden Situationen, wiederum oft unter Ausnutzung der Analogien von Materie- und Informationsprozessen, veranschaulichen kann. Dies werden wir in diesem Buch hin und wieder tun, wenn es der Vorstellungskraft dienlich ist.

Bemerkungen zur Begriffsbildung. Die seit alters her existierenden Begriffe Materie und Information werden hier in einem bewußt unscharfen, alltäglichen Sinn benutzt und folgen damit nicht der eher engen, aber präziseren wissenschaftlichen Sichtweise etwa der Philosophie, der Physik oder der Systemtheorie. Der Begriff Algorithmus wird ebenfalls in einem eher umgangssprachlichen Sinn benutzt und geht somit über die ursprünglich ausschließlich mathematische Sichtweise hinaus. Ähnliches gilt für den Begriff Prozessor, der hier gegenüber seiner ursprünglich technisch orientierten Sichtweise von „maschinellen" Prozessen auf „menschliche" Prozesse ausgedehnt erscheint. Der Begriff Prozeß schließlich ist ebenfalls umgangssprachlich eingeführt; eine etwas genauere Erklärung wird ihm später zuteil (siehe S. 12: Prozeßterminologie und Rechnerklassifizierung).

1.1.2 Codierung von Information und Algorithmen

Wie bereits angedeutet, behandelt dieses Thema die statischen Aspekte von Information und Algorithmen. Die Information in einem Bild, in Musik, in einem Text, in Zahlen, aber auch in einem Algorithmus muß – soll sie von einem Prozessor „verstanden" werden – in der „Sprache" des Prozessors dargestellt sein. Liegt sie *nicht* bereits in dieser Form vor – und das ist der Normalfall –, so muß sie vor ihrer Verarbeitung *codiert* werden, und zwar aus der Sicht des Prozessors in *seinen* Code, anschaulich gesprochen von seinem „Externcode" in seinen „Interncode". Und nach ihrer Verarbeitung muß die Information wieder *decodiert* werden, und zwar vom Interncode zurück in den Externcode. Die Codierung beschreibt somit die Abbildung der „Außenwelt" in die „Innenwelt" des Prozessors, die Decodierung beschreibt den umgekehrten Vorgang.

Die Information der Außenwelt muß also im *weitesten* Sinn codierbar sein. Wir gehen hier davon aus, daß sie, sofern sie nicht bereits in dieser Form vorliegt, dazu in eine diskretisierte Form gebracht wird, d.h. in eine durch unterscheidbare „Werte" in einem endlichen „Wertebereich" vorgegebene Form (in einem Bild als „Werte" seiner Bildpunkte, in Musik als „Werte" ihrer Schallamplituden, in einem Text als „Werte" seiner Zeichen, in Zahlen als „Werte" ihrer Ziffern und schließlich in Algorithmen als „Werte" ihrer Handlungen). Wir gehen also davon aus, daß Information wertemäßig erfaßbar ist. Liegt sie hingegen bereits in dieser Form vor, so sagen wir, sie ist nur in einem *engeren* Sinn codierbar, d.h., sie braucht ggf. nur noch „weiter" codiert oder „unter"codiert zu werden. – Es ist klar, daß Externcodes in vielerlei Gestalt vorkommen.

Wir nehmen diese Gedanken noch einmal auf. Liegt Information *nicht* bereits in wertemäßiger Form vor, so muß sie vor ihrer Verarbeitung diskretisiert werden. Wir beziehen diese Diskretisierung in den geschilderten Abbildungsvorgang ein, deshalb sprechen wir von Codierung im *weitesten* Sinn. Die Probleme, die dabei auftreten, insbesondere bei der Codierung von sich „stetig" ändernden, „kaum" unterscheidbaren „Werten" aus einem „unendlich" feinen „Kontinuum" (wie bei den Farben eines Bildes, wie bei den Tönen in der Musik, wie bei den Lauten eines gesprochenen Textes, wie bei den Schriftzügen einer handgeschriebenen Zahl), liegen nicht innerhalb der Thematik dieses Buches und bleiben somit ausgespart – dies sind Themen aus den Gebieten Signale und Systeme der Nachrichtentechnik.

Tritt andererseits die Information *sowieso* schon in diskretisierter, d.h. wertemäßiger Form auf (wie bei den Farbpunkten eines Videobildes, wie bei den Notenwerten eines Musikstückes, wie bei einem mit einzelnen Buchstaben aus einem Zeichenvorrat gedruckten Text, wie bei den einzelnen Ziffern von aus einem Ziffernsatz dargestellten Zahlen, wie bei aus einem bestimmten Vorrat an Aktionen ausgeführten Handlungen eines Algorithmus), dann bedarf sie nur noch einer Codierung im *engeren* Sinn, und man kann von „Weiter"- oder „Unter"codierung sprechen.

Handelt es sich schließlich um die Codierung von „Werten" eines bestimmten „Alphabets" in die „Werte" eines anderen oder desselben „Alphabets", so spricht man von Codeumsetzung; besteht das Alphabet des Codes aus nur zwei Werten, z.B. aus 0 und 1, so hat man einen Binärcode vor sich. – Die Interncodes heutiger maschineller Prozessoren sind praktisch ausschließlich Binärcodes, so daß die Codierung von Information und Algorithmen (i.allg. über eine Reihe von Zwischenstufen) bis hinunter zu den 0/1-Mustern der Maschinencodes führt.

Information und Algorithmen – Daten und Programme

Daten, Programme

Aufbereitung, Verarbeitung und Rückgewinnung von Information ist stark von der jeweiligen Anwendung geprägt. Information kommt dementsprechend in vielfältigen Erscheinungsformen vor. Wir bezeichnen Information in ihrer codierten Form als *Daten*, speziell Algorithmen in ihrer codierten Form als *Programme*. Das heißt, Daten sind Information, und Programme sind Algorithmen, aber das gilt umgekehrt nicht uneingeschränkt. In Bild 1-1 handelt es sich demgemäß um Bildinformation bzw. -daten z.B. auf einem Fernsehschirm, um Musikinformation bzw. -daten z.B. auf einer Compact Disc, um Textinformation bzw. -daten in einer Kartei oder Datei und um Zahleninformation bzw. -material in mathematischen, technischen oder kommerziellen Anwendungen. – Wir sprechen demgegenüber aber nicht von Daten, wenn es sich um Algorithmen handelt, sondern in diesem Fall prägnanter von Programmen. Gleichwohl sei vermerkt, daß der Begriff Daten den Begriff Programme umfaßt, genau wie der Begriff Information auch den Begriff Algorithmen einschließt.

Von *Information* sprechen wir also vorzugsweise, wenn sie ohne weiteres von Menschen[1] verstanden und verarbeitet werden kann: Bei einem Prozessor in Gestalt eines Menschen sind das die Farben und Schattierungen eines Bildes (siehe Bild 1-2a, oben), die Schallamplituden und -intensitäten von Musik (siehe Bild 1-2b, oben), die Symbole und Zeichen eines Textes (siehe Bild 1-2c, oben) oder die Ziffernsymbole einer Zahl (siehe Bild 1-2d, oben). *Daten* sind hingegen die von Maschinen[2] verarbeitbare Information: Beim Prozessor einer Datenverarbei-

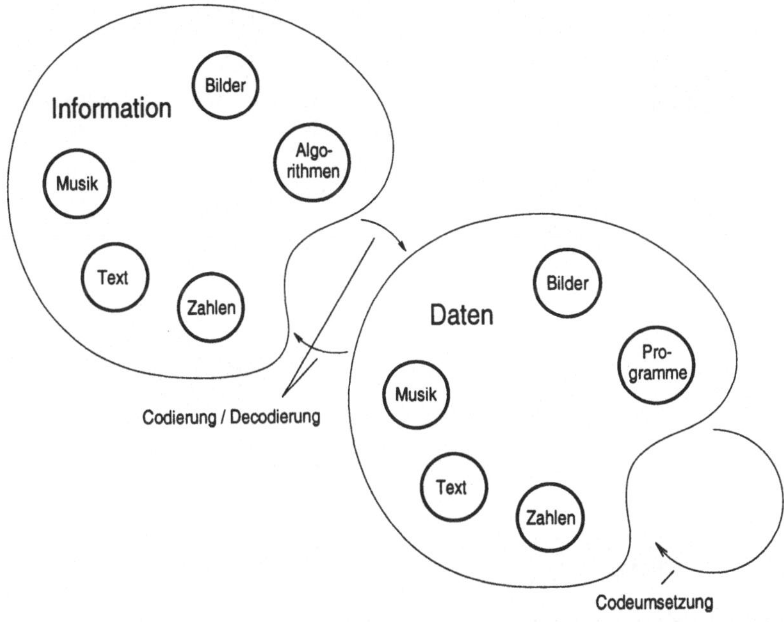

Bild 1-1. Der begriffliche Zusammenhang zwischen Information und Daten sowie zwischen Algorithmen und Programmen.

tungsanlage sind das die Farb- und Grauwerte eines Fernsehschirms als Bitvektoren (siehe Bild 1-2a, unten), die Schallwerte der Musik einer Compact Disc als Dualzahlen (siehe Bild 1-2b, unten), die Symbole und Zeichen eines Textes als Codewörter zu 8 Bits (siehe Bild 1-2c, unten) oder die Zahlen einer Rechnung als Dualzahlen von z.B. 16 oder 32 Bits (siehe Bild 1-2d, unten).

Von *Algorithmen* sprechen wir vorzugsweise, wenn sie ohne weiteres von Menschen[1] verstanden und ausgeführt werden können: bei einem Prozessor in Gestalt eines Menschen ist das z.B. die Berechnung eines Polynomwerts in einer symbolischen mathematischen Notation (siehe Tabelle 1-2 auf S. 37). *Programme* sind demgegenüber die von Maschinen[2] verständlichen und ausführba-

1. oder von nur in der Vorstellung existierenden Maschinen
2. oder die Rolle von Maschinen übernehmenden Menschen

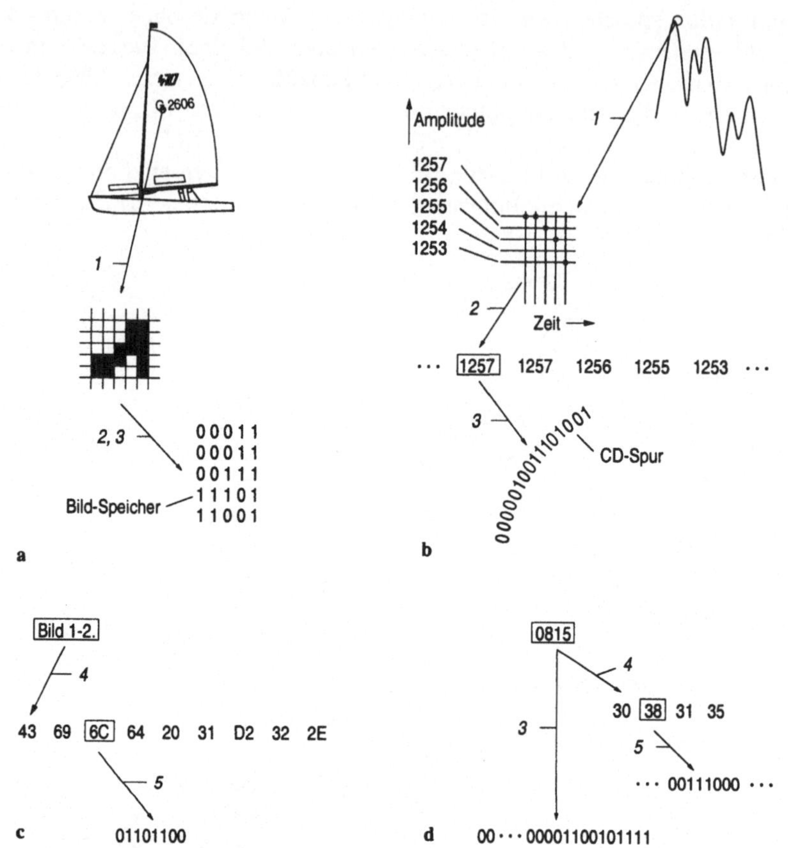

Bild 1-2. Beispiele verschiedener Erscheinungsformen von Daten, **a** in einem Bild, **b** in Musik, **c** als Text, **d** als Zahl. *1* Diskretisierung durch Rasterung, *2* Codierung von Rasterpunkten durch Dezimalzahlen, *3* Codierung von Dezimalzahlen durch Dualzahlen, *4* Codierung von Text durch Hexadezimalzahlen, *5* Codierung von Hexadezimalziffern durch Dualzahlen.

ren Algorithmen: beim Prozessor einer Datenverarbeitungsanlage wieder z.B. zur Berechnung eines Polynomwerts sind das die 0/1-Muster als Binärcode für das Maschinenprogramm (siehe Tabelle 1-3 auf S. 40). – Da 0 und 1 gleichzeitig Zeichen eines Binärcodes wie Ziffern einer Dualzahl sind, nannte man mit solchen Prozessoren ausgestattete Rechenmaschinen früher treffend Ziffernrechenautomaten (wie ein Buchtitel von Kämmerer aus den 50er Jahren ausweist) oder Digitalrechner (in Abgrenzung zum Analogrechner), heute kurz Rechner oder Computer. – Wir werden in diesem Buch die Bezeichnung Rechenmaschine sowie die Kurzbezeichnungen Rechner und Computer synonym benutzen.

Bemerkungen zur Begriffsbildung. Information und Algorithmen verstehen wir als vorzugsweise auf Menschen als Prozessoren bezogene Begriffe (oder wenn „abstrakte" Maschinen wie Menschen wirken). Programme und Daten verstehen wir demgegenüber als vorzugsweise auf Maschinen als Prozessoren bezogene Begriffe (oder wenn „konkrete" Menschen wie Maschinen wirken). Information und Algorithmen existieren für die Maschine nur in einem verallgemeinerten, von ihr losgelösten, d.h. abstrakten, objektiven Sinn, anschaulich gesprochen: nur außerhalb ihrer Welt, d.h. im Externcode. In der Gestalt von Programmen und Daten existieren Information und Algorithmen hingegen für die Maschine in einem greifbaren, auf sie zugeschnittenen, d.h. konkreten, subjektiven Sinn, anschaulich gesprochen: innerhalb ihrer Welt, d.h. im Interncode. Codierung und Decodierung stellen die Verbindung von der abstrakten zu der konkreten Welt der Maschine her. Idealerweise bleibt Information und Algorithmus durch diesen Umgestaltungsvorgang unverändert (invariant).

Der Einfluß der Mathematik und der Elektrotechnik

Der Mathematik kommt in der Technischen Informatik deshalb eine so große Bedeutung zu, weil sie in langer Tradition zahlreiche Verfahren zur Durchführung von Berechnungen bereitstellt – zeitgemäßer ausgedrückt: zur Formulierung von Algorithmen –, die in allen möglichen, insbesondere den mathematisch durchdrungenen technischen und wissenschaftlichen Disziplinen eine breite Anwendung gefunden haben; man denke an die mathematischen „Werkzeuge" zur Simulation, z.B. der Flugzeugführung oder des Wettergeschehens. – Zur richtigen Einschätzung der Rolle der Mathematik, aber auch zum Verständnis ihrer Abgrenzung von der Technischen Informatik mache man sich klar, daß die Mathematik hingegen überall dort eine untergeordnete Rolle spielt, wo die traditionellen mathematischen Modelle wenig oder gar nicht benutzbar sind; man denke z.B. an die oft nur textuell/graphisch zu bewältigenden Beschreibungen zur Steuerung von Fertigungsprozessen in einer automatisierten Fabrik.

Der Elektrotechnik, speziell der Elektronik, kommt in der Technischen Informatik eine so große Bedeutung zu, weil sie seit der Mitte des letzten Jahrhunderts die Gesetzmäßigkeiten und Konstruktionsmittel liefert, die zum Bau von technischen Geräten kleinsten Ausmaßes und höchster Geschwindigkeit nötig sind. Das sind in unserem Zusammenhang die Rechner oder Computer als *die* Geräte zur Durchführung von Berechnungen – zeitgemäßer ausgedrückt: zur Ausführung von Prozessen –, also die Prozessoren mit ihren Baugruppen zur Speicherung, zum Transport, zur Codierung und zur Decodierung von Information. – Zur richtigen Einschätzung der Rolle der Elektrotechnik sowie zum Verständnis ihrer Abgrenzung von der Technischen Informatik mache man sich hier klar, daß die Elektrotechnik – abgesehen von ihrer Rolle als Anwender von Computern in diversen technischen Disziplinen – im Computerbau nur eine unbedeutende Rolle spielte, würden die Bauelemente zum Bau von Computern, peripheren Speichern und Ein-/Ausgabegeräten von einer anderen Disziplin, z.B. einer Mikropneumatik vorteilhafter bereitgestellt. Wäre dies der Fall, so nähme diese Disziplin die Rolle der Mikroelektronik von heute ein.

1.1.3 Programmsteuerung und Datenverarbeitung

Wie bereits angedeutet, behandelt dieses Thema die dynamischen Aspekte von Information und Algorithmen. Daß Algorithmen als Information eine besondere Rolle spielen, geht schon aus ihrer Bezeichnung in codierter Form als Programme hervor (siehe nochmals Bild 1-1). Bilder, Musik, Texte, Zahlen – allgemein Daten – werden verarbeitet und damit verändert; daß es sich dabei genau genommen um den *Zustand* der Daten handelt, wird der Kürze halber unterdrückt. Programme hingegen werden abgearbeitet, bleiben unverändert, lediglich ihr Zustand verändert sich, und zwar nach Maßgabe des Programms selbst; daß es sich dabei genau genommen um den Zustand im *Ablauf* der Programme handelt, wird der Kürze halber ebenfalls unterdrückt.

Der Prozeßstatus

Die gesamten zu einem Prozeß gehörenden *Daten*, soweit sie nicht unveränderlich (Konstanten), sondern veränderbar (Variablen) sind – genauer der Zustand der Daten –, sowie der *Zustand* des zum Prozeß gehörenden Programms – genauer der Zustand in seinem Ablauf – bilden den Gesamtzustand des Prozesses, zur Differenzierung nicht Prozeßzustand, sondern Prozeßstatus oder kurz Status genannt. In Bild 1-3 ist der Prozeßstatus durch Kästchen gekennzeichnet, was an die Register elektronischer Rechner, aber auch mechanischer Registrierkassen erinnern soll. Teilbild a zeigt dies in einer zu Bild 1-1 analogen Form; Teilbild b zeigt Daten und Zustand zur Illustration zusammen mit anderen wichtigen bisher eingeführten Begriffen.

Der Prozeßstatus beschreibt in eindeutiger Weise – unterbrechbar und wiederaufsetzbar – den aktuellen Stand des Prozeßgeschehens. Der Prozessor verändert diesen Status in jedem Schritt. Bei elementaren Maschinen, wie z.B. der in 1.2.1 behandelten Turing-Maschine, aber auch bei modernen Computern, wie typischerweise den in 2.3.3 beschriebenen RISCs, ändern sich *gleichzeitig* mit jedem Taktschritt erstens der *Zustand* im Programmablauf – als Programmfortschaltung bezeichnet – sowie zweitens genau ein *Datum* bei der Datenverarbeitung – als Datenänderung bezeichnet.[1] *Gleichzeitig* wird drittens explizit (bei der Turingmaschine) oder implizit (bei RISCs) die *Anwahl* des im nächsten Taktschritt zu ändernden Datums vorbereitet, so daß aus der Datenmenge immer mindestens genau ein Datum extrahiert und verarbeitet werden kann – das wird als Datenzugriff bezeichnet. (Natürlich sind darin eingeschlossen auch „keine Änderungen", genau wie „0" eingeschlossen ist in die natürlichen Zahlen.)

Die drei Funktionen, die diese Statusänderungen definieren, die erste für die Programmfortschaltung, die zweite für die Datenänderung sowie die dritte für den Datenzugriff sind grundlegend für die maschinelle Verarbeitung von Information mittels Algorithmen durch Prozessoren, d.h. für die heutige elektronische Datenverarbeitung mittels programmgesteuerter Rechenmaschinen.

Kommentar. Die zweite dieser grundlegenden Funktionen, die Funktion der Datenänderung, d.h., die Verarbeitung eines Datums (oder mehrerer), gekoppelt mit der Ersetzung eines „alten" Datums durch ein „neues" Datum (oder mehrerer), wird gelegentlich (offen oder versteckt) als negative Eigenschaft hingestellt und

1. bei den sog. Superskalarprozessoren mehr als ein Datum. Datum selbstverständlich nicht als Begriff der Zeitrechnung verstanden, sondern als Singular von Daten.

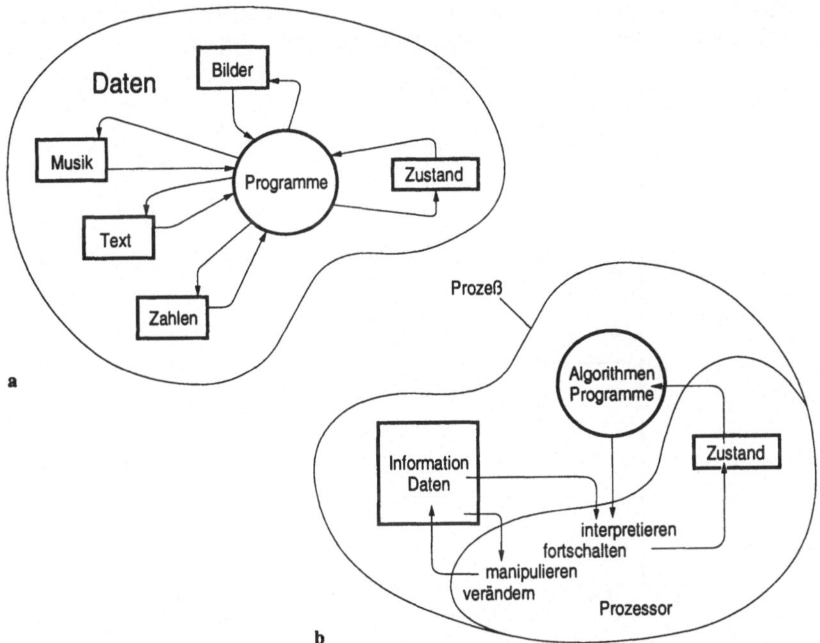

Bild 1-3. Prozeßstatus (Kästchen), bestehend aus Daten und Zustand; **a** Beispiele für Daten, **b** Illustration der Begriffe. Für Prozeß kann auch Automat stehen, als technisches Gerät umfaßt er die Speicher für Programme und Daten sowie den Prozessor und bildet somit den Rechner/Computer.

polemisch als Behälter-Funktion sog. v. Neumann-Variablen bezeichnet, die notgedrungen auf Rechner-Strukturen mit sog. v. Neumann-Flaschenhals führen (Backus). Diese Funktion ist aber

1. im Sinn einer universellen Datenverarbeitung *allgemein*;

sie schließt nämlich auch die Ersetzung eines „bedeutungs-" oder „inhalts*leeren*" Datums durch ein „bedeutungs-" oder „inhalts*volles*" Datum, also die Generierung neuer Daten ein. Und sie ist

2. für praktikable Rechenmaschinen *unverzichtbar*;

sie läßt sich nämlich nicht, aus theoretischen Erwägungen etwa, eleminieren; sie läßt sich zwar über viele Zwischenstufen vermeiden, weiterhin auf viele Daten parallel anwenden; aber auch das ist nur sinnvoll, wenn bereits in der Problemstellung diese *Parallelität* der Datenersetzung natürlicherweise enthalten ist.

Ein Beispiel für verschiedene Formen der Statusänderung. Bild 1-4 illustriert die vorgestellte Problematik an einer typische Aufgabenstellung aus der numerischen Mathematik, und zwar der Berechnung von Polynomen, z.B. von

$$p(x) = a_0x^3 + a_1x^2 + a_2x + a_3$$

mit konstanten Koeffizienten und variablem Argument, nach dem schon lange vor der Erfindung des Computers bekannten Horner-Schema.

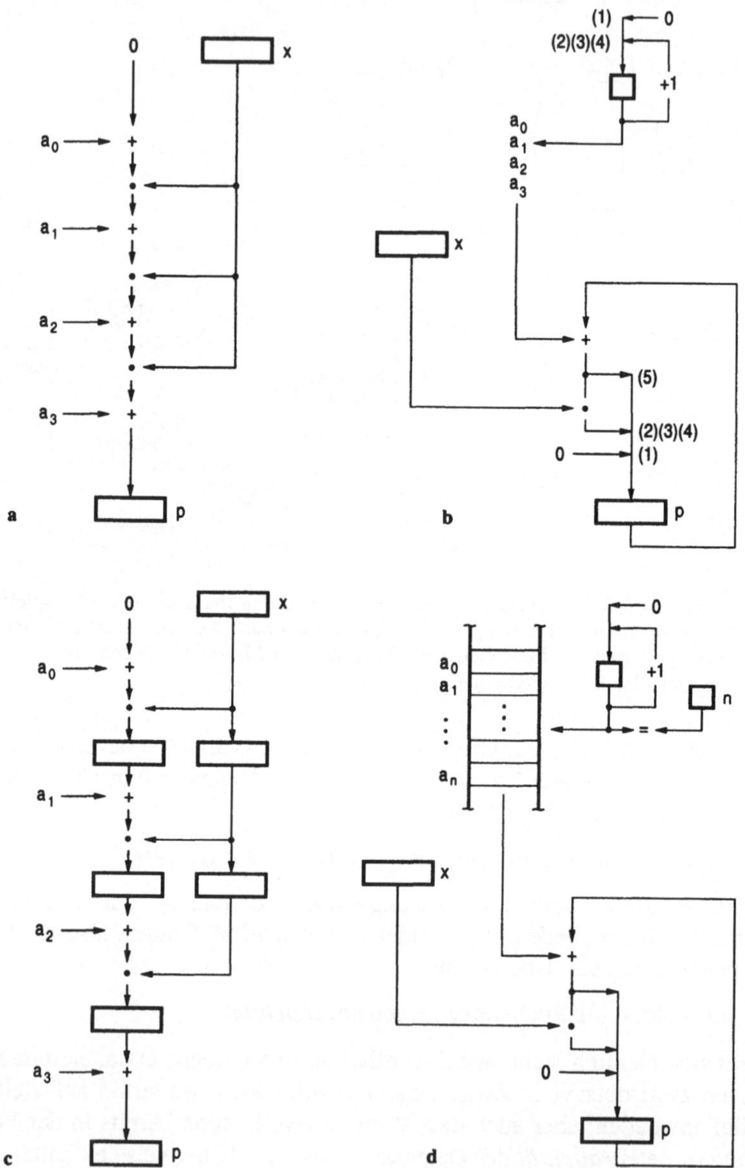

Bild 1-4. Maschinelle Datenverarbeitung am Beispiel der Auswertung eines Polynoms dritter Ordnung, **a** in Parallel-, **b** in Seriell-, **c** in Fließbandorganisation bezüglich „+, ·", **d** in Seriellorganisation mit Verallgemeinerung der Aufgabenstellung auf Polynome n-ter Ordnung.

Bild 1-4 zeigt die Polynomberechnung in Form von Blockbildern, Teilbild a in einer Darstellung, die zwei Interpretationen erlaubt. In der ersten Interpretation dient sie als Angabe der Reihenfolge der Operationen zur Ausführung dieser Aufgabe. In der zweiten Interpretation dient sie als Schaltbild zum Bau einer Maschine zur Durchführung dieser Aufgabe. Man sieht deutlich, daß darin nur die Funktion für die Datenänderung auftritt, und zwar neben der Datenverarbeitung (von x) lediglich in ihrer verallgemeinerten Form der Ersetzung eines leeren Datums (von p). Die Maschine ist aufwendig mit 4 Addierern und 3 Multiplizierern ausgestattet; der *eine* Taktschritt zur Ausführung der Rechnung (von Register zu Register) dauert entsprechend lange.

Teilbild b zeigt die Problemlösung in einer Form, in der neben der unverzichtbaren Funktion für die Datenänderung auch einfache Funktionen für den Datenzugriff (durch +1 auf a_0, a_1, a_2, a_3) und für die Programmfortschaltung (durch die Reihenfolge (1), (2), (3), (4), (5)), existieren. Verglichen mit der Maschine in Teilbild a erfordert die Maschine in Teilbild b ein (nicht gezeichnetes) Steuerwerk, kommt aber mit 1 Addierer und 1 Multiplizierer aus. Die Ausführung der Rechnung benötigt jetzt *fünf* Taktschritte (von Register zu Register), die aber dafür von kürzerer Dauer sind.

Neben den gerade diskutierten Eigenschaften beider Maschinen gibt es weitere Kriterien, sich für die eine oder die andere Maschine zu entscheiden. Diese Kriterien betreffen Verallgemeinerungen bzw. Weiterentwicklungen der Maschinen. Während die Maschine in Teilbild a nur für die Berechnung von Polynomen dritter Ordnung mit konstanten Koeffizienten einsetzbar ist, kann die Maschine in Teilbild b leicht für die Berechnung von Polynomen n-ter Ordnung mit variablen Koeffizienten verallgemeinert werden, und zwar durch den Einbau einer Abfrage auf n (Teilbild d).

Während die Maschine in Teilbild b für die Berechnung von mehreren *(m)* Polynomwerten p für entsprechend viele Argumentwerte x nur *nacheinander* benutzt werden kann, läßt sich die Maschine in Teilbild a durch den Einbau von Registern zwischen jede der Addierer/Multiplizierer-„Zellen“ für die *gleichzeitig* überlappende Berechnung von jeweils drei Polynomwerten weiterentwickeln (Teilbild c).[1]

Die hier entwickelten Gedankengänge werden in diesem Buch wiederholt aufgegriffen; in der Bildunterschrift zu Bild 1-4 sind bereits die später (in 2.2) erklärten Begriffe Parallelorganisation, Seriellorganisation und Fließbandorganisation für die einzelnen Bauformen dieses Spezialrechners benutzt (wobei für die Operationen + und · in den Bildern jeweils eigenständige, elementare Funktionseinheiten angenommen sind).

Neben dieser in diesem Beispiel geschilderten Art von Parallelität, die „selbstgemacht“ aus der Vervielfachung von unabhängigen Rechenprozessen entsteht, gibt es auch eine andere, eine der Aufgabenstellung „innewohnende“ Art von Parallelität. Ein Beispiel dafür ist die Addition von zwei Vektoren, bei denen die Addition ihrer Koordinatenwerte völlig unabhängig voneinander ist und somit

1. Trivial sind die nicht diskutierten Fälle, die Schaltungen a und b für die Berechnung von m Polynomwerten m-mal aufzubauen.

parallel erfolgen kann. Des weiteren gibt es Aufgabenstellungen, die nicht wie eben „gemacht“ iterativ, sondern „per se“ iterativ sind. Ein Beispiel für diese Art von Aufgabenstellungen (ersetze x_i durch $f(x_i)$) ist die folgende Formel für das Newtonsche Näherungsverfahren zur Berechnung von Nullstellen einer Funktion, für das im Fall von Polynomen $p(x)$ – wie aus der Mathematik bekannt – das Horner-Schema besonders vorteilhaft angewendet werden kann.[1]

$$x_{i+1} = x_i - \frac{p(x_i)}{q(x_i)} \quad \text{mit} \quad q(x) = \frac{d}{dx}p(x)$$

Des weiteren gibt es Aufgabenstellungen, die per se rekursiv sind. Das Standardbeispiel für diese Art von Aufgabenstellungen (ersetze $f(i+1)$ durch $g(f(i+1))$) ist die rekursive Definition der Fakultät von i, in der folgenden Formel etwas ungewöhnlich mit $i+1$ statt i geschrieben, um auf die Ähnlichkeit mit der oben angegebenen Iteration hinzuweisen.[2]

$$(i+1)! = (i+1) \cdot i! \text{ mit } 1! = 1$$

Allen diesen Problemen sind die typischen drei Funktionen der Programmfortschaltung, der Datenänderung und des Datenzugriffs zueigen; zu Hardware-Darstellungen und -realisierungen solcher Problemstellungen siehe [Liebig/Thome].

Jede der in Bild 1-4 gezeigten, fallstudienhaft entworfenen Maschinen hat ihre Vor- und Nachteile, woran man sieht, daß die Konstruktion praktisch verwertbarer Computer ein typisches Ingenieurproblem ist: nämlich, mit gewissen Zielvorstellungen unter Abwägung von Stärken und Schwächen einen guten technischen Kompromiß zu finden, hier zwischen Schaltungsaufwand und Leistungsfähigkeit eines Computers. Dazu kommen natürlich noch die wichtigen technischen Fragestellungen, wie Wärmeabführbarkeit, Mikrominiaturisierbarkeit u.s.w.

Prozeßterminologie und Rechnerklassifizierung

Unter dem in diesem Abschnitt behandelten dynamischen Aspekt der programmgesteuerten Datenverarbeitung ist der Prozeßbegriff von zentraler Bedeutung. Intuitiv eingeführt und benutzt, soll ihm nun eine etwas genauere Sichtweise zuteil werden. Dazu fassen wir die drei am Anfang von 1.1.1 zu der beschriebenen Vollständigkeit und damit Autonomie führenden Teile, nämlich Daten (sie stellen die Operanden, also die Prozeßobjekte), Programm (beschreibt den Handlungsablauf, also das Prozeßgeschehen) und Prozessor (führt die Handlungen aus, ist

Prozeß

also das Prozeßsubjekt), zusammen und definieren dies als Prozeß. Die in den Klammern benutzten Prozeßbegriffe zeigen Ähnlichkeiten mit grammatikalischen Begriffen des Satzbaus der deutschen Sprache, z.B. bei einem umgangssprachlich durch einen Satz ausgedrückten Sachverhalt, speziell einer Handlung,

1. Ein ausgeführtes Beispiel einer inhärenten Iteration findet sich in 2.2.1 auf S. 112: die Berechnung der Nullstellen einer quadratischen Gleichung.
2. Weitere Beispiele inhärenter Rekursionen finden sich in 3.3.4 und 3.4.4: auf S. 266 die Programmierung der Ackermannschen Funktion sowie auf S. 276 die Programmierung der Türme von Hanoi.

mit Objekt, Prädikat und Subjekt. – Wie bei einem solchen Satz der Umgangssprache gewisse Teile fehlen dürfen (nämlich alle mit Ausnahme des Prädikats), so erlauben wir, daß auch bei einem Prozeß gewisse Teile fehlen dürfen (nämlich alle mit Ausnahme des Programms).

Obwohl von einem *Prozeß* zu sprechen eigentlich nur sinnvoll erscheint, wenn alle seiner drei Teile vorhanden sind, verwenden wir diesen Begriff dennoch auch bei Fehlen bestimmter seiner Teile und geben ihm entsprechende Attribute. Es hat sich nämlich eingebürgert, auch dann von einem Prozeß zu sprechen, wenn – wie gesagt – mindestens das Programm vorhanden ist; er heißt dann existent oder definiert.[1] – Fehlt andererseits keines seiner drei Teile (und ist der Prozessor in Betrieb), so wird der Prozeß als laufend bezeichnet. Fehlen die Daten oder der Prozessor, so wird der Prozeß als wartend bezeichnet. Dementsprechend kann ein Prozeß wartend auf die Daten (blockiert), wartend auf den Prozessor (bereit) oder wartend auf die Daten und den Prozessor (ruhend) sein.

Durch Hinzunahme bzw. Wegnahme seiner Teile gelangt ein Prozeß von einem bestimmten attribuierten in einen anders attribuierten „Zustand". Er wird erzeugt (nichtexistent→existent/ruhend); er wird beendet (existent/laufend→nichtexistent). Er wird bereitgestellt (ruhend→bereit); er wird gestartet (bereit→laufend); er wird unterbrochen (laufend→bereit). Er wird gestoppt (laufend→blockiert); er wird wiederaufgesetzt (blockiert→laufend); oder ihm wird der Prozessor entzogen (blockiert→ruhend).

Aufgabe 1.1. Stellen Sie alle attribuierten Zustände und die aufgeführten Übergänge als Graph dar und bezeichnen Sie Zustände und Übergänge mit ihren Attributen.

Mit dem Prozeßbegriff eng verbunden ist eine sehr einfache, deshalb besonders beliebte, aber auch sehr grobe Klassifizierung von Rechnersystemen hinsichtlich ihrer Parallelität, d.h. hinsichtlich der Zahl paralleler Prozesse pro Zeiteinheit.

1 Programm + 1 Datensatz + 1 Prozessor = 1 Prozeß/Zeiteinheit

1 Programm + m Datensätze + m Prozessoren = m Prozesse/Zeiteinheit

m Programme + 1 Datensatz + m Prozessoren = m Prozesse/Zeiteinheit

m Programme + m Datensätze + m Prozessoren = m Prozesse/Zeiteinheit

Auf die Wirkung eines einzigen Befehls (single instruction, SI) bzw. mehrerer Befehle (multiple instructions, MI) auf ein einziges Datum (single data, SD) bzw. mehrere Daten (multiple data, MD) reduziert, ergeben sich für einen Rechner als einem zu einer größeren Einheit zusammengefaßten Ein- bzw. Mehrprozessorsystem die folgenden Charakterisierungen.

1 Befehl + 1 Datum = SISD-Rechner

1 Befehl + m Daten = SIMD-Rechner

1. In Umkehrung: Fehlt das Programm oder ist es abgearbeitet (existieren also nur die Daten oder der Prozessor), so heißt der Prozeß nichtexistent oder undefiniert.

m Befehle + 1 Datum = MISD-Rechner

m Befehle + m Daten = MIMD-Rechner

SISD
SIMD
MISD
MIMD

SISD-Rechner sind allesamt Ein-Prozessor-Systeme, d.h. Rechner mit genau einer CPU (central processing unit); dazu zählt die ganz überwiegende Mehrheit kommerziell eingesetzter Rechner.

SIMD-Rechner sind Mehrprozessorsysteme mit sehr vielen CPUs, die von ein und demselben Programm gesteuert werden und so viele Daten gleichzeitig verarbeiten können, wie CPUs vorhanden sind; dies kommt bei Anwendungen vor, in denen Feld- oder Vektorverarbeitung eine Rolle spielen.

MISD-Rechner existieren nach Meinung des Erfinders dieser Klassifizierung (Flynn) nicht. Es sind aber Mehrprozessorsysteme vorstellbar, die auf einem gemeinsamen Datensatz arbeiten, wie es z.B. bei Datenbankanwendungen vorkommt.

MIMD-Rechner schließlich sind Mehrprozessorsysteme, die entweder mehr oder weniger abhängige oder völlig unabhängige Prozesse parallel verarbeiten können. Wegen ihrer punktuellen Selbständigkeit werden solche Rechner vielfach in ausfallsicheren Systemen eingesetzt, wie z.B. der Flugsicherung.

Es ist eine Reihe weiterer, detailreicherer Klassifizierungsschemata entwickelt worden, die den Hauptnachteil dieser Grob-Einteilung, ihre mangelnde Differenzierbarkeit (sehr viele sehr verschiedene Typen befinden sich in ein und derselben Klasse) zu vermeiden versuchen. Mit wachsender Detaillierung wird es allerdings immer schwieriger, Schemata zu entwickeln, die einerseits systematisch genug sind, andererseits alle Rechner zufriedenstellend einzuordnen gestatten. So kommt es, daß sich bisher keine der detailreicheren Klassifizierungsschemata durchgesetzt hat.

1.1.4 Automaten

Die im vorigen Abschnitt beschriebene schrittweise Änderung des Prozeßstatus, d.h. die gleichzeitige Änderung des Programmzustands, mindestens eines Datums sowie ggf. des Datenzugriffs läßt sich mathematisch in einer sehr abstrakten Form durch *Funktionen* darstellen, und zwar entweder (1.) durch eine Abbildung f der Menge aller dieser Statuswerte (Statusmenge S) auf eben wieder diese Menge oder (2.) durch eine Iteration f dieser Statuswerte (Statusvariable s) um einen Schritt, d.h.

$$f: S \rightarrow S \text{ bzw. } s_{i+1} = f(s_i).$$

f

Wert von s

Dieser Zusammenhang wird üblicherweise in der Informatik mit Hilfe des Zeichens := ausgedrückt: der Wert der Variablen links von := wird durch den Wert der Funktion rechts von := ersetzt. Mathematisch wird er durch die folgende Rekursionsgleichung beschrieben und in der Technik durch die oben gezeichnete Rückkopplungsschaltung dargestellt, ohne daß mit der Größe der Symbole für Status und Übergangsfunktion die Anzahl der Statuswerte oder die Mächtigkeit der Übergänge assoziiert werden soll.

$$s := f(s)$$

Je nach Anwendung und je nachdem, um welchen Typ von Daten und Zustand, d.h. von Statuswerten es sich handelt, erscheint die Funktion f in vielerlei Gestalt. Handelt es sich z.B. um Zahlen und unterliegt f arithmetischen Gesetzmäßigkeiten, wie z.B. bei der Datenänderung, so läßt sich f oft gut durch Formeln (mit arithmetischen Operationen) beschreiben. Handelt es sich dagegen um Symbole, wie z.B. zur Bezeichnung der Zustände bei der Programmfortschaltung, so wird f oft vorteilhaft als Tabelle (mit der Maßgabe von Ersetzungen) dargestellt. *Formeln* haben den Vorteil, daß sich damit eine sehr große Anzahl Statuswerte erfassen läßt, aber den Nachteil, nicht für alle Arten von Funktionen verwendet werden zu können. *Tabellen* haben den Nachteil, daß sie nur für eine geringere Zahl von Statuswerten geeignet sind, aber den Vorteil, alle Arten von Funktionen damit darstellen zu können, auch die Verallgemeinerungen von Funktionen, die Relationen.

Handelt es sich schließlich um binär codierte Information, so läßt sich f mit Hilfe der Booleschen Algebra durch Formeln mit booleschen Ausdrücken oder durch Tabellen, sog. Wahrheitstabellen, darstellen. Das entsprechende Handwerkszeug wird in diesem Buch vorausgesetzt, zum Nachschlagen siehe z.B. [Liebig et al.].

Autonomer Automat. Die durch die Funktion

$$s := f(s) \tag{1}$$

erklärte „Zuordnung" von „nächstem" Status zu „jetzigem" Status in einem jeden Schritt wird speziell in der Mathematik und der Informatik in einem abstrakten Sinn als Automat bezeichnet. Aber auch in der Technik, dort in einem konkreteren Sinn, findet sich dieser Begriff. – Beide Male beschreibt der Begriff ein (im Sinn von zwangsläufig) selbst*tätiges* Fortschreiten eines Prozesses. Da ein solcher Automat auch selb*ständig* (im Sinn von unabhängig) arbeitet, wird er als *autonom* gekennzeichnet (im Gegensatz zu Automaten mit Eingängen und Ausgängen).

Ein Automat kann in vielerlei Erscheinungsformen dargestellt werden. Je nach Verwendungszweck wird die eine oder die andere Form gewählt, und mit einer Zielvorgabe (Funktionsbeschreibung für das *Verhalten;* Strukturbeschreibung für die *Schaltung*) werden diese Beschreibungsformen für ein und denselben Automaten von einer in die andere Form übergeführt. Als ein kleines Beispiel verschiedener Beschreibungsformen eines autonomen Automaten zeigt Bild 1-5 einen einfachen Zählautomaten, wie er z.B. in einer Digitaluhr verwendet werden kann: auch hier ist wieder hervorzuheben das Register in der Uhr, zuständig für

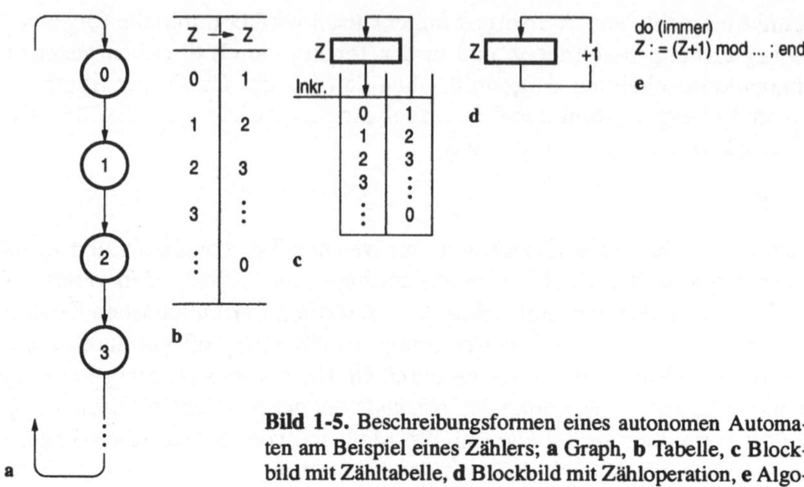

Bild 1-5. Beschreibungsformen eines autonomen Automaten am Beispiel eines Zählers; **a** Graph, **b** Tabelle, **c** Blockbild mit Zähltabelle, **d** Blockbild mit Zähloperation, **e** Algorithmus mit Zuweisung (Hardware-Programm).

den elementaren Prozeß der Datenänderung, d.h. der Datenverarbeitung in Verbindung mit der Datenersetzung der einzelnen Ziffern im Display der Uhr.

Automat mit Eingabe und Ausgabe

Wie schon gesagt, die Beschreibung des Prozeßgeschehens durch einen autonomen Automaten wirkt sehr abstrakt, insbesondere für kompliziert strukturierte Gebilde: bereits die elementare Unterscheidung zwischen Daten- und Zustandsänderung läßt sie außer acht, desgleichen die Differenzierung zwischen Änderung und Anwahl für den Datenzugriff. Setzen wir voraus, daß pro Schritt wenigstens ein Datum verändert wird, so sind im Minimum zwei Statusgrößen zu unterscheiden, nämlich

z für den (Programm)zustand,

d für den Daten(zustand).[1]

Tritt noch die Statusgröße

a für den Datenort, die Adresse, (der Index),

explizit als Automatengröße auf, dann bilden diese drei Größen zusammengenommen den Prozeßstatus *s*, und Gleichung (1) nimmt die folgende Gestalt an:

$$[z, d, a] := f([z, d, a]) \qquad (2)$$

z a d f

1. Es ist üblich, die geklammerten Wortteile wegzulassen, vgl. auch die Fußnote auf S. 2.

Auch diese Beschreibung des Prozeßgeschehens ist auf einem hohen Abstraktionsniveau angesiedelt und dementsprechend unstrukturiert. Erst wenn die Funktion f ebenfalls in drei Teile, nämlich

f_z für die Programm*fortschaltung*
(meist in der Form numerischer Tabellen),

f_d für die Daten*änderung*
(meist in der Form arithmetischer Formeln),

f_a für den Daten*zugriff*,

zerlegt wird, sind Strukturierungen in den gewünschten Detaillierungen möglich. Die angestrebte Zerlegung bedingt jedoch die Erweiterung des Automatenbegriffs von Automaten *ohne* Ein-/Ausgabe mit lediglich einer *Übergangs*funktion f für die Automatenzustände (allgemein Zustandsvariable u) auf Automaten *mit* Ein-/Ausgabe, d.h. Automaten mit mindestens einem Eingang (allgemein Eingangsvariable x) und mindestens einem Ausgang (allgemein Ausgangsvariable y) sowie mit einer weiteren Funktion, der *Ausgangs*funktion g. Drei Möglichkeiten fortschreitender Verfeinerung bieten sich für die Strukturierung der Ausgangsfunktion an:

Automatentypen

1. Der Ausgang ist mit dem Automatenzustand identisch (Medwedjew-Automat).
2. Der Ausgang ist allein vom Automatenzustand abhängig (Moore-Automat).
3. Der Ausgang ist sowohl vom Automatenzustand als auch vom Eingang abhängig (Mealy-Automat).

Die verschiedenen Automatentypen lassen sich folgendermaßen als Formeln schreiben bzw. wie in Bild 1-6 dargestellt zeichnen. Darin entsprechen die Teilbilder a, b und c den durch die folgenden Gleichungen beschriebenen drei Automatentypen, während die Teilbilder d, e und f Varianten dieser Typen darstellen.

$$u := f(u, x) \tag{3}$$

$$\text{mit } y = u, \qquad \text{Medwedjew-Automat,} \tag{4}$$

$$\text{mit } y = g(u), \qquad \text{Moore-Automat,} \tag{5}$$

$$\text{mit } y = g(u, x), \qquad \text{Mealy-Automat.} \tag{6}$$

Die Verwendung des Zeichens = in der Ausgangsfunktion weist darauf hin, daß es sich hier im Gegensatz zur Verwendung von := in der Übergangsfunktion nicht um die „Ersetzung" einer Variablen durch einen neuen Wert handelt, sondern, daß es lediglich um die „Benennung" der Funktion als einer neuen Variablen geht. Ist auch im Fall der Ausgangsfunktion die Ersetzung des alten durch einen neuen Ausgangswert gemeint, so muß auch in der Ausgangsfunktion das Zeichen := verwendet und in den Bildern ein Kästchen für y gezeichnet werden. Erwähnt sei noch, daß auch der einfache Funktionsbegriff im Automatenbegriff enthalten ist. Somit sind auch *Schaltnetze* als die technischen Realisierungen von *einfachen* Funktionen „Untermengen" von *Schaltwerken* als den technischen Realisierungen von iterativen oder – verallgemeinert – *rekursiven* Funktionen. Auch dieses Grundwissen wird in diesem Buch vorausgesetzt, zum Nachschlagen siehe wieder [Liebig et al.].

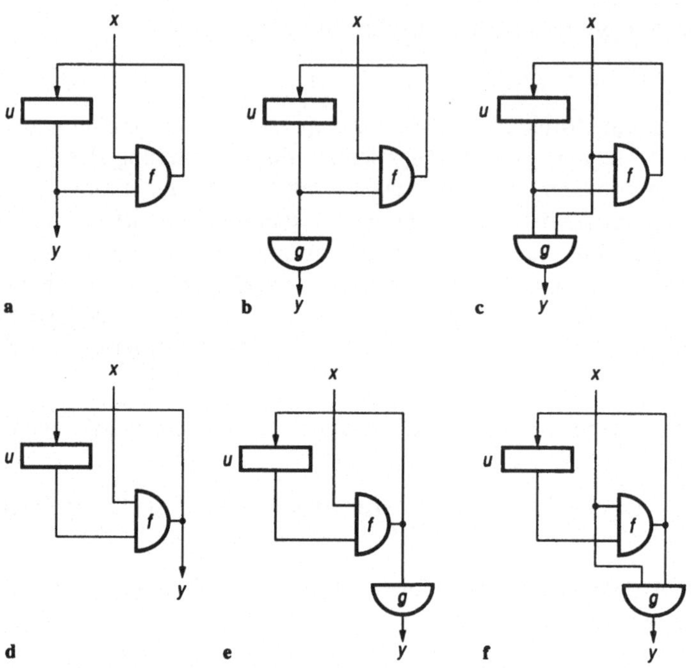

Bild 1-6. Automatentypen; **a** Medwedjew-Automat, **b** Moore-Automat, **c** Mealy-Automat, **d** bis **f** Varianten zu a bis c. Unter Hinzunahme eines Ausgangsregisters sind a und d sowie b und e äquivalent, nicht jedoch c und f.

Bemerkungen zur Begriffsbildung. Im Gegensatz zu den eher unscharfen, umgangssprachlichen Begriffsbildungen der vorangegangenen Abschnitte orientiert sich der Begriff Automat – so wie er von seinen Erfindern benutzt worden ist – in diesem Abschnitt an der exakten Begriffswelt der Mathematik. Das bedeutet: der Automat ist endlich (finit), er arbeitet schrittweise (sequentiell), sein Verhalten ist vorbestimmt (determiniert), Eingangs-, Ausgangs- und Zustandsänderungen erfolgen gleichzeitig (synchron). Der Vorteil dieser strengen Sichtweise ist, daß die Eingangs- und Ausgangsinformation als zeitliche Wertefolgen gesehen werden kann, denen äquidistante Zeitpunkte zugeordnet werden können (getaktete Arbeitsweise).
Ein Automat ist gleichermaßen technisches Gerät wie mathematisches Modell eines Prozesses, umfaßt er doch – wie geschildert – Information/Daten, Algorithmus/Programm und den Prozessor (siehe nochmals Bild 1-3b). Prozesse werden dementsprechend so „erfaßt", daß ein zu konstruierender Automat (ein Schaltwerk) gebaut oder ein existierender Automat (ein Rechner) programmiert werden kann. Dem trägt DIN 44300 Rechnung, indem begrifflich ein Rechner einem Schaltwerk und ein Schaltwerk wiederum einem endlichen Automaten gleichgesetzt wird.

Mit den vorstehenden Detaillierungen läßt sich nun speziell Gleichung (2) als System von drei Einzelgleichungen folgendermaßen schreiben:

$$
\begin{aligned}
z &:= f_z(z, d, a) \\
d &:= f_d(z, d, a) \qquad (7) \\
a &:= f_a(z, d, a)
\end{aligned}
$$

Das versetzt uns in die Lage, bestimmte Systeme durch bestimmte Strukturen darzustellen. Dabei werden im konkreten Fall zur Darstellung der dann zum Teil festliegenden, zum Teil aber auch programmierbaren Funktionen Struktursymbole ähnlich den Schaltungssymbolen der Elektrotechnik verwendet. Wir schließen uns in diesem Buch einer Symbolik an, wie sie in [Liebig et al.] benutzt wird.

Beispiel 1.1. Turing-Maschine. Die Turing-Maschine besteht aus einem Programm und einem Band, das die Daten enthält, die einzeln gelesen und verändert werden können. Das Turing-Programm ist eine Tabelle; eine Zeile besteht demgemäß aus zwei Teilen: Turing 1936

Auf der linken Tabellenseite steht
der „gegenwärtige", d.h. der im jetzigen Schritt wirksame Zustand sowie das „gegenwärtig" erscheinende (zu lesende) Datum auf dem Band.

Auf der rechten Tabellenseite steht
der „zukünftige", d.h. der im nächsten Schritt wirksame Zustand sowie der Wert des „zukünftig" auf dem Band erscheinenden (zu schreibenden) Datums sowie einer Angabe über die Richtung des Weiterrückens des Bands.

Die Schreibweise einer Zeile eines Turing-Programms entspricht somit Gleichung (2):

$$[z, d[a], a] := F([z, d[a], a]),$$

wobei die Änderung von a nicht explizit, sondern implizit durch die Bandbewegungsrichtung angegeben ist. Man erhält so das einen Turing-Befehl umfassende Quintupel, bestehend aus nächstem Zustand z, neuem Datum $d[a]$ (linke Seite der Gleichung), jetzigem Zustand z, altem Datum $d[a]$ (rechte Seite der Gleichung) sowie der Angabe über Datum-Vorgänger/Nachfolger $a := a \pm 1$.[1]

In drei Zeilen geschrieben, entsteht Gleichung (7):

$$
\begin{aligned}
z &:= f_z(z, d[a]) \\
d[a] &:= f_d(z, d[a]) \\
a &:= f_a(z, d[a], a)
\end{aligned}
$$

Man erkennt die Zusammensetzung der Turing-Maschine aus drei Medwedjew-Automaten (Bild 1-7) mit der Speicherung des Zustands z, der Daten $d[a]$ sowie nun explizit der Zugriffsposition a. Bild 1-9a auf S. 25 zeigt diese Zusammen-

1. Turings Programme sind also Tabellen von Quintupeln; statt Zustand benutzt Turing den Begriff „configuration".

schaltung noch einmal, nun aber unter Verwendung unserer Symbolik. Darin entsprechen der Programmzustand PZ der Zustandsvariablen z, der Zählerstand i der Zugriffsvariablen a und das Datum D[i] der Datenvariablen $d[a]$.

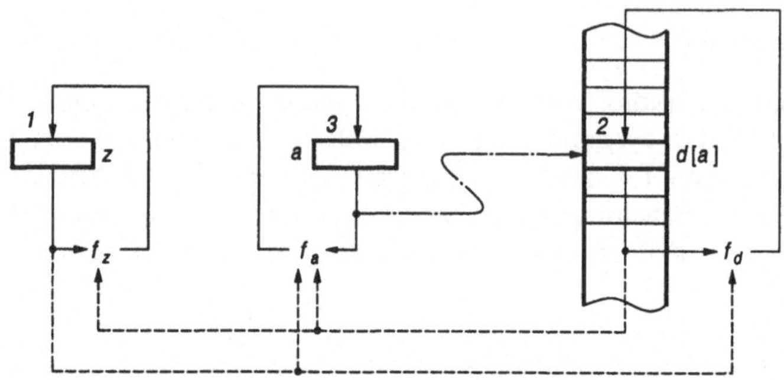

Bild 1-7. Beschreibung der Fortschaltung des Prozeßstatus für eine Turing-Maschine durch drei Medwedjew-Automaten (*1* Programmfortschaltung, *2* Datenänderung, *3* Datenzugriff).

Das Geniale an der Turing-Maschine ist offenbar, daß drei „Teile" für das „A und O" allen „Rechnens" in absolut minimaler Form zusammengefügt sind:[1]

Ein „Programm"-Automat zur Programmfortschaltung/Zustandsersetzung, später in diesem Buch Programmwerk genannt,

Ein „Daten"-Automat für die Datumsänderung/Datumsersetzung, später Datenwerk genannt,

Ein „Zugriffs"-Automat, und zwar, um nicht nur ein Datum, sondern überhaupt Daten ändern zu können; Zugriff erfolgt auf das nächste zu ändernde Datum in nicht zu übertreffender Einfachheit nur auf Vorgänger/Nachfolger.[2]

Bemerkung. Es lassen sich nicht alle in Bild 1-6 gezeigten Automatentypen bzw. -varianten problemlos zusammenschalten, da dabei takt-asynchrone Rückkopplungen auftreten können. Darunter versteht man Leitungsschleifen, in denen sich kein (getaktetes) Register befindet, wie es ja zur Herstellung einer takt-synchronen Arbeitsweise unerläßlich ist. Takt-asynchrone Rückkopplungen dürfen in komplexen digitalen Systemen nicht vorkommen, es sei denn, man bezieht die Schaltungsdimensionierung auf der Transistorschaltungsebene mit in den Entwurf ein. Auf der Logikschaltungsebene hingegen lassen sich takt-asynchrone Rückkopplungen leicht durch Einbau von mindestens einem Register in die entsprechende Leitungsschleife auflösen, was allerdings nicht ohne Rückwirkung auf die „Programmierung" des Systems bleibt, so daß im Grunde ein „redesign" des Systems nötig wird.

1. Die Wahl einer Minimalkonfiguration hat natürlich einen Preis, nämlich daß jegliche Datenverarbeitung über Zustandsänderungen programmiert werden muß.
2. Im Grunde handelt es sich um eine uralte, immer wieder zu findende Organisationsform nicht nur für (maschinelle) Datenverarbeitung, sondern überhaupt von (menschlichem) Handeln: man denke z. B. an einen Kompanieführer vor einer Reihe Soldaten.

Gleichzeitigkeit der Statusänderung

Das in *einem* Schritt stattfindende gleichzeitige Ändern der Statusgrößen ist von großer Bedeutung für das Verständnis des Prozeßablaufs. Es ist typisch für die in der Computer-*Hardware* nebeneinander, d.h. *parallel* ablaufenden Prozesse. Man kann sich das technisch so vorstellen, daß zwei ineinander verzahnte Takte existieren, ein Abfrage- oder Abtasttakt und ein Umschalt- oder Auslösetakt, die auf alle Statusgrößen *synchron* wirken. Der *Abfragetakt* tastet die Werte aller Variablen rechts von := ab, d.h. die alten Werte an den Registerausgängen; verarbeitet werden sie entsprechend den Funktionen, d.h. den Schaltnetzen, zu neuen Werten. Diese Werte werden „unsichtbar" so lange gespeichert, bis sie, ausgelöst vom *Umschalttakt*, als Werte der Variablen links von := erscheinen, d.h., als neue Werte in allen Registern und damit auch an allen Registerausgängen zur Verfügung stehen.

Die Verzahnung der Takte ist darum erforderlich, weil das Abtasten und das Umschalten eine gewisse, wenn auch winzige Zeit benötigen und deshalb nicht zu ein und demselben Zeitpunkt erfolgen kann. (Ein noch nicht „vollständig" ausgelöster Wert darf nicht als „schon" gültiger Wert abgetastet werden.) Für einen Betrachter, der sich für technische Details nicht interessiert, ist jedoch nur der Umschalttakt maßgeblich, denn nur er legt die Änderungszeitpunkte der Variablenwerte, d.h. der Registerausgänge, fest. Man spricht deshalb i.allg. auch nicht von 2 Takten, sondern von einem Takt mit 2 Phasen, einem sog. 2-Phasen-Takt. 2-Phasen-Takt

Das gleichzeitige Ändern von Rechengrößen ist hingegen eher atypisch für die in der Computer-*Software* nacheinander, d.h. *seriell* ablaufenden Prozesse. In höheren Programmiersprachen ist gleichzeitiges Ändern nur selten formulierbar und muß deshalb i.allg. simuliert werden. Das geschieht dadurch, daß in der Software jede der Variablen, deren Wert gleichzeitig ersetzt werden soll, eine Hilfsvariable zur Seite gestellt bekommt. Das entspricht dem in der Hardware äußerlich unsichtbaren, in Wirklichkeit aber auch hier intern vor dem „Haupt"speichern erfolgenden „Hilfs"speichern. Zuerst werden seriell (oder auch parallel oder kollateral, d.h., egal, in welcher Reihenfolge) nur die Werte aller *Hilfs*variablen berechnet, so daß die Werte der Hauptvariablen erhalten bleiben. Anschließend werden die Werte aller Hilfsvariablen den entsprechenden *Haupt*variablen zugewiesen. Erst wenn dieser Prozeß vollständig abgeschlossen ist, ist in unserem, in diesem Buche benutzten Sinn 1 Schritt, 1 Takt, 1 *Taktschritt*, bestehend aus 2 *Taktphasen*, abgeschlossen.

Dieses sog. Master-Slave-Prinzip kommt in vielfältiger Weise bei Transportprozessen von Information in Rechenmaschinen, z.B. beim Registertausch oder in Schieberegistern, vor, aber auch bei Transportprozessen von Materie im täglichen Leben. Man denke z.B. an zwei Autos, die ihre Parkplätze tauschen wollen, oder eine Eimerkette mit verschiedenfarbigen Flüssigkeiten, die durch die Kette transportiert werden sollen. – Immer sind entsprechend dem Master-Slave-Prinzip Hilfs- und Hauptspeicher bzw. -plätze bzw. -eimer nötig. Das heißt, immer sind Master und Slaves gleichermaßen erforderlich; nie dürfen sich die Transporte von Mastern zu Slaves mit denen von Slaves zu Mastern überlappen.

Ein Beispiel für taktsynchrone Parallelität. Ein System extrem hoher Parallelität, oder wie man gerne sagt: ein massiv paralleles System, liegt dem 1968 von J. H. Conway erdachten Life-Spiel zugrunde, das hier zum Training synchronparallelen „Denkens" angeführt sei.

Zur Durchführung des Spieles stelle man sich ein großes Blatt karierten Papiers vor. Jedes Karo bildet eine Zelle mit den acht sie umgebenden Zellen als Nachbarn. Jede Zelle kann nur die beiden Zustände „lebendig" und „gestorben" annehmen (auf dem Papier dargestellt z.B. als schwarzes bzw. weißes Karo). Alle Zellen richten ihr Leben und Sterben an ihren acht Nachbarn aus und können ihren Zustand nur ändern aufgrund der Schläge einer für alle Zellen gültigen Lebensuhr.

Bit = Registerelement

Technisch/mathematisch ist jede Zelle ein einfacher Medwedjew-Automat mit zwei Zuständen, die in einem 1-Bit-„Register", der Kürze halber nur „Bit" genannt, gespeichert sind, und acht Eingängen, die mit den acht Ausgängen seiner acht Nachbarn verbunden sind. Alle Automaten sind mit einem zentralen 2-Phasen-Takt synchronisiert und funktionieren nach dem Master-Slave-Prinzip. Bild 1-8a zeigt einen Ausschnitt aus dem matrixförmig angeordneten Feld von Automaten, und zwar den ausgezogen gezeichneten Medwedjew-Automaten für genau eine Zelle zusammen mit den Verbindungen zu den gestrichelt gezeichneten Automaten seiner Nachbarzellen. Alle diese vielen kleinen Automaten zusammengenommen bilden einen einzigen großen Automaten, einen – wie man sagt – zellularen Automaten.

Die Spielregeln von „Life" bzw. die Funktionsweise des zellularen Automaten sind schnell erklärt. Alle Zellen beobachten *gleichzeitig* ihre acht Nachbarn und ermitteln in folgender Weise *parallel* aus ihrem eigenen Zustand und denen der Nachbarn ihren jeweiligen nächsten Zustand:

1. Gestorbene Zellen werden wiedererweckt bzw. wiedergeboren, wenn sie genau 3 lebendige Nachbarn haben; andernfalls bleiben sie gestorben.

2. Lebendige Zellen bleiben am Leben, wenn sie 2 oder 3 lebendige Nachbarn haben, anderfalls sterben sie an Vereinsamung bzw. Übervölkerung.

In Bild 1-8a ist die Automaten-Funktion einer Zelle tabellenartig eingetragen, sie gilt in derselben Weise für alle Automaten; dabei steht 0 für den Zustand gestorben und 1 für den Zustand lebendig. In der Abfragephase des Takts tasten alle Automaten den Zustand ihrer jeweiligen Nachbarn ab, ermitteln ihre Folgezustände entsprechend der Tabellen und legen sie äußerlich unsichtbar in ihren Mastern ab. Mit der Umschaltphase des Takts wird die Masterinformation mit einem Schlag in die Slaves übertragen und erscheint gleichzeitig an den Ausgängen aller Automaten, so daß die so gebildeten neuen Zellenzustände schlagartig für alle Zellen gleichzeitig sichtbar werden.

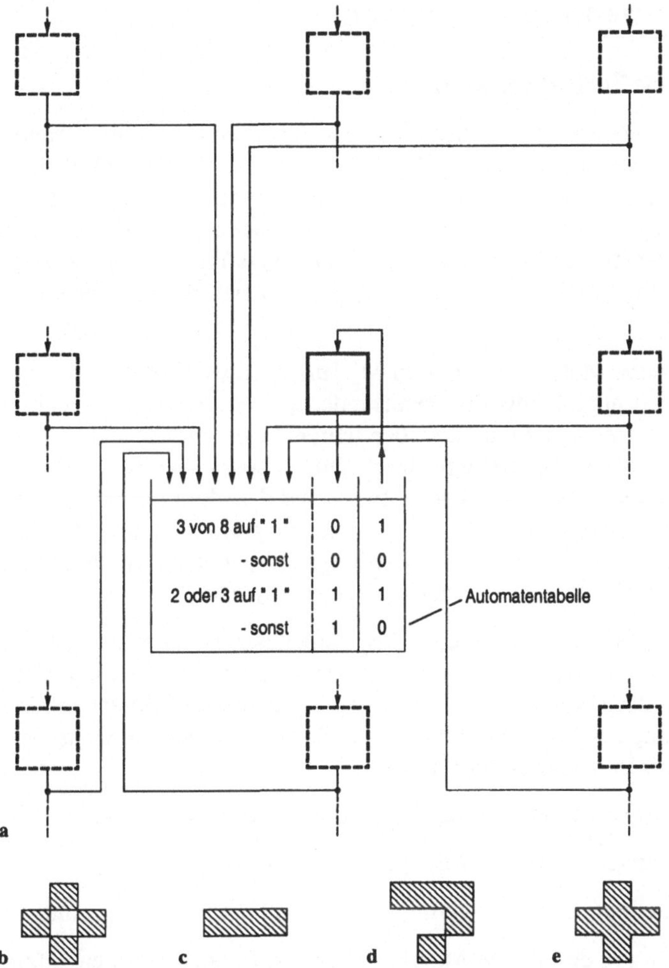

Bild 1-8. Das Life-Spiel von J. H. Conway; **a** Automat für eine Zelle des autonomen Zellular-Automaten, **b** bis **e** verschiedene Figuren lebendiger Zellkonstellationen.

Im folgenden sind zwei Aufgaben gegeben, die erste soll das Verständnis parallel arbeitender Automaten fördern, und die zweite betrifft die typische technische Realisierung des Life-Spiels als Software-Lösung.

Aufgabe 1.2. In den Teilbildern b bis e von Bild 1-8 sind vier Figuren lebendiger Zellkombinationen wiedergegeben, die z.T. phantasievolle Namen haben, wie Faß für b, Blinker für c und Gleiter für d. Zeichnen Sie diese Zellkonstellationen auf ein Blatt und ermitteln Sie jeweils die daraus entstehenden weiteren Konstellationen, und zwar für b über einen, für c und d über zwei und für e über drei Taktschritte.

Aufgabe 1.3. Zeichnen Sie ein Flußdiagramm für den zellularen Automaten und entwickeln Sie daraus ein Programm in einer höheren Programmiersprache für ein Feld von 100 mal 100 Zellen.

1.2 Elementare Maschinen

1.2.1 Die Turing-Maschine

Die im folgenden beschriebene sog. Turing-Maschine ist eine erste elementare Datenverarbeitungsmaschine. Bezüglich der Datenverarbeitung liegt ihr in gewissem Sinn die Urform eines autonomen Automaten mit ihrer Haupteigenschaft der Datenänderung durch eine Zuordnungstabelle zugrunde. Mit anderen Worten: Bei der Turing-Maschine ist die Übergangsfunktion für die Datenänderung als (Zuordnungs-)*Tabelle* ausgeführt, mit den sich daraus ergebenden Vor- und Nachteilen.

Turing 1936

Der englische Mathematiker Alan M. Turing entwarf 1936, also *vor* der mathematischen Entwicklung der verschiedenen Automatenmodelle durch Moore, Mealy und Medwedjew in den 50er Jahren sowie *vor* der technischen Beschreibung des ersten Elektronenrechners durch Burks, Goldstine und v. Neumann 1946, auch noch kurz *vor* dem Entwurf und dem Bau des ersten Relaisrechners von Zuse (Inbetriebnahme 1941), eine programmierbare Maschine zu dem Zweck, algorithmische Problemstellungen theoretisch zu durchdringen, ohne eine solche Maschine auch wirklich bauen zu wollen.

Die Turing-Maschine bildet eine Zusammenfassung der in 1.1 diskutierten Funktionsprinzipien programmgesteuerter Datenverarbeitung in der Form von drei untereinander verbundenen Medwedjew-Automaten entsprechend Bild 1-6a mit Speicherung des Zustands, der Daten und der Zugriffsposition, aufgeschrieben in einer einzigen, gemeinsamen Tabelle:

die Programmfortschaltung erfolgt gemäß der Funktion $PZ := f_z(PZ, D[i])$,

die Datenverarbeitung erfolgt gemäß der Funktion $D[i] := f_d(PZ, D[i])$,

der Datenzugriff erfolgt gemäß $i := i \pm 1$ als Funktion von PZ und D[i].

Die Bedeutung der Turing-Maschine liegt in der theoretischen Informatik. Dort wird sie als Grundlage für die mathematische Begründung des Algorithmenbegriffs hergenommen und insbesondere zur Klärung der Frage benutzt, welche Fähigkeiten Algorithmen besitzen, genauer: zur Festlegung dessen, was mathematisch als Algorithmus bezeichnet werden kann; einen gut zugänglichen Beitrag zu diesen Fragestellungen bietet [Rechenberg].

Strukturbeschreibung. Die Turing-Maschine verwirklicht die drei grundlegenden Funktionen der Programmfortschaltung, der Datenänderung und des Datenzugriffs mittels einer in Bild 1-9a wiedergegebenen Struktur, wie man sie sich auch leicht aufgebaut denken kann. Darin ist das von Turing vorgesehene, nach links und rechts bewegliche, unendlich lange Band D zur Datenspeicherung/-ersetzung (unten links) in einem ersten Konstruktionsschritt ersetzt durch einen unendlich großen Shiftspeicher D mit nach oben oder unten beweglicher Information (unten Mitte) und in einem zweiten Schritt durch einen unendlich großen „Random“speicher D mit feststehender, aber über einen Vor-/Rückwärtszähler

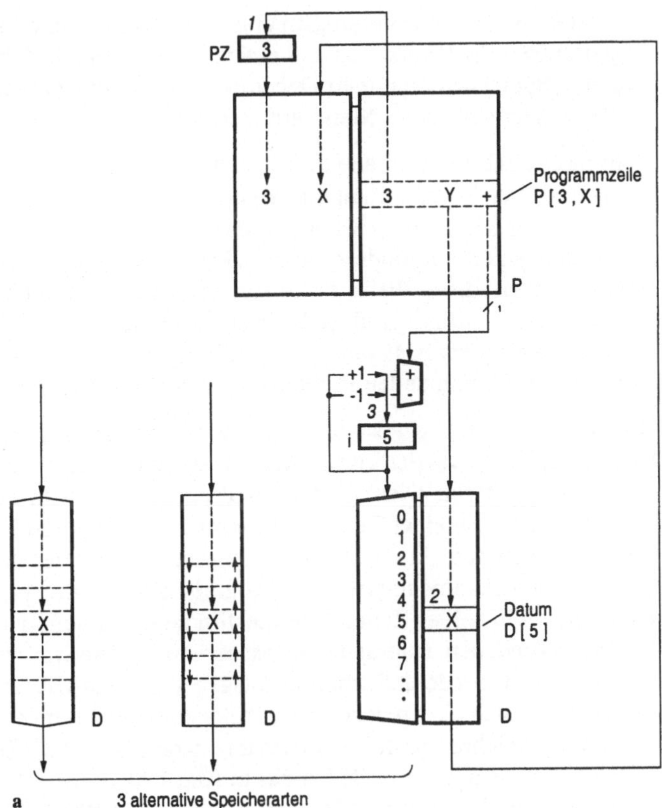

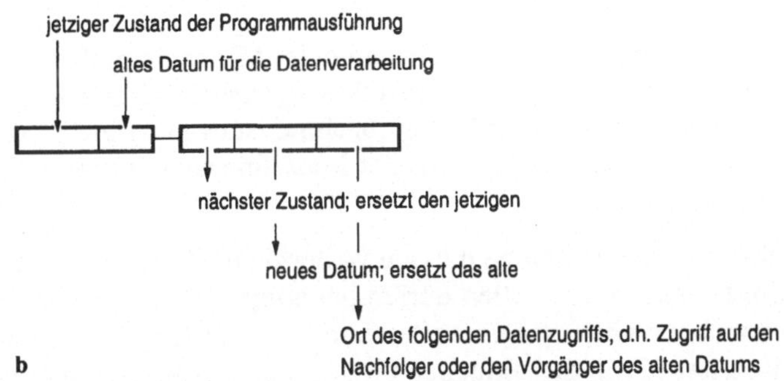

Bild 1-9. Die Turing-Maschine; **a** Struktur, **b** Programmzeile. *1* Programmfortschaltung, *2* Datenänderung, *3* Datenzugriff.

erreichbarer Information (unten rechts). Aufgrund der für alle Speicherzellen vom vorhergehenden Zugriff unabhängigen Erreichbarkeit bezeichnet man letzteren als Speicher mit wahlfreiem Zugriff (Randomspeicher, random access memory, RAM). – Wie man auf der nächsten Seite sieht, besteht er aus einem

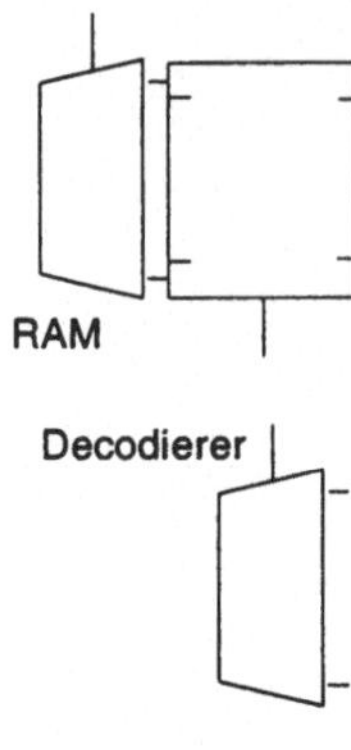

rechten Teil mit vorstellungsmäßig zeilenweise untereinander angeordneten Speicherzellen und einem linken Teil zur Adressierung dieser Speicherzellen, dem Decodierer, vorstellungsmäßig mit untereinander stehenden Nummern, den Adressen.

In ihrer Funktion sind alle drei Speicherkonstruktionen äquivalent; in der dritten Form kommt die Art der Zugriffsfunktion, wie sie bei der Turing-Maschine gewählt ist, durch den Vor-/Rückwärtszähler („Datenzähler") besonders gut zur Geltung; außerdem läßt sich der Speicher auf diese Weise technisch am einfachsten aufbauen. Der Terminus *unendlich* groß ist dabei so zu verstehen, daß die Kapazität des Speichers *genügend* groß ist, um die Daten für alle konkret in Betracht kommenden Probleme unterbringen zu können.

Die drei Funktionen für den Prozeßstatus (Programmfortschaltung, Datenänderung und Datenzugriff) sind bei der Turing-Maschine – wie gesagt – gemeinsam in einer Tabelle untergebracht. Diese bildet das Programm, das im Programmspeicher P steht. Die Auswahl einer Zeile des Programms erfolgt durch Vergleich des im Register PZ stehenden aktuellen Programmzustands *und* des in der Speicherzelle D[i] stehenden Datums mit *allen* im Programmspeicher links stehenden Eintragungen. Dort, wo in beiden Teilen Übereinstimmung herrscht, wird die mit den gefundenen Eintragungen assoziierte, rechts im Programmspeicher stehende Information ausgegeben, weshalb ein solcher Speicher auch als Speicher mit inhaltsadressierbarem Zugriff (Assoziativspeicher, content addressable memory, CAM) bezeichnet wird. Eine Programmzeile hat das in Bild 1-9b dargestellte Format; die aktuelle Programmzeile, eine Art Befehl, enthält die dort vermerkten Angaben.

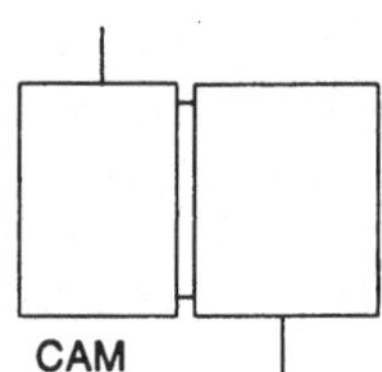

Funktionsbeschreibung. Vor Inbetriebnahme der Maschine muß das Programm in der durch das Format einer Programmzeile vorgegebenen Form im Programmspeicher geladen sein. Nach ihrer Inbetriebnahme ist es nicht mehr veränderbar: man beachte, daß während des Betriebs der Maschine keine Programmzeile in P geändert werden kann.

Vor Inbetriebnahme der Maschine müssen weiterhin die Eingabedaten im Datenspeicher sein. Leere Speicherzellen dürfen beliebige Daten enthalten oder müssen das Leersymbol enthalten. Des weiteren müssen vor Inbetriebnahme der Maschine das Register PZ für den aktuellen Programmzustand sowie der Zähler i für den aktuellen Datenzugriff mit ihren Anfangswerten initialisiert sein. Nach dem Starten der Maschine wird in jedem Taktschritt durch den Datenzähler genau ein Datum als aktuelles Datum angewählt, das zusammen mit dem aktuellen Programmzustand wiederum genau eine Programmzeile identifiziert.

Die aktuelle Programmzeile befindet sich – wie beschrieben – an der Stelle im Programmspeicher, wo im linken Teil der Tabelle der gleiche Zustand wie in PZ (jetziger Zustand) *und* das gleiche Datum wie an der Stelle i im Datenspeicher steht (was gleichbedeutend mit der Position des Schreib-/Lesekopfes über dem

Datenband ist – altes Datum). Der rechte Teil der ausgewählten Programmzeile enthält drei Angaben: den nächsten Zustand, der den jetzigen in PZ ersetzt, das neue Datum, das das alte an der Position i im Datenspeicher ersetzt, sowie den Ort, genauer eines der Symbole + oder – für den folgenden Datenzugriff (was gleichbedeutend mit dem Weiterrücken des Schreib-/Lesekopfes in eine der beiden Richtungen ist).

In jedem Prozeßschritt werden also gleichzeitig der Wert von *PZ*, der Wert von $D[i]$ und der Wert von i mit $i{:=}i\pm 1$ gemäß des tabellenförmig vorliegenden Programms in Verbindung mit den reihenförmig angeordneten Daten verändert. Man mache sich beim Durchspielen des geschilderten Prozeßablaufes bewußt, daß die drei beschriebenen Aktionen in ein und demselben Schritt erfolgen. Dies erfordert besondere Vorkehrungen bei der Konstruktion wie bei der Simulation einer solchen Maschine (siehe S. 21: Gleichzeitigkeit der Statusänderung).

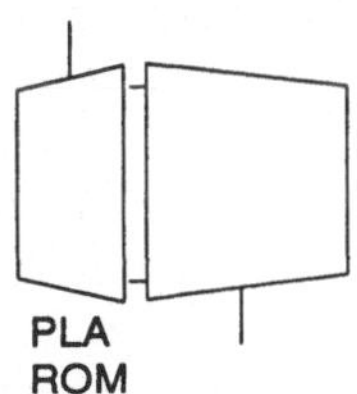

Zur Speicherung von Tabellen. Tabellen, die links mit einem Schlüssel durchsucht werden und rechts den damit assoziierten Inhalt liefern, können – wie beschrieben – in einem inhaltsadressierbaren Speicher, einem CAM, abgelegt werden (hier P). Dann läßt sich P *extrem* schnell mit einem neuen Programm laden. – Sie können aber auch in einem sog. programmierbaren Logikfeld (programmable logical array, PLA) gespeichert werden. Je nach Ausführung sind PLAs programmierbar in dem Sinn, daß PLA-inhärente Verbindungen durchgeschaltet werden oder nicht. Dann läßt sich P *relativ* schnell mit einem neuen Programm laden. – Sie können aber auch in dem Sinn programmierbar sein, daß alle Bits im Feld physikalisch als Transistormatrix aufgebaut werden (Transistor-Layout). Das Interessante an einer solchen Matrix ist, daß sie im Grunde eine Logikschaltung ist. Somit ist das Programm in P gewissermaßen verdrahtet, in Speicherterminologie: in Form fester Werte gespeichert. Man kann ein solches PLA deshalb auch als Festwertspeicher bezeichnen. Dieser Begriff wird allerdings i. allg. nur dann benutzt, wenn der Schlüssel ein Index (Adresse) ist und die „Schlüssel"tabelle somit zu einer Tabelle mit numerierten Zeilen wird, zu einer „Index"tabelle. Für eine solche Tabelle benötigt man kein CAM, vielmehr läßt sie sich, da die Indizes links unveränderlich sind, in einem RAM ablegen, oder sie läßt sich, wenn darüber hinaus auch ihr Inhalt rechts unveränderlich ist (in Speicherterminologie: fest gespeichert ist) in einem Nur-Lese-Speicher (read only memory, ROM) ablegen. Die Speicherung der nun auf die Aufgabenstellung fixierten Tabelle in einem ROM ist erheblich billiger.

Da Turing-Maschinen nicht wirklich gebaut werden, sondern nur als gedankliche Modelle dienen, kann man durchaus auch sagen:

- Das Turing-Programm steckt in einem Festwertspeicher.

oder – wie es die Theoretiker tun (die Rückkopplung über das Zustandsregister mit einbezogen):

- Das Turing-Programm steckt in einem Schalt- oder Steuerwerk.

In der Tat kann das Steuerwerk mit dem Turing-Programm als Mealy-Automat mit zwei Ausgangsfunktionen angesehen werden: eine für die Datenersetzung und eine für den Datenzugriff (Vorgänger oder Nachfolger).

Bemerkung. Steuerwerke dieser Art, d.h. mit unmittelbarer Datum-Abfrage und mit Anweisungs-Ausgaben findet man bei der Mikroprogrammierung von Computern, aber auch bei allen möglichen Steuerungen. Damit hat Turing in gewissem Sinn die Idee des Automaten, wie ihn Mealy geprägt hat, vorweggenommen.

Aufgabe 1.4. Die Turing-Maschine soll dadurch leistungsfähiger gemacht werden, daß zusätzlich zum Datenzugriff auf den direkten Vorgänger bzw. Nachfolger mittels einer Distanzangabe auch Datenzugriffe auf dasselbe Datum oder auf entferntere Daten ermöglicht werden. – Skizzieren Sie das Blockbild der neuen Maschine.

1.2.2 Die In-/Dekrementier-Maschine (Zählmaschine)

Die im folgenden beschriebene hier so genannte In-/Dekrementier- bzw. Zählmaschine ist eine zweite elementare programmierbare Datenverarbeitungsmaschine. Bezüglich der Datenverarbeitung stellt sie in gewissem Sinn die Urform eines autonomen Rechners mit ihrer grundlegenden Eigenschaft der Datenänderung in Verbindung mit der Zähloperation dar. Anders ausgedrückt: Bei der Zählmaschine ist die Übergangsfunktion für die Datenänderung als (Arithmetik-)*Operation* ausgeführt, mit ihren daraus resultierenden Vor- und Nachteilen.

Die Zählmaschine kann man sich aus den Axiomen zur Bildung der natürlichen Zahlen entwickelt denken. Diese Axiome wurden 1891 von dem italienischen Mathematiker Guiseppe Peano aufgestellt, weshalb man diese Maschine auch ihm zu Ehren Peano-Maschine nennen könnte; zur Entwicklung der Maschine werden sie gewissermaßen dynamisch interpretiert. Demnach entsprechen den Axiomen „0 ist eine Zahl", „Jede Zahl hat genau einen Nachfolger" und „Jede Zahl ist Nachfolger höchstens einer Zahl" die Operationen „x:=0" und „x:=x+1". Zur Ermöglichung der in den Axiomen „0 ist nicht Nachfolger einer Zahl" und „Von allen Mengen, die die Zahl 0 und mit der Zahl (x) auch deren Nachfolger (x+1) enthalten, ist die Menge der natürlichen Zahlen am kleinsten" enthaltenen vollständigen Induktion benötigt die Maschine eine Möglichkeit zum Rückwärtszählen, d.h. die Operation „x:=x–1" mit der (aufgrund der Beschränkung auf natürliche Zahlen) hier geltenden Sonderregelung $x-1=0$ für x:=0, d.h. 0–1=0, nicht 0–1=–1. Des weiteren benötigt die Maschine zur Ermittlung des Induktionsanfangs bzw. des Rekursionsendes eine Möglichkeit, die Bedingung $x=0$ abzufragen.

Auch diese elementare programmierbare Maschine wird zur Durchdringung algorithmischen Rechnens benutzt, ohne daß sie wirklich gebaut werden würde. Die Zählmaschine bildet ähnlich der Turing-Maschine eine Zusammenfassung der in 1.1 diskutierten Funktionsprinzipien programmgesteuerter Datenverarbeitung für die Programmfortschaltung, den Datenzugriff und die Datenänderung. Ihre Bedeutung liegt ebenfalls in der theoretischen Informatik. Auch mit ihr läßt sich der Algorithmenbegriff mathematisch begründen, und zwar anhand der pro-

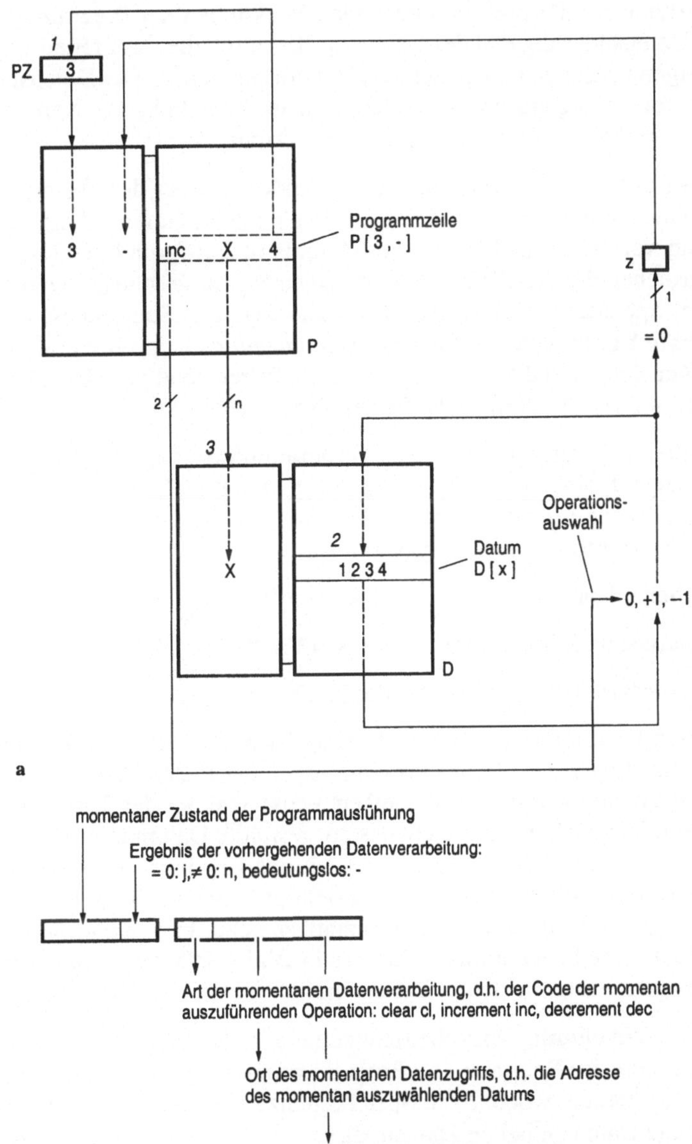

Bild 1-10. Die Zählmaschine; **a** Struktur, **b** Programmzeile. *1* Programmfortschaltung, *2* Datenänderung, *3* Datenzugriff.

grammiersprachlichen Ausdrückbarkeit von Algorithmen; zu diesen Fragestellungen siehe wieder [Rechenberg].

Strukturbeschreibung. Die Zählmaschine ist in Bild 1-10a in einer Struktur wiedergegeben, wie man sie sich auch leicht aufgebaut denken kann. Sie zeigt die Verwirklichung der drei grundlegenden Funktionen der Programmfortschaltung, der Datenänderung und des Datenzugriffs durch die mit Pfeilen versehenen Verbindungen zwischen den einzelnen Funktionseinheiten. Der Datenspeicher D ist tabellenförmig organisiert und enthält in jeder Zeile links den Namen des Datums (der Variablen) und rechts eine Zahl als Datum (Wert).

Der Zugriff auf den Datenspeicher erfolgt anders als bei der Turing-Maschine durch Aufsuchen des zu einer Variablen gehörenden Namens. Aufgrund dieser Verbindung von Name und Wert eines Datums und aufgrund der Tatsache, daß das Durchsuchen der Tabelle in einem einzigen Schritt geschieht, handelt es sich bei diesem Speicher um einen Assoziativspeicher. Der Speicher ist theoretisch zwar *unendlich* groß, und die Zahlen dürfen *unendlich* lang sein; praktisch brauchen die Kapazität und die Zahllänge aber nur ausreichend groß bzw. lang in Bezug auf die auf der Maschine ablaufenden Prozesse zu sein.

Die Funktionen für den Prozeßstatus (Programmfortschaltung, Datenänderung und Datenzugriff) sind bei der Zählmaschine getrennt realisiert. Die Funktion für die Datenänderung umfaßt die folgenden drei Operationen, die durch die entsprechenden Operationscodes ausgewählt werden.

Löschen (clear): cl X (X:=0)

Vorwärtszählen (increment): inc X (X:=X+1)

Rückwärtszählen (decrement): dec X (X:=X−1)

Die Funktion für die Programmfortschaltung ist wieder als Tabelle vorgegeben. Sie bildet das Programm, das im Programmspeicher P steht. Die Auswahl einer Zeile des Programms erfolgt in derselben Weise wie bei der Turing-Maschine, aber mit dem Unterschied, daß nicht das ausgewählte Datum zum Vergleich herangezogen wird, sondern die Bedingung, ob das Ergebnis der vorhergehenden Operation =0 oder ≠0 war oder unberücksichtigt bleiben soll. Dementsprechend handelt es sich auch hier um einen Assoziativspeicher bzw. ein programmierbares Logikfeld. Eine Programmzeile hat das in Bild 1-10b dargestellt Format; die aktuelle Programmzeile, eine Art Befehl, enthält die darin vermerkten Angaben.

Funktionsbeschreibung. Vor Inbetriebnahme der Maschine müssen wie bei der Turing-Maschine das Programm im Programmspeicher und die Eingabedaten im Datenspeicher stehen, wobei leere Speicherplätze hier nicht etwa „nichts“, sondern beliebige Daten enthalten können, da es vereinbarungsgemäß nur die natürlichen Zahlen und somit kein Nichts- oder Leersymbol gibt. Dabei wird die Null als in der Menge der natürlichen Zahlen enthalten betrachtet.

Des weiteren müssen vor Inbetriebnahme der Maschine das Register PZ sowie das Bit z (zero) mit ihren Startwerten geladen sein. Auf das Initialisieren von z kann jedoch verzichtet werden, wenn in der als erstes angewählten Programmzeile das Zero-Bit durch Angabe von „-“ nicht abgefragt wird.

Nach dem Starten der Maschine wird mit jedem Taktimpuls der aktuelle Programmzustand und ggf. das Zero-Bit, das anzeigt, ob das Ergebnis der vorangegangenen Operation gleich Null war oder nicht, im linken Teil des Programmspeichers abgefragt und auf diese Weise genau eine Programmzeile identifiziert.

Die aktuelle Programmzeile ist also gegeben durch den in PZ stehenden momentanen Zustand der Programmausführung *und* ggf. die in z stehende boolesche Bedingung der vorhergehenden Datenverarbeitung. Sie enthält in ihrem rechten Teil drei Angaben, nämlich den Code für die momentan auszuführende Operation, die Adresse des momentan auszuwählenden Datums für die Datenänderung sowie den nachfolgenden Zustand für die Programmfortschaltung.

In jedem Prozeßschritt werden also gleichzeitig der Wert von *PZ*, der Wert von $D[a]$ mit $a=P[PZ, z]$ und der Wert von z gemäß des tabellenförmig vorliegenden Programms und der gleichfalls tabellenförmig angeordneten Daten verändert. Man mache sich auch hier wieder die Wirkung der Gleichzeitigkeit der Aktionen beim Prozeßablauf bewußt mit ihren Rückwirkungen auf die Konstruktion oder die Simulation einer solchen Maschine (siehe S. 21: Gleichzeitigkeit der Statusänderung).

Aufgabe 1.5. Für die Zählmaschine soll anstelle des Assoziativspeichers für das Programm ein Randomspeicher eingesetzt werden. Wie muß das Blockbild geändert werden? – Wie fast immer, so gibt es auch hier mehrere Lösungen. Entscheiden Sie sich für eine und skizzieren Sie ein neues Blockbild, auch unter Einbeziehung des nächsten Aufgabenteils.
Anstelle des Assoziativspeichers für die Daten soll ebenfalls ein Randomspeicher eingesetzt werden. In welcher Weise muß das Programm vor seiner Ausführung geändert werden? Ist dieser Prozeß automatisierbar, und zwar in dem Sinn, daß diese Arbeit einem Computerprogramm übertragen werden kann? Was hat ein solches Programm im einzelnen zu tun?

1.2.3 Die Exor-/And-Maschine (Logikmaschine)

Die Turing-Maschine und die Zählmaschine sind theoretisch interessante Entwicklungen im Sinn von Computermodellen, die jedoch technisch als kommerziell vermarktbare Industrieprodukte ohne jede Bedeutung sind. Ihre wichtigsten technischen Eigenschaften sind in Tabelle 1-1 zusammengefaßt. Aus dieser Gegenüberstellung wird nun unter Vermeidung ihrer Hauptnachteile eine dritte elementare Maschine abgeleitet, die im Sinn eines praktisch einsetzbaren Computers konstruiert ist.[1]

Die Hauptnachteile der Turing-Maschine sind

der ausschließlich sequentiell mögliche Zugriff auf den Datenspeicher (1),

die im Programm zu integrierende Datenverarbeitungsfunktion (2).

Wie gravierend sich die beiden Nachteile auf die Leistungsfähigkeit dieser Maschine auswirken, erkennt man, wenn man sich vorstellt, in welcher Weise und mit welchem Programmaufwand zwei ziffernweise hintereinander gespeicherte Dualzahlen addiert werden, die im Speicher noch dazu weit auseinander liegen. Die Dauer für die Addition ist hier *linear* abhängig von der Entfernung der zu addierenden Zahlen.

---

1. unter Einbeziehung der in Aufgabe 1.5 diskutierten Möglichkeiten.

Die Hauptnachteile der Zählmaschine sind

die Einfachheit der arithmetischen Operationen (3),

die Beschränkung der Datentypen auf natürliche Zahlen (4).

Auch hier vergegenwärtige man sich die Auswirkungen der beiden Nachteile auf die Leistungsfähigkeit dieser Maschine, indem man sich vorstellt, wie die Addition von zwei ziffernweise nun nebeneinander gespeicherten Dualzahlen erfolgt, die beide recht groß sind. Die Dauer für die Addition ist hier *linear* abhängig von der Größe der kleineren der zu addierenden Zahlen.

Tabelle 1-1. Gegenüberstellung der Eigenschaften der Turing-Maschine und der Zählmaschine; Nachteile kursiv

	Turing-Maschine	Zählmaschine
Programmspeicher		
Zugriff	wahlfrei	wahlfrei
Typ	Assoziativspeicher oder PLA	Assoziativspeicher ggf. RAM oder ROM[1]
Datenspeicher		
Zugriff	*sequentiell*	wahlfrei
Typ	Bandspeicher	Assoziativspeicher ggf. RAM[1]
Funktionen		
Programmfortschaltung	durch Zustandszuordnung	durch Zustandszuordnung
Datenänderung	durch Datenzuordnung *im Programm integriert*	*durch 0, +1, −1* vom Programm getrennt
Datentypen	beliebige Symbole	*natürliche Zahlen*
Programmverzweigungen	beliebige Anzahl	zwei (=0, ≠0)
Programmierung	durch Tabelle	durch Tabelle ggf. durch Programm

1. unter Einbeziehung der in Aufgabe 1.5 diskutierten Möglichkeiten.

Die genannten Nachteile vermeidet die im folgenden beschriebene, dritte elementare programmierbare Maschine, die hier so genannte Exor-/And- bzw. Logikmaschine. Sie basiert auf Operationen der mathematischen Logik, die von dem englischen Mathematiker George Boole 1854 begründet wurde, weshalb man diese Maschine ihm zu Ehren auch Boole-Maschine nennen könnte; sie bildet in gewissem Sinn die Grundlage des ersten praktikablen Computers, des sog. v.-Neumann-Computers (siehe 1.3).

Im einzelnen verwendet die Logikmaschine (wobei sich die Ordnungszahlen auf die bei der Turing- und der Zählmaschine genannten Hauptnachteile beziehen)

1. einen Datenspeicher mit assoziativ wahlfreiem Zugriff (mit gleichzeitigem Suchen und Lesen von zwei Zellen),

2. vom Programm getrennte Datenverarbeitungsfunktionen (gleich für zwei Operanden),

3. zwei Logikoperationen und zwei Transportoperationen,

4. den Datentyp Bitvektor, vielfach auch kurz als Wort bezeichnet.

Der im letzten Punkt genannte Datentyp Bitvektor ist dabei in dem Sinn als „offen" zu verstehen, als er z.B. für ganze Zahlen in 2-Komplement-Darstellung, aber auch in *jeder* anderen Interpretation benutzt werden kann (zu 2-Komplement-Zahlen siehe 1.3.3, S. 57 ff.). – Diese Flexibilität ist für die Computertechnik von allergrößter Bedeutung, denn dadurch kann *jede* codierte Information durch die vier in der „Befehlsliste" festgelegten Operationen be- bzw. verarbeitet werden. Es sei also im folgenden ungeschriebenes Gesetz, daß dieser Datentyp eine völlig freizügige Interpretation seiner Bits gestattet.

Rechnerstruktur und Funktionsweise

Bild 1-11 zeigt in Teil a die Struktur der Logikmaschine und in Teil b das Format einer Programmzeile. Ihr Datenspeicher D ist im Prinzip wie bei der Zählmaschine organisiert, allerdings erlaubt er den gleichzeitigen Zugriff auf zwei Daten. Ein solcher Speicher wird dementsprechend als Zweiport-Speicher, allgemein als Multiport-Speicher bezeichnet. Die beiden ausgewählten Daten werden in einer Logik-Einheit verknüpft, und zwar sämtliche Bits der Bitvektoren parallel. Die folgenden logischen Operationen stehen zur Verfügung.

2-Port-Speicher

Multiport-Speicher

Exklusiv-Oder (excl. or): eor X,Y ($Y := X \oplus Y$)

Und (and): and X,Y ($Y := X \wedge Y$)

Bittransport (shift): sh Y ($Y := Y \cdot 2$)

Worttransport (move): mov X,Y ($Y := X$)

Die Auswahl der Operationen orientiert sich an der Frage, wie die für alles Rechnen fundamentale arithmetische Operation, die Addition, praktikabel und effektiv zu programmieren ist. Die Exklusiv-Oder-Operation bildet parallel die *Summen* sämtlicher korrespondierender Dual*ziffern*; das in der Formel benutzte Operationssymbol ⊕ für die Modulo-2-Addition weist darauf hin. Die Und-Operation wird zur parallelen Ermittlung der *Überträge* sämtlicher *Ziffern*paare benötigt. Die Operation Bittransport ist ein Zugeständnis dafür, daß, obwohl einer-

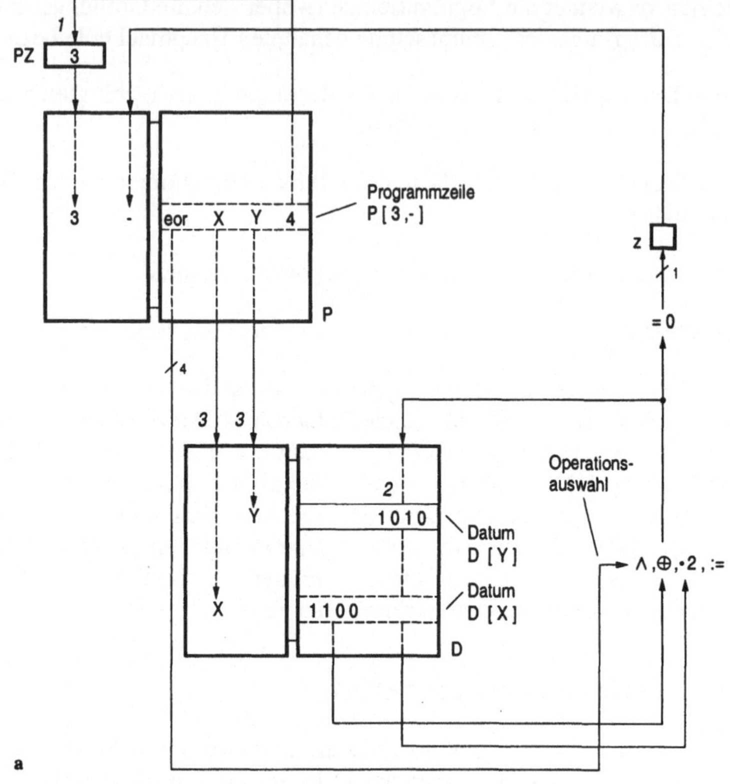

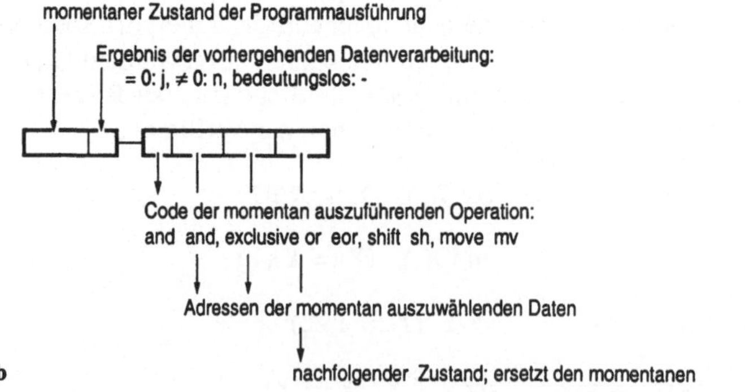

Bild 1-11. Die Logikmaschine; **a** Struktur, **b** Programmzeile. *1* Programmfortschaltung, *2* Datenänderung, *3* Datenzugriff.

seits als Operanden Bitvektoren benutzt werden, andererseits bezüglich des Übertrags die Einzelbits transportiert werden müssen. Die Operation Worttransport X→Y, d.h. die Zuweisung $Y{:=}X$, läßt sich zwar durch $Y{:=}Y \oplus Y$; $Y{:=}X \oplus Y$ nachbilden, ist somit nicht notwendig, aber für die Programmierung der Maschine nützlich. – Operationen mit nur einem Operanden wie bei der Zählmaschine oder der Turing-Maschine genügen bei der Logikmaschine nicht, da sich damit nicht alle Verknüpfungen der Aussagenlogik darstellen lassen.

Das Ergebnis einer jeden Operation, also das, was in den Formeln aus dem rechts von := stehenden Ausdruck gebildet wird, ersetzt den einen der Operanden. Gleichzeitig wird das Ergebnis daraufhin getestet, ob es gleich oder ungleich Null ist, gleichgültig, ob als Bitvektor oder Dualzahl interpretiert. Der so entstehende boolesche Wert wird in das z-Bit geschrieben, genauer: Der zuvor dort gespeicherte Wert wird durch den jetzt gebildeten ersetzt.

Struktur und Funktion der Logikmaschine mit ihrem Programmspeicher, dem Auswerten des PZ-Registers und dem Auswerten des z-Bits folgen der Zählmaschine. Eine Programmzeile besteht im rechten Teil gegenüber der Zählmaschine nun aus *zwei* Angaben über den Ort der zu verarbeitenden Daten. Aber auch für die Logikmaschine ist die gleichzeitige Ausführung der drei Ersetzungen der Werte von PZ, von $D[a]$ mit $a=P[PZ, z]$ und von z charakteristisch. In ein und demselben Prozeßschritt wird durch den aktuellen Programmzustand in PZ, ggf. kombiniert mit der aktuellen Bedingung in z, die aktuelle Programmzeile ausgewählt. Mit den dort stehenden Angaben werden in demselben Schritt zwei Daten und eine der vier Operationen ausgewählt, so daß in diesem Schritt auch das Ergebnis gebildet werden kann.

Das in diesem Schritt gebildete Ergebnis steht an, wartet gewissermaßen am Eingang des Datenspeichers D, gleichzeitig steht die neue Bedingung $=0/\neq 0$ an, wartet also am Eingang des Zero-Bits z; gleichzeitig steht der Folgezustand an, wartet also am Eingang des Zustandsregisters PZ. Erst mit dem Erscheinen des Taktimpulses erfolgt der Übergang zum nächsten Schritt, und sämtliche an den Bit-, Register- und Speichereingängen anstehende Information gelangt schlagartig in das entsprechende Bit, das Register bzw. die Speicherzelle und damit an die entsprechenden Bit-, Register- bzw. Speicherausgänge.

Aufgabe 1.6. Die Addition von zwei Dualzahlen A und C läßt sich durch den folgenden, von John v. Neumann in seiner Maschine benutzten Algorithmus beschreiben, auf der nächsten Seite in zwei Programmformen wiedergegeben. Darin zeigt das Fehlen des sonst üblichen Semikolons zwischen zwei Anweisungen parallele, d.h. gleichzeitig in ein und demselben Schritt ablaufende Operationen an, in unserem Fall von $A:=A\oplus C$ und $C:=A\wedge C$. In programmiersprachlichen Formulierungen findet man dafür ggf. die Schreibweise $(A, C):=(A\oplus C, A\wedge C)$. Die Shiftoperation $C:=C<<1$ (um 1 Stelle nach links) erfolgt hingegen seriell (nach der Ausführung der parallelen Anweisungen). – Die gewählten Notationen für die beiden Programme folgen einer eher software-betonten (links) bzw. einer eher hardware-betonten Ausdrucksweise (rechts). Letztere benutzen wir später zur Hardware-Beschreibung von Algorithmen (siehe 2.1.2, S. 95 ff.).

Die dem Algorithmus natürlicherweise innewohnende Parallelität der Operationen $\oplus$ und $\wedge$ kann wegen des „skalaren" Operationswerks der Logikmaschine, das nur eine Operation pro Taktschritt auszuführen gestattet, nicht genutzt werden; dazu wäre eine „vektorielle" oder, wie man sagt, „superskalare" Maschine notwendig, die mehrere Operationswerke aufweist und dementsprechend mehrere Operationen pro Taktschritt ausführen kann (vgl. dazu 1.3.3, S. 59: Addieren durch Überträge Retten).

Die Aufgabe ist nun, aus dem oben angegebenen Algorithmus ein Programm für die Logikmaschine zu entwickeln. Dazu muß zunächst die im Algorithmus vorhandene Parallelität in Serialität umgeformt werden. – Führen Sie dies zunächst für das rechte Programm aus und entwerfen Sie daraus das Programm für die Logikmaschine in Tabellenform, beginnend z.B. beim Programmzustand 13. – Wie viele Schritte umfaßt die Addition n-stelliger Dualzahlen im Minimum (keine Übertragsweiterleitung) und im Maximum (Übertragsweiterleitung über alle Stellen)?

```
while C ≠ 0 do
    A := A ⊕ C
    C := A ∧ C;
    C := C << 1;
end
```

```
add:  [C]
      if [=0]
          -> cont ;
      if [≠0]
          A := A xor C
          C := A and C
          -> ;
#:        C := C << 1
          -> add ;
cont: . . .
```

Die Lösung dieser Aufgabe führt zu dem Ergebnis, daß die Dauer für die Addition bei der Logikmaschine nur *logarithmisch* abhängig von der Größe der zu addierenden Zahlen ist. Somit kommt nur diese der drei behandelten elementaren Maschinen für einen praktischen Einsatz als marktfähiger Computer im Sinn eines anwenderakzeptablen Produkts in Frage.

1.2.4 Maschinelle Verarbeitung von Daten

Zur Beschreibung eines kommerziell erfolgreichen Rechners orientieren wir uns beispielhaft an der Programmierung und der Durchführung einer oft zu wiederholenden Berechnung durch den Menschen. Völlig auf sich gestellt, muß der Mensch sowohl das Programm wie die einzelnen Datensätze im Kopf haben als auch die einzelnen Rechenschritte im Kopf ausführen. Bereits bei einfachen Aufgabenstellungen wird er schnell überfordert sein.

Mit einem Hilfsmittel zum Rechnen, z. B. einem Taschenrechner, und einem Hilfsmittel zum Merken, z. B. einem Blatt Papier, stellt sich die Bearbeitung der Aufgabe schon wesentlich leichter dar. Das Programm wird Befehl für Befehl aufs Papier geschrieben, und zwar in einer Form, daß jeder Befehl mit dem Taschenrechner ausführbar ist. Die Variablen mit ihren Werten werden ebenfalls aufs Papier geschrieben. Dann wird das Programm mit dem Rechner Befehl für Befehl ausgeführt und die Zwischenergebnisse und schließlich das Endergebnis aufs Papier notiert.

Mit einer Rechenmaschine ist die Bearbeitung einer Aufgabe noch einfacher. Sie ist im wesentlichen auf das Erstellen des Programms, das Laden des Programms und das Eingeben der Datensätze in die Rechenmaschine reduziert. Die Berechnung – sei sie auch noch so kompliziert – wird selbsttätig vom Rechner ausgeführt, und die Endergebnisse werden angezeigt oder ausgedruckt.

Datenverarbeitung durch den Menschen

Wir analysieren zunächst die Tätigkeit einer Person, die mit einem Taschenrechner eine kleinere Berechnung durchführt. Mit dem Taschenrechner können u. a. die beiden Grundrechenarten Addition und Multiplikation durchgeführt werden.

Die Eingabe der Operanden und die Auswahl der Operationen erfolgt über die Tastatur. Die Ausgabe der Ergebnisse geschieht durch Anzeigen der Zahlen.

Ein Programmbeispiel. Wir wollen uns vergegenwärtigen, wie ein Mensch mit einem solchen Rechner den Wert eines Polynoms berechnet, z. B. den Wert von

$$p = a_0 \cdot x^3 + a_1 \cdot x^2 + a_2 \cdot x + a_3$$

mit $a_0 = 17$, $a_1 = 23$, $a_2 = 5$, $a_3 = 13$ und $x = 2$.

Der Rechner besitzt ein Rechenregister, das auch zur Anzeige beim Eingeben und zum Ablesen von Zahlen dient und vielfach als Akkumulator (AC) bezeichnet wird. Auf dem Rechner wird bei jeder Operation zuerst die Operationstaste betätigt, dann der Operand (die Zahl) eingegeben und schließlich die „="-Taste zur Auslösung der Operation gedrückt.

In der Tabelle 1-2 sind links die Operationen zur Polynomauswertung aufgelistet; sie bilden das Programm, das dem aus der Mathematik bekannten Horner-Schema folgt. Rechts stehen die Werte der Koeffizienten a_0 bis a_3 und der Wert der Variablen x, für die der Wert des Polynoms berechnet werden soll. Die Größe z ist eine Konstante mit dem Wert 0, die zum „Löschen" des Akkumulators zu Beginn der Rechnung dient. Diese Operation ist hier, einer gewissen Systematik folgend, etwas umständlich niedergeschrieben; sie wird normalerweise durch Betätigen einer speziellen Operationstaste, der Taste „clear" ausgelöst.

Tabelle 1-2. Algorithmus und Zahlenangaben (Programm und Datensatz) zur Auswertung eines Polynoms dritter Ordnung mit einem Taschenrechner

Reihenfolge der Operationen (Programm)		Namen und Werte der Operanden (Daten)	
0:	Lade den AC mit z (Lösche den AC)	z :	0
1:	$+a_0 =$	a_0:	17
2:	$\cdot x =$	a_1:	23
3:	$+a_1 =$	a_2:	5
4:	$\cdot x =$	a_3:	13
5:	$+a_2 =$	x :	2
6:	$\cdot x =$	p :	
7:	$+a_3 =$		
8:	Speichere den im AC stehenden Wert nach p		

Mit der Angabe des Programms und der Rechengrößen ist die Berechnung des Polynoms vollständig beschrieben, so daß der Wert von p mit dem Rechner ermittelt werden kann, ohne daß die Person, die den Rechner bedient, zu wissen braucht, daß es sich um eine Polynomauswertung handelt. Die letzte Operation wird nicht vom Rechner, sondern nur vom Menschen ausgeführt. Sie weist ihn an, den im Akkumulator angezeigten Wert abzulesen und unter dem Variablennamen *p* zu notieren. Auf dem Papier wurde ein Platz „reserviert", da der Wert von *p* beim Formulieren des Programms noch nicht bekannt war.

Die Tätigkeit des Operateurs. Dem Menschen als dem Operateur liegt die Aufgabenstellung in der Form eines Programms und der dazugehörigen Daten vor. Das Programm besteht aus Befehlen, die Operanden bilden die Daten. Der Operateur liest den ersten Befehl vom Papier ab und interpretiert ihn. Ein Befehl ist aufgeteilt in Operationscode (Name der Operation) und Operandenadresse (Name des Operanden). Er tastet den Operationscode ein, sucht den zur Operandenadresse gehörenden Wert des Operanden und liest ihn vom Papier ab. Anschließend tastet er diesen in den Rechner ein und betätigt die „="-Taste zur Ausführung der Operation. Dann liest er den nächsten Befehl, interpretiert ihn und führt ihn in gleicher Weise aus. In Bild 1-12 ist die Tätigkeit des Operateurs durch Pfeile angedeutet, die in der Reihenfolge ihrer Numerierung durchlaufen werden. Ein gedachter Zähler gibt die Nummern der Befehle vor; immer wenn ein Befehl abgerufen und ausgeführt ist, wird er um 1 hochgezählt.

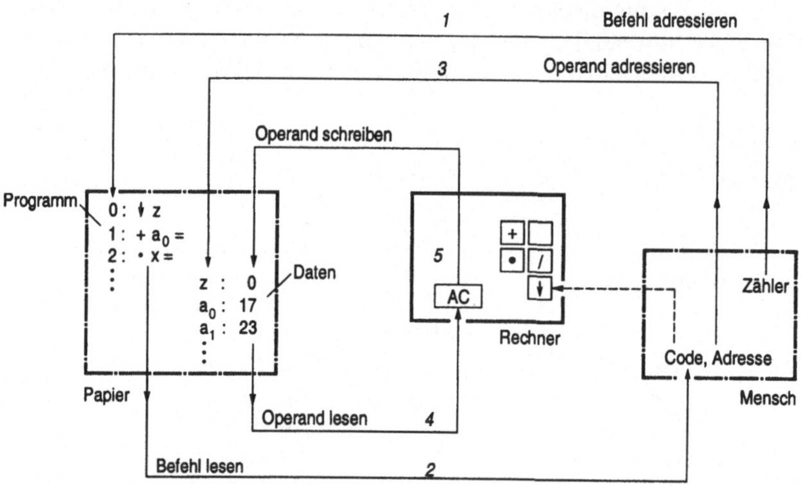

Bild 1-12. Ausführung eines Programms mit einem Taschenrechner. Anordnung der Befehle als Folge üblich (Programm); Anordnung der Operanden willkürlich möglich (Daten).

Programme sind i.allg. nicht so „geradeaus" geschrieben wie in unserem Beispiel zur Polynomauswertung, sondern enthalten „Schleifen", wodurch der lineare Ablauf durch zyklische Abläufe unterbrochen wird. Dies bedingt Befehle an den Operateur, den Zählerstand in Abhängigkeit von Bedingungen zu ändern. Im folgenden, erheblich komplizierteren Programm zur Polynomauswertung sind weitere Befehle an den Operateur vorgesehen: nämlich die Adresse in einem

Befehl durch eine andere zu ersetzen sowie die Adresse in einem Befehl mit einer anderen zu vergleichen. Befehle dieser Art waren bereits in dem von Burks, Goldstine und v. Neumann beschriebenen elektronischen Rechner vorgesehen, was gewiß einen Meilenschritt in der Rechnerentwicklung bedeutete.

0: Lade den AC mit z (Lösche den AC)

1: $+a_0 =$

2: $\cdot x =$

3: $+ a_1 =$

4: Ersetze a_i des unter 3 aufgeschriebenen Befehls durch a_{i+1}

5: Ist a_i des unter 3 aufgeschriebenen Befehls ungleich a_4, dann fahre fort bei 2 (sonst weiter mit dem nächsten Befehl)

6: Speichere den im AC stehenden Wert nach p

Datenverarbeitung mit dem Computer

Eine Rechenmaschine vermag Programme auszuführen, ohne daß ein Operateur zur Abarbeitung des Programms nötig ist. An seine Stelle tritt ein elektronisches steuerndes Werk, früher Leitwerk genannt. An die Stelle des Taschenrechners tritt ein elektronisches operatives Werk, früher Rechenwerk genannt. Und anstelle des Papiers wird zur Speicherung von Programmen und Daten ein elektronisch arbeitender Speicher verwendet. Mit einer solchen elektronischen Rechenmaschine können Milliarden von Operationen pro Sekunde ausgeführt werden. Diesem Vorteil hoher Rechengeschwindigkeit steht jedoch der Nachteil mühseliger Programmierung in 0/1-Mustern gegenüber, vorausgesetzt, es steht einem – wie hier geschildert – nur die „nackte" Maschine zur Verfügung.[1]

Das Programmbeispiel. Wir legen für unser Programmbeispiel einen einfachen Rechner zugrunde, der die folgenden Befehle ausführen kann; darin steht AC als Abkürzung für Akkumulator und M als Abkürzung für die Nummer (Adresse) einer beliebigen Speicherzelle.

Register AC

Befehle:

`0001`		hält den Rechner am Ende des Programms an
`0101`	`M`	speichert den Inhalt des AC nach M
`1000`	`M`	lädt den AC mit dem Inhalt von M
`1100`	`M`	addiert den Inhalt von M auf den Inhalt des AC
`1110`	`M`	multipliziert den Inhalt von M auf den Inhalt des AC

In der Tabelle 1-3 sind die Befehle zur Polynomauswertung zur Ausführung durch den Rechner aufgelistet, zusammen mit den Werten der Operanden, die ab der Zelle $10=01010_2$ im Speicher stehen. Der mit Sternchen versehene Inhalt der Speicherzelle $16=10000_2$ ist bedeutungslos,[2] da er mit dem Ergebnis der Poly-

1. was natürlich schon lange nicht mehr der Fall ist.
2. besteht aber nichts desto weniger auch aus „0" und „1".

nomauswertung überschrieben wird. Die Befehle des Programms sind binär, d.h. als 0/1-Muster codiert, vorn der Operationscode, gefolgt von den mit Nullen aufgefüllten Operandenadressen. Die Operanden sind als Dualzahlen dargestellt. – Befehle wie Operanden werden in ein und demselben Speicher aufbewahrt. Sie sind nur durch ihren Platz im Speicher zu unterscheiden: In den Zellen 0 bis 9 sind die Befehle und in den Zellen 10 bis 16 die Operanden gespeichert. Bei der Adresse 0 beginnend werden die Befehle der Reihe nach ausgeführt. Der letzte Befehl in der Zelle 9 verhindert, daß der Operand in Zelle 10 als Befehl interpretiert wird.

Tabelle 1-3. Programm und Daten für das Beispiel der Polynomauswertung in einem Randomspeicher

Adressen	Befehle und Operanden
00000:	1000000...0001010
00001:	1100000...0001011
00010:	1110000...0001111
00011:	1100000...0001100
00100:	1110000...0001111
00101:	1100000...0001101
00110:	1110000...0001111
00111:	1100000...0001110
01000:	0101000...0010000
01001:	0001000...0000000
01010:	0000000...0000000
01011:	0000000...0010001
01100:	0000000...0010111
01101:	0000000...0000101
01110:	0000000...0001101
01111:	0000000...0000010
10000:	*******...*******

Funktion des Computers. Die Tätigkeit des Operateurs mit seinem Taschenrechner bei der Durchführung einer Berechnung wird durch die Wirkungsweise der Rechenmaschine zur Bewerkstelligung dieser Aufgabe ersetzt. Im Leitwerk des Rechners sind Register zum Zählen und zum Zwischenspeichern der Befehle vorgesehen: der Befehlszähler PC (program counter) und das Befehlsregister IR (instruction register).

Register
PC
IR

Der PC wird mit der Adresse des ersten Befehls geladen. Anschließend wird dieser Befehl aus dem Speicher gelesen, ins IR gebracht und entschlüsselt. Je nach Operationscode wird entweder der Operand aus dem Speicher gelesen und in den Akkumulator gebracht (Lade den AC) bzw. mit seinem Inhalt verknüpft (+ oder · mit dem AC), oder der Inhalt des Akkumulators wird in den Speicher geschrieben (Speichere den AC). Daneben gibt es auch Befehle, die vom Leitwerk selbst ausgeführt werden (z.B. Lade den PC mit einer „Sprung"adresse). – Inzwischen ist der PC-Stand um 1 erhöht worden, so daß der nächste Befehl in gleicher Weise interpretiert und ausgeführt werden kann. In Bild 1-13 ist die Funktion des Rechners wieder durch Pfeile angedeutet. Man erkennt deutlich die beiden „Kreise" aus Bild 1-12, die in Bild 1-13 über ein und denselben Speicher laufen und durch Multiplexer (im Bild links oben) und Demultiplexer (links unten) ausgewählt werden. Dementsprechend erfolgt ein Rechenschritt in zwei Phasen,

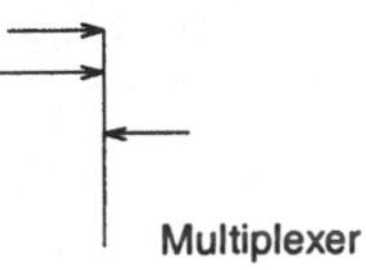

- dem Befehlsabruf (*1* und *2* in Bild 1-13), als Abrufphase bezeichnet (instruction fetch), und
- dem Operandenabruf (*3* und *4* in Bild 1-13) mit Ausführung der Operation (*5* in Bild 1-13), als Ausführungsphase bezeichnet (instruction execution).

instruction fetch, instruction execution

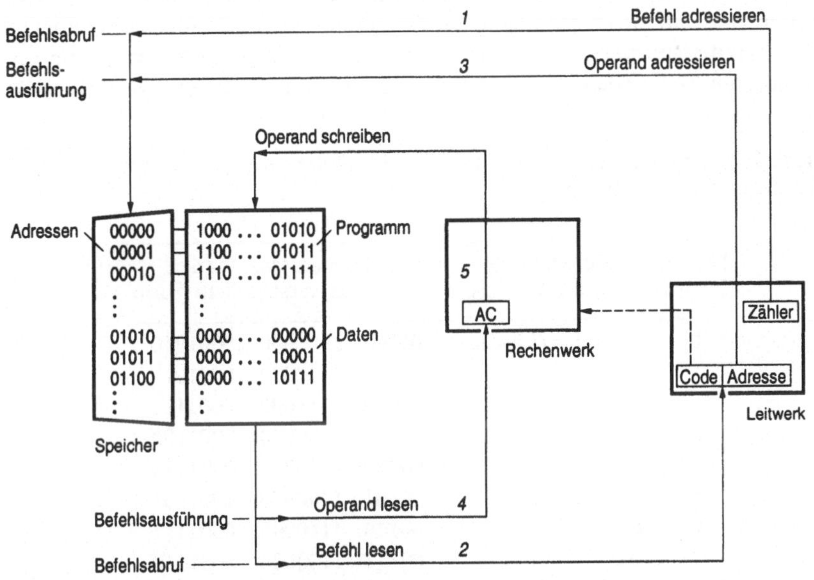

Bild 1-13. Ausführung eines Programms mit einem Computer. Anordnung der Befehle und der Daten als Folge in einem Randomspeicher.

1.2.5 Maschinelle Codierung von Programmen

Ein dem Menschen verständliches Programm ist in der Sprache der Mathematik codiert und besteht aus Symbolen für die Operationen (z.B. ·), die Namen der Variablen (z.B. *x*) und die Werte der Variablen (z.B. 2). Ein der Maschine verständliches Programm ist in der Sprache der Maschine codiert und besteht demgegenüber aus Codes für die Operationen (z.B. 1110), die Adressen der

Operanden (z.B. 000...0001111) und die Werte der Operanden (z.B. 000...0000010). Ein dem Menschen verständliches Programm kann in ein der Maschine verständliches Programm umgeformt werden.[1] Diese Codierung hat zur Folge, daß das Programm in einer dem Menschen *un*verständlichen Form erscheint.

Programmcodierung durch den Menschen

Kehren wir zu unserer Aufgabe zurück und analysieren zunächst die Tätigkeit einer Person, die ein Programm und die zugehörigen Daten in einer der Maschine verständlichen Form codiert.

Das Programmbeispiel. In der Tabelle 1-4 ist das Programm zur Polynomauswertung mit seinen Daten in der dem Menschen und in der der Maschine verständlichen Form einander gegenübergestellt. Jede Zeile im linken, oberen Teil der Tabelle enthält einen Befehl, bestehend aus einem (symbolischen) Operationscode und einem (symbolischen) Variablennamen, vorangestellt eine (dezimale) Befehlsnummer; das ist das „symbolische" Programm. Jede Zeile im linken, unteren Teil enthält einen (symbolischen) Variablenwert, vorangestellt der

Tabelle 1-4. Programm und Daten für das Beispiel der Polynomauswertung in symbolischer und in binärer Darstellung

Maschinenexterne, für den Menschen verständliche Form		Maschineninterne, für den Computer verständliche Form
0:	Lade mit z (Lösche)	00000: 1000000...0001010
1:	$+a0$	00001: 1100000...0001011
2:	$\cdot x$	00010: 1111000...0001111
3:	$+a1$	00011: 1100000...0001100
4:	$\cdot x$	00100: 1110000...0001111
5:	$+a2$	00101: 1100000...0001101
6:	$\cdot x$	00110: 1110000...0001111
7:	$+a3$	00111: 1100000...0001110
8:	Speichere nach p	01000: 0101000...0010000
9:	Halt	01001: 0001000...0000000
z:	0	01010: 0000000...0000000
$a0$:	17	01011: 0000000...0010001
$a1$:	23	01100: 0000000...0010111
$a2$:	5	01101: 0000000...0000101
$a3$:	13	01110: 0000000...0001101
x:	2	01111: 0000000...0000010
p:		10000: *******...*******

1. ohne den dem Programm zugrundeliegenden Algorithmus zu verändern.

zugehörige (symbolische) Variablenname; das sind die „symbolischen" Daten. Jede Zeile auf der rechten Seite der Tabelle enthält die entsprechende Information in binärcodierter Form: im oberen Teil einen Maschinenbefehl, bestehend aus einem (binären) Operationscode und einer (dualen) Operandenadresse, das ist das „binäre" Programm; im unteren Teil einen (dualen) Operanden, vorangestellt die zugehörige (duale) Operandenadresse, das sind die „binären" Daten. (Die Sterne in der letzten Zeile deuten wieder an, daß der Inhalt der Speicherzelle 16 bedeutungslos ist.) Die Symbole, wie z.B. ·, x, 2 bzw. die Ziffern 0, 1, sind Elemente von zwei Codes. Während ·, x und 2 Elemente des symbolischen, für den Menschen bestimmten maschinen*externen* Codes sind, bilden 0 und 1 die Elemente des binären, für die Maschine bestimmten maschinen*internen* Codes. Bevor ein Programm von einem Rechner ausgeführt werden kann, muß es – wie bereits gesagt – in den maschineninternen Code (Maschinen- oder Interncode) umgeformt werden.

Die Tätigkeit des Codierers. Zu Beginn seiner Tätigkeit liegt dem Menschen als Codierer eine erste Tabelle vor, die sog. Zuordnungstabelle. Sie beschreibt die Zuordnungen der binären zu den symbolischen Operationscodes.

Die Codierung des symbolischen Programms und seiner Daten erfolgt in zwei Arbeitsgängen. Im ersten Arbeitsgang werden die Zeilen des Programms und der Daten durchnumeriert, so daß jede Zeilennummer der Adresse einer Speicherzelle entspricht. Die Variablennamen erhalten dadurch äquivalente Speicheradressen, die wir zur Verdeutlichung eigentliche Adressen nennen. Die Entsprechungen hält der Codierer in Form einer zweiten Tabelle fest, der sog. Symboltabelle. Die Symboltabelle beschreibt also die Zuordnung der eigentlichen, dualen Adressen zu den Variablennamen (später als symbolische Adressen bezeichnet).

Im zweiten Arbeitsgang werden die Befehle nacheinander codiert, indem der Codierer bei jedem Befehl in der Zuordnungs- und in der Symboltabelle nachsieht, welcher binäre welchem symbolischen Operationscode und welche duale welcher symbolischen Adresse zugeordnet ist. Der binärcodierte Operationscode und die binärcodierte Adresse werden zu Maschinenbefehlen zusammengesetzt.

Nach der Codierung des Programms erfolgt die Codierung der Daten, indem die vorgegebenen Werte der Operanden in z.B. 32-stellige Dualzahlen umgeformt werden (das entspricht etwa der Genauigkeit 10-stelliger Dezimalzahlen). Alles in allem bilden die so entstehenden Maschinenbefehle und Maschinenoperanden die Codewörter des Maschinencodes, die sog. Maschinenwörter.

In Bild 1-14 ist die Tätigkeit des Codierers im zweiten Arbeitsgang beim Umsetzen des symbolischen Programms zur Polynomauswertung in das entsprechende Maschinenprogramm veranschaulicht. Es zeigt den Codiervorgang zu einem Zeitpunkt, in dem die ersten drei Zeilen des symbolischen Programms in binärcodierter Form vorliegen. Die zur Codierung des symbolischen Programms notwendigen Tabellen lagen – wie gesagt – zu Beginn dem Codierer vor (Zuordnungstabelle) bzw. sind im ersten Arbeitsgang erstellt worden (Symboltabelle).

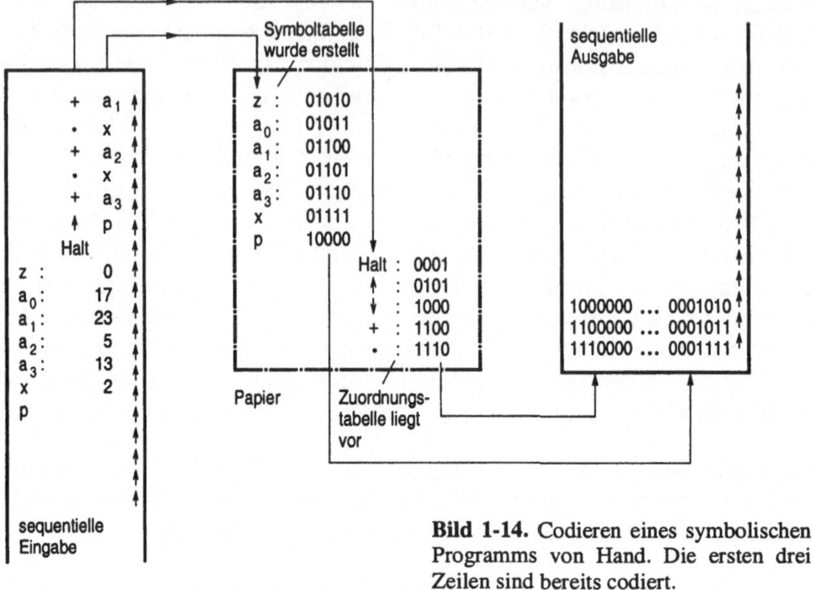

Bild 1-14. Codieren eines symbolischen Programms von Hand. Die ersten drei Zeilen sind bereits codiert.

Programmcodierung durch den Assembler

Das Codieren eines symbolischen Programms erfolgt nach festen Regeln, so daß es algorithmisch beschrieben und mit Hilfe eines Programms, des sog. Assemblierprogramms, kurz Assembler genannt, von der Rechenmaschine durchgeführt werden kann. Wir stellen uns vor, daß der Assembler von Hand erstellt und codiert wurde und in ablauffähiger Form im Speicher der Maschine vorliegt. In seiner symbolischen Form wird das Programm vom Assembler als Eingabedaten, auch Assemblercode genannt, eingelesen und in sein binärcodiertes Äquivalent übersetzt. Das so entstandene Maschinenprogramm wird anschließend als Ausgabedaten ausgegeben.

Da die Daten, mit denen das Assemblierprogramm im Rechner arbeitet, binärcodiert sein müssen, muß auch das symbolische Programm zeichenweise in binärcodierter Form vorliegen. Dazu bedarf es einer weiteren Codierung, d.h. einer Umformung von Zeichen oder Zeichenfolgen, wobei die Information, die die Zeichen bzw. Zeichenfolgen darstellen, unverändert bleiben muß. Die Zeichen eines Codes, dessen Zeichenvorrat *mehr* als zwei Zeichen umfaßt, können nämlich durch „Folgen“ von Zeichen eines Codes mit *genau* zwei Zeichen, d.h. durch zu „Wörtern“ zusammengefaßte Bits, dargestellt werden. Bild 1-2c zeigt z.B. die Codierung des Textes „Bild 1-2.“, genauer: die Umformung der Zeichen dieser Folge (Alphabet der lateinischen Buchstaben, Dezimalziffern und Sonderzeichen) in die Wörter eines Binärcodes mit einer Wortlänge von 7 Bits, des sog. ASCII-Codes (american standard code for information interchange), dem noch ein Bit hinzugefügt ist, um ihn auf Byte-Format zu bringen.

Wählt man nun z.B. zur externen binären Darstellung des symbolischen Programms und seiner Daten den ASCII-Code, so muß man sich beim Abfassen des Programmtextes auf den Zeichenvorrat dieses Codes beschränken. Das symbolische Programm muß also in einer ganz bestimmten Form, der sog. Assemblersprache, abgefaßt sein. In dieser Sprache werden Rechnerbefehle durch bestimmte mnemonische Zeichenfolgen[1] dargestellt. Spezielle Assembleranweisungen versorgen den Assembler mit Information, die zur Durchführung der Assemblierung und zur Erzeugung des Datencodes nötig sind. Auch diese Anweisungen sind durch mnemonische Zeichenfolgen festgelegt.

Das Programmbeispiel. Wir legen einen einfachen Assembler zugrunde, der u.a. die folgenden Befehle an den Computer und Anweisungen an den Assembler umsetzen bzw. ausführen kann. Die Befehle (Instruktionen) sind mit großen Buchstaben, die Anweisungen (Direktiven) mit kleinen Buchstaben dargestellt. Das zu codierende Programm dient nun als Daten des Assemblierprogramms.

Befehl
Instruktion

Anweisung
Direktive

Befehle:

`HLT`		hält den Rechner am Ende des Programms an
`STA`	`M`	speichert den Inhalt des Akkumulators nach M
`LDA`	`M`	lädt den Akkumulator mit dem Inhalt von M
`ADD`	`M`	addiert den Inhalt von M auf den Inhalt des Akkumulators
`MUL`	`M`	multipliziert den Inhalt von M auf den Inhalt des Akkumulators

Anweisungen:

`org`	`m`	definiert den Anfang eines Programms, wobei m die Adresse seiner ersten Speicherzelle angibt
`res`	`c`	reserviert so viele Speicherzellen, wie c angibt
`dat`	`d`	erzeugt eine Dualzahl, die der Dezimalzahl d entspricht
`end`		zeigt das Ende des zu assemblierenden Programms an

In der Tabelle 1-5 ist links das Programm zur Polynomauswertung und seine Daten in der dem Assembler verständlichen Form dargestellt. (Die Beschreibung der Aufgabe in unserer einfachen Assemblersprache ist auch dem Menschen unmittelbar verständlich.) Rechts ist das gleiche Programm und seine Daten in einer Form wiedergegeben, wie sie vom Assembler erzeugt wird. Das Programm mit seinen Daten erscheint in Maschinencode bzw. Maschinensprache und kann nur in dieser Form vom Computer verstanden, d.h. verarbeitet werden.

Assembler sprache / Maschinensprache

Funktion des Assemblers. Die Tätigkeit des Codierers mit seinen Tabellen bei der Assemblierung eines Programms wird durch die Wirkungsweise des Assemblers ersetzt. Der Assembler liest die symbolischen Computerbefehle und Assembleranweisungen zeichenweise ein und faßt die Zeichen zu Symbolen und Konstanten zusammen. Die Umsetzung der symbolischen Operationscodes in ihre interne Darstellung erfolgt über die im Assembler gespeicherte Zuordnungs-

1. mnemonisch: gedächtnisunterstützend

Assemblercode			Maschinencode
	org	0	
	LDA	Z	1000000...0001010
	ADD	A0	1100000...0001011
	MUL	X	1110000...0001111
	ADD	A1	1100000...0001100
	MUL	X	1110000...0001111
	ADD	A2	1100000...0001101
	MUL	X	1110000...0001111
	ADD	A3	1100000...0001110
	STA	P	0101000...0010000
	HLT		0001000...0000000
Z	dat	0	0000000...0000000
A0	dat	17	0000000...0010001
A1	dat	23	0000000...0010111
A2	dat	5	0000000...0000101
A3	dat	13	0000000...0001101
X	dat	2	0000000...0000010
P	res	1	*******...*******
	end		

Tabelle 1-5. Programm und Daten für das Beispiel der Polynomauswertung in Assembler- und in Maschinensprache

tabelle. Für die Zuordnung der eigentlichen zu den symbolischen Adressen baut der Assembler die Symboltabelle auf. Die eigentlichen Adressen werden von einem im Assembler vorgesehenen Zähler, dem Lokationszähler (Location Counter, LC), bestimmt, der ausgehend von der in der org-Anweisung angegebenen Zahl den Maschinenwörtern, d.h. den Maschinenbefehlen und den Maschinenoperanden, Nummern zuordnet, die den Adressen dieser Wörter entsprechen. Ein Symbol, das links in einem Befehl oder einer Anweisung steht, erhält als Adresse den Zählerstand des zugehörigen Maschinenworts. Dabei ist es gleichgültig, ob das Symbol einen Maschinenbefehl oder einen Maschinenoperanden bezeichnet.

Variable LC

Ein in der Assemblersprache verfaßtes Programm muß auch in externer Darstellung in binärcodierter Form in den Rechner eingegeben werden, z.B. über eine Tastatur. Die Tastatur setzt dazu die auf den Tasten stehenden Zeichen in den ASCII-Code um und übermittelt dem Rechner das Programm in der Form einer Bytekette (Bild 1-15).

Zusammenfassung. Wir haben also mehrere Codes des Programms und seiner Daten vor uns: den symbolischen Externcode als Assemblercode, dessen Zeichen dem symbolischen Tastaturcode entsprechen müssen. Des weiteren haben wir an der Schnittstelle Tastatur/Rechner den binären Externcode als ASCII-Code vor uns sowie nach der Assemblierung den binären Interncode als Maschinencode. Der Computer wird in zwei Verarbeitungsarten benutzt: zunächst zur

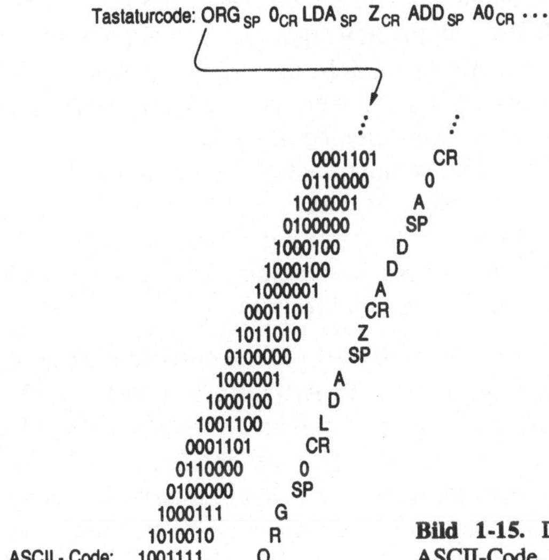

Bild 1-15. Darstellung des Externcodes durch den ASCII-Code. SP Zwischenraum (space), CR Wagenrücklauf (carriage return) hier im Sinn von „Neue Zeile".

Assemblierung und dann zur Ausführung des Programms. In der Programm-Assemblierphase wird dem Computer der binäre Externcode zugeführt, und in der Programm-Ausführungsphase wird ihm der in der Assemblierphase erzeugte binäre Interncode zugeführt. Ein Rechner wird also neben der *Ausführung* von Programmen auch zur *Assemblierung* von Programmen, d. h. in einem sehr allgemeinen Sinn zur *Codierung* von Information benutzt.

1.3 Der klassische v.-Neumann-Rechner

1.3.1 Geschichtliche Bedeutung

Neben dem deutschen Bauingenieur Konrad Zuse, der 1941 einen ersten Rechner in Berlin fertigstellte, den Relaisrechner Z3, prägten insbesondere der amerikanische Mathematiker John v. Neumann und seine Mitarbeiter maßgeblich die Entwicklung moderner Rechner. Die Ideen, die diesen frühen Entwürfen zugrunde lagen, sind in vielen Computern der Folgezeit wiederzufinden, und ihre Prinzipien bestimmen noch heute viele Rechnerarchitekturen. Zuse baute zwar seine ersten Rechner mit extern gespeichertem Programm,[1] beschrieb aber bereits 1938 Rechnereigenschaften, u. a. die Ausführung von Unterprogrammen, die erst bei rechnerinterner Programmspeicherung effizient möglich sind. Zuse 1941

v. Neumann setzte elektronische Bauelemente voraus und brachte – in Bild 1-13 wie selbstverständlich beschrieben – Programme und Daten gleichermaßen in einem Randomspeicher unter und machte auch in der rechnerinternen Darstellung

1. auf Lochstreifen, eine Konsequenz der damals zur Verfügung stehenden Technologie.

keinen Unterschied zwischen Befehlen und Operanden. Das hatte weitreichende Konsequenzen: z.B. lassen sich Programmverzweigungen in Abhängigkeit von Datenänderungen leicht programmieren, wodurch nicht nur Repetitionen, sondern auch Iterationen, Induktionen und Rekursionen ausgeführt werden können; weiterhin lassen sich z.B. Adressen in den Befehlen durch andere ersetzen, oder es kann mit Adressen gerechnet werden, wodurch die effiziente Behandlung von Datenfeldern bzw. Datenstrukturen ermöglicht wird. Es können aber auch, man vergleiche das erste Bild dieses Buches, Bild 1-1, Programme als Daten behandelt werden, d.h., es ist möglich, sie von einer Beschreibungsform in eine andere zu übersetzen (Codierung, Assemblierung, Compilierung).

v. Neumann 1946

Neben dieser bahnbrechenden Idee war zweifellos die zukunftsweisendste Leistung John v. Neumanns die 1946 zusammen mit A. W. Burks und H. H. Goldstine veröffentlichte, erste umfassende und ausgezeichnet formulierte Beschreibung der – so würde man heute sagen – Architektur eines modernen, gebrauchstüchtigen, elektronischen Digitalrechners, betitelt als „Preliminary discussion of the logical design of an electronic computing instrument". – Wir wollen diesen historischen Abschnitt in der Entwicklung moderner Rechenmaschinen mit einem Zitat aus dieser grundlegenden Arbeit illustrieren. Aufgrund der Bedeutung, die diesem Konzept in der Folgezeit beigemessen wurde, bezeichnet man Universalrechner mit dieser Architektur als v.-Neumann-Rechner.

„Inasmuch as the completed device will be a general-purpose computing machine it should contain certain main organs relating to arithmetic, memory-storage, control and connection with the human operator. It is intended that the machine be fully automatic in character, i.e. independent of the human operator after the computation starts."

„It is evident that the machine must be capable of storing in some manner not only the digital information needed in a given computation and also the intermediate results of the computation, but also the instructions which govern the actual routine to be performed on the numerical data. In an special-purpose machine these instructions are an integral part of the device and constitute a part of its design structure. For an all-purpose machine it must be possible to instruct the device to carry out any computation that can be forumlated in numerical terms. Hence there must be some organ capable of storing these program orders. There must, moreover, be a unit which can understand the instructions and order their execution."

„Conceptually we have discussed above two different forms of memory: storage of numbers and storage of orders. If, however, the orders to the maschine are reduced to a numerical code and if the machine can in some fashion distinguish a number from an order, the memory organ can be used to store both numbers and orders."

„If the memory for orders is merely a storage organ there must exist an organ which can automatically execute the orders stored by the memory. We shall call this organ the control."

„Inasmuch as the device is to be a computing machine there must be an arithmetic organ in it which can perform certain of the elementary arithmetic operations. There will be, therefore, a unit capable of adding, subtracting, multiplying and dividing."

„The operations that the machine will view as elementary are clearly those which are wired into the machine. To illustrate, the operation of multiplication could be eliminated from the device as an elementary process if one were willing to view as a properly ordered series of additions. Similar remarks apply to division. In general, the inner ecomomy of the arithmetic unit is determined by a compromise between the desire for speed of operation – a non-elementary operation will generally take a long time to perform since it is constituted of a series of orders given by the control – and the desire for simplicity, or cheapness, of the machine."

„Lastly there must exist devices, the input and output organ, whereby the human operator and the machine can communicate with each other.“

Neben den in diesem Zitat angesprochenen Strukturaspekten, deren Auswirkungen auf den Rechnerbau im nächsten Abschnitt, in 1.3.2, behandelt werden, sind es insbesondere die folgenden Punkte, die – z. T. modifiziert – auch in modernen Computern gang und gäbe sind und in den Abschnitten 1.3.3 bis 1.3.5 wieder aufgenommen und genauer beschrieben werden:

- die Einbeziehung der noch aus heutiger Sicht komplexen arithmetischen Befehle Multipliziere und Dividiere,
- die Einbeziehung der heute selbstverständlich erscheinenden Möglichkeiten der Programmverzweigung,
- die Einbeziehung der Adreßersetzung, eine Vorstufe der heute gebräuchlichen indirekten Adressierung.

Bemerkung. Der erste lauffähige Digitalrechner mit intern gespeichertem Programm war nicht etwa der von v. Neumann entwickelte „Electronic Variable Automatic Computer“ EDVAC, der erst 1952 fertiggestellt wurde, sondern der daran angelehnte „Electronic Delay Storage Automatic Calculator“ EDSAC des englischen Mathematikers Wilkes, der 1949 in Cambrigde in England in Betrieb genommen wurde. In den USA wurde als erster lauffähiger Rechner mit intern gespeichertem Programm der von Eckert und Mauchly entworfene und an den EDVAC angelehnte „Binary Automatic Computer“ BINAC gebaut und 1950 in Betrieb genommen. Ein weiterer Rechner von Eckert und Mauchly, der „Universal Automatic Computer“ UNIVAC, wurde 1951 fertiggestellt. Er war der bis dahin bestausgeprüfte kommerzielle Rechner. – IBM war damals im Bürobereich mit den von Hollerith eingeführten Lochkartenanlagen sehr erfolgreich und stürzte sich erst verhältnismäßig spät, dann aber mit der ganzen Kraft einer Weltfirma ins Computergeschäft.

EDSAC 1949, EDVAC 1952

BINAC 1950, UNIVAC 1951

1.3.2 Architektur

Eines der gern zitierten, heute noch gültigen Prinzipien in dem von Burks, Goldstine und v. Neumann beschriebenen Rechner ist dessen funktionelle Gliederung in vier Werke (wenngleich man heute Programme und Daten oft gerade nicht in ein und demselben Speicher hält sowie Rechenwerk und Steuerwerk praktisch immer zu einem komplexeren Werk, dem Prozessor, zusammenfaßt).

Aus der Diskussion eines typischen Datenverarbeitungsprozesses, die ja in 1.2.4 zum v.-Neumann-Rechner führte, lassen sich drei grundlegende Organisations- oder Bauformen herleiten: im großen für die Organisation bzw. die Strukturierung der „großen“ Funktionseinheiten, wie Speicher, Addierer usw. (innerhalb eines Rechners); im kleinen für die Organisation bzw. die Strukturierung der „kleinen“ Funktionseinheiten, wie Speicherglieder, Addierglieder usw. (innerhalb eines Addierers bzw. – verallgemeinert – einer arithmetisch-logischen Einheit). Wir widmen uns zunächst den Bauformen im großen und nachfolgend den Bauformen im kleinen. – Obwohl die hier vorgestellten Bau- bzw. Organisationsformen erst in 2.2 genauer behandelt werden; finden sich ihre Bezeichnungen Seriell-, Parallel- und Fließbandorganisation bereits in den Bildunterschriften der folgenden Bilder.

Drei typische Rechnerbauformen

Parallel-organisation

Bild 1-16 zeigt eine eher theoretische Rechnerstruktur, die in ihrer internen Funktionsaufteilung und ihrem internen Informationsfluß den elementaren Maschinenstrukturen aus 1.2 folgt: einen 1-Adreß-Rechner in Parallelorganisation (bezüglich der Speicherzugriffe). Kennzeichnend für diese Bauform ist, daß für jeden einzelnen AC-Befehl innerhalb ein und desselben Schritts der Befehl geholt wird, weiterhin sein Operand geholt wird und darüber hinaus auch die Operation ausgeführt wird (mit AC). Soll der Rechner mit einem einzigen Schritttakt konstanter Schrittlänge auskommen, so muß sich die Taktzeit nach dem zeitaufwendigsten, d.h. dem zeitlich längsten Befehl richten. Diese Zeitdauer umfaßt die Zeiten für *zwei* Speicherzugriffe plus die Zeit für die *längste* Operation.

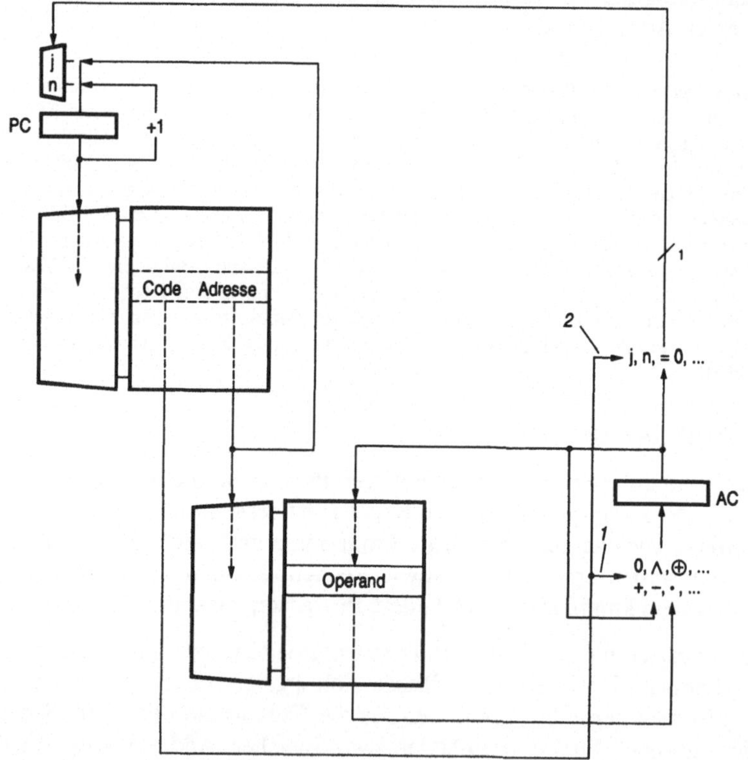

Bild 1-16. Rechnerstruktur in Parallelorganisation (Speicherzugriffe „ortssequentiell"). *1* Operationen: 0 Lösche, ∧ Und, ⊕ Exklusiv-Oder, + Addiere, – Subtrahiere, · Multipliziere; *2* Bedingungen: j (ja) – immer wahr, n (nein) – nie wahr, =0 – AC gleich 0 (j/n).

Bild 1-17 zeigt demgegenüber eine zweite, nun praxisrelevante Rechnerstruktur, bei der die beiden Speicher zu einem einzigen zusammengefaßt sind und die somit der in Bild 1-13 gezeigten Grobstruktur folgt: ein 1-Adreß-Rechner in Seriellorganisation (bezüglich der Speicherzugriffe).[1] Kennzeichnend für diese Bauform ist, daß für jeden einzelnen AC-Befehl in einem ersten Schritt der Befehl geholt wird (nach IR), in einem zweiten Schritt sein Operand geholt wird (nach OR) und in einem dritten Schritt die Operation ausgeführt wird (mit AC). Wird wieder ein einziger Schritttakt mit konstanter Schrittlänge vorausgesetzt, so braucht sich nun die Taktzeit nur nach der längsten Teilaktion zu richten. Sie umfaßt die Zeit für *einen* Speicherzugriff oder die Zeit für die *längste* Operation, je nachdem, welche der Zeiten die *längere* ist.

Seriellorganisation

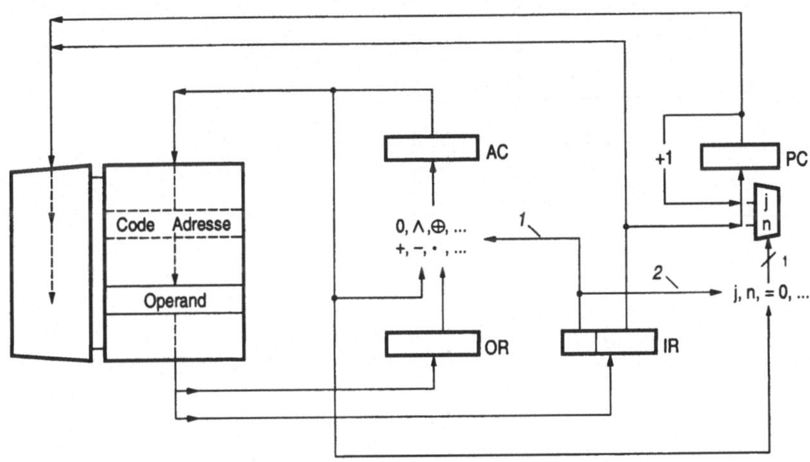

Bild 1-17. Rechnerstruktur in Seriellorganisation (Speicherzugriffe „zeitsequentiell").
1 und *2* siehe Bild 1-16.

Bild 1-18 zeigt schließlich eine dritte, ebenfalls praxisrelevante Rechnerstruktur, bei der einerseits wie in Bild 1-16 die beiden Speicher getrennt sind und andererseits wie in Bild 1-17 die neuen Register beibehalten bleiben, zuzüglich eines weiteren Registerteils für den Operationscode in OR sowie eines nicht bezeichneten Registers für die Sprungadresse neben IR: ein 1-Adreß-Rechner in Fließbandorganisation (bezüglich der Speicherzugriffe).[2] Kennzeichnend für diese Bauform ist, daß beim Vorliegen einer Folge von AC-Befehlen in jedem Schritt ein Befehl geholt wird (nach IR), während in demselben Schritt für den *einen* Schritt *vorher* geholten Befehl der Operand geholt und sein Operationscode wei-

Fließbandorganisation

1. Nach diesem Prinzip arbeitete der von v. Neumann 1946 beschriebene Elektronenrechner. Bei diesem Rechner waren allerdings die arithmetischen Operationen nicht als Elementaroperationen verwirklicht, weil aus elektrotechnischen Gründen nicht beliebig viele Logikglieder hintereinandergeschaltet werden konnten. Das erklärt, weshalb selbst die Addition nicht in einem oder einigen wenigen Taktschritten ausgeführt werden konnte.

2. Nach diesem Prinzip arbeitete der von Zuse 1941 gebaute Relaisrechner Z3. Bei diesem Rechner war der obere Speicher in Bild 1-18 ein Lochstreifen, ein ROM. ROM plus PC war als Lochstreifenleser realisiert; das macht deutlich, weshalb diese Rechenmaschine noch auf Sprungbefehle verzichten mußte. Aufgrund geschickten Einsatzes der Relaistechnik können Addition und Subtraktion hier allerdings als Elementaroperationen angesehen werden.

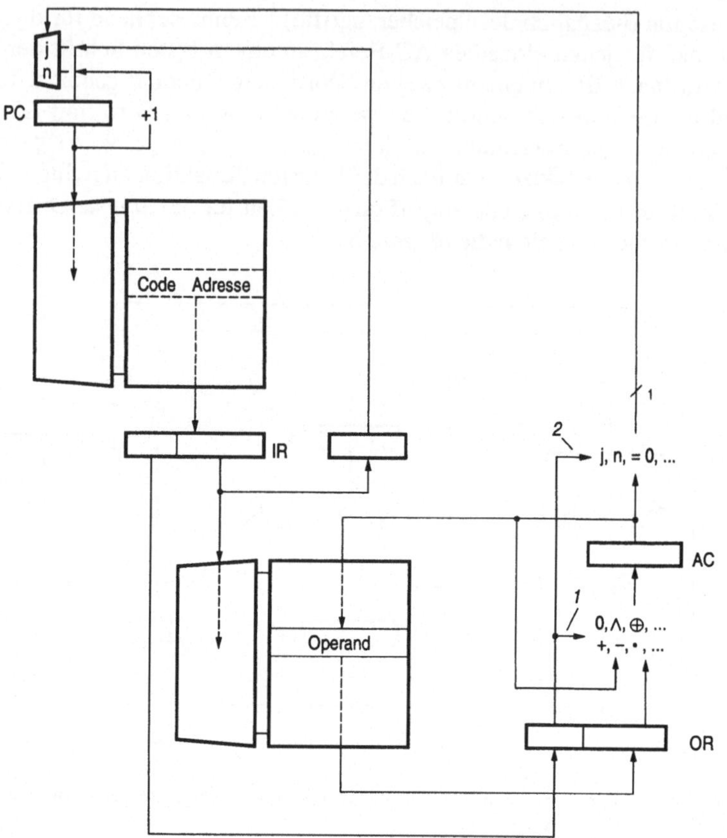

Bild 1-18. Rechnerstruktur in Fließbandorganisation bezüglich der Speicherzugriffe. *1* und *2* siehe Bild 1-16.

tergegeben wird (nach OR) und weiterhin in demselben Schritt für den *zwei* Schritte *vorher* geholten Befehl die Operation ausgeführt wird (mit AC). Bei Verwendung eines einzigen gemeinsamen Schritttakts braucht sich die Taktzeit wie bei dem in Bild 1-17 dargestellten Rechner nur nach der *längsten* Teilaktion zu richten; aber im Gegensatz zu dieser wird bei dem in Bild 1-18 wiedergegebenen Rechner in *jedem* Taktschritt ein AC-Befehl *fertiggestellt* und nicht etwa wie in Bild 1-17 erst nach drei Taktschritten. Bei einer Folge von AC-Befehlen werden bei gleicher Taktfrequenz dementsprechend dreimal so viele AC-Befehle ausgeführt, d.h., die Leistung des Rechners in Bild 1-18 hat sich gegenüber dem Rechner in Bild 1-17 verdreifacht.

Eine Analogie. Die zuletzt geschilderte Situation für den Prozeßablauf ist vergleichbar mit drei Personen, die gemeinsam einen Stapel Geschirr spülen. Während die erste Person das Geschirr abwäscht, kann gleichzeitig die zweite Person das Geschirr abtrocken, und ebenfalls gleichzeitig kann die dritte Person das Geschirr aufräumen. Das Geschirr entspricht dem Programm; die einzelnen Geschirrteile den verschiedenen Befehlen. Die Taktzeit pro Teil bzw. Befehl ist für alle drei Arbeitsprozesse gleich und richtet sich nach der langsamsten Person bzw. der langsamsten Funktionseinheit.

Bei ungleichen, pulsierenden Taktzeiten entstehen in ihrer Ausdehnung pulsierende Geschirrstapel (stacks) zwischen den Personen bzw. Programmschlangen (queues) im Rechner, für die natürlich genügend Speicherkapazität vorhanden sein muß. Speicher mit solchen besonderen Zugriffsalgorithmen, hier last-in first-out (LIFO) beim Geschirrspülen (die Reihenfolge der Weiter- LIFO verarbeitung erfolgt in umgekehrter Reihenfolge der „Eingänge") bzw. first-in first-out (FIFO) FIFO beim Programmausführen (die Weiterverarbeitung erfolgt in derselben Reihenfolge wie die „Eingänge") finden zwar in unseren bisher behandelten einfachen Rechnermodellen keine Anwendung, kommen aber bei den komplexen, kommerziell vertriebenen leistungsfähigen Rechnersystemen häufig vor.

Die Konsequenz. Wird die in den Bildern 1-16 bis 1-18 zur Voraussetzung erklärte Entscheidung über die Existenz von nur einem einzigen unteilbaren Takt als unumstößlich angesehen, so impliziert das die Ausführung der logischen und arithmetischen Operationen in einem einzigen Taktschritt, d.h., die entsprechenden Baueinheiten müssen mathematisch durch *Funktionen* beschrieben werden und lassen sich dementsprechend technisch als Schalt*netze* aufbauen. – Ist hingegen die Ausführung der Operationen nur in mehreren Taktschritten möglich, so lassen sich die entsprechenden Baueinheiten mathematisch nur durch *Automaten* beschreiben, und sie müssen folglich als Schalt*werke* aufgebaut werden.

Selbst bei modernen Rechnern beschränkt man sich bei der Auswahl von in *einem* Taktschritt ausführbaren Operationen auf solche, die nicht komplexer als die Addition/Subtraktion bzw. Multiplikation sind. Die Multiplikation, als Schalt*netz* aufgebaut, findet man in leistungsfähigen Universalprozessoren, insbesondere aber in sog. Signalprozessoren. Dort spielt sie in Verbindung mit der Addition einer weiteren Zahl, auch als saldierende Multiplikation bezeichnet, eine große Rolle und muß auf hohe Geschwindigkeit ausgelegt sein. Die Division als Schalt*netz* wird in Rechnern praktisch nicht eingesetzt und ist heute höchstens in VLSI-Chips für ganz spezielle Anwendungen zu finden. – Obwohl heute nicht mehr üblich, so soll doch aus theoretischen wie historischen Gründen auch die Addition im folgenden nicht nur als *ein*schrittige, sondern auch als *mehr*schrittige Operation behandelt werden.

Drei typische Addiererbauformen

Bild 1-19 zeigt drei Addiererstrukturen, die den im großen vorgestellten, durch „Parallel-", „Seriell-" und „Fließband-" charakterisierten drei Organisationsformen entsprechen.

Paralleladdierer. Bild 1-19a zeigt eine erste, für die Praxis wichtige Addiererstruktur, die in der Anordnung ihrer Bauteile den Informationsfluß bei der Addition von zwei Dualzahlen widerspiegelt (Übertragsweiterleitung „ortssequentiell"). Kennzeichnend für diese Bauform ist, daß die im Register AC stehende Zahl A – die Register sind hier durch ihre Bits dargestellt – in einem einzigen Taktschritt durch das an den Summenausgängen der Volladdierer VA entstehende Ergebnis $A+O$ ersetzt wird. Die Taktzeit muß etwas größer als die Summe der

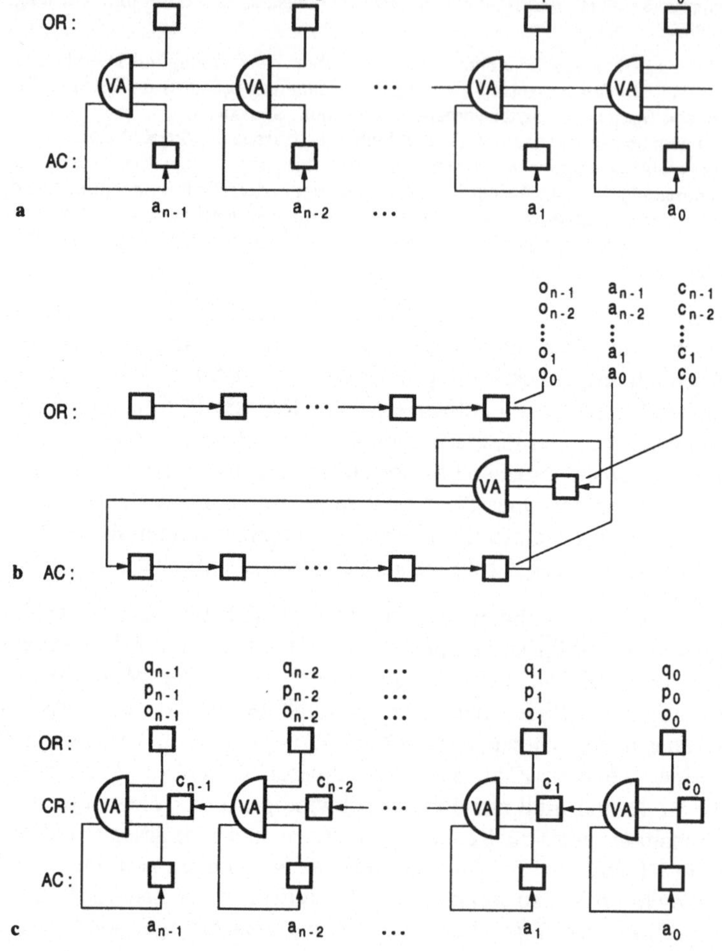

Bild 1-19. Addiererstrukturen, **a** Parallel-, **b** Seriell-, **c** Fließbandorganisation bezüglich der Volladdierer (VA). AC Akkumulator, OR Operandenregister, CR Carryregister.

Signallaufzeiten aller Volladdierer sein, da das Übertragssignal bei der Addition von z.B. 32-stelligen Dualzahlen im ungünstigsten Fall alle 32 Volladdierer durchlaufen muß.

Serielladdierer. Bild 1-19b zeigt eine zweite, nur theoretisch interessante Addiererstruktur, bei der alle Volladdierer durch einen einzigen ersetzt sind (Übertragsweiterleitung „zeitsequentiell“). Kennzeichnend für diese Bauform ist, daß die Addition $A+O$ so viele Taktschritte benötigt, wie die beiden zu addierenden Zahlen Stellen haben. Dabei wird in jedem Schritt der jeweils entstehende Übertrag zwischengespeichert. Bei der Addition von 32-stelligen Dualzahlen benötigt der Addierer dementsprechend 32 Takte, wobei die Taktzeit nun nur etwas größer als die Signallaufzeit durch einen einzigen Volladdierer plus der Speicherzeit (Set-up-Zeit) für das eine Speicherglied zu sein braucht.

Fließbandaddierer. Bild 1-19c zeigt schließlich eine dritte, theoretisch interessante wie praktisch relevante Bauform, bei der einerseits wie in Teilbild a alle Volladdierer einzeln erscheinen und andererseits wie in Teilbild b der Übertrag als Bit gespeichert bleibt, nun aber vervielfacht vor einem jeden Volladdierer (Übertragsweiterleitung „orts-“ *und* „zeitsequentiell“). Kennzeichnend für diese Bauform ist, daß zur Addition von zwei 32-stelligen Zahlen *A* und *O* im Minimum (kein Übertrag in allen Stellen) wie bei Bild 1-19a 1 Taktschritt und im Maximum (ein Übertrag über alle Stellen) wie bei Bild 1-19b 32 Taktschritte benötigt werden. Bei der Addition von nur zwei Zahlen muß nämlich nach dem ersten Schritt das Register OR gelöscht werden, da die dort enthaltene Information danach im Übertragsregister CR steckt; anschließend muß so lange weiter addiert werden, bis die zwischengespeicherten, geretteten Überträge allesamt verarbeitet sind; im ungünstigsten Fall wandert der eine Übertrag von rechts nach links durch alle Bits von CR.

Aufgabe 1.7. Zum besseren Verständnis der Funktionsweise der in Bild 1-19 wiedergegebenen Addierer spiele man zwei Additionen mit jeweils zwei 4-Bit-Zahlen durch. Dazu soll angenommen werden, daß OR=0110 bzw. 1111 und AC=0011 bzw. 0001 ist.

Akkumulierer. Die letzte der beschriebenen Bauformen eignet sich also – verglichen mit den beiden vorangehenden Bauformen – nicht so gut zur Addition von nur einer Dualzahl *O* zu *A*. Ihre Stärke liegt vielmehr in der Addition einer ganzen Reihe von Dualzahlen *O*, *P*, *Q*, ... zu *A*; man spricht dann von Akkumulation der Dualzahlen. Dabei benötigt die Akkumulation einer jeden Zahl nur einen Taktschritt, und die Taktzeit braucht wieder nur etwas größer als die Signallaufzeit des Übertrags durch einen einzigen Volladdierer plus die Set-up-Zeit für ein Speicherglied zu betragen. Freilich muß nach der letzten zu akkumulierenden Zahl auch hier wieder OR gelöscht und anschließend so lange weiter akkumuliert werden, bis der letzte in CR gerettete Übertrag verarbeitet, d.h. der Inhalt von CR gleich Null geworden ist.

Aufgrund dieses Rettens der Überträge wird dieses Verfahren Carry-save-Addition genannt. In 1.3.3 wird dieser Algorithmus in einer etwas modifizierten Art wieder aufgegriffen, schließlich ist er von Burks, Goldstine und v. Neumann für ihren Elektronenrechner – übrigens mit einer Wortlänge von 40 Bits – zur Addition (von zwei Zahlen) benutzt worden. Das heißt aber nicht, daß die heutigen v.-Neumann-Rechner auch mit dieser v.-Neumann-Addition arbeiten. Was in den mit Elektronenröhren aufgebauten Rechnern der sog. ersten Generation eine technische Notwendigkeit war, ist längst dem technischen Fortschritt der Halbleitertechnik gewichen: Die in Transistortechnologie aufgebauten Rechner der Folgezeit arbeiteten bzw. arbeiten praktisch ausschließlich nach der in Bild 1-19a beschriebenen, mit Verknüpfungs-/Durchschaltgliedern aufgebauten Struktur – in ihrer Urform eine von Zuse entwickelte und in seinen Relaisrechnern der 40er Jahre eingesetzte Schaltkette (siehe Fußnoten 1 bzw. 2 auf S. 51). Inzwischen ist

Carry-save-Addition

diese Zuse-Additionskette[1] zur arithmetisch-logischen Einheit verallgemeinert, wobei vielfach die Übertragsweiterleitung mittels sog. Carry-look-ahead-Techniken beschleunigt wird. – Die Carry-save-Addition hingegen – allerdings ganz und gar ortssequentiell „aufgerollt" – hat heute ihren Platz beim Aufbau von Multiplikationsschaltnetzen.

Die arithmetisch-logische Einheit

Wir kehren noch einmal zu Bild 1-19a zurück. In modernen Rechnern sind die einzelnen Volladdierglieder der Addier-Einheit verallgemeinert und zu arithmetisch-logischen Gliedern einer arithmetisch-logischen Einheit erweitert (arithmetic logical unit, ALU). Zu den arithmetischen Operationen zählen das Addieren, Subtrahieren, Inkrementieren, Dekrementieren, aber auch so elementare Operationen wie das Löschen. Zu den logischen Operationen zählen das Und-, Oder-, Exklusiv-Oder-Verknüpfen, aber auch so elementare Operationen wie das Transportieren. Die Operanden werden für die arithmetischen Operationen als 2-Komplement-Zahlen und für die logischen Operationen als Bitvektoren interpretiert. Wenn es sich um „neutrale" Operanden für „neutrale" Operationen, wie den Transport, handelt, sprechen wir gelegentlich von „0/1-Mustern".

ALU

Um die einzelnen Operationen auswählen zu können, müssen sie durch einen Code unterschieden werden; jedes ALU-Glied erhält dementsprechend dieselben Code-Signale. Der ALU-Code wird dabei nach technischen Gesichtspunkten gewählt und stimmt i.allg. nicht mit dem Operationscode im Befehlswort des Rechners überein. Deshalb wird an geeigneter Stelle im Rechner eine Codeumsetzung Operationscode/ALU-Code durchgeführt, die jedoch in unseren Betrachtungen als schaltungstechnisch irrelevantes Detail ausgespart bleiben kann. Ebenfalls werden vielfach zur Erhöhung der Geschwindigkeit und damit der

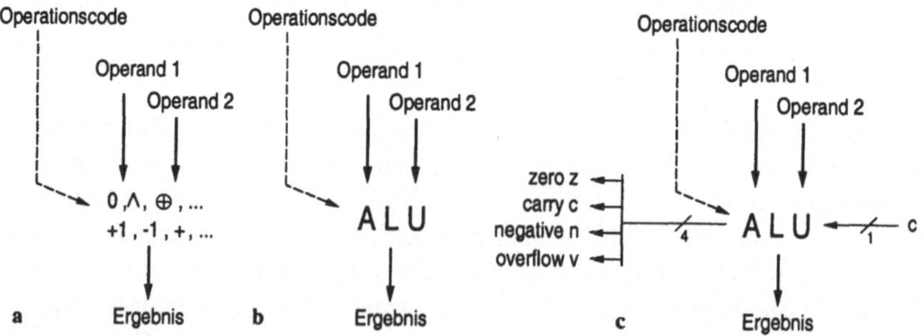

Bild 1-20. Arithmetisch-logische Einheit; **a** in Feinsymbolik, **b** in Grobsymbolik, **c** mit Condition-Code C = [z c v n].

1. In der Literatur als Manchester-Carry-Chain bezeichnet; treffender wäre jedoch – wie gesagt – die Bezeichnung Zuse-Kette. – Wer sich für Rechnergeschichte interessiert, lese dazu die Diskussion um Prioritätsansprüche in Liebig, Menge: Zuse und der nicht-einschrittige Übertrag. Informatik Spektrum 23 (2000) 398-402.

Taktfrequenz die einzelnen Überträge – bildhaft gesprochen – vorausschauend ermittelt, was zur oben angesprochenen Carry-look-ahead-Technik führt; auch diese Maßnahme zählt zu den schaltungstechnischen Details, die auf unserer Betrachtungsebene bedeutungslos sind. Wir stellen somit die in *einem* Taktschritt ausführbaren Operationen detailliert durch die in Bild 1-20a und vergröbert durch die in Bild 1-20b gezeigte Symbolik dar.

Der Condition-Code. Eng verbunden mit den arithmetischen ALU-Operationen ist die Kennzeichnung des Ergebnisses, wie in Bild 1-20c dargestellt, durch den sog. Condition-Code (CC). Das ist eine Möglichkeit zur Abfrage des Zustands CC [z c v n]
des Akkumulators. In den vier Bits des Condition-Codes wird nämlich taktgleich mit dem Akkumulator auch der „Zustand" des ALU-Ergebnisses gespeichert.

Im einzelnen haben die vier Condition-Code-Bits die folgenden Bedeutungen:

- Das Zero-Bit z zeigt an, ob das Ergebnis der ALU-Operation Null ist.
- Das Carry-Bit c zeigt an, ob ein Übertrag in der höchsten Ergebnisstelle bei Ausführung einer arithmetischen Operation entsteht.
- Das Overflow-Bit v zeigt an, ob der Zahlenbereich für das Ergebnis, als 2-Komplement-Zahl interpretiert, überschritten worden ist.
- Das Negative-Bit n zeigt an, ob das Ergebnis, als 2-Komplement-Zahl interpretiert, negativ ist.

1.3.3 Mikroalgorithmen für 2-Komplement-Zahlen

Die von v. Neumann und seinen Mitarbeitern getroffene Entscheidung, als Datentyp für die Operanden der arithmetischen Operationen 2-Komplement-Zahlen zu verwenden, ist von grundlegender Bedeutung für die Auslegung des Rechenwerks. Die vier Grundrechenarten Addition, Subtraktion, Multiplikation und Division sind uns in der Schule beigebracht worden – natürlich für Dezimalzahlen – und durch den Umgang im täglichen Leben derart zur Gewohnheit geworden, daß wir uns der Regeln, nach denen die einzelnen Schritte ausgeführt werden, kaum noch bewußt sind. Zur technischen Realisierung dieser Rechenoperationen ist es aber notwendig, sie in eine Folge von Einzelschritten zu zerlegen und sie durch Algorithmen zu beschreiben.

Als Elementaroperationen für einen Einzelschritt werden für die Addition/Subtraktion Additions-/Subtraktionstafeln benutzt; bei Dualzahlen handelt es sich dabei um boolesche Tafeln, darstellbar durch boolesche Operationen. Die Multiplikation und die Division werden auf Addition/Subtraktion sowie auf Rechts-/Linksshift und Abfragen auf Null zurückgeführt, diese sind bei Dualzahlen ebenfalls darstellbar durch boolesche Operationen. – Die Elementarhandlungen, die in einem Einzelschritt durchgeführt werden (es handelt sich um Schalt*netze*), werden als Mikro*operationen* bezeichnet. Die aus diesen Elementarhandlungen bestehenden Algorithmen (es handelt sich um Schalt*werke*) werden dementsprechend Mikro*algorithmen* genannt.

Der Zahlenring

Zur Darstellung positiver und negativer Dualzahlen mit n Stellen benötigen wir $n-1$ Bits für die Ziffern und 1 Bit für das Vorzeichen. Dann lassen sie sich gerade durch n Bits darstellen und in einer Speicherzelle der Wortlänge n speichern. Es gibt mehrere Möglichkeiten zur Darstellung vorzeichenbehafteter Dualzahlen, von denen sich im Rechnerbau – wie gesagt – die 2-Komplement-Darstellung durchgesetzt hat. 2-Komplement-Zahlen kann man sich folgendermaßen entstanden denken (Tabelle 1-6).

Tabelle 1-6. Tabelle der 2^n 2-Komplement-Zahlen

Vorzeichen	Stelle $n-1$ / Stelle $n-2$ / Stelle 0		
positiv	0 1...111 =	$+2^{n-1}-1$	größte Zahl
	0 1...110 =	$+2^{n-1}-2$	
	0 1...101 =	$2^{n-1}-3$	
	:		
	:		
	0 0...010 =	+2	
	0 0...001 =	+1	
	0 0...000 =	+0	
negativ	1 1...111 =	−1	
	1 1...110 =	−2	
	1 1...101 =	−3	
	:		
	:		
	1 0...010 =	$-2^{n-1}+2$	
	1 0...001 =	$-2^{n-1}+1$	
	1 0...000 =	$-2^{n-1}+0$	kleinste Zahl

Ausgehend von der größten positiven Zahl $+2^{n-1}-1$ wird von Zeile zu Zeile die 1 als kleinste Einheit subtrahiert. Der Übertrag bei der Subtraktion $+0-1$ bewirkt, daß das Vorzeichen automatisch von 0 auf 1, d.h. von + auf – springt. Man sieht, wie sich gleiche positive und negative Zahlen betragsmäßig zu 2^n ergänzen, wenn die Vorzeichenstelle wie eine Ziffer mit der Wertigkeit 2^{n-1} aufgefaßt wird.

Wird in Tabelle 1-6 weiter von der kleinsten Zahl eine 1 subtrahiert, so entsteht die größte Zahl, oder wird umgekehrt eine 1 zur größten Zahl addiert, so entsteht die kleinste Zahl (unter der Voraussetzung der vorgeschriebenen Wortlänge von n Bits). Das veranlaßt uns, die Zahlen nicht als Strecke, sondern als Ring darzustellen (Bild 1-21 für n=4). Sobald bei arithmetischen Operationen auf diesem Ring die Grenze zwischen der größten und der kleinsten Zahl überschritten wird, muß dies im Rechner als Bereichsüberschreitung (overflow) angezeigt werden.

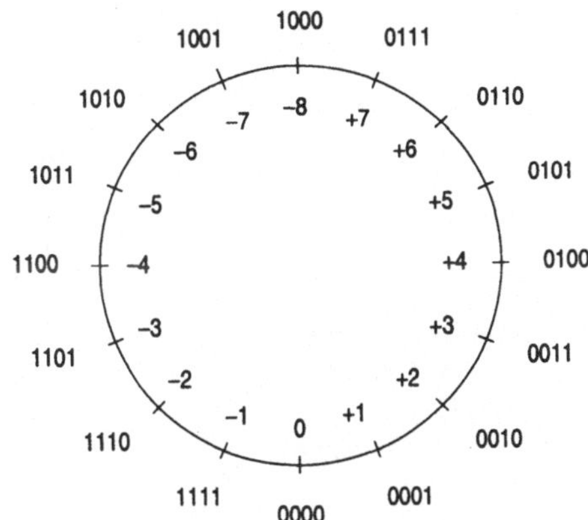

Bild 1-21. Zahlenring für die 4-stelligen 2-Komplement-Zahlen −8 bis +7.

Der Zahlenring dient zur Veranschaulichung arithmetischer Operationen. Die einfachste arithmetische Operation ist das Zählen. Im Zahlenring wird Vorwärts- und Rückwärtszählen, d.h. Addition bzw. Subtraktion von 1, als Gegen-den-Uhrzeigersinn- bzw. Im-Uhrzeigersinn-Schreiten dargestellt. Da Addieren nichts anderes als verkürztes Vorwärtszählen und Subtrahieren nichts anderes als verkürztes Rückwärtszählen ist, wird einleuchtend, warum gerade diese Codierung der Zahlen für arithmetische Operationen so geeignet ist.

Addieren durch „Überträge Retten“

Es gibt viele Schaltungen zur Addition von 2-Komplement-Zahlen. Bild 1-19 enthält eine kleine Auswahl davon. Im einzelnen handelt es sich bei dem Paralleladdierer in Teilbild a um eine geschwindigkeitsoptimale, bei dem Serielladdierer in Teilbild b um eine aufwandsoptimale und bei dem Fließbandaddierer in Teilbild c um eine durchsatzoptimale Lösung.

Der Schaltung in Teilbild c liegt – wie beschrieben – ein besonders interessantes Verfahren zugrunde, das als Carry-save-Addition bezeichnet wird und sich auch sehr gut zur Demonstration eines aus zwei parallelen Teilaktionen bestehenden Iterationsalgorithmus eignet. Demnach muß zur Addition von nur zwei Zahlen die im Register OR stehende Zahl nach dem ersten Schritt durch Null ersetzt und so lange weiter „volladdiert“ werden, bis C gleich Null ist.

Da bei dem derart praktizierten Verfahren offensichtlich immer einer der beteiligten Operanden gleich Null ist, im ersten Schritt in CR und in den darauffolgenden Schritten in OR, läßt sich dieselbe Funktion technisch auch weniger aufwendig gestalten: Um Verknüpfungsglieder zu sparen, werden statt der Volladdierer lediglich Halbaddierer aufgebaut. Um weiterhin den Verdrahtungsaufwand gering zu halten, wird in einem „nullten“ Schritt die in OR stehende Zahl nach CR gebracht. Mit diesen Modifikationen wird schließlich nur noch „halbaddiert“, und zwar so lange, bis C gleich Null ist.

Bild 1-22 zeigt den aus Bild 1-19c aufgrund der eben geführten Diskussion entstandenen Additionsalgorithmus (Teilbild a) zusammen mit dem jetzt mit Regi-

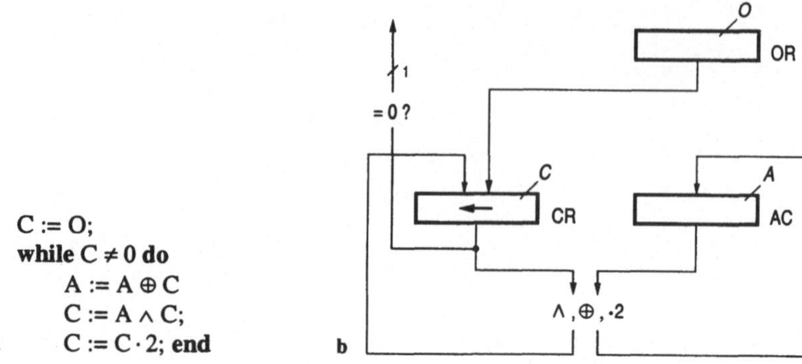

Bild 1-22. Carry-save-Addition; **a** Algorithmus, **b** Rechenwerk. Auf das Register OR kann verzichtet werden, wenn der Operand *O* nach Ausführung des Algorithmus nicht mehr weiter benötigt wird.

stern gezeichneten logischen Rechenwerk (Teilbild b). Bild 1-22 setzt als gegeben zwei *n*-stellige Dualzahlen $A=a_{n-1}a_{n-2}\cdots a_0$ und $O=o_{n-1}o_{n-2}\cdots o_0$ in 2-Komplement-Darstellung voraus. Der Algorithmus ermittelt unter Zugrundelegung des Rechenwerks schrittweise das *n*-stellige Ergebnis, das die Zahl *A* ersetzt. Die Ermittlung des Carry-Bits sowie des Overflow-Bits, d.h. des Übertrags aus den höchsten Stellen bzw. der Überschreitung des Zahlenbereichs, ist darin nicht enthalten.

Der Algorithmus nutzt folgende Tatsache aus: Die Fragestellung nach der Größe der Summe *S* von zwei Zahlen *A* und *C* wird zurückgeführt auf die Fragestellung, schrittweise eine zu dieser Summe äquivalente Summe von zwei Zahlen A_i und C_i zu finden, deren einer Summand gleich Null ist. Dabei bleibt die Summe der zwischenzeitlich entstehenden Zahlen immer dieselbe, d.h., die sog. Invariante lautet $S=C_i+A_i$. Die schrittweise stattfindenden Umformungen erfolgen so lange, bis die eine Zahl schließlich in einer Form entsteht, mit der man damit etwas anfangen kann: Da die andere Zahl gleich Null ist, muß diese Zahl gleich der gesuchten Summe sein. Der Algorithmus terminiert spätestens nach *n* Schritten, da im Laufe der fortwährenden Verdopplungen modulo 2^n spätestens nach *n* Schritten $C=0$ ist.

Bemerkung. Wie man durch Vergleich der Bilder 1-11a und 1-22b sieht, ist die Addition nach dem Carry-save-Algorithmus in einfacher Weise auf der in 1.2.3 vorgestellten Logikmaschine programmierbar (vgl. Aufgabe 1.6). Unter diesem Gesichtspunkt ist der von Burks, Goldstine und v. Neumann vorgeschlagene Rechner im Prinzip also eine Logikmaschine (in Seriellorganisation). Allerdings wirken die Logik-Operationen nicht auf den Speicher, sondern auf den Akkumulator, wodurch die im Algorithmus enthaltene Parallelität voll ausgenutzt werden kann.

Multiplizieren durch „Halbieren und Verdoppeln"

Unter den zahlreichen Möglichkeiten, zwei 2-Komplement-Zahlen zu multiplizieren, beschreiben wir ein erstes Verfahren, das auf Addieren und Shiften beruht, und danach ein zweites Verfahren, das Addieren, Subtrahieren und Shiften benutzt. Beide sind aus der numerischen Mathematik vom Rechnen mit dezimal arbeitenden mechanischen Rechenmaschinen bekannt. Dabei wurde Addieren durch Vorwärtskurbeln, Subtrahieren durch Rückwärtskurbeln und Shiften durch eine Verschiebemechanik verwirklicht. (Ein noch einfacheres Verfahren, das die Zweierpotenzen der Multiplikatorbits nicht ausnutzt, beruht auf fortlaufendem Addieren des Multiplikanden bei gleichzeitigem Rückwärtszählen des Multiplikators, bis dieser Null erreicht hat. Dieses Verfahren ist aber von linearer Komplexität bezüglich der Größe des Multiplikators und scheidet deshalb für eine technische Implementierung aus.)

Die beiden folgenden Multiplikationsverfahren setzen als gegeben zwei n-stellige Dualzahlen $D=d_{n-1}d_{n-2}\dots d_0$ (Multiplikand) und $Q=q_{n-1}q_{n-2}\dots q_0$ (Multiplikator) in 2-Komplement-Darstellung voraus. Sie ermitteln schrittweise das Ergebnis als doppelt langes, d.h. $2n$-stelliges Produkt $R=r_{2n-1}r_{2n-2}\dots r_0$. Überträge, die über die genannten Stellenzahlen hinausgehen, bleiben unbeachtet. Die Ermittlung des Overflow-Bits ist unnötig, da eine Überschreitung des Zahlenbereichs nicht auftreten kann.

Multiplikation durch Addieren. Wie in der Schule wird $D \cdot Q$ dadurch gebildet, daß der Multiplikand D mit jeder Multiplikatorziffer $q_i=0$ bzw. $q_i=1$ multipliziert und entsprechend der Stellenwertigkeit i der Ziffer gegenüber seiner ursprünglichen Position um i Stellen nach links verschoben addiert wird. Bild 1-23

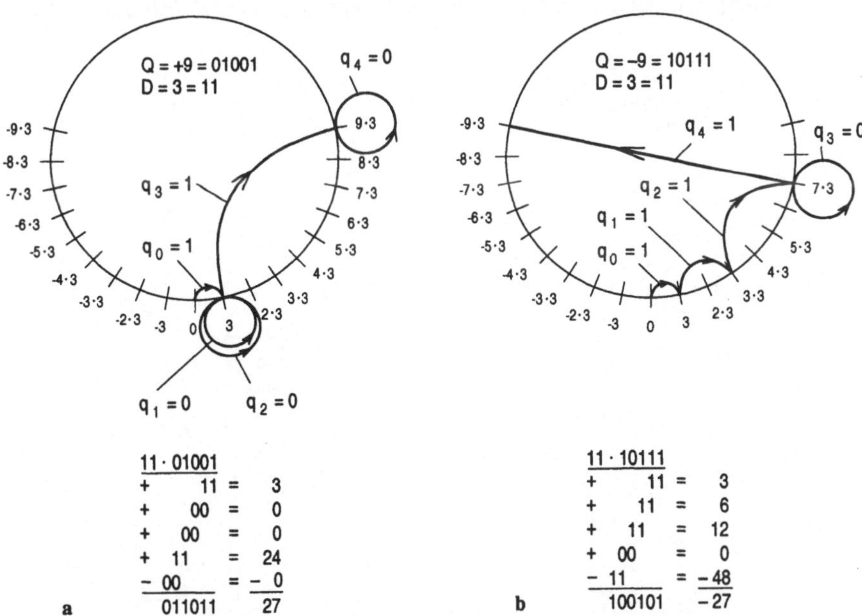

Bild 1-23. Multiplikation durch fortlaufendes Addieren entsprechend der gewichteten Multiplikatorziffern; **a** Zahlenbeispiel 3·(+9), **b** Zahlenbeispiel 3·(−9). Beim Multiplikanden sind der Übersichtlichkeit halber die oberen Nullen weggelassen.

zeigt diesen Vorgang, veranschaulicht auf dem Zahlenring mit D=3 als Einheit und Q=01001 (Teilbild a) und Q=10111 (Teilbild b). Man sieht, daß q_i=0 keinen Beitrag zum Ergebnis liefert und daß bei q_{n-1}=1 subtrahiert wird, da die Vorzeichen„ziffer“ entsprechend der 2-Komplement-Darstellung mit -2^{n-1} gewichtet ist. Das ist eine Unregelmäßigkeit, die diesem Verfahren innewohnt und im folgenden Verfahren nicht auftritt. (Man vergleiche die Entstehung der beiden Ergebnisse mit dem oben in Klammern angedeuteten, insbesondere bei größeren Zahlen viel ineffizienteren Verfahren, bei dem man von R=0 ausgehend den Multiplikanden D=3 so oft addiert bzw. subtrahiert, wie der Multiplikator Q=9 angibt.)

Multiplikation durch Addieren und Subtrahieren. $D \cdot Q$ wird dadurch gebildet, daß der Multiplikator Q von rechts nach links Ziffer für Ziffer durchmustert wird, wobei D (stellenrichtig verschoben) bei jedem Übergang von 1 auf 0 auf R addiert wird und bei jedem Übergang von 0 auf 1 von R subtrahiert wird. Der erste Schritt führt bei q_0=1 immer in den negativen Bereich, so als ob eine Ziffer q_1=0 existieren würde. Diesem Verfahren liegt die Idee zugrunde, daß es bei n hintereinanderstehenden Einsen im Multiplikator (z.B. 00111100) besser ist, statt den Multiplikanden n-mal zu addieren, ihn 1-mal zu addieren und 1-mal zu subtrahieren (00111100=+01000000−00000100).

Bild 1-24 zeigt die Multiplikation R=$D \cdot Q$ mit Q=01001 (Teilbild a) und Q=10111 (Teilbild b), veranschaulicht durch den Zahlenring mit D=3 als Einheit. Man sieht, wie sich Additionen und Subtraktionen von D fortwährend ab-

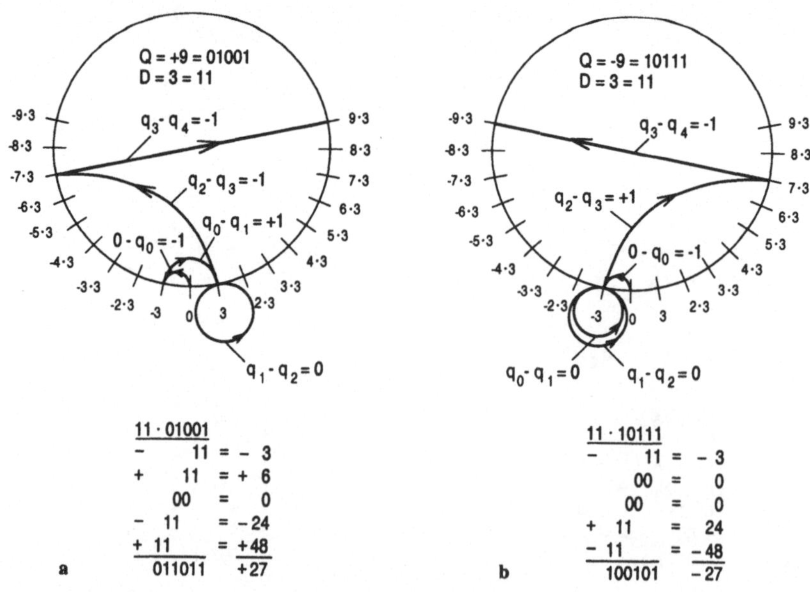

Bild 1-24. Multiplikation durch abwechselndes Addieren und Subtrahieren entsprechend der gewichteten Multiplikatorziffernpaare, **a** von 3·(+9), **b** von 3·(−9).

wechseln, wenn benachbarte Stellen ungleiche Werte haben. Haben benachbarte Stellen hingegen gleiche Werte, so wird weder addiert noch subtrahiert, d.h. „auf der Stelle getreten".

Bild 1-25a zeigt das beschriebenen Multiplikationsverfahren mit Addieren und Subtrahieren in algorithmischer Form; Bild 1-25b zeigt ein auf Teilbild a abgestimmtes arithmetisches Rechenwerk zur Ausführung des Algorithmus. Zu Beginn ist D in OR, R=0 im AC und Q im rechts davon gezeichneten Register MQ gespeichert. Dieses Register hat eine Doppelfunktion, da es im Verlaufe des Algorithmus neben einem Teil von Q auch einen Teil von R und am Ende des Algorithmus allein den niederwertigen Teil von R, d.h. den niederwertigen Teil des Ergebnisses, enthält, während der höherwertige Teil von R, d.h. der höherwertige Teil des Ergebnisses, in AC vorliegt. In jedem Schritt der do-Schleife wird nämlich nach erfolgter Addition/Subtraktion ein Bit von R in das Register MQ von links herein- und gleichzeitig ein Bit von Q aus MQ nach rechts hinausgescho-

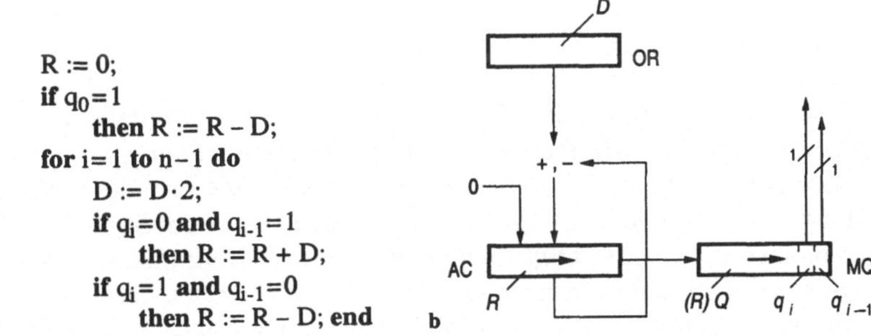

Bild 1-25. Multiplikation; **a** Algorithmus, **b** Rechenwerk. Nach Ablauf des Algorithmus ist der Multiplikator Q nicht mehr verfügbar.

ben, so daß in den beiden rechten MQ-Stellen bei jedem Durchlaufen der do-Schleife die beiden richtigen q_i- und q_{i-1}-Stellen für den nächsten Durchlauf erscheinen. Die Trennstelle signifikanter Bits von R und von Q bewegt sich also mit jeder verarbeiteten und herausgeschobenen Ziffer von links nach rechts über das nun als Doppelregister fungierende Register AC_MQ. Somit wird in jedem Schritt R gegenüber D um eine Stelle größer, d.h. verdoppelt, und zwar im Algorithmus sozusagen hinten herum durch $D{:=}D\cdot 2$ gegenüber einem feststehend gedachten R. Hingegen wird Q um eine Stelle kleiner, d.h. halbiert, und zwar durch Wegfall der jeweils rechts außen stehenden Stelle, also $Q{:=}Q/2$, was im Algorithmus nur implizit durch Fortschalten der Zählvariablen i enthalten ist. In jedem Schritt gilt also die Invariante

$$R = (q_{i-1}\dots q_0)\cdot D + (q_{n-1}\dots q_i)\cdot D\cdot 2^i$$

mit ihrem „vorderen" Teil – das ist das, was getan worden, d.h. bereits verarbeitet worden ist – und ihrem „hinteren" Teil – das ist das, was noch getan werden muß bzw. noch zu verarbeiten ist.

Dividieren durch „Versuch und Irrtum“

Wie bei der Multiplikation, so gibt es auch zur Division von 2-Komplement-Zahlen zahlreiche Verfahren; wir beschreiben ein erstes, das auf Subtrahieren und Shiften beruht, und danach ein zweites, das Subtrahieren, Addieren und Shiften zur Grundlage hat. Beide Divisionsverfahren sind aus der numerischen Mathematik vom Rechnen mit dezimal arbeitenden mechanischen Rechenmaschinen bekannt. Auch hierbei wurde Addieren durch Vorwärtskurbeln, Subtrahieren durch Rückwärtskurbeln und Shiften durch eine Verschiebemechanik verwirklicht, zusätzlich erfolgte die Anzeige der Unterschreitung der Null durch rote Ziffern. (Auch hier gibt es ein noch einfacheres Verfahren, das auf fortlaufendem Subtrahieren des Divisors vom Dividenden bei gleichzeitigem Hochzählen des Quotienten beruht, und zwar geschieht dies so lange, bis der Rest betragsmäßig kleiner als der Divisor ist. Auch dieses Verfahren ist von linearer Komplexität bezüglich der Größe des Quotienten und scheidet deshalb für eine technische Implementierung aus.)

Die beiden folgenden Divisionsverfahren setzen als gegeben eine $2n$-stellige Dualzahl $R=r_{2n-1}r_{2n-2}\cdots r_0$ (Dividend) und eine n-stellige Dualzahl $D=d_{n-1}d_{n-2}\ldots d_0$ (Divisor) in 2-Komplement-Darstellung voraus. Sie ermitteln schrittweise die einzelnen Ergebnisziffern q_i des n-stelligen Quotienten $Q=q_{n-1}q_{n-2}\cdots q_0$ und hinterlassen mit $R=r_{n-1}r_{n-2}\ldots r_0$ einen n-stelligen Rest. Die Ermittlung der Überschreitung des Zahlenbereichs (overflow) und einer Division durch Null (zerodivide) bleiben unberücksichtigt. *Bemerkung:* Die für Multiplikation und Division gemeinsam benutzten Bezeichnungen R, D und Q weisen darauf hin, daß es sich um umkehrbare Operationen handelt. Dies kommt auch in den Verfahren und den Details der Algorithmen zum Ausdruck.

Division mit Rückstellen des Zwischenrests. Bei der Lösung der Divisionsaufgabe $Q=R/D$ wird gefragt, wieviel mal der Divisor D in den Dividenden R „hineinpaßt“. Wie in der Schule wird R/D dadurch gebildet, daß der mit Zweierpotenzen multiplizierte Divisor, links „außen“ beginnend, vom Dividenden fortlaufend subtrahiert wird. Dabei wird hier der verschobene Divisor jedoch nicht mit dem entstehenden Zwischenrest verglichen, sondern „auf Verdacht“ von diesem abgezogen und „nachgeguckt“, ob die Null überschritten wurde (negativer Zwischenrest) oder nicht. Entsteht bei dieser Subtraktion ein solcher negativer Zwischenrest, so muß diese Subtraktion durch eine nachfolgende Addition wieder rückgängig gemacht werden, deshalb spricht man vom Divisionsverfahren mit Rückstellen des Zwischenrests. Q entsteht bei diesem Verfahren ziffernweise, beginnend mit der höchsten Stelle, gemäß den erfolglosen Subtraktionen (negativer Zwischenrest, $q_i=0$) und den erfolgreichen Subtraktionen (positiver Zwischenrest, $q_i=1$).

Bild 1-26a illustriert das Verfahren für $R=+28$ und $D=3$. Darin ist die Subtraktion durch $-\!\leftarrow$ und die Addition durch $\rightarrow\!-$ gekennzeichnet. Die einzelnen Ziffern q_i entstehen auf folgende Weise:

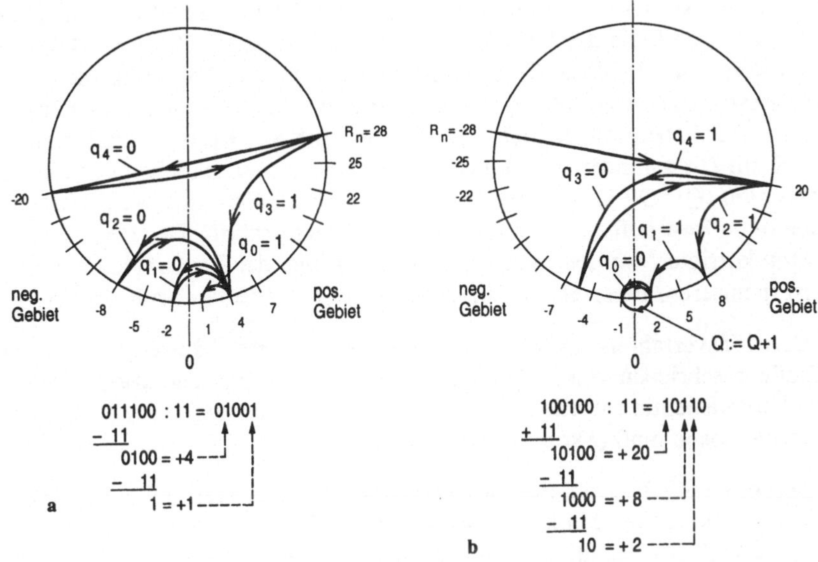

Bild 1-26. Division mit Rückstellen des Zwischenrests, **a** ohne, **b** mit Restkorrektur. Beim Divisor ist der Übersichtlichkeit halber die obere Null weggelassen.

Ausgehend von R=+28 der

1. Versuch: $R-q_4 \cdot 2^4 \cdot D$ mit $q_4=1$ ergibt „Landung" im negativen Bereich, d.h. $q_4:=0$ und erneut von $R=+28$ aus der

2. Versuch: $R-q_3 \cdot 2^3 \cdot D$ mit $q_3=1$ ergibt „Landung" im positiven Bereich, d.h. $q_3:=1$ „paßt"; von $R:=R-1 \cdot 2^3 \cdot D=+28-8 \cdot 3=+4$ aus der

3. Versuch: $R-q_2 \cdot 2^2 \cdot D$ mit $q_2=1$ ergibt „Landung" im negativen Bereich, d.h. $q_2:=0$ und erneut von $R=+4$ aus der

4. Versuch: $R-q_1 \cdot 2^1 \cdot D$ mit $q_1=1$ ergibt „Landung" im negativen Bereich, d.h. $q_1:=0$ und erneut von $R=+4$ aus der

5. Versuch: $R-q_0 \cdot 2^0 \cdot D$ mit $q_0=1$ ergibt „Landung" im positiven Bereich, d.h. $q_0:=1$ „paßt"; Rest $R:=R-1 \cdot 2^0 \cdot D=+4-1 \cdot 3=+1$.

Als Ergebnis entsteht $Q=q_4q_3q_2q_1q_0=01001=+9$; der Rest ist mit +1 positiv. (Man vergleiche die Entstehung dieses Ergebnisses mit dem oben in Klammern angedeuteten, insbesondere bei größeren Zahlen viel ineffizienteren Verfahren, bei dem man von R=+28 den Divisor D=3 so lange subtrahiert, bis die Null gerade noch nicht unterschritten ist.)

In Bild 1-26b ist dieses Verfahren – soweit beschrieben – auf $R=-28$ und $D=3$ angewendet. Am Ende des Verfahrens entsteht zunächst $Q=10110=-10$ mit positivem Rest von +2. Dieses Ergebnis ist nicht falsch, da $-10 \cdot D$ plus diesem positiven Rest gerade R ergibt. Wird aber gefordert, daß der Rest das gleiche Vorzeichen wie R haben soll, so muß im Fall eines positiven Rests zusätzlich das aktuelle R um D vermindert werden ($R:=R-D$) und dementsprechend Q um 1 erhöht werden ($Q:=Q+1$). Ist hingegen der Rest gleich Null, d.h., sind die beiden Zahlen ohne Rest teilbar, so entfällt dieser Korrekturschritt. Der Rest muß also nur dann korrigiert werden, wenn R negativ war *und* der Rest ungleich Null ist. Das ist in unserem Beispiel der Fall, es entsteht $Q=-9$ mit einem Rest von −1.

Das Divisionsverfahren mit Rückstellen des Zwischenrests, soweit es bis zu dieser Stelle beschrieben wurde, gilt nur für positives D. Bei negativem D muß D zuerst komplementiert werden, dann wird weiter wie bei positivem D verfahren, und anschließend muß Q komplementiert werden.

Division ohne Rückstellen des Zwischenrests. An Bild 1-26 sieht man, daß das Verfahren verkürzt werden kann, indem auf das Rückstellen des Zwischenrests bei „Landung“ im negativen Bereich *verzichtet* und statt dessen die nächste Zweierpotenz $2^i \cdot D$ *addiert* wird. Man spricht vom Verfahren ohne Rückstellen des Zwischenrests.

Bild 1-27a veranschaulicht dieses Verfahren für $R=28$ und $D=3$ zum Vergleich mit Bild 1-26a. Bild 1-27b behandelt einen neuen Fall, nämlich die Division von

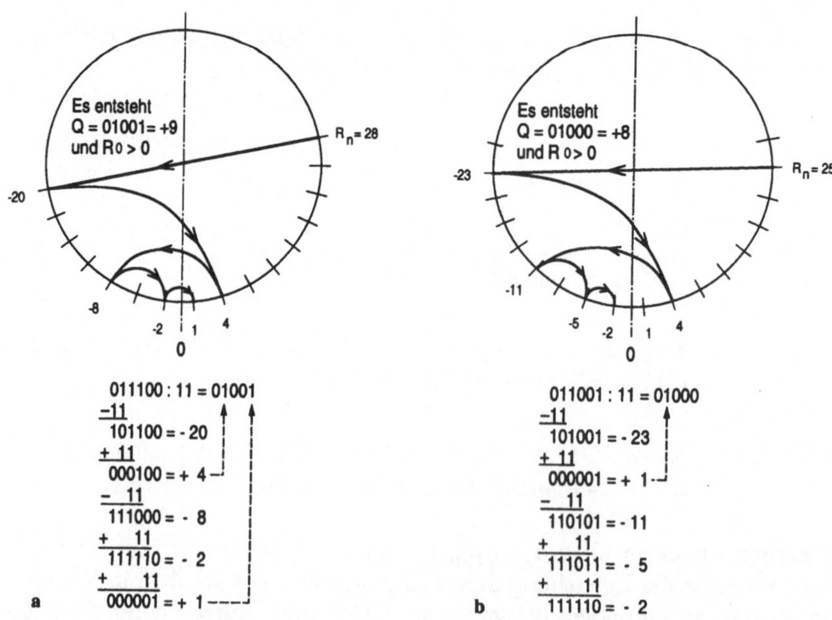

Bild 1-27. Division ohne Rückstellen des Zwischenrests, **a** bei ungeradzahligem, **b** bei geradzahligem Quotienten.

R=25 durch D=3. Im Fall R=28 entsteht Q=01001=+9 mit dem positiven Rest +1; im Fall R=25 entsteht Q=01000=+8 mit dem negativen Rest −2. Es ist für dieses Verfahren charakteristisch, daß alle *geraden* Zahlen Q fälschlicherweise einen negativen Rest haben, der durch eine nachfolgende Addition von D zum Rest korrigiert werden muß. Dadurch entsteht in jedem Fall ein positiver Rest, der ggf. wie beim Verfahren mit Rückstellen des Rests erneut korrigiert werden muß.

Bild 1-28a zeigt das Divisionsverfahren ohne Rückstellen des Rests in algorithmischer Form; Bild 1-28b zeigt ein auf Teilbild a abgestimmtes arithmetisches Rechenwerk zur Ausführung des Algorithmus. Zu Beginn sind D in OR und R im auf doppelte Wortlänge erweiterten Register AC_MQ gespeichert. (Der Divisor zu Beginn des Algorithmus ist mit D_n bezeichnet, wobei n mit der Wortlänge

```
D := Dn·2^n
R := Rn;
for i=n-1 to 0 do
    if (R≥0)=(D≥0)
        then R := R·2;
             R := R - D;
        else R := R·2;
             R := R + D;
    if (R≥0)
        then qi := 1;
        else qi := 0; end
if (R<0)
    then if (R≥0)=(D≥0)
        then R := R - D;
        else R := R + D;
if (Rn<0) and (R=0)
    then if (R≥0)=(D≥0)
        then R := R - D
        else R := R + D
    Q := Q + 1;
if (Dn<0)
    then Q := - Q; end
```

a

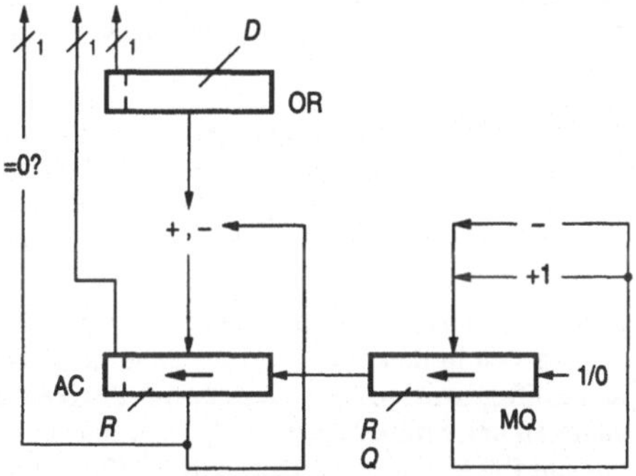

b

Bild 1-28. Division; **a** Algorithmus, **b** Rechenwerk. Nach Ablauf des Algorithmus ist der Dividend R nicht mehr verfügbar.

des Quotienten identisch ist. Entsprechendes gilt auch für den Dividenden; er ist – wie auch schon in den Bildern – mit R_n bezeichnet.) Wie bei der Multiplikation hat das Register MQ eine Doppelfunktion, da es im Verlaufe des Algorithmus neben einem Teil von R auch einen Teil von Q und am Ende des Algorithmus Q allein enthält, während der Rest am Ende des Algorithmus in AC vorliegt. In jedem Schritt der do-Schleife wird nach erfolgter Addition/Subtraktion ein Bit von Q von rechts in das Register MQ hinein- und gleichzeitig ein Bit von R nach AC geschoben. Die Trennstelle signifikanter Bits von R und von Q bewegt sich so mit jeder erzeugten Ziffer von rechts nach links über das Doppelregister AC_MQ. Somit wird in jedem Schritt R um eine Stelle kleiner und Q um eine Stelle größer.

Die in jedem Schritt entstehenden Werte für R und Q lassen sich gemäß dem Algorithmus auch arithmetisch berechnen, und zwar mit Hilfe von Rekursionsformeln; es gilt mit $R_{n-1}=R_n\cdot 2+(2q_{n-1}-1)\cdot D\cdot 2^n$ als „vorbereitendem" Schritt und $R_0:=(R_0-(q_0-1)\cdot D\cdot 2^n)/2^n$ als „nachbereitendem" Schritt für $i=n-1,\ldots, 1$

$$R_{i-1} = R_i\cdot 2-(2q_i-1)\cdot D\cdot 2^n.$$

Durch fortlaufendes, immer wiederkehrendes Einsetzen ergibt sich daraus nach längerer Rechnung

$$R_0 = R_n-Q\cdot D.$$

Darin ist $Q=-q_{n-1}\cdot 2^{n-1}+q_{n-2}\cdot 2^{n-2}+\ldots+q_1\cdot 2^1+q_0\cdot 2^0$ die Formeldarstellung zur Berechnung des Zahlenwertes einer 2-Komplement-Zahl, hier der 2-Komplement-Zahl Q.

Aufgabe 1.8. Die in Bild 1-27 dargestellten Fälle der Division von $R_5=+28$ und $R_5=+25$ geteilt durch $D=3$ sind mit der oben angegebenen Rekursionsformel schrittweise durchzuspielen. Anschließend versuche man zu zeigen, daß durch sukzessives Einsetzen $R_0=R_5-Q\cdot D$ entsteht, und zwar mit $Q=-q_4\cdot 16+q_3\cdot 8+q_2\cdot 4+q_1\cdot 2+q_0\cdot 1$.

Aufgabe 1.9. Auch für die beiden auf S. 61 ff. beschriebenen Multiplikationsalgorithmen mit Addieren (und Shiften) sowie mit Addieren und Subtrahieren (und Shiften) lassen sich die in jedem Schritt entstehenden Werte von R durch Rekursionsformeln arithmetisch ausdrücken; wie lauten sie?

Aufgabe 1.10. Zum Divisionsalgorithmus ohne Rückstellen des Rests läßt sich ein inverser Algorithmus für die Multiplikation mit Addieren, Subtrahieren und Shiften entwickeln, indem die einzelnen Schritte des Divisionsalgorithmus gewissermaßen rückwärts durchlaufen werden. Wie lauten hier die entsprechenden Rekursionsgleichungen?

Bemerkung. Vergleicht man die in den Aufgaben 1.9 und 1.10 entwickelten Rekursionsformeln, so spiegeln sich in ihnen drei verschiedene „Zahlensysteme" wider. Im Algorithmus mit Addieren und Shiften wird jeweils $D\cdot 2^i\cdot q_i$ mit q_i=0/+1 akkumuliert. Im Algorithmus mit Addieren, Subtrahieren und Shiften wird $2^i\cdot(q_{i-1}-q_i)$ mit $q_{i-1}-q_i$=−1/0/+1 akkumuliert. Im inversen Algorithmus mit Rückstellen des Rests wird $2^i\cdot(2q_i-1)$ mit $2q_i-1$=−1/+1 akkumuliert.

1.3.4 Die wichtigsten Rechnerbefehle

Die Entwurfsentscheidung, Programme und Daten in ein und demselben Speicher zu halten, ist insbesondere dann sinnvoll, wenn die Befehle des Rechners nicht in einem Schritt ausgeführt werden können. Dann ist es nahezu egal, ob zu den vielen Schritten der Ausführung des aktuellen Befehls zuvor auch noch der eine Schritt des Holens dieses Befehls (zeitsequentiell) hinzukommt. Die Alternative dazu ist, Programme und Daten in getrennten Speichern zu halten. Das ist dann sinnvoll, wenn die Befehle in einem einzigen Schritt ausgeführt werden können. Dann kann sich nämlich durch Ausnutzung der Fließbandorganisation das Holen des nächsten Befehls mit dem Ausführen des aktuellen Befehls überlappen und gleichzeitig in ein und demselben Schritt erfolgen (zeit- und ortssequentiell). Man bezeichnet Rechner mit Befehlen der ersten Art als Complex Instruction Set Computer, kurz CISC, und Rechner mit Befehlen der zweiten Art als Reduced Instruction Set Computer, kurz RISC (obwohl die Begriffe Multi Step per Instruction Computer bzw. Single Step per Instruction Computer vielleicht treffender wären).

CISC
RISC

Die zugrundeliegende Struktur. Die Frage, sich für das eine oder das andere Konzept entscheiden zu müssen, stellte sich in der Frühzeit des Rechnerbaus nicht, da erstens die Schaltungstechnik auf einem Stand war, wo selbst die Addition in mehreren Schritten ausgeführt werden mußte und es zweitens keinerlei Programmierhilfen gab, so daß man zur bequemeren Programmierung auf komplexe Befehle geradezu angewiesen war. – Der Trend zu immer höherer Komplexität in der Befehlsliste hielt an, so lange die Rechner ausschließlich in Maschinensprache programmiert wurden. Erst mit der Weiterentwicklung der Technologie zu immer schnelleren Schaltungen und dem Aufkommen von leistungsfähigen Compilern war die Zeit reif, die inzwischen sehr komplex gewordenen Befehlslisten zu reduzieren.

Um vom „Multi Step per Instruction Computer“, dem CISC, auf den „Single Step per Instruction Computer“, den RISC, zu kommen, muß man auf höhere arithmetische Befehle, wie für die Division, und Befehle mit vielfachen Speicherzugriffen, wie Suchbefehle, verzichten. Die Frage, ob CISC oder RISC, stellt sich aber oft anders, nämlich vor dem Hintergrund der durch die Größtintegration ermöglichten Mikrominiaturisierung, d.h. der Unterbringung ganzer Computer auf einem einzigen Chip. Dann spielt der Konflikt zwischen Steuerlogik und Speicherlogik bei vorgegebener Chipfläche die dominierende Rolle: entweder viel Steuerung bei wenig Speicher (CISC) oder wenig Steuerung bei viel Speicher (RISC). Die Diskussion, welches Konzept schließlich mehr „Computer on Chip“ bietet, nimmt einen breiten Raum ein und wird in 2.3 und 2.4 geführt.

Die nachfolgend aufgelisteten Befehle bedingen das CISC-Konzept, weil wir wünschen, daß Rechnerbefehle bei der Ausführung ihrer Mikroalgorithmen beliebig viele Schritte benötigen dürfen. Auf die dem RISC-Konzept eigene Fließbandverarbeitung wird verzichtet; sonst würde wegen des überlappenden Befehl-Holens (ein Schritt) und Operation-Ausführens (viele Schritte) ein unausgewogenes System entstehen. Zwar gibt es auch CISC-Architekturen mit getrennten Speichern und überlappender Arbeitsweise; die Diskussion ihrer Systemeigenschaften wird aber erst in 2.4 geführt.

Bild 1-29 zeigt die Architektur eines v.-Neumann-CISC. Sie folgt im Prinzip Bild 1-17. Ihr liegen aber nun die im vorigen Abschnitt beschriebenen Mikroalgorithmen zugrunde, d.h., die Bilder 1-25 und 1-28 mit einer ALU für die arithmetischen und logischen Elementaroperationen. (Die gestrichelt gezeichneten Teile in Bild 1-29 werden erst für die in 1.3.5, beschriebenen Adreßmodifizierungen benötigt.) In der abgebildeten Architektur sind die Register zur Ein- und Ausgabe genau wie der Speicher über einen monodirektionalen Adreßbus A und

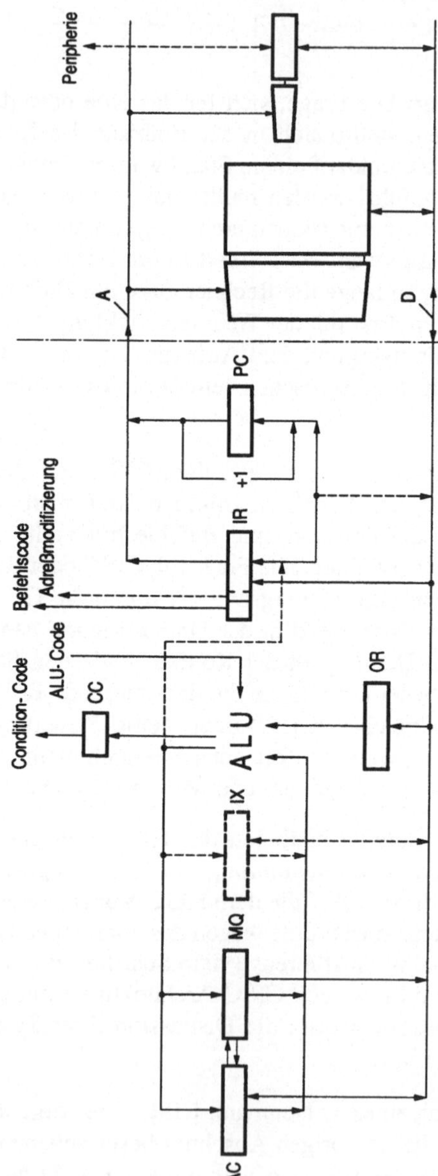

Bild 1-29. Struktur eines v.-Neumann-Rechners, gestrichelt gezeichnet die für Adreßmodifizierungen notwendigen Erweiterungen.

einen bidirektionalen Datenbus D mit dem Prozessor verbunden. Dementsprechend müssen besondere Befehle vorgesehen werden, wie „Lies ein Wort von einem Register der Peripherie mit der Adresse M und bringe es in den Akkumulator“ und „Nimm ein Wort vom Akkumulator und schreibe es in ein Register der Peripherie mit der Adresse M“, kurz „Gib ein Wort ein“ (IN M) bzw. „Gib ein Wort aus“ (OUT M).

Die Liste der Maschinenbefehle

Als typische Maschinenbefehle übernehmen wir die fünf Befehle LDA M, STA M, ADD M, MUL M und HLT aus 1.2.5 und fügen eine Reihe weiterer Befehle hinzu. Viele dieser Befehle dienen im Grunde nur dazu, Programme kürzer und schneller, d.h. ihre Ausführung effizienter zu machen. Man kann sich leicht vorstellen, daß es beim Bau eines Universalrechners für die Auswahl an Befehlen eine Fülle von Möglichkeiten gibt, die von Anwendung zu Anwendung stark variiert. Dementsprechend gibt es für einen Rechner nicht *die* Befehlsliste, sondern es muß ein Kompromiß zwischen Aufwand und Leistung gefunden werden, leider mit i. allg. nicht vorhersagbaren Vorstellungen über sein zukünftiges Anwendungsprofil.

Die folgenden Befehle interpretieren die Art der beteiligten Operanden entsprechend der auf ihnen definierten Operationen, z.B. 0/1-Muster bei Transportbefehlen, z.B. 2-Komplement-Zahlen bei arithmetischen Befehlen. Desgleichen beeinflussen sie je nach Operation nur die Werte der Bedingungsbits z (zero) und n (negative), wie bei den Transportbefehlen, oder sie beeinflussen darüber hinaus auch die Werte der Bedingungsbits c (carry) und v (overflow), wie bei den arithmetischen Befehlen.

Transportbefehle

`CLA` clear AC — AC := 0
lädt den AC mit Null.

`LDA M` load AC with M — AC := M
lädt den AC mit dem Inhalt von M.

`STA M` store AC in M — M := AC
speichert den Inhalt von AC nach M.

`LDM M` load MQ with M — MQ := M
lädt MQ mit dem Inhalt von M.

`STM M` store MQ in M — M := MQ
speichert den Inhalt von MQ nach M.

Arithmetische Befehle

`COM` complement to AC — AC := –AC
komplementiert den Inhalt von AC.

`ADD M` add AC with M AC := AC+M

addiert den Inhalt von M auf den Inhalt von AC und bringt das Ergebnis nach AC.

`SUB M` subtract M from AC AC := AC−M

subtrahiert den Inhalt von M vom Inhalt von AC und bringt das Ergebnis nach AC.

`CMP M` compare AC with M AC−M

subtrahiert den Inhalt von M vom Inhalt von AC, ohne das Ergebnis nach AC zu schreiben. Der Befehl wirkt also ausschließlich auf die Bedingungsbits.

`MUL M` multiply AC with M AC_MQ := AC·M

multipliziert den Inhalt von M mit dem Inhalt von AC und bringt das Ergebnis rechtsbündig in den auf doppelte Wortlänge erweiterten Akkumulator AC_MQ.

`DIV M` divide AC through M AC := AC_MQ/M, MQ := Rest

dividiert den Inhalt des auf doppelte Wortlänge erweiterten Akkumulators AC_MQ durch den Inhalt von M und bringt das Ergebnis nach AC. Der bei der Division entstehende Rest steht in MQ.

Shiftbefehle

`SH k` shift AC_MQ AC_MQ := AC_MQ·2*k*

shiftet den Inhalt von AC_MQ um *k* Stellen nach links, wenn *k* positiv ist. Mit jedem Shiftschritt gelangt eine Null nach Bit 0 von MQ. Ist *k* negativ, so wird der Inhalt von AC_MQ um *k* Stellen nach rechts geshiftet, wobei das am weitesten links stehende Bit (Vorzeichen von AC) erhalten bleibt.

`RO k` rotate AC_MQ

shiftet den Inhalt von AC_MQ um *k* Stellen nach links, wenn *k* positiv ist. Bei jedem Shiftschritt gelangt das links außen stehende Bit von AC in das Bit rechts außen von MQ. Ist *k* negativ, so wird der Inhalt von AC_MQ um *k* Stellen nach rechts geshiftet, wobei das rechts außen stehende Bit von MQ in das Bit links außen von AC gelangt.

Logische Befehle

`AND M` and AC with M AC := AC∧M

verknüpft die korrespondierenden Bits von AC und von M durch „und“ und bringt das Ergebnis nach AC.

`XOR M` exclusive or AC $AC := AC \oplus M$

verknüpft die korrespondierenden Bits von AC und von M durch „exklusiv-oder" und bringt das Ergebnis nach AC.

Verzweigungsbefehle

`BR L` branch to L PC := L

lädt den Befehlszähler PC mit der Adresse L. L ist die Adresse des nächsten Befehls. Der Befehl BR L bewirkt eine bedingungslose Programmverzweigung, d.h. einen Sprung im Programm.

`Bcc L` branch conditionally to L if cc then PC := L

lädt den Befehlszähler PC mit der Adresse L, wenn die Bedingung erfüllt ist. Zusammen mit dem Befehl CMP M bewirkt ein solcher Befehl eine bedingte Programmverzweigung. Als Bedingungen gelten:

equal	`EQ:`	$z=1$
not equal	`NE:`	$z=0$
less than	`LT:`	$v \neq n$
greater or equal	`GE:`	$v=n$
greater than	`GT:`	$v=n$ und $z=0$
less or equal	`LE:`	$v \neq n$ oder $z=1$
negative (set)	`NS:`	$n=1$
carry (set)	`CS:`	$c=1$
overflow (set)	`VS:`	$v=1$

`NOP` no operation (PC := PC+1)

besagt, daß sofort der folgende Befehl aufgerufen und ausgeführt wird.

Systembefehle

`IN M` input to AC AC := M

lädt den AC mit dem Inhalt eines Registers mit der Adresse M, sobald das diesem Register zugeordnete Eingabegerät die Bereitschaft zur Datenübergabe meldet.

`OUT M` output from AC M := AC

speichert den Inhalt von AC in ein Register mit der Adresse M, sobald das diesem Register zugeordnete Ausgabegerät die Bereitschaft zur Datenübernahme meldet.

`HLT` halt

hält den Rechner an.

Programmbeispiele

Im folgenden sind zur Demonstration der Wirkungsweise der einzelnen Befehle im Zusammenwirken mit anderen Befehlen einige kleinere Aufgabenstellungen programmiert. Sie betreffen (1.) in Anlehnung an die früher (in 1.2.3) geführten Diskussionen das Ersetzen bestimmter Befehle durch einzelne andere elementare Befehle oder Folgen anderer elementarer Befehle (Beispiel 1.2) sowie (2.) als Erweiterung der früher (in 1.2.4) geschilderten Programmierungstechniken mit Geradeausprogrammen das Programmieren mit Schleifen (Beispiel 1.3).

Beispiel 1.2. Befehlsersetzungen. Bestimmte elementare Befehl, wie z.B. CLA, LDA M, SUB M oder CMP M, aber auch NOP, können durch einen oder mehrere andere elementare Befehle ersetzt werden; auf sie könnte deshalb verzichtet werden.

```
CLA       =       LDA  NULL  (mit 0 als Inhalt von NULL)

LDA  M    =       CLA
                  XOR  M

SUB  M    =       COM
                  ADD  M
                  COM

CMP  M    =       STA  X     (mit beliebiger Speicherzelle X)
Bcc  L            SUB  M
                  Bcc  L
                  LDA  X
                   :
               L: LDA  X

NOP       =       BR   L
               L:  :
                   :
```

Andere elementare Befehle, wie STA M, IN M, OUT M oder HLT sind nicht durch andere Befehle dieser Befehlsliste zu ersetzen; auf sie kann somit nicht verzichtet werden.

Beispiel 1.3. Schleifenprogramm. Das folgende Programmstück hat die Aufgabe, die natürlichen Zahlen 0, 1, 2, ..., n für vorgegebenes, veränderliches n zu addieren. Der Wert von n steht in einer mit der symbolischen Adresse N bezeichneten Speicherzelle. Er ist genügend klein, so daß der Wert der Summe den Zahlenbereich nicht überschreitet. Der Wert des Ergebnisses soll in der Speicherzelle SUM abgelegt werden.

Obwohl diese Aufgabe auch ohne Schleife programmiert werden kann,[1] benutzen wir hier deshalb eine Programmschleife, um die Einsatzmöglichkeiten der Befehle für diese Technik zeigen zu können. Zur Programmorganisation dieser

1. Wie? Unter Ausnutzung mathematischer Gesetzmäßigkeiten, nämlich der Summenformel $n(n+1)/2$!

Repetition ist ein Zähler nötig; der Zählerstand und das Inkrement befinden sich in den Speicherzellen mit den symbolischen Adressen I bzw. EINS.

Programm: *Daten:*

```
          :                          :
    LOOP: LDA   SUM        N     res   1
          ADD   I          SUM   dat   0
          STA   SUM        I     dat   1
          LDA   I          EINS  dat   1
          ADD   EINS             :
          STA   I
          CMP   N
          BLE   LOOP
          HLT
```

Meistens sind Schleifenprogramme nicht so einfacher Natur, sondern benötigen Adreßmodifizierungen. Mit den angegebenen Befehlen sind diese jedoch – wie schon gesagt – nur äußerst diffizil und nur sehr ineffizient programmierbar.

Aufgabe 1.11. Die Befehle COM und BR L sind in der in Beispiel 1.2 beschriebenen Art durch andere Befehle zu ersetzen.

Aufgabe 1.12. Die Initialisierung der Variablen SUM und I mit ihren Anfangswerten erfolgt in Beispiel 1.3 durch den Assembler. Nach der Ausführung des Programms sind dort deren Endwerte gespeichert, so daß das Programm nicht ohne weiteres erneut gestartet werden kann. Das Programm ist umzuschreiben, so daß dieser Mangel behoben wird.

1.3.5 Die wichtigsten Adressierungsarten

Die von v. Neumann und seinen Mitarbeitern getroffene Entscheidung, Programme und Daten in ein und derselben Weise, d.h. nicht unterscheidbar darzustellen, gestattete es, ein Programm durch sich selbst zu verändern, wodurch Spekulationen über selbst lernende, sich selbst vervielfachende, mithin „lebendige“ Systeme Tür und Tor offen standen. So verlockend diese Ideen waren und auch heute noch erscheinen, so gefährlich sind ihre Auswirkungen, denn: Sich selbst modifizierende Programme sind nicht nur undurchschaubar, sondern führen zu unvorhersagbarem Verhalten des Computers. Glücklicherweise endet das zumindest bei „Papier produzierenden“ Anwendungen immer im Chaos konfuser Zahlenkolonnen oder wirrer Daten, die als unsinnig sofort verworfen werden können. Bei großen, insbesondere störempfindlichen Systemen in technischen Umgebungen ist ein solches Chaos natürlich nicht hinnehmbar, und es müssen schon beim Programmieren vielfältige Sicherheitsvorkehrungen getroffen werden, damit sich zu keinem Zeitpunkt das System verselbständigen kann. – Ein rein praktischer Gesichtspunkt sei noch erwähnt: Sich selbst modifizierende Programme müssen vor jedem Neustart regeneriert werden.

Nichts desto weniger erlaubte diese Entscheidung aber auch sehr sinnvolle Anwendungen, z.B. – wie bereits früher gesagt – einen wesentlich effizienteren Umgang mit Datenfeldern. Bei dieser Art von Programmodifizierung werden Befehle als Operanden interpretiert, d.h. bei logischen Operationen als Bitvektoren, bei arithmetischen Operationen als 2-Komplement-Zahlen, und es dürfen ausschließlich ihre Adressen verändert werden. Aber auch das ist höchst undurchschaubar und erlaubt keine systematische Programmentwicklung, wie sie insbesondere bei großen Programmsystemen unumgänglich ist.

Die weiterentwickelte Struktur. Um die Berechnung und Ersetzung von Adressen innerhalb eines Befehls vom Operationscode unabhängig zu machen, sind bereits von Burks, Goldstine und v. Neumann Extrabefehle vorgesehen worden, mit denen ausschließlich auf die Adresse *innerhalb des Befehls* Bezug genommen wird. Schon bald verbat man selbst solche in ihrer Wirkung zwar begrenzte, aber doch programmierbare *Befehls*modifikationen ganz und baute stattdessen Vorrichtungen gezielt nur zur *Adreß*modifizierung in die Rechner ein. Die Programme bleiben dadurch unverändert, was eine Leistungssteigerung durch Fließbandverarbeitung ermöglicht, des weiteren zu höherer Transparenz in der Programmdokumentation führt und darüber hinaus der Programmsicherheit dient (sogar jetzt physisch unterstützbar durch Speicherung in einem Festwertspeicher, z.B. bei immer wiederkehrenden Steuerungsabläufen in technischen Prozessen).

Trotzdem lasse man sich nicht verleiten, die Veränderbarkeit von Adressen allein der Hardware zu überlassen und eine Einflußnahme der Software ganz zu unterdrücken bzw. zu verbieten. Das würde mit einem unzumutbaren Verlust an Computer-Universalität enden und somit die Bezeichnung Universal-Computer ad absurdum führen.

In Bild 1-29 ist im Vorgriff auf die nachfolgend behandelten Adreßmodifizierungs- oder kurz Adressierungsarten die Weiterentwicklung der Rechnerstruktur gestrichelt dargestellt:

- Für die immediate Adressierung ist ein weiterer Datenpfad vom Adreßteil von IR ausgehend vorgesehen, und zwar zum bidirektionalen Datenbus, der die Verbindung zu OR darstellt; auf diese Weise kann die Adresse im Befehl als ALU-Operand benutzt werden.
- Für die indirekte Adressierung braucht keine strukturelle Erweiterung vorgesehen zu werden, da lediglich mit der Adresse im Befehl ein weiterer Lesezyklus durchgeführt wird; die auf diese Weise aus dem Speicher gelesene neue Adresse ersetzt die alte Adresse in IR.
- Für die indizierte Adressierung muß ein weiteres Register eingebaut werden, nämlich das sog. Indexregister IX. Es ist wie die beiden Rechenregister AC und MQ mit der ALU verbunden, so daß Rechenoperationen zwischen der Adresse in IR und dem Index in IX ermöglicht werden.

Register IX

Bild 1-30 zeigt – ebenfalls vorgreifend auf die nachfolgend beschriebenen Adressierungsarten – die Wirkung der immediaten, der indirekten und der indizierten Adressierung. Zum Vergleich ist die „direkte“ oder „normale“ Adressierung mit einbezogen, also der im Befehl ohne weitere Kennzeichnung automatisch benutzte Normalfall der Adressierung.

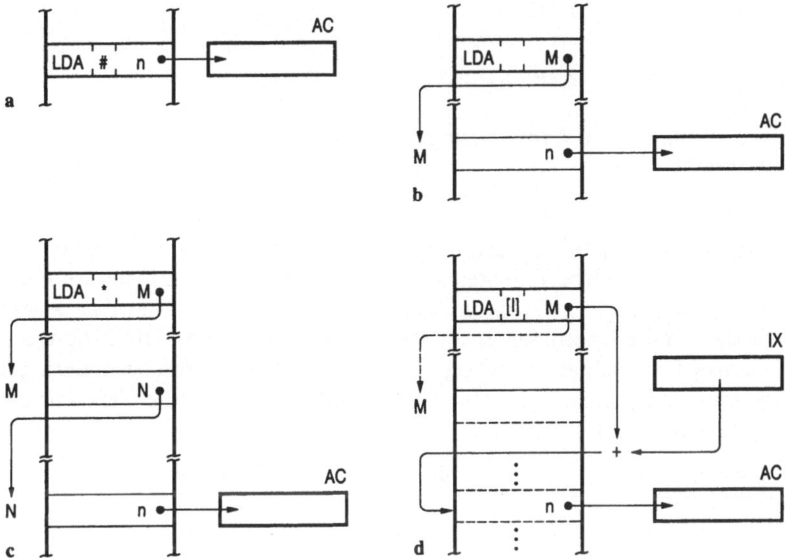

Bild 1-30. Veranschaulichung der Wirkung der Adressierungsarten; **a** immediate, **b** direkte, **c** indirekte, **d** indizierte Adressierung.

Immediate Adressierung

Es kommt häufig vor, daß Befehle mit konstanten Operanden benutzt werden, z.B. zur Abfrage von Zahlen auf bestimmte Werte oder von Zeichen auf bestimmte Buchstaben. Diese Konstanten, wenn sie als Daten abgelegt sind und wie Variablen verarbeitet werden, belasten den Speicher mit Speicherplatz und den Prozessor mit Ausführungszeit. Effizienter ist es deshalb, den konstanten Operanden im Befehl anstelle der Adresse unmittelbar (immediat) anzugeben. Damit entfällt das sonst nach dem Befehl-Holen notwendige Operand-Holen.

- Im Maschinencode zeigt ein Bit an, ob im Befehl die Adresse des Operanden oder der Operand selbst gemeint ist; im Assemblercode wird zur Kennzeichnung der immediaten Adressierung, des Direktoperanden, wie man sagt, gewöhnlich das Zeichen # benutzt.

Bild 1-30a zeigt die Wirkung dieser Adressierungsart am Beispiel des LDA-Befehls. Nach Ausführung des Befehls steht die Zahl n im AC; im Vergleich zur „normalen" Adressierung in Teilbild b kommt der Unterschied besonders gut zur Geltung. – *Anmerkung:* Mit n=0 ist der Clear-Befehl entbehrlich. Da er aber nur aus dem Operationscode besteht, benötigt er weniger Speicherplatz und somit ggf. auch weniger Ausführungszeit.

Die Wirkung der immediaten Adressierung kann z.B. im Fall des LDA-Befehls in folgender Weise nachgebildet werden:

```
LDA  #n  =      LDA  N
                 :
              N  dat  n
```

Beispiel 1.4. Immediate Adressierung. Die Auswertung des auf S. 37 gegegebenen Polynoms

$$p = 17x^3 + 23x^2 + 5x + 13$$

erfolgt durch das folgende Programmstück effizienter, sofern sich nur das Argument x, nicht aber die Koeffizienten a_0, a_1, a_2 und a_3 von einer Programmausführung zur anderen ändern. Programmierungstechnisch sind dann das Argument als Variable und die Koeffizienten als Konstanten anzusehen. – Im Programmtext kommt dieser Unterschied zwischen Variablen und Konstanten besonders gut zur Geltung, was insbesondere die Übersichtlichkeit und somit die Verständlichkeit des Programms erhöht.

Programm: *Daten:*

```
         :                  :
        LDA  #17        X  res  1
        MUL  X          P  res  1
        ADD  #23            :
        MUL  X
        ADD  #5
        MUL  X
        ADD  #13
        STA  P
         :
```

Aufgabe 1.13. Das Programm in Beispiel 1.4 benutzt den Multiplikationsbefehl, ohne zu berücksichtigen, daß das Ergebnis in AC_MQ entsteht. Wie ist das Programm zu korrigieren? Befehle welchen Typs müßten zusätzlich in den Rechner eingebaut werden, um wirksameres Programmieren zu ermöglichen.

Indirekte Adressierung

Die indirekte Adressierung ist *die* elementare universelle Adressierungsart schlechthin. Sie dient zum *Ersetzen* von Adressen und ist unverzichtbar (mehr darüber siehe 3.2.2 und 3.2.4). Ihr Prinzip ist schon 1946 von Burks, Goldstine und v. Neumann vorgestellt, allerdings nur in der Variante als Adreßersetzung innerhalb der Befehlswörter. Bei der indirekten Adressierung enthält der Befehl nicht die Adresse eines Operanden, sondern die Adresse einer Adresse.

v. Neumann 1946

- Im Maschinencode zeigt ein Bit an, ob im Befehl die Adresse des Operanden oder die Adresse einer Adresse gemeint ist; im Assemblercode wird zur Kennzeichnung der indirekten Adressierung, also eines indirekt angesprochenen Operanden, das Zeichen * benutzt, auch das Zeichen @ ist vielfach in Gebrauch.

Bild 1-30c zeigt die Wirkung dieser Adressierungsart am Beispiel des LDA-Befehls. Nach Ausführung des Befehls steht die Zahl n im AC; im Vergleich zur

„normalen" Adressierung in Teilbild b kommt der Unterschied wieder besonders gut zur Geltung; man sieht den zweiten Speicherzugriff, die dabei entstehende, wirksam werdende Adresse heißt effektive Adresse.

Die Wirkung der indirekten Adressierung kann z.B. im Fall des LDA-Befehls in folgender Weise nachgebildet werden (wobei allerdings der Programmcode verändert wird!):

```
LDA *M   =        LDA  INST1
                  XOR  M
                  STA  INST2
         INST2:   res  1
                   :

         INST:    LDA  0        (Datum)
```

Beispiel 1.5. Indirekte Adressierung. Die Auswertung des Polynoms

$$p = a_0x^n + a_1x^{n-1} + \ldots + a_{n-1}x + a_n$$

mit variablen Koeffizienten, deren Anzahl von Programmausführung zu Programmausführung wechselt, dabei aber eine bestimmte maximale Koeffizientenanzahl nicht überschreitet, kann nicht mehr als Geradeaus-, sondern muß als Schleifenprogramm geschrieben werden.

Dabei wird vorausgesetzt, daß die Koeffizienten in dem Feld A mit aufsteigendem Index gespeichert und die einzelnen Feldelemente über eine Speicherzelle AI indirekt erreichbar sind. Diese erhält zu Beginn der Programmausführung die Anfangsadresse des Feldes und wird in jedem Schleifendurchgang inkrementiert. Die aktuelle Länge des Koeffizientenfeldes, d.h. der Grad des Polynoms, ist variabel (höchstens n_{max}) und liegt in N vor. – Das Programm erscheint deshalb so umständlich, weil der Akkumulator nicht nur zur eigentlichen Polynomberechnung dient, sondern auch für die Programmorganisation, d.h. für das Inkrementieren und Abfragen des „Index".

Programm: *Daten:*

```
          :                        :
        LDA   #A             N   res   1
        STA   AI             A   res   nmax+1
        LDA   *AI            X   res   1
        STA   P              P   res   1
LOOP:   LDA   AI             AI  res   1
        ADD   #1                   :
        STA   AI
        LDA   P
        MUL   X
        ADD   *AI
        STA   P
        LDA   N
        SUB   #1
        STA   N
        BNE   LOOP
          :
```

Indizierte Adressierung

Die indizierte Adressierung ist *die* elementare Adressierungsart zum *Rechnen* mit Adressen (mehr darüber siehe 3.2.3 und 3.2.5). Sie ist zwar nicht von Burks, Goldstine und v. Neumann beschrieben, wurde aber wenige Jahre später in Manchester entwickelt und 1955 in einem der ersten wissenschaftlichen kommerziell vertriebenen Rechner, dem 704 von IBM, eingesetzt.

IBM 704
1955

Bei der indizierten Adressierung ist die im Befehl stehende Adresse die Adresse eines Datenfeldes aus hintereinander gespeicherten Datenwörtern, zu der eine ganze Zahl, nämlich der im Indexregister IX stehende Index des adressierten Feldelements hinzugezählt wird. Die im Befehl stehende Adresse ist also i.allg. die Adresse des ersten Feldelements mit dem Index 0; sie definiert gewissermaßen einen neuen Bezugspunkt.[1]

- Im Maschinencode gibt bei einem einzigen Indexregister das Indexbit, bei mehreren Indexregistern die Registernummer an, ob ein bzw. welcher Index zur Adresse hinzuaddiert wird; im Assemblercode gibt man zur Kennzeichnung der indizierten Adressierung, also eines indiziert angesprochenen Operanden, gewöhnlich die in [ ] eingeschlossene Kurzbezeichnung des Indexregisters an.

Bild 1-30d zeigt die Wirkung dieser Adressierungsart am Beispiel des LDA-Befehls. Nach Ausführung des Befehls steht die Zahl *n* im AC; im Vergleich zur „normalen“ Adressierung in Teilbild b kommt der Unterschied wieder besonders gut zur Geltung; man sieht die Addition vor dem Zugriff auf den Operanden besonders gut, die dabei entstehende, wirksam werdende Adresse ist die effektive Adresse.

Die Wirkung der indizierten Adressierung kann z.B. im Fall des LDA-Befehls in folgender Weise nachgebildet werden (wobei allerdings wieder der Programmcode verändert wird!):

```
LDA  M[I]=       LDA  INST
                 ADD  I
                 STA  INST
           INST: LDA  M
```

Zur Benutzung der indizierten Adressierung sind verschiedene Indexregister-Befehle, wie LDI M, ADDI M und CMPI M, nötig bzw. nützlich. Sie arbeiten mit IX genau so wie die entsprechenden Akkumulator-Befehle LDA M, ADD M und CMP M mit AC.

Beispiel 1.6. Indizierte Adressierung. Zur Programmierung des Polynoms

$$p = a_0x^n + a_1x^{n-1} + \ldots + a_{n-1}x + a_n$$

ist die indizierte Adressierung besser als die indirekte Adressierung geeignet. Es ist dann nämlich keine Extrazelle für die indirekte Adresse nötig, denn deren

1. d.h. einen neuen Teilspeicher mit der Adresse des Feldes als neuem Namen und dem Index im Feld als neuer, bei 0 beginnender Adresse.

Funktion wird ja durch das Indexregister wahrgenommen. Insbesondere das Inkrementieren der Adresse braucht nicht mehr explizit programmiert zu werden, da diese Funktion jetzt die indizierte Adressierung übernimmt. – Erst in dieser Form ist die Aufgabe effizient und übersichtlich zu programmieren; das Programm orientiert sich dabei an der mathematischen Formulierung der Problemstellung, insbesondere an der Niederschrift in einer höheren Programmiersprache.

Programm: *Daten:*

```
        :                  :
        LDI   #0        N  res  1
        LDA   A[I]      A  res  nmax
LOOP:   ADDI  #1        X  res  1
        MUL   X         P  res  1
        ADD   A[I]         :
        CMPI  N
        BNE   LOOP
        STA   P
        :
```

Aufgabe 1.14. Es ist ein Programm zu schreiben, das in einem Feld ARRAY mit *nmax* Elementen (ARRAY res nmax) den Wert 1000 sucht. Findet es diesen, so soll die Suche beendet sein und in die Zelle FOUND (FOUND res 1) der Wert 1 geschrieben werden. Findet es diesen nicht, so soll nach der Ausführung des Programms der Wert 0 in dieser Zelle stehen.

1.4 Der klassische 2-Phasen-Assembler

1.4.1 Geschichtliche Entwicklung

Die Rechnerprogrammierung wird stärker von den Rechneranwendungen beeinflußt, weniger von der Rechnerarchitektur. Das kommt deutlich in der Bezeichnung problemorientierte Sprachen zum Ausdruck, mit denen Rechner seit Ende der 50er Jahre programmiert werden. Mit diesen Sprachen werden Problemlösungen der Aufgabenstellung angepaßt formuliert, und erst nach einer Reihe von Vorverarbeitungsschritten werden sie vom Rechner ausgeführt. Gegenüber den in der Mathematik gebräuchlichen Formeln zur Beschreibung einer Rechnung durch *Beziehungen* zwischen Größen ermöglichen diese Sprachen die Beschreibung des Ablaufs einer Rechnung durch *Handlungen* mit diesen Größen. Mit solchen künstlichen Sprachen ist ein Ausdrucksmittel entstanden, das weit über das Gebiet der Technischen Informatik hinausreicht.

Jedoch standen diese Erkenntnisse nicht am Anfang der Entwicklung von Programmierhilfen und algorithmischen Sprachen. Den Anstoß dazu gaben – siehe oben – wohl die Rechneranwender, die sich bei der Problemlösung durch ihr Instrument eher behindert als unterstützt sahen. So ist das Codieren in der Maschinensprache nicht nur eine höchst unbefriedigende Tätigkeit, sondern bewirkt durch die extreme Beschränkung der erlaubten Ausdrucksmittel auf Nullen und Einsen eine totale Unübersichtlichkeit und mannigfaltige Programmierfehler.

MARK I 1948

EDSAC 1949

ETH Zürich 1951

Ein erster Schritt zur Überwindung der Darstellung eines Befehls durch 0/1-Muster wurde bei der Programmierung des in Manchester gebauten MARK I getan. Die 20 Bits eines Befehls wurden nicht durch diese 20 „Ziffern" à 1 Bit, sondern durch 4 „Zeichen" à 5 Bits dargestellt, die auf einem Lochstreifen auf 5 Spuren hintereinander gestanzt waren und beim Eingeben in den Speicher des Rechners zu einem Maschinenbefehl zusammengesetzt wurden. Bei der Programmierung des in Cambridge gebauten EDSAC ging man bereits einen Schritt weiter, indem man die Bits eines Befehls entsprechend ihrer Funktion zu Gruppen zusammenfaßte und codierte. Für den Operationscode wurde ein Buchstabe und für die Adresse eine Dezimalzahl verwendet. Dies machte bereits einen einfachen Codiervorgang notwendig, bei dem das symbolische Programm in das Maschinenprogramm umgeformt werden mußte. – Aus diesen Ansätzen entwickelten sich einfache Assembler/Compiler, die das Auflösen der Querbezüge von den in den Befehlen stehenden Adressen und den symbolisch adressierten Speicherplätzen ermöglichten.

Die ersten Assembler übersetzten symbolische Programme, d. h. Assemblercode, z. B. von einem Lochstreifen direkt in den Maschinencode, der direkt im Speicher abgelegt wurde. Dieses Vorgehen impliziert jedoch, daß auch umfangreiche symbolische Programme nur in einem Stück und nicht etwa in Teilen assembliert werden können und daß bereits im Maschinencode vorhandene Programme nicht in das symbolische Programm mit einbezogen werden können. Spätere Assembler formen deshalb einzelne Programmteile in einen vorläufigen Maschinencode um, den sog. Bindercode, den sie auf einem rechnerexternen Speicher zwischenspeichern. Eine Art Nachassembler, der sog. bindende Lader, faßt danach alle zu einem Programm gehörenden Teile zusammen und legt das Gesamtprogramm zur Ausführung im rechnerinternen Speicher ab. Er stellt dabei u. a. die Adreßquerbezüge zwischen den Programmteilen her und ändert im Fall einer Verschiebung des Programms gegenüber den ursprünglichen Adreßvorgaben die davon betroffenen Adreßangaben im Maschinencode. Für diese Bearbeitung liefert der Assembler im Bindercode entsprechende Zusatzinformationen.

Ein aus Assembler und bindendem Lader bestehendes Programmsystem impliziert jedoch, daß auch ein lange laufendes Maschinenprogramm nur unmittelbar nach dem Binden und nicht zu einem späteren Zeitpunkt ausgeführt werden kann. Deshalb trennen Programmsysteme üblicherweise das Binden und das Laden, wobei auch das gebundene Programm in einem Zwischencode, dem Ladercode, zwischengespeichert werden muß. Programm*teile* werden also zu unterschiedlichen Zeitpunkten vom Assembler in den Bindercode, vom Binder in den Ladercode und vom Lader in den endgültigen Maschinencode umgeformt; erst in diesem liegen sie als lauffähiges Programm vor.

Bild 1-31 zeigt die hier angedeuteten Phasen der Entwicklung vom „assemblierenden Lader" zu einem Programmsystem aus Assembler, Binder und Lader. Für die verschiedenen, in der Abbildung eingetragenen Codes eines Programms sind auch andere Begriffe gebräuchlich, wie z. B. Quellcode für Assemblercode und Objektcode für Bindercode. Wie schon angedeutet, müssen durch das Aufteilen der Programmvorbereitung in mehrere Arbeitsgänge diese Codes zwischengespeichert werden, wozu ggf. langsamere, externe Speicher benutzt werden (sog. Hintergrundspeicher).

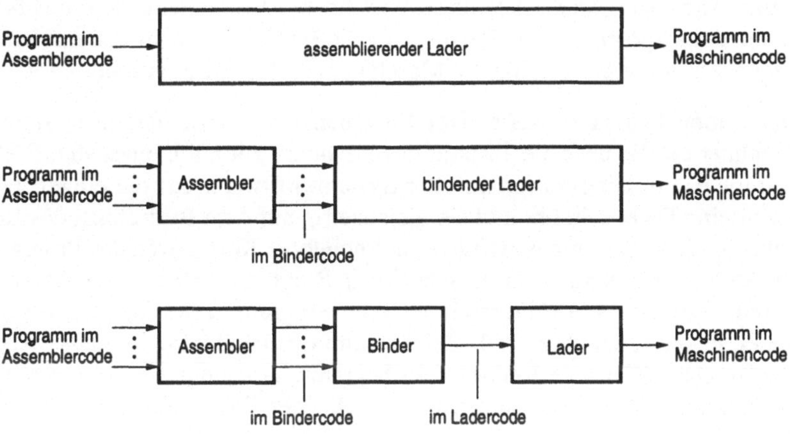

Bild 1-31. Programmsysteme für das Assemblieren, Binden und Laden von Programmen.

1.4.2 Die wichtigsten Assembleranweisungen

In einem Assemblerprogramm wird grundsätzlich zwischen Maschinenbefehlen, Assembleranweisungen und Kommentaren unterschieden. Die Befehle (Instruktionen) sind Operationen für den Prozessor, die während der Programmausführung, d.h. zur Ausführungs- oder Laufzeit (run time), ausgeführt werden. Sie treten nach der Assemblierung bzw. dem Binden in binärcodierter Form im Ladercode auf und stehen zur Ausführungszeit im Speicher. Anweisungen (Direktiven) sind Operationen für den Assembler, die während der Programmassemblierung, d.h. zur Assemblierzeit (assembly time), ausgeführt werden. Sie erzeugen keine Befehlswörter im Ladercode und stehen auch nicht zur Ausführungszeit im Speicher. Einige Anweisungen erzeugen dennoch Ladercode, indem sie Konstanten definieren, Variablen initialisieren oder Speicherplätze reservieren. Kommentare schließlich können als sog. Klartext in das symbolische Programm aufgenommen werden. Sie haben keine operative Wirkung und somit weder Einfluß auf die Assemblierung noch auf die Programmausführung. Sie dienen lediglich zur Dokumentation des Programms.

Die Assemblersprache

Die durch den Prozessor vorgegebenen Befehle und die durch den Assembler vorgegebenen Anweisungen sowie die Vorgaben, wie diese zu formulieren sind, bilden die Assemblersprache. Das ist also die Sprache, in der ein Programm geschrieben sein muß, damit es der Assembler in ein Maschinenprogramm übersetzen kann. Im einzelnen gibt es dazu eine Reihe von Vorschriften, wie z.B. über die Schreibweisen der einzelnen Befehle und Anweisungen, über den Aufbau frei wählbarer Symbole und über die Darstellung von Zahlen. Hinzu kommen weitere Vorschriften, wie z.B. die, daß in jeder Programmzeile gerade ein Befehl oder eine Anweisung steht. Alle diese Vorschriften zusammengenommen bilden die Syntax der Sprache. – Als Beispiel für die Festlegung einer Assemblersprache legen wir die in 1.3.4 definierte Maschinenbefehlsliste zugrunde.

Format einer Programmzeile. Das Eingeben eines Assemblerprogramms in den Rechner erfolgt über die Tastatur des Rechners mit Hilfe eines sog. Editors. Der Editor ist ein Dienstprogramm der System-Software, das die eingegebenen Zeilen in eine Datei schreibt und sie gleichzeitig auf dem Bildschirm des Rechners anzeigt. Darüber hinaus erlaubt er das beliebige Korrigieren des Programms durch Ändern, Einfügen oder Löschen von Programmteilen. Vom Assembler wird üblicherweise eine Editorzeile als eine Programmzeile interpretiert. Eine solche Zeile kann „beliebig" viele Zeichen umfassen und wird durch das Wagenrücklaufzeichen (Carriage Return, CR) begrenzt. Auf dem Bildschirm werden davon maximal 80 Zeichen angezeigt, auf die der Programmierer meist seine Programmzeile begrenzt.

Für die Darstellung einer Programmzeile gibt es eine Vielzahl an Möglichkeiten entsprechend der Vielzahl handelsüblicher Assembler, die aber im Prinzip doch wieder alle ähnlich sind. Wir wählen eine gängige Darstellung und unterteilen eine Programmzeile entsprechend der Bestandteile der Befehle und Anweisungen in Felder variabler Länge, deren Begrenzungen durch eines oder mehrere abschließende Leer- oder ein Tabulatorzeichen bestimmt werden. Diese Felder werden – von links nach rechts – als Namensfeld (Label-Feld), Operationsfeld, Adreßfeld und Kommentarfeld bezeichnet.

- Das Namensfeld ist entweder leer, d.h., die Programmzeile beginnt mit einem oder mehreren Leer- oder einem Tabulatorzeichen, oder es enthält ein Symbol, das es dem Programmierer erlaubt, innerhalb seines Programms einen Bezug auf ein so markiertes Befehls- oder Datenwort oder eine Anweisung herzustellen. Ein Symbol kann beliebig viele Zeichen umfassen, von denen der Assembler in unserem Fall jedoch nur die ersten acht auswertet.

- Das Operationsfeld nimmt den mnemonischen Operationscode eines Maschinenbefehls oder einer Assembleranweisung auf. Diese Mnemone sind festgelegte Buchstabenkombinationen unterschiedlicher Länge.

- Das Adreßfeld enthält entweder ein Symbol oder eine Zahl als Adresse oder Konstante, ggf. ergänzt um ein Zeichen zur Kennzeichnung der Adreßmodifizierung. Adressen und Konstanten können auch in der Form arithmetisch-logischer Ausdrücke angegeben werden, siehe 1.4.3 (S. 89 ff.).

- Der Rest der Zeile steht als Kommentarfeld zur Verfügung. Es kann beliebige Zeichenketten, die aus dem verfügbaren Zeichenvorrat gebildet werden, aufnehmen. Programmzeilen, die nur aus Kommentar bestehen, müssen mit einem Sonderzeichen in der ersten Spalte der Zeile beginnen, hier *, um sie von den Maschinenbefehlen und Assembleranweisungen unterscheiden zu können. Eine leere Kommentarzeile braucht nicht gekennzeichnet zu werden.

Symbole und Zahlen. Zur Darstellung der symbolischen Sprachelemente verwenden wir den folgenden Zeichenvorrat: die Großbuchstaben A bis Z, die Kleinbuchstaben a bis z, die Ziffern 0 bis 9 und einige Sonderzeichen.

- Die symbolischen Namen der Befehle wie auch die Bezeichnungen der Prozessorregister werden vorgegeben und sind somit für die Assemblersprache festgelegt, siehe in 1.3.4 die Maschinenbefehle (S. 71 ff.) und in 1.3.5 die Adressierungsarten (S. 77 ff.).
- Symbole, die im Namensfeld definiert und im Adreßfeld verwendet werden, sind hingegen vom Programmierer frei wählbar. Sie können aus Groß- und Kleinbuchstaben, Ziffern und bestimmten Sonderzeichen (z.B. Bindestrich oder Unterstrich) gebildet werden, müssen jedoch zur Unterscheidung von Zahlen mit einem Buchstaben beginnen.
- Ein besonderes Adreßsymbol repräsentiert den Wert des Lokationszählers und ist festgelegt durch LC. – Sämtliche Zeichen werden vom Editor im ASCII-Code codiert und vom Assembler von diesem Code in den Maschinencode umgeformt.
- Zahlen als Adressen oder Konstanten werden wahlweise in Dezimal- oder Hexadezimalschreibweise geschrieben; Konstanten können darüber hinaus auch in binärcodierter Schreibweise, d.h. als Dualzahlen oder Bitvektoren angegeben werden. Eine Dezimalzahl wird aus den Ziffern 0 bis 9 und ggf. den Vorzeichen + oder – gebildet. Eine Hexadezimalzahl als Zahl zur Basis 16 setzt sich aus den Ziffern 0, …, 9, A, …, F zusammen und wird zur Unterscheidung von Dezimalzahlen und Symbolen durch voranstehend 0h gekennzeichnet. Konstanten in binärcodierter Darstellung bestehen aus einem 0/1-Muster, gekennzeichnet durch vorangestellt 0b.
- Eine besondere Art Konstante ist die Zeichenfolge (character string), die in ihrer kürzesten Form aus nur einem Zeichen besteht. Sie wird zur Kennzeichnung in Apostrophe eingeschlossen. Tritt der Apostroph als Bestandteil der Zeichenfolge auf, so wird er durch einen zweiten Apostroph gekennzeichnet, z.B. in `'Mabel''s Dream'`.

Symbole und Zahlen können, wie bereits erwähnt, zur Bildung arithmetisch-logischer Ausdrücke verwendet werden, was komplexe Adreß- und Konstantenangaben in den Adreßfeldern von Befehlen und Anweisungen ermöglicht. Um den Begriff Ausdruck universell verwenden zu können, bezeichnen wir auch ein einzelnes Symbol oder eine Zahl als Ausdruck; zur Unterscheidung von einem „richtigen“ Ausdruck sprechen wir dann von einem „einfachen“ Ausdruck. Ausdrücke werden außerdem nach absoluten und nach relativen Ausdrücken unterschieden (siehe 1.4.3).

Die Liste der Assembleranweisungen

Als typische Assembleranweisungen übernehmen wir die vier Anweisungen org (in zwei Varianten), dat, res und end aus 1.2.5 und fügen weitere hinzu. Da die Angaben in den Namens- und Adreßfeldern dieser Anweisungen nicht einheitlich sind, definieren wir sie für jede Anweisung getrennt und verwenden dazu die Abkürzungen *s* (Symbol), *z* (Zahl), *a* (Ausdruck) und *zf* (Zeichenfolge). Angaben, die auch weggelassen werden können, setzen wir in eckige Klammern. Alternativen werden durch einen senkrechten Strich getrennt. – Ein Beispiel im Anschluß an die Beschreibungen der Assembleranweisungen demonstriert deren Wirkung im Zusammenhang mit den Maschinenbefehlen.

Programmanweisungen

`[s] aorg z` absolute origin

definiert einen absoluten Programmbereich. Das ist ein Programmbereich, der beim Laden in den Speicher nicht verschoben werden darf. Die Anweisung erzeugt keinen Maschinencode; sie veranlaßt den Assembler, die Adressierung der nachfolgend erzeugten Wörter ab der Adresse *z* vorzunehmen und den Wert *z* dem Symbol *s* zuzuweisen. Adressen, die innerhalb eines aorg-Bereichs mittels des Lokationszählers definiert werden, gelten als absolute (feste) Adressen. Der aorg-Bereich reicht bis zur nächsten aorg-, rorg- oder end-Anweisung. Bei mehreren aorg-Bereichen hat jeder dieser Bereiche seinen eigenen Lokationszähler (zur Funktion des Lokationszählers siehe S. 46).

`rorg [s]` relative origin

definiert einen relativen Programmbereich. Das ist ein Programmbereich, der beim Laden in den Speicher durch Vorgabe einer Ladeadresse verschoben werden kann. Die Anweisung erzeugt keinen Maschinencode; sie veranlaßt den Assembler, die Adressierung der nachfolgend erzeugten Wörter ab der Adresse Null vorzunehmen. Adressen, die innerhalb eines rorg-Bereichs mittels des Lokationszählers definiert werden, gelten als relative (verschiebbare) Adressen. Sie werden vom Lader mit der Ladeadresse beaufschlagt. Der rorg-Bereich reicht bis zur nächsten aorg-, rorg- oder end-Anweisung. *s* ordnet dem Bereich einen Namen zu. Bei mehreren rorg-Bereichen mit unterschiedlichen Namen hat jeder dieser Bereiche seinen eigenen Lokationszähler, d.h., jeder dieser Bereiche wird ab der Adresse Null adressiert. Bei mehreren Bereichen gleichen Namens werden diese bzgl. der Adreßvergabe als ein zusammenhängender Bereich behandelt, d.h., die Adreßvergabe erfolgt fortlaufend.

`end s` end of program

zeigt dem Assembler das Ende des zu assemblierenden Programms an. *s* gibt die Startadresse des Programms an; mit ihr erfolgt die Initialisierung des Befehlszählers nach dem Laden des Programms. Diese Adresse steht als Name im Namensfeld des ersten auszuführenden Befehls. Die end-Anweisung erzeugt keinen Maschinencode, sie ergänzt lediglich den Ladercode durch die Startadresse. Nimmt der Lader eine Programmverschiebung vor, so erhöht er diese Adresse um die Verschiebedistanz.

Datenanweisungen

`[s] dat a` generate data

generiert eine Konstante, die als absoluter Ausdruck *a* vorgegeben wird. Ein absoluter Ausdruck ist ein Ausdruck, der seinen Wert auch beim Verschieben von Programmbereichen nicht verändert. Die dat-Anweisung belegt im Maschinencode ein Wort, das die Konstante als 0/1-Muster enthält. Der Bezug von einem Befehl oder von einer anderen Anweisung auf dieses Maschinenwort kann über *s* hergestellt werden. Dieses Symbol ist jedoch nicht unbedingt erforderlich, da die entsprechende Speicherzelle auch über eine Adreßrechnung angesprochen werden kann. (Als Erweiterung der dat-Anweisung kann im Adreßfeld eine Liste von durch Kommas getrennten Ausdrücken stehen, aus der der Assembler aufeinanderfolgende Maschinenwörter erzeugt. *s* bezeichnet dann das erste Maschinenwort, und die weiteren Maschinenwörter können über Adreßmodifizierungen oder -rechnungen adressiert werden.)

`[s] ascii zf` generate character string

generiert eine Folge von ASCII-Zeichen, die durch Apostrophe eingeschlossen ist. Der 7-Bit-ASCII-Code wird dabei links um ein Nullbit erweitert, so daß jedes Zeichen 8 Bits (1 Byte) im Maschinencode belegt. Die ASCII-Zeichen werden durch ein oder bei Bedarf mehrere Maschinenwörter dargestellt, wobei das letzte Wort, wenn es nicht vollständig belegt ist, mit Nullbits aufgefüllt wird. Der Bezug auf das erste Maschinenwort der Zeichenfolge kann über *s* im Namensfeld der ascii-Anweisung hergestellt werden. Die ascii-Anweisung wird z.B. dazu verwendet, Texte vorzugeben, die während der Programmausführung auf dem Bildschirm ausgegeben werden sollen.

`[s] res a` reserve memory

reserviert Speicherplatz für Variablen. Die Anzahl der zu reservierenden Speicherzellen wird durch den absoluten Ausdruck *a* festgelegt. Sie wird als Zusatzinformation für den Lader in den Ladercode aufgenommen. Nach dem Ladevorgang ist der Inhalt der reservierten Speicherzellen zunächst unbestimmt; er wird erst durch die Ausführung des Programms definiert. *s* hat die gleiche Funktion wie bei der dat-Anweisung. Wird nur eine Speicherzelle reserviert, so bezeichnet *s* diese Zelle. Werden mehr als eine Speicherzelle reserviert, so bezeichnet *s* die erste der aufeinanderfolgenden Zellen, d.h. die erste Zelle eines Feldes, und die weiteren Zellen des Feldes können über Adreßmodifizierungen oder -rechnungen erreicht werden.

Zuordnungsanweisung

`s equ a` equate

ordnet dem Symbol *s* den Wert des Ausdrucks *a* zu. Der Ausdruck kann absolut oder relativ sein. Dementsprechend erhält *s* entweder das Attribut absolut oder relativ. Die equ-Anweisung ist eine reine Assembleranweisung; sie erzeugt keinen Maschinencode. Das durch sie definierte Symbol *s* kann entweder als symbolische Adresse oder (im Fall eines absoluten Symbols) als Konstante verwendet werden. Beispiele hierfür sind das Definieren symbolischer Gerätenamen oder Direktoperanden, und zwar unabhängig von den Befehlen, in deren Adreßfeldern sie verwendet werden.

Ein Programmbeispiel

Das folgende Programm soll die Wirkung der Assembleranweisungen im Zusammenhang mit den Maschinenbefehlen aus 1.3.4 und den Adressierungsarten aus 1.3.5 demonstrieren. Wir benutzen dazu Beispiel 1.6 mit der Polynomauswertung. – Der Wert der Variablen *X* soll zu Anfang über eine Tastatur (Geräteadresse 2) eingegeben, der Polynomwert *P* auf dem Bildschirm (Geräteadresse 3) ausgegeben werden. Das Programmbeispiel zeigt dabei eine Verwendungsmöglichkeit der equ-Anweisung, und zwar wird der Geräteadresse 2 die symbolische Adresse TASTATUR und der Geräteadresse 3 die symbolische Adresse DISPLAY zugeordnet. Damit kann das Terminal in den Befehlen IN und OUT symbolisch adressiert werden. Soll das Programm z.B. zu einem anderen Zeitpunkt mit einem anderen Ein- oder Ausgabegerät laufen, so brauchen nur die absoluten Geräteadressen in den equ-Anweisungen geändert und das Programm erneut assembliert zu werden; die Ein-/Ausgabebefehle bleiben dabei unverändert, was vor allem bei großen Programmen mit vielen Ein-/Ausgabebefehlen nützlich ist. (Der Übersichtlichkeit halber sind die eigentlichen Ein-/Ausgabevorgänge vereinfacht dargestellt, indem z.B. die dabei notwendigen Zahlenumwandlungen von der externen Dezimaldarstellung in die interne Dualdarstellung und umgekehrt sowie Probleme der Synchronisation unberücksichtigt bleiben.)

```
* Polynomauswertung
          aorg 0h1000         Ladeadresse
N         dat  3              Grad des Polynoms
A         dat  17,23,5,13     Liste der Koeffizienten
X         res  1              Variable X
P         res  1              Variable P
TASTATUR  equ  2              symbolische Geräteadresse
DISPLAY   equ  3                   "            "
START:    IN   2              X einlesen
          STA  X
          LDI  #0             Index initialisieren
          LDA  A[I]
LOOP:     ADDI #1             Index erhöhen
          MUL  X              Produkt bilden
          ADD  A[I]           Summe bilden
          CMPI N              wenn
          BNE  LOOP           i≠n, dann weiter bei LOOP
```

```
STA    P             Polynomwert speichern
OUT    DISPLAY       Polynomwert, ausgeben
HLT                  Programmhalt
end    START         Ende der Assemblierung
```

Das Programm ist so organisiert, daß zuerst der Datenbereich und dann der Befehlsbereich angelegt ist.[1] Der Programmstart ist durch die Adreßangabe in der end-Anweisung vorgegeben. Daten und Befehlsbereich belegen den Speicher fortlaufend ab der Adresse 0h1000.

Der Assembler erzeugt während des Assembliervorgangs eine Programmliste, die er auf dem Bildschirm anzeigt und die durch einen Drucker ausgegeben werden kann. Sie dient dem Programmierer zur Kontrolle seiner Arbeit und enthält neben dem symbolischen Programm auch das Maschinenprogramm, d.h. die Adressen und die dazugehörigen Inhalte der einzelnen Speicherzellen in hexadezimaler Darstellung. Treten Fehler beim Assemblieren auf, z.B. durch die Verwendung nicht definierter Symbole, so wird das in der Liste angezeigt. Auf die Angabe der Programmliste für das Beispiel verzichten wir, da das die Aufteilung der Befehlsworte auf Code-, Modifizierungs- und Adreßteil sowie die Zuordnung der symbolischen Operationscodes zu ihren binären Entsprechungen voraussetzte.

Aufgabe 1.15. Wer auf seinem Computer die Möglichkeit hat, in Assemblersprache zu programmieren, schreibe das angegebene Programm in die dort verfügbare Sprache um, lasse es assemblieren und vergleiche die ausgegebene Programmliste mit obigem Assemblerprogramm.

1.4.3 Die wichtigsten Adreßrechnungen

In den bisherigen Ausführungen wurden zur Adressierung von Operanden, die im Speicher stehen, Symbole oder Zahlen als Adressen verwendet. Modifiziert bzw. erweitert wurde die Adressierung bereits durch die Adreßrechnungen mit dem Computer in 1.3.5, konkret durch die Einführung der immediaten, der indizierten und der indirekten Adressierung. Auch der Assembler bietet Möglichkeiten der Adreßrechnung, indem er erlaubt, daß in den Adreßfeldern der Befehle anstelle einfacher Symbole oder Zahlen auch arithmetisch-logische Ausdrücke (expressions) stehen können, die er während der Übersetzung des Programms in die eigentlichen Adressen auflöst. – Ausdrücke können darüber hinaus auch für die Bildung von Konstanten verwendet werden, so z.B. im Adreßfeld der dat-Anweisung und bei der Vorgabe von Konstanten, die als Direktoperanden verwendet oder die in andere Ausdrücke eingesetzt werden.

Absolute und relative Ausdrücke. Im Adreßfeld von Befehlen und Anweisungen werden absolute und relative Ausdrücke unterschieden. Ein absoluter Ausdruck zeichnet sich dadurch aus, daß sich sein Wert nicht verändert, wenn der Programmbereich, in dem die in ihm vorkommenden Symbole und Ausdrücke definiert sind, verschoben wird. Ein relativer Ausdruck hingegen ändert seinen

1. Die Reihenfolge ist nicht bindend, sie orientiert sich an mathematischer Tradition: Erst definieren; dann verwenden.

Wert mit der Verschiebung des Programmbereichs, und zwar genau um die Verschiebedistanz. Ausdrücke mit einer anderen Verschiebeabhängigkeit sind nicht zugelassen. Bild 1-32 zeigt die Bildung absoluter und relativer Ausdrücke in zwei schematischen Darstellungen. Es beschreibt die Möglichkeiten der Verknüpfung sog. einfacher Ausdrücke (Zahl und absolutes sowie relatives Symbol), des Lokationszählers (absolutes sowie relatives LC) sowie absoluter und relativer Ausdrücke durch arithmetische, logische und Shiftoperationen. Beide Darstellungen können dazu je nach Komplexität eines Ausdrucks mehrfach von links nach rechts durchlaufen werden. Das Ergebnis eines Ausdrucks wird als 0/1-Muster mit Maschinenwortlänge dargestellt.

Bildung von Ausdrücken. Bei der Bildung von Ausdrücken ist die Rangfolge bei der Auswertung der Operatoren zu beachten. Nach absteigenden Prioritäten geordnet, gilt

1. Shiftoperationen (<<, >>),
2. logische Operationen (and, or),
3. Multiplikation und Division (*, /),
4. Addition und Subtraktion (+, –),

wobei bei Aufeinanderfolgen mehrerer Operatoren derselben Gruppe die Abarbeitung von links nach rechts erfolgt. Ist die Verwendung von Klammern erlaubt, so kann diese Reihenfolge durch entsprechendes Setzen der Klammern durchbrochen werden.

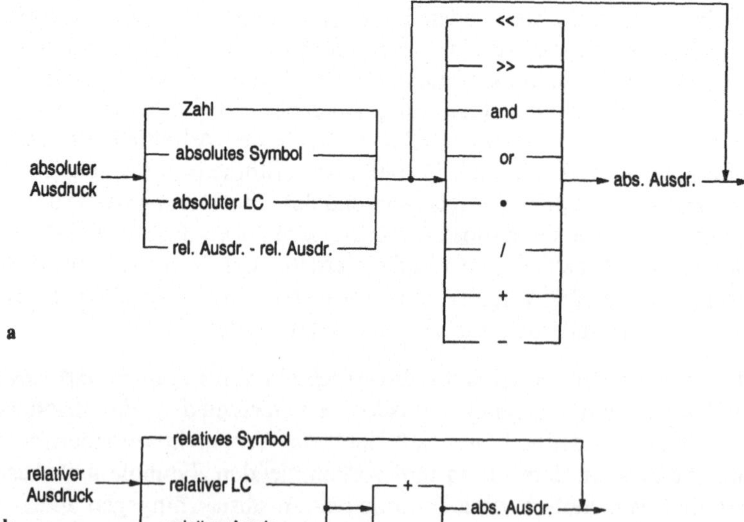

Bild 1-32. Bildung von Ausdrücken; **a** absoluter Ausdruck, **b** relativer Ausdruck.

Shiftoperationen. Der Ausdruck a_1 wird in seiner Repräsentation als 0/1-Muster um die durch den Ausdruck a_2 vorgegebene Anzahl an Bitpositionen nach links oder nach rechts geshiftet: a_1<<a_2 bzw. a_1>>a_2. In beiden Fällen werden Nullbits nachgezogen, die hinausgeschobenen Bits gehen verloren.

Logische Operationen. Die Ausdrücke a_1 und a_2 werden in ihrer Interpretation als Bitvektoren durch die logische Operation Und oder die logische Operation Oder bitweise miteinander verknüpft: a_1 and a_2 bzw. a_1 or a_2.

Multiplikation und Division. Die Ausdrücke a_1 und a_2 werden in ihrer Interpretation als ganze Zahlen miteinander multipliziert bzw. dividiert: a_1*a_2 bzw. a_1/a_2. Bei der Multiplikation darf das Resultat das Wortformat nicht überschreiten. Die Division liefert immer ein ganzzahliges Ergebnis; bei einer Bereichsüberschreitung wird es beschnitten und ist dementsprechend falsch; die Division durch Null ist nicht erlaubt.

Addition. Die Ausdrücke a_1 und a_2 werden in ihrer Interpretation als ganze Zahlen addiert: a_1+a_2. Sind a_1 und a_2 absolute Ausdrücke, so ist auch ihre Summe ein absoluter Ausdruck; ist einer von beiden ein relativer Ausdruck, so ist auch ihre Summe ein relativer Ausdruck. Es ist nicht zulässig, daß beide Ausdrücke relativ sind, da in diesem Fall die oben vorgeschriebene Verschiebeabhängigkeit für relative Ausdrücke nicht gegeben ist.

Subtraktion. Die Ausdrücke a_1 und a_2 werden in ihrer Interpretation als ganze Zahlen subtrahiert: a_1-a_2. Sind a_1 und a_2 entweder absolut oder relativ, so ist ihre Differenz ein absoluter Ausdruck; andernfalls ist sie ein relativer Ausdruck.

Aufgabe 1.16. Vergegenwärtigen Sie sich die folgenden Konstruktionen von Ausdrücken anhand von Bild 1-32. Streichen Sie die nicht erlaubten. Die Symbole ENDE, ANFANG, EINTRAG4, Array, LC, R, E und F seien relativ, die restlichen Symbole absolut.

```
A+b                 Dist1-Dist2+LC
ENDE-ANFANG+1       X-Y>>4+12
ANFANG+EINTRAG4     Array or Maske
Array+Offset«1      C/D
LC-22               C/D*3
R*4                 E-F>>4+12
```

1.4.4 Aufbau eines 2-Phasen-Assemblers

Der folgenden Beschreibung liegt ein sog. 2-Phasen-Assembler zugrunde, d.h. ein Assembler, der den Quellcode zweimal durchläuft. Die erste Phase umfaßt die lexikalische und syntaktische Analyse der einzelnen Programmzeilen und die Bestimmung der Adreßbezüge. In der zweiten Phase findet die Codegenerierung statt.

Lexikalische und syntaktische Analyse. Die lexikalische und syntaktische Analyse wird vom Scanner (Abtaster), einem Programmteil des Assemblers, durchgeführt. Der Scanner liest dazu das symbolische Programm aus der vom

Editor erzeugten Datei, tastet es Zeichen für Zeichen ab und faßt die Zeichenketten zu Mnemonen, Symbolen, Zahlen und zu den in Ausdrücken vorkommenden Operatoren zusammen; der Kommentar wird überlesen. Der Scanner benutzt dazu eine Zeichentabelle, in der der gesamte Zeichenvorrat z.B. im ASCII-Code gespeichert ist. Zu jedem Zeichen sind zusätzliche Kennbits zur Unterscheidung der Zeichengruppen Buchstabe, Ziffer, Sonderzeichen, Operatoren bzw. die dualen Entsprechnungen der Dezimal- und Hexadezimalziffern angegeben. Die Mnemone, Symbole und Zahlen und deren Zuordnung zu den Feldern der Programmzeilen werden auf syntaktische Korrektheit geprüft. Die Überprüfung der Mnemone erfolgt durch Vergleich mit dem Inhalt der Zuordnungstabelle, in der sämtliche Mnemone der Assemblersprache und deren Darstellung in Binärcode gespeichert sind. Für die Überprüfung der Symbole und Zahlen sind deren Bildungsvorschriften maßgeblich. Fehlerhafte Schreibweisen werden in einer Fehlertabelle registriert und in Form einer Fehlerliste oder als Fehlerhinweise in der Programmliste angezeigt.

Bestimmung der Adreßbezüge. Um die Zuordnung zwischen den symbolischen Adressen eines Programms und den eigentlichen Adressen herzustellen, benutzt der Assembler – wie beschrieben – den Lokationszähler LC und baut die Symboltabelle auf. Der LC wird zu Beginn der Phase 1 initialisiert: bei einer aorg-Anweisung mit dem in deren Adreßfeld angegebenen Wert, bei einer rorg-Anweisung mit dem Wert 0. In Phase 1 wird der LC nach jeder übersetzten Programmzeile um die Anzahl der sich daraus ergebenden Maschinenwörter weitergezählt, bei der res-Anweisung um die Anzahl der zu reservierenden Speicherzellen. Bei der Übersetzung eines Befehls oder einer codeerzeugenden Anweisung erhalten diese als Adresse den augenblicklichen Wert des LC. Steht ein Symbol im Namensfeld, so wird ihm der momentane LC-Stand als Wert zugeordnet. Das Symbol gilt damit als definiert. Es wird zusammen mit seinem Wert in die Symboltabelle eingetragen. Darüber hinaus werden sein Attribut absolut (fest, fixed) oder relativ (verschiebbar, relocatable) und die Kennzeichnung „definiert" in die Tabelle aufgenommen.

Ein Symbol, das zuerst im *Adreßfeld* eines Befehls oder einer Anweisung auftritt, gilt zunächst nur als verwendet, da ihm noch kein Wert zugewiesen werden kann. Es wird in die Symboltabelle eingetragen und erst dann durch eine numerische Adresse ergänzt, wenn es im Namensfeld eines nachfolgenden Befehls oder einer nachfolgenden Anweisung auftritt (Vorwärtsadreßbezug). Zusätzlich wird es in der Tabelle als verwendet gekennzeichnet. – Die Möglichkeit der Assemblerprogrammierung, ein Symbol zu verwenden, bevor es definiert ist, legt die beschriebene Assemblierung in zwei Phasen nahe. Prinzipiell wäre auch eine einphasige Assemblierung möglich. Dazu müßten jedoch im Maschinencode die noch offenen Adreßbezüge über Verweisungen referenziert und nachträglich durch eine Rückwärtsersetzung hergestellt werden.

Eine Ausnahme bei der Symboldefinition bildet die equ-Anweisung. Bei ihr wird der Wert im Namensfeld durch einen Ausdruck im Adreßfeld der Anweisung bestimmt. Dieser Ausdruck darf keinen Vorwärtsadreßbezug enthalten. Würde er nämlich einen solchen enthalten und würde der durch equ definierte Namen bereits zuvor im Adreßfeld eines Befehls oder einer Anweisung verwendet, so könnte der Adreßbezug innerhalb der ersten Phase nicht aufgelöst werden. Dies würde eine weitere oder bei Verkettung solcher Vorwärtsbezüge über mehrere equ-Anweisungen sogar mehrere weitere Assemblierphasen erfordern.

Codegenerierung. Die eigentliche Generierung des Maschinencodes und der für den Ladevorgang erforderlichen Zusatzinformation erfolgt in einem zweiten Durchgang durch das Assemblerprogramm, der Phase 2. Wie in Phase 1 wird bei jedem neuen aorg- und rorg-Bereich zunächst der LC initialisiert und im weiteren Verlauf um jeweils die durch eine Programmzeile erzeugte Anzahl an Maschinenwörtern weitergezählt. Der jeweilige Zählerstand gibt die Ladeadresse der Maschinenwörter an und wird ihnen als Laderinformation beigefügt. Zusätzlich wird als erste Laderinformation die in Phase 1 ermittelte Programmlänge dem Maschinencode vorangestellt.

Bei der Verarbeitung der Maschinenbefehle werden die binärcodierten Entsprechung der symbolischen Operationscodes aus der Zuordnungstabelle entnommen und um die Codierungsbits für die in den Adreßfeldern angegebenen Adressierungsarten erweitert. Ausdrücke in den Adreßfeldern werden berechnet, indem zunächst die numerischen Entsprechungen der verwendeten Symbole aus der Symboltabelle gelesen, weiterhin Zahlen von der ASCII-Darstellung in Dualzahlen umgewandelt und schließlich die in den Ausdrücken vorkommenden Operationen ausgeführt werden. Die resultierenden eigentlichen Adressen vervollständigen die Befehle. Der Assembler ermittelt außerdem zu jedem Ausdruck das Attribut absolut oder relativ und fügt es den Befehlen als Laderinformation bei.

Eine dat-Anweisung erzeugt ein Maschinenwort, dessen Codierung von dem im Adreßfeld angegebenen Ausdruck abhängt (bzw. mehrere Maschinenwörter, wenn das Adreßfeld eine Liste von Ausdrücken aufweist). Eine res-Anweisung bewirkt lediglich ein Weiterzählen des LC um die Anzahl der zu reservierenden Zellen. Ein danach generiertes Maschinenwort erhält als Laderinformation eine entsprechend erhöhte Ladeadresse. equ-Anweisungen werden in der zweiten Phase übergangen. Mit Verarbeitung der end-Anweisung wird schließlich die Startadresse dem Maschinencode zur späteren Initialisierung des Befehlszählers beigefügt. Der Maschinencode wird zusammen mit der Information für den Lader als Datei ggf. auf einem Hintergrundspeicher zwischengespeichert.

Parallel zur Codegenerierung erzeugt der Assembler die Programmliste, die das gesamte Programm in symbolischer Form und das Maschinenprogramm mit der Laderinformation in hexadezimaler Schreibweise enthält. Ergänzt wird sie durch Kennzeichnung der syntaktisch fehlerhaften Schreibweisen, wie sie in der Fehlerliste vermerkt sind, und ggf. durch eine Kommentierung der jeweiligen Fehlerart.

2 Prinzipien der Rechnerstrukturen

2.1 Einteilung von Rechnern nach Befehlsformaten

2.1.1 Adreßanzahl gegenüber Adreßlänge

Von der Industrie hergestellte Prozessoren haben üblicherweise mehrere Befehlsformate, bei CISCs i. allg. von unterschiedlicher Länge. Letzteres führt dazu, daß ein einzelner Befehl nicht immer genau mit einem Speicherwort übereinstimmt, sondern daß ein Befehl entweder in mehreren Speicherwörtern untergebracht ist oder umgekehrt mehrere Befehle in einem Speicherwort Platz finden. Sollen diese Unterschiede betont werden, so gibt man die Anzahl der Speicherwörter pro Befehl als Vorsilbe an, z. B. ½-Wort-, 1-Wort-, 2-Wort-Befehl usw.

Die Beziehung zwischen Befehlslänge und Wortlänge kann als Kenngröße für die Beurteilung der Leistungsfähigkeit eines Prozessors hergenommen werden, da sie sowohl auf den Speicherbedarf eines Programms (dessen statische „Länge") als auch auf die Ausführungszeit des Programms (dessen dynamische „Länge") wirkt. Darüber hinaus werden Speicherbedarf und Ausführungszeit beeinflußt von der Wirksamkeit der Befehle, der Anzahl der Befehle pro Programm, der Anzahl der Adressen pro Befehl sowie der Länge der Adressen.

Lange Adressen ermöglichen die direkte Adressierung eines großen Speicherraums, während kurze Adressen entweder nur die indirekte Adressierung eines großen Speicherraums oder nur die direkte Adressierung eines kleinen Ausschnitts des Speicherraums gestatten. Bei der Verwendung kurzer Adressen muß in jedem Fall ein zusätzlicher kleiner Speicher vorgesehen werden, in dem die aktuellen Adressen der Speicheroperanden bzw. die aktuellen Speicheroperanden selbst zwischenzeitlich abgelegt werden. Zur Unterscheidung von langen werden kurze Adressen verschiedentlich als halbe Adressen bezeichnet, z. B. hat ein 1½-Adreß-Befehl eine lange und eine kurze Adresse.

Speicherhierarchie

Die Speicherung der Daten erfolgt in prozessorexternen großen RAMs, ausschnittweise in kleineren CAMs, sog. Caches, oder in prozessorinternen kleineren RAMs, sog. Registerspeichern,[1] d. h., die Adressen der Operanden sind lang (RAM, CAM) oder kurz (Register). Die Speicherung der Programme erfolgt

1. Wir haben also eine Speicherhierarchie aus Registern, Speicher (auf diese kann der Prozessor unmittelbar durch die Adressen in seinen Befehlen zugreifen) und Hintergrundspeicher vor uns (auf letztere kann der Prozessor nur über Peripheriebausteine zugreifen, sog. Interface-Adapter, siehe Kapitel 5).

demgegenüber in großen RAMs, in großen ROMs oder ausschnittweise in kleineren CAMs, d.h., die Adressen von Befehlen sind immer lange Adressen.

Obwohl – wie eingangs gesagt – ein moderner Rechner mehrere Befehlsformate hat, oft verbunden mit einer unterschiedlichen Anzahl von Adressen und einer unterschiedlichen Anzahl an Adreßbits, wird das den Rechner am besten charakterisierende Format dazu benutzt, ihn durch ein vorangestelltes Attribut zu kennzeichnen. Auf diese Weise ergibt sich eine einfache Einteilung von Rechnern in n+1-Adreß-, n-Adreß-, 0-Adreß-Rechner, je nachdem ob das den Rechner charakterisierende Befehlsformat neben der Adressierung von *n* Operanden auch die Adressierung eines Folgebefehls, nur die Adressierung der *n* Operanden, i.allg. drei, zwei oder eines, oder schließlich gar keines Operanden zuläßt. Der letzte Fall ist nur dadurch erreichbar, daß die Operanden in bestimmter Reihenfolge in einem LIFO-Speicher (Keller, Stack) zwischengespeichert werden. Rechner dieser Art werden dementsprechend auch als Keller- oder Stackrechner bezeichnet.

n+1-, 3-, 2-, 1-, 0-Adreß-Rechner

Zur „Spezifikation" entsprechender „Modell"-Rechner benutzen wir eine sprachliche Darstellung in der Art höherer Programmiersprachen. Sie erlaubt es, Rechner, Prozessoren, überhaupt digitale Systeme mit sog. Hardware-Programmen zu beschreiben; die Darstellungsmittel dafür sind im folgenden Abschnitt skizziert.

2.1.2 Hardware-Programme

Neben den in Programmiersprachen üblichen Ausdrucksmitteln, wie dem Semikolon zur Darstellung der zeitlichen Sequentialität, benutzen wir – was in der Hardware im kleinen mehr, im großen weniger, aber dennoch oft vorkommt – zur Darstellung der örtlichen Sequentialität das Komma und zur Darstellung zeitlich/örtlicher Parallelität während desselben Zustandsübergangs (also von all dem, was zwischen zwei Taktflanken passiert) keines der beiden Trennzeichen, sondern den Wechsel zu einer neuen Zeile (vgl. auch die Mikroalgorithmen in 1.3.3).[1] Diese Festlegungen gelten für alle Aktionen, also sowohl für die Ausführung von Handlungen als auch für die Auswertung von Bedingungen.

Zeichen ; ,

Wir unterscheiden zwei Arten von Variablen, nämlich (1.) solche für Leitungen und (2.) solche für Speicherzellen oder Register. Beide Fälle müßten eigentlich durch entsprechende Deklarationen im Programmtext unterschieden werden. Wir verzichten hier aber einer gewissen Kürze halber darauf und machen den Unterschied durch Benutzung von .= als Zuweisungszeichen für den ersten Fall (schaltbare Leitungszuweisung) und := als Zuweisungszeichen für den zweiten Fall (schaltbare Registerzuweisung) kenntlich. Dementsprechend hat im ersten Fall die Variable auf der linken Seite im betreffenden Zustand sofort den Wert des Ausdrucks auf der rechten Seite, während im zweiten Fall die Variable auf der linken Seite den Wert des Ausdrucks auf der rechten Seite erst nach dem Zustandsübergang erhält (d.h. erst mit dem Wirksamwerden des Takts).

Zeichen .= := =

1. Es braucht nicht zwischen ortssequentiell und parallel unterschieden zu werden, da ersteres in letzterem enthalten ist (siehe 2.2.1). Deshalb wird das Komma im folgenden nur benutzt, wenn ortssequentiell im Programmtext hervorgehoben soll.

Ein drittes Zuweisungszeichen, „=“, ist zustandsunabhängig (und somit taktunabhängig): die Variable auf der linken Seite hat immer den Wert des Ausdrucks auf der rechten Seite (dauernde Leitungszuweisung). „=“ wird daneben in zwei weiteren Varianten benutzt, nämlich zur Umbenennung bzw. Doppelbezeichnung ein und derselben Variablen (dauernde Namenszuweisung) und schließlich in der üblichen Bedeutung als Gleichheitszeichen.

Ob es sich bei den in einem Programm benutzten Größen im booleschen Sinn um einzelne Variablen („Bits“, d.h. Einzelleitungen, Registerelemente, Speicherelemente), um einfach indizierte Variablen („Wörter“, d.h. Leitungen, Register, Speicherzellen) oder um zweifach indizierte Variablen („Codes“, d.h. ganze Speicher) handelt, ist hier bei uns nur aus dem Zusammenhang ihres Auftretens zu erkennen, z.B. ist im Programm in Bild 2-1 *Bedingung* eine (Einzel)leitung, *Ergebnis* eine Leitung und *Speicher* ein Speicher.

Zeichen [...]
<...>

Wird bei zweifach indizierten Größen auf eine Zeile Bezug genommen, so verwenden wir eckige Klammern, z.B. *Speicher*[*A*] zur Kennzeichnung des Speicherworts mit der Adresse *A*. Wird bei einfach indizierten Größen auf eine Spalte Bezug genommen, so verwenden wir spitze Klammern, z.B. *IR*<0:7> zur Kennzeichnung des Ausschnitts Bit 0 bis Bit 7 von *IR*. Äquivalenzbeziehungen, wie z.B. *IR*<...>=*Code*, *IR*<...>=*Adr1*, ... schreiben wir kurz in der folgenden Form: *IR*=*Code_Adr1_Adr2_Adr3_FAdr* (vgl. Bild 2-1).

Zeichen #

Zustand, Zeile

Zustände tragen Namen oder sind durch # kenntlich gemacht; letzteres ist eigentlich überflüssig, aber der Übersichtlichkeit dienlich. Daneben kennzeichnen solche „Labels“ nicht nur Zustände (Kreise im Graphen), sondern auch Übergänge (Linien im Graphen), letzteres entspricht in Programmen Programmzeilen (Kästchen im Graphen). Der Programmfluß ist in jedem Fall eindeutig festgelegt; man vergleiche in Bild 2-1 die Zusammenführungen auf die Zeile IExec bzw. auf die Zeile IFetch im Programm mit den entsprechenden Stellen im Graphen.

Aufgrund der hier geschilderten sowie anderer, ähnlicher Besonderheiten bezeichnet man höhere Programmiersprachen dieser Art als Hardware-Beschreibungssprachen, Hardware-Simulationssprachen oder Hardware-Entwurfssprachen, kurz Hardware-Sprachen, und ein in einer solchen Sprache geschriebenes Programm als Hardware-Programm. Hardware-Programme ähneln in manchem mehr den algorithmischen, in manchem mehr den funktionalen Denkansätzen höherer Programmiersprachen. Ein Hardware-Programm kann zum einen (ohne vorliegenden Datensatz) in eine Schaltungsstruktur generiert (compiliert) werden; man spricht von Hardware-Compilern: das sind also schaltungs*generierende* „Werkzeuge“. Und es kann zum anderen (natürlich nur mit vorliegendem Datensatz) von einem Computer interpretiert (simuliert) werden; dann spricht man von Hardware-Simulatoren: das sind also schaltungs*interpretierende* „Werkzeuge“. Schreitet man „tiefer“ hinab in die „elektronische“ Ebene der Schaltungstechnik – oder gar in die „physikalische“ Ebene des Schaltungs-Layout, so spricht man von Silicon-Compilern, und gleichermaßen könnte man von Silicon-Simulatoren sprechen (was jedoch unüblich ist).

An vorstehenden, eher in Kommentarform gegebenen Erklärungen sieht man, daß es sich bei der von uns benutzten Hardware-Sprache weder um eine ausgereifte noch um eine standardisierte Sprache für Hardware-Beschreibung/-Simulation/-Entwurf handelt. Unser Anliegen hier ist lediglich, typische Ausdrucks- und Einsatzmöglichkeiten solcher Sprachen zu demonstrieren. Dabei spielt die Frage der Einbeziehung von Parallelität in die Beschreibung eine große Rolle.

In der Hardware kommt Parallelität von Aktionen außerordentlich oft vor (insbesondere im kleinen, man denke z.B. an die Realisierung paralleler Abfragen von Konstanten in if-Anweisungen durch Decodierer). Bezieht man Parallelität explizit in höhersprachliche Beschreibungen ein, so leiden entsprechende Formulierungen unter Umständen sehr an Ausdruckskraft hinsichtlich ihrer Durchschaubarkeit und Begreifbarkeit. Eine anderer Weg wäre – aber das ist vermutlich nicht in voller Allgemeinheit zu entscheiden, und zwar weil zu sehr von der zu beschreibenden Aufgabenstellung abhängig –,

> auf die Einbeziehung paralleler Aktionen in die Sprache ganz zu verzichten und das Herausfinden der Parallelitäten dem Compiler zu übertragen – dann unterschieden sich Hardware-Programme kaum von Software-Programmen; oder man geht eben doch den Weg,
>
> auf die Einbeziehung expliziter Parallelität nicht zu verzichten, die Darstellung aber mit graphischen Ausdrucksmitteln anzureichern bzw. zu kombinieren – dann haben wir einen großen Unterschied zwischen Hardware-Programmen und Software-Programmen vor uns.

Bei graphischen Ausdrucksmitteln kann es sich um funktionsbetonende Elemente zur Unterstützung der Beschreibung des System*verhaltens* wie auch um strukturbetonende Elemente zur Unterstützung der Beschreibung der System*verschaltung* handeln. Beide Aspekte werden im Rahmen der Systemoptimierungen in 2.2 aufgegriffen und sind dort am Beispiel des im folgenden Abschnitt vorgestellten 3+1-Adreß-Rechners illustriert.

2.1.3 n+1-Adreß-Architektur

n+1-Adreß-Architekturen sind besonders geeignet zur Ausführung von Programmen mit vielen Sprungbefehlen, wie sie z.B. in der Mikroprogrammierung vorkommen. Die Zahl n resultiert aus der Anzahl der Adressen im Befehl; die Angabe +1 weist auf die Existenz einer weiteren Adresse hin, nämlich der Adresse des nächsten auszuführenden Befehls (+1-Adresse, Folgeadresse).

3+1-Adreß-Rechner. 3+1-Adreß-Rechner zeichnen sich durch eine einfache Struktur und eine regelmäßige Befehlsliste aus. Arithmetisch-logische Befehle (arithmetic-logical-, kurz al-Befehle) orientieren sich an 2-stelligen Operationen und haben 2 Operandenadressen und 1 Ergebnisadresse sowie die 1 Folgeadresse. *Beispiel:* add-Befehl

ADD X,Y,S,L mit der Wirkung: S := X+Y; goto L

Bedingte Sprungbefehle (conditional-branch-, kurz cb-Befehle) haben 2 Operandenadressen und 2 Alternativadressen für den als nächsten auszuführenden Befehl. *Beispiel:* branch-if-equal-Befehl

BEQ X,Y,L,M mit der Wirkung: if X=Y then goto L else goto M

Es gibt aber in einem 3+1-Adreß-Rechner auch Befehle, die nur einen oder gar keinen Operanden haben, wie z.B. der clear-Befehl oder der no-operation-Befehl, der nur die obligatorische +1-Adresse enthält.

NOP -,-,-,L mit der Wirkung: goto L

Die folgende Rechnerbeschreibung gilt für einen 3+1-Adreß-Rechner der eben skizzierten elementaren Architektur.

Bild 2-1 zeigt das Hardware-Programm und den Graphen, Bild 2-2 die Struktur des 3+1-Adreß-Rechners. Alle drei Darstellungen enthalten dieselbe Information, lassen sich also ineinander überführen. Es handelt sich nämlich jeweils um eigenständige, voneinander unabhängige Beschreibungen und nicht etwa um unvollständige, sich gegenseitig ergänzende Beschreibungen. Gleichwohl studiere man alle drei gemeinsam, um ihre Vor- und Nachteile, auch im Sinn ihrer Kombinierbarkeit, erkennen zu können (zu weiteren, alternativen Darstellungsmöglichkeiten siehe auch in 2.2.2 auf S. 119: 3+1-Rechner speicher-seriell).

Im Programm bzw. im Graphen existiert genau eine Marke, und man kann beim Durchspielen von typischen Befehlsabläufen das Nacheinander der Mikrooperationen gut erkennen. Die gesamte Bearbeitung eines Befehls umfaßt je nach Befehlstyp eine unterschiedliche Anzahl an Taktschritten. Für den ordnungsgemäßen Ablauf der Operationen ist ein Steuerwerk vonnöten.

Zur Rechnerstruktur. Das Blockbild 2-2 enthält Logikkomponenten (trapezförmig dargestellt), die in Darstellungen dieser Art – oft als Registertranfer-Darstellung bezeichnet – i. allg. weggelassen werden, insbesondere immer dann, wenn die durch sie implementierten Steuerungsdetails in den Hintergrund bzw. nicht in Erscheinung treten sollen. Bei diesen Logikkomponenten handelt sich um Decodierer und um ein programmierbares Logikfeld (PLA), wie in 1.2.1 beschrieben eine Art Verallgemeinerung programmierbarer Festwertspeicher (ROMs).[1]

Ein Decodierer aktiviert aufgrund seines Eingangsdatums genau eine (oder keine) Ausgangsleitung, z.B. um – wie im Bild – Multiplexereingänge oder Einzelregister anzuwählen. Ein Decodierer als Teil eines PLA braucht im Gegensatz zum einzeln verwendeten Decodierer bzw. zum Decodierer im ROM oder im RAM nicht unbedingt genau einen Ausgang zu aktivieren; in vielen Anwendungen, insbesondere in Steuerwerken – wie im Bild – tut er es dennoch.

Ein PLA funktioniert in der gezeigten Anwendung wie ein CAM. Das an seinem Eingang anliegende Datum wird mit allen links im PLA fest gespeicherten, „verdrahteten“ Daten „auf einen Schlag“ verglichen, wobei die durch Striche gekenn-

1. Siehe S. 27: Zur Speicherung von Tabellen.

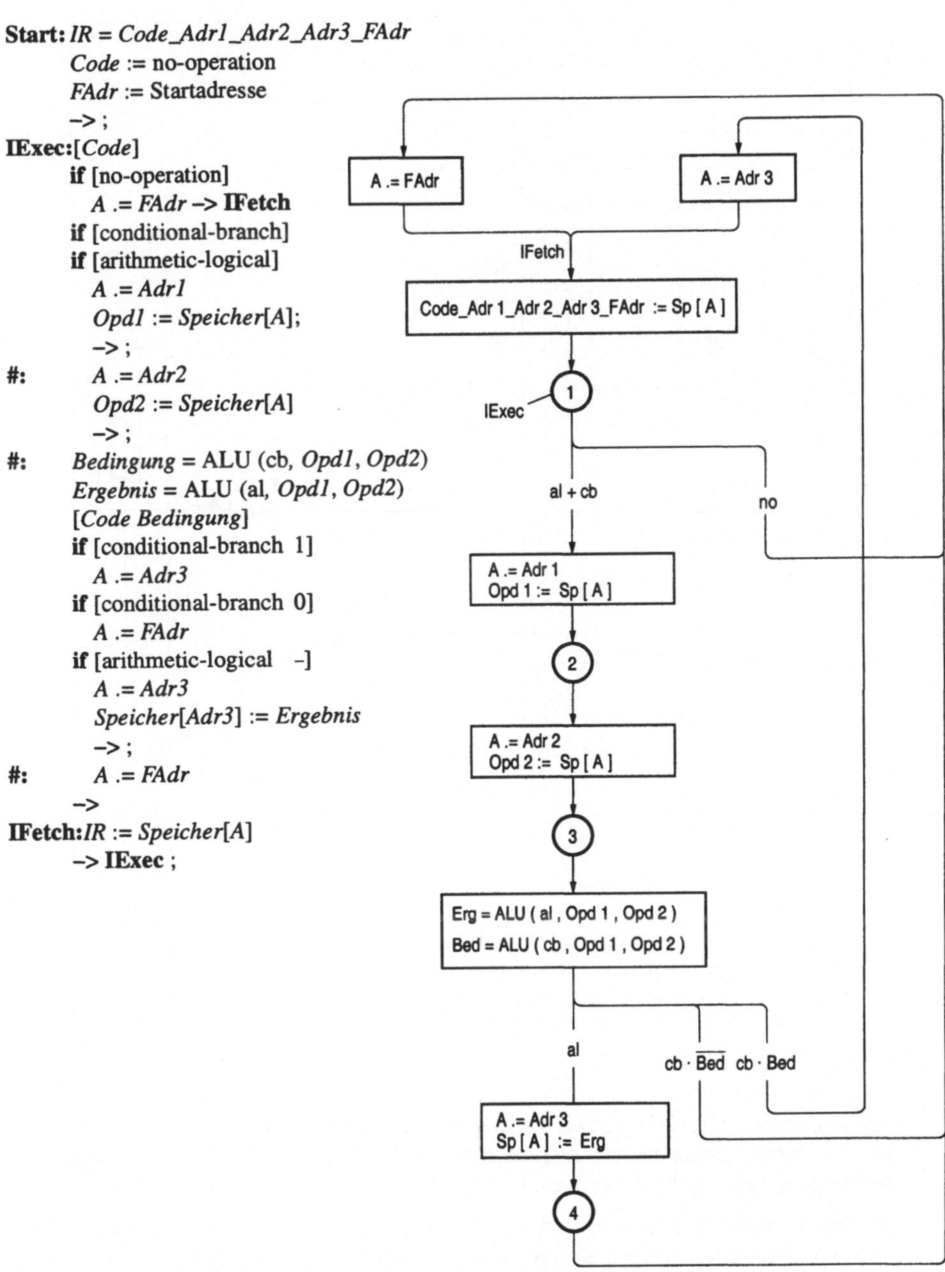

Bild 2-1. Hardware-Programm und Graph eines 3+1-Adreß-Rechners (no: Code = no operation, cb: Code = conditional branch, al: Code = arithmetic logical). In diesem wie in den folgenden Graphen erfolgt die Initialisierung von IR mit „NOP -,-,-,Startadresse"; des weiteren stehen + für *oder* und · für *und*, Sp für Speicher, Erg für Ergebnis und Bed für Bedingung.

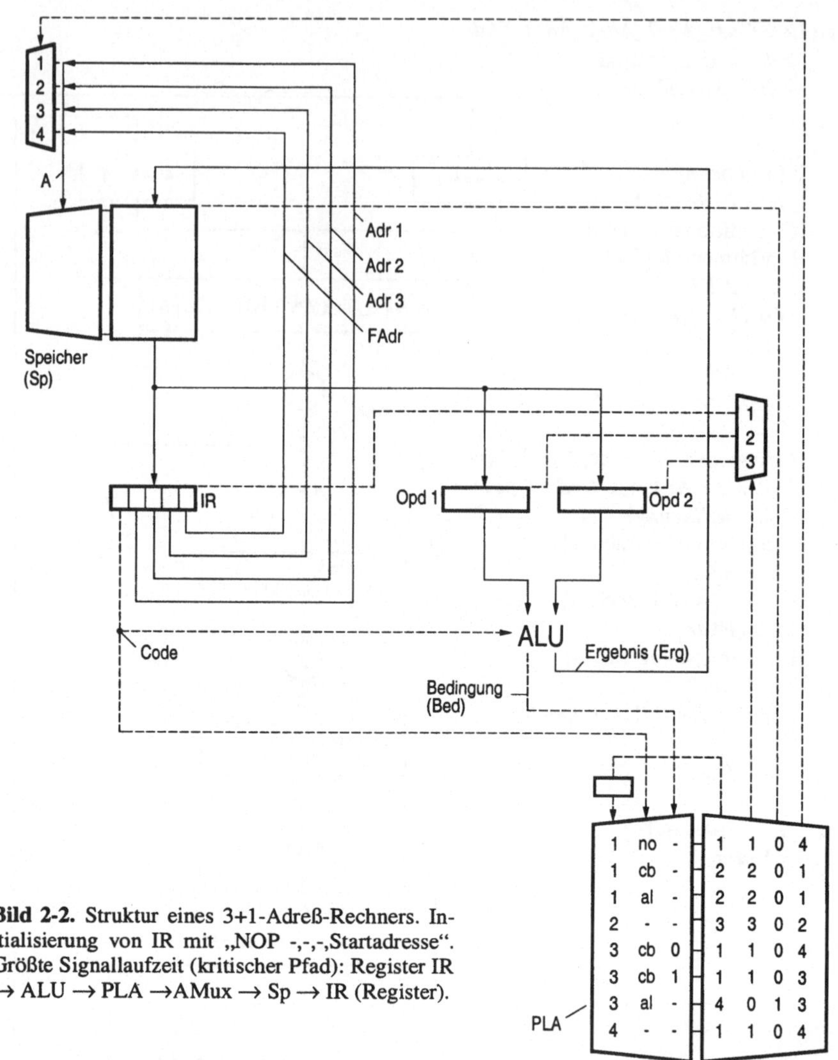

Bild 2-2. Struktur eines 3+1-Adreß-Rechners. Initialisierung von IR mit „NOP -,-,-,Startadresse". Größte Signallaufzeit (kritischer Pfad): Register IR → ALU → PLA →AMux → Sp → IR (Register).

zeichneten Stellen nicht in den Vergleich einbezogen werden. In denjenigen Zeilen, in denen Übereinstimmung herrscht, werden die rechts im PLA ebenfalls fest gespeicherten, d.h. „verdrahteten" Daten oder-verknüpft ausgegeben.

Ein PLA unterscheidet sich von einem CAM in ähnlicher Weise wie ein ROM von einem RAM, nämlich durch konstante gegenüber variabler Information im Decodiererteil (links) bzw. Codiererteil (rechts). PLA wie ROM können z.B. nur beim Bau des Prozessors mit Inhalt versehen werden, programmiert werden, wie man sagt. Danach können sie nur ausgewertet, d.h. gelesen werden. Das kommt in unseren Blockbildern durch eine unterschiedliche Wahl der Symbole zum Ausdruck: Trapeze symbolisieren konstante Information, Rechtecke symbolisieren variable Information.

Das PLA im Blockbild 2-2 enthält genau dieselbe Steuerinformation für die Zustandsfortschaltung und für die Datenänderung wie der Graph in Bild 2-1. Die Zustandsfortschaltung läuft über die Rückkopplung; die Eingangsinformation ist links im Decodiererteil, die Ausgangsinformation ist rechts im Codiererteil enthalten. Das PLA im Bild bildet zusammen mit seinem Register in der Rückkopplung das Steuerwerk des Rechners, genauer sein Mikroprogrammwerk, während der „Rest" das Datenwerk des Rechners bildet, genauer sein Mikrodatenwerk. – Bild 2-2, das Blockbild, und Bild 2-1, der Graph, sind also funktionell äquivalente, gleichwohl völlig andere graphische Darstellung dieses seriell organisierten 3+1-Adreß-Rechners.

Aufgabe 2.1. Spielen Sie den Ablauf der eingangs dieses Abschnitts angegebenen, jeweils z.B. in Zelle 13 gespeicherten Befehle ADD, BEQ und NOP mit z.B. X dat 27, Y dat 9, L equ 14 und M equ 12 durch.

Zur Befehlslänge. Setzen wir z.B. für

den Operationscode	4 Bits,
die Operandenadressen	2 mal 32 Bits,
die Ergebnisadresse	32 Bits
und die Folgebefehlsadresse	32 Bits,

so ergibt sich bei $2^4=16$ verschiedenen Operationscodes und $2^{32}=4G$ direkt adressierbaren Speicherzellen die Wortlänge eines Befehls zu 132 Bits. Um diese zu reduzieren, kann die Adreßlänge verkürzt werden oder die Anzahl der Adressen verringert werden. Das erste führt dazu, daß man sich auf die Adressierung eines „aktuellen Ausschnitts" beschränkt, z.B auf die Adressierung von 16 Registern, in denen sich ein Ausschnitt der gespeicherten Daten befindet. Das zweite führt auf Rechnerarchitekturen, wie sie im folgenden aus dem 3+1-Adreß-Rechner durch sukzessives Weglassen von Adressen entwickelt werden.

2.1.4 n-Adreß-Architektur

n-Adreß-Architekturen sind besonders geeignet für Programme mit wenigen Programmverzweigungen, wie sie z.B. in der Programmierung mathematischer oder kommerzieller Aufgabenstellungen auftreten. Die Zahl n resultiert wieder aus der Anzahl der Adressen im Befehl (üblicherweise $n=3$, $n=2$ und $n=1$).

3-Adreß-Rechner. Beim 3-Adreß-Rechner entfällt gegenüber dem 3+1-Adreß-Rechner die Folgeadresse bzw. eine der Alternativadressen. Das bedingt eine andere Art der Angabe der Adresse des als nächsten auszuführenden Befehls, nämlich durch einen Befehlszähler (program counter, PC). Dadurch wird die Ausführungsreihenfolge der Befehle an ihre Aufschreibungsreihenfolge im Programm in natürlicher Weise angepaßt (Befehlszählerprinzip).

Bei al-Befehlen wird der in der nächsten Programmzeile stehende Befehl ausgeführt, was im Befehl nicht mehr explizit sichtbar ist; *Beispiel:*

ADD X,Y,S d.h. S := X+Y; (1)

Bei cb-Befehlen wird bei erfüllter Bedingung zur Alternativadresse gesprungen; *Beispiel:*

BEQ X,Y,L d.h. if X=Y then goto L; (2)

Zur Beschreibung eines 3-Adreß-Rechners werden im Hardware-Programm des 3+1-Adreß-Rechners folgende Änderungen nötig (*IR=Code_Adr1_Adr2_Adr3*).

1. Einführung des PC, d.h. Ersetzen von „*FAdr*" durch „*PC*" und Einfügen von „*PC* := *A*+1" am Programmende nach „*IR* := *Speicher*[*A*]".

2. Einführung des goto-Befehls; damit kann die Ausführungsreihenfolge aufeinanderfolgender Befehle durchbrochen werden.

```
#:  [Code]
    if [goto]
      A := Adr3
```

Aufgabe 2.2. Führen Sie die angegebenen Änderungen im Programmtext des 3+1-Adreß-Rechners aus und konstruieren Sie aus dem neuen Programmtext den Graphen für den 3-Adreß-Rechner.

2-Adreß-Rechner. Beim 2-Adreß-Rechner entfällt gegenüber dem 3-Adreß-Rechner die Ergebnisadresse bzw. die Alternativadresse (Sprungadresse). Der Wegfall der Ergebnisadresse hat zur Folge, daß bei zweistelligen Operationen zur Adressierung des Ergebnisses eine der Operandenadressen benutzt werden muß. Das bedeutet, daß der Inhalt der Speicherzelle für den einen Operanden durch das Ergebnis der Operation ersetzt wird, d.h., das Ergebnis überdeckt den Operanden (Überdeckungsprinzip). Sollen die Werte beider Operanden erhalten bleiben, so muß der Operation ein move- oder load-Befehl vorangestellt werden; somit ist (1) der folgenden Befehlsfolge äquivalent:

```
MOVE X,S    d.h.  S := X;
ADD  Y,S          S := S+Y;
```

Der Wegfall der Sprungadresse hat zur Folge, daß Programmverzweigungen mit zwei Befehlen programmiert werden müssen: Ein compare-Befehl enthält die Adressen der Vergleichsgrößen und speichert die Vergleichsergebnisse als Condition-Code CC=[z n c v] im Statusregister SR des Prozessors; die cb-Befehle enthalten die Sprungadresse und werten den Condition-Code aus; somit ist (2) der folgenden Befehlsfolge äquivalent:

```
CMP  X,Y    d.h.  z := (Y-X=0);
BEQ  L            if z then goto L;
```

Zur Beschreibung eines 2-Adreß-Rechners werden im Hardware-Programm des 3-Adreß-Rechners folgende Änderungen nötig (*IR* = *Code_Adr1_Adr2*):

1. Übernahme der Funktion der 3. durch die 2. Adresse, d.h. Ersetzen von „*Adr3*" durch „*Adr2*".

2. Trennung der al- und der cb-Befehle in ihrer Wirkung auf die ALU. Dazu Einführung eines auf die ALU wirkenden compare-Befehls, der die Vergleichsergebnisse in einem Register CC (condition code) zwischenspeichert.

```
#:   Conditions = ALU (compare, Opd1, Opd2)
     [Code]
     if [compare]
       A .= Adr1
       Opd1 := Speicher[A];
#:     A .= Adr2
       Opd2 := Speicher[A];
#:     CC := Conditions
       A .= PC
```

3. Damit verbunden in den cb-Befehlen das Streichen der Anweisungen zum Holen der Operanden und das Ersetzen von „*Bedingung*=ALU (conditional-branch, *Opd1*, *Opd2*)" durch „*Bedingung*=Logik (conditional-branch, *CC*)". Jetzt können die Condition-Bits (die i.allg. auch durch die al-Befehle beeinflußt werden) mit Hilfe einer „Logik" ausgewertet und so der boolesche Wert für die Bedingung ermittelt werden.

Aufgabe 2.3. Führen Sie die angegebenen Änderungen im Programmtext des 3-Adreß-Rechners aus und konstruieren Sie aus dem neuen Programmtext den Graphen für den 2-Adreß-Rechner.

1-Adreß-Rechner. Beim 1-Adreß-Rechner entfällt gegenüber dem 2-Adreß-Rechner eine der Operandenadressen. Das führt dazu, daß bei zweistelligen Operationen die Adresse des einen Operanden einem ausgezeichneten Register zugeordnet werden muß, und zwar dem Akkumulator (accumulator, AC). Der Akkumulator hat seinen Namen von der Möglichkeit fortwährenden Aufaddierens (Sammelns, Akkumulierens) von Zahlen. Der „Ort" des Operanden und damit die „Adresse" dieses Registers muß implizit im Operationscode angegeben werden (Implizierungsprinzip). Mit load- und store-Befehlen wird der Akkumulator geladen bzw. sein Inhalt gespeichert; somit sind (1) und (2) den folgenden Befehlsfolgen äquivalent:

```
LDA  X     d.h.  AC := X;
ADD  Y           AC := AC+Y;
STA  S           S := AC;

LDA  X     d.h.  AC := X;
CMP  Y           z := (AC−Y=0);
BEQ  L           if z then goto L;
```

Zur Beschreibung eines 1-Adreß-Rechners werden im Hardware-Programm des 2-Adreß-Rechners folgende Änderungen nötig (*IR* = *Code_Adr*):

1. Übernahme der Funktion der 2. durch die 1. Adresse, d.h. Streichen von „*A* =*Adr2*, *Opd2* :=*Speicher*[*A*]" und Ersetzen von „*Adr2*" durch „*Adr*".
2. Einführung des AC, d.h. Ersetzen von „*Adr1*" durch „*Adr*" sowie „*Opd1*" durch „*OR*" und „*Speicher*[*A*]" durch „*AC*".
3. Einführung eines store-Befehls; damit kann der AC-Inhalt in den Speicher transportiert werden. (Der dazu komplementäre load-Befehl ist – wie oben der move-Befehl – in der Gruppe der al-Befehle enthalten.)

```
#:    [Code]
      if [store]
        A .= Adr
        Speicher[A] := AC;
#:      A .= PC -> IFetch
```

Damit entsteht die folgende, durch das unten stehende Hardware-Programm definierte Architektur eines 1-Adreß-Rechners; Bild 2-3 zeigt das dazu gehörende Blockbild ohne Steuerwerk (vgl. 1.3, insbesondere Bild 1-29).

Hardware-Programm des 1-Adreß-Rechners

```
Start:  IR = Code_Adr
        Code := no-operation
        PC := Startadresse
        -> ;
IExec:  Bedingung = Logik (conditional-branch, CC)
        [Code Bedingung]
        if [no-operation         -]
        if [conditional-branch  0]
          A .= PC -> IFetch
        if [goto                 -]
        if [conditional-branch  1]
          A .= Adr -> IFetch
        if [store                -]
          A .= Adr
          Speicher[A] := AC;
#:        A .= PC -> IFetch
        if [compare              -]
        if [arithmetic-logical   -]
          A .= Adr
          Opd := Speicher[A]
          -> ;
#:      Conditions = ALU (compare, Opd, AC)
        Ergebnis = ALU (arithmetic-logical, Opd, AC)
        [Code]
        if [compare]
          CC := Conditions
          A .= PC ->
```

if [arithmetic-logical]
AC := *Ergebnis*
A .= *PC* ->
IFetch: *IR* := *Speicher*[*A*]
PC := *A*+1
-> **IExec**;

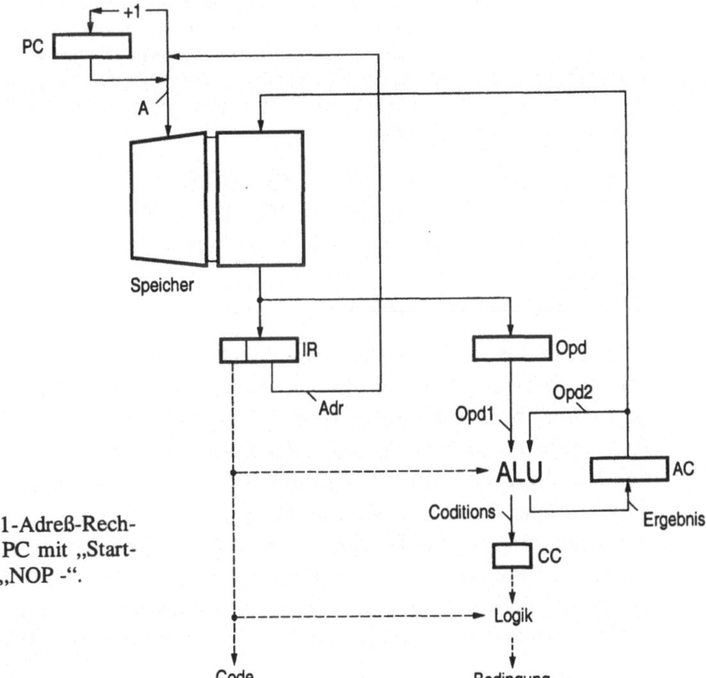

Bild 2-3. Struktur eines 1-Adreß-Rechners. Initialisierung von PC mit „Startadresse" und von IR mit „NOP -".

Aufgabe 2.4. Führen Sie die angegebenen Änderungen im Programmtext des 2-Adreß-Rechners aus und kontrollieren Sie den entstehenden mit dem hier angegebenen Programmtext. Konstruieren Sie des weiteren daraus den Graphen für den 1-Adreß-Rechner.

Bemerkungen. Für Befehle zur Programmverzweigung gibt es die folgenden Alternativen:

1. Die Auswertung von Bedingungen erfolgt wie in der obigen Rechnerarchitektur durch zwei Befehle. Der erste Befehl ist ein Vergleichsbefehl (compare). Sein Code enthält implizit den Ort der einen Vergleichsgröße; die Adresse enthält explizit die Angabe des Orts der anderen Vergleichsgröße. Der Ausgang des Vergleichs wird dem Condition-Code zugewiesen, dessen Zustand durch den zweiten Befehl ausgewertet wird. Der zweite Befehl ist ein cb-Befehl (conditional branch). Sein Code enthält das Vergleichskriterium; seine Adresse ist das Sprungziel für den Fall, daß die Bedingung erfüllt ist.

2. Die Auswertung von Bedingungen erfolgt ebenfalls durch zwei Befehle. Der erste Befehl ist ein Überspringebefehl (skip). Sein Code enthält das Vergleichskriterium und implizit die Angabe des Orts der einen Vergleichsgröße; die Adresse enthält wieder explizit die Angabe des Orts der anderen Vergleichsgröße. Wenn die Bedingung nicht erfüllt ist, wird der zweite Befehl ausgeführt. Der zweite Befehl ist ein Sprungbefehl (unconditional branch, goto), dessen Adresse das Sprungziel bildet. Wenn die Bedingung erfüllt ist, wird dieser Befehl übersprungen und der darauf folgende Befehl ausgeführt. In der Rechnerbeschreibung werden dementsprechend compare-

und conditional-branch-Befehle zusammengenommen durch skip-Befehle ersetzt, der Condition-Code wird entbehrlich; (2) ist somit der folgenden Befehlsfolge äquivalent:

LDA	X	d.h.	AC := X;
SNE	Y		if AC – Y then (zusätzlich) PC := PC+1;
BRU	L		goto L;

3. Die Auswertung von Bedingungen erfolgt durch einen einzigen Befehl. Dieser Befehl ist ein cb-Befehl (conditional branch). Sein Code enthält neben dem Vergleichskriterium implizit die eine Vergleichsgröße als Konstante und die andere Vergleichsgröße implizit durch Angabe ihres Orts; die Adresse bildet das Sprungziel für den Fall, daß die Bedingung erfüllt ist. In der Rechnerbeschreibung entfällt der compare-Befehl und damit der Condition-Code; (2) ist somit der folgenden Befehlsfolge äquivalent:

LDA	X	d.h.	AC := X;
SUB	Y		AC := AC – Y;
BRZ	L		if AC=0 then goto L;

2.1.5 Stack-Architektur

Fehlt in den Befehlen die Angabe von Adressen völlig, so müssen die Operanden immer in zwei ganz bestimmten Zellen vorliegen. Diese Zellen sind z. B. die „obersten" beiden Zellen eines LIFO-Speichers (Keller, Stack), weshalb solche Architekturen auch als Keller- oder Stack-Architekturen bezeichnet werden. Bei der Durchführung einer Operation wird der oberste Stackeintrag (top of stack, TOS) ersetzt durch die Verknüpfung des zweitobersten (TOS_{-1}) mit dem obersten Stackeintrag (TOS). Die Reihenfolge der Befehle muß dieser Verarbeitungsweise angepaßt werden. Sie entspricht der sog. Postfixnotation, auch umgekehrte polnische Notation genannt, wie sie bei Anwendung bestimmter Übersetzungsverfahren aus der syntaktischen Analyse arithmetischer Ausdrücke entsteht.[1]

Da die Operanden vor der Verarbeitung in den Stack „hinein" und nach ihrer Verarbeitung aus dem Stack „heraus" gebracht werden müssen, sind bei einer Stack-Architektur neben ihren sie charakterisierenden 0-Adreß-Befehlen auch 1-Adreß-Befehle nötig, und zwar zum Laden und Speichern der obersten Stack-Zelle. Mit diesen Befehlen wird also der Stack gefüllt bzw. geleert; sie werden mit push bzw. pop bezeichnet. Um dies als Rechnereigenschaft zu kennzeichnen, spricht man von einer Load-/Store-Architektur.

Beispiel 2.1. Der arithmetische Ausdruck $a \cdot b + u \cdot (v + w)$ lautet in Postfixnotation (Operationszeichen *nach* den Operanden) vollständig geklammert bzw. in klammerfreier Form:

$$((a, b) \cdot, (u, (v, w) +) \cdot) +$$

$$a\, b \cdot u\, v\, w + \cdot +$$

Die Reihenfolge der Befehle einer Stack-Architektur folgt dieser Notation, wie Tabelle 2-1 zeigt.

---

1. Auch Taschenrechner werden gelegentlich in dieser Art bedient, wie z. B. die Taschenrechner vom RPN-Typ von Hewlett-Packard.

Tabelle 2-1. Programm für einen 0-Adreß-Rechner mit zugehöriger Stackbelegung

Programm	TOS	TOS_{-1}	TOS_{-2}	TOS_{-3}
PUSH A	A			
PUSH B	B	A		
MUL	$A{\cdot}B$			
PUSH U	U	$A{\cdot}B$		
PUSH V	V	U	$A{\cdot}B$	
PUSH W	W	V	U	$A{\cdot}B$
ADD	$V+W$	U	$A{\cdot}B$	
MUL	$U{\cdot}(V+W)$	$A{\cdot}B$		
ADD	$A{\cdot}B+U{\cdot}(V+W)$			

0-Adreß-Rechner. In der folgenden Stack-Architektur (0-Adreß-Rechner) ist die oberste Stack-Zelle TOS als Akkumulator ausgebildet (AC) und mit dem Stack-„Rest" über TOS_{-1} verbunden; dementsprechend werden push mit load und pop mit store gleichgesetzt. Bild 2-4 zeigt das dazu gehörende Blockbild ohne Steuerwerk.

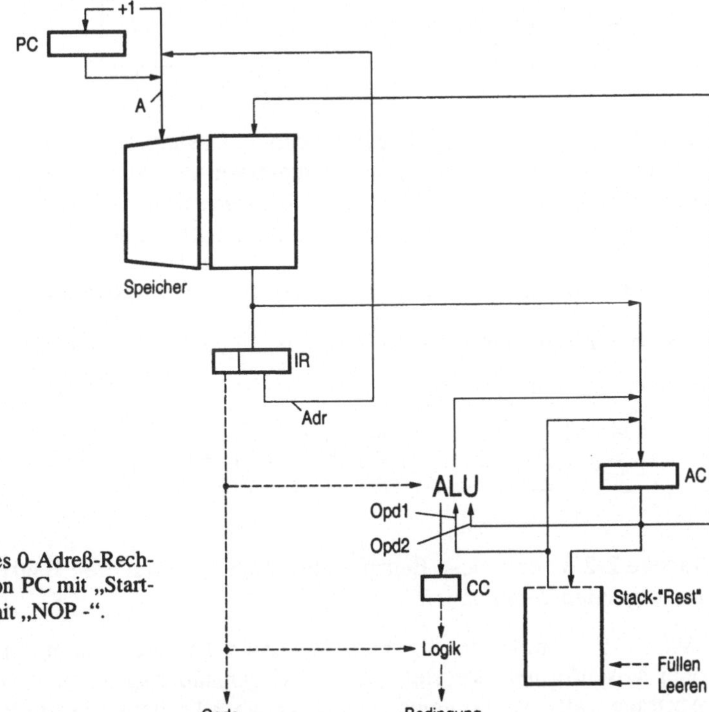

Bild 2-4. Struktur eines 0-Adreß-Rechners. Initialisierung von PC mit „Startadresse" und von IR mit „NOP -".

Aufgabe 2.5. Schreiben Sie den Ausdruck A:=B+C in Postfixnotation um und spielen Sie das entsprechende Programm in Bild 2-4 durch.

2.2 Aufwands-, geschwindigkeits- und durchsatz-optimale Systeme

2.2.1 Organisationsformen

Das Vorhandensein diverser Operationsaufträge (z.B. Speicher-, Arithmetik-, Decodieroperationen) an diverse Funktionseinheiten (z.B. Speicher-, Arithmetik-, Decodiereinheiten) macht es nötig, ihr Zusammenwirken innerhalb eines digitalen Systems nach bestimmten Prinzipien zu organisieren und dafür charakteristische Begriffe einzuführen.

Begriffe. Liegen *n* Operationsaufträge vor, die samt und sonders voneinander unabhängig sind (total unabhängig), so können sie in Abhängigkeit von der Anzahl der Funktionseinheiten (FEs) auf zweierlei Weise ausgeführt werden:

- von 1 Einheit nacheinander fortlaufend (seriell),
- von *n* Einheiten nebeneinander gleichlaufend (parallel).

s – seriell
p – parallel

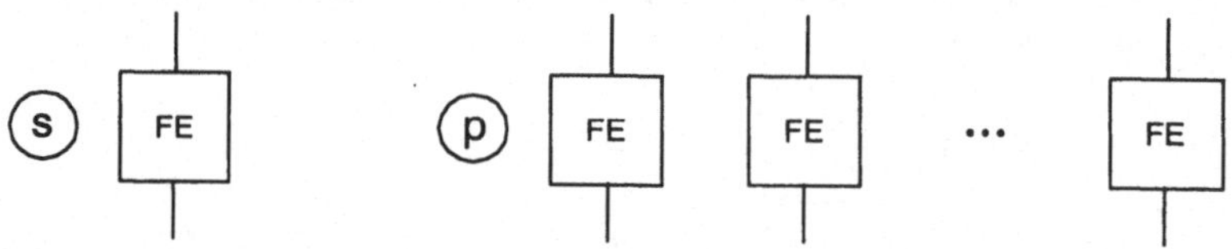

Sind die *n* Operationsaufträge hingegen jeweils einer vom anderen abhängig (total abhängig), so können sie unabhängig von der Anzahl der Einheiten nur aufeinanderfolgend (sequentiell) ausgeführt werden. Jedoch bestimmt die Anzahl an Funktionseinheiten die Art und Weise der Ausführung. Sie erfolgt

- bei 1 Einheit zeitlich aufeinanderfolgend (zeitsequentiell),
- bei *n* Einheiten örtlich aufeinanderfolgend (ortssequentiell).

z – zeit-sequentiell
o – orts-sequentiell

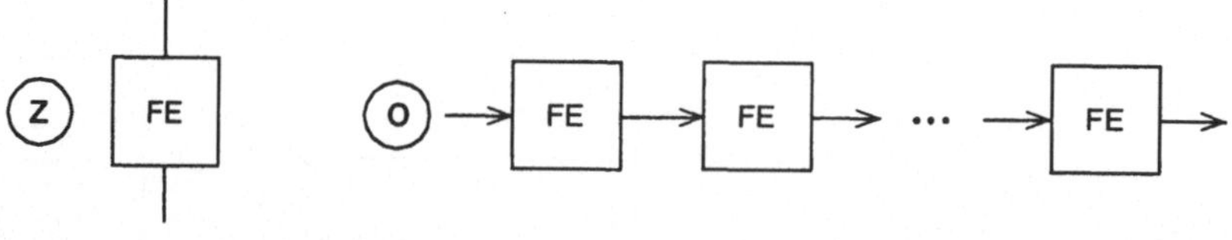

Tabelle 2-2 enthält diese Begriffe zusammen mit weiteren Begriffen; sie werden im folgenden kommentiert.

Zeile 1. In komplexen digitalen Systemen kommen hauptsächlich Zwischen- oder Mischformen der vier „reinen" Organisationsprinzipien vor, da (1.) für *n* Aufträge i.allg. weder genau 1 noch genau *n* Einheiten existieren und (2.) die *n* Aufträge i.allg. voneinander weder total unabhängig noch total abhängig sind. Die Kombinationsmöglichkeiten kann man sich als Punkte eines 2-dimensionalen Gitters vorstellen, dessen Eckpunkte von der Anzahl der Einheiten (1 bis *n*) und dem Grad der Abhängigkeit der Operationen (*n* unabhänig bis *n* abhängig) gebildet werden.

Tabelle 2-2. Zusammenstellung der Begriffe für die betrachteten Organisationsformen

	1 Funktionseinheit	*n* Funktionseinheiten
1) *n* Operationsaufträge		
unabhängig	seriell	parallel
⋮	...	
abhängig	zeitsequentiell	ortssequentiell
2) Organisations-formen	Seriell-organisation	Parallel-organisation
3) Rechner-architekturen	Programmfluß-werk/-architektur	Datenfluß-werk/-architektur
4) Entwurfs-stile	Programmierung →	← Strukturierung
5) Anwendung auf Mikroalgorithmen	vertikale Mikro-programmierung →	← horizontale Mikro-programmierung

Die Mischformen von serieller, zeitsequentieller, paralleler und ortssequentieller Organisation sind von besonderer Bedeutung. Insbesondere ist Serialität praktisch immer mit Zeitsequentialität gepaart, wenn für *n* Aufträge, gleichgültig ob abhängig oder unabhängig, genau 1 Einheit zur Verfügung steht. Ebenso ist Ortssequentialität i. allg. mit Parallelität gepaart, wenn für *n* Aufträge, gleichgültig ob abhängig oder unabhängig, genau *n* Einheiten zur Verfügung stehen. Bild 2-5 illustriert diese beiden Grenzfälle: In Teilbild a steht 1 Einheit für 3 Operationen zur Verfügung (in der Digitaltechnik Schalt*werk* genannt), in Teilbild b stehen 3 Einheiten für 3 Operationen zur Verfügung (in der Digitaltechnik Schalt*netz* genannt).

Zeile 2. Den Organisationsformen seriell/zeitsequentiell und parallel/ortssequentiell geben wir die Bezeichnungen Seriellorganisation und Parallelorganisation, wobei die zeitsequentielle der seriellen und die ortssequentielle der parallelen Organisation untergeordnet ist. Die Organisationsformen mit dazwischenliegender Anzahl an Einheiten, also weder rein seriell noch rein parallel, könnte man mit Seriell-/Parallelorganisation bezeichnen (Bilder 2-5c und 2-5d mit je 2 Einheiten für 3 Operationen); diesen Begriff verwenden wir jedoch nicht (mit Ausnahme des nachfolgenden Beispiels). Wir dehnen stattdessen die Begriffe Seriellorganisation und Parallelorganisation auch auf diese Zwischenformen aus, je

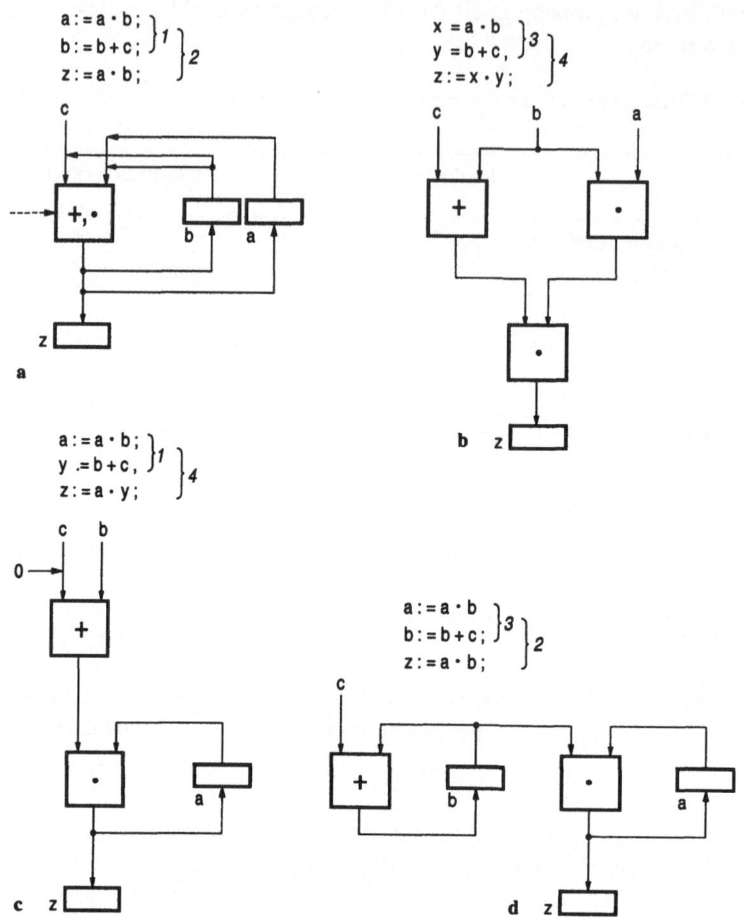

Bild 2-5. Berechnung des arithmetischen Ausdrucks $z:=a\cdot b\cdot(a+c)$, **a** mit 1 Arithmetikeinheit, **b** mit 3 Arithmetikeinheiten, **c** und **d** mit 2 Arithmetikeinheiten (*1* seriell, *2* zeitsequentiell, *3* parallel, *4* ortssequentiell).

nachdem, ob Serialität oder Parallelität die betreffende Organisationsform besser charakterisiert; oft werden bereits Organisationsformen mit 2 Funktionseinheiten gleichen oder ähnlichen Typs mit dem Attribut parallel gekennzeichnet. (Eine Sonderform der Parallelorganisation, die sog. Fließbandorganisation, wird in 2.2.3 behandelt.)

Bemerkung. Bei den vorgestellten Begriffsbildungen sind die Attribute seriell und parallel nicht im Sinn von Serien- und Parallelschaltung der Elektrotechnik (z.B. von Widerständen), sondern im Sinn fortlaufender bzw. gleichlaufender Ausführung von Operationsaufträgen entsprechend der Anzahl zur Verfügung stehender Funktionseinheiten gemeint, oft verbunden mit nacheinander erscheinenden bzw. nebeneinander existierenden Daten entsprechend der Anzahl zur Verfügung stehender Leitungen (deshalb ja Seriell- anstatt Serienorganisation). Diese Betrachtungsweise ist in der Digitaltechnik üblich, wie die traditionellen Bezeichnungen Serienaddierer (Seriellelladdierer hier dann konsequenterweise) und Paralleladdierer für die in den Bildern 1-19b bzw. 1-19a wiedergegebenen Addiererstrukturen zeigen.

Zeile 3. Den in dieser Zeile aufgeführten Datenflußarchitekturen liegt der Fluß der Operanden („durch" das Datenwerk) zugrunde, im Gegensatz zu den üblicherweise nicht so bezeichneten, in diesem Buch aber hauptsächlich betrachteten Programmflußarchitekturen, denen der Fluß der Befehle („durch" das Programmwerk) als Entwurfsprinzip zugrunde liegt.

Zeile 4. Die in dieser Zeile aufgeführten Entwurfsstile können auch beide durch Programmierung charakterisiert werden, unterschieden durch „Ablauf"programmierung bzw. „Verbindungs"programmierung.[1] Die durch Pfeile gekennzeichneten Entwurfsübergänge sind Parallelisierung bzw. Serialisierung.

Zeile 5. Die Begriffe in dieser Zeile nehmen Bezug auf die Hauptanwendung der Organisationsformen in diesem Buch, nämlich die im Rechnerbau naturgemäß wichtigsten Algorithmen, die rechnerbeschreibenden Algorithmen. Das sind die sog. Rechnerinterpretations- oder Mikroalgorithmen, wie sie in 2.1 zu finden sind. Während sich die Begriffe Seriellorganisation und Parallelorganisation im Zusammenhang mit Mikroalgorithmen im Rechnerbau mehr auf die serielle bzw. parallele Ausführbarkeit von *Operationen* beziehen (speziell Speicherzugriffe), zielen die Begriffe vertikal und horizontal mehr auf die serielle bzw. parallele Auswertbarkeit von *Bedingungen* (speziell Decodierabfragen). Letzteres wird in Abschnitt 2.3 ausführlich erörtert. Die Pfeile kennzeichnen Kombinationen bzw. Zwischenformen, manchmal auch als diagonale Mikroprogrammierung bezeichnet.

Während auf der „niedrigeren" Ebene der Rechner-Logikschaltungen bei Operationswerken die Vorsilbe Parallel oft weggelassen wird, weil hier Parallelorganisation der Normalfall und Seriellorganisation die Ausnahme ist – Addierer bedeutet demzufolge Paralleladdierer –, bildet auf der „höheren" Ebene der Rechner-Systemarchitekturen die Vorsilbe Seriell den Normalfall und wird somit nicht benutzt. Als Parallelrechner werden somit alle Systeme mit mehreren Prozessoren bezeichnet (ausgenommen „kleinere", wie Coprozessoren).

Dieses Buch behandelt jedoch schwerpunktmäßig die „dazwischen" liegende Ebene, nämlich die der Rechner-Organisation, wo Struktur und Funktion *im* Rechner im Vordergrund stehen, d.h., wo es auf den Aufbau und die Zusammenschaltung der Funktionseinheiten sowie auf das Zusammenspiel ihrer Operationen *im* Rechner ankommt. Dementsprechend können wir auf die Angabe der Organisationsform hier meistens nicht verzichten. Auch kommt es oft auf die Art der Funktionseinheit an, die Parallelität aufweist, weshalb wir auch diese Angabe oft zur näheren Kennzeichnung einer Organisationsform benutzen. Denn genau genommen müßte auch ein Begriff wie Parallelrechner durch die Angabe der Art der Funktionseinheit, auf die sich die Parallelität bezieht, näher gekennzeichnet

1. Während erstere zur Formulierung von Algorithmen üblich ist, kommt letztere bei der Lösung von Differentialgleichungen vor, z.B. früher mit Analogrechnern oder heute mit MATLAB.

werden. Unter einem Parallelrechner kann man schließlich genau so gut einen Rechner mit mehr als 1 Prozessor wie einen Rechner mit mehr als 1 Speicher verstehen. Letzteren als Parallelrechner zu bezeichnen, ist allerdings unüblich, weshalb wir zur begrifflichen Abgrenzung in diesem Fall von speicherseriellen Rechnern (Seriellorganisation), speicherparallelen Rechnern (Parallelorganisation) bzw. speicherüberlappten Rechnern (Fließbandorganisation[1]) sprechen.

Die für den Spezialrechnerbau interessanten Anwendungen auf kaufmännische, technische, wissenschaftliche, mathematische Algorithmen wie auch die im Universalrechnerbau zeitweilig favorisierten Anwendungen auf Datenflußarchitekturen werden hier hingegen nur am Rande behandelt. Im folgenden wird dementsprechend, auch zum besseren Verständnis der in Tabelle 2-2 zusammengestellten, aber z.T. nicht allgemein gebräuchlichen Begriffe, lediglich *ein Beispiel* aus dem Spezialrechnerbau für einen mathematischen Algorithmus gegeben, bevor die eingeführten Organisationsformen auf den Universalrechnerbau, d.h. auf die Realisierung von Rechnerinterpretationsalgorithmen angewendet werden.

Ein Beispiel für den Spezialrechnerbau

In 1.1.3, auf S. 12, ist zur Berechnung der Nullstellen von Polynomen $p(x)$ das aus der numerischen Mathematik bekannte Newtonsche Näherungsverfahren zusammen mit dem Horner-Schema genannt worden, das naturgemäß zur Auswertung durch *einen* Menschen entwickelt wurde und dementsprechend seriell arbeitet. Soll zur Bewältigung ausschließlich dieser Spezialaufgabe ein Prozessor gebaut werden, ein anwendungsspezifischer IC, ein ASIC, so gibt es dafür eine Vielzahl an Möglichkeiten entsprechend der Anzahl verwendeter Arithmetikeinheiten. Unter einer Arithmetikeinheit verstehen wir hier eine Funktionseinheit, die in einem Taktschritt genau eine arithmetische Operation, z.B. eine Addition, eine Multiplikation usw. ausführen kann, also entweder eine ALU oder einen Addierer, einen Multiplizierer usw. Zur Konstruktion dieses „Nullstellenprozessors" bieten sich zunächst die Eckpunkte der Organisationsformen an, d.h. die Seriellorganisation mit genau einer Arithmetikeinheit bzw. die Parallelorganisation mit so vielen Arithmetikeinheiten, wie arithmetische Operationen auftreten. Auf die Zwischenform einer nur hier so genannten Seriell-/Parallelorganisation muß hingegen zurückgegriffen werden, wenn eine dazwischen liegende Anzahl an Arithmetikeinheiten zur Verfügung steht.

Nullstellen-prozessor

Problemstellung. Der Nullstellenprozessor soll die Nullstellen der quadratischen Gleichung

$$x^2 + c_1 \cdot x + c_2 = 0$$

für vorgegebene Anfangswerte x_0 bei vorgegebener Genauigkeit $\varepsilon > |x_{i+1} - x_i|$ iterativ berechnen. Dazu setzen wir

$$p = x^2 + c_1 \cdot x + c_2$$

1. Hier wird das Schema durchbrochen: Es ist üblich, von Fließbandrechnern zu sprechen, gerade wenn man sich auf Speicher als Funktionseinheiten bezieht.

und erhalten durch Differenzieren

$$q = 2x + c_1 .$$

In die Newtonsche Näherungsformel (siehe 1.1.3, S. 12)

$$x_{i+1} = x_i - \frac{p(x_i)}{q(x_i)}$$

eingesetzt, entsteht nach kurzer Rechnung die folgende Iterationsformel, die im Spezialrechnerbau zur Konstruktion des Prozessors benutzt wird. In der typischen Schreibweise der Mathematik lautet sie

$$x_{i+1} = \frac{x_i^2 - c_2}{2x_i + c_1} .$$

In der typischen Schreibweise der Informatik lautet sie

$$x := \frac{x^2 - c_2}{2x + c_1} .$$

Um die in Rede stehenden Funktionseinheiten einsetzen zu können, muß diese Formel (entweder von einem Compiler mit einem Computer oder von einem Menschen als Übersetzer) in eine Art 3-Adreß-Befehle mit 2-stelligen Operationen „aufgebrochen" werden, mathematisch notiert unter Einführung von Hilfsvariablen z.B. durch $a = x^2$, $b = a - c_2$, $c = 2x$, $d = c + c_1$, $x := b/d$, ohne daß die Reihenfolge der Aufschreibung dieser Gleichungen eine Rolle spielt!

Seriellorganisation. Im Vordergrund steht Ablaufprogrammierung, d.h. „extrem" vertikale Programmierung. Es steht genau 1 Arithmetikeinheit mit der universellen Funktionalität +, ·, / zur Verfügung. Typisch ist die Mehrfachausnutzung von Variablen bzw. Registern/Speicherzellen (der Fachausdruck lautet Registeroptimierung). Bild 2-6 zeigt das Programm mit Graph und Blockbild, das einem universellen Prozessor ähnelt. Wie man am Graphen sieht, benötigt der

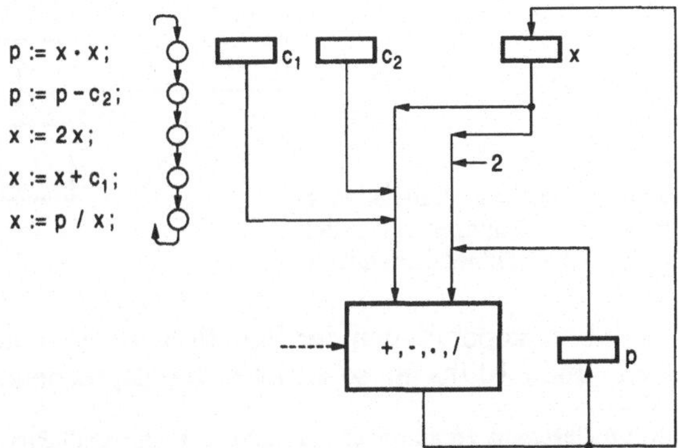

Bild 2-6. Spezialprozessor zur Nullstellenberechnung quadratischer Gleichungen in Seriellorganisation.

Nullstellenprozessor 5 Schritte innerhalb einer Iteration, wobei in jedem Schritt jeweils nur eine einzige Operation ausgeführt wird. – Die Struktur der Seriellorganisation ist schaltungstechnisch charakterisiert durch „Logik“ *mit* Rückkopplung, d.h. ein Schalt*werk* (Programmflußwerk). Das Produkt ist ein fest programmierter (Programmfluß-)Rechner.[1]

Wir nehmen für die „längste“ Arithmetikoperation der Funktionalitäten +, –, ·, / 100ns als Zeitbedarf an. Unter Vernachlässigung der „Tot“zeiten für Multiplexer-Delay und Register-Setup ergibt sich damit die Zeit für eine Iteration zu 500ns.

Parallelorganisation. Im Vordergrund steht die Verbindungsprogrammierung, d.h. „extrem“ horizontale Programmierung. Es stehen genau so viele Arithmetikeinheiten zur Verfügung, wie Arithmetikoperationen in einer Iteration auszuführen sind, d.h. genau 4 mit den speziellen Funktionalitäten +, –, · und / (·2 wird durch um eine Stelle versetzte Verdrahtung verwirklicht). Typisch ist die Einfachausnutzung von Variablen bzw. Registern/Speicherzellen (der Fachausdruck lautet Einmalzuweisung). Bild 2-7 zeigt das „Programm“ mit „Graph“ und Blockbild. Wie man sieht, besteht der Graph aus nur einem Zustand, d.h., er ist im Grunde überflüssig. Der Ablauf ist gewissermaßen ins Blockbild „hineingekrochen“. – Die Struktur der Parallelorganisation ist schaltungstechnisch charakterisiert durch 4 vernetzte „Logik“elemente *ohne* Rückkopplung, d.h. ein Schalt*netz*. Das Produkt ist ein fest programmierter Datenfluß-Rechner.[2]

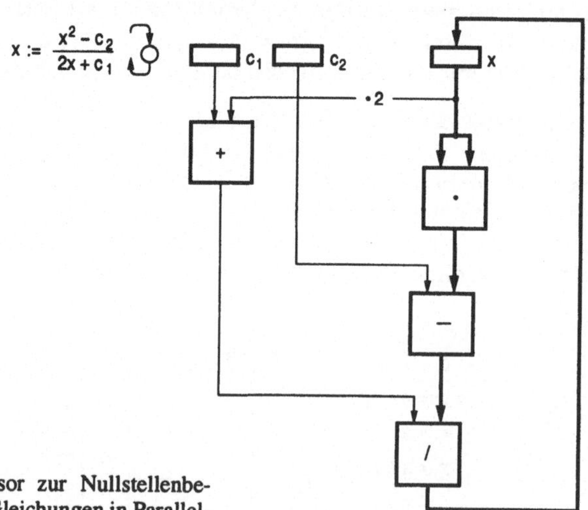

Bild 2-7. Spezialprozessor zur Nullstellenberechnung quadratischer Gleichungen in Parallelorganisation bezüglich der Arithmetikeinheiten.

Nehmen wir für Arithmetikoperationen der Funktionalitäten + und – 10ns und der Funktionalitäten · und / 100ns an, so ergibt sich entsprechend des stark aus-

1. Einzweckrechner, im Gegensatz zu universell einsetzbaren Programmflußrechnern (als typische Industrieprodukte).
2. Einzweckrechner, im Gegensatz zu universell einsetzbaren Datenflußrechnern (kaum als Industrieprodukte verfügbar).

gezogenen Weges in Bild 2-7, der sog. längsten Logikkette zwischen Registeraus- und Registereingängen, die Zeit für eine Iteration zu 210ns.

Bemerkung. Diese praktisch Funktion und Struktur gleichermaßen beschreibende Darstellungsart wird – allerdings oft erheblich komplizierter als nötig gezeichnet – Datenflußgraph genannt. Während nämlich der Graph im Bild 2-6 den „Fluß der Befehle" widerspiegelt (Programmflußgraph), gibt das Blockbild in Bild 2-7 den Fluß der Operanden wieder (Datenflußgraph). Während sich jedoch die Charakterisierung *Programmflußarchitektur* für universelle Prozessoren /Rechner der in Bild 2-6 a dargestellten Art nicht eingebürgert hat, kann ein spezieller Prozessor /Rechner der in Bild 2-7 dargestellten Art durchaus als *Datenflußarchitektur* gekennzeichnet werden. Allerdings wird dieser Begriff üblicherweise erst dann benutzt, wenn Strukturen der hier gezeigten Art nicht als spezieller Prozessor aufgebaut, sondern auf einem Universalprozessor, einem Datenflußrechner, programmiert werden.

Seriell-/Parallelorganisation. Bild 2-8 zeigt eine Zwischenform aus Seriellorganisation und Parallelorganisation als technischen Kompromiß zwischen Aufwand an Arithmetikeinheiten und Geschwindigkeit des Nullstellenprozessors. Wie man am Blockbild sieht, sind 2 Arithmetikeinheiten mit den Funktionalitäten +, – und ·, / über Multiplexer und ein Hilfsregister verbunden. Wie man am Graphen sieht, benötigt diese Schaltung 3 Schritte pro Iteration.

$$p := x \cdot x - c_2;$$
$$x := 2x + c_1;$$
$$x := p / x;$$

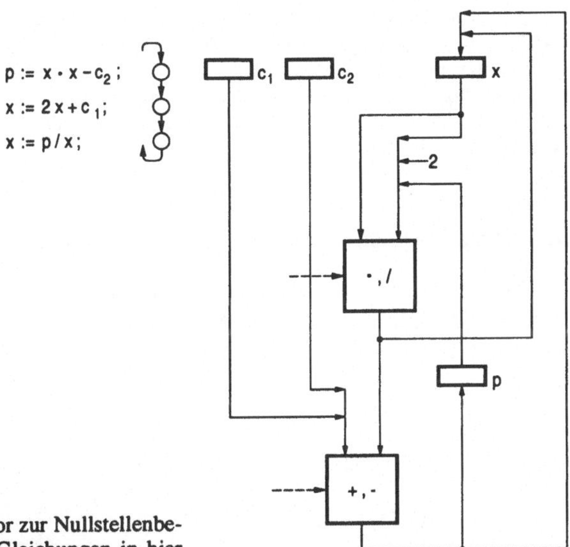

Bild 2-8. Spezialprozessor zur Nullstellenberechnung quadratischer Gleichungen in hier so genannter Seriell-/Parallelorganisation.

Wird als Zeitbedarf für die Arithmetikoperationen der genannten Funktionalitäten wieder 10ns bzw. 100ns angenommen, so dauert ein Schritt unter Vernachlässigung der Totzeiten durch Multiplexer und Register 110ns. Somit liegt eine Iteration mit 330ns ungefähr in der Mitte zwischen der ca. doppelt so aufwendigen Parallelorganisation und der ca. halb so aufwendigen Seriellorganisation. Diese Schlußfolgerung ist allerdings (1.) von den Signallaufzeiten der einzelnen Schaltungselmente und (2.) von der Aufgabenstellung abhängig und läßt sich somit nicht ohne weiteres verallgemeinern.

Bemerkung zu den weiteren Begriffen. Der Übergang von Bild 2-6 über Bild 2-8 zu Bild 2-7 stellt eine *Parallelisierung* und von Bild 2-7 über Bild 2-8 zu Bild 2-6 eine *Serialisierung* dar. Im Entwurfsstil dominieren in Bild 2-6 die *Programmierung* und in Bild 2-7 die *Strukturierung*, während in Bild 2-8 Programmierung wie Strukturierung zum Zuge kommen. Daß es sich bei der Seriellorganisation in erster Linie um Programmierung handelt, wird noch deutlicher, wenn für den Nullstellenprozessor ein im Handel erhältlicher Universalrechner, etwa ein 3-Adreß-Rechner, mit dem in Bild 2-6 angegebenen Algorithmus programmiert wird (und anschließend eingekapselt wird). – Auch auf diese Weise kann ein Spezialprozessor gebaut werden.

Aufgabe 2.6. Berechnen Sie die Zeiten für eine Iteration, wenn für Addition/Subtraktion 90 ns und Multiplikation/Division – wie früher auch – 100 ns angenommen werden. Kommentieren Sie das Ergebnis!

Aufgabe 2.7. In Bildern 2-6 bis 2-8 ist die Initialisierung und die Terminierung des Algorithmus vernachlässigt worden, um das Charakteristische der Organisationsformen deutlicher herausarbeiten zu können. – Versuchen Sie nun, die in diesen Bildern wiedergegebenen Graphen und Blockbilder realistischer zu gestalten, indem (a) die Möglichkeit einer Eingabe von x_0, c_1 und c_2 vorgesehen wird und (b) die Berechnung von

$$\varepsilon > |x_{i+1} - x_i|$$

mit in die Schaltung einbezogen wird.

Aufgabe 2.8. Konstruieren Sie aus Bild 2-7 oder aus der Lösung der vorhergehenden Aufgabe einen ASIC für die Berechnung von $x=\sqrt{a}$. Setzen Sie dazu $c_1=0$ und $c_2=-a$ und vereinfachen Sie die Graphen entsprechend.
Auf welchem Wege ergibt sich eine noch einfachere Schaltung zum Wurzelziehen? Wie läßt sich die ursprüngliche Aufgabenstellung ohne Iteration, aber unter Hinzunahme eines Wurzelziehers als Datenflußgraph darstellen?

2.2.2 Seriell- gegenüber Parallelorganisation

Um die Charakteristika dieser beiden Organisationsformen besser herausarbeiten zu können, konzentrieren wir uns in den folgenden, grundsätzlichen Betrachtungen auf total abhängige Operationsaufträge, d.h. auf die beiden Spezialformen

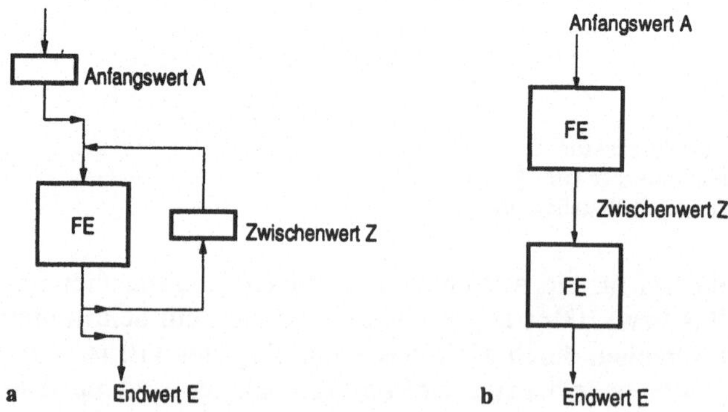

Bild 2-9. Organisationsformen, **a** zeitsequentiell mit n-facher Ausnutzung der Funktionseinheit FE, **b** ortssequentiell mit Verwendung von 2 Funktionseinheiten FE, erweiterbar auf n Funktionseinheiten.

der Seriell- und der Parallelorganisation: die zeitsequentielle und die ortssequentielle Organisation; Bild 2-9 zeigt die charakteristischen Strukturen. – Die anschließenden beispielhaften Anwendungen auf Rechnerinterpretationsalgorithmen (siehe Seiten 119 und 121: 3+1-Adreß-Rechner) folgen den umfassenderen Organisationsformen: der Seriell- und der Parallelorganisation.

Prinzip Minimierung des Aufwands

Die Seriellorganisation folgt dem Prinzip der Minimierung des Aufwands. Sie ist charakterisiert durch folgende Punkte:

speziell zeitsequentielle Organisation

- Möglichst universelle Funktionseinheiten werden mehrfach genutzt.
- Zwischenwerte müssen gepuffert werden.
- Die zeitliche Folge der Operationen wird von einem Steuerwerk bestimmt, sie steckt somit im Programm und ist entsprechend flexibel (Software-Lösung des Problems).

Bild 2-9a zeigt die charakteristische Struktur dieser Organisationsform in ihrer Ausprägung als zeitsequentielle Organisation. Zur hohen Wirtschaftlichkeit trägt neben dem minimalen Aufwand die gute Auslastung der Funktionseinheit FE bei, die mit geringer werdenden Signallaufzeiten durch den Multiplexer, den Demultiplexer und den Puffer gegenüber der Laufzeit durch die Funktionseinheit gegen 1 geht.

Formelmäßige Leistungsbetrachtung. Unter Zugrundelegung eines Gesamtauftrags von n Teilaufträgen an die 1 Funktionseinheit ergeben sich mit den Signallaufzeiten t_{FE} für die Funktionseinheit und t_{TOT} für den Multiplexer, den Demultiplexer und das Register die folgenden Formeln für die drei Leistungsmerkmale Bearbeitungszeit, Durchsatz und Auslastung:

Bearbeitungszeit für den Gesamtauftrag t

$$t = n \cdot (t_{FE} + t_{TOT}),$$

Durchsatz an Gesamtaufträgen $d = 1/t$

$$d = \frac{1}{n \cdot (t_{FE} + t_{TOT})},$$

Auslastung der Funktionseinheit $a = n \cdot t_{FE}/t$ (Nutzzeit/Gesamtzeit)

$$a = \frac{1}{1 + \frac{t_{TOT}}{t_{FE}}}.$$

Prinzip Minimierung der Bearbeitungszeit

speziell ortssequentielle Organisation

Die Parallelorganisationsform folgt dem Prinzip der Minimierung der Bearbeitungszeit. Sie ist charakterisiert durch folgende Punkte:

- Mehrere spezielle Funktionseinheiten werden nur einfach ausgenutzt.
- Zwischenwerte brauchen nicht gepuffert zu werden.
- Die zeitliche Folge der Operationen wird durch die Zusammenschaltung der Funktionseinheiten bestimmt, so daß kein Steuerwerk benötigt wird; sie steckt gewissermaßen in der Struktur und ist entsprechend unflexibel (Hardware-Lösung des Problems).

Bild 2-9b zeigt die charakteristische Struktur dieser Organisationsform in ihrer Ausprägung als zeitsequentielle Organisation für zwei Funktionseinheiten. Da jede der Funktionseinheiten während ihrer Bearbeitungszeit einen stabilen Eingangswert benötigt, kann die jeweils nächste Funktionseinheit erst mit der Weiterverarbeitung des Zwischenwertes beginnen, wenn die davor liegende Funktionseinheit mit der Verarbeitung ihres Eingangswertes fertig ist. Die Bearbeitungszeiten der einzelnen Funktionseinheiten addieren sich somit zur Gesamtbearbeitungszeit. Da neben den Signallaufzeiten durch die Funktionseinheiten keine weiteren Laufzeiten anfallen, wird die Gesamtbearbeitungszeit bei Parallelorganisation ein Minimum.

Formelmäßige Leistungsbetrachtung. Unter Zugrundelegung eines Gesamtauftrags von n Teilaufträgen an die n Funktionseinheiten ergibt sich für die drei Leistungsmerkmale:[1]

Bearbeitungszeit des Gesamtauftrages t

$$t = n \cdot t_{FE},$$

Durchsatz an Gesamtaufträgen $d = 1/t$

$$d = \frac{1}{n \cdot t_{FE}},$$

Auslastung der einzelnen Funktionseinheit $a = t_{FE}/t$ (Nutzzeit/Gesamtzeit)

$$a = \frac{1}{n}.$$

Beispiel 2.2. Addition. Im Rechnerbau begegnet uns „im kleinen" die zeitsequentielle Organisation bei rückgekoppelten Volladdierern und die ortssequentielle Organisation bei hintereinandergeschalteten Volladdierern, und zwar bei der Addition von n-stelligen Dualzahlen (als Gesamtauftrag).

Für 1 Volladdierer als Funktionseinheit mit $t_{FE} = 1\,\text{ns}$, $t_{TOT} = 1\,\text{ns}$ und $n = 32$ ergibt sich bei

1. Bei „reiner" Parallelorganisation (p auf S. 108) sind die Werte n-mal besser.

Seriellorganisation (Serielladdierer)

t=0,064 μs, d.h. eine Bearbeitungszeit von 0,064 μs für 1 Addition,
d=15 μs^{-1}, d.h. ein Durchsatz von 15 Additionen pro μs,
a=0,5, d.h. eine Auslastung des Volladdierers von 50%.

Für 32 Volladdierer als Funktionseinheiten mit t_{FE} = 1 ns ergibt sich bei *Parallelorganisation* (Paralleladdierer)

t=0,032 μs, d.h. eine Bearbeitungszeit von 0,032 μs für 1 Addition,
d=3 μs^{-1}, d.h. ein Durchsatz von 31 Additionen pro μs,
a=0,03, d.h. eine Auslastung eines Volladdierers von 3%.

Aufgabe 2.9. Zeichnen Sie die beiden dem Beispiel zugrundeliegenden Schaltungen und vergleichen Sie sie mit den Strukturen in Bild 1-19. Welche Schaltungen korrespondieren mit den dort gezeigten Strukturen?

Beispiel 2.3. Speicher. Im Rechnerbau begegnet uns „im großen" die zeitsequentielle Organisation bei rückgekoppelten Speichern und die ortssequentielle Organisation bei hintereinandergeschalteten Speichern, und zwar beim Indirektzugriff mit n-facher Adreßverkettung (als Gesamtauftrag).

Für einen Speicher als Funktionseinheit mit t_{FE} = 100 ns, t_{TOT} << 100 ns und n = 2 ergibt sich bei

Seriellorganisation

t=0,2 μs, d.h. eine Bearbeitungszeit von 0,2 μs für 1 Indirektzugriff,
d=5 μs^{-1}, d.h. ein Durchsatz von 5 Indirektzugriffen pro μs,
a=1, d.h. eine Auslastung des Speichers von 100%.

Für n = 2 Speicher als Funktionseinheiten mit t_{FE} = 100 ns ergibt sich bei

Parallelorganisation

t=0,2 μs, d.h. eine Bearbeitungszeit von 0,2 μs für 1 Indirektzugriff,
d=5 μs^{-1}, d.h. ein Durchsatz von 5 Indirektzugriffen pro μs,
a=0,5, d.h. eine Auslastung eines Speichers von 50%.

Aufgabe 2.10. Zeichnen Sie die beiden dem Beispiel zugrundeliegenden Schaltungen und vergleichen Sie sie mit den Strukturen in den Bildern 1-16 bis 1-18. Welche Schaltungen korrespondieren mit den dort gezeigten Strukturen?

3+1-Adreß-Rechner speicher-seriell

Ein 3+1-Adreß-Rechner in Seriellorganisation bezüglich der Speicheroperationen ist charakterisiert durch Mehrfachausnutzung ein und desselben Speichers. Seine Beschreibung ist in 2.1.3 als Programm, als Graph sowie als Blockbild wiedergegeben (S. 99). Sie ist hier für die ersten beiden Darstellungen in alternativer Form wiederholt (Bild 2-10), und zwar als Fließbandprogramm bzw. Fließbandgraph (zu deren Erläuterung siehe S. 124!). – Ein solcher Rechner spiegelt die Grundidee eines CISC (complex instruction set computer) wider, charakterisiert dadurch, daß seine Befehle in beliebig vielen Schritten, und zwar typischer-

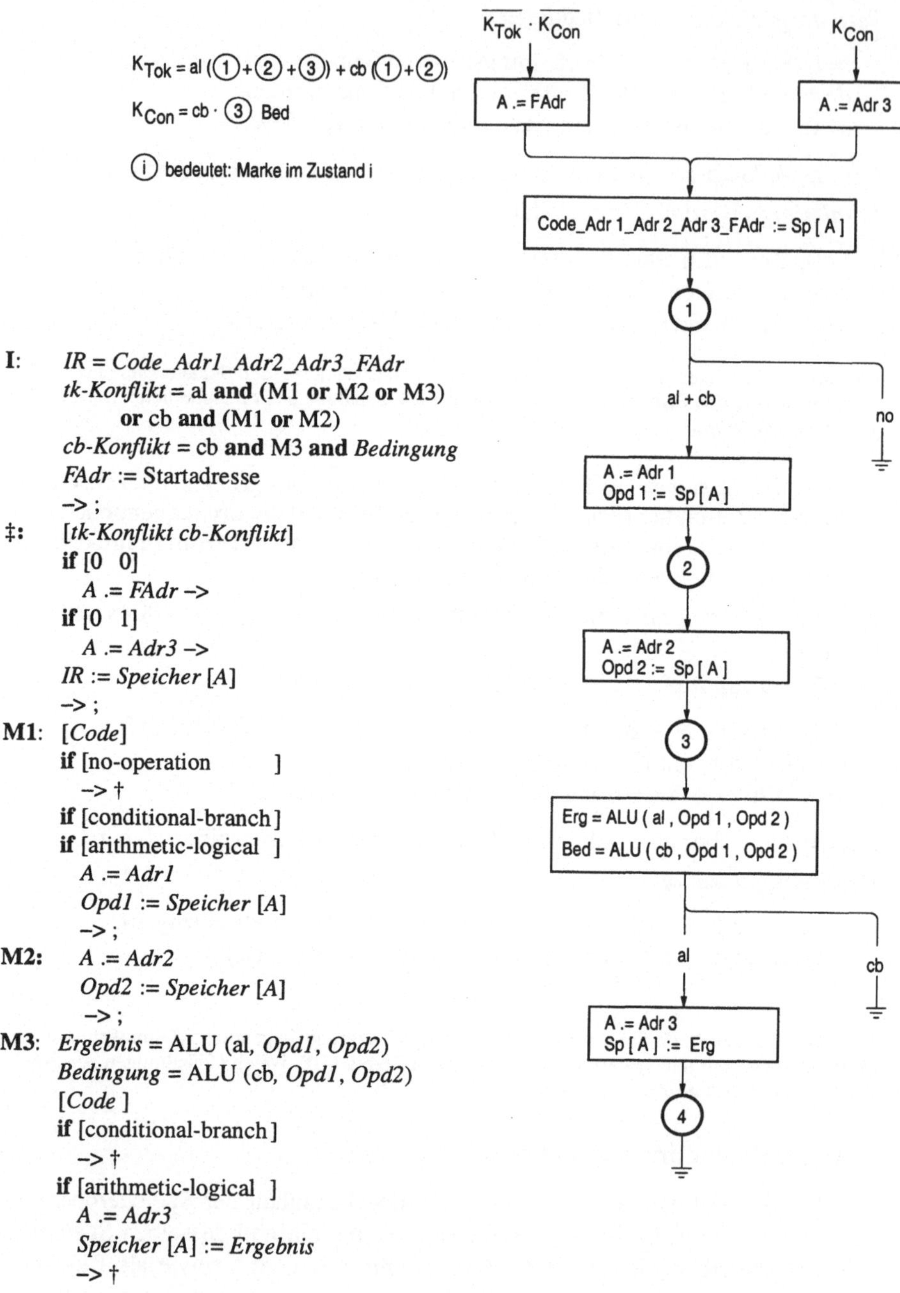

Bild 2-10. Programm und Graph des speicher-seriell organisierten 3+1-Adreß-Rechners aus 2.1.3. Zeitbedarf der Befehle: no 1 Takt, cb 3 Takte, al 4 Takte. Signallaufzeit zur Bestimmung der Taktfrequenz siehe Bildunterschrift Bild 2-2. Es bedeuten: al – *Code* = arithmetic-logical, cb – *Code* = conditional-branch.

weise zeitsequentiell/seriell ausgeführt werden. Die Befehlsliste ist somit komplex gestaltbar, unabhängig von der ALU sowie ggf. weiteren parallel geschalteten arithmetischen Schaltnetzen im Operationswerk; näheres siehe 2.3.2: CISC.

3+1-Adreß-Rechner speicher-parallel

Ein 3+1-Adreß-Rechner in Parallelorganisation bezüglich der Speicheroperationen ist charakterisiert durch Einfachausnutzung mehrerer eigenständiger Speicher. Zur Konstruktion eines solchen Rechners gehen wir vom speicher-seriell organisierten 3+1-Adreß-Rechner aus. Die für die Parallelorganisation notwendigen 4 unabhängigen Speicher für Befehle, Operanden1, Operanden2 und Ergebnisse werden entweder gemeinsam als ein 4-Port-Speicher oder – wie hier – getrennt als ein 1-Port-Programmspeicher (PrSpeicher, PrSp) und ein 3-Port-Datenspeicher (DaSpeicher, DaSp) ausgeführt. Außer dem Befehlsregister existieren keine weiteren Register. In Bild 2-11 ist das Hardware-Programm und der Graph des 3+1-Adreß-Rechners angegeben; Bild 2-12 zeigt das Blockbild. – Ein solcher Rechner spiegelt die Grundidee eines RISC (reduced instruction set computer) wider, charakterisiert dadurch, daß seine Befehle in einem einzigen Schritt, und zwar typischerweise ortssequentiell/parallel ausgeführt werden. Die Befehlsliste ist reduziert auf durch die ALU und ggf. weitere parallel geschaltete arithmetische Schaltnetze direkt ausführbare Befehle; näheres siehe 2.3.3: RISC.

Die Hardware-Programme bzw. die Graphen in Bild 2-11 und Bild 2-10 unterscheiden sich durch 1 Zustand (in Bild 2-11) gegenüber 4 Zuständen (in Bild 2-10). In jedem Schritt fließt eine Marke in das Programm bzw. den Graphen hinein und die in dem (einen) Zustand befindliche Marke heraus. Der Zustand ist somit immer mit einer Marke belegt, d.h., er ist entbehrlich, wir benötigen keinen Speicher für ihn.

Beim Durchspielen von typischen Befehlsabläufen kann man die *Parallelität* insbesondere der Speicheroperationen gut erkennen. Wie man dabei sieht, werden die einzelnen Schritte zur Ausführung eines Befehls als ortssequentiell-paralleler Prozeß abgewickelt. Das Steuerwerk degeneriert zu einem (Steuer-)Schaltnetz, es ist in Bild 2-12 dezentralisiert aufgebaut.

Achtung. Das Blockbild 2-12 des 3+1-Adreß-Rechners zeigt Rückkopplungen trotz der Parallelorganisation, zwar nicht in der Steuerung (das sind Schaltnetze), aber in der Registerstruktur, weil zwar die Ausführung eines jeden Befehls einschließlich des Holens des nächsten Befehls parallel erfolgt, die Abarbeitung eines Programms und gekoppelt damit die Verarbeitung der Daten jedoch nach wie vor seriell vonstatten gehen. Somit ist der Rechner befehlsbezogen, d.h. auf der Stufe des Mikroprogramms, ein parallel arbeitender Rechner; programmbezogen, d.h. auf der Stufe des Maschinenprogramms, erscheint er hingegen als seriell arbeitender Rechner.

Bemerkungen. In der hier vorgestellten Organisationsform des 3+1-Adreß-Rechners erfolgt die Ausführung von cb-Befehlen ortssequentiell zum Holen des nächsten Befehls, während die Ausführung von al-Befehlen parallel zum Holen des nächsten Befehls geschieht. Die vorliegende

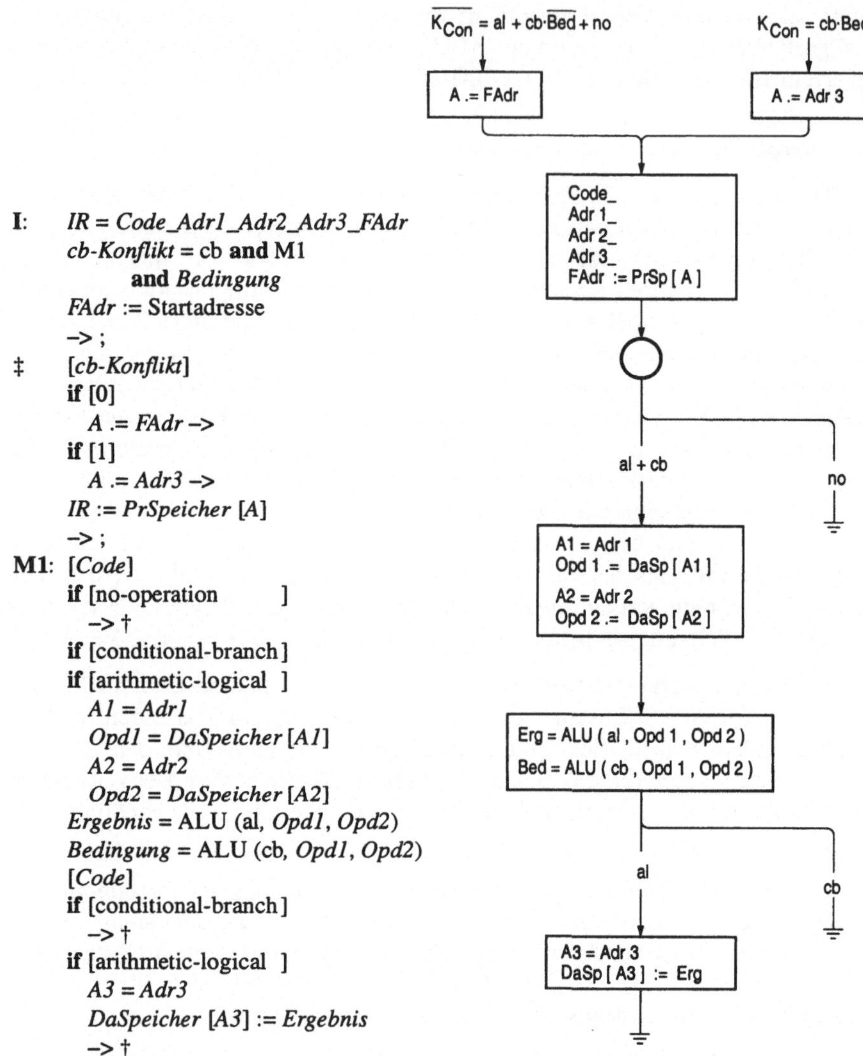

Bild 2-11. Programm und Graph eines speicher-(voll)parallel organisierten 3+1-Adreß-Rechners. Zeitbedarf der Befehle: no, cb, al 1 Takt. Signallaufzeit zur Bestimmung der Taktfrequenz siehe Bildunterschrift Bild 2-12. Es bedeuten: al – *Code* = arithmetic-logical, cb – *Code* = conditional-branch.

Parallelität könnte jedoch nur dann zur Zeitersparnis ausgenutzt werden, wenn beide Befehlsarten mit unterschiedlichen Zeittakten betrieben würden. Dabei müßte die jeweilige Taktgeschwindigkeit nach der längsten Kette hintereinandergeschalteter Logikglieder im Blockbild 2-12 bemessen sein. Für cb-Befehle ist das die Kette „Ausgang Befehlsregister IR – Datenspeicher DaSp – ALU – Adreß-Multiplexer AMux – Programmspeicher PrSp – Eingang Befehlsregister IR". Für al-Befehle ist das die längere der beiden Ketten „Ausgang IR – DaSp – ALU – Eingang DaSp" und „Ausgang IR – AMux – PrSp – Eingang IR".

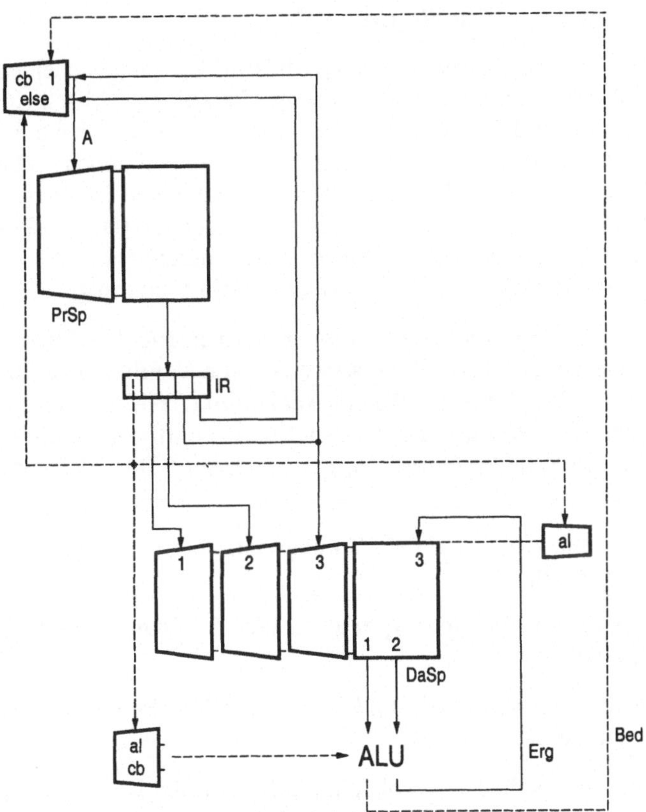

Bild 2-12. Struktur des speicher-(voll)parallel organisierten 3+1-Adreß-Rechners Bild 2-11. Größte Signallaufzeit (kritischer Pfad): Register IR → DaSp → ALU → AMux → PrSp → IR (Register).

Werden hingegen beide Befehlsarten, d.h. der ganze Rechner mit ein und demselben Takt betrieben, so bleibt die der Struktur innewohnende Parallelität ungenutzt, da sich die Taktgeschwindigkeit nach der Geschwindigkeit der langsamsten Befehlsart richten muß. Die Seriell- und die Parallelorganisation des 3+1-Rechners unterscheiden sich dann zwar stark hinsichtlich ihrer Struktur und ihres Aufwands, jedoch kaum hinsichtlich ihrer Geschwindigkeit (unter der realistischen Annahme, daß die Multiplexer- und Registerlaufzeiten klein gegenüber den Speicherlaufzeiten sind). Sofern es also beim Entwurf des Rechners nicht auf die absolut niedrigste, sondern auf möglichst niedrige Bearbeitungszeiten der Befehle ankommt, wird man wegen des erheblich geringeren Aufwands die Seriellorganisation der Parallelorganisation vorziehen (siehe aber Beispiel 2.6: 3+1-Adreß-Rechner in Fließbandorganisation).

Die Seriell- hat gegenüber der Parallelorganisation einen weiteren Vorteil, nämlich den der hohen Flexibilität. Nicht nur der hier beschriebene, sondern auch die früher beschriebenen Rechner in Seriellorganisation können z.B. um die Funktion der indirekten Adressierung ohne jede Änderung ihrer Struktur erweitert werden; dazu braucht lediglich das Mikroprogramm geändert zu werden. Beim 3+1-Adreß-Rechner in Parallelorganisation müßte demgegenüber mindestens ein weiterer Multiport-Speicher für die Operanden-Ergebnisadressen bei entsprechenden Verdrahtungsänderungen vorgesehen werden.

Fließbandprogramm, Fließbandgraph

Das Hardware-Programm bzw. der Graph in Bild 2-10 unterscheiden sich von Bild 2-1 durch die Art der Markenbewegung. Sie erfolgt zyklisch (in Bild 2-1) bzw. geradeaus (in Bild 2-10). Während es im ersten Fall nur eine einzige Marke gibt, die sich im Graphen bewegt, gelangt im zweiten Fall „oben" (über eine Art Eingangsbedingung) immer dann eine (neue) Marke in den Graphen, wenn „unten" (über das Erdungssymbol) eine (alte) Marke den Graphen verläßt. Im Programm wird das Eintreten neuer Marken „oben" durch das Symbol ‡ und das Ausscheiden von Marken „unten" durch das Symbol † angezeigt.

Markenkonflikt (tk-Konflikt, K_{Tok})

Sprungkonflikt (cb-Konflikt, K_{Con})

Das Eintreten einer (neuen) Marke wird durch negierte Konflikte ermöglicht (umgekehrt ausgedrückt: beim Wirksamwerden von Konflikten verhindert). Das ist hier zum einen der Markenkonflikt (Tokenkonflikt; tk-Konflikt im Programm, K_{Tok} im Graphen) und zum anderen der Sprungkonflikt (conditional-branch-Konflikt; cb-Konflikt im Programm, K_{Con} im Graphen). Drei Fälle sind zu unterscheiden:

1. *Kein* Markenkonflikt *und kein* Sprungkonflikt: Es gelangt eine Marke in den linken Zweig.

2. *Kein* Markenkonflikt, *aber* Sprungkonflikt: Es gelangt eine Marke in den rechten Zweig.

3. *Sowohl* Markenkonflikt *als auch* Sprungkonflikt: Es gelangt keine Marke in den Graphen.

Ressourcenkonflikt

(Der verbleibende 4. Fall, daß sowohl ein Markenkonflikt wie ein Sprungkonflikt auftritt, kommt nicht vor.) – Diese Art von Programmen bzw. Graphen nennen wir Fließbandprogramme bzw. -graphen, weil – je nach Formulierung der Eingangsbedingungen – Marken bereits nachfließen können, wenn sich noch welche im Graphen befinden. Dabei werden überlappend mehrere Aktionen gleichzeitig ausgeführt, und zwar so viele, wie gleichzeitig Marken über Kästchen laufen. Auch dies ist eine Form der Parallelität. – Daß Parallelität in dem vorgestellten Fall nicht vorkommt, liegt an der Formulierung des Markenkonflikts. Daß die Formulierung so wie in Bild 2-10 gewählt ist, liegt wiederum am Vorhandensein von nur einem einzigen Speicher. Man kann diesen Konflikt deshalb auch als Betriebsmittel- oder – verallgemeinert – als Ressourcenkonflikt bezeichnen.

Beim Durchspielen von typischen Befehlsabläufen kann man die *Serialität* insbesondere der Speicheroperationen gut erkennen. Wie man dabei sieht, werden die einzelnen Schritte zur Ausführung eines Befehls als zeitsequentiell-serieller Prozeß abgewickelt. Das Steuerwerk ist in Bild 2-1 zentralisiert aufgebaut; man erkennt das Steuer-Schaltnetz und das Zustandsregister.

2.2.3 Fließbandorganisation

Anders als in 2.2.2 beschrieben sehen die Verhältnisse aus, wenn nicht möglichst niedrige Bearbeitungszeit von *einzelnen* Befehlen, sondern möglichst niedrige

Bearbeitungszeit von *vielen* Befehlen, d.h. ganzer *Programme*, gefordert wird. Dann kommt es nicht auf die Bearbeitungszeit von Befehlen, sondern auf den Durchsatz an Befehlen an. Zu erzielen ist das durch eine spezielle Art der Parallelorganisation, die nicht gesondert in Tabelle 2-2 ausgewiesen ist: der in diesem Abschnitt behandelten Fließbandorganisation (pipelining, pipeline architecture). pipelining

Um die Charakteristika auch dieser Organisationsform besser herausarbeiten zu können, konzentrieren wir uns in den grundsätzlichen Betrachtungen zunächst wieder auf total abhängige Prozesse, d.h. auf eine spezielle Art der ortssequentiellen Organisationsform mit hier überlappend arbeitenden Funktionseinheiten, die wir deshalb als ortssequentiell-überlappende Organisation bezeichnen. Die anschließende beispielhafte Behandlung von Fließbandrechnern (siehe Seiten 129, 131 und 135: 3+1-Adreß-Rechner) folgen dann wieder der umfassenderen Organisationsform, der Fließbandorganisation.

Prinzip Maximierung des Durchsatzes

Die Fließbandorganisation folgt dem Prinzip der Maximierung des Durchsatzes. Die Erhöhung des Durchsatzes wird dadurch erreicht, daß Puffer zwischen die ortssequentiell hintereinander angeordneten Funktionseinheiten geschaltet werden. Schwanken die Bearbeitungszeiten in den Funktionseinheiten, so ermöglicht die Verwendung von FIFO-Speichern als Puffer eine gute Auslastung der Funktionseinheiten und damit die Erhöhung des Durchsatzes. Sind die Bearbeitungszeiten aller Funktionseinheiten dagegen stets gleich, so genügt jeweils ein Register als Puffer. Genaugenommen stellt nur dieser Fall eine echte Fließbandorganisation dar, doch spricht man in weiterem Sinn auch bei einem System mit FIFO-Speichern wechselnder Füllung von Fließbandorganisation.

speziell ortssequentiell-überlappende Organisation

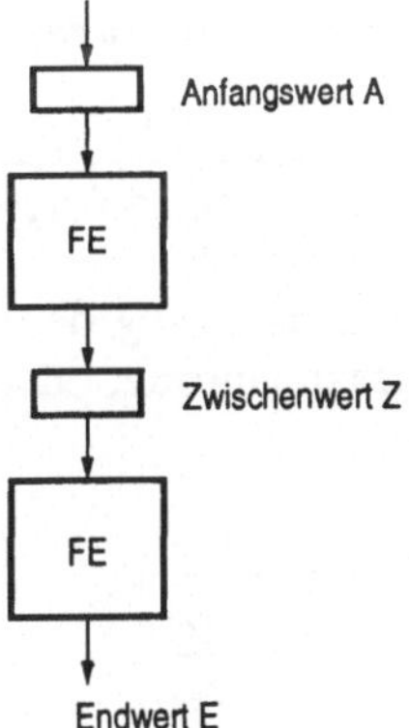

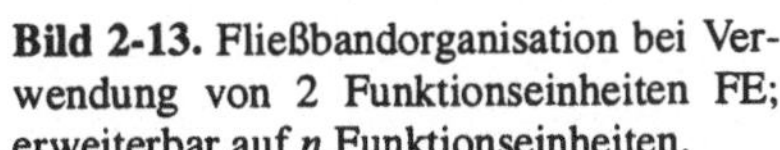
Bild 2-13. Fließbandorganisation bei Verwendung von 2 Funktionseinheiten FE; erweiterbar auf *n* Funktionseinheiten.

Bild 2-13 zeigt für zwei Funktionseinheiten die charakteristische Struktur dieser Organisationsform. Während der Zwischenwert in der zweiten Funktionseinheit verarbeitet wird, kann in der ersten Funktionseinheit schon ein neuer Anfangswert verarbeitet werden. Beide Funktionseinheiten arbeiten also gleichzeitig. Dadurch erhöht sich ihre Auslastung, während sich die Bearbeitungszeit für einen Gesamtauftrag gegenüber der ortssequentiellen Organisation durch die Pufferlaufzeit verlängert.

Eine Verbesserung der Auslastung und des Durchsatzes ist allerdings nur dann gegeben, wenn ein gleichmäßiger Strom von Anfangswerten in die erste Funktionseinheit gelangt und alle Funktionseinheiten gleichmäßig arbeiten. Nur dann können die in den folgenden Gleichungen für Bearbeitungszeit, Durchsatz und Auslastung genannten maximalen Werte erreicht werden. Durchsatz und Auslastung sind in diesem (Ideal)fall unabhängig von der Anzahl hintereinandergeschalteter Funktionseinheiten.

Zur Steuerung des Fließbands ist an und für sich kein Steuerwerk nötig, sondern nur der obligate Taktgenerator. Da das Ortssequentielle der Fließbandorganisation jedoch eine sehr starre Struktur mit einem entsprechend starren Arbeitsrhythmus darstellt, müssen zur Ermöglichung von Ausnahmen und zur Lösung von Konfliktfällen im Informationsfluß doch – i. allg. sogar komplizierte – Steuerschaltungen vorgesehen werden.

Formelmäßige Leistungsbetrachtung. Unter Zugrundelegung von 1 (im Minimum) bis m (im Maximum) Gesamtaufträgen, jeweils bestehend aus n Teilaufträgen, an die n Funktionseinheiten ergibt sich für die drei Leistungsmerkmale ($m<n$):

Bearbeitungszeit des Gesamtauftrags t

$$t = n \cdot (t_{FE} + t_{TOT}),$$

minimaler Durchsatz an Gesamtaufträgen $d_{min} = 1/t$ (es existiert nur 1 Gesamtauftrag, oder es existieren Abhängigkeiten zwischen den Gesamtaufträgen)

$$d_{min} = \frac{1}{n \cdot (t_{FE} + t_{TOT})},$$

minimale Auslastung der einzelnen Funktionseinheiten $a_{min} = t_{FE}/t$ (es existiert nur 1 Gesamtauftrag, oder es existieren Abhängigkeiten zwischen den Gesamtaufträgen)

$$a_{min} = \frac{1}{1 + \frac{t_{TOT}}{t_{FE}}};$$

maximaler Durchsatz an Gesamtaufträgen $d_{max} = n \cdot d_{min}$ (es existieren $m>>n$ Gesamtaufträge und keine Abhängigkeiten zwischen den Gesamtaufträgen)

$$d_{max} = \frac{1}{t_{FE} + t_{TOT}},$$

maximale Auslastung der einzelnen Funktionseinheiten $a_{max} = n \cdot a_{min}$ (es existieren $m >> n$ Gesamtaufträge und keine Abhängigkeiten zwischen den Gesamtaufträgen)

$$a_{max} = \frac{1}{1 + \frac{t_{TOT}}{t_{FE}}}.$$

Bemerkung. Bei vernachlässigbaren Totzeiten gilt für Fließbandverarbeitung mit total abhängigen Prozessen

$$d_{min} = d_{zeitsequentiell} = d_{ortssequentiell}$$

$$a_{min} = 1/n \cdot a_{zeitsequentiell} = a_{ortssequentiell}$$

$$d_{max} = n \cdot d_{zeitsequentiell} = n \cdot d_{ortssequentiell}$$

$$a_{max} = a_{zeitsequentiell} = n \cdot a_{ortssequentiell} = 1$$

Beispiel 2.4. Addition. Im Rechnerbau begegnet uns die ortssequentiell-überlappende Organisation „im kleinen" bei über Flipflops verbundenen Volladdierern, und zwar bei der Addition von m n-stelligen Dualzahlen (m Gesamtaufträge).

Für $n=32$ Volladdierer mit $t_{FE} = 1$ ns und $t_{TOT} = 1$ ns ergibt sich bei

Fließbandorganisation (Fließbandaddierer)

$t = 0{,}064\,\mu s$, d.h. eine Bearbeitungszeit von 0,064µs für 1 Addition,
$d_{min} = 15\,\mu s^{-1}$, d.h. ein Durchsatz von 15 Additionen pro µs,
$a_{min} = 0{,}015$, d.h. eine Auslastung von 1,5%,
$d_{max} = 500\,\mu s^{-1}$, d.h. ein Durchsatz von 500 Additionen pro µs,
$a_{max} = 0{,}5$, d.h. eine Auslastung von 50%.

Beispiel 2.5. Speicher. Im Rechnerbau begegnet uns die ortssequentiell-überlappende Organisation „im großen" bei über Register verbundenen Speichern, nämlich bei m Indirektzugriffen mit n-fachen Adreßverkettungen (m Gesamtaufträge).

Für $n=2$ Speicher mit $t_{FE} = 100$ns und $t_{TOT} << 100$ns ergibt sich bei

Fließbandorganisation

$t = 0{,}2\,\mu s$, d.h. eine Bearbeitungszeit von 0,2µs für 1 Indirektzugriff,
$d_{min} = 5\,\mu s^{-1}$, d.h. ein Durchsatz von 5 Indirektzugriffen pro µs,
$a_{min} = 0{,}5$, d.h. eine Auslastung von 50%,
$d_{max} = 10\,\mu s^{-1}$, d.h. ein Durchsatz von 10 Indirektzugriffen pro µs,
$a_{max} = 1$, d.h. eine Auslastung von 100%.

Aufgabe 2.11. Zeichnen Sie die beiden den Beispielen zugrundeliegenden Schaltungen und vergleichen Sie sie mit den Strukturen in Bild 1-19 bzw. den Bildern 1-16 bis 1-18. Welche Schaltungen korrespondieren mit den dort gezeigten Strukturen?

Beispiel 2.6. 3+1-Adreß-Rechner. Ein Rechner in Fließbandorganisation (bezüglich der Speicher- und Arithmetikoperationen) ist charakterisiert durch mehrere eigenständig arbeitende, über Register miteinander verbundene Funktionseinheiten. Das sind

- der Programmspeicher,
- der Datenspeicher und
- die arithmetisch-logische Einheit.

Wird zur Programmerstellung von „normaler" Maschinenprogrammierung ausgegangen, so kann es bereits bei einem 2-stufigen Fließband zu Konflikten kommen, da ein (zweiter) Befehl bereits „in Arbeit" ist, obwohl der vorangegangene (erste) Befehl noch nicht „zu Ende" ist. In bestimmten Fällen, wenn nämlich der zweite vom ersten in irgendeiner Form abhängt, kommt es folglich zu fehlerhaften Programmausführungen.

Die beiden folgenden, in den Speicherzellen 13 und 14 stehenden Programmstücke für unseren 3+1-Adreß-Rechner

```
1)          :
    13:     ADD  U,V,X,14
    14:     ADD  X,Y,Z,15
            :

2)          :
    13:     BEQ  U,V,7,14
    14:     ADD  X,Y,Z,15
            :
```

enthalten solche Konfliktfälle (wie diese aufgelöst werden, ist nachfolgend beschrieben). In *Fall 1* ist der Wert von X im zweiten Befehl Nr. 14 vom Ergebnis X im ersten Befehl Nr. 13 abhängig („Ergebnis"konflikt, „Daten"konflikt). Wird dieser Wert zu früh geholt, nämlich bevor der alte und somit inzwischen inaktuelle Wert durch den ersten Befehl aktualisiert wurde, so entsteht ein Fehler. In *Fall 2* ist die Ausführung des zweiten Befehl Nr. 14 vom Ausgang der Bedingung im ersten Befehl Nr. 13 abhängig („Bedingungs"konflikt, „Sprung"konflikt). Wird bei nicht erfüllter Bedingung der bereits geholte zweite Befehl Nr. 14 ausgeführt und nicht etwa der alternative Befehl Nr. 7, so entsteht ebenfalls ein Fehler.

Datenkonflikt (K_{Dat}, al-Konflikt)

Konflikte. Wie in Beispiel 2.6 bereits benutzt, bezeichnen wir *Fall 1* und *Fall 2* im folgenden als

Sprungkonflikt (K_{Con}, cb-Konflikt)

- Datenkonflikt (Konflikt im Datenfluß (data flow): K_{Dat} in Graphen; in arithmetic-logical-Befehlen: al-Konflikt in Programmen) bzw. als
- Sprungkonflikt (Konflikt im Programmfluß (control flow): K_{Con} in Graphen: in conditional-branch-Befehlen: cb-Konflikt in Programmen).

2.2.4 Konfliktlösung bei Fließbandverarbeitung

Im folgenden wird die Auflösung der beiden Konflikte unter Zugrundelegung eines 2-stufigen Fließbands behandelt, angewendet werden die Ergebnisse danach auch auf Prozessoren mit 3-stufigem Fließband. Wir gehen dabei davon aus, daß es nicht an Funktionseinheiten fehlt, so daß optimale Fließbandverarbeitung möglich ist. Anders ausgedrückt: Es sind genügend Ressourcen vorhanden, Ressourcenkonflikte treten nicht auf, Markenkonflikte können somit unberücksichtigt bleiben. – Zur Konfliktauflösung gibt es prinzipiell drei Möglichkeiten, sie werden im folgenden unter den Stichwörtern Delay-Slot, Interlock und Bypass behandelt.

Konfliktbewältigung durch Delay-Slot

Hierbei handelt es sich um Konfliktauflösungen im Maschinenprogramm, entweder vom Software-Ingenieur im Compiler zu implementieren oder vom Rechnerbenutzer bei der Maschinenprogrammierung zu berücksichtigen. – Was muß nun der Compiler bzw. der Programmierer leisten?

Datenkonflikt. Im Fall, daß Adresse 3 (Ergebnisadresse, Zieladresse) in einem al-Befehl gleich Adresse 1 oder Adresse 2 (Operandenadressen, Quelladressen) im nachfolgenden al- oder cb-Befehl ist, muß entweder ein NOP- oder ein anderer, sowieso auszuführender, im Programmkontext sinnvoller Befehl in den „Schlitz" zwischen die betreffenden Befehle eingefügt werden, so daß der zweite Befehl „um Eins verzögert" wird.

Sprungkonflikt. Als Folgebefehl eines jeden cb-Befehls muß entweder ein NOP- oder ein anderer, sowieso auszuführender, im Programmkontext sinnvoller Befehl in den „Schlitz" zwischen den cb-Befehl und den nachfolgenden Befehl eingefügt werden. Dieser Befehl wird immer mit ausgeführt, so daß bei graphischer Kenntlichmachung des Sprungs durch einen Pfeil der Pfeil-Ursprung nicht vom cb-Befehl, sondern vom Folgebefehl ausgeht.

Der Schlitz zwischen den Befehlen wird Delay-Slot genannt, der eingefügte Befehl Delay-Befehl. Ein Fließbandrechner mit Delay-Slots ist vom Hardware-Ingenieur besonders einfach zu konstruieren, da dieser die Konflikte unberücksichtigt lassen darf.

3+1-Adreß-Rechner. Ein 3+1-Adreß-Rechner mit 2-Stufen-Fließband läßt sich aus dem speicherparallelen 3+1-Adreß-Rechner dadurch konstruieren, daß zusätzliche Register zwischen die infrage kommenden Funktionseinheiten eingebaut werden, und zwar ein fiktives IR', bestehend aus 2 Registern Opd1' und Opd2' zwischen Datenspeicher und ALU (in denen die Adressen durch ihre Operanden ersetzt sind), begleitet – um den Zeitversatz auszugleichen – von 2 weiteren Registern Code' und Adr3' unmittelbar nach IR. Auf diese Weise wird garantiert, daß alle relevante Information zeitgleich an den beteiligten Funktionseinheiten ankommt („just in time").

Für Rechner mit „tieferen" Fließbändern müssen weitere Register eingebaut und gut platziert werden, z.B. für einen Rechner mit 3-Stufen-Fließband zusätzlich zu IR' ein IR", bestehend aus einem ALU-Ausgangsregister Ergebnis" sowie einem z-Bit Bedingung" (CC-Register), begleitet – wieder um den Zeitversatz auszugleichen – von einem Register Code" und einem Register Adr3" unmittelbar nach Code' und Adr3'.

Auf die Entwicklung entsprechend geänderter Proramme und Graphen wird verzichtet; für das Blockbild sei das als *Aufgabe* empfohlen. Dazu trage man in Bild 2-12 die oben genannten Register ein, ohne die dezentrale Steuerung zu ändern. Lediglich die dort nicht gestrichenen Steuervariablen müssen durch ihre 1-gestrichenen (für 2-stufiges Fließband) bzw. 2-gestrichenen Gegenstücke (für 3-stufiges Fließband) ersetzt werden. Der 3+1-Rechner mit 3-Stufen-Fließband hat in dieser Bauweise jeweils 2 Delay-Slots nach al- bzw. cb-Befehlen. Diese sinnvoll auszufüllen, ist schwierig und wird mit zunehmender Fließband-„Tiefe" immer schwieriger.

Konfliktbewältigung durch Interlock

Hierbei handelt es sich um Konfliktauflösungen im Mikroprogramm, also durch das Steuerwerk des Rechners. Was beim Delay-Slot der Software-Ingenieur im Compiler, muß nun der Hardware-Ingenieur im Prozessor berücksichtigen. Wie beim Delay-Slot müssen für ein 2-Stufen-Fließband zum einen die Fließbandregister IR', bestehend aus Code', Opd1', Opd2' und Adr3', vorgesehen werden. Zum anderen sind zusätzlich die dort durch NOPs erzeugten Verzögerungen nun in die Steuerung einzubauen (so daß das Fließband „angehalten" wird bzw. eine „bubble" in die „pipeline" eingeschleust wird). – Was muß nun das Steuerwerk des Rechners leisten?

Datenkonflikt. Wie beim Delay-Slot müssen Ziel- und Quelladressen aufeinanderfolgender al-Befehle und aufeinanderfolgender al- und cb-Befehle verglichen werden. Im Fall eines positiven Vergleichsausgangs muß das Holen eines „neuen" Befehls gesperrt werden, so daß der „alte" Befehl in IR erhalten bleibt. Gleichzeitig wird die noch ausstehende arithmetisch-logische Operation in der ALU ausgeführt. Beides zusammen genommen bewirkt, daß das Fließband geleert wird; damit ist der Konflikt beseitigt.

Sprungkonflikt. Im Fall eines Sprungs nach Adresse 3 zum Alternativ-Befehl steht der vorsorglich geholte, aber nun „falsche" Standard-Befehl in IR. Dieser darf nicht auf dem Fließband weitertransportiert werden, sondern muß mit dem „richtigen" Befehl in IR überschrieben werden; und dieser muß nun auf dem Fließband weiterverarbeitet werden.

Ein Fließbandrechner mit Interlock ist (vom Software-Ingenieur) besonders einfach zu programmieren, da Konflikte gänzlich unberücksichtigt bleiben dürfen. In dieser Hinsicht unterscheidet er sich nach außen hin nicht von einem Nicht-Fließband-Rechner. Für Rechner mit „tieferen" Fließbändern müssen zum einen im Operationswerk weitere Fließbandregister eingebaut werden, und zum anderen muß das Steuerwerk weitere Leertakte erzeugen („bubbles" einschleusen). Die Programmierung des Rechners bleibt davon unberührt.

3+1-Adreß-Rechner mit 3-Stufen-Fließband und Interlocks

Für den 3+1-Adreß-Rechner mit 3-Stufen-Fließband und Interlocks für beide Konfliktarten müssen also neben den unter Delay-Slot/3+1-Adreß-Rechner (S. 129) beschriebenen 1-gestrichenen auch die dort genannten 2-gestrichenen Register vorgesehen werden. Die Steuerung erfolgt aber nun nicht mehr durch ein Schaltnetz, sondern durch ein – nun eher zentralisiert aufgebautes – Schaltwerk (PLA-Steuerwerk). Das nachfolgend angegebene Hardware-Programm beschreibt den Rechner vollständig. Bild 2-14 zeigt den gleichwertigen Graphen; auch dadurch ist der Rechner vollständig beschrieben. Auf die Wiedergabe des Blockbilds wird verzichtet; es sei als *Aufgabe* aus Bild 2-12 zu entwickeln, indem die genannten Register eingetragen werden und die im Bild enthaltenen „alten" Steuernetze eliminiert werden; das „neue" Steuerwerk wird umfangreicher; bei komplexeren Aufgabenstellungen wird es auf der Registertransferebene nicht mehr gezeichnet.

Hardware-Programm des 3+1-Adreß-Rechners (3-stufiges Fließband)

```
I:    IR = Code_Adr1_Adr2_Adr3_FAdr
      al-Konflikt = (Code = arithmetic-logical or Code = conditional-branch) and
            M1 and (Code' = arithmetic-logical and M2 and (Adr1 = Adr3' or
            Adr2 = Adr3') or Code" = arithmetic-logical and M3 and (Adr1 = Adr3"
            or Adr2 = Adr3"))
      cb-Konflikt = Code" = conditional-branch and M3 and Bedingung"

      FAdr := Startadresse                        // Initialisierung
      -> ;
‡:    [al-Konflikt cb-Konflikt]                   // [1 1] kommt nicht vor
      if [0  0]
        A .= FAdr ->
      if [0  1]
        A .= Adr3" ->
      IR := PrSp [A]
      -> ;
M1:   [Code al-Konflikt cb-Konflikt]              // [- 1 1] kommt nicht vor
      if [no-operation          -  -]
      if [conditional-branch    0  1]
      if [arithmetic-logical    0  1]
        -> †
      if [conditional-branch    0  0]
      if [arithmetic-logical    0  0]
        Code'_Opd1'_Opd2'_Adr3' :=                     // IR' füllen
            Code_DaSp [Adr1]_DaSp [Adr2]_Adr3
        -> ;
M2:   [cb-Konflikt]
      if [1]
        -> †
```

```
      if [0]
         Code"_Ergebnis"_Bedingung"_Adr3" :=            // IR" füllen
            Code'_
            ALU (Code' = arithmetic-logical, Opd1', Opd2')_
            ALU (Code' = conditional-branch, Opd1', Opd2')_
            Adr3'
         -> ;
M3:   [Code"]
      if [conditional-branch]
         -> †
      if [arithmetic-logical]
         DaSp [Adr3"] := Ergebnis" -> †
```

Die einzelnen Schritte zur Ausführung eines Befehls werden als ortssequentiell-überlappender Prozeß abgewickelt. Die gesamte Bearbeitung eines Befehls dauert bis zu vier Taktschritte, es wird aber in jedem Taktschritt ein Befehl *fertiggestellt*. Das Steuerwerk erzeugt im Konfliktfall zusätzlich Leertakte; in diesen wird natürlich kein Befehl fertiggestellt. – Zum besseren Verständnis studiere man wieder charakteristische Befehlsabläufe im Fließbandgraphen wie im Hardware-Programm.

Die Vorteile dieses Fließbandrechners sind höherer Durchsatz und bessere Auslastung seiner Funktionseinheiten. Sie kommen um so besser zur Geltung, je seltener Programmverzweigungen stattfinden und je öfter Befehle keine Operanden benutzen, die in unmittelbar vorhergehenden Befehlen als Ergebnisse entstanden sind. Das ist z.B. in Programmen mit Vektor- und Matrixoperationen der Fall.

Aufgabe 2.12. Der Begriff Konflikt ist negativ besetzt; der Begriff Bedingung eher positiv. Rechnen Sie die Konflikte vor den Anweisungskästchen mit *A.=FAdr* sowie mit *IR'* :=... in Bedingungen um, so daß sämtliche Fälle von Markenbewegungen einzeln in Erscheinung treten. Es soll laufender Fließbandbetrieb zugrunde gelegt werden (man spricht vom eingeschwungenen Zustand des Fließbands).
Hinweis: Benutzen Sie die Boolesche Algebra. Streben Sie eine Form an, in der die einzelnen Fälle oder-verknüpft erscheinen. Versuchen Sie, die Teilausdrücke so einfach wie möglich zu gestalten, ggf. unter Einbeziehung nicht vorkommender Möglichkeiten. – Oder spielen Sie alternativ alle vorkommenden Fälle durch und sammeln Sie sie.
Aufgabenstellung: a) Der Graph Bild 2-10 des speicher-seriellen 3+1-Adreß-Rechners soll in dieser Weise geändert werden. b) Der Graph Bild 2-14 des 3+1-Adreß-Fließbandrechners mit Interlocks soll in dieser Weise geändert werden.

Aufgabe 2.13. Der 3+1-Adreß-Fließbandrechner Bild 2-14 mit Interlocks soll a) mit einem 2-Port-, b) mit einem 1-Port- anstelle des 3-Port-Datenspeichers aufgebaut werden (Lesen parallel, Schreiben seriell). – Zeichnen Sie Blockbilder und Graphen für die neuen Fließbandrechner.

Konfliktbewältigung durch Bypass

Bei dieser Technik handelt es sich um Konfliktauflösungen durch das Operationswerk des Rechners. Wie beim Interlock ist der Hardware-Ingenieur gefordert, der nun nicht mit Mikroprogrammierung (Ablaufplanung) sondern mit Mikrostrukturierung (Verbindungsplanung) arbeitet. Der *Ablauf* beim Interlock

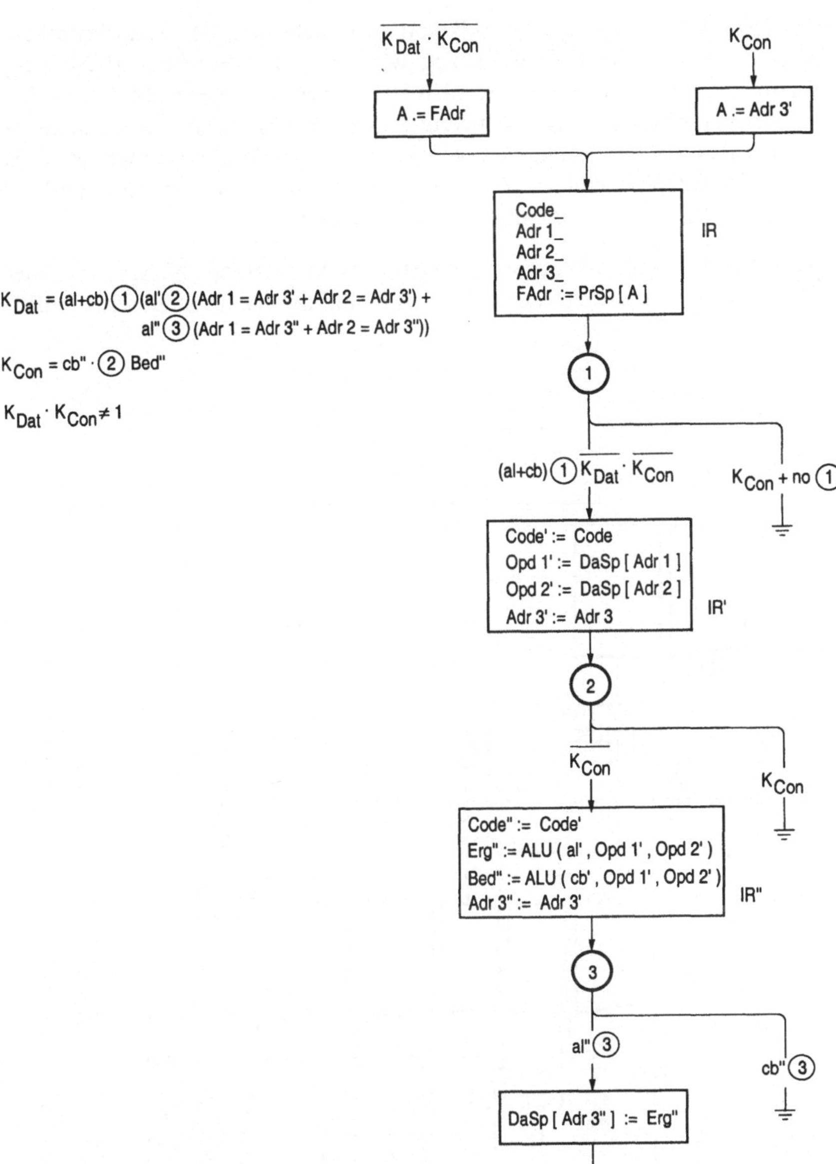

Bild 2-14. Funktion eines 3+1-Adreß-Rechners mit 3-stufigem Fließband. Fertigstellung der Befehle: no 1 Takt, cb und al ohne Konflikt 1 Takt, bei Konflikt 2 oder 3 Takte. Kritischer Pfad: die längste der 3 Logikketten Register IR → DaSp → Opd' (Register), Register Opd' → ALU → Erg"/Bed" (Register), Register Bed" → AMux → PrSp → IR (Register).

„kriecht" – wie früher formuliert – in die *Struktur* hinein, und zwar in Form von Bypasses. – Was muß nun das Operationswerk des Rechners leisten?

Datenkonflikt. Wie beim Interlock muß eine Vergleichslogik den Konfliktfall ermitteln. Bei positivem Vergleichsausgang wird das ALU-Ergebnis *gleichzeitig* mit dessem Schreiben auf einem „Nebenweg", einer Art „Kurzschluß", in den Datenspeicher in eines der ALU-Eingangsregister transportiert. Damit steht es einen Takt *früher* zur Verfügung, als wenn es erst *nach* dem Schreiben aus dem Speicher in das entsprechende ALU-Register transportiert worden wäre; und somit braucht das Fließband nicht angehalten zu werden.

Sprungkonflikt. Dieser Konflikt läßt sich ebenfalls durch einen „Nebenweg", hier neben dem ersten Weg ein zweiter Weg zum Holen des nächsten Befehls, auflö-

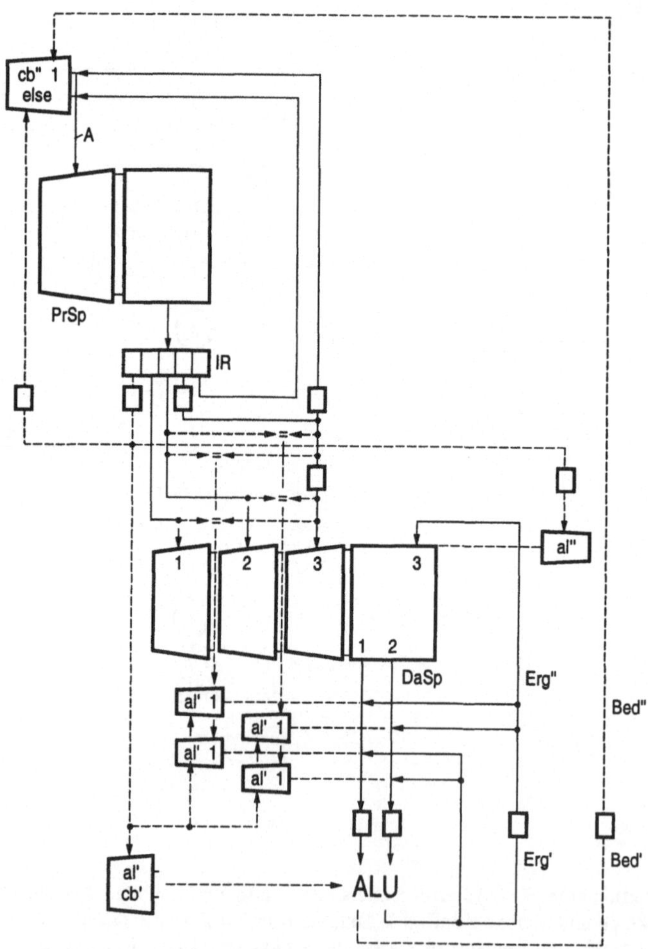

Bild 2-15. Struktur eines 3+1-Adreß-Rechners mit 3-stufigem Fließband. Fertigstellung der Befehle: no 1 Takt, al 1 Takt, cb ohne Konflikt 1 Takt, bei Konflikt 2 oder 3 Takte. Kritischer Pfad: die längste der 3 Logikketten Register IR → DaSp → Opd' (Register), Register Opd' → ALU → Erg"/Bed" (Register), Register Bed" → AMux → PrSp → IR (Register).

sen. Auf diese Weise werden nach cb-Befehlen immer beide Möglichkeiten an nächsten Befehlen aus dem Programmspeicher geholt: über die Folgeadresse der Standard-Befehl und über Adresse 3 der Alternativ-Befehl. Je nach Ausgang der Bedingung des cb-Befehls wird der eine oder der andere Befehl durchgeschaltet, d.h. auf das Fließband gelegt. Dazu muß der Programmspeicher allerdings als 2-Port-Speicher ausgelegt sein.

Die Bypass-Technik eignet sich nur für *Daten*speicher-Bypasses (wegen Verwendung eines Registerspeichers als Datenspeicher kurz als Register-Bypasses bezeichnet). Für *Programm*speicher-Bypasses eignet sie sich nicht. Denn schon *ein* solcher Bypass für einen Rechner mit 2-Stufen-Fließband wäre aufgrund des (großen) 2-Port-Speichers sehr kostspielig, erst recht Programmspeicher-Bypasses für „tiefere" Fließbänder. Stattdessen geht man für die Behandlung von Sprungkonflikten andere Wege: man verwendet Schaltungen zur Sprungvorhersage (siehe 2.5.1, S. 182).

3+1-Adreß-Rechner mit 3-Stufen-Fließband und Bypasses

Das Blockbild 2-15 auf der vorhergehenden Seite zeigt den 3+1-Rechner mit 3-Stufen-Fließband, und zwar – ein guter technischer Kompromiß – mit 2 Register-Bypasses für den Datenkonflikt und 2 Delay-Slots für den Sprungkonflikt. Der Rechner ist komplett spezifiziert; auf die Angabe eines beschreibungsäquivalenten Programms oder Graphen wird verzichtet.

Die Vorteile dieses Fließbandrechners sind hoher Durchsatz und gute Auslastung seiner Funktionseinheiten. Lediglich Programmverzweigungen können Verzögerungen verursachen (und auch nur, wenn NOPs in Delay-Slots auftreten). Programmverzweigungen kommen bei Programmen für gewöhnliche Aufgabenstellungen seltener vor, bei Programmen für komplexe Steuerungen jedoch öfter.

Aufgabe 2.14. In manchen Rechnern gibt es zur Programmoptimierung zwei Arten von cb-Befehlen, nämlich mit bzw. ohne Ausführung des nachfolgenden Delay-Befehls, so daß der Delay-Slot ggf. annulliert wird (Zusatz zum Befehlscode „.a").
Angenommen, es gäbe im Fließbandrechner Bild 2-15 zwei Varianten arithmetisch-logischer Befehle, und zwar neben den normalen Befehlen *mit* Bypassing weitere entsprechende Befehle *ohne* Bypassing über 1 Stufe (Zusatz zum Befehlscode „.b1") sowie *ohne* Bypassing über 2 Stufen (Zusatz zum Befehlscode „.b2"). Welche Möglichkeiten eröffnete dies dem Programmierer?

3+1-Adreß-Rechner in Multi-Thread-Architektur

Fließbandverarbeitung, wie bisher beschrieben, hat zum Ziel, den Durchsatz an *Befehlen* zu maximieren, d.h., die Ausführungszeit *eines* Programms zu beschleunigen.

Fließbandverarbeitung, gewissermaßen eine Ebene höher, hat zum Ziel, den Durchsatz an *Programmen* zu maximieren, d.h. die Ausführungszeit *vieler*, quasi gleichzeitig laufender Programme/Prozesse zu beschleunigen.

In der Betriebssystem-Programmierung werden solche Prozesse als Fäden (threads) bezeichnet. Gilt es, viele gleichzeitig laufende Threads insgesamt möglichst schnell auszuführen, so bietet sich demnach die Fließbandtechnik an. Da die Threads reihum ausgeführt werden können, immer einer nach dem anderen, hat jeder Thread bei n Threads n-1 Takte Pause. Unter der Annahme, daß die Threads eigenständig, d.h. allesamt voneinander unabhängig sind, lösen sich dadurch sämtliche Fließbandkonflikte auf, bzw. es können erst gar keine entstehen. Denn wenn das Fließband aus maximal n Stufen besteht und für jedes der Programme nur alle n Takte ein Befehl ausgeführt wird, so sind zwischen zwei Befehlen ein- und desselben Programms immer n-1 Leertakte.

Bild 2-16 zeigt unseren 3+1-Adreß-Rechner als 4-fädige Architektur (zur Verdeutlichung der Idee ohne die Pfade für die bedingten Sprungbefehle). Um die Einfachheit seines Aufbaus in Verbindung mit der Konfliktbewältigung besonders augenscheinlich zu machen (sie erfordert ja bei diesem Konzept keinerlei Zusatzmaßnahmen), ist hier eine etwas eigenwillige Lösung gewählt: Das gegenüber früher neu hinzugekommene Fließbandregister IR" zerteilt die ALU bezüglich der Übertragsweiterleitung in zwei gleich große Hälften ALU_o und ALU_u. – Bei dieser Variante der Fließbandtechnik lassen sich also tatsächlich die Fließ-

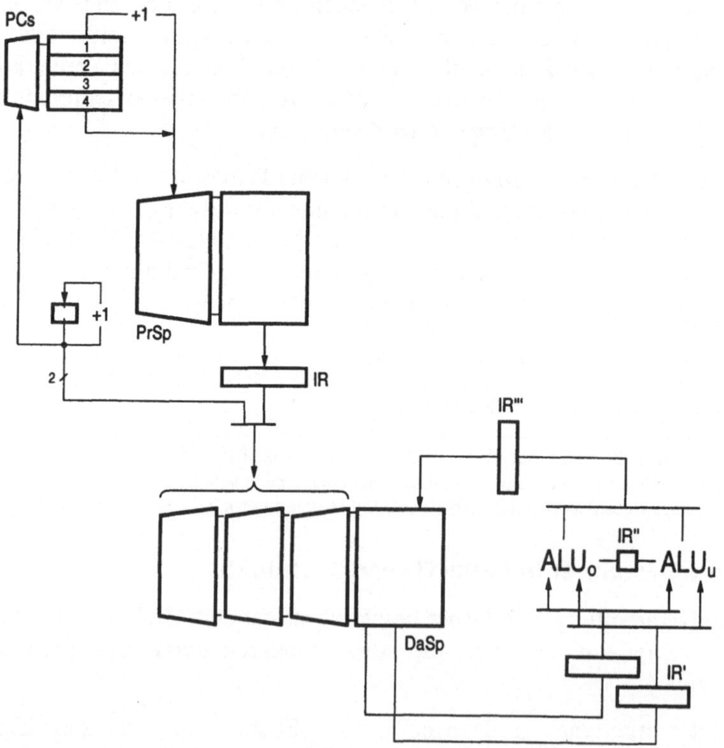

Bild 2-16. Struktur eines 3+1-Adreß-Rechners in 4-fädiger Architektur mit 4-stufigem Fließband. Signallaufzeit zur Bestimmung der Taktfrequenz (kritischer Pfad): *entweder* Register IR→IR' *oder* Register IR'→IR" *oder* Register IR"→IR''' *oder* Register IR'''→IR.

bandregister optimal über die Logikpfade verteilen, sofern der Breite der Register, d.h. der Anzahl der Registerflipflops, keine Bedeutung beigemessen wird.

Unter der freilich nur theoretisch möglichen Annahme, die 3 Fließbandregister IR', IR" und IR"' wären bezüglich der Signallaufzeiten über die zwischen Ausgang von Register IR und Eingang von IR liegenden Logikschaltungen absolut gleichmäßig verteilt, wäre eine Vervierfachung der Taktfrequenz möglich. Jedes der 4 Programme würde zwar, für sich genommen, nicht schneller laufen als auf dem (ursprünglichen) Nicht-Fließband-Rechner (es liegt ja auch keine Optimierung der Bearbeitungszeit eines einzelnen Programms vor). Aber alle 4 Programme zusammengenommen liefen dann 4-mal so schnell wie auf dem Nicht-Fließband-Rechner (d.h., es liegt hier Optimierung des Durchsatzes aller Programme vor).

Aufgabe 2.15. Man denke sich den Multi-Thread-3+1-Adreß-Rechner Bild 2-16 für 2 Threads mit 2-Stufen-Fließband aufgebaut und beantworte die folgenden Fragen:
Wodurch unterscheidet sich dieser Rechner von dem auf S. 129 beschriebenen Fließband-3+1-Adreß-Rechner mit 2-Stufen-Fließband und Delay-Slots?
Wie muß der zweite Thread programmiert werden, wenn dieser nichts anderes „tun" soll, als für den ersten Thread den obligatorischen einen Takt Verzögerung zu liefern?
Wie müssen in einem entsprechenden Multi-Thread-3+1-Adreß-Rechner für n Threads mit n-Stufen-Fließband die $n-1$ Threads programmiert werden, wenn diese nichts anderes „tun" sollen, als $n-1$ Takte Verzögerung zu liefern?

2.3 Mikroprogrammierung und Prozessorstruktur

2.3.1 Die Maschine in der Maschine

In 2.1 und 2.2 sind Algorithmen des Rechnerbaus, und zwar die Interpretationsalgorithmen für die Befehlssätze der dort beschriebenen Rechner, mit denselben sprachlichen Ausdrucksmitteln beschrieben wie Algorithmen anderer Disziplinen, z.B. Algorithmen für kaufmännische, technische, wissenschaftliche oder mathematische Probleme. Ein Algorithmus – gleichgültig ob er einen Prozessor oder z.B. ein technisch-mathematisches Problem beschreibt – kann durch eine Vielzahl an Möglichkeiten verwirklicht werden. Welche dieser Möglichkeiten für eine bestimmte Realisierung ausgewählt wird, hängt von verschiedenen Bedingungen ab, wie z.B. den Kosten, die durch die Realisierung des Algorithmus entstehen, der Geschwindigkeit, mit der der Algorithmus ablaufen soll (neben diversen weiteren Bedingungen, wie Stromverbrauch, Miniaturisierbarkeit usw.).

Neben diesen mehr die Leistungsfähigkeit der Realisierung bestimmenden Faktoren, das Preis-/Leistungsverhältnis, soll hier noch ein weiteres Kriterium in den Vordergrund gestellt werden: die Flexibilität. Dabei reicht die Spanne von nicht flexibel (Realisierung eines Algorithmus als Spezialprozessor; ein einziger, fest aufgebauter Algorithmus ausführbar, i.allg. verbunden mit hoher Geschwindigkeit und hohen Kosten) bis zu voll flexibel (Realisierung eines Algorithmus auf einem Universalprozessor; viele, wechselnd ladbare Algorithmen ausführbar, i.allg. verbunden mit niedrigerer Geschwindigkeit und niedrigeren Kosten).

Man trifft beide Grenzfälle bei der Realisierung von allgemeinen Algorithmen für irgendwelche Problemstellungen an (vgl. auch das Beispiel der Nullstellenberechnung in 2.2.1, S. 112), nämlich:

- wenn es auf hohe Geschwindigkeit ankommt, als *Spezial*prozessor, z.B. zum Filtern von Ton- oder Videosignalen;
- wenn es auf niedrige Kosten ankommt, als *Universal*prozessor, z.B. zur Lösung aller möglicher technisch-wissenschaftlicher Problemstellungen.

Man trifft beide Grenzfälle aber auch bei der Realisierung von Interpretationsalgorithmen für Universalrechner an (siehe die folgenden Ausführungen), nämlich:

- wenn hohe Geschwindigkeit gefordert ist, als mikroprogrammier*ter* Rechner mit fest eingebautem Befehlsvorrat;
- wenn hohe Flexibilität gefordert ist, als mikroprogrammier*barer* Rechner mit wechselnd ladbarem Befehlsvorrat.

In den letztgenannten Fällen handelt es sich also um die Ausführung von Interpretationsalgorithmen *für* eine bestimmte Maschine *auf* einer bestimmten Maschine.

Bemerkung. Der Systematik folgend wäre die das Mikroprogramm ausführende Maschine, die Mikromaschine, auch als Prozessor, d.h. als Mikroprozessor, zu bezeichnen. Jedoch ist dieser Begriff für Prozessoren gebräuchlich, die in mikrominiaturisierter Bauweise verwirklicht und auf einem einzigen Chip untergebracht sind. Dabei wird die Vorsilbe Mikro- im Sinn von winzig gebraucht, während sie bei den Begriffsbildungen der Mikroprogrammierung im Sinn hierarchischer Unterordnung benutzt wird.
Die begriffliche Unterscheidung zwischen einem Prozessor, der ein Mikroprogramm ausführt, und einem Prozessor, der ein Maschinenprogramm ausführt, ist eigentlich nicht von großer Bedeutung, da beide wegen ihrer Universalität im Prinzip sowohl zur Mikroprogrammierung, d.h. zur Programmierung eines Algorithmus, der einen Prozessor beschreibt (Implementierung des Prozessors), als auch zur Maschinenprogrammierung, d.h. zur Programmierung eines Algorithmus, der irgendein Problem beschreibt (Implementierung des Problems), eingesetzt werden können. Trotzdem gibt es unter der Vielzahl an Bauformen bestimmte, die sich besonders für die Mikroprogrammierung, d.h. für die Programmierung von Rechnerinterpretationsalgorithmen eignen bzw. welche, die sich besonders gut für die Maschinenprogrammierung, d.h. für die Programmierung von irgendwelchen allgemeinen Algorithmen eignen. Die Eignung eines Prozessors für die eine oder die andere Aufgabe hängt stark davon ab, in welchem Maße die Möglichkeiten, die der Prozessor bietet, mit den Forderungen, die durch die Aufgaben gestellt sind, in Einklang gebracht werden können.

Definitionen. Zur Veranschaulichung des Begriffs Maschine, wie wir ihn in diesem Abschnitt benutzen, sollen zunächst drei Definitionen in einer Art Gleichungen gegeben werden.

1. Maschine = Verarbeitungswerk

   Diese Definition von Maschine, z.B. einer Werkzeugmaschine, entspricht der traditionellen Begriffswelt. Eine solche Maschine ist nur arbeitsfähig bei Bedienung (Steuerung) durch einen Menschen.

2. Maschine = Programmsteuerungswerk + Verarbeitungswerk

   Eine solchermaßen definierte Maschine wird als *programmgesteuerte* Maschine (z.B. programmgesteuerte Werkzeugmaschine) bezeichnet. Sie ist nur arbeitsfähig bei Vorliegen eines Steuerungsprogramms.

3. Maschine = Programmsteuerungswerk + Datenverarbeitungswerk

   Eine solcherart definierte Maschine wird als *programmgesteuerte Datenverarbeitungs*maschine (Rechner, Computer) bezeichnet. Diese Begriffsbildung steht im Einklang mit den in 1.1 und 1.2 gegebenen Erklärungen dieser Grundbegriffe. Wir nennen das Programmsteuerungswerk kurz Programmwerk oder Steuerwerk und das Datenverarbeitungswerk kurz Datenwerk oder Operationswerk. Beide Werke sind aufeinander abgestimmt und ergänzen einander.

Ein Gedankenspiel

Im folgenden wird – ausgehend von den eben gegebenen Begriffsbildungen – am Beispiel eines 3-Adreß-Rechners als Datenverarbeitungsmaschine gezeigt, wie aus einer elementaren Ausprägung der Maschine schrittweise eine hierarchische Ordnung von Maschinen entsteht, als erste Stufe in der Hierarchie „die Maschine in der Maschine". Dabei werden einige Konzepte der Mikroprogrammierung und -strukturierung eingeführt, deren Behandlung in den nächsten Abschnitten fortgeführt wird.

Ausgangspunkt. Als Ausgangspunkt für unser schrittweises Vorgehen wählen wir den in Bild 2-17a skizzierten 3-Adreß-Rechner; er dient somit als Ausgangsmaschine bei der Entwicklung der Maschine in der Maschine.

Dieser Rechner unterscheidet sich in zwei Punkten von dem in 2.1.4 beschriebenen 3-Adreß-Rechner:
1. Die Resultate der Bedingungen werden in einem Register, dem Bedingungsregister CC, gespeichert; das ermöglicht die Erhöhung der Taktfrequenz, hat aber Auswirkung auf die Rechnerorganisation. Bedingte Verzweigungen müssen nun nämlich (wie beim 2-Adreß-Rechner in 2.1.4) in zwei Taktschritten abgearbeitet werden, d.h. durch zwei hintereinander stehende Befehle, nämlich einen compare- oder subtract-Befehl, gefolgt von einem conditional-branch-Befehl.
2. Für conditional-branch-Befehle werden die Adressen 1, 2 und 3 zu einer gemeinsamen Adresse zusammengefaßt. Damit ergibt sich die Möglichkeit, auf Grund der nun dreimal so langen Adresse weiter entfernte Sprungziele direkt zu adressieren.

Trotz der Ähnlichkeit mit einem Fließbandrechner folgt dieser Rechner der Parallelorganisation. Dieser feine Unterschied manifestiert sich darin, daß bei der Parallelorganisation keine fließbandbedingten Konflikte auftreten. Wegen der 3-fachen Parallelität

1) an Speicherzugriffen (Befehl holen, Operanden lesen, Ergebnis schreiben),

2) an Auswertungen von Bedingungen (z.B. der Operationscode-Bits) und

3) an Ausführungen von Operationen (z.B. PC- und ALU-Operationen)

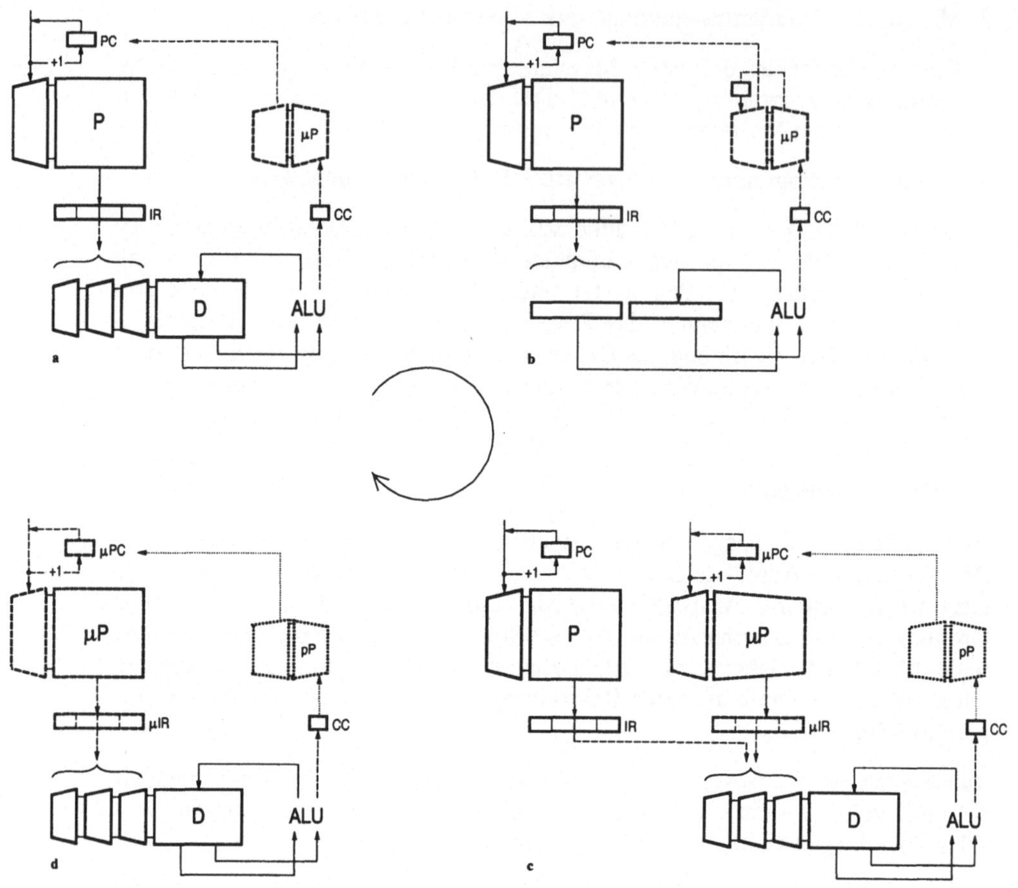

Bild 2-17. Vier grundsätzliche Rechnerbauformen am Beispiel eines 3-Adreß-Rechners, **a** mit „Reduced Instruction Set", **b** für „Complex Instruction Set", **c** emuliert mit „Micro Instruction Set", **d** simuliert mit „Reduced Instruction Set". P (Maschinen)Programm, D (Maschinen)Daten; *µ*P Mikroprogramm, *µ*PC Mikrobefehlszähler, *µ*IR Mikrobefehlsregister, pP Picoprogramm.

sowie wegen der Einfachheit der Operationen (1 Maschinenbefehl = 1 ALU-Operation) wird jeder Befehl dieses Rechners in einem Minimum an Schritten ausgeführt, genauer: in einem einzigen Schritt. – Die Ausgangsmaschine ist also, verglichen mit einem gewöhnlichen Rechner, eine auf einen „primitiven" Befehlssatz „abgemagerte" Maschine, ein RISC, *reduziert* auf eine *spezielle* Struktur.

Die Parallelorganisation, insbesondere hinsichtlich der Speicherzugriffe, weist aber noch auf ein weiteres Merkmal der Ausgangsmaschine hin, nämlich daß die beiden Werke der Maschine, das Programmwerk und das Datenwerk, physisch als zwei einzelne Moduln in Erscheinung treten. Der obere ausgezogen gezeichnete Teil von Bild 2-17a zeigt das Programmwerk (mit Programmspeicher, IR, PC), und der untere, ausgezogen gezeichnete Teil von Bild 2-17a zeigt das Datenwerk (mit Datenspeicher, ALU, CC). Gestrichelt im Bild ist dargestellt, wie die Steuerung *innerhalb* der Maschine erfolgt: nämlich durch ein Steuerschalt*netz* (Steuerspeicher μP, der das Steuer„programm" enthält). Dieses Schaltnetz wird i. allg. wegen seiner Einfachheit und Unscheinbarkeit ignoriert. Sein Vorhandensein ist aber von grundsätzlicher Bedeutung, es legt nämlich eine andere Grenzziehung in der Struktur nahe: oben rechts das gestrichelt gezeichnete Steuerschalt*netz* und als „Rest" das ausgezogen gezeichnete Programm- und Datenwerk. Schon einer begrifflichen Trennung wegen müssen wir diese neu entstehenden Werke auch neu bezeichnen: Das Steuerschaltnetz nennen wir Mikroprogrammnetz (bzw. Mikroprogrammwerk als Oberbegriff); es hat *keine* unterscheidbaren internen Zustände (also Steuerspeicher *ohne* Zustandsregister). Das Programm- und Datenwerk fassen wir zusammen und bezeichnen es als Mikrodatenwerk.

Ein Mikrobefehl ist bei dieser Maschinenstruktur identisch mit dem Mikroprogramm und umfaßt alle relevanten Mikrobedingungen samt allen ihnen zugeordneten Mikrooperationen. Diese Art der Mikroprogrammierung kennzeichnen wir, da die Mikrobedingungen und -operationen des Mikroprogramms alle parallel ablaufen, d.h. gewissermaßen alle nebeneinander stehen, durch das Attribut *extrem horizontal*.

Schritt 1. Wie beschrieben, stellt der als Ausgangsmaschine bezeichnete Rechner auf Grund seiner 3-fachen Parallelität (bezüglich der Speicherzugriffe, der Mikrobedingungen und der Mikrooperationen) einen Grenzfall dar, indem er für die Ausführung eines jeden Befehls nur einen einzigen Schritt benötigt. Das ändert sich, wenn der Rechner serialisiert wird: in einem ersten Schritt hinsichtlich der Speicherzugriffe, was technische Vorteile mit sich bringt. Wie Bild 2-17b zeigt, ermöglicht diese Serialisierung, Programme und Daten in einem gemeinsamen Speicher zu halten. Des weiteren kann nun auch ein Befehl in mehreren aufeinanderfolgenden Speicherzellen untergebracht werden, was bei Beibehaltung der Befehlslänge deutlich zur Verminderung der Wortlänge des Speichers führt (im Bild nicht berücksichtigt). Darüber hinaus laufen jetzt auch Mikrooperationen über mehrere Schritte ab, so daß es möglich ist, komplexe Operationen durch Folgen von einfachen Operationen ausführen zu lassen. Dazu werden spezielle Register vorgesehen, wie Shift- oder Zählregister (im Bild nicht eingezeichnet), wodurch die komplexen Operationen durch die Parallelität seriell ablaufender elementarer Operationen sehr effizient ausgeführt werden können. – Die Maschine ist also eine auf das Mikroprogramm eines bestimmten, einzelnen Rechners „maßgeschneiderte" Maschine mit „eingebautem", komplexem Befehlssatz, ein CISC, *konstruiert* in einer *dedizierten* Struktur.

Rechner-Konstruktion

Die in diesem Schritt eingeführte Serialität des Speicherzugriffs weist aber noch eine weitere Besonderheit auf, nämlich daß das unter Ausgangspunkt beschriebene Programm- und Datenwerk einer solchen Maschine nur noch gedanklich (abstrakt, virtuell) als zwei Moduln existieren, gerätetechnisch (konkret, real, physisch) sind diese schon wegen des gemeinsamen Speichers zu einem Modul verschmolzen. Zur Steuerung *innerhalb* der Maschine ist jetzt im Unterschied zur Ausgangsmaschine ein Steuerschalt*werk* vonnöten: das Mikroprogrammwerk, jetzt *mit* unterscheidbaren internen Zuständen (also Steuerspeicher *mit* Zustandsregister). Physisch läßt sich gemäß Bild 2-17b die Maschine nun in nur einer Art gliedern, nämlich nur noch in ein Mikroprogrammwerk oben rechts (gestrichelt gezeichnet) und als Rest ein Mikrodatenwerk (ausgezogen gezeichnet).

Ein Mikrobefehl als Teil des Mikroprogramms umfaßt hier alle in einem Zustand wirksamen Mikrobedingungen samt den ihnen zugeordneten Mikrooperationen. Diese Art der Mikroprogrammierung kennzeichnen wir, da die Mikrobedingungen und -operationen des Mikroprogramms mehr parallel als seriell ablaufen, d.h. gewissermaßen mehr neben- als untereinander stehen, durch das Attribut *horizontal*.

Schritt 2. In dem in Schritt *1* skizzierten Rechner ist das Mikroprogrammwerk an die Möglichkeiten der Parallelverarbeitung im Mikrodatenwerk angepaßt. Beide Werke sind maßgeschneidert und ermöglichen durch ihre 2-fache Parallelität (bezüglich der Mikrobedingungen und der Mikrooperationen) eine hohe Leistungsfähigkeit der Maschine. Demgegenüber steht der Nachteil mangelnder Änderungsfreundlichkeit. Dieser Nachteil wird gemildert, wenn der Rechner weiter serialisiert wird, und zwar in einem zweiten Schritt hinsichtlich der Auswertbarkeit der Mikrobedingungen, allerdings nun um den Preis der Inkaufnahme anderer Nachteile, wie Komplexitätserhöhung und Leistungsminderung. Wie Bild 2-17c zeigt, ist das Mikrodatenwerk jetzt mit einem Registerspeicher anstelle von speziellen Registern (universellere Verwendbarkeit der Register) und das Mikroprogrammwerk mit einem μPC anstelle eines Zustandsregisters (einfachere Programmierbarkeit des Steuerspeichers) aufgebaut. Der Registerspeicher stellt neben den beiden unentbehrlichen Operandenregistern weitere Register zur Aufnahme von Mikrooperanden zur Verfügung, wodurch alle möglichen komplexen Befehle leicht mikroprogrammiert werden können. Dabei bleiben bestimmte Register für immer wiederkehrende komplexe Befehle, z.B. Shift- und Zählregister, extra aufgebaut (im Bild nicht eingezeichnet).
Zur Vermeidung von zu großen Ineffizienzen bei der Ausführung der Maschinenbefehle sind allerdings in Durchbrechung des geschilderten Schemas weiterhin auch Parallelitäten bei der Auswertung von Bedingungen vorgesehen, und zwar hinsichtlich der Ausführung von cb-Befehlen (neben dem 3-Adreß-ALU-Mikrobefehl der 1-Adreß-Sprung-Mikrobefehl) sowie hinsichtlich der Decodierung der Maschinenbefehle (neben dem Mikrobefehlszähler das PLA zur Mikroprogrammverzweigung). – Die Maschine ist also eine auf mehrere Mikroprogramme z.B. einer Rechnerfamilie „zugeschnittene" Maschine mit „nachgeahmtem" komplexen Befehlssatz, ein CISC, *emuliert* auf einer *regulären* Struktur.

Rechner-Emulation

Aufgrund ihrer Serialität läßt sich die Maschine physisch ebenfalls nur in ein Mikroprogrammwerk (gestrichelt gezeichnet) und ein Mikrodatenwerk (ausgezogen gezeichnet) gliedern, jedoch entsteht ein neues Steuerschaltnetz (Steuerspeicher pP). Die Maschine läßt sich deshalb wiederum auch anders gliedern. Das Steuerschaltnetz (punktiert gezeichnet) wird – wiederum zur Betonung der hierarchischen Ordnung – Picoprogrammnetz bzw. -werk genannt, und das Mikroprogramm- und Mikrodatenwerk wird zusammengefaßt und als Picodatenwerk bezeichnet.

Ein Mikrobefehl des Mikroprogramms ähnelt nun bereits dem Maschinenbefehl eines Allzweckrechners, besteht jedoch wegen der in der Mikroprogrammierung häufig vorkommenden Sprünge aus einer Kombination von arithmetisch-logischen Operationen und bedingtem Sprungbefehl. Diese Art der Mikroprogrammierung kennzeichnen wir, da die Mikrobedingungen und -operationen des Mikroprogramms mehr seriell als parallel ablaufen, d.h. gewissermaßen mehr unter- als nebeneinander stehen, durch das Attribut *vertikal.*

Schritt 3. In dem in Schritt 2 skizzierten Rechner mit seiner 1-fachen Parallelität (bezüglich der Mikrooperationen) ergibt sich wegen des μPC und des Registerspeichers bereits eine Ähnlichkeit des Mikroprogrammwerks bzw. Teilen des Mikrodatenwerks mit dem als Ausgangsmaschine beschriebenen Rechner. Die „Maschine in der Maschine" wird jedoch erst richtig „erfaßbar", wenn dieser Rechner weiter serialisiert wird, und zwar in einem letzten Schritt nun auch hinsichtlich der Ausführung der Mikrooperationen: das ist allerdings mit großen Nachteilen verbunden, wie einer sehr starken Leistungsminderung. Wie Bild 2-17d zeigt, ist der nun in Seriellorganisation mikroprogrammierte Rechner

(CISC) sozusagen aufgesetzt auf einem in Parallelorganisation picoprogrammierten Rechner (RISC).
Die Gliederung der Maschine ist dieselbe wie in Schritt *2*; im 3-Port-Speicher sind aber jetzt nicht nur die Operandenregister und Hilfsregister für Zwischenergebnisse von Mikroprogrammen komplexer Befehle zusammengefaßt, sondern auch alle in Schritt *2* gesondert aufgebauten Register, wie IR, PC sowie ggf. Shift- und Zählregister; damit nicht genug: auch der Programm- und Datenspeicher ist jetzt Teil des 3-Port-Speichers. Das Mikroprogramm wird im Maschinencode der Ausgangsmaschine geschrieben, so daß in jedem Schritt neben dem unerläßlichen Hochzählen des (μ)PC genau ein (Mikro)befehl ausgeführt wird. Wir haben also hier wiederum einen Grenzfall vor uns, da das Mikroprogramm für die Ausführung eines jeden Maschinenbefehls extrem viele Schritte umfaßt, da sämtliche für die Befehlsausführung notwendigen Speicherzugriffe, Auswertung von Bedingungen und Ausführung von Operationen ausschließlich seriell erfolgen. – Die Maschine ist also nicht mehr besonders auf die Mikroprogrammierung abgestimmt, sondern eine „gewöhnliche" Maschine mit „vorgetäuschtem" komplexen Befehlssatz, ein CISC, *simuliert* auf einer *universellen* Struktur. Rechner-Simulation

Durch die extreme Serialisierung ihrer Organisation ist – wie gesagt – die Leistungsfähigkeit dieser Maschine – verglichen mit ihren Vorgängern – nur noch sehr gering; dafür ist die Flexibilität im Vergleich zum Aufwand besonders hoch. Mit dieser Maschine kann nicht nur unser 3-Adreß-Rechner, sondern natürlich auch jeder andere Rechner mikroprogrammiert werden. – Da die Struktur der Mikromaschine identisch ist mit der der Ausgangsmaschine, kann der gesamte Prozeß der Herausbildung einer „Maschine in der Maschine" von neuem durchlaufen werden.

Ein Mikrobefehl des Mikroprogramms ist jetzt identisch mit dem Maschinenbefehl eines gewöhnlichen Allzweckrechners, und zwar ohne die Belange der Mikroprogrammierung zu berücksichtigen. In unserem Fall sind die Mikrobefehle identisch mit den Maschinenbefehlen der Ausgangsmaschine. Diese Art der Mikroprogrammierung kennzeichnen wir, da die Mikrobedingungen und -operationen des Mikroprogramms alle seriell ablaufen, d.h. gewissermaßen alle untereinander stehen, durch das Attribut *extrem vertikal*.

Interpretation und Compilation

Der geschilderte Prozeß der Entstehung einer Maschine in einer Maschine kann aber nicht nur nach „unten", sondern auch nach „oben" zur Entstehung einer hierarchischen Ordnung von Maschinen genutzt werden. So wie im einfachsten Fall eine bestimmte Maschinensprache durch ihren Interpretationsalgorithmus (ein gegebener Befehlssatz) eine Maschine definiert, läßt sich zu einer bestimmten höheren Programmiersprache, z.B. einer imperativen, wie Java, ebenso eine Maschine definieren, in diesem Fall eine JVM (Java Virtual Maschine), die entsprechend ihrem Interpretationsalgorithmus die in dieser Sprache geschriebenen Programme ausführt. Wir unterscheiden dabei zwei (Grenz)fälle.

1) Es handelt sich um eine wirklich existierende (konkrete, reale) Maschine; dann werden ihre Programme durch eine Hierarchie von Maschinen *interpretiert*, im primitivsten, gerätetechnisch kostengünstigsten Fall durch eine extrem vertikal mikroprogrammierte Maschine. – Solche Interpretationsprogramme werden kurz als Interpreter bezeichnet. konkrete, reale Maschine

abstrakte, virtuelle Maschine

2) Es handelt sich um eine gedanklich existierende (abstrakte, virtuelle) Maschine; dann werden ihre Programme durch eine Hierarchie von Sprachen *transformiert*, im primitivsten, gerätetechnisch kostengünstigsten Fall bis hinunter zu einer extrem horizontal mikroprogrammierten Maschine. – Diese Transformationsprogramme werden als Compiler bezeichnet.

Betrachtet man die zeitlich *ineinander*geschachtelten Schritte der Interpretation bzw. die zeitlich *nacheinander* ablaufenden Schritte der Transformation eines Programms als geschlossene Einheit der Ausführung des Programms, so ist im Ergebnis kein Unterschied zwischen 1) und 2) zu sehen.

Wie immer bei technischen Produkten gibt es neben diesen Grenzfällen eine breite Palette an Zwischenformen mit einer Vielzahl an Varianten, die sich einer systematischen Behandlung entziehen. Während die direkte Interpretation höherer Programmiersprachen durch Rechenmaschinen nach 1) eher als Forschungsgegenstand dient (direct execution architectures, language oriented architectures), bildet die Transformation höherer Programmiersprachen durch Übersetzungsprogramme nach 2) den für den kommerziellen Einsatz von Universalrechnern bevorzugten Weg (im Prinzip ließen sich auch die Übersetzer ihrerseits wieder als Spezialrechner realisieren). Selbst bei den einer Maschine am nähesten stehenden Programmiersprachen, den symbolischen Maschinensprachen (Assemblersprachen) findet oft bereits eine Programmtransformation statt, z.B. wird bei typischen RISCs selbst ein so elementarer Befehl wie der 2-Adreß-move-Befehl in einen 3-Adreß-Befehl übersetzt, z.B. den exclusive-or-Befehl mit fest gespeicherter 0 als Inhalt der 3. Adresse. – Einen typischen technischen Kompromiß bildet die abwechselnde Compilation/Interpretation; das ist kurz in 3.4.4 beschrieben, und zwar auf S. 276: Verzahnung von Übersetzung und Ausführung.

Eine Einteilung der Mikroprogrammierung

Die vier charakteristischen Möglichkeiten der Mikroprogrammierung, die wir der Reihe nach unter Anspielung der Parallelität von Speicherzugriffen, Mikrobedingungen und Mikrooperationen mit

extrem horizontal,
horizontal,
vertikal,
extrem vertikal

bezeichnet haben, sind in Bild 2-18 – beispielartig auf ein, zwei Mikrobedingungen und Mikrooperationen beschränkt – sinnbildhaft gegenübergestellt. Die Möglichkeiten ihrer Abarbeitung entsprechen den vier in Bild 2-17 gestrichelt gezeichneten Mikroprogrammwerken (Parallelität von Mikrobedingungen bei mehr als zwei „?“ unter einem Kreis, Parallelität von Mikrooperationen bei mehr als einem „!“ in einem Kästchen). Dabei beachte man, daß die Mikroprogrammwerke entsprechend Bild 2-17 nicht als einzige, sondern nur als typische Vertreter ihrer Gruppe stehen.

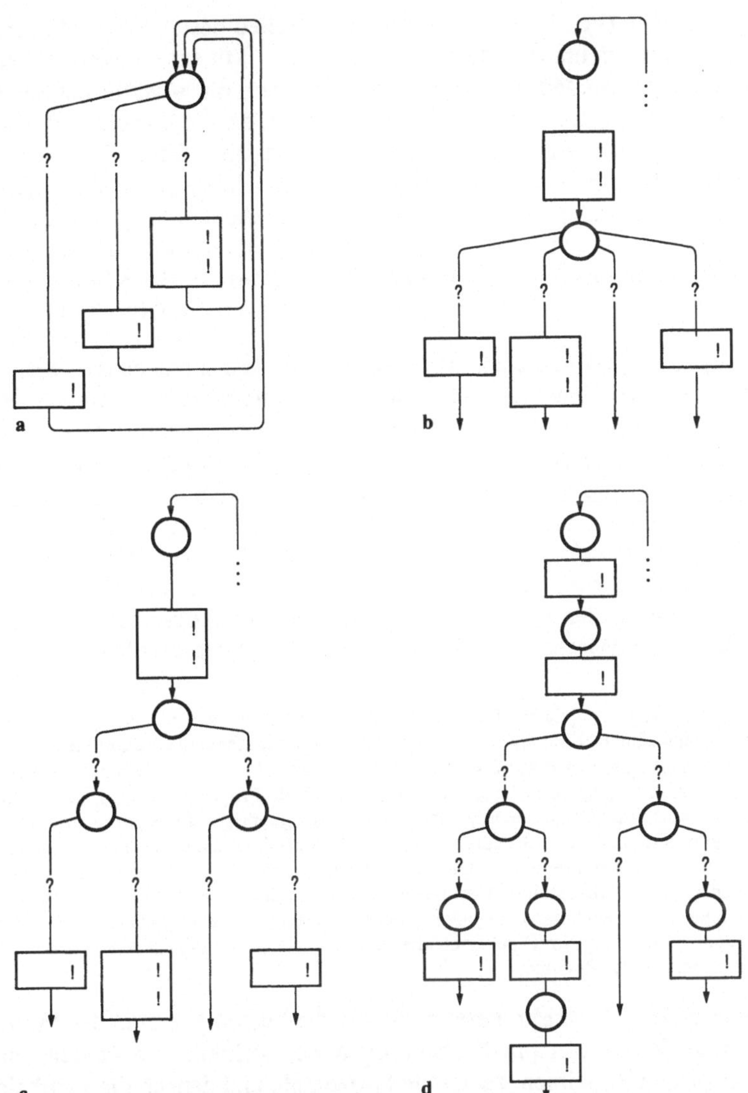

Bild 2-18. Typische Abarbeitung von Mikrobedingungen (?) und Mikrooperationen (!), **a** bei extrem horizontaler, **b** bei horizontaler, **c** bei vertikaler, **d** bei extrem vertikaler Mikroprogrammierung. Die Teilbilder korrespondieren mit den in Bild 2-17 gestrichelt gezeichneten Mikroprogrammwerken.

Die Grenzfälle. Durch die Begriffsbildung unterstrichen, existieren zwei Grenzfälle der Mikroprogrammierung. Mit extrem horizontal bezeichnen wir ein Mikroprogrammwerk, bei dem die Ausführung eines Maschinenbefehls in „extrem wenigen" Schritten erfolgt, d.h. in nur einem Schritt. Das „Mikroprogramm" für einen Maschinenbefehl besteht dann aus nur einem einzigen, alle Zeilen im PLA umfassenden „Mikrobefehl" zur Abarbeitung der Mikrobedingungen und der

Mikrooperationen (vgl. in Bild 2-19 den aus 2 Zeilen bestehenden Mikrobefehl, im Grenzfall ausgedehnt auf alle Zeilen des PLA). – Mit extrem vertikal bezeichnen wir hingegen ein Mikroprogrammwerk, bei dem die Ausführung eines Maschinenbefehls in „extrem vielen“ Schritten erfolgt, da alle Speicherzugriffe, Mikrobedingungen und Mikrooperationen serialisiert sind. Dabei besteht das Mikroprogramm für einen Maschinenbefehl aus sehr vielen, jeweils eine Zeile im ROM oder RAM umfassenden Mikrobefehlen zur Abarbeitung von jeweils nur einer Mikrobedingung bzw. einer Mikrooperation (vgl. in Bild 2-20 den aus einer Zeile bestehenden Mikrobefehl, im Grenzfall sind das nur die 3 Felder links für die ALU-Operation bzw. 2 Felder – dann auch links – für die Sprung-Operation).

Aus einer der gewöhnlichen Programmierung entsprechenden Sichtweise brauchten beide Extreme gar nicht mit Mikroprogrammierung bezeichnet werden: Bei der extrem horizontalen Mikroprogrammierung handelt es sich um das Erstellen einer Rechner*struktur* ohne ein ablaufendes Programm (Verbindungsprogrammierung). Bei der extrem vertikalen Mikroprogrammierung handelt es sich um das Erstellen eines Rechner*programms* auf einer vorgegebenen Struktur (Ablaufprogrammierung). Wenn dennoch für diese Fälle der Begriff Mikroprogrammierung verwendet wird, so um auszudrücken, daß es sich hierbei nicht um die technische Realisierung z. B. einer mathematischen Problemstellung, sondern um den Bau einer Maschine mit der Funktion eines Computers handelt.

Bemerkung. Man kann umgekehrt die vorgestellten Begriffsbildungen auf die gewöhnliche Programmierung ausdehnen. Eine spezielle Maschine für eine mathematische Funktion, beispielsweise der Nullstellenprozessor aus 2.2.1, entsteht (1.) durch Erstellen und einmaliges Laden des Programms in eine vorgegebene Maschine (extrem vertikale Programmierung), (2.) durch Aufbauen der Struktur einer Maschine und Erstellen des dazugehörigen Programms (vertikale/horizontale Programmierung) oder (3.) durch Aufbauen der Maschine ohne explizites Programm (extrem horizontale Programmierung). – Dieselbe mathematische Funktion nicht eigenständig *auf*gebaut, sondern als Befehl in einen Rechner *ein*gebaut, unterscheidet sich im Grunde nicht von obiger Tätigkeit; wir bezeichnen sie jedoch nicht als Programmierung, sondern als Mikroprogrammierung – wie gesagt im Sinn einer hierarchischen Unterordnung gegenüber der Maschinenprogrammierung des Rechners.

Die Normalfälle. Historisch gesehen waren die beiden Extreme der Mikroprogrammierung kaum von praktischem Interesse, während die beiden „dazwischen“ liegenden Prinzipien, zuerst die horizontale und danach die vertikale Mikroprogrammierung, für den Rechnerbau eine um so größere Bedeutung erlangt haben. Die horizontale Mikroprogrammierung war früher in gewisser Hinsicht eine Notwendigkeit, um mit den damals noch langsamen Schaltkreisen bei vertretbarem Aufwand ein bestimmtes Maß an Leistung zu erzielen. Mit dem Schnellerwerden der Schaltkreise konnte man es sich jedoch erlauben, mehr und mehr zur vertikalen Mikroprogrammierung überzugehen und damit deren Vorteile, nämlich Systematik und Flexibilität, auszunutzen, ohne Leistungseinbußen in Kauf nehmen zu müssen. Später bezeichnete man dieserart mikroprogrammierte Rechner als CISCs. – Obwohl RISC- und CISC-Prinzipien sich in modernen Computern vermischen, behandeln wir sie – einem gewissen „Schubladendenken“ folgend – als eigenständige Konzepte.

2.3.2 Complex Instruction Set Computer (CISC)

Da es sich bei der horizontalen und der vertikalen Mikroprogrammierung sowohl um *Strukturierung* als auch um *Programmierung* handelt, können sie nicht scharf gegeneinander abgegrenzt werden; so findet man in CISC-Organisationsformen ausgeklügelte Mischungen beider Prinzipien. Gleichwohl dominiert bei der horizontalen Mikroprogrammierung die Strukturierung, während bei der vertikalen Mikroprogrammierung die Programmierung im Vordergrund steht. Dementsprechend müssen bei der Mikroprogrammierung sowohl die Prinzipien des Hardware-Entwurfs (hardware engineering) als auch des Software-Entwurfs (software engineering) beherrscht werden. Um die Vermischung dieser Prinzipien auszudrücken und die Zwitterstellung der Mikroprogrammierung zu verdeutlichen, wird gelegentlich der Begriff Firmware-Entwurf (firmware engineering) benutzt. Firmware

Horizontale Mikroprogrammierung

Das Charakteristische an der Struktur eines horizontal mikroprogrammierten Prozessors ist die Vielzahl *einzelner*, untereinander über spezifische Operationen (inklusive Transporte) verknüpfter Register, so daß im Prinzip so viele Operationen innerhalb eines Schritts gleichzeitig ausgeführt werden können, wie Register vorhanden sind. Aus den Registern werden bestimmte Bedingungen abgeleitet, die ebenfalls alle gleichzeitig vom Steuerwerk abgefragt werden können. Zu diesem Zweck ist es als PLA-Steuerwerk ausgeführt. Eine Zeile im PLA besteht dementsprechend links aus Mehrbitfeldern zur Decodierung des Zustands und der Bedingungen; sie besteht rechts aus Mehrbitfeldern für die Operationen und den Folgezustand (die Folgeadresse).

Bild 2-19 zeigt als Beispiel Mikroprogramm- und Mikrodatenwerk (die Mikromaschine) für einen 1-Adreß-Rechner (man vergleiche Bild 2-3, erweitert um ein Zählregister; der Speicher als außerhalb des Prozessors aufgebaut ist nicht gezeichnet). Mit einer solchen Maschine kann im Grunde *irgendein* Algorithmus, natürlich auch jeder Rechnerinterpretationsalgorithmus verwirklicht werden. Die Struktur der Maschine ist auf den entsprechenden Algorithmus zugeschnitten, in unserer Anwendung auf den *Mikro*algorithmus einer bestimmten Rechenmaschine (weshalb wir die abgebildete Struktur ja auch als *Mikro*maschine bezeichnet haben). 1-Adreß-Rechner

Zur Fließbandorganisation. Das schon in Bild 2-17b dargestellte Befehlsregisters IR führt von einer ursprünglich ortssequentiellen Organisation der Mikromaschine auf eine einfache Fließbandstruktur; dementsprechend wird das Mikrobefehlsregister μIR in Bild 2-19 auch oft als Fließband- oder Pipeline-Register bezeichnet. In dieser Struktur ergeben sich ausgewogenere Verhältnisse im Hinblick auf die Signallaufzeiten zwischen den Registern des Systems (siehe nochmals Bild 2-19):

- Die Folgeadresse braucht nur das PLA zu durchlaufen, bis das Mikrobefehlsregister erreicht ist.

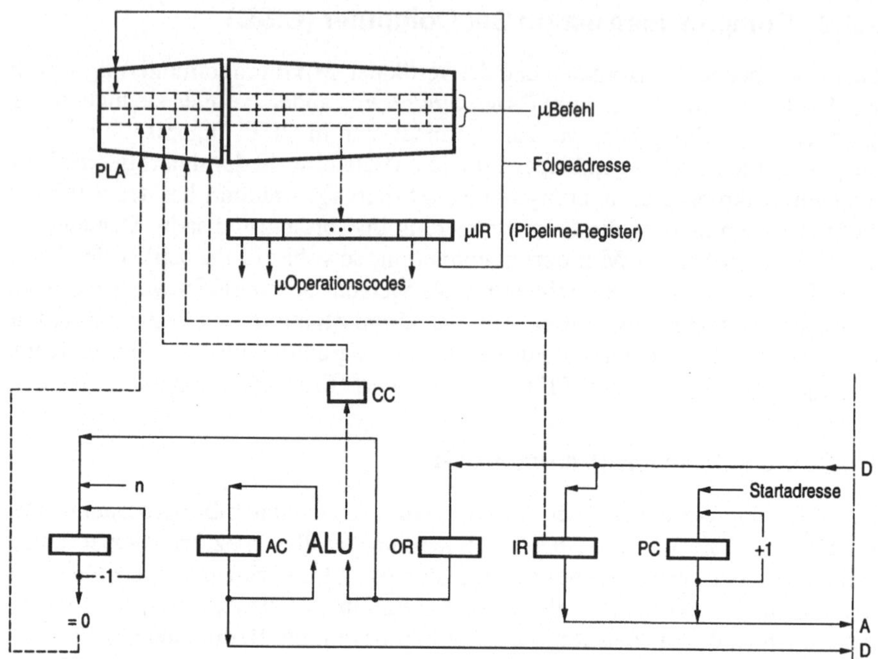

Bild 2-19. Strukturbeispiel eines CISC bei horizontaler Mikroprogrammierung; typisch das PLA-Steuerwerk, die vielen spezialisierten Operationswerke und die dedizierte Busstruktur.

- Die Mikrooperationscodes wirken über Steuerleitungen (im Bild die nur angedeuteten gestrichelten Linien) auf die Multiplexer und somit auf die Register.
- Die Registeroperanden wirken über Operationsleitungen (ausgezogene Linien) auf die Operationsschaltnetze und wieder zurück auf die Register.
- Ein Teil der Registeroperanden wirkt gleichzeitig direkt oder über z.T. nicht gezeichnete Bedingungsschaltnetze (gestrichelte Linien) zusammen mit der Folgeadresse (ausgezogene Linie) auf das PLA und wählt den nächsten Mikrobefehl aus.

Zur Mikroprogrammierung. Das Mikroprogramm hat entsprechend des PLA-Aufbaus die Form einer Tabelle. Das Schreiben des „Tabellen"-Programms durch Ausfüllen der Zeilen des PLA mit Mikrobefehlen beim Bau des Prozessors bildet dabei die eigentliche Tätigkeit der horizontalen Mikroprogrammierung des Prozessors. Seine Befehlsliste kann jedoch wegen des spezialisierten Aufbaus der Mikromaschine nicht einfach durch Austauschen des PLA durch ein anders programmiertes PLA verändert werden, d.h., der Prozessor ist mikroprogrammier*t*. – Steuerwerke zur horizontalen Mikroprogrammierung in vielen Varianten findet man in [Liebig/Thome].

Bemerkungen zur Busstruktur. Bild 2-19 kann in der Weise umgezeichnet werden, daß die Verbindungs„linien“ systematisch angeordnet erscheinen. Dabei würde man sehen, wie die einzelnen Register, mit spezieller Logik versehen, untereinander verbunden sind: nämlich in ganz *bestimmter* Weise über *viele* kleine Busse (Spezialregister; dediziertes Multibussystem). Der Vorteil einer solchen spezialisierten Struktur ist die hohe Arbeitsgeschwindigkeit, die durch die parallele Arbeitsweise der einzelnen Prozessorkomponenten über die vielen Busse ermöglicht wird. Der Nachteil eines solchen Systems ist die Unflexibilität gegenüber Änderungen seiner Funktionsweise oder gegenüber der Verwirklichung anderer Funktionen.

Vertikale Mikroprogrammierung

Das Charakteristische an der Struktur eines vertikal mikroprogrammierten Prozessors ist die Existenz eines Register*speichers*, der über Busse mit einer ALU und weiteren einzelnen Registern verknüpft ist. Auch hier ist es möglich, innerhalb eines Schritts mehr als eine Operation auszuführen. Von den Bedingungen wird jedoch innerhalb eines Schritts nur eine einzige ausgewertet, so daß das Steuerwerk nun besser mit einem Zähler und einem ROM aufgebaut wird. Eine Zeile im ROM besteht links aus einem Mehrbitfeld zur Decodierung der Adresse und rechts aus Mehrbitfeldern zur Ausführung einer ALU- und ggf. weiterer spezifischer Operationen (inklusive Transporte) sowie zur Ausführung einer bedingten Sprungoperation.

Bild 2-20 zeigt als Beispiel Mikroprogramm- und Mikrodatenwerk (die Mikromaschine) eines 2-Adreß-Rechners nach dem Prinzip der vertikalen Mikroprogrammierung. Mit einer solchen Maschine kann im Grunde ebenfalls *irgendein* Algorithmus, natürlich auch jeder Rechnerinterpretationsalgorithmus verwirklicht werden. Die Struktur der Maschine ist jedoch nicht auf einen bestimmten Algorithmus zugeschnitten, sie eignet sich aber insbesondere zur *Mikro*programmierung jetzt mehrerer ähnlicher Rechenmaschinen, sog. Rechnerfamilien (weshalb wir ja auch hier die abgebildete Struktur *Mikro*maschine nennen). 2-Adreß-Rechner

Zur Fließbandorganisation. Auch hier führt das bereits in Bild 2-17c dargestellte Befehlsregisters IR von einer ursprünglich ortssequentiellen Organisation der Mikromaschine auf eine einfache Fließbandstruktur (Mikrobefehlsregister = Fließband- oder Pipeline-Register) mit der für diese Organisation typischen Ausgewogenheit der Signallaufzeiten zwischen den einzelnen Registern des Systems (siehe nochmals Bild 2-20):

- Die Adresse des nächsten Mikrobefehls braucht lediglich den Multiplexer zur Auswahl zwischen Mikrobefehlszählerstand und Verzweigungsadresse sowie das ROM zu durchlaufen, bis das Mikrobefehlsregister erreicht ist.
- Der Multiplexer seinerseits wird dabei vom Bedingungsregister CC über die Steuerlogik pP beeinflußt.
- Die Mikrooperandenadressen haben lediglich den 3-Port-Speicher und die ALU zu durchlaufen, bis sie bei al-Befehlen auf ein Ergebnisregister und bei cb-Befehlen auf das Bedingungsregister stoßen.

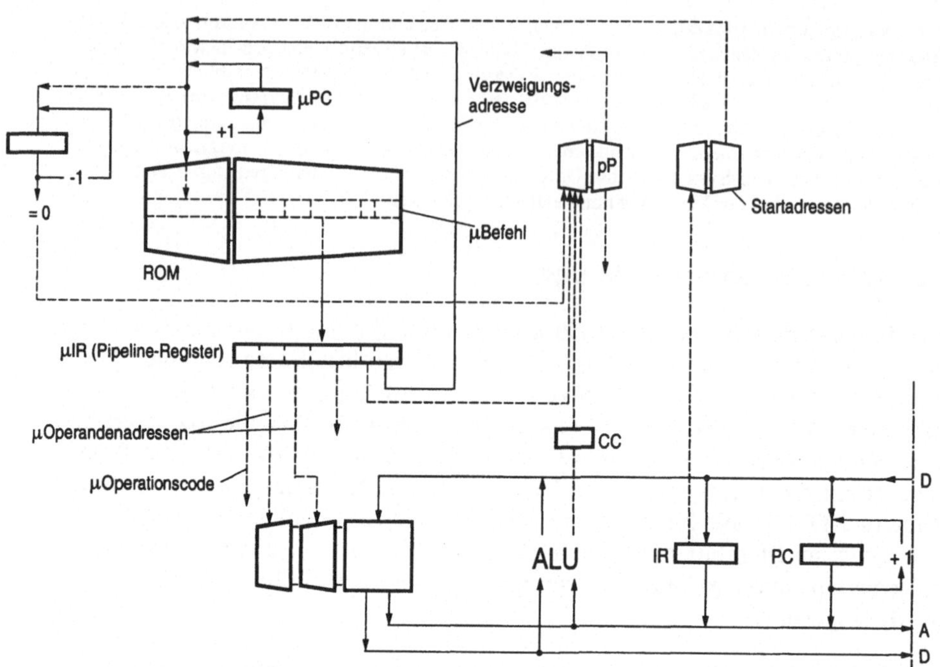

Bild 2-20. Strukturbeispiel eines CISC bei vertikaler Mikroprogrammierung; typisch das ROM-Steuerwerk, das eine universelle Operationswerk und die reguläre Busstruktur.

Zur Parallelität. ALU-Operation und bedingter Sprung, d.h. zwei Aktionen, sind, wie schon in Bild 2-17c angedeutet, auch bei der in Bild 2-20 dargestellten Mikromaschine in ein und demselben Mikrobefehlswort untergebracht (al-Teil sowie cb-Teil). Der al-Teil (die linken 3 Felder im Mikrobefehlsregister) ist so ausgelegt, daß er über den Registerspeicher und die ALU auf den Condition-Code CC wirkt, wie üblich durch Anzeige des Vorzeichens (n), des Übertrags (c), des Überlaufs (v), und ob das Ergebnis gleich Null ist (z). In den CC-Bits werden diese Bedingungen gespeichert und in jedem jeweils nächsten Befehl innerhalb des cb-Teils (die rechten 2 Felder im Mikrobefehlsregister) ausgewertet, wobei die Ausführung des in *diesem* Befehl gleichzeitig untergebrachten al-Teils davon nicht beeinflußt wird.

Zur Mikroprogrammierung. Das Mikroprogramm wird wegen der ROM-Ansteuerung durch Zählung abgearbeitet. Das Schreiben des „Zählungs"-Programms durch Ausfüllen des rechten ROM-Teils mit Mikrobefehlen beim Bau des Prozessors bildet dabei die eigentliche Tätigkeit der Mikroprogrammierung des Prozessors. Seine Befehlsliste kann wegen der Universalität der Struktur der Mikromaschine von Fall zu Fall allein durch Austauschen des ROM durch ein anders programmiertes ROM (der Prozessor ist statisch mikroprogrammier*bar*) oder, wenn anstelle des ROM ein RAM verwendet wird, durch Neuladen des

RAM während des Betriebs mit einem anderen Mikroprogramm geändert werden (der Prozessor ist dynamisch mikroprogrammier*bar*). – Steuerwerke zur vertikalen Mikroprogrammierung findet man ebenfalls in [Liebig/Thome]; einige wichtige Formen sind weiter unten kurz kommentiert (siehe auf der nächsten Seite: Typische Schaltungen).

Bemerkungen zur Busstruktur. Verglichen mit Bild 2-19 erscheinen in Bild 2-20 anstelle der vielen „Einzweck"-Register und der vielen kleinen besonderen Busse ein „Allzweck"-Registerspeicher und drei große regelmäßige Busse (Universalregister; reguläres Multibussystem). In diesem Bild treten auch die vielen Logikeinheiten nicht mehr einzeln in Erscheinung, sondern sind – der regulären Prozessorstruktur folgend – zur arithmetisch-logischen Einheit zusammengefaßt.

Varianten. Die Begriffe horizontale und vertikale Mikroprogrammierung geben in anschaulicher Weise den Grad der Parallelität bei der Abarbeitung der Mikrobedingungen und der Mikrooperationen wieder. Damit eng verbunden ist der aus Wirtschaftlichkeitsüberlegungen (Preis, Leistung, Technologie) resultierende Aufbau des Prozessors in *spezialisierter* Struktur als mikroprogrammierter Prozessor – ähnlich einem *Spezial*prozessor bei der Verwirklichung allgemeiner Algorithmen – oder in *universeller* Struktur als mikroprogrammierbarer Prozessor (nur vom Hersteller oder auch vom Kunden mikroprogrammierbar) – ähnlich einem *Universal*prozessor zur Programmierung allgemeiner Algorithmen.

Neben diesen beiden charakteristischen Realisierungen existiert eine Fülle an weiteren Realisierungen, die aus Mischungen dieser beiden Prinzipien entstehen. Es kann sinnvoll sein, ein seriell arbeitendes Operationswerk mit einem (parallel arbeitenden) PLA-Steuerwerk zu verbinden, dann nämlich, wenn das Steuerprogramm sich besser durch eine Tabelle darstellen läßt, z.B. bei *vielen* Abfragen im Programm; oder es kann sinnvoll sein, ein parallel arbeitendes Operationswerk mit einem (seriell arbeitenden) ROM-Steuerwerk zu verbinden, nämlich dann, wenn sich das Steuerprogramm besser durch aufeinanderfolgende Befehle programmieren läßt, z.B. bei *wenigen* Abfragen im Programm. Des weiteren ist eine Fülle verschiedener Steuerwerksformen bekannt, die sich durch mehr oder weniger Speicherplatzbedarf, mehr oder weniger Operationsparallelität sowie mehr oder weniger Strukturkomplexität unterscheiden.

Vertikale und horizontale Mikroprogrammierung können – wie gesagt – nicht scharf gegeneinander abgegrenzt werden. Vertikale Mikroprogrammierung nimmt um so mehr Eigenschaften von horizontaler Mikroprogrammierung an bzw. geht schließlich in horizontale Mikroprogrammierung über, je mehr Operationen und Bedingungen ins Operationswerk eingebaut werden, deren Ausführung bzw. Auswertung vom Steuerwerk parallel veranlaßt werden kann. Enthielte z.B. das Mikrobefehlswort des *vertikal* mikroprogrammierbaren Prozessors trotz einfacher Bedingungsabfragen eine Reihe von Feldern zur Ansteuerung von sehr vielen Mikrooperationen, so könnte man schon von einem *horizontal* mikroprogrammierbaren Prozessor sprechen. Die Mikromaschine verlöre dann zwar nicht an Universalität, jedoch könnte die zur Realisierung eines bestimmten Prozessors mehr und mehr zusätzlich eingebaute Hardware i. allg. nicht zur Realisierung anderer, ähnlicher Prozessoren genutzt werden.

Eine Leistungssteigerung durch Parallelisierung von Mikrooperationen im Sinn des Übergangs von vertikaler zu horizontaler Mikroprogrammierung bei voller Universalität ist in voller Allgemeinheit nur durch drastische Erhöhung der Anzahl an ALUs und Verallgemeinerung des 3-Port-Speichers zu einem Viel-Port-Speicher möglich, was bei Forderung nach höchster Leistung auf eine vollständige Vernetzung aller Systemkomponenten hinausläuft. Ein solches System ähnelt einem Multiprozessorsystem mit einem sehr großen, allen Prozessoren gemeinsamen Multiportspeicher. – Praktikable Konzepte zur Leistungssteigerung werden im Rechnerbau nicht auf diese Weise, sondern anders, nämlich mit der Entwicklung sog. Superskalar- bzw. VLIW-Computer verfolgt (siehe 2.5).

Typische Schaltungen

Anstelle obiger, Wirtschaftlichkeitsaspekten eher fernstehender Überlegungen verwendet man in der industriellen Praxis Steuerwerke, die auf einen Kompromiß zwischen Aufwand und Geschwindigkeit hinzielen und den Möglichkeiten der verwendeten Technologie Rechnung tragen. Dabei ist zu bedenken, daß bei einem größeren Prozessor mit einem komplexen Befehlssatz das Mikroprogrammsteuerwerk den größten Teil der Chipfläche des Prozessors ausmacht (vgl. zu den vorgestellten Schaltungen die Ausführungen über die Prozessorstruktur des MC68020 auf S. 173 f.).

Im folgenden sind vier Schaltungen skizziert, die sowohl bei horizontal als auch bei vertikal orientierten Mikroprogrammsteuerwerken eingesetzt werden können. Dabei handelt es sich im Grunde um eine funktionelle Aufteilung des Steuerspeichers in mehrere Komponenten, d.h. des einen ROM oder des einen PLA in mehrere ROMs bzw. PLAs. – Es sei ausdrücklich betont, daß diese Schaltungen von ihrer Benutzung für Mikroalgorithmen auf die Benutzung für allgemeine Algorithmen verallgemeinert werden können und somit nicht nur Mikroprogrammsteuerwerke, sondern allgemein Steuerwerkskonzepte darstellen; die Vorsilbe Mikro- ist dann im folgenden zu ignorieren. Freilich treten bei allgemeinen Algorithmen oft andere, anwendungsspezifische Anforderungen auf, die entsprechende Rückwirkungen auf die Steuerwerksstrukturen haben. – Eine ausführliche Erörterung dieses Themenkreises findet man wieder in [Liebig/ Thome].

Folgeadreß- und Mikrobefehlsspeicher. In der Schaltung Bild 2-21a sind die Folgeadressen fürs Steuerwerk (Folgezustände) von den Mikrobefehlen fürs Operationswerk (Steuervektoren) gegenüber dem ursprünglichen Mikroprogrammspeicher *1* getrennt in zwei Speichern *2* und *3* untergebracht (vgl. die Schraffuren). Da im jetzt Folgeadreßspeicher genannten Speicher *2* nur die für die Zustandsfortschaltung und im jetzt Mikrobefehlsspeicher genannten Speicher *3* nur die für die Steuerwerksausgänge relevanten Kombinationen von Eingängen und Zuständen decodiert zu werden brauchen, fallen ihre Kapazitäten in vielen Fällen deutlich geringer aus. Das hängt natürlich vom Steueralgorithmus ab, trifft aber für Mikroalgorithmen i.allg. zu. (Im Fall von Steueralgorithmen, deren Ausgänge nur von den Zuständen abhängen, entfällt die Decodierung der Eingänge im Mikrobefehlsspeicher ganz.)

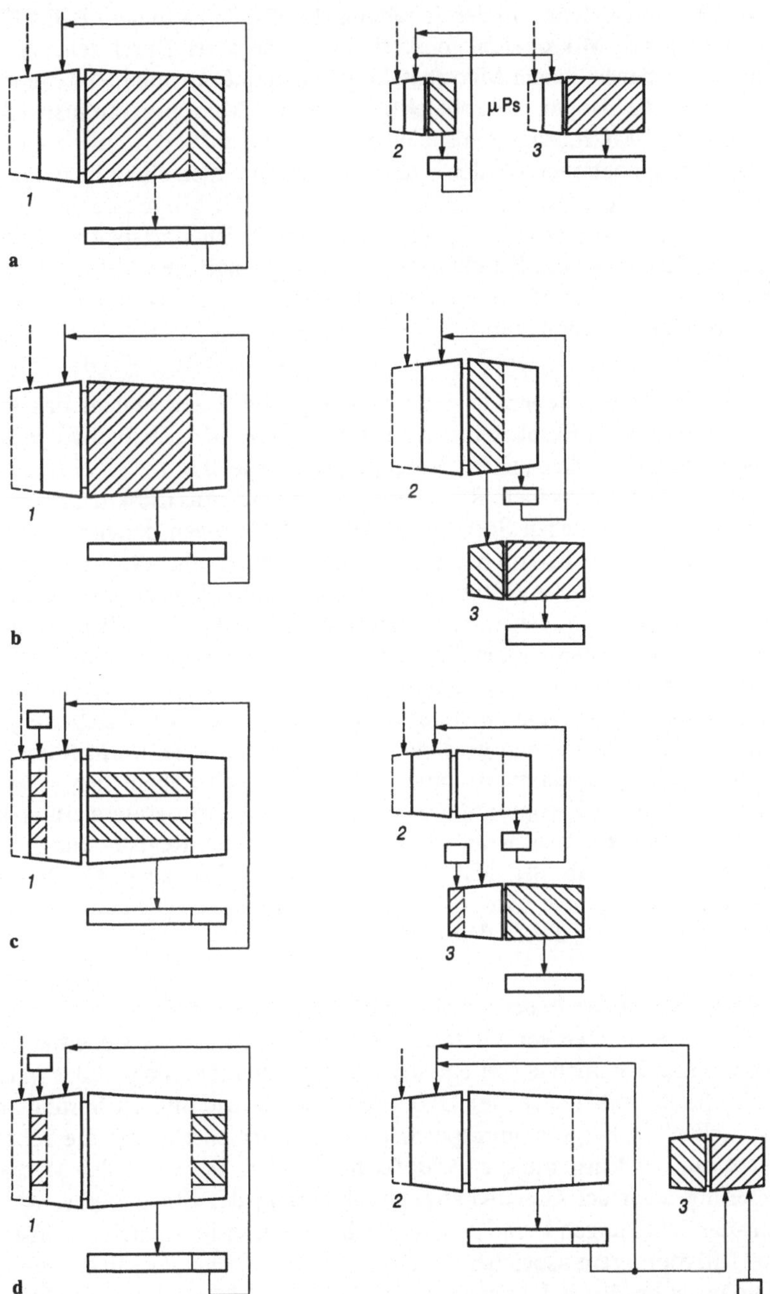

Bild 2-21. Einsparung von Chipfläche, **a** durch Trennung in Folgeadreßspeicher (*2*) und Mikrobefehlsspeicher (*3*), **b** durch Einbau eines Mikrobefehlssatzspeichers (*3*), **c** durch Einbau eines parametergesteuerten Mikrobefehlsfolgenspeichers (*3*), **d** durch Einbau eines parametergesteuerten Startadressenspeichers (*3*).

Mikrobefehlssatzspeicher. In der Schaltung Bild 2-21b ist in dem ROM/PLA *3* jeder vorkommende Mikrobefehl genau einmal gespeichert. Durch seine Adresse in diesem Speicher ist jedem Mikrobefehl genau eine Codenummer zugeordnet, so daß anstelle der langen Mikrobefehle im „alten" Mikroprogrammspeicher *1* jetzt im „neuen" Mikroprogrammspeicher *2* (vgl. Schraffuren) nur deren kurze Codenummern eingetragen werden. Diese Nummern bilden einen Index, der auf eine Zeile der im Speicher *3* gespeicherten Tabelle aller Mikrobefehle verweist, weshalb wir diesen zusätzlichen Speicher als Mikrobefehlssatzspeicher bezeichnen. (Es ist auch möglich, lediglich Teile des ursprünglichen Mikrobefehlsformats auf diese Weise im Mikroprogrammspeicher zu codieren und im Mikrobefehlssatzspeicher zu decodieren.)

Mikrobefehlsfolgenspeicher. In der Schaltung Bild 2-21c enthält das ROM/ PLA *3* nicht nur den Mikrobefehlssatz, sondern ganze Mikrobefehlsfolgen, d.h. ganze Ausschnitte aus dem „alten" Mikroprogrammspeicher *1* (vgl. die Schraffuren), deren Auswahl von einem Register gesteuert wird. Aus diesem Grunde nennen wir diesen zusätzlichen Speicher *3* Mikrobefehlsfolgenspeicher. Der Registerinhalt (im Fall der Mikroprogrammierung ist das i.allg. der Maschinenbefehlscode) bleibt bei der Ausführung eines Ausschnitts konstant, so daß er für das Mikroprogramm im „neuen" Mikroprogrammspeicher *2* als Parameter fungiert. Strukturell gesehen wirken die Zustände in Schaltung c nicht wie in Schaltung a direkt, sondern wie in Schaltung b indirekt auf den Mikrobefehlsfolgenspeicher, wodurch sich ein weiterer Freiheitsgrad bei der Einsparung von Chipfläche ergibt. Funktionell gesehen ist die Wahl, anstelle des Mikrobefehlssatzes einen Mikroprogrammausschnitt in diesem Speicher abzulegen, gewissermaßen zwischen der Mikroprogrammierung und der Picoprogrammierung angesiedelt (am Speicher *3* fehlt lediglich das rückgekoppelte Register zur Picoprogrammierung), weshalb der Mikrobefehlsfolgenspeicher auch als Nanoprogrammspeicher bezeichnet wird. (Oft werden auch nur Teile des ursprünglichen Mikrobefehlsformats in dieser Weise behandelt.)

Startadressenspeicher. In der Schaltung Bild 2-21d befinden sich in dem ROM/ PLA *3* die Folgeadressen von Vielfachverzweigungen, und zwar steuerbar in Abhängigkeit eines Parameters (im Fall der Mikroprogrammierung ist das in erster Linie der Maschinenbefehlscode). Dabei dient die Verlagerung der Sprungtabelle aus dem „alten" Mikroprogrammspeicher *1* in den Speicher *3* (vgl. die Schraffuren) nicht nur der Einsparung an Chipfläche, sondern bei vertikaler Mikroprogrammierung auch der Geschwindigkeitssteigerung des Steuerwerks. Ähnlich wie bei den Schaltungen b und c wird die Information im Speicher *3* über den „neuen" Mikroprogrammspeicher *2* indirekt adressiert, und zwar in ortssequentieller Organisation durch Reihenschaltung beider Speicher. Tritt im Mikroprogramm eine solche Vielfachverzweigung nur einmal auf, d.h. in nur einem einzigen Zustand, so entfällt die Leitungsverbindung zwischen dem Mikrobefehlsregister und dem Speicher *3*; dieser wird dann als Startadressenspeicher bezeichnet. (Oft werden auch mehrere solcher Startadressenspeicher verwendet.)

Aufgabe 2.16. Ein Mikroprogramm-ROM enthalte 512 Einträge mit je 80 Bits für den Steuervektor und 9 Bits für die Folgeadresse, so daß sich ein Speicherbedarf von 512·89 Bits ergibt. Unter den folgenden Voraussetzungen soll jeweils eine Schaltung zur Einsparung von Chipfläche ausgewählt und der notwendige Speicherbedarf berechnet werden:
a) Jeder Steuervektor kommt im Durchschnitt 2-mal im ROM vor. – b) Jede Folgeadresse ist im Durchschnitt 8-mal im ROM gespeichert. – c) Jeder Eintrag (Steuervektor + Folgeadresse) ist im Durchschnitt 2-mal im ROM gespeichert.

2.3.3 Reduced Instruction Set Computer (RISC)

Das Prinzip der extrem horizontalen Mikroprogrammierung hat ebenfalls Bedeutung erlangt; der Begriff hat sich allerdings nicht durchgesetzt, da man stattdessen genau so gut von „keiner Mikroprogrammierung" sprechen kann. (Als Extension ist die Begriffsbildung jedoch hilfreich; ähnlich wie in der Mathematik 0 „keine Zahl" ist, jedoch zu den Zahlen gerechnet wird). Kennzeichnend für extrem horizontale Mikroprogrammierung sind folgende Punkte:[1]

1) Arithmetisch-logische Operationen werden durch Schaltnetze als Verarbeitungseinheiten verwirklicht (Primitivität der Operationen).

2) Programme und Daten sind getrennt und Daten darüber hinaus in Multiport-Speichern untergebracht (Separation der Speicher).

3) Die Parallelorganisation ermöglicht es, in jedem Schritt genau einen Maschinenbefehl auszuführen (Einschrittigkeit der Befehle).

Diese Merkmale werden von dem in Bild 2-17a skizzierten Rechner erfüllt. Wie schon erläutert, werden solche Rechner als RISCs bezeichnet. Wirkliche RISC-Architekturen unterscheiden sich jedoch davon durch Modifikation der aufgeführten Merkmale mit dem Ziel einer Leistungssteigerung hinsichtlich Erhöhung des Durchsatzes bei gleichzeitiger Vereinfachung der Programm-/Datenhaltung. Dies wird durch folgende Maßnahmen erreicht:

- Zur Vereinfachung der Programm-/Datenhaltung wird 2) neu festgelegt, indem die Programme und Daten statt in Multiport-Speichern in Einport-Speichern aufbewahrt werden, darüber hinaus i. allg. in ein und demselben, und zwar prozessorextern Speicher; prozessorintern werden hingegen nur Ausschnitte der Programme bzw. Daten abgelegt, prozessorintern natürlich in getrennten Einport- bzw. Multiport-Speichern.
- Zur Erhöhung des Durchsatzes wird 3) neu festgelegt, indem die Parallelorganisation zur Fließbandorganisation erweitert wird. Dadurch wird in jedem Schritt genau ein Maschinenbefehl (zwar i. allg. nicht vollständig ausgeführt, so aber doch) fertiggestellt. Die für die Fließbandverarbeitung typischen Konflikte werden teils in Hardware aufgelöst (durch Bypasses), teils werden sie durch Software abgefangen, im einfachsten Fall durch Einfügen von NOPs an den entsprechenden Stellen des Maschinenprogramms (den Delay-Slots).

1. Extrem horizontale Mikroprogrammierung in reiner Form ist in der Praxis nicht anzutreffen, sondern immer gepaart mit einem Minimum an horizontaler Mikroprogrammierung.

Die Maschinenprogrammierung von RISCs steht der Mikroprogrammierung von CISCs nahe. Wegen des Zwangs zur Beachtung von Ausnahmen in der zeitlichen Abfolge der Befehle (Stichwort Delay-Slot) und wegen der Primitivität der vorgegebenen Befehle (im Prinzip nur ALU-Operationen) ist es für den Anwender unzumutbar, einen RISC in Maschinencode zu programmieren. Deshalb geht man davon aus, daß auf unterster Ebene bereits in einer gewissermaßen maschinennahen, aber dennoch höheren Programmiersprache programmiert wird, wie z.B. in C. Der C-Compiler hat dann die Aufgabe, den für den RISC optimalen Maschinencode zu erzeugen. Das ist nicht leicht, wenn man bedenkt, wie komplex die Strukturen moderner, leistungsfähiger Prozessoren sind. – Die „Einheit" von Prozessor und Compiler ansprechend, sagt man gelegentlich, ein RISC sei nur so gut wie sein Compiler.

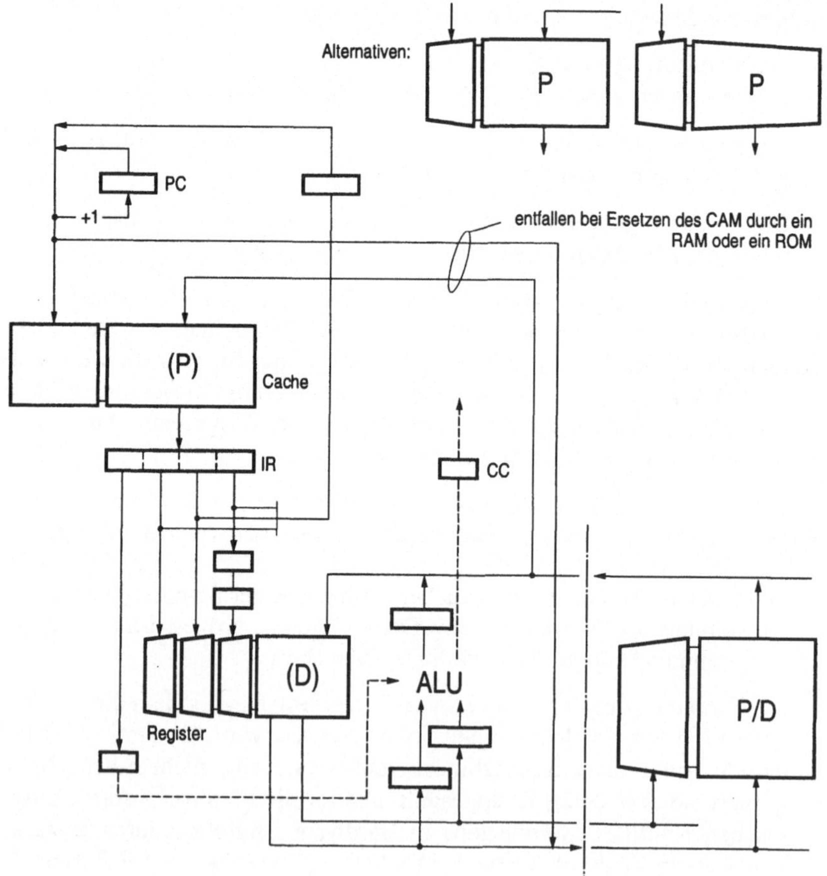

Bild 2-22. Grundstruktur eines RISC mit 4-stufigem Fließband. Bei Speicherung des aktuellen Ausschnitts von P ist ein Cache nötig, bei Speicherung von P als Ganzes genügt ein RAM oder ein ROM.

Typische Prozessorstruktur

Bild 2-22 zeigt die Grundstruktur eines RISC, entstanden aus Bild 2-17a unter Berücksichtigung der eben diskutierten Punkte. Bei diesem Rechner werden Programme und Daten prozessorextern gemeinsam in einem einzigen großen 1-Port-Speicher gehalten. Wichtig ist aber die für die Fließbandverarbeitung prozessorinterne Trennung von Programmspeicher und Datenspeicher. Damit steht sowohl der aktuelle Ausschnitt der Daten wie auch der aktuelle Ausschnitt des Programms als Kopie zur Verfügung, und zwar der Programmausschnitt in einem 1-Port-CAM (Cache) und der Datenausschnitt in einem 3-Port-RAM (Registerspeicher), wodurch sich die Wortlänge eines Maschinenbefehls stark verkürzt. – Das 4-Stufen-Fließband folgt der 4-Teilung einer Befehlsausführung: 1.) Befehl holen, 2.) Operanden holen, 3.) Operation ausführen, 4.) Ergebnis schreiben.

Programm-Cache + Daten-Register

Während die Befehle des Programms automatisch in den Cache kopiert werden, müssen die Daten programmiert in die Register geholt sowie ggf. zurückgespeichert werden, und zwar mit den Befehlen load und store, typischerweise mit registerindirekter Adressierung des Speichers (Load-/Store-Architektur). Dazu muß vorher die (lange) Speicheradresse in einem Register „erzeugt" werden, was durch einen Spezialbefehl mit Direktoperand für den oberen Teil der Adresse geschieht (set upper, setu), gefolgt von einem or-Befehl mit Direktoperand für den unteren Teil der Adresse (in der Wirkung set lower, setl).[1] – Bild 2-23 zeigt das

Load-/Store-Problematik

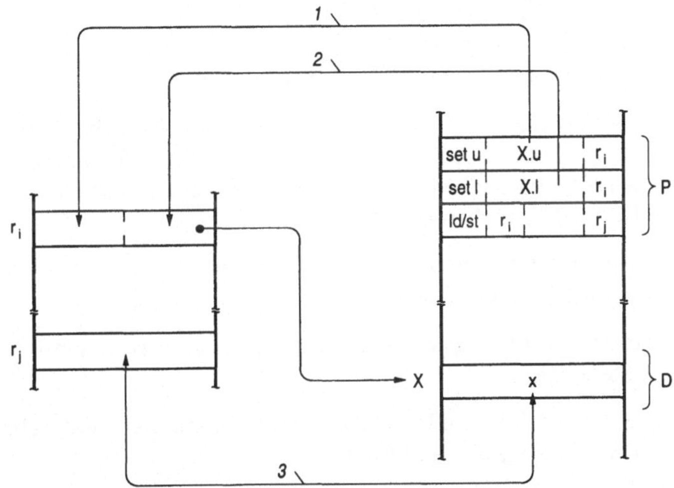

Bild 2-23. Abfolge der einzelnen Operationen beim Laden von Registern mit Speicherinhalten bzw. beim Speichern von Registerinhalten im Speicher.

1. Es ist auch möglich, den unteren Teil der Speicheradresse im load- bzw. store-Befehl unterzubringen, da dort noch Bits frei sind. Die Adresse wird dann aus dem im Register stehenden oberen Teil und dem im Befehl stehenden unteren Teil zusammengesetzt. Man spart auf diese Weise den set-lower-Befehl, hat andererseits aber auch nicht die komplette Adresse im Register zur Verfügung, z.B. zur weiteren Verwendung.

Laden von Registern aus dem Speicher bzw. das Speichern von deren Inhalten in den Speicher als Graphik.

Bemerkung. Theoretisch ist es möglich, auch den Datenspeicher als Cache aufzubauen. Dann werden nicht nur die Programmausschnitte, sondern auch die Datenausschnitte automatisch generiert, und die load-/store-Befehle entfallen (allerdings auf Kosten längerer Adressen). Ist der Daten-Cache als 3-Port-Cache ausgeführt, so bleibt das 3-Adreß-Format erhalten. Wird er wie der Programm-Cache als 1-Port-Cache ausgelegt und mit diesem zusammengefaßt, so geht der RISC in einen CISC mit prozessorinternem Cache über, was deutlich der Leistungssteigerung des CISC dient (prozessorexterne Speicherzugriffe sind dann so oft bzw. so selten wie beim RISC).

Frühe Implementierungen der Fließbandtechnik. Wie schon auf S. 51, unten, ausgeführt, ist Fließbandverarbeitung in einfacher, 2-stufiger Form bereits bei Zuses Relaisrechner Z3 von 1941 zu finden. Dort gibt es ein Akkumulatorregister anstelle des Registerspeichers, so daß die datenverarbeitenden Befehle genau wie die load-/store-Befehle 1-Adreß-Befehle sind und so ein einheitliches Befehlsformat entsteht, nämlich das eines 1-Adreß-Rechners. Ein solches Konzept ist auch als elektronischer Rechner – mit einem Speicherzyklus anstelle eines Rechnertakts pro Befehlsausführung – 1963 mit dem UNIVAC 1107 von Sperry Rand verwirklicht worden. Kennzeichnend für beide Rechner ist die für die Fließbandverarbeitung notwendige Trennung von Programmspeicher und Datenspeicher, bei Zuse – natürlicherweise – Lochstreifen plus kleines Relais-RAM, bei Sperry Rand – bewußterweise – zwei eigenständige, mit zwei eigenen Bussen versehene Magnet-RAMs. Damals sprach man noch nicht von Fließbandtechnik, sondern von überlappender Arbeitsweise.

Zuse Z3 1941

UNIVAC 1107 1963

2.3.4 Gegenüberstellung von RISC und CISC

Wie schon aus der Gliederung dieses Buches zu ersehen, erscheint die RISC-Idee gegenüber der CISC-Idee vom Standpunkt des Analytikers, der gerne der Systematik halber technische Randbedingungen vernachlässigt, natürlicher (vgl. 2.3.1, insbesondere Bild 2-17), und zwar aus folgenden Gründen:

- 3-Adreß-Befehle sind an arithmetischen und logischen Operationen mit 2 Operanden und 1 Ergebnis ausgerichtet.
- Einschrittige Ausführung arithmetischer und logischer Operationen benötigt kein Steuerwerk.
- Getrennte Programm- und Datenspeicher folgen der unterschiedlichen Funktion von Programm und Daten.
- Parallel- und Fließbandverarbeitung bieten sich wegen der funktionellen Trennung der Baugruppen an.

Diese Vorstellungen von einem Prozessor mit RISC-Struktur, aber den Möglichkeiten von CISC-Befehlen sind in Bild 2-24a schematisch wiedergegeben. Sie beruhen auf Voraussetzungen, von denen die wichtigsten genannt seien:

- Verfügbarkeit von guten, die Fließbandverarbeitung einbeziehenden, optimierenden Compilern,

- Verfügbarkeit von leistungsfähigen Arithmetik-Einheiten auch für komplexe Befehle, nicht nur bis zur Addition und der Multiplikation,
- Verfügbarkeit schneller *und* großer Schreib-/Lesespeicher, so daß kein Umspeichern zwischen System- und Registerspeicher erforderlich ist,
- Verwirklichung hoher Integrationsdichten, um den Prozessor wegen vieler Verbindungsleitungen zwischen Programm- und Datenwerk auf einem einzigen Chip unterzubringen.
- Eine weitere Voraussetzung, nämlich die Daten in großen 3-Port-Speichern zu halten, bedingt ein sehr langes Befehlswort und ist evtl. nicht sinnvoll zu fordern.

In den Anfängen der Computertechnik fehlten alle diese Voraussetzungen. Deshalb wurden zuerst seriell bezüglich des Speicherzugriffs arbeitende, aber hinsichtlich der Addition bereits parallel arbeitende Rechner entwickelt. Ihre Steuerwerke waren unsystematisch *verdrahtet*, und zwar mit jeweils schnellstmöglichen Schaltkreisen. Später waren sie systematischer *programmiert*, genauer *mikroprogrammiert*, und zwar horizontal mit möglichst schnellen Festwertspeichern, kombiniert mit einer Reihe parallelel arbeitender Operationswerke. Letzteres entspricht in heutiger Terminologie der Anwendung des Datenflußprinzips auf die Mikroprogrammierung.

Zuerst wurden aus Aufwandsgründen nur Rechner mit einfachen Befehlen gebaut. Mit der Weiterentwicklung der Technologie zu schnelleren, kleineren und preiswerteren Schaltkreisen hin und wegen der mit dem Übergang zur vertikalen Mikroprogrammierung einhergehenden Unabhängigkeit des Befehlssatzes von der Rechnerstruktur stieg die Anzahl und die Komplexität der Befehle jedoch bald stark an. – Der leistungsfähige, industriell gefertigte CISC war geboren. Das führte aber u.a. zu einem Problem, nämlich sich für einen bestimmten Rechner auf eine bestimmte Befehlsliste festlegen zu müssen. Für einen Universalrechner tritt die Frage in den Vordergrund: auf welche?

Mit der Entwicklung von Caches höherer Geschwindigkeit und größerer Kapazität ergab sich die Möglichkeit, die geschilderte Entwicklung von Rechnern neu zu überdenken. So wurden nur die zur Ausführung gerade relevanten Programmausschnitte der jetzt nur aus elementaren Maschinenbefehlen bestehenden Programme aus dem Speicher in den Cache hineinkopiert und die Befehle mit erheblich größeren 3-Port- anstelle der kleinen 2-Port-Registerspeicher ausgeführt. Damit einhergehend wurde bei gleichbleibender Chipfläche und Integrationsdichte eine deutliche Verlagerung der Speicherkapazität vom Mikroprogrammspeicher auf den Registerspeicher möglich. – Der leistungsfähige, industriell gefertigte RISC war geboren. Aber auch dieses Konzept löst nicht alle Probleme, gestattet es – wenn man der RISC-Idee treu bleiben will und nicht in die CISC-Problematik hineinrutschen will – doch *nicht* den Einbau spezieller Hardware in Richtung horizontaler Mikroprogrammierung zur Leistungssteigerung komplexerer Operationen.

Die Unterschiede zwischen RISCs und CISCs verwischten sich nun, und zwar dadurch, daß bei CISCs das Cache-Prinzip und die Fließbandverarbeitung genau so Einzug gehalten haben wie bei RISCs das Zur-Seite-Stellen von mikroprogrammierten Spezialprozessoren, sog. Coprozessoren, bzw. später der Übergang zu Superskalarprozessoren.

Bei CISCs wie bei RISCs haben wir nicht nur Registerspeicher verschiedener Größenordnung, sondern auch reguläre Busse wechselnder Anzahl vor uns. Ähnlich wie beim Konflikt zwischen Registerkapazität und Steuerwerk in Bezug auf Chipfläche gibt es hier einen Konflikt zwischen der Anzahl an Bussen und der Flexibilität im Verbindungsaufbau.

Der Nachteil eines universellen 1-Bus-Systems mit Jeder-zu-jeder-Verbindung seiner Komponenten ist die niedrigere Arbeitsgeschwindigkeit, sein Vorteil ist die Flexibilität. Ohne seine Struktur ändern zu müssen, lassen sich mit dem System unterschiedliche Funktionen programmieren, auf den Rechnerbau bezogen: unterschiedliche Rechnerarchitekturen mikroprogrammieren. Universelle Struktur und Mikroprogrammierbarkeit bedingen also einander mit der Konsequenz, sich mit niedrigerer Leistungsfähigkeit begnügen zu müssen.

Höhere Leistungsfähigkeit ist entweder bei fehlender Flexibilität mit speziellem Verbindungsaufbau erreichbar. Bei voller Universalität läßt sich hohe Leistung allerdings nur mit mehreren allgemein benutzbaren Bussen erreichen, d.h. mit einem universellen, regulären Multibussystem. Der wachsende Aufwand läßt sich jedoch nur dann im Verhältnis zu dem erbrachten Nutzen rechtfertigen, wenn sich die einem solchen System innewohnenden Möglichkeiten des „parallel processing" auch in hinreichendem Maße nutzen lassen.

Zurück zu Bild 2-24. Sollen insbesondere die konzeptionellen Unterschiede zwischen RISCs und CISCs verdeutlicht werden, so läßt sich das recht gut anhand der Bilder 2-24b und c tun: Funktionell gesehen wird ein komplexer Befehl in einer CISC-Umgebung *interpretiert* (b), während er in einer RISC-Umgebung zunächst *compiliert* wird, um ihn danach nur noch *kopieren* zu müssen (c). Von einem abstrakten Standpunkt aus betrachtet ist bei CISCs eine bestimmte Auswahl an komplexen Befehlen als Folgen elementarer Befehle in der Form von „Offline-Mikrocode" ähnlich der Unterprogrammtechnik (siehe 3.3) im ROM fest eingebaut, während bei RISCs eine unbestimmte Auswahl an komplexen Befehlen ebenfalls als Folgen elementarer Befehle in der Form von „In-line-Mikrocode" ähnlich der Makrotechnik (siehe 3.4) im CAM wechselnd ladbar ist.

Wählt man als gemeinsamen Bezugspunkt nicht die Maschinenebene, sondern die in *einem* Schritt ausführbaren Elementarbefehle und bezeichnet sie in *beiden* Fällen als *Mikro*befehle, so kann man einen CISC als einmalig festgelegt, d.h. unveränderlich mikroprogrammierte Maschine, oder mehrmalig von Zeit zu Zeit auswechselbar, d.h. veränderlich mikroprogrammierbare Maschine, und einen RISC als laufend veränderlich, gewissermaßen sich von selbst, d.h. automatisch mikroprogrammierende Maschine charakterisieren. Dabei ist es wichtig zu erkennen, daß der Prozessor „Schritt für Schritt ausführen" nur elementare Befehle

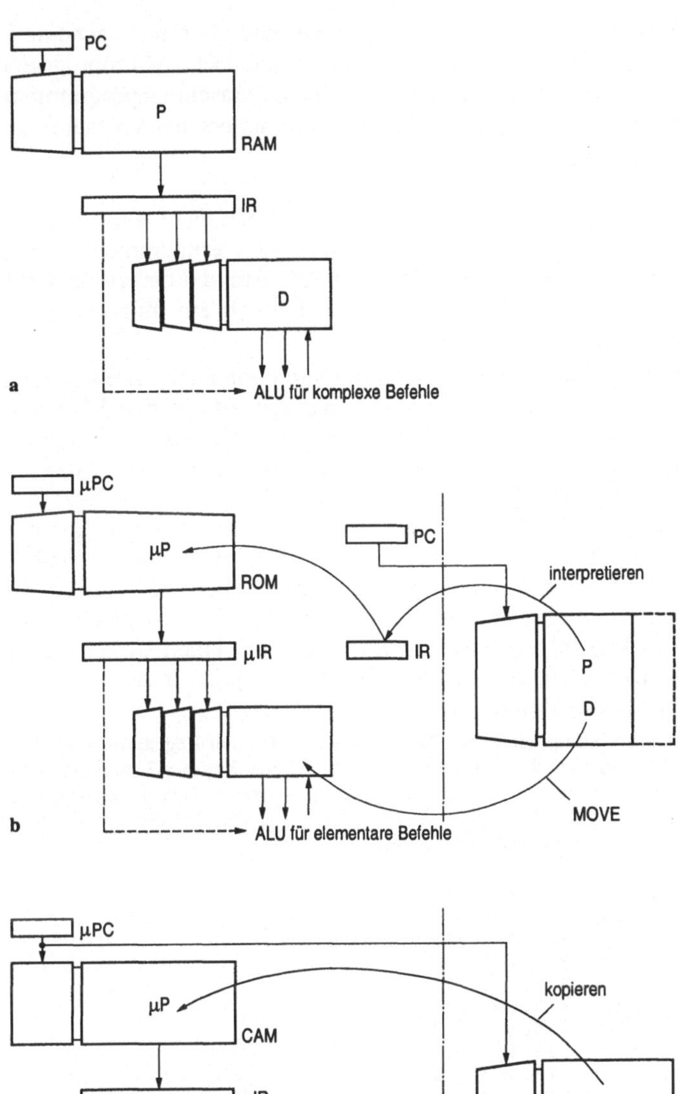

Bild 2-24. Schematische Darstellung von drei Prinzipien im Rechnerbau; **a** direkte Ausführung komplexer Befehle (eher Theorie), **b** Interpretation komplexer Befehle mit Ausführung elementarer Befehle (CISC-Idee), **c** Compilation komplexer Befehle mit Ausführung elementarer Befehle (RISC-Idee).

kann, egal, ob sie wie bei CISCs aufgerufen und als *fest eingebaute* Mikroprogramme ausgeführt werden (statische oder dynamische Mikroprogrammierung), oder ob sie wie bei RISCs aneinandergereiht als Maschinenprogrammausschnitte in der Art *wechselnd ladbarer* Mikroprogramme erscheinen (automatische Mikroprogrammierung).

Beispiel 2.7. Multiplikation. Ein dem Prozessorhandbuch eines typischen RISC, des SPARC von Sun Microsystems (siehe S. 176), entnommenes Programmbeispiel demonstriert, wie in dieser frühen RISC-Architektur ein für CISC-Prozessoren selbstverständlicher Maschinenbefehl durch ein umfangreiches Maschinenprogramm nachgebildet werden muß.

Im SPARC-Prozessor ist für die Multiplikation von zwei 32-Bit-Zahlen kein Befehl vorgesehen, so daß die Multiplikation durch Addieren und Shiften programmiert werden muß (siehe 1.3.3, S. 60: Multiplizieren durch „Halbieren und Verdoppeln"). Dafür steht allerdings ein Spezialbefehl zur Verfügung, der Befehl mulscc, der den ersten Operanden um eine Stelle nach rechts verschiebt und in Abhängigkeit vom Inhalt eines Spezialregisters y den zweiten Operanden hinzuaddiert; das Ergebnis dieser Operation wird im Zielregister abgelegt. Zusätzlich wird das unterste Bit des ersten Operanden in das oberste Bit des Spezialregisters y übertragen, dessen Inhalt zuvor ebenfalls um eine Position nach rechts verschoben wurde. – Das folgende Programm wird durch einen Unterprogrammsprung aufgerufen: Der „Befehl" call MULTIPLY, multipliziert die beiden Zahlen und kehrt ins aufrufende Programm zurück.

Annahmen: Die zu multiplizierenden Zahlen stehen in den Out-Registern 0 (%o0) und 1 (%o1); die oberen 32 Bits des Ergebnisses befinden sich im lokalen Register 3 (%l3), die unteren 32 Bits im Out-Register 0 (%o0). In den Befehlen geben die ersten beiden Adressen die Quellregister und die dritte Adresse das Zielregister an; im globalen Register 0 (%g0) steht die Konstante Null, sie ist im Prozessor fest eingebaut, d.h., dieser Registerinhalt kann nicht verändert werden.

```
MULTIPLY: wr      %o1,%y       ! Multiplikator ins y-Register
          andcc   %g0,%g0,%l3  ! Teilprodukt in l3 und CC-Bits löschen
          mulscc  %l3,%o0,%l3  ! 1.Iteration (ggf. Addieren u. Shiften)
          mulscc  %l3,%o0,%l3  ! 2.Iteration (ggf. Addieren u. Shiften)
          mulscc  %l3,%o0,%l3  ! 3.Iteration (ggf. Addieren u. Shiften)
          mulscc  %l3,%o0,%l3          :
          mulscc  %l3,%o0,%l3          :
          mulscc  %l3,%o0,%l3          :
          mulscc  %l3,%o0,%l3
          mulscc  %l3,%o0,%l3
          mulscc  %l3,%o0,%l3
          mulscc  %l3,%o0,%l3
          mulscc  %l3,%o0,%l3
          mulscc  %l3,%o0,%l3
          mulscc  %l3,%o0,%l3
          mulscc  %l3,%o0,%l3
          mulscc  %l3,%o0,%l3
          mulscc  %l3,%o0,%l3
          mulscc  %l3,%o0,%l3
          mulscc  %l3,%o0,%l3
          mulscc  %l3,%o0,%l3
          mulscc  %l3,%o0,%l3
          mulscc  %l3,%o0,%l3
          mulscc  %l3,%o0,%l3
          mulscc  %l3,%o0,%l3
```

```
mulscc  %l3,%o0,%l3
mulscc  %l3,%o0,%l3
mulscc  %l3,%o0,%l3
mulscc  %l3,%o0,%l3
mulscc  %l3,%o0,%l3         :
mulscc  %l3,%o0,%l3         :
mulscc  %l3,%o0,%l3         :
mulscc  %l3,%o0,%l3 ! 31.Iteration (ggf. Addieren u. Shiften)
sub     %g0,%o0,%l3 ! Multiplikanden negieren
mulscc  %l3,%o0,%l3 ! 32.Iteration (ggf. Addieren u. Shiften)
mulscc  %l3,%o0,%l3 ! „letzte“ Iteration (nur Shiften)
jmpl    %o7+8,%g0   ! Rücksprung
rd      %y,%o0      ! Delay-Befehl: die 32 unteren Bits des
                    ! Ergebnisses in o0 zurückgeben
```

Im Vergleich zu diesem Geradeausprogramm würde ein Schleifenprogramm im SPARC erheblich langsamer laufen, da in der Maschinenprogrammierung neben dem mulscc-Befehl in jedem Schritt die Schleifenzählung und die Programmverzweigung ausgeführt werden müßten; außerdem könnte die Fließbandverarbeitung des Prozessors so gut wie nicht ausgenutzt werden.

Vergleicht man diesen Programmierstil mit typischer Mikroprogrammierung, so wird dort der Nachteil einer 32-fachen Speicherung ein und desselben Befehls vermieden. Dort besteht der Kern eines typischen Mikroprogramms für die Multiplikation, etwa in einem Am2900-System (siehe S. 168), aus einem einzigen schrittweise arbeitenden Multipliziere-Befehl mit Schleifenzählung und Endeabfrage im selben Schritt; bei der Ausführung der Multiplikation tritt der Mikrobefehlszähler sozusagen auf der Stelle, und die Teiloperationen werden 32-mal parallel ausgeführt.

Multiplikation SPARC / Am2900

Bemerkung. Inzwischen werden Aufgaben dieser Art anders bewältigt: nämlich durch ein die ALU ergänzendes, ihr parallel geschaltetes Multiplikations-Schaltnetz; oder der Prozessor wird gleich als Superskalarprozessor mit parallel arbeitender Fest-/Gleitkomma-Einheit ausgelegt. Spezialisierung und Parallelisierung gestatten es, diese Aufgaben wesentlich effizienter zu lösen, als es der einfache RISC allein kann.

Das Gedankenspiel aus 2.3.1. Zur Abrundung der oben geführten Diskussion stelle man sich vor, in einem handelsüblichen RISC mit der Prinzipstruktur von Bild 2-22 ist im prozessorexternen Speicher das Rechnerinterpretationsprogramms eines CISC gespeichert. Wir haben also den Fall vor uns, daß ein CISC auf einem RISC simuliert, d.h. mikroprogrammiert ist. Wenn der RISC das Interpretationsprogramm, d.h. das Mikroprogramm für den CISC, ausführt, dann „zieht“ er den jeweils aktuellen Mikroprogrammausschnitt in den Cache, der neben einem immer präsenten Kern für den Befehlsabruf nur einen oder einige wenige CISC-Maschinenbefehle umfaßt. Ist der Cache jedoch ausreichend groß, so befinden sich neben dem Kern *alle* CISC-Maschinenbefehle im Cache, d.h. anstelle eines Ausschnitts das *gesamte* Mikroprogramm des CISC.

Im System liegt das Mikroprogramm dann also zweimal vor, im Speicher als Original und im Cache als Kopie. Soll nun mit dem Rechner kein anderes Programm als immer nur dieses eine Mikroprogramm ausgeführt werden, so bleibt seine Kopie im Cache konstant, und sein Original im Speicher kann gelöscht werden. – Von dieser Situation gehen wir aus und verfeinern das Konzept unter

Aufgabe seiner Flexibilität in Richtung Aufwandsreduzierung und Leistungssteigerung.

1. Anstelle des technisch sehr aufwendigen CAM mit seiner ebenfalls sehr aufwendigen Ladestrategie tritt ein im Aufbau viel einfacheres RAM oder gar ein im Aufbau noch viel einfacheres ROM (neben dem obligaten RAM für das Maschinenprogramm und seine Daten). In der Terminologie wird aus dem PC der μPC und dem IR das μIR. Der (Maschinen-)PC und das (Maschinen-)IR befinden sich mit allen weiteren Maschinenregistern im Registerspeicher des RISC. – Wir haben die klassische Art der extrem vertikalen Mikroprogrammierung des CISC vor uns; vgl. *Schritt 3* in 2.3.1, insbesondere Bild 2-17d.

2. Zur Geschwindigkeitssteigerung bauen wir zumindest den PC und das IR mit seinem Startadressenspeicher gesondert auf, belassen aber das Mikroprogramm im ROM, das nach wie vor vom μPC gesteuert wird. – Wir haben die klassische Art der vertikalen Mikroprogrammierung vor uns; vgl. *Schritt 2* in 2.3.1, insbesondere Bild 2-17c.

3. Zur weiteren Geschwindigkeitssteigerung bauen wir unter Übergang von einer regulären zu einer dedizierten Struktur weitere, insbesondere für die Parallelarbeit innerhalb der CISC-Befehle wichtige Register und Schaltnetze ein. Gleichzeitig passen wir das Mikroprogrammwerk an die Möglichkeiten der Parallelverarbeitung an, indem wir das Mikroprogramm in einem PLA speichern und anstelle des μPC ein Zustandsregister verwenden. – Wir haben die klassische Art der horizontalen Mikroprogrammierung vor uns; vgl. *Schritt 1* in 2.3.1, insbesondere Bild 2-17b.

4. Wenn darüber hinaus für alle, auch die komplexesten Befehle des CISC arithmetisch-logische Schaltnetze verwendet werden, die jetzt zu einer ALU allerdings heute praktisch kaum realisierbarer Leistungsfähigkeit zusammengefaßt sind, so entsteht der CISC in einer Architektur, bei der alle Befehle in einem einzigen Schritt ausführbar sind. – Wir haben damit die klassische Art der extrem horizontalen Mikroprogrammierung vor uns; vgl. *Ausgangspunkt* in 2.3.1, insbesondere Bild 2-17a.

Es stellt sich die Frage, ob nicht ein solcher Rechner zur Betonung seiner Eigenschaften auch als RISC bezeichnet werden müßte. Hier wird die etwas unglückliche Bezeichnung „RISC" deutlich. Die Bezeichnung „Ein-Schritt-Rechner" aus der ersten Auflage dieses Buches wäre zur Charakterisierung eines solchen Rechners die vielleicht bessere Alternative.

Registerspeicher

Wie beschrieben, haben wir bei RISC- wie auch bei CISC- bzw. „zusammengewachsenen" Architekturen Registerspeicher unterschiedlich hoher Kapazität vor uns. Mit seinen sog. General-purpose-Registern übernimmt der Registerspeicher die Rolle eines Puffers zur Speicherung des jeweils aktuellen Ausschnitts der Daten. Die eigentlich naheliegende Idee, den Registerspeicher genau so wie den Programmspeicher als prozessorinternen Cache aufzubauen und damit das Auf-dem-neuesten-Stand-Halten auch des aktuellen Datenausschnitts dem Programmierer abzunehmen (der Programmierer hätte aus seiner Sicht eine reine Speicher-/Speicher-Architektur vor sich), scheitert zum einen an dem hohen Aufwand eines dann sinnvollerweise mit 3 Ports aufzubauenden Cache, zum anderen an den dann notwendigerweise 3-mal vorzusehenden langen Adressen im Befehlswort. Der typische Registerspeicher hat demgegenüber 3 kurze Adressen und ist erheblich aufwandsärmer. Setzt man eine bestimmte verfügbare Chipfläche voraus, so kann der typische 3-Port-Registerspeicher gegenüber einem 3-Port-Cache hinsichtlich seiner Kapazität erheblich größer ausgelegt werden.

Ein großer Registerspeicher bringt ähnlich dem (großen, prozessorexternen) Speicher wieder das Problem längerer Adressen mit sich, so daß man mit dem

Registerspeicher in ähnlicher Weise wie mit dem prozessorexternen Speicher arbeiten muß, nämlich in der Form von zu Einheiten zusammengefaßten *Bereichen*. Das hängt insbesondere mit den üblicherweise verwendeten Programmierungstechniken zusammen. Bei der für jegliche Programmorganisation besonders wichtigen Unterprogrammtechnik (siehe 3.3) betrifft das z.B. die Übergabe-/Übernahmetechniken der Funktions- und Prozedurparameter. Bei der für die Betriebsorganisation ebenso wichtigen Quasi-Parallelität (siehe 5.1) betrifft das das über Programmunterbrechungen laufende Umschalten des aktuellen Prozeßstatus (Kontextwechsel). Tabellen- wie Statusinformation befindet sich dabei i.allg. im Registerspeicher.

Bemerkung. In der Prozeßdatenverarbeitung hat man es im Gegensatz zum einfachen „Multiprogramming" von Betriebssystemen mit einer sehr großen Prozeßanzahl zu tun. Unter Realzeitbedingungen sind den hier geschilderten Techniken dann Grenzen gesetzt. Für diese Art von Applikationen scheint ein kleiner Registerspeicher mit der Möglichkeit extrem schnellen Auslagerns und Wiedereinlagerns des aktuellen Prozeßstatus (Kontextwechsel) am geeignetsten zu sein – oder man geht andere Wege, z.B. jedem Prozeß seinen eigenen Prozessor zur Verfügung zu stellen und die Prozesse untereinander z.B. durch einen Nachrichtenbus zu koppeln.

Bild 2-25 zeigt verschiedene Möglichkeiten, einen großen Registerspeicher in *Bereiche* aufzuteilen, beginnend mit einer sehr einfachen Lösung und fortschreitend mit Lösungen wachsender Komplexität. Teilbild a zeigt eine als Register-Banking bezeichnete Technik, bei der der Registerspeicher in gleich große, sich nicht überlappende Bereiche der Größe einer Zweierpotenz unterteilt ist, z.B. der Größe von 16 Registern. Der Current-Bank-Pointer zeigt auf die angewählte Register„bank". Teilbild b zeigt eine als Register-Windowing bezeichnete Technik, bei der der Registerspeicher in gleich große, sich teilweise überlappende Bereiche unterteilt ist, z.B in Bereiche von 3·8=24 Registern. Der Current-Window-Pointer zeigt auf das angewählte Register„fenster". Teilbild c zeigt schließlich eine hier als Register-Blocking bezeichnete Technik, bei der der Registerspeicher in verschieden große, sich unter Umständen beliebig überlappende Bereiche variabler Größe unterteilt ist, je nachdem ob die Registeradresse nur teilweise oder in voller Länge genutzt wird. Der Current-Block-Pointer zeigt auf den angewählten Register„block".

Register-
-Banking,
-Blocking,
-Windowing

Je nach Verwendungszweck werden die Pointerregister für das Register-Banking, das Register-Windowing sowie das Register-Blocking mal durch Lade-Befehle, mal durch Inkrementier/Dekrementier-Befehle und mal durch Addiere-/Subtrahiere-Befehle angesprochen. Oder sie sind als Vor-/Rückwärtszähler ausgebildet, so daß damit Stack-Mechanismen nachgebildet werden können. In diesem Fall wird die Inkrementierung/Dekrementierung implizit durch bestimmte Befehle ausgelöst, z.B. den call- und den return-Befehl aus der Unterprogrammtechnik, oder durch bestimmte Signale, z.B. von Traps oder von Interrupts beim Kontextwechsel.

Die eingangs dieses Abschnitts genannte Puffereigenschaft sowie die geschilderte, dem Stackmechanismus eigene „Alterungsstrategie" sind typische Eigenschaften von Caches (siehe 4.4). Dementsprechend werden solche Registerspei-

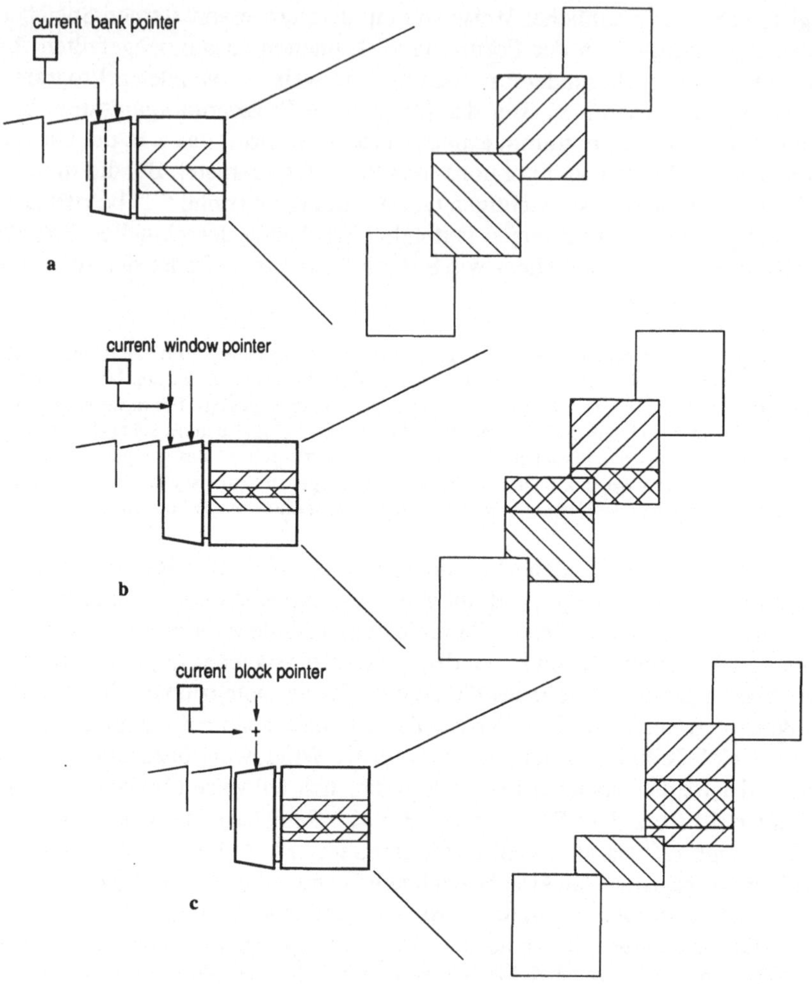

Bild 2-25. Aufteilung des Registerspeichers, **a** in Registerbanken (register banking), **b** in Registerfenster (register windowing), **c** in Registerblocks (register blocking).

cher, insbesondere des dritten Typs, teilweise auch als Register-Stack-Cache bezeichnet, obwohl ihnen die Haupteigenschaft wirklicher Caches fehlt, nämlich das *vollautomatische* Füllen des Pufferspeichers ohne jegliches Zutun des Programmierers.

Bemerkung. Ähnlich wie sich die bei der Mikroprogrammierung auftretenden Problemlösungen auf die Maschinenprogrammierung übertragen lassen (und umgekehrt), sind die bei der Registerorganisation auftretenden Problemlösungen auf die Speicherorganisation übertragbar (und natürlich umgekehrt). So hat man hier wie dort eine „zweidimensionale" Adressierung vor sich. Hier spricht man speziell von Banken und von Blocks. Dort spricht man speziell und von Seiten, das sind Bereiche konstanter Größe, die sich nicht überlappen, und von Segmenten, das sind Bereiche variabler Größe, die sich auch überlappen können (mit der dann typischen Addition von „Basisadressen" und „Distanzen", siehe 4.5).

Zum weiteren Vorgehen. Die bisher eher theoretisch dargestellten Rechnerstrukturen bilden die Grundlage für die im nächsten Abschnitt, in 2.4, beschriebenen Prozessoren typischer Rechnerarchitekturen. Dabei handelt es sich ausschließlich um Skalarprozessoren, heute als klassisch zu bezeichnende Systeme, die über einen längeren Zeitraum kommerziell erfolgreich waren und in gewissem Sinn Industriestandards setzten.[1]

Im einzelnen sind das

- das mikroprogrammierbare Slice-Mikroprozessorsystem Am2900 von Advanced Micro Devices (AMD),
- der horizontal mikroprogrammierte 8-Bit-Prozessor M6800 von Motorola,
- der eher vertikal mikroprogrammierte 16-Bit-Prozessor LSI-11 von Digital Equipment (DEC),
- der eher vertikal mikroprogrammierte 32-Bit-Prozessor M68020 von Motorola, ein typischer CISC, und
- der so gut wie gar nicht mikroprogrammierte 32-Bit-Prozessor SPARC von Sun Microsystems, ein typischer RISC.

2.4 Prägende Architekturen der Mikroprozessortechnik

2.4.1 Am2900: Prozessoren aus Prozessorbausteinen

In den 80er Jahren bot die Industrie hochintegrierte Bausteinsysteme an, mit denen leistungsfähige Prozessoren konstruiert und aufgebaut werden konnten, z. B. als Spezialrechner (Signalprozessoren zum Filtern von Ton- oder Videosignalen oder Sortierprozessoren zum Durchsuchen großer Datenbestände), aber auch als Universalrechner (4-, 8-, 16-, 32-Bit-Prozessoren wachsender Komplexität und Leistungsfähigkeit). Dem Applikationsingenieur als Systemanwender wie dem Entwicklungsingenieur beim Rechnerhersteller eröffneten diese Bausteinsysteme durch ihre hohe Flexibilität die Möglichkeit, z. B. kleinere Entwurfsfehler ohne Änderung der Prozessorstruktur allein durch Änderung des Programms bzw. Mikroprogramms zu bereinigen oder auf wechselnde Kundenwünsche oder Marktanforderungen schnell durch Modellmodifikationen bzw. Nachfolgemodelle zu reagieren. So wurden erfolgreiche Prozessoren von der Industrie zunächst mit solchen Bausteinsystemen gebaut und auf den Markt gebracht, bevor sie den Chip-Entwurf durchliefen und in Großintegration gefertigt wurden.

Advanced Micro Devices 1975

Advanced Micro Devices (AMD) setzte ab 1975 mit ihren hochintegrierten Slice- und Modul-Mikroprozessorsystemen den Industriestandard, deren An-

1. Die in 2.5 beschriebenen Nachfolger-Prozessoren entziehen sich aufgrund ihrer sehr viel höheren Komplexität dem in 2.4 gewünschten Detallierungsgrad.

wendung durch den im folgenden skizzierten Aufbau eines 16-Bit-Prozessors demonstriert wird. (Entsprechend mikroprogrammiert entspräche dieser Prozessor in seiner Architektur nach außen hin z.B. einem LSI-11 von Digital Equipment mit abgeändertem oder vergrößertem Befehlssatz, etwa mit wirkungsvolleren Befehlen für spezielle Anwendungen.)

4-Bit-Slice-Mikroprozessorsystem

Beim Am2900 handelt es sich um ein System mit 4 Bit Wortlänge, kaskadierbar in Vielfachen von 4; ECL/TTL-Schaltkreistechnik und 100ns Systemzykluszeit.

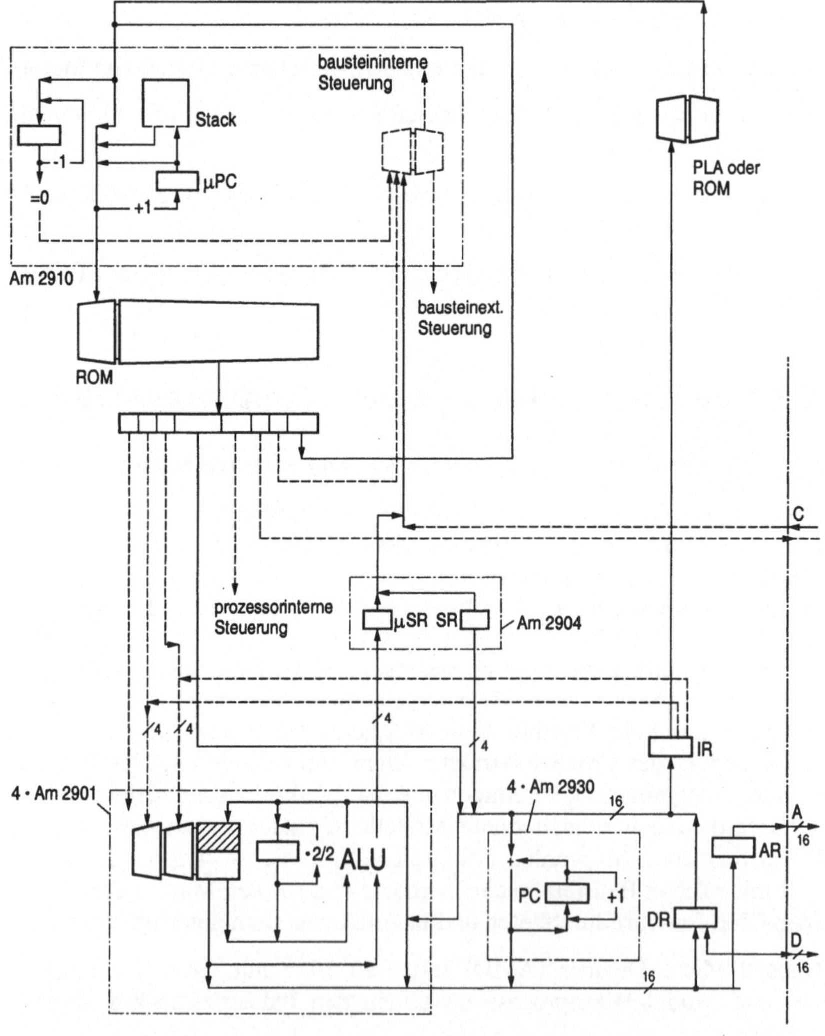

Bild 2-26. Aufbau eines an den LSI-11 angelehnten 16-Bit-Prozessors mit Am2900-Bausteinen; schraffiert hervorgehoben der „sichtbare" Teil des Registerspeichers.

Seine wichtigsten Bausteine sind

- der Mikroprogramm-Controller Am2910 zur vertikalen Mikroprogrammierung (dieser wurde vielfach auch durch ein einfaches PLA-Steuerwerk ersetzt),
- der 4-Bit-Mikroprozessor-Slice Am2901 (kaskadierbar und mit Spezial-Logik für Multiplikation und Division versehen),
- der Statusregister- und Shiftsteuerungsbaustein Am2904 (zur bequemen Beschaltung der kaskadierten 4-Bit-ALUs),
- der 4-Bit-Maschinenprogramm-Controller Am2930 (wie der Prozessor-Slice ebenfalls kaskadierbar).

Bild 2-26 illustriert den Aufbau des 16-Bit-Prozessors mit den genannten Am2900-Komponenten und weiteren handelsüblichen integrierten Schaltkreisen. Der Prozessor hat 8 16-Bit-Register, genauer 8 sichtbare, dem Maschinenprogrammierer zugängliche, von insgesamt 16, dem Mikroprogrammierer zugänglichen Registern, und ein 2-Adreß-Befehlsformat mit 2 Registeradressen in einem Wort, 1 Register- und 1 Speicheradresse in zwei Worten und 2 Speicheradressen in drei aufeinanderfolgenden 16-Bit-Worten im prozessorexternen Speicher.

2.4.2 M6800: Einer der ersten 8-Bit-Mikroprozessoren

Im folgenden ist die Struktur eines der ersten 8-Bit-Mikroprozessoren, des Microprocessor M6800 von Motorola, wiedergegeben. Er kam 1974 wenige Monate nach dem Intel-Prozessor 8080 (ebenfalls ein 8-Bit-Mikroprozessor) auf den Markt. Er umfaßt 5000 Transistoren in einem 40-Pin-Gehäuse. – Beide Prozessoren markieren den eigentlichen Anfang der Mikroprozessortechnik. In der Folge übernahm Intel mit einer Marktbeherrschung bei den 16- und 32-Bit-Nachfolgeprozessoren die Führung. Der M6800 ist in erweiterter Form in den 8-Bit-Mikrocontrollern von Motorola wiederzufinden, die in sehr hohen Stückzahlen verkauft wurden bzw. werden.

Intel, Motorola 1974

Prozessorstruktur

In Bild 2-27 ist das Mikroprogramm- und Mikrodatenwerk des M6800 dargestellt. Es besteht aus dem 8-Bit-Datenbus D und dem (2 mal 8 gleich) 16-Bit-Adreßbus A, dessen „obere" 8-Bit-Hälfte sich an der durch das Schaltersymbol gekennzeichneten Stelle prozessorintern auftrennen und als zweiter 8-Bit-Datenbus verwenden läßt. Als typischer 1-Adreß-Rechner weist der M6800 zwei 8-Bit-Akkumulatoren A und B auf. Außerdem hat er ein 16-Bit-Indexregister X, ein 16-Bit-Stackpointerregister SP, einen 16-Bit-Befehlszähler PC und ein 6-Bit-Statusregister CC mit fünf Bedingungsbits (condition code) und einem Interrupt-Maskenbit. Der M6800 ist horizontal mikroprogrammiert.

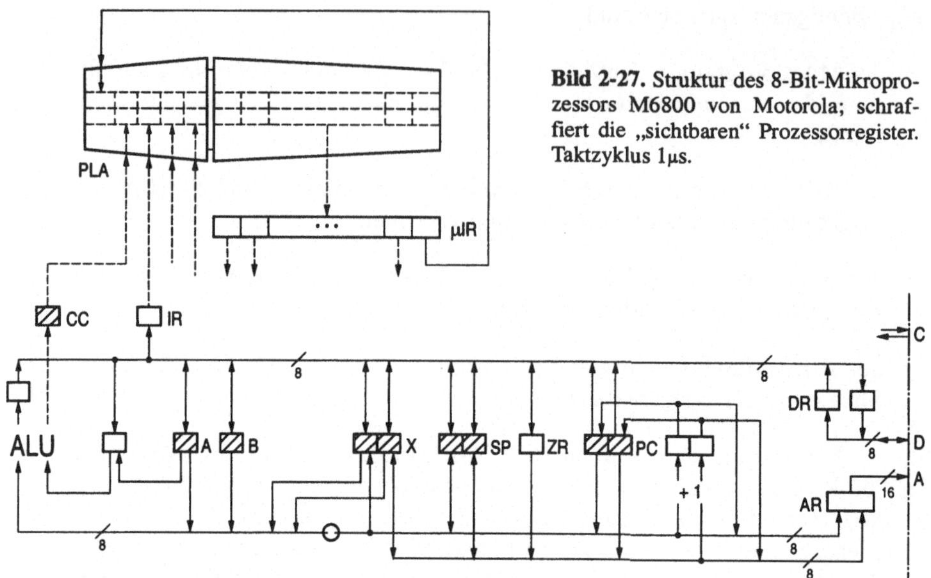

Bild 2-27. Struktur des 8-Bit-Mikroprozessors M6800 von Motorola; schraffiert die „sichtbaren" Prozessorregister. Taktzyklus 1μs.

Aufgabe 2.17. Typischer Befehlsablauf. Ein 1-Adreß-Befehl, wie z.B. ADD M, umfaßt im 8-Bit-Speicher 3 Worte: 1 Byte für den Befehlscode und 2 Bytes für die 16-Bit-Adresse. Versuchen Sie, ADD M in Bild 2-27 durchzuspielen.
Welche Leitung fehlt im abgebildeten Operationswerk,[1] um zu einem sinnvollen Ablauf zu gelangen? Wie viele Takte benötigt der Befehl (einen Speicherzugriff führt der M6800 in 1 Takt aus)?

2.4.3 LSI-11: Ein früher 16-Bit-Prozessor für den industriellen Einsatz

Digital Equipment 1981

Im folgenden sind Struktur und Funktion einer leistungsstarken Variante des 16-Bit-Prozessors **L**arge **S**cale **I**ntegrated LSI-11 von Digital Equipment (DEC) skizziert. Das Blockbild folgt dieser Variante ziemlich genau; das sich anschließende Beispiel für einen Befehlsablauf ist vereinfacht dargestellt. – Bei diesem Prozessor handelt es sich um ein Mitglied der im technisch-wissenschaftlichen Bereich sehr erfolgreichen PDP-11-Familie, nämlich der hochintegrierten Form des 1981 auf dem Markt erschienenen PDP-11/24.

Prozessorstruktur

Bild 2-28 zeigt diesen 16-Bit-Prozessor zusammen mit seinem Speicher. Der Prozessor besteht aus *zwei* Chips (deshalb üblicherweise nicht als Mikroprozessor bezeichnet), die durch den Mikrobefehlsbus MIB und den Daten-/Adreßbus DAB miteinander verbunden sind; an letzterem ist außerdem der Speicher angeschlossen. Der eine Chip beherbergt das Mikroprogrammwerk mit dem für des-

1. Rekonstruiert nach Anceau: The Architecture of Microprocessors. Wokingham: Addison-Wesley 1986.

sen Steuerung zuständigen Mikrobefehlsregister μIR' und dem Maschinenbefehlsregister IR'. Der andere Chip beherbergt den dem Prozessor zugehörigen Teil des Mikrodatenwerks. Dieser hat für seine Steuerung ebenfalls ein eigenes Mikrobefehlsregister μIR sowie ein eigenes Maschinenbefehlsregister IR.

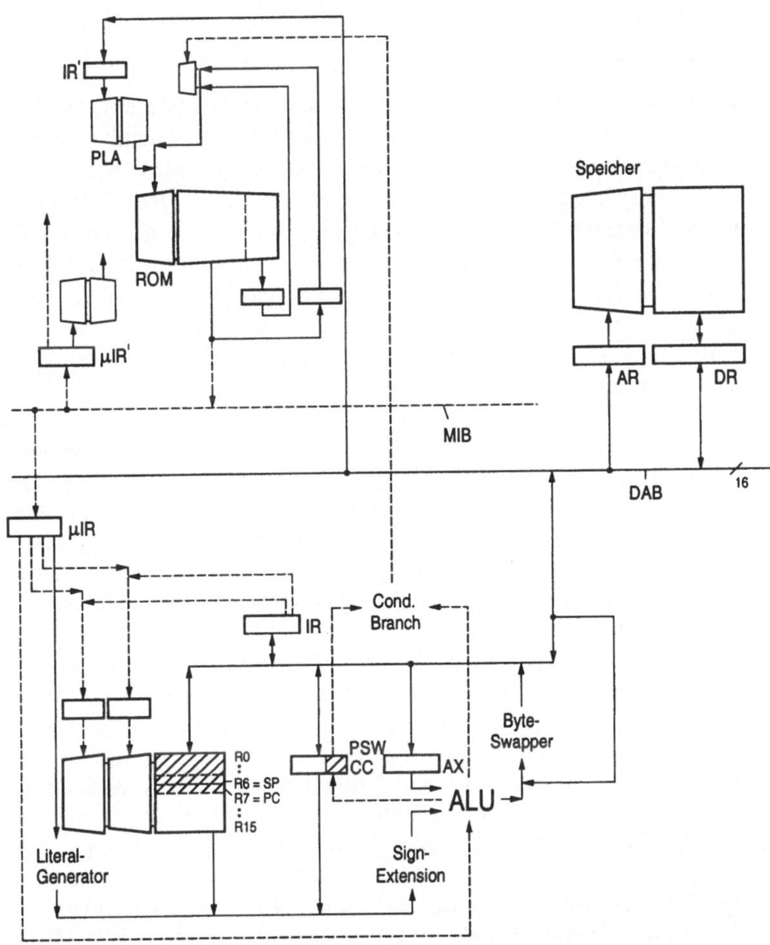

Bild 2-28. Struktur des 16-Bit-Prozessors LSI-11; schraffiert die „sichtbaren" Prozessorregister sowie CC im Register PSW (Programmstatuswort). Taktzyklus 300ns.

Der Registerspeicher des Prozessors umfaßt die allgemein verwendbaren Register R0 bis R7, von denen R6 und R7 mit speziellen Funktionen ausgestattet sind: R6 enthält den Stackpointer SP, und R7 dient als Befehlszähler PC. Das Register PSW für das Programmstatuswort enthält u.a. den Condition-Code CC. Die arithmetisch-logischen Funktionen der ALU werden durch Schaltnetze für Sign-Extension und Byte-Swapping ergänzt. Ein Literal-Generator sorgt für die Erzeugung von Konstanten. Das Holen, die Adreßrechnung und die Ausführung eines Befehls können bei dieser einfachen Prozessorstruktur nur seriell vonstattengehen (vertikale Mikroprogrammierung). Die serielle Arbeitsweise resultiert aus der Kürze des Mikrobefehlsworts; diese wiederum resultiert aus der geringen Leitungsanzahl, eine Folge der damaligen Aufteilung des Prozessors auf zwei Chips.

Beispiel für ein Mikroprogramm

Am Beispiel des Befehls ADD M,R1 wird demonstriert, wie eine in der Speicherzelle M stehende 16-Bit-Zahl zu einer im Register R1 stehenden 16-Bit-Zahl addiert wird. Nach außen hin stellt sich diese Operation als in einem Schritt (einem Befehlszyklus) ausgeführt dar; prozessorintern wird sie jedoch in einer ganzen Reihe von Schritten (Taktzyklen) ausgeführt. – Die Befehle dieses 2-Adreß-Rechners folgen einer ausgesprochen orthogonal ausgeführten Befehlsliste, d.h, alle Befehlscodes lassen sich fast ohne Einschränkungen mit allen Adressierungsarten kombinieren. Diese Art des Prozessorbaus nutzt vielleicht nicht „alle Bits“ des Befehlsworts aus, trägt aber erheblich zur Leichtigkeit des Programmierens bei und zur effizienten Codeerzeugung in Compilern.

Beispiel 2.8. Addiere-Befehl. Bild 2-29a zeigt den aus zwei 16-Bit-Worten bestehenden Maschinenbefehl ADD M,R1 im Speicher zusammen mit seinen Operanden in der Speicherzelle M und dem Prozessorregister R1 sowie den Stand des Befehlszählers in PC=R7 während der Ausführung dieses Befehls. Im ersten Befehlswort sind Felder für Adreßmodifizierungen vorgesehen; die Darstellung ist etwas vereinfacht, sie läßt unberücksichtigt, daß die absolute Adresse M einer Speicherzelle bei diesem Prozessor über eine komplizierte Adreßrechnung mit dem PC gewonnen wird (siehe 3.2.4: Speicherindirekte Adressierung).

In Bild 2-29b ist der den ADD-Befehl betreffende Ausschnitt des Mikroprogramms dargestellt, wobei die Decodierung der Adreßmodifizierungsfelder nicht im einzelnen gezeigt ist. Der Speicher ist byteadressierbar, so daß der PC zum Auslesen eines 16-Bit-Befehlsworts um 2 hochgezählt werden muß. Sein Lesezyklus ist hier etwas unrealistisch zu einem Takt angenommen. In Wirklichkeit werden bei einem an einen prozessorexternen Bus angeschlossenen Speicher mehrere Takte benötigt, um die Datenübertragung zwischen Prozessor und Speicher zu synchronisieren; darüber hinaus müssen ggf. in Abhängigkeit von der Speicherzugriffszeit Wartezustände vorgesehen werden (siehe 4.1.2: Abläufe für den Datentransport zwischen Prozessor und Speicher).

2.4.4 MC68020: Ein 32-Bit-Mikroprozessor auf CISC-Basis

Motorola 1984

Im folgenden sind Struktur und Funktion des 32-Bit-Prozessors Micro Computer MC68020 von Motorola grob beschrieben. Das Blockbild ist stark vereinfacht, das sich daran anschließende Programmbeispiel folgt getreu dem Maschinencode des MC68020. – Der Prozessor ist 1984 als leistungsstärkerer Nachfolger des 16/32-Bit-Mikroprozessors MC68000 von 1979 auf den Markt gekommen und hat Eigenschaften früherer größerer Rechner, wie der VAX-Rechner von Digital Equipment.

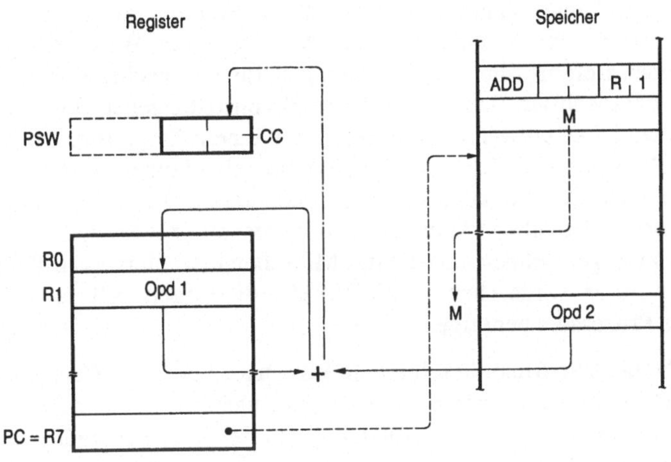

a

```
IFetch:  IR = Code_M1_R1_M2_R2
         IR' = Code'_M1'_R1'_M2'_R2'
#:       AR := PC
         PC := PC+2;
#:       DR := Speicher[AR];
#:       IR := DR
         IR' := DR;
IExec:   [Code'_M1'_R1'_M2'_R2']
            :
            :
         if [ADD_7_PC_0_-]
#:          AR := PC
            PC := PC+2;
#:          DR := Speicher[AR];
#:          AR := DR;
            DR := Speicher[AR];
#:          AX := DR
#:          Register[R2] := AX+Register[R2]
            CC := z_n_c_v
            -> IFetch ;
```

b

Bild 2-29. Ausführung des Maschinenbefehls ADD M,R1 (Operand Opd1 wird durch die Summe von Opd1 und Opd2 ersetzt); **a** Wirkung, **b** Mikroprogramm.

Prozessorstruktur

Bild 2-30 zeigt diesen aus *einem* Chip bestehenden 32-Bit-Prozessor (deshalb mit Recht als Mikroprozessor bezeichnet) zusammen mit seinem Speicher. Zwei bidirektionale prozessorinterne Busse verbinden einen ersten Registerspeicher D (8 Datenregister D0 bis D7 zur Speicherung von Operanden) mit einer arithmetisch-logischen Einheit (ALU) und einer Shift-Einheit (SU) sowie einen zweiten Registerspeicher A (8 Adreßregister A0 bis A7 zur Speicherung von Adressen) mit einer Adreßarithmetik-Einheit (AU). Die Busse können an den durch die

Schaltersymbole gekennzeichneten Stellen getrennt werden, so daß drei unabhängig arbeitende Funktionseinheiten entstehen. Auf diese Weise können die Ausführung eines Befehls, die Adreßrechnungen für den nächsten Befehl und das Holen des übernächsten Befehls überlappend vonstattengehen (Fließbandorganisation). Dazu ist es notwendig, die Befehle in einem Programm-Cache (ein „unterirdisches" Depot an Befehlen) zu puffern und sie in einer Programm-Pipe (eine von Befehlen durchströmte „Röhre") zu decodieren. Das Mikroprogrammwerk des Prozessors ist äußerst komplex, von insgesamt fünf Startadressenspeichern sind nur zwei gezeichnet; anstelle des Mikrobefehlszählers ist in Wirklichkeit eine +1-Adresse vorgesehen. Nach Veröffentlichungen soll es 70% der Chipfläche des Prozessors benötigen.

Programm-Cache. Wie früher beschrieben, kann man sich einen Cache vorstellen als ein RAM mit veränderbaren Adressen, der nicht nur die zur Programmausführung aktuellen Befehlswörter, sondern auch deren Speicheradressen enthält. Dadurch können Ausschnitte aus dem Speicher gepuffert werden, so daß für Befehle, die im Cache stehen, Speicherzugriffe und somit Systembusbelegungen entfallen. Befehle hingegen, die nicht im Cache stehen, werden wie üblich aus dem Speicher geholt und verarbeitet, aber darüber hinaus in den Cache geladen in der Annahme, daß sie in allernächster Zukunft wieder benötigt werden (Ausnutzung der Programmlokalität bei Programmschleifen). Dabei werden bereits im Cache stehende Befehle überschrieben, beim MC68020 nach einer einfachen Ersetzungsstrategie, die keine Rücksicht auf die Cache-Vorgeschichte nimmt, z.B. auf das Alter der Befehle im Cache (siehe S. 345: direct mapped cache).

Programm-Pipe. Eine Pipe kann man sich vorstellen als einen FIFO mit mehreren Ausgängen, so daß nicht nur das vorderste, sondern auch die dahinter stehenden Befehlswörter decodiert und vorverarbeitet werden können. Da die Befehlswörter neben dem Operationscode nicht nur Adressen, sondern auch Operanden enthalten können, existieren für die Verarbeitung solcher *Direkt*operanden neben den Hauptausgängen zum Mikroprogrammwerk auch Nebenausgänge zum Mikrooperationswerk, und zwar für die Befehlsdecodierung und -parametrisierung (siehe S. 154: Mikrobefehlsfolgenspeicher).

Beispiel für ein Maschinenprogramm

Unter der freilich nur theoretischen Annahme, es gäbe im MC68020 keinen Additionsbefehl, müßte die Wirkung des Befehls ADD M,D1 durch ein Maschinenprogramm simuliert werden. Das folgende Beispiel zeigt ein solches Programm für die Addition nach dem Carry-save-Prinzip (siehe 1.3.3, S. 59: Addieren durch „Überträge Retten"). – Die Befehlsliste dieses 2-Adreß-Rechners ist im Gegensatz zum LSI-11 eher unorthogonal ausgeführt, d.h., die erlaubten Adressierungsarten für einen jeden Befehl sind einer ganz individuellen Auswahl unterworfen.

Beispiel 2.9. Carry-save-Addition. Bild 2-31 zeigt das Programm in symbolischer Schreibweise (Assemblercode) sowie als symbolischen Speicherabzug

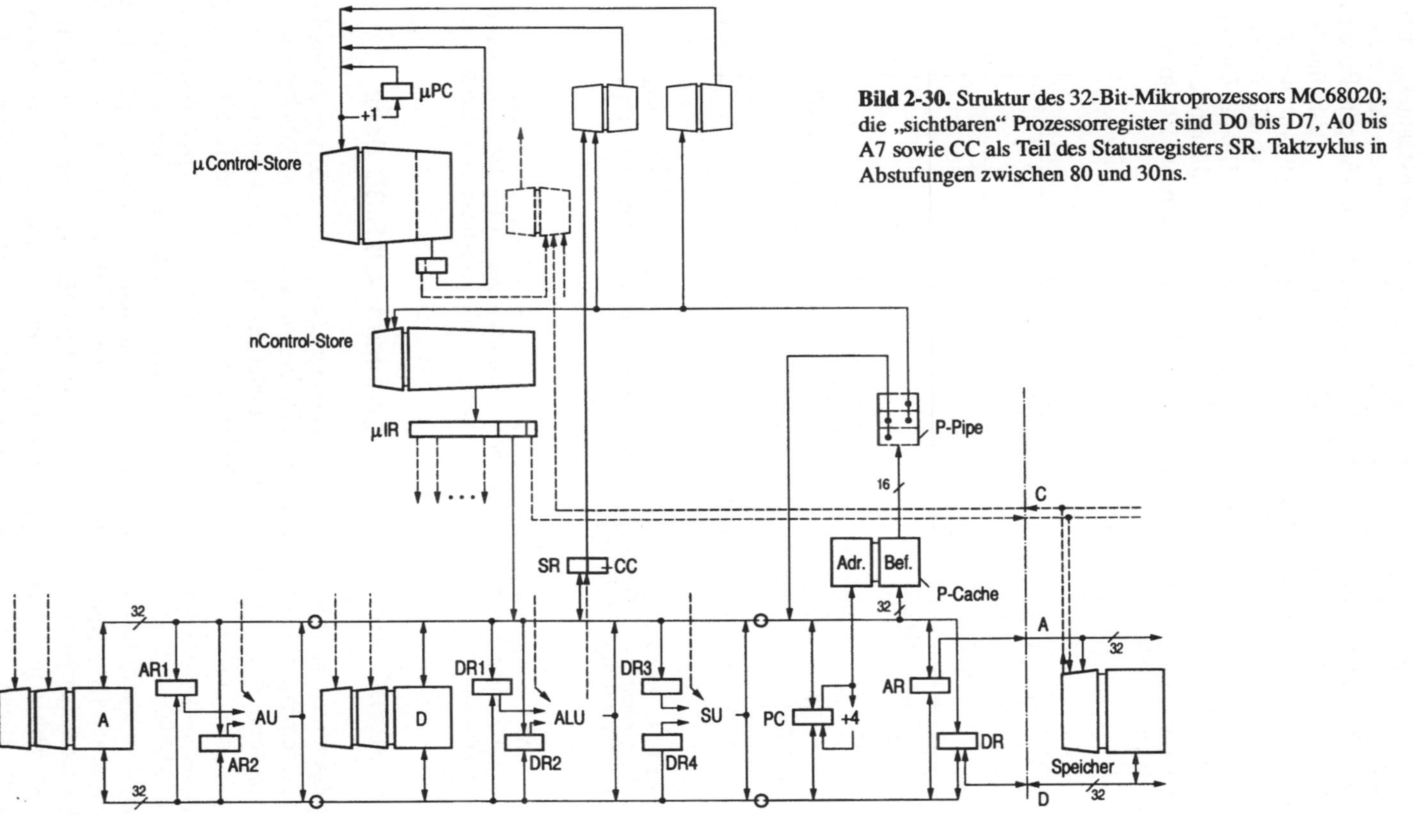

Bild 2-30. Struktur des 32-Bit-Mikroprozessors MC68020; die „sichtbaren“ Prozessorregister sind D0 bis D7, A0 bis A7 sowie CC als Teil des Statusregisters SR. Taktzyklus in Abstufungen zwischen 80 und 30ns.

(Maschinencode). Dabei ist berücksichtigt, daß der Speicher byteadressierbar ist, d.h. das erste 32-Bit-Wort die Adressen 0, 1, 2, 3, das zweite die Adressen 4, 5, 6, 7 usw. durchläuft. Auch die „Adressen" der beiden Branch-Befehle lassen sich mit dieser Adreßfolge erklären: Bei BEQ wird zum aktuellen PC-Stand 10 addiert, so daß zum Befehl mit der symbolischen Adresse E (exit) verzweigt wird. Bei BRA wird vom PC-Stand 16 subtrahiert, so daß der durch die Adresse L (loop) markierte CMP-Befehl als nächster ausgeführt wird. – Bei der Interpretation der Maschinenbefehle ist zu beachten, daß im Assemblercode die erste Adresse die Quelladresse und die zweite Adresse die Zieladresse ist; im Maschinencode ist es gerade umgekehrt.

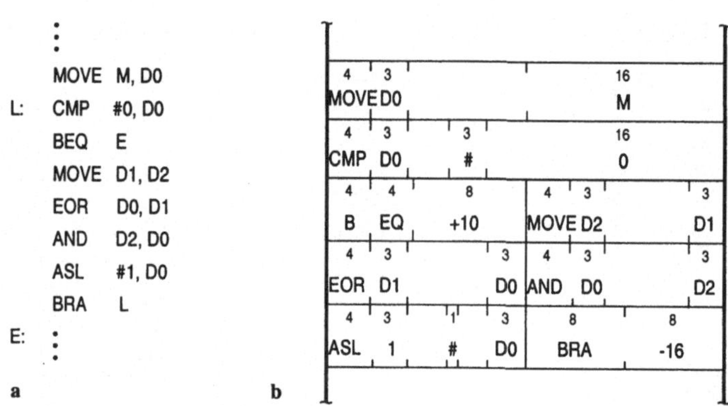

Bild 2-31. Simulation von ADD M,D1 durch ein MC68020-Programm; **a** Assemblercode (# kennzeichnet Direktoperanden), **b** Maschinencode (die mnemonischen Codes sind in Wirklichkeit 0/1-Muster).

Aufgabe 2.18. Die in den Bildern 2-26, 2-27, 2-28 und 2-30 wiedergegebenen CISC-Strukturen weisen viele Gemeinsamkeiten auf, sind aber hinsichtlich ihrer „Chip-Aufteilung" grundverschieden. Diskutieren Sie die aus diesen Aufteilungen resultierenden Eigenschaften der vier Prozessoren.

2.4.5 SPARC: Ein 32-Bit-Mikroprozessor auf RISC-Basis

Im folgenden sind Struktur und Funktion eines 32-Bit-Prozessors grob beschrieben, dessen Spezifikation der **S**calable **P**rocessor **A**rchitecture SPARC von Sun Microsystems folgt. Sun Microsystems bietet den SPARC als sog. offene Architektur an, d.h., die Entwurfsspezifikation ist veröffentlicht, und die Hersteller des Chips können frei darüber entscheiden, wie sie die Prozessorspezifikation technisch erfüllen. – Das folgende Blockbild für einen SPARC-Prozessor ist dem Original in VLSI-Technik von Cypress aus dem Jahre 1988 nachempfunden und vereinfacht wiedergegeben. Das sich anschließende Programmbeispiel folgt fast wirklichkeitsgetreu dem Maschinencode des SPARC. – Es sind von einer Reihe Firmen zahlreiche Varianten gebaut worden, die alle demselben „Programmiermodell" folgen, u.a. als Fließbandprozessor mit 8-Stufen-Fließband, als Su-

Cypress 1988

perskalarprozessor mit Instruction-Fetch-, Load-/Store-, Floating-Point-, auch mit Memory-Management-Unit (MMU, siehe S. 362).

Prozessorstruktur

Wir fassen die Ergebnisse aus 2.3.3 (Reduced Instruction Set Computer) zusammen. Kennzeichnend für einen RISC sind folgende Punkte:

- Maschinenoperationen werden durch *Schaltnetze* als Verarbeitungseinheiten verwirklicht – das impliziert elementare Operationen.
- Programme und Daten sind *ausschnittweise getrennt* untergebracht – das impliziert Caches bzw. größere Registerspeicher.
- In jedem Taktschritt werden zur Erhöhung des Durchsatzes mehrere Maschinenbefehle *gleichzeitig überlappend* abgearbeitet – das impliziert Fließbandtechnik.

Bild 2-32 zeigt den 32-Bit-Prozessor zusammen mit seinem Speicher. Charakteristisch ist die Fließbandarchitektur mit ihren beiden Hauptfunktionseinheiten, dem Programmspeicher (Instruction-Cache, ausgeführt als CAM) „unter" den Befehlszählern (PC, nPC)[1] und dem Datenspeicher (Register-File, ausgeführt als 3-Port-RAM) „unter" dem Befehlsregister (IR). Für die gute Füllung des Cache sorgt ein Befehlspuffer (Instruction-Queue, ausgeführt als FIFO). Während in den Cache die Befehle aus dem Hauptspeicher automatisch kopiert werden, müssen die Daten in den Registerspeicher programmiert geladen werden. Die Fließbandtechnik ermöglicht es, die für den SPARC definierten einfachen 3-Adreß-Befehle in jeweils einem Taktzyklus fertigzustellen. Befehle hingegen, die auf die prozessorexternen Speicher zugreifen, wie Lade Register (ld) oder Speichere Register (st), benötigen ggf. zwei Taktzyklen (zu den mit dem Laden und Speichern zusammenhängenden Problemen siehe S. 157, insbesondere Bild 2-23).

Fließbandtechnik im SPARC. Die Leistungsfähigkeit des RISC resultiert letztlich aus der Fließbandorganisation (Befehl holen, Befehl decodieren in Verbindung mit Operanden holen, Operation ausführen, Ergebnis zurückschreiben). Die 4-Stufigkeit des Fließbands, kombiniert mit seiner Steuerung durch ein Schalt*netz* (im Bild am linken Rand als ROM/PLA gezeichnet) ist charakteristisch für einen typischen RISC (einige Befehle, wie ld und st, können ein Schalt*werk* nötig machen). Das Mikroprogramm„werk" folgt somit der extrem horizontalen Mikroprogrammierung mit einem „Schuß" horizontaler Mikroprogrammierung; es ist dezentralisiert aufgebaut und benötigt nur einen sehr geringen Teil der Chipfläche.

Auf dem Fließband befinden sich immer 4 Befehle, die überlappend in den 4 Stufen abgearbeitet werden, so daß mit jedem Taktschritt 1 Befehl das Fließband verläßt. Zur Illustration der Arbeitsweise stelle man sich vor, daß folgender Pro-

1. Zur Organisation eines ordnungsgemäßen Ablaufes von Delay-Befehlen beim Auftreten von Programmunterbrechungen (traps, interrupts) ist neben dem eigentlichen Befehlszähler (next PC beim SPARC) ein weiterer Befehlszähler notwendig (PC beim SPARC).

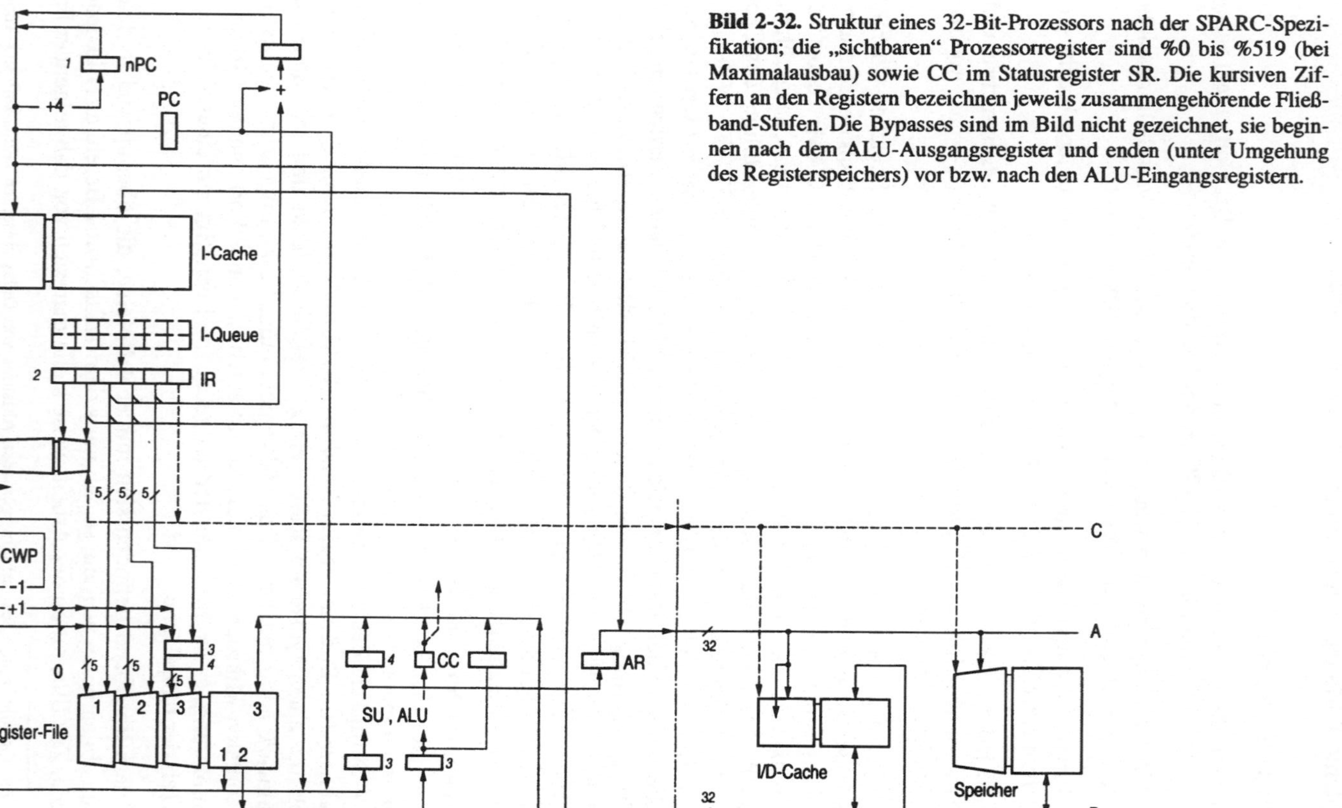

Bild 2-32. Struktur eines 32-Bit-Prozessors nach der SPARC-Spezifikation; die „sichtbaren" Prozessorregister sind %0 bis %519 (bei Maximalausbau) sowie CC im Statusregister SR. Die kursiven Ziffern an den Registern bezeichnen jeweils zusammengehörende Fließband-Stufen. Die Bypasses sind im Bild nicht gezeichnet, sie beginnen nach dem ALU-Ausgangsregister und enden (unter Umgehung des Registerspeichers) vor bzw. nach den ALU-Eingangsregistern.

grammausschnitt aus Bild 2-35a (Zeitpunkt *t*) in den entsprechend den Fließbandstufen kursiv numerierten Registern von Bild 2-32 steht: in den Registern *4* Zieladresse und Ergebnis des mov-Befehls (zum Schreiben in ein Register), in den Registern *3* die Operanden des xor-Befehls (zum Ausführen der Operation), im Register *2* die Registeradressen des and-Befehls (zum Holen der Operanden) und im Register *1* die Adresse des ba-Befehls (zum Holen dieses Befehls). Mit dem nächsten Taktimpuls gelangt schlagartig der um eins weitergezählte Programmausschnitt (Zeitpunkt $t+1$) in die besagten Fließbandregister, bestehend aus den Befehlen xor, and, ba sowie sll. – Auf diese Weise schreitet die Programmausführung Takt für Takt fort.

Das Schema in Bild 2-33 veranschaulicht die überlappende Arbeitsweise des Fließbands, beginnend mit der eben beschriebenen Situation zum Zeitpunkt *t*. Darin sind die Belegungen der Fließbandstufen durch die versetzt angeordneten Befehle nebeneinander gezeichnet. Bei genauerer Betrachtung erkennt man die beiden Fälle von Fließband-Konflikten: diejenigen bei cb-Befehlen (durchgezogene Pfeile in Bild 2-33) und diejenigen bei al-Befehlen (gestrichelte Pfeile in Bild 2-33), aufgelöst durch Delay Slots bzw. Register Bypasses (siehe in 2.2.4 Seiten 129 bzw. 132).

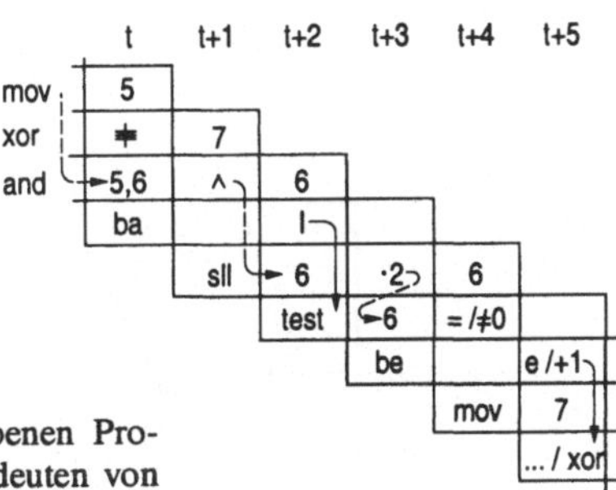

Bild 2-33. Ausführung des in Bild 2-35 wiedergegebenen Programms im Fließband. Die Felder einer jeden Zeile bedeuten von links nach rechts: 1. Befehl holen, 2. Operanden holen, 3. Operation ausführen, 4. Ergebnis schreiben. Die Pfeile illustrieren Konflikte bei cb-Befehlen (gestrichelt) bzw. bei al-Befehlen (durchgezogen).

Register-Windowing. Die Befehle des SPARC haben bis auf wenige Spezialbefehle (z.B. call: Unterprogrammaufruf) 3-Adreß-Format mit Registeradressen als Quellen und Ziel. Die in Bild 2-32 nur angedeutete, relativ aufwendige Adressierungslogik ermöglicht es, auf 8 globale Register und darüber hinaus auf einen Registerausschnitt (Registerfenster, register window) von 24 aktuellen von insgesamt bis zu 512 Registern zuzugreifen (Bild 2-34).[1] Diese gliedern sich in 8 in-Register, 8 lokale Register und 8 out-Register und werden im Befehlswort relativ zum Current-Window-Pointer (CWP) adressiert. Wie in Bild 2-32 dargestellt und auf Bild 2-34 angewendet, ist der CWP in- und dekrementierbar. Die Adressierung der Register geschieht in der Weise, daß benachbarte Registerfenster sich in jeweils 8 Registern überlappen, so daß die *out*-Register *vor* dem Dekrementieren

1. in handelsüblichen SPARC-Realisierungen allerdings nur bis zu 136 Registern; siehe z.B. SPARC (A RISC Tutorial). Sun Microsystems 1987.

identisch mit den *in*-Registern *nach* dem Dekrementieren sind. Entsprechend umgekehrt erfolgt die Registeridentifizierung beim Inkrementieren des CWP. Inkrementieren wie Dekrementieren werden mit zwei gegenläufig wirkenden Spezialbefehlen programmiert (save: rette Register, restore: restauriere Register).

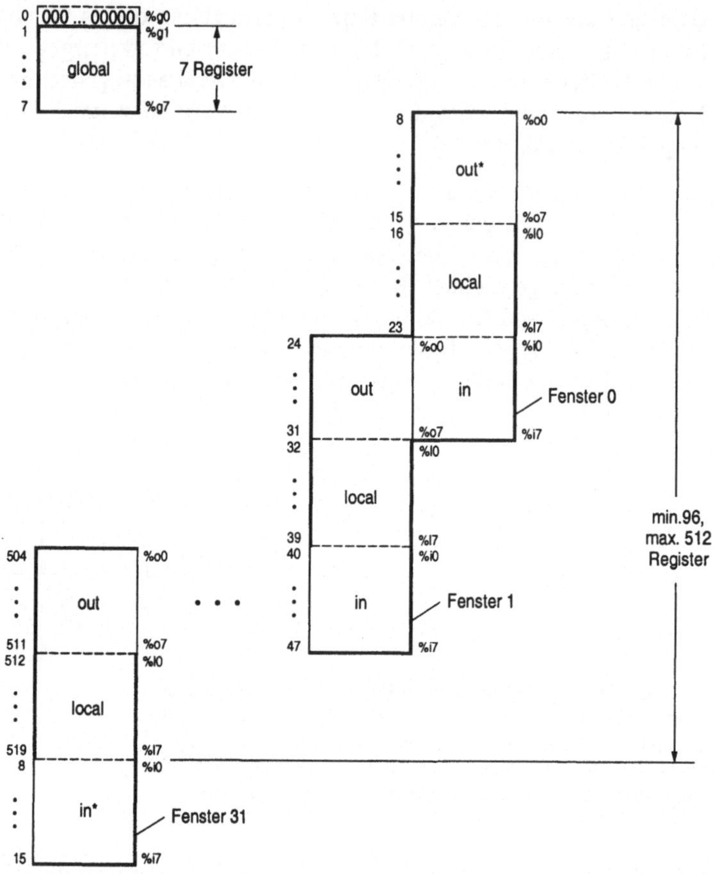

Bild 2-34. Registeradressierung im SPARC bei Maximalausbau. Die Register sind im Assemblercode durch %0 bis %7 bzw. %g0 bis %g7 (global) und pro Fenster durch %8 bis %31 bzw. %o0 bis %o7 (out), %l0 bis %l7 (local) und %i0 bis %i7 (in) ansprechbar.

Die Anzahl der Registerfenster ist implementierungsabhängig und liegt zwischen mindestens 6 (entspricht insgesamt 104 Registern) und höchstens 32 (entspricht insgesamt 520 Registern). Die Fenster sind zyklisch angeordnet, d.h., die out-Register des letzten Fensters entsprechen den in-Registern des ersten Fensters (durch * in Bild 2-34 gekennzeichnet). – Diese als Register-Windowing bezeichnete Technik ermöglicht eine äußerst effiziente Parameterübergabe für Unterprogramme, solange die Parameteranzahl 7 nicht übersteigt (der PC benötigt ein Register) und die Schachtelungstiefe nicht ungebührlich wächst (über 6 bis 32, je nach Ausbau). In 3.3.3 ist diese Technik der Prozessorunterstützung für die Parameterbehandlung in Unterprogrammen genauer ausgeführt.

Beispiel für ein Maschinenprogramm

Zur Demonstration der Programmierung dieses RISC sei die in Beispiel 2.9 programmierte Aufgabe noch einmal aufgegriffen. Gleichfalls unter der Annahme, es gäbe keinen Additionsbefehl, nun im SPARC, müßte die Wirkung von z.B. add %7,%6,%7 simuliert werden (Register werden im SPARC-Assemblercode mit % bezeichnet). Das folgende Beispiel zeigt wieder ein solches Programm für die Addition nach dem Carry-save-Prinzip (siehe 1.3.3, S. 59: Addieren durch „Überträge Retten").

Beispiel 2.10. Carry-save-Addition. Bild 2-35 zeigt den Carry-save-Algorithmus im SPARC-Assemblercode, und zwar in Teilbild a mit sog. Pseudo-Befehlen und in Teilbild b mit den eigentlichen Maschinenbefehlen des RISC – wie man sieht, nur mehr schwer lesbar. Diese Unübersichtlichkeit erklärt sich aus der z.T. extremen Einfachheit der RISC-*Maschinen*befehle, die in ihrer Wirkung eher CISC-*Mikro*befehlen entsprechen: Selbst ein so elementarer Befehl wie der move-Befehl ist – wie man sieht – in Wirklichkeit ein or-Befehl mit der fest eingebauten Konstanten Null im globalen Register 0 (oder ein anderer, gleich wirkender Befehl).

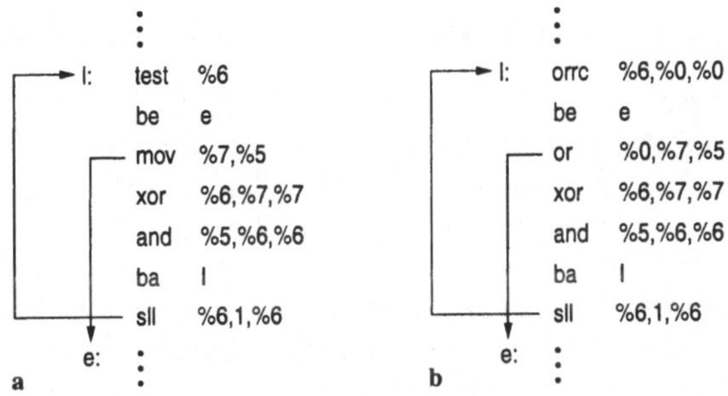

Bild 2-35. Simulation des Additionsbefehls durch ein SPARC-Programm. **a** Assemblerprogramm mit Pseudobefehlen; **b** Assemblerprogramm mit Maschinenbefehlen.

2.5 Höhere Formen der Parallelverarbeitung (Autor: M. Menge)

Ein Prozessor oder Rechner wird immer zur Lösung bestimmter Zielsetzungen entwickelt, von denen die beiden wichtigsten die Kosten und die erreichbare Verarbeitungsgeschwindigkeit sind. Sie stehen normalerweise in Konkurrenz zueinander. So verursacht ein schnelles System i.allg. höhere Kosten als ein langsames, und zwar vor allem, wenn die Geschwindigkeitssteigerung durch Erweiterungen erreicht wird, die die Funktionalität des Prozessors nicht verändern. Caches sind hierfür ein Beispiel: *Mit* Cache arbeitet ein Prozessor schneller als *ohne* Cache, wobei er zusätzliche Kosten verursacht, ohne jedoch die Funktionalität zu vergrößern. Solche Architekturprinzipien werden auch als transparent bezeichnet, da sie von einem Programmierer, abgesehen vom veränderten Zeitverhalten des Prozessors, nicht wahrgenommen werden. Bei nichttransparenten Architekturprinzipien ist der Konflikt zwischen Verarbeitungsgeschwindigkeit und Kosten weniger ausgeprägt. So ist ein CISC-Prozessor i. allg. komplexer und teurer als ein RISC-Prozessor, obwohl der RISC-Prozessor oft schneller arbeitet.

In diesem Abschnitt werden Architekturprinzipien beschrieben, die eine Geschwindigkeitssteigerung des Prozessors bewirken sollen, und zwar entweder, indem die durch die Parallelverarbeitung von Befehlen aufgeworfenen Probleme gelöst werden, oder indem die Parallelverarbeitung von Befehlen überhaupt ermöglicht wird. So beschreibt Abschnitt 2.5.1 den Umgang mit Sprungbefehlen in Fließbandprozessoren. Es geht darum, die Sprungkonflikte zu lösen und so den Befehlsdurchsatz zu verbessern. Abschnitt 2.5.2 beschreibt Architekturprinzipien zur nichttransparenten parallelen Verarbeitung von Befehlen, bei der der Programmierer explizit definieren muß, welche Aktionen jeweils parallel ausgeführt werden sollen und welche nicht. In Abschnitt 2.5.3 werden schließlich transparente Architekturprinzipien zur parallelen Ausführung von Befehlen behandelt.

2.5.1 Lösung des Sprungkonflikts in Fließband-Prozessoren

Das wohl wichtigste Architekturprinzip zur Steigerung der Verarbeitungsgeschwindigkeit von Prozessoren ist die Fließbandverarbeitung. Ohne großen schaltungstechnischen Aufwand ist es möglich, den Befehlsdurchsatz signifikant zu verbessern, und zwar indem die Zahl der Fließbandstufen vergrößert wird. Dies ist aber nur innerhalb gewisser Grenzen sinnvoll, weil der kontinuierliche Fluß der Befehle durch Sprung- und Datenkonflikte mehr oder weniger stark gestört wird (siehe 2.2.4) und das Fließband im Konfliktfall ggf. vollständig neu gefüllt werden muß, was um so länger dauert, je größer die Anzahl der Fließbandstufen ist. Datenkonflikte können mit einigem Aufwand durch Bypasses gelöst werden,[1] nicht jedoch Sprungkonflikte, die sich mit Hilfe von Delay-Slots nur bei kurzen Fließbändern befriedigend lösen lassen.

Auch die im folgenden beschriebenen Verfahren lösen den Sprungkonflikt nicht wirklich, sie entschärfen ihn lediglich, indem entweder der Sprungbefehl selbst oder die mit einem Sprungbefehl verbundene „Zeitstrafe“ vermieden wird. Letzteres gelingt nicht immer, sondern ist vom Programm abhängig. Die Situation ist vergleichbar mit der, wie sie auch für Caches besteht: Hier wie dort ist es durchaus möglich, ein Programm in einer Weise zu formulieren, daß es der Durchsatzerhöhung (hier) bzw. der Zugriffsbeschleunigung (dort) entgegenwirkt. Trotz-

1. In einem leistungsfähigen Prozessor muß durch das hohe Maß an Parallelität eine große Anzahl von Bypasses realisiert werden; die hierzu erforderlichen Busse belasten die Verdrahtungsressourcen eines integrierten Bausteins.

dem sind der Einsatz von Pipelines (hier) bzw. von Caches (dort) sehr effektive Techniken.

Sprungvermeidung durch bedingte Befehlsausführung

Die einfachste Möglichkeit, Sprungkonflikte zu vermeiden, besteht darin, keine Sprungbefehle auszuführen. Erreicht wird das, indem beliebige datenverarbeitende Befehle Ergebnisse bedingt erzeugen. Diese sog. bedingte Befehlsausführung (prediction) entspricht in seiner Wirkung einem bedingten Sprungbefehl, der den unmittelbar folgenden datenverarbeitenden Befehl ggf. ausläßt, allerdings mit dem Unterschied, daß der bedingte Sprungbefehl einen Sprungkonflikt verursachen kann, ein bedingt ausgeführter datenverarbeitender Befehl[1] jedoch nicht. Nachteilig an der bedingten Befehlsausführung ist, daß die Bedingung, unter der ein Ergebnis erzeugt werden soll, im datenverarbeitenden Befehl codiert sein muß, und zwar auch dann, wenn der Befehl unbedingt ausgeführt werden soll, was der Normallfall ist. Um diesen Nachteil zu vermeiden, ist oft nicht der gesamte, sondern nur ein kleiner Teil des Befehlssatzes bedingt ausführbar, im Grenzfall gewöhnlich nur ein move-Befehl.

Die Idee der Sprungvermeidung durch bedingte Befehlsausführung wurde von ARM Ltd. kommerziell genutzt. In der ARM-Architektur erzeugt der Prozessor bei einem bedingten datenverarbeitenden Befehl nur dann ein Ergebnis, wenn der Condition-Code des Prozessors einer im Befehl codierten Bedingung genügt. – Nachfolgend sind zwei Assemblerprogramme für den ARM einander gegenübergestellt, mit denen jeweils das Maximum zweier ganzer Zahlen, die sich in den Prozessorregistern R1 und R2 befinden, ermittelt wird. Das Ergebnis wird in R0 gespeichert. Das Programm links verwendet herkömmliche bedingte Sprungbefehle, während sich das Programm rechts der bedingten Befehlsausführung bedient. Die wirkungsgleichen Befehle der beiden Programme sind gekennzeichnet. So wird der erste MOV-Befehl links nur ausgeführt, wenn er nicht vom BLT-Befehl (Branch on Less Than) übersprungen wird. Dies entspricht dem MOVGE-Befehl rechts (Move on Greater or Equal), der das Zielregister nur verändert, wenn die Bedingung erfüllt ist.

ARM
1985

```
         :                          :
max:     CMP  R1, R2        max:    CMP     R1, R2
         BLT  greater }  ---------  MOVGE   R0, R1
         MOV  R0, R1  }          /  MOVLT   R0, R2
greater: BGE  end     }  -------/   :
         MOV  R0, R2  }
end:     :
```

Bemerkung. Es ist prinzipiell möglich, mit herkömmlichen bedingten Sprungbefehlen eine ähnliche Wirkung zu erzielen wie mit bedingt ausgeführten datenverarbeitenden Befehlen, und zwar,

1. Ein bedingter Sprungbefehl kann auch als ein bedingt ausgeführter unbedingter Sprungbefehl angesehen werden; ein solcher würde dann jedoch einen Sprungkonflikt verursachen. Daher wird hier von bedingten Sprungbefehlen und bedingten datenverarbeitenden Befehlen gesprochen.

indem der bedingte Sprungbefehl und der darauf folgende Befehl vom Prozessor als Einheit interpretiert wird (wie das i. allg. in der Mikroprogrammierung der Fall ist). Vorteil der datenverarbeitenden bedingten Befehlsausführung ist jedoch, daß in den Befehlen z. B. kein Sprungziel codiert werden muß und so Speicherplatz eingespart werden kann. Dies verbessert u. a. die Wirkung eines Programm-Caches, der gewöhnlich eine nur geringe Speicherkapazität besitzt.

Statische Sprungvorhersage

Das Zeitverhalten bedingter Sprünge, die einen Konflikt verursachen, ist in Fließbandprozessoren „asymmetrisch" und davon abhängig, ob der Sprungbefehl zum Sprungziel verzweigt oder nicht: Ein Sprungkonflikt tritt auf, wenn zum Sprungziel verzweigt wird (branch taken), was in etwa zwei Dritteln aller Fälle geschieht. Da mit einem Sprungkonflikt immer eine „Zeitstrafe" verbunden ist, werden Sprungbefehle im Durchschnitt in zwei Dritteln aller Fälle entsprechend dieser Zeitstrafe langsamer ausgeführt. Falls jedoch Sprungbefehle ohne Rücksicht auf eine noch nicht ausgewertete Bedingung so bearbeitet werden, daß sie bereits in der ersten Fließbandstufe zum Sprungziel verzweigen, wobei die Verzweigung ggf. rückgängig gemacht wird, falls die Bedingung nicht erfüllt ist, so tritt ein Sprungkonflikt nur noch in einem Drittel aller Fälle auf. Im Durchschnitt werden die Sprungbefehle dann nur noch in einem Drittel aller Fälle mit einer Zeitstrafe beaufschlagt. Hierzu ein Zahlenbeispiel: Mit einer „reinen" Ausführungszeit von 1 Takt für Sprungbefehle und einer Zeitstrafe von 3 Takten, falls ein Sprungkonflikt auftritt, ergibt sich eine durchschnittliche Ausführungszeit von 3 Takten, falls Sprungbefehle herkömmlich bearbeitet werden, und von 2 Takten, falls die Verzweigung zum Sprungziel bereits in der ersten Fließbandstufe erfolgt.

Um die durchschnittliche Ausführungszeit von Sprungbefehlen ohne Veränderung der Fließbandstruktur weiter zu verbessern, kann nur noch die Häufigkeit, mit der Zeitstrafen auftreten, vermindert werden. Dies wird z. B. erreicht, indem gesteuert wird, ob die Zeitstrafe beim Verzweigen oder beim Nichtverzweigen zum Sprungziel auftritt. Bei der sog. statischen Sprungvorhersage wird das erwartete Verhalten eines Sprungbefehls im Befehl codiert. Ein Schleifensprungbefehl wird z. B. normalerweise verzweigen und sollte dementsprechend gekennzeichnet werden. Eine Zeitstrafe wird dann nur fällig, wenn die Schleife nicht wiederholt wird.

Motorola PowerPC 603

Motorola hat die statische Sprungvorhersage neben anderen Verfahren zur Verbesserung der durchschnittlichen Ausführungszeit von Sprungbefehlen z. B. im PowerPC 603 verwendet. Unten ist für diesen Prozessor ein Assemblerprogramm zur Berechnung der Summe der Zahlen von 1 bis 100 wiedergegeben. Die Berechnung erfolgt in einer Schleife, die insgesamt 100-mal durchlaufen wird. Die etwas unhandliche Schreibweise des Schleifensprungbefehls bc rührt daher, daß es insgesamt 1024 Varianten dieses Befehls gibt, die durch die beiden Parameter LTAKEN und CTRNZ unterschieden werden.[1] Sie bewirken, daß der

1. Die im Programm verwendeten Symbole LTAKEN, CTRNZ und NOCOND müssen vom Programmierer definiert werden (was hier nicht geschehen ist).

Sprungbefehl kein Bedingungsregister auswertet (NOCOND) und solange zur Sprungmarke L verzweigt, wie der Inhalt des Zählregisters CTR ungleich 0 ist, wobei mit jedem Sprung CTR dekrementiert wird (CTRNZ).

```
ACCUMULATE: li     r2, 100    // Schleifenzähler r2 = 100 initialisieren
            mtctr  r2         // Schleifenzähler in das Spezialregister CTR
            li     r1, 0      // Summenregister r1 = 0 initialisieren
         L: mfctr  r2         // aktuellen Schleifenzähler CTR nach r2 lesen
            add    r1, r2, r1 // Zählwerte in r2 akkumulieren (r1 = r1 + r2)
            bc     LTAKEN | CTRNZ, NOCOND, L  // Schleifensprung
```

Die Fähigkeit zur statischen Sprungvorhersage drückt sich im Parameter LTAKEN aus. Der Sprungbefehl wird so als zum Sprungziel verzweigend vorverarbeitet. In dem angegebenen Programm betrifft dies 99% aller Fälle (100 Schleifendurchläufe). Da das Zeitverhalten des PowerPC 603 von vielen zusätzlichen Bedingungen abhängig ist, bedeutet dies leider nicht, daß in 99% aller Fälle kein Sprungkonflikt mehr auftritt, sondern lediglich, daß das Zeitverhalten des Sprungbefehls in 99% aller Fälle günstig beeinflußt wird.

Dynamische Sprungvorhersage

Durch die statische Sprungvorhersage wird die durchschnittliche Ausführungszeit bedingter Sprungbefehle verbessert. Das Verfahren hat jedoch zwei Nachteile:

1. Die Zuverlässigkeit, mit der das Verhalten eines Sprungbefehls vorhergesagt wird, ist nur geringfügig besser, als wenn grundsätzlich „wird springen" vorhergesagt wird.
2. Der Programmierer bzw. der Compiler muß das Sprungverhalten explizit im Befehl codieren.

Eine höhere Vorhersagezuverlässigkeit, ohne daß irgend ein Hinweis auf das Sprungverhalten im Befehl codiert zu werden braucht, kann mit Hilfe dynamischer Sprungvorhersagetechniken erreicht werden. Hierbei wird ausgenutzt, daß ein Sprungbefehl in den allermeisten Fällen ein gleichbleibendes Sprungverhalten aufweist, also fast immer oder fast nie verzweigt. Wird also bei Ausführung eines Sprungbefehls in irgendeiner Form jeweils gespeichert, ob der Sprung erfolgt ist oder nicht, kann dies fortan genutzt werden, um das Sprungverhalten des entsprechenden Sprungbefehls „vorherzusagen".

Zur Speicherung wird ein sog. Sprungvorhersage-Cache (branch prediction cache) verwendet. Da die Befehle in vielen Programmen ein hohes Maß an Lokalität aufweisen, ist die Wahrscheinlichkeit groß, daß bei Ausführung eines Sprungbefehls ein passender Eintrag im Sprungvorhersage-Cache gespeichert ist, der dann zur Vorhersage des Sprungverhaltens genutzt werden kann. Falls dies jedoch nicht so ist, wird eine statische Sprungvorhersage durchgeführt und nach

branch prediction cache

Ausführung des Sprungbefehls das tatsächliche Sprungverhalten in den Sprungvorhersage-Cache eingetragen. Der neu erzeugte Eintrag kann dann in Zukunft verwendet werden, um bei mehrmaliger Ausführung eines Sprungbefehls dessen Verhalten vorherzusagen.

Einfache Sprungvorhersage. Die Zuverlässigkeit, mit der der Ausgang von Sprungbefehlen korrekt vorhergesagt wird, ist bei der dynamischen Sprungvorhersage stark vom verwendeten Verfahren abhängig. Im einfachsten Fall wird im Sprungvorhersage-Cache nur gespeichert, ob der Sprungbefehl bei seiner letzten Ausführung zum Sprungziel verzweigt ist oder nicht, und entsprechend dieser Information wird der Ausgang des Sprungbefehls für seine nächste Ausführung vorhergesagt. Das Verfahren ist in Bild 2-36 als Graph dargestellt: Falls beim Ausführen eines Sprungbefehls ein Sprung tatsächlich erfolgt ist, ist im Sprungvorhersage-Cache der Zustand T (Sprung „taken") gespeichert. Wird dieser Befehl ein zweites Mal ausgeführt, so wird „springen" vorhergesagt. Stellt sich später heraus, daß wirklich gesprungen worden ist, wird im Zustand T geblieben und für den Befehl weiterhin „springen" vorhergesagt. Falls jedoch nicht gesprungen wurde, wird in den Zustand N (Sprung „not taken") gewechselt und das nächste Mal „nicht springen" vorhergesagt u.s.w.

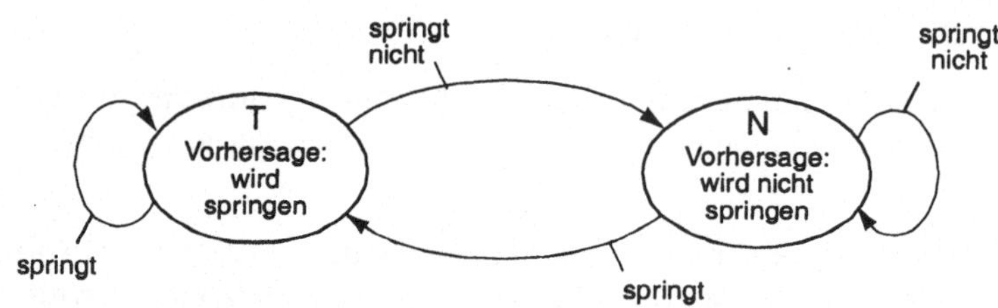

Bild 2-36. Dynamische Sprungvorhersage mit einem Bit. Im linken Zustand wird der nächste Sprung als „taken", im rechten Zustand als „not taken" vorhergesagt.

Sprungvorhersage durch Gewichtung. Die einfache Sprungvorhersage hat den Nachteil, daß durch einen Sprungbefehl, der in den meisten Fällen ausschließlich verzweigt bzw. nicht verzweigt, bei einer Abweichung von diesem stetigen Verhalten zwei Fehlvorhersagen generiert werden, nämlich (1.) wenn das stetige Verhalten durchbrochen wird und (2.) wenn zum stetigen Verhalten zurückgekehrt wird. Die Sprungfolge TTNTT wird also z.B. beim Übergang von Sprung „taken" nach Sprung „not taken" und ein zweites Mal beim Übergang von „not taken" nach „taken" falsch vorhergesagt.

vorhergesagt: T T N T T

ausgeführt: T T N T T

Um die Zuverlässigkeit der Sprungvorhersage zu verbessern, wird der Vorhersagemechanismus deshalb so modifiziert, daß Änderungen des stetigen Sprungverhaltens das Sprungvorhersageergebnis erst nach einer Verzögerung beeinflussen, d.h., der Vorhersagemechanismus wird „träge" gemacht. Der Graph einer weit verbreiteten Variante dieses Verfahrens ist in Bild 2-37 dargestellt.

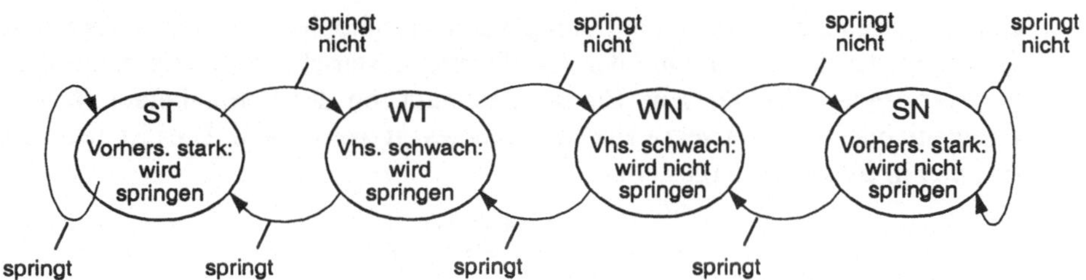

Bild 2-37. Dynamische Sprungvorhersage mit 2 Bits.

Das Verfahren verwendet die vier Zustände ST (strong taken), WT (weakly taken), WN (weakly not taken) und SN (strong not taken). In den beiden Zuständen ST und WT wird „springen" vorhergesagt, in den beiden Zuständen WNT und SNT „nicht springen". Ausgehend vom aktuellen Zustand wird bei einem tatsächlichen Sprung der jeweils linke Zustand und bei keinem Sprung der jeweils rechte Zustand erreicht, wobei die beiden äußeren Zustände ST und SN nicht verlassen werden, wenn der Sprungbefehl in ST verzweigt bzw. in SN nicht verzweigt.

Eine Analogie. Von seiner Wirkungsweise her ist das Verfahren einer Waage mit drei Gewichten vergleichbar: Immer wenn ein Sprungbefehl verzweigt, wird ein Gewicht von der rechten in die linke Schale gelegt, immer wenn er nicht verzweigt, wird das Gewicht wieder zurück auf die rechte Seite gelegt. Schlägt die Waage links aus, wird „springen" vorhergesagt, sonst „nicht springen".

Falls aufgrund einer lange Folge von ausgeführten Sprüngen alle Gewichte in der linken Schale liegen und der Sprungbefehl nun tatsächlich nicht verzweigt, also falsch vorhergesagt wird, so wandert ein Gewicht zwar in die rechte Waagschale, die Waage schlägt jedoch weiterhin links aus. Der nächste Sprungbefehl wird dementsprechend als verzweigend vorhergesagt. Die Sprungfolge TTNTT wird deshalb nicht wie in Bild 2-36 zweimal, sondern nur ein einziges Mal falsch vorhergesagt. Als Preis muß jedoch gezahlt werden, daß mit der Sprungfolge TTNNN nun zwei Fehlvorhersagen erzeugt werden, während in Bild 2-36 nur eine Fehlvorhersage generiert wird. Dies scheint ein Indiz dafür zu sein, daß die beiden Verfahren ähnlich gut sind, tatsächlich ist dies jedoch nicht der Fall, da aufgrund statistischer Untersuchungen belegt ist, daß die Sprungfolge TTNTT weit häufiger auftritt als die Sprungfolge TTNNN.

vorhergesagt: T T T T T
ausgeführt: T T N T T

vorhergesagt: T T T N N
ausgeführt: T T N N N

Adaptive Sprungvorhersage. Die beiden zuvor beschriebenen Verfahren sind für einen Großteil möglicher Sprungfolgen ausreichend gut geeignet. Um die Zuverlässigkeit der Sprungvorhersage weiter zu verbessern, müssen jedoch auch seltenere Sprungfolgen korrekt vorhergesagt werden. Mit der adaptiven Sprungvorhersage werden deshalb nicht einzelne Sprünge, sondern Sprungmuster als Basis der Sprungvorhersage verwendet: Das Verhalten eines Sprungs wird über eine vorgegebene Anzahl von Durchgängen protokolliert und das so erzeugte Sprungmuster zur Indizierung der sog. Sprungmustertabelle (branch pattern table) verwendet. Der gelesene Eintrag bestimmt, ob der Sprungbefehl als verzweigend oder als nicht verzweigend vorhergesagt werden soll. Dies ist an einem Beispiel in Bild 2-38 dargestellt.

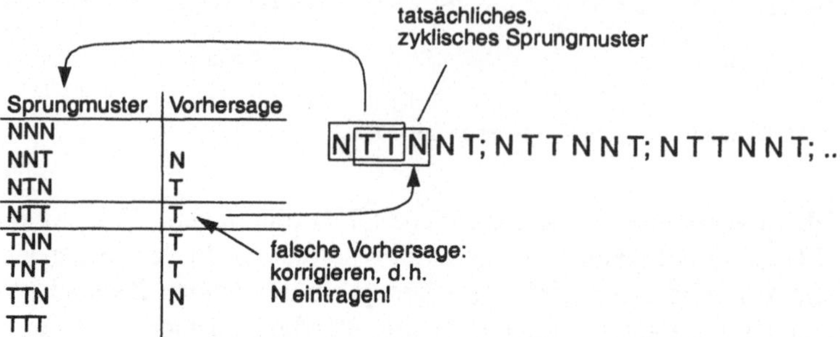

Bild 2-38. Adaptive Sprungvorhersage für ein Beispiel.

Es wird angenommen, daß die im Bild dreimal dargestellte, sich wiederholende Sprungfolge NTTNNT vorhergesagt werden soll. Sobald der Sprungbefehl dreimal ausgeführt wurde, ist dessen nächstes Verhalten über seine „Historie" definiert. Wird der Sprungbefehl ein viertes Mal ausgeführt, so wird mit dem bisherigen Sprungmuster NTT (die ersten drei Ausführungen im ersten Rahmen) die markierte Zeile der Sprungmustertabelle indiziert, wodurch der Sprung zunächst falsch als „taken" vorhergesagt wird (T). Aufgrund der Fehlvorhersage wird der indizierte Eintrag anschließend jedoch auf N korrigiert, so daß bei erneutem Auftreten des Sprungmusters der Sprung richtig als „not taken" vorhergesagt wird (N). Falls der Sprungbefehl nun ein weiteres, fünftes Mal ausgeführt wird (zweiter Rahmen), ist zu ihm die Historie TTN gespeichert (Indizierung der Tabelle nicht gezeichnet). Der geschilderte Vorgang wiederholt sich, wobei jetzt jedoch die zweitletzte Zeile der Tabelle für die Vorhersage benutzt wird. Darin ist der Sprung als „not taken" gespeichert, was korrekt ist. Die Sprungmustertabelle muß demzufolge nicht verändert werden. Als *Aufgabe* sei empfohlen, sich davon zu überzeugen, daß die gesamte Sprungfolge fehlerfrei vorhergesagt wird, wenn die in der Sprungmustertabelle gespeicherten Werte verwendet werden (die beiden Einträge TTT und NNN werden hierbei nicht benötigt, weshalb sie in der Tabelle nicht besetzt sind).

Zu jedem vorherzusagenden Sprungbefehl wird normalerweise eine separate Sprungmustertabelle verwendet, wobei die tatsächlich aufgetretene Sprungfolge zusammen mit der Sprungmustertabelle in einem Cache gespeichert wird (hier als adaptiver Sprungvorhersage-Cache bezeichnet). Falls die Sprungvorhersage wie hier beschrieben erfolgt, müssen pro Eintrag im Cache 11 Bits vorgesehen werden: 8 Bits für die Vorhersageergebnisse der 8 möglichen Sprungmuster (siehe Bild 2-38) und 3 Bits für das tatsächlich aufgetretene Sprungmuster. In der Praxis werden indes mehr als 11 Bits pro Sprungbefehl verwendet. So wird z.B. die Vorhersage nicht mit einem Bit pro Sprungmuster, sondern oft mit 2 Bits pro

Sprungmuster in der Sprungmustertabelle gespeichert, wobei zur Vorhersage des nächsten Sprungs z.B. das in Bild 2-37 dargestellte Verfahren zum Einsatz kommt. Außerdem werden normalerweise mehr als drei aufeinanderfolgende Sprungbefehle in einem Sprungmuster berücksichtigt.[1]

Bemerkung. Die beschriebene adaptive Sprungvorhersage kann auf ungewöhnliche Art und Weise abgewandelt werden: Wird nämlich nicht eine Sprungmustertabelle pro Sprungbefehl realisiert, sondern eine Sprungmustertabelle für alle Sprungbefehle gemeinsam, dann wird ein adaptiver Sprungvorhersage-Cache nicht mehr benötigt. Der eingesparte Speicherplatz kann dazu genutzt werden, die Sprungmustertabelle zu vergrößern und so längere Sprungfolgen zu analysieren. Diese sog. globale adaptive Sprungvorhersage liefert unter bestimmten Voraussetzungen sehr gute Ergebnisse, und zwar deshalb, weil das Sprungverhalten aufeinanderfolgender Sprünge sich normalerweise gleichförmig verhält.
Welche der beiden Techniken die bessere ist, ist vom tatsächlich ausgeführten Programm abhängig. Um eine Vorhersagegenauigkeit nahe 100% zu erreichen, werden die Verfahren deshalb kombiniert, indem mit beiden eine Vorhersage durchgeführt wird und bei abweichenden Ergebnissen von einem „Schiedsrichter“ entschieden wird, welches Vorhersageergebnis tatsächlich verwendet werden soll. Der Schiedsrichter verwendet zur Auswahl des Vorhersageergebnisses eine der vorangehend beschriebenen Techniken, wobei ausgewählt wird, welches Vorhersageergebnis verwendet werden soll.

Sprungziel-Cache

Der Effekt einer Sprungvorhersage ist von der Stufenzahl abhängig, die im Fließband zwischen dem Holen des Befehls und dem Erzeugen des Prognoseergebnisses liegen. Wird z.B. der Sprungbefehl in der ersten Stufe geholt und in der zweiten Stufe decodiert, wobei gleichzeitig zum Decodieren die Sprungvorhersage durchgeführt wird, und wird dabei der Sprung als „taken“ vorhergesagt, so muß der unnötigerweise bereits geholte Befehl in der ersten Fließbandstufe annulliert werden. Ein so realisierter Prozessor wird also bei korrekter Vorhersage mit 0 Takten bestraft, wenn der Sprungbefehl nicht verzweigt und mit 1 Takt, wenn er verzweigt. Um die Strafe von 1 Takt im Verzweigungsfall zu vermeiden, muß die Sprungvorhersage bereits in der ersten Fließbandstufe erfolgen. Dies ist möglich, da der Sprungvorhersage-Cache zur Vorhersage nur die Befehlsadresse des Sprungs benötigt, die bereits zu Beginn der ersten Fließbandstufe vorliegt.

Damit ist das Problem aber noch nicht gelöst. Wird nämlich „springen“ vorhergesagt, dann wird auch die Zieladresse des Sprungbefehls benötigt. Sie steht regulär aber erst zur Verfügung, wenn der Befehl decodiert worden ist, d.h. frühestens in der zweiten Fließbandstufe. Nun ist es zwar prinzipiell möglich, Sprungbefehle bereits in der ersten Fließbandstufe vorzudecodieren, allerdings auf Kosten der Laufzeit, was dazu führen kann, daß ein Prozessor weniger hoch getaktet werden kann.[2] Um das zu vermeiden, wird der sog. Sprungziel-Cache (branch target cache) verwendet. In ihm sind die Sprungziele der zuletzt ausgeführten Sprungbefehle gespeichert. Da er, genau wie der Sprungvorhersage-Cache, mit

branch target cache

1. Menge: Sprungvorhersage in Fließbandprozessoren; Informatik Spektrum 21 (1998) 73-79.
2. Die Taktfrequenz wird nur dann negativ beeinflußt, wenn der kritische Pfad durch die erste Fließbandstufe führt.

der Befehlsadresse angesprochen wird, kann das potentielle Sprungziel bereits in der ersten Fließbandstufe ermittelt werden.

Falls ein Prozessor sowohl mit einem Sprungvorhersage-Cache als auch mit einem Sprungziel-Cache ausgestattet ist, wird er in der ersten Fließbandstufe normalerweise parallel auf beide Caches sowie zusätzlich parallel auf den Programm-Cache zugreifen. Der Verzweigungsfall wird dann ohne Zeitstrafe und ohne daß die Taktfrequenz des Prozessors negativ beeinflußt wird, ausgeführt. Das Verfahren hat jedoch auch Grenzen: Es funktioniert nicht bei indirekten Sprungbefehlen, deren Sprungziele sich laufend ändern, da im Sprungziel-Cache jeweils nur das letzte Sprungziel gespeichert werden kann. Deshalb wird i.allg. darauf verzichtet, indirekte Sprungbefehle überhaupt vorherzusagen. Mit einer Ausnahme, den Unterprogramm-Rücksprungbefehlen, ist dies verschmerzbar. Im Gegensatz zu allen anderen indirekten Sprungbefehlen werden Unterprogramm-Rücksprungbefehle nämlich sehr häufig ausgeführt. Zur Lösung wird dem Sprungziel-Cache daher ein in Hardware realisierter sog. Rücksprungstack (return stack) zur Seite gestellt, mit dessen Hilfe die Zieladressen von Rücksprungbefehlen in der ersten Fließbandstufe ermittelt werden können.

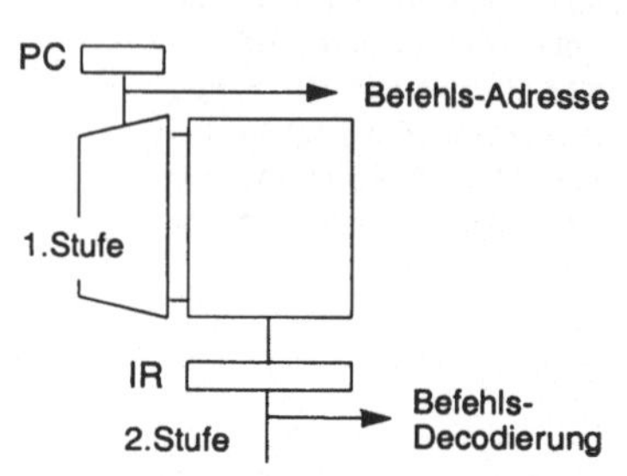

2.5.2 Statische Operationsparallelität

Durch tiefe Fließbänder in Kombination mit Techniken zur Konfliktlösung kann der Befehlsdurchsatz eines Prozessors signifikant erhöht werden. Die Stufenzahl eines Fließbands darf jedoch nicht beliebig vergrößert werden, da eine Fließbandstufe nicht beliebig fein unterteilt werden kann, ohne daß Konflikte auftreten. So sollte z.B. die Ausführung einer arithmetisch logischen Operation in einem Takt bearbeitet werden können, da sonst Datenabhängigkeiten aufeinanderfolgender Befehle sich durch Bypasses nicht mehr lösen lassen. Um nun die erreichbare Geschwindigkeit, mit der ein Prozessor arbeitet, über den vom Fließband vorgegebenen maximalen Wert zu steigern, können z.B. mehrere Aktionen in mehreren parallel arbeitenden Fließbändern gleichzeitig ausgeführt werden. Die einzelnen Aktionen – fortan als Operationen bezeichnet – können in mehreren Befehlen oder in einem einzelnen Befehl codiert sein.

Bei der statischen Operationsparallelität sind in einem Befehl die parallel auszuführenden Operationen explizit oder implizit codiert. Explizit codiert bedeutet, daß jede Operation im Befehl einen eigenen Operationscode besitzt. Anderenfalls sind die Operationen implizit codiert, d.h., mit einem Operationscode werden mehrere Aktionen parallel bearbeitet. Die statische Operationsparallelität – explizit oder implizit – muß bei der Programmierung ausdrücklich berücksichtigt werden. Am effektivsten geschieht dies bei Programmierung in Assemblersprache. Allerdings sind für die meisten Prozessoren, die eine statische Operationsparallelität besitzen, auch Compiler verfügbar, die die in höheren Programmiersprachen verfaßten Programme automatisch parallelisieren. Die so erzeugten Ergebnisse sind normalerweise langsamer als handoptimierte Assemblerprogramme; da die Prozessoren jedoch über genügend Leistungsreserven zur Lösung der entsprechenden Aufgabenstellungen verfügen, kann dies meistens in Kauf genommen werden.

Bemerkung. Bei der Mikroprogrammierung findet man insbesondere implizite Parallelität, oft mehrfach in ein und demselben Mikrobefehl codiert. Dabei handelt es sich um Parallelität „im kleinen". Mikroprogrammierte Prozessoren besitzen eine implizite statische Operationsparallelität, die weniger oder stärker ausgeprägt ist. So führt praktisch jeder Prozessor die Multiplikation in Form paralleler Additionen und Shifts aus. Andererseits hätte ein Prozessor, der in der Lage wäre, Polynome dritten Grades in einem Schritt zu bearbeiten, ein sehr viel höheres Maß an Operationsparallelität. Es ist also nicht eindeutig definiert, was eine Operation ist. An welcher Stelle die Grenze zwischen der normalen, sequentiellen Verarbeitung von Befehlen und der impliziten parallelen Verarbeitung mehrerer Operationen liegt, ist demnach strittig.
Auf der Maschinenebene handelt es sich demgegenüber um Parallelität „im großen". Auf dieser Ebene ziehen wir die Grenze so, daß Operationen, die in Hochsprachen elementar sind, als nichtparallel gelten, mithin keine implizite Operationsparallelität aufweisen. Dies gilt z.B. für die Multiplikation (a · b), nicht jedoch für die Akkumulierende Multiplikation (a · b + c).

Signalprozessoren

Signalprozessoren sind Prozessoren, die speziell für die Verarbeitung analoger Signale entwickelt werden. Da an die entsprechenden Anwendungen normalerweise Echtzeitanforderungen gestellt werden, müssen sie eine hohe Verarbeitungsgeschwindigkeit aufweisen. Das wird erreicht, indem einerseits die Fließbandtechnik genutzt wird, andererseits die implizite statische Operationsparallelität. So verfügen nahezu alle Signalprozessoren über einen Befehl zur Multiplikation zweier Operanden, kombiniert mit Akkumulation des erzeugten Ergebnisses (mac-Befehl), mit dessen Hilfe die oft in signalverarbeitenden Algorithmen benötigte Produktsumme berechnet werden kann. Die beiden Operationen Multiplikation und Addition werden hierbei als Einheit codiert, d.h. der Befehl enthält einen einzelnen Operationscode, der gleichzeitig beide Operationen repräsentiert.

Motorola DSP56k

Die Codierung des mac-Befehls für einen Signalprozessor der Familie DSP56k von Motorola ist in Bild 2-39 dargestellt. Die grau hinterlegten Felder repräsentieren den Operationscode, in dem hier mit nur 5 Bits 6 Operationen implizit statisch codiert sind.[1] Dies sind:

Multiplikation	x1 · y1
Addition	a + (x1 · y1)
Lesen von (r0) über den X-Bus	x: (r0), x1
Inkrementierung von r0:	r0 := r0 + 1
Lesen von (r4) über den Y-Bus:	y: (r4), y1
Inkrementierung von r4:	r4 := r4 + 1

1. Genaugenommen bezieht sich die führende 1 im Befehl nicht auf den mac-Befehl, sondern auf die beiden Transportoperationen. Allerdings ist die Ausführung paralleler Transportoperationen nur bei einem kleinen Teil der Befehle erlaubt, so daß dies hier weniger eine Form expliziter Parallelität ist, als vielmehr eine Codierungsvariante.

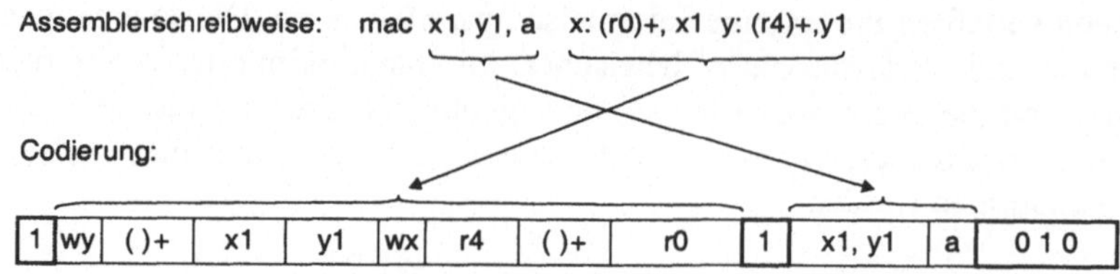

Bild 2-39. Multipliziere-und-Akkumuliere-Befehl eines Signalprozessors. Der Operationscode ist stärker umrandet. Die übrigen Felder sind bis auf die beiden Bits wx und wy mnemonisch beschriftet; wx und wy geben die Richtung der beiden Transportoperationen vor, hier Speicher → Register. Speicheroperanden: x1, y1, Register: a, r0, r4.

SIMD-Einheiten

single instruction single data

Prozessoren des oberen Leistungssegments besitzen neben den herkömmlichen Einheiten zur Verarbeitung von Integer- und Gleitkommazahlen oft sog. Multimedia- oder SIMD-Einheiten. SIMD steht für „single instruction multiple data", was bedeutet, daß mit ein und demselben Befehl mehrere Daten parallel verarbeitet werden können. Im allgemeinen werden die Daten für diese Verarbeitungsart in Vektoren zusammengefaßt. In einem 128-Bit-Vektor können z.B. 16, 8, 4 oder 2 ganze Zahlen der Breite 8, 16, 32 bzw. 64 Bit oder 4 Gleitkommazahlen einfacher sowie 2 Gleitkommazahlen doppelter Genauigkeit entsprechend IEEE 754 codiert sein. Insofern sind SIMD-Einheiten gewissermaßen zwischen implizit und explizit codierter Operationsparallelität einzuordnen: viele einzelne Befehlscodes (für die Elemente) sind zusammengefaßt zu einem gemeinsamen Befehlscode (für den Vektor).

Zur Verarbeitung von Vektoren stehen i. allg. Befehle zur Verfügung, mit denen

Vektoren aus Elementen aufgebaut,

Elemente der Vektoren typgewandelt,

Elemente der Vektoren permutiert oder

weitere Vektoren verknüpft

werden können. Eine Verknüpfung von Vektoren ist normalerweise nur möglich, wenn sie vom selben Typ sind, wobei als Ergebnis ein Vektor abweichenden Typs erzeugt werden kann.

SIMD-Einheiten sind normalerweise nicht in der Lage, den Befehlsfluß eines Programms unmittelbar zu beeinflussen. Das ist Aufgabe der parallel zur SIMD-Einheit arbeitenden Integer-Einheit. Trotzdem existieren i. allg. auch SIMD-Befehle, mit denen Vektoren verglichen werden können, die als Ergebnis jedoch einen Vektor mit boolschen Elementen erzeugen. Da beim Vergleich von Vektoren mehr als ein Vergleichsergebnis entsteht, kann das Condition-Code-Register hier nicht verwendet werden. Das hat auch Auswirkungen auf die Behandlung von

Überträgen arithmetischer Befehle. So existieren i. allg. unterschiedliche Varianten arithmetischer SIMD-Befehle, die einen möglichen Übertrag z. B. ignorieren oder die beim Auftreten eines Übertrags ein auf den Maximalwert bzw. Minimalwert begrenztes Ergebnis liefern (die sog. Sättigung oder Saturation). Die Addition von Vektoren mit 16 Bit breiten Elementen kann z. B. bei Intel im Pentium 4 mit den SIMD-Befehlen paddw (add packed word integers), paddsw (add packed signed word integers with signed saturation) und paddusw (add packed unsigned word integers with unsigned saturation) durchgeführt werden. Das hier zwei Varianten mit Sättigung existieren, liegt daran, daß sich die Zahlenbereiche vorzeichenloser und vorzeichenbehafteter Zahlen voneinander unterscheiden.

Intel Pentium 4

In Bild 2-40 ist für diesen Prozessor mit Streaming-SIMD-Extension-2 (SSE2) als Beispiel für die Programmierung einer SIMD-Einheit ein Assemblerprogramm wiedergegeben, mit dem die Summe der 32-Bit-Zahlen a bis h berechnet werden kann. Rechts im Bild sind jeweils die Zwischenergebnisse in den 128 Bit breiten Registern der SSE2-Einheit dargestellt. – Die zu addierenden Zahlen befinden sich in den beiden Registern xmm0 und xmm1 (oben im Bild). Durch die erste Addition paddd (add packed doubleword integers) werden die jeweils untereinander stehenden Elemente der Vektoren addiert. Das Ergebnis dieses Zweiadreßbefehls überschreibt den Inhalt des Registers xmm0. Zur Berechnung der vollständigen Summe von a bis h müssen noch die vier Elemente in xmm0 addiert werden. Da die Addition jeweils nur elementweise möglich ist, wird hier mit dem Befehl pshufd (shuffle packed doublewords) in xmm2 ein Vektor konstruiert, dessen obere und untere zwei Elemente vertauscht sind. Durch die nach-

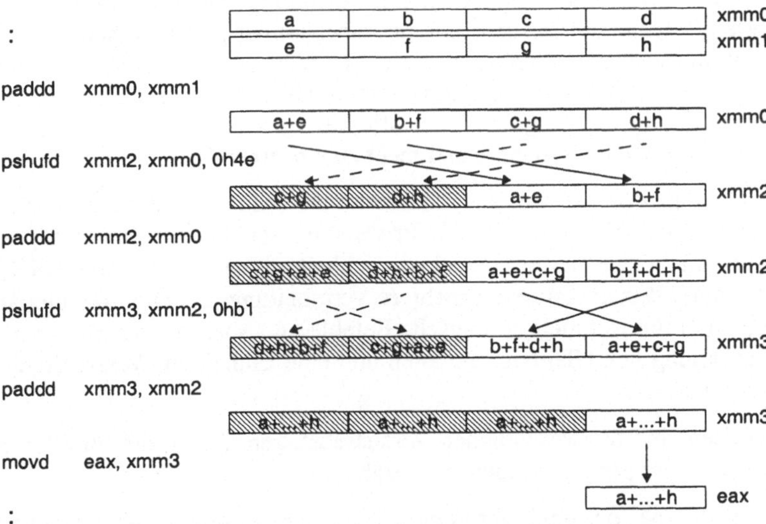

Bild 2-40. Assemblerprogramm, mit dem die Summe der 32-Bit-Zahlen a bis h berechnet wird, wobei SIMD-Befehle genutzt werden (Pentium 4). Die Anzahl der Vektorelemente, die bei der Addition berücksichtigt werden müssen, wird nach und nach eingeschränkt. Alle nicht benötigten Ergebnisse sind schraffiert.

folgende Addition werden dann die Zwischenergebnisse a+e+c+g und b+h+d+f doppelt, und zwar einmal in den oberen und einmal in den unteren beiden Elementen erzeugt. Die oberen beiden Elemente werden nicht weiter berücksichtigt. Zur Addition der unteren beiden Elemente wiederholt sich der Vorgang, bis schließlich das Ergebnis im unteren Element des Registers xmm3 bereitsteht. Der letzte Befehl überträgt dieses Ergebnis zur weiteren Bearbeitung in das Register eax der Integer-Einheit.

Das dargestellte Programm ist zwar in seiner Aufgabenstellung untypisch und daher auch wenig effizient (6 Befehle zur Addition von 8 Operanden), aber in seinem grundsätzlichen Aufbau charakteristisch für die Programmierung mit SIMD-Befehlen. So muß z.B. die Berechnung des endgültigen Ergebnisses immer wieder durch Befehle unterbrochen werden, die die Vektoren geeignet anordnen. Dies gilt insbesondere auch für die Operanden zu Beginn der Berechnung, was im Bild nicht dargestellt ist. Allerdings sind die Befehlssätze verbreiteter SIMD-Einheiten i.allg. so ausgelegt, daß häufig zu bearbeitende Algorithmen für Graphik oder Musik sehr effizient verarbeitet werden können.

VLIW-Prozessoren

VLIW-Prozessoren (Very-Long-Instruction-Word-Prozessoren) sind in der Lage, mehrere Operationen, die zusammen in einem Befehl explizit codiert sind, parallel auszuführen. Die Operationen enthalten jeweils einen Operationscode und die zur Ausführung benötigten Operanden oder Operandenadressen. Da dies für jede Operation innerhalb eines Befehls gilt, sind die Befehle sehr breit, was dieser Architekturform den Namen gegeben hat. Einfach aufgebaute VLIW-Prozessoren verarbeiten Befehle konstanter Breite mit einer immer gleichbleibenden Anzahl an Operationen. Jeder Operation im Befehl ist hierbei eine Verarbeitungseinheit fest zugeordnet, wobei Spezialisierungen möglich sind. So ist z.B. eine Spezialeinheit zur Sprungsteuerung des Befehlsflusses vorhanden. Verzweigungen sind i.allg nur zu Befehlen als Ganzes und nicht zu einzelnen Operationen möglich.

Bild 2-41 zeigt das auf wesentliche Merkmale reduzierte Blockbild eines in Fließbandtechnik arbeitenden VLIW-Prozessors, der drei Operationen parallel ausführen kann. Die Struktur hat viel Ähnlichkeit mit herkömmlichen RISC-Prozessoren, nur daß hier statt einer mehrere Verarbeitungseinheiten parallel arbeiten: eine ALU für arithmetisch logische Befehle und Speicherzugriffe, eine FPU zur Verarbeitung von Gleitkommazahlen und eine Einheit zur Verarbeitung von Sprungbefehlen.

Im folgenden sind die wesentlichen Voraussetzungen, die an die Struktur eines VLIW-Prozessors gestellt werden, aufgezählt:

- Der Befehlsspeicher muß sehr breit und sehr schnell sein, da ein Befehl innerhalb eines Takts gelesen werden muß. Würden mehrere Takte benötigt, so könnten die Operationen im Befehl gleich sequentiell bearbeitet und der Prozessor herkömmlich realisiert werden. In der Praxis wird der Befehlsspeicher über einen leistungsfähigen Cache angebunden.

- Der Registerspeicher muß mit eigenen Ports für jede parallele Operation, die auf Daten im Registerspeicher arbeitet, ausgestattet sein. Die maximale Anzahl der Ports ist aus integrationstechnischer Sicht begrenzt. Die hier benötigten 6 Ports sind jedoch ohne weiteres realisierbar.
- Der Registerspeicher muß größer sein als in herkömmlichen (skalaren) Prozessoren, da durch die Parallelverarbeitung der Befehlsdurchsatz steigt und somit auch die Menge der Daten, die pro Zeiteinheit verarbeitet werden.
- Aus demselben Grund muß auch die Anbindung an den Datenspeicher sehr leistungsfähig sein. So ist es z.B. in „echten" Realisierungen oft möglich, auf mehrere Datenwerte im Datenspeicher parallel zuzugreifen.

Der VLIW-Prozessor in Bild 2-41 weist zahlreiche Nachteile auf, die in kommerziellen Prozessoren normalerweise vermieden werden. So gibt es Algorithmen, die die Eigenschaft haben, daß jede Operation das Ergebnis der vorangehenden Operation benötigt, weshalb nicht parallel gearbeitet werden kann (die Operationen sind voneinander abhängig; solche Algorithmen können von keinem wie auch immer gearteten Prozessor parallel bearbeitet werden). Was hier jedoch ärgerlich ist, ist die Tatsache, daß in einem VLIW-Befehl immer mehrere Operationen codiert sind, und zwar auch dann, wenn nur eine Operation ausgeführt werden soll. Alle im Befehl nicht benötigten Operationen sind deshalb in einem solchen Fall als NOPs zu codieren. Die Folge ist, daß in einem großen Teil des

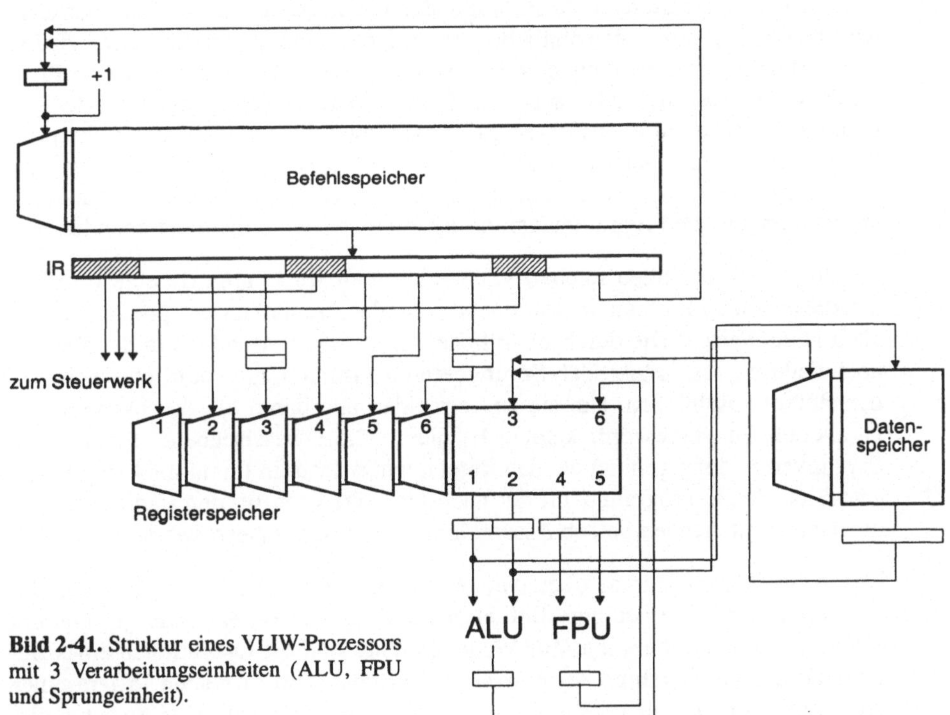

Bild 2-41. Struktur eines VLIW-Prozessors mit 3 Verarbeitungseinheiten (ALU, FPU und Sprungeinheit).

Befehlsspeichers bzw. -caches NOPs gespeichert sind, was deren effektive Kapazität signifikant mindert. Zur Lösung dieses Problems verarbeiten wirkliche VLIW-Prozessoren Befehle variabler Breite. Im Extremfall besteht ein Befehl aus nur einer einzigen Operation.

Die maximale Anzahl der tatsächlich parallel ausführbaren Operationen ist physikalisch auf die Anzahl der zur Verfügung stehenden Verarbeitungseinheiten beschränkt. Es wäre daher naheliegend, daß sich dies auch in der Codierung der Befehle wiederspiegelt. Falls also eine Operation 32 Bit breit ist und ein VLIW-Prozessor 4 Verarbeitungseinheiten besitzt, müßte ein Befehl minimal 32 Bit und maximal 128 Bit breit sein. Falls ein gut parallelisierbarer Algorithmus für einen solchen Prozessor übersetzt wird, werden im Idealfall pro Takt 4 Operationen ausgeführt. Falls nun durch technische Neuerungen eine weitere Verarbeitungseinheit hinzukommt, wird das Programm trotzdem mit 4 Operationen pro Takt bearbeitet, obwohl durch Neuübersetzung möglicherweise 5 Operationen bearbeitbar wären. Deshalb wird die Anzahl der parallel von einem VLIW-Prozessor bearbeitbaren Befehle nicht von der Anzahl der Verarbeitungseinheiten abhängig gemacht, sondern der Prozessor so realisiert, daß „unendlich" viele Operationen parallel in einem Befehl codierbar sind, die ggf. jedoch teilweise sequentiell bearbeitet werden; man sagt: Die Prozessorarchitektur ist *skalierbar.*

skalierbare Architektur

Natürlich muß die Semantik eines Befehls erhalten bleiben, d.h., es muß bei sequentieller Bearbeitung der Operationen eines Befehls dasselbe Ergebnis erzeugt werden wie bei paralleler Ausführung der Operationen des Befehls. Erreicht wird dieses Ziel auf ungewöhnliche Art, und zwar, indem verlangt wird, daß in einem Befehl nur Operationen codiert werden dürfen, bei denen es keine Rolle spielt, ob sie parallel oder sequentiell ausgeführt werden. Um aktuelle Programme auch zukünftig ausführen zu können, muß diese Regel jedoch überprüft werden, was i.allg. Aufgabe des Befehlsdecoders ist. Falls eine Abhängigkeit zwischen Operationen eines Befehls besteht, wird eine Ausnahmebehandlung angestoßen, die die Programmausführung mit einer Fehlermeldung beendet.

Ein Programm für einen solchen VLIW-Prozessor wird i.allg. Befehle verarbeiten, die eine dem Problem innewohnende und der Architektur entsprechende Parallelität aufweisen. Die durchschnittliche Parallelität wird jedoch in der Realität noch dadurch beschränkt, daß Sprungbefehle auftreten, die natürlicherweise einen Befehl abschließen. Um sie zu vermeiden und damit die durchschnittliche Parallelität zu verbessern, kann z.B. die in 2.5.1 beschriebene Technik zur Sprungvermeidung genutzt werden. Intel benutzt dazu im Itanium 64 sog. Predicate-Bits. Das C-Programm auf der nächsten Seite kann für den Itanium z.B. in die daneben stehenden beiden Assemblerprogramme übersetzt werden:

Intel Itanium 64

Das Assemblerprogramm oben verwendet herkömmliche Sprungbefehle, das Programm unten die bedingte Befehlsausführung. Ein Befehl endet jeweils mit einem doppelten Semikolon. Zur Verdeutlichung sind die Operationen eines Befehls zusätzlich umrahmt. – *Erklärung:* Zunächst wird in beiden Programmen ein Vergleich $r1 \neq 0$ ausgeführt (cmp.ne – compare not equal). Der Ausgang die-

```
if (r1 != 0) {
        r1 = r3 + r4;
        r2 = r5 - r6;
}
else {
        r1 = r5 + r6;
        r2 = r3 - r4;
}
```

```
        cmp.ne  p1, p2 = r1, 0;;
(p1)    br.cond else;;
        add     r1 = r3, r4
        sub     r2 = r5, r6
        br      end;;
else:   add     r1 = r5, r6
        sub     r2 = r3, r4;;
end:    ...
```

```
        cmp.ne  p1, p2 = r1, 0;;
(p1)    add     r1 = r3, r4
(p1)    sub     r2 = r5, r6
(p2)    add     r1 = r5, r6
(p2)    sub     r2 = r3, r4;;
```

ses Vergleichs wird in den Predicate-Bits p1 und p2 gespeichert: p1 ist „true" bei positivem Vergleichsergebnis, p2 ist „true" bei negativem Vergleichsergebnis. – Im oberen Programm wird p1 anschließend durch den bedingten Sprungbefehl br.cond ausgewertet und entweder nicht oder zur Sprungmarke else verzweigt. Falls nicht verzweigt wird, „endet" das Programm nach add und sub mit Ausführung von br zur Sprungmarke end. Falls verzweigt wird, „endet" es nach add und sub unmittelbar. – Das untere Programm kommt im Gegensatz hierzu ohne Sprungbefehle aus. Die Befehle add und sub des then- bzw. else-Zweigs werden abhängig von den predicate-Bits p1 und p2 ausgeführt.

Wie dem Beispiel zu entnehmen, ist das Assemblerprogramm unten nicht nur kürzer, sondern nutzt auch die Ressourcen eines VLIW-Prozessors besser aus: Das obere Programm enthält insgesamt vier VLIW-Befehle, von denen immer drei ausgeführt werden, das untere benötigt nur zwei VLIW-Befehle mit dem zusätzlichen Vorteil, daß die durch Sprungbefehle möglicherweise verursachten Zeitstrafen entfallen.

2.5.3 Dynamische Operationsparallelität

Bei der statischen Operationsparallelität muß im Befehl – die Bezeichnung sagt es – statisch codiert sein, d.h. vor der Ausführung des Programms feststehen, welche Operationen parallel ausgeführt werden sollen. Die Parallelität festzulegen bzw. zu ermitteln, obliegt dem Programmierer bzw. dem Compiler. Bei der dynamischen Operationsparallelität hingegen ist dies nicht erforderlich. Bei ihr wird eine Befehlsfolge zur Laufzeit parallelisiert, und zwar derart, daß prozessorintern Operationen parallel ausgeführt werden, die – nun ganz anders als bei der statischen Operationsparallelität – zu unterschiedlichen Befehlen gehören können. Diese Technik führt auf die sog. superskalaren Prozessoren.

Im einfachsten Fall entspricht ein Befehl einer einzigen Operation. Es kommt aber auch vor, daß ein Befehl prozessorintern durch mehrere Operationen nachgebildet wird, die teilweise oder vollständig parallel oder sequentiell bearbeitet werden. So ist es z.B. möglich, daß in 2 aufeinanderfolgenden Befehlen jeweils 3 Operationen codiert sind, von denen im ersten Takt 2 Operationen des ersten und 1 Operation des zweiten Befehls und im zweiten Takt die verbleibenden 3 Operationen beider Befehle parallel ausgeführt werden.

superskalarer Prozessor

Die Befehlsbearbeitung superskalarer Prozessoren kann in 3 Phasen unterteilt werden (nicht zu verwechseln mit den Stufen eines Fließbands).

In der *ersten Phase* – der Decodierphase – werden die Befehle parallel aus dem Befehlsspeicher (bzw. -cache) gelesen, decodiert und die im Befehl codierten Operationen den einzelnen Verarbeitungseinheiten zugeordnet. Im allgemeinen gehört zu dieser Phase auch, daß die zu verknüpfenden Operanden aus dem Registerspeicher gelesen werden.

In der *zweiten Phase* – der Ausführungsphase – werden die Operationen parallel in den Verarbeitungseinheiten ausgeführt, wobei ggf. auch lesend auf den Datenspeicher (bzw. -cache) zugegriffen wird. Außerdem werden spätestens jetzt die Quelloperanden aus dem Registerspeicher gelesen, falls dies nicht bereits in der Decodierphase geschehen ist.

In der *dritten Phase* – der Rückschreibphase – werden schließlich die erzeugten Ergebnisse in den „sichtbaren Maschinenstatus" übernommen, für gewöhnlich in den Registerspeicher.

Die Parallelisierung der in den Befehlen codierten Operationen geschieht in der Decodierphase. Dabei darf die Semantik des sequentiellen Programms nicht verändert werden. So können Operationen z.B. nur dann parallel ausgeführt werden, wenn zu deren Ausführung entsprechend viele Verarbeitungseinheiten zur Verfügung stehen, es also keinen Ressourcen-Konflikt gibt. Des weiteren ist eine Parallelisierung der Operationen nur möglich, wenn diese verfügbar sind, also keine sog. echten Datenabhängigkeiten (auch Read-after-Write-, kurz RAW-Abhängigkeiten) zu anderen regulär zuvor auszuführenden Operationen existieren. Muß deshalb eine Operation in ihrer Ausführung verzögert werden, ist es im Prinzip zwar möglich, die Ausführung nachfolgender Operationen bereits zu starten, damit aber die Semantik des Programms erhalten bleibt, ist zu berücksichtigen, daß das Ergebnis einer Operation keinen Operanden überschreibt, der von einer verzögerten noch nicht gestarteten Operation noch benötigt wird. Die entsprechende Abhängigkeit wird als Antiabhängigkeit (auch Write-after-Read-, kurz WAR-Abhängigkeit) bezeichnet. Schließlich muß noch die sog. Ergebnisabhängigkeit (auch Write-after-Write-, kurz WAW-Abhängigkeit) berücksichtigt werden, die auftritt, wenn zwei Operationen denselben Zieloperanden verändern. Würde diese Abhängigkeit nicht berücksichtigt, so könnte mit dem Ergebnis einer Operation das Ergebnis einer nachfolgenden Operation überschrieben werden.

RAW-, WAR-, WAW-Abhängigkeit

In Bild 2-42 ist ein Assemblerprogramm mit den darin auftretenden Abhängigkeiten dargestellt. Angenommen, ein superskalarer Prozessor kann maximal vier Operationen parallel bearbeiten, dann könnten, falls die Registeroperanden im Programm anders gewählt wären, nämlich ohne Abhängigkeiten, alle vier Be-

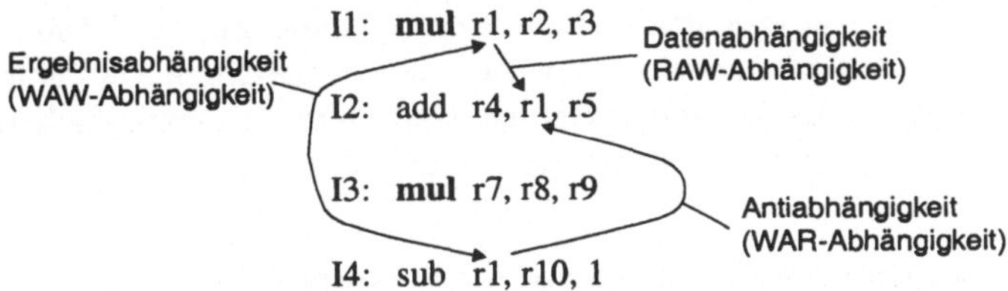

Bild 2-42. Datenabhängigkeit, Antiabhängigkeit, Ergebnisabhängigkeit und Ressourcenkonflikt (fett) in einem Assemblerprogramm. Das Ergebnis eines Befehls wird jeweils unter der ersten Adresse gespeichert.

fehle parallel ausgeführt werden (wobei vorausgesetzt wird, daß in jedem Befehl nur eine einzelne Operation codiert ist). Tatsächlich gibt es aber zwischen den Befehlen I1 und I2 eine echte Datenabhängigkeit und zwischen I1 und I3 einen Ressourcen-Konflikt. – Wir betrachten im folgenden mehrere Fälle:

Ohne viel Aufwand zur Parallelisierung könnten daher zunächst nur I1 und anschließend parallel I2 bis I4 bearbeitet werden. Die Befehlssequenz wäre in zwei Takten bearbeitet.

1.Takt: Bef. I1
↓
2.Takt: Bef. I2 I3 I4

Wird etwas mehr Aufwand zur Parallelisierung getrieben, dann würde nur I2 verzögert, bis das Ergebnis der Multiplikation I1 in r1 bereitsteht.

1.Takt: Bef. I1 I3 I4
↓
2.Takt: Bef. I2

Falls nur eine Multiplikationseinheit im Prozessor vorhanden ist, darf auch I3 noch nicht gestartet werden, bis I1 vollständig ausgeführt wurde.

1.Takt: Bef. I1 I4
↓
2.Takt: Bef. I2 I3

Unter der weiteren, i.allg. gültigen Annahme, daß Multiplikationsbefehle mehrere Takte zur Ausführung benötigen, könnte daher zunächst nur das Ergebnis des Subtraktionsbefehls I4 in das Register r1 geschrieben werden. Je nach verwendetem Verfahren kann dies erlaubt werden oder nicht, in jedem Fall ist sicherzustellen, daß die Ausführung der Addition I2 mit dem noch nicht durch die Subtraktion modifizierten Inhalt von r1 begonnen wird (WAR-Abhängigkeit). Wird das Ergebnis der Subtraktion I4 in das Register r1 geschrieben, so muß außerdem berücksichtigt werden, daß der Multiplikationsbefehl I1 den Inhalt von r1 nicht mehr überschreiben darf, wenn das Ergebnis einige Takte später zur Verfügung steht (WAW-Abhängigkeit). Entsprechend darf I2 nicht mehr den Inhalt von r1 verarbeiten, sondern muß entweder das Ergebnis direkt von der Multiplikationseinheit oder aus einem anderen, neu bezeichneten Register $r1_b$, einem sog. Renaming-Register, erhalten (siehe S. 209).

Die beiden bekanntesten Verfahren zur Befehlsparallelisierung in superskalaren Prozessoren sind bereits in den sechziger Jahren, damals für Großrechner, entwickelt worden. Das aus dem Jahre 1964 stammende, ältere, sog. Scoreboarding (etwa Anschreiben) wurde bei Control Data von J. E. Thornton für die CDC 6600 entwickelt und auch realisiert. Das bei der IBM von R. Tomasulo entwickelte Verfahren wurde drei Jahre später in der IBM 360/91 verwirklicht. Es ver-

Control Data 1964

IBM 1967

wendet sog. Reservation Stations (Reservierungsstationen) zur Lösung der Abhängigkeiten und wird in vielen superskalaren Prozessoren verwendet. Bevor diese beiden Verfahren[1] behandelt werden, sind im folgenden einfachere Techniken zur dynamischen Operationsparallelisierung aufgeführt.[2]

Parallelisierung unter Beibehaltung der Befehlsreihenfolge

Es gibt unterschiedlich aufwendige Techniken zur dynamischen Parallelisierung der Operationsausführung. In der einfachsten Variante werden nur die Operationen, die in unmittelbar aufeinanderfolgenden Befehlen codiert sind, parallel ausgeführt. Die Reihenfolge, in der die Operationen den Befehlsdecodierer verlassen, entspricht dabei der, wie sie im Programm vorgegeben ist, weshalb von In-der-Reihe-Starten (in order issue) gesprochen wird. Die dabei einzuhaltenden Bedingungen wurden bereits genannt: Es dürfen keine RAW-Abhängigkeiten oder Ressourcen-Konflikte durch die zu parallelisierenden Operationen entstehen, und es müssen WAW-Abhängigkeiten beachtet werden, falls die Ausführungszeiten der einzelnen Verarbeitungseinheiten nicht identisch sind.

Operationsparallelisierung mit In-der-Reihe-Starten

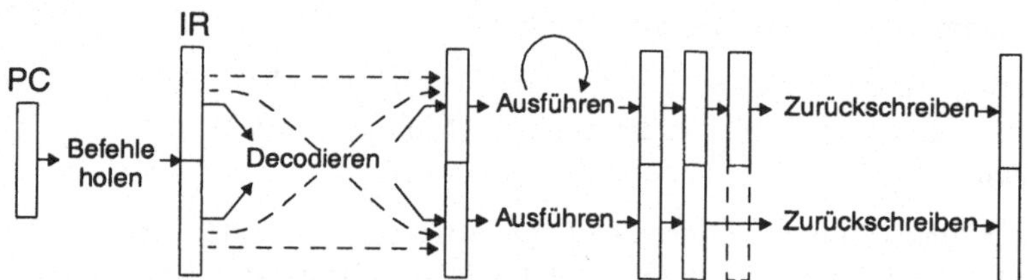

Bild 2-43. Prinzipielle Darstellung eines Fließbands in einem superskalaren Prozessor mit Operationsparallelisierung unter Berücksichtigung der Befehlsreihenfolge.

In Bild 2-43 ist das Fließband eines derartigen superskalaren Prozessors, der zwei Operationen parallel ausführen kann, schematisch dargestellt. Zu sehen sind die Fließbandregister und die in den Fließbandstufen arbeitenden ungetakteten Einheiten. *Zur Funktion:* In der ersten Fließbandstufe werden maximal 2 Befehle in das Befehlsregister IR geladen. Die beiden Befehle werden in der zweiten Fließbandstufe decodiert und daraufhin überprüft, ob die darin codierten Operationen parallel ausgeführt werden können, wobei auch entschieden wird, ob die Operationen im „oberen" oder im „unteren" Fließband der nachfolgenden Stufen ausgeführt werden sollen. Es ist also z.B. möglich, daß die beiden in IR befindlichen Befehle die Fließbänder tauschen, was im Bild durch die gestrichelten Linien dargestellt ist. Falls eine Parallelisierung der in den Befehlen codierten Operationen nicht möglich ist, verbleibt der im sequentiellen Befehlsfluß zweite Befehl in IR. Da dieses jetzt nur noch „halb" belegt ist, kann im Prinzip

1. Thornton: Parallel operation in the Control Data 6600. Proceedings Spring Joint Computer Conference (1954).
Tomasulo: An efficient algorithm for exploiting multiple arithmetic units. IBM Journal of Research and Development 11(1967) 25-33.
2. Menge: Sprungvorhersage in Fließbandprozessoren; Informatik Spektrum 21 (1998) 73-79.

bereits der nächste Befehl geholt werden, was jedoch gerade bei RISC-Prozessoren i.allg. nicht geschieht, da die Befehlspaare oft als Einheit behandeln werden.

Falls der Befehlsdecodierer bei der Parallelisierung erfolgreich war, werden zwei Operationen in das nachfolgende Fließbandregister geschrieben und mit ihrer Ausführung in den beiden parallelen Verarbeitungseinheiten begonnen. Wie bereits angedeutet, sind die Verarbeitungseinheiten normalerweise nicht gleich, sondern auf bestimmte Aufgaben spezialisiert. Deshalb ist es auch möglich, daß die Verarbeitung der Operationen unterschiedlich schnell erfolgt. Außerdem kann die Anzahl der für die Verarbeitung zu durchlaufenden Fließbandstufen unterschiedlich sein. Beides ist im Bild dargestellt: Die Rückkopplung im oberen Fließband deutet eine zeitsequentielle Arbeitsweise an, das gestrichelt gezeichnete Fließbandregister im unteren Fließband, daß die Anzahl der Fließbandstufen unterschiedlich sein kann.

Im allgemeinen dürfen die in nachfolgenden Befehlen codierten Operationen eine Fließbandstufe erst dann durchlaufen, wenn beide Fließbandstufen leer sind. Wie jedoch verfahren wird, wenn die parallel in Ausführung befindlichen Operationen unterschiedlich schnell ausgeführt werden, ist von den Verarbeitungseinheiten abhängig. So kann das Ergebnis der schneller bearbeiteten Operation z.B. gleich in den Registerspeicher geschrieben werden. Und falls diese Operation regulär nach der noch nicht beendeten Operation hätte ausgeführt werden sollen (weil dies im Programm so codiert ist), entsteht die kuriose Situation, daß das Ergebnis einer nachfolgenden Operation vor dem einer vorangehend zu bearbeitenden Operation vorliegt. Dies wird als Außer-der-Reihe-Beendigung (out of order completion) bezeichnet.

out of order completion

Da die relevanten Abhängigkeiten berücksichtigt werden und die Ausführung der Operationen immer mit den korrekten Werten begonnen wird, ist es gewöhnlich nicht von Bedeutung, in welcher Reihenfolge die Ergebnisse in den Registerspeicher geschrieben werden. Dies gilt jedoch nur, solange die Bearbeitung einer Operation nicht zu einer Ausnahmebehandlung führt, da sich sonst der Registerspeicher, für den Programmierer sichtbar, in einem Zustand befinden kann, der bei einer streng sequentiellen Bearbeitung der Befehle nie hätte auftreten können. Falls ein superskalarer Prozessor sich kompatibel zu einem skalaren Prozessor verhalten muß, ist dies nicht tolerierbar. Daher wird in einem solchen Prozessor dafür gesorgt, daß die Ergebnisse immer in der richtigen Reihenfolge, höchstens jedoch parallel in den Registerspeicher geschrieben werden. Am einfachsten geschieht dies, indem die parallel auszuführenden Operationen das Fließband im Gleichtakt durchlaufen, einander also nicht überholen dürfen. Dies wird als In-der-Reihe-Beendigung (in order completion) bezeichnet.

in order completion

Allerdings ist hierzu ein gewisser Aufwand erforderlich. Einerseits weil das Steuerwerk diesen Gleichtakt kontrollieren muß, andererseits, weil die Fließbänder alle die gleiche Länge besitzen, ggf. also zusätzliche Fließbandregister vorgesehen werden müssen, die das Zurückschreiben des Ergebnisses verzögern. Deshalb wird bei superskalaren Prozessoren, die eine Operationsparallelisierung unter Berücksichtigung der Befehlsreihenfolge durchführen und deren Architektur nicht durch Kompatibilitätsforderungen beschränkt ist, die Außer-der-Reihe-Beendigung erlaubt. Im Fall einer Ausnahmebehandlung wird zum Rücksprung die Befehlsadresse verwendet, die auf den ersten noch nicht ausgeführten Befehl zeigt. Es kann sein, daß von den parallel gestarteten Befehlen, die vor dieser Adresse hätten ausgeführt werden müssen, einige, nämlich die für die Ausnahmebehandlung verantwortlichen Befehle, noch nicht bearbeitet wurden. Deren Adressen sind dann in der zugehörigen Service-Routine nicht mehr identifizierbar, weshalb hier von einer unpräzisen Ausnahme (imprecise interrupt, imprecise exception) gesprochen wird.

DEC Alpha 21064

Ein bei DEC entwickelter, älterer superskalarer Prozessor, der nach diesem Prinzip arbeitet, der Alpha 21064, besitzt drei Verarbeitungseinheiten: eine Gleitkommaeinheit, eine Integereinheit und eine Lade-/Speicher-Einheit. Unpräzise Ausnahmen können z.B. von der Gleitkommaeinheit ausgelöst werden, die ein im Vergleich zu den anderen Einheiten längeres Fließband besitzt. Falls eine präzise Bearbeitung einer Ausnahme erforderlich ist, kann dies erzwungen werden, indem ein spezieller Befehl, der sog. Trap-barrier-Befehl, verwendet wird. Durch ihn wird die parallele Bearbeitung der Befehle solange unterbrochen, bis das Fließband vollständig leergelaufen ist. Es ist klar, daß der Befehlsdurchsatz des Prozessors dadurch negativ beeinflußt wird.

Bemerkung. Der Umfang, in dem ein superskalarer Prozessor Operationen parallel ausführen kann, ist davon abhängig, in welchem Maße die einzelnen Fließbandstufen Parallelverarbeitung unterstützen. Das schwächste Glied der Kette ist hier maßgebend. So kann ein superskalarer Prozessor, der zwar 10 Operationen gleichzeitig bearbeiten, aber nur 2 Ergebnisse pro Takt in den Registerspeicher schreiben kann, im Durchschnitt nicht mehr als 2 Operationen pro Takt ausführen. Im allgemeinen sind jedoch nicht die verfügbaren Verarbeitungseinheiten und Rückschreibports des Registerspeichers für die maximal erreichbare Parallelität verantwortlich, sondern der Befehlsdecodierer. Es ergibt nämlich keinen Sinn, daß der Decoder eine größere Anzahl von Operationen zur Verarbeitung weitergibt, als Verarbeitungseinheiten vorhanden sind und als Ergebnisse in den Registerspeicher geschrieben werden können. Als *Aufgabe* überlege man sich, wie sich das Maß der maximal erreichbaren Operationsparallelität auf die Befehlsparallelität auswirkt.

Operationsparallelisierung mit Scoreboard

Parallelisierung mit Scoreboard

Superskalare Prozessoren, die wie oben beschrieben arbeiten, können Operationen parallel unter strikter Berücksichtigung der Befehlsreihenfolge, wie sie vom Programm vorgegeben wird, ausführen. Da der Prozessor zur Laufzeit entscheidet, welche Operationen parallel bearbeitet werden sollen und welche nicht, ist dies bereits eine Form der dynamischen Operationsparallelität mit dem Vorteil, sequentiell geschriebene Befehlsfolgen handhaben zu können (also möglicherweise kompatibel zu älteren Prozessoren zu sein und somit Programme ausführen zu können, die für diese geschrieben wurden). Obwohl dynamisch, ist sie dennoch eng verwandt mit der statischen Operationsparallelität der VLIW-Prozessoren. In beiden Fällen muß der Programmierer „statisch" entscheiden, welche Operationen parallel ausgeführt werden sollen. Im Fall der VLIW-Prozessoren werden hierzu die Operationen in einem einzelnen Befehl, im Fall der superskalaren In-der-Reihe-Starten-Prozessoren in unmittelbar aufeinanderfolgenden Befehlen codiert (mit ggf. mehr als einer Operation pro Befehl).

Falls in einem Programm nicht berücksichtigt wird, daß die einzelnen Operationen parallel ausgeführt werden sollen, sinkt der Befehlsdurchsatz eines In-der-Reihe-Starten-Prozessors schnell in Bereiche, die auch von rein skalar arbeitenden Prozessoren erreicht werden. Normalerweise sind nämlich die aufeinanderfolgenden Befehle eines sequentiell formulierten Programms voneinander abhängig. Der Befehlsdurchsatz kann jedoch verbessert werden, indem Operationen parallel verarbeitet werden, die nicht in unmittelbar aufeinanderfolgenden Befehlen codiert sind. Dies entspricht einer Optimierung des Programms zur Laufzeit, und zwar so, daß die Befehle in eine Reihenfolge gebracht werden, die für eine Parallelisierung geeignet ist. Beim Scoreboarding von Thornton werden hierzu Abhängigkeiten im Registerspeicher protokolliert und Operationen nur dann gestartet, wenn das aufgrund der Eintragungen möglich ist.

Im einfachsten Fall gibt es zu jedem Register ein Scoreboard-Bit, mit dem angezeigt wird, daß der im Register gespeicherte Operand gültig ist. Wird eine Operation gestartet, die mehr als einen Takt benötigt, wird das Zielregister als ungültig gekennzeichnet. Nachfolgende Operationen, die lesend darauf zugreifen (RAW-Abhängigkeit), werden verzögert, bis die vorangehende Operation ein Ergebnis in das Zielregister überträgt und dabei das Register als gültig kennzeichnet. Ein superskalarer Prozessor, der diese einfache Form des Scoreboardings verwendet, arbeitet jedoch noch nach dem In-der-Reihe-Starten-Prinzip. Um die Operationen unabhängig von der Befehlsreihenfolge, also Außer-der-Reihe zu parallelisieren, muß das Verfahren erweitert werden. Die dabei auftretenden Auswirkungen auf die drei Arbeitsphasen eines superskalaren Prozessors sind nachfolgend erläutert:

Decodierphase. Der Befehl wird decodiert und die darin codierten Operationen freien Verarbeitungseinheiten zugeordnet. Ist dies wegen eines Ressourcen-Konflikts nicht möglich, wird die Bearbeitung weiterer Befehle gestoppt, bis der Konflikt gelöst ist. Außerdem werden im Scoreboard der Zieloperand als ungültig gekennzeichnet und alle Quelloperanden mit einer Kennung markiert, mit deren Hilfe die verantwortliche Verarbeitungseinheit identifiziert werden kann. Sie wird benötigt, um einerseits im Fall einer RAW-Abhängigkeit die entsprechende Verarbeitungseinheit zu starten, sobald das benötigte Ergebnis erzeugt wurde, und andererseits, um bei WAR-Abhängigkeiten den Inhalt eines Registers nicht zu überschreiben, solange dessen alter Inhalt noch benötigt wird.

Ausführungsphase. Die Quelloperanden einer Operation werden gelesen und miteinander verknüpft. Dabei werden die auf dem Scoreboard eingetragenen Abhängigkeiten zu vorangehenden und noch in Ausführung befindlichen Operationen berücksichtigt und ggf. gewartet, bis keine Abhängigkeit mehr besteht. Sobald das letzte benötigte Ergebnis erzeugt wurde, wird anhand der im Scoreboard eingetragenen Kennung die auf den Operanden wartende Verarbeitungseinheit benachrichtigt. Sobald die Operanden gelesen wurden, wird die im Scoreboard eingetragene Kennung gelöscht.

Rückschreibphase. Das Ergebnis wird gespeichert und im Scoreboard als gültig gekennzeichnet.

In Bild 2-44 sind zwei Beispiele für die Funktionsweise des Scoreboard dargestellt. Es wird vorausgesetzt, daß die einzelnen Operationen in verschiedenen Einheiten bearbeitet werden, die Operanden *u* bis *z* direkt verfügbar sind und die Division so zeitaufwendig ist, daß alle nachfolgenden Operationen vor Abschluß der Division beendet werden könnten, wenn keine Abhängigkeiten existieren würden. Rechts neben den Operationen sind die relevanten Einträge des Scoreboard zu den Registern A, B und C dargestellt.

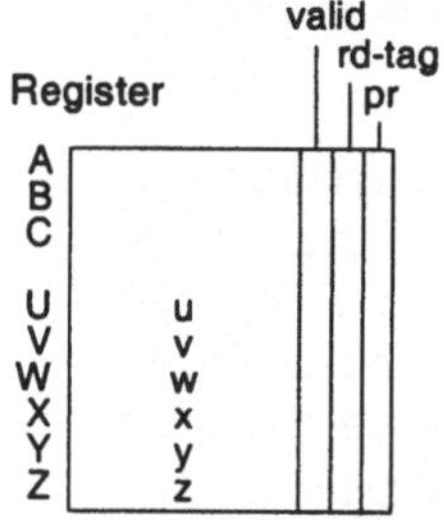

Unter den genannten Voraussetzungen wird die Ausführung der Division sofort begonnen (Teilbild a: Operation O1) und das Zielregister A als ungültig gekennzeichnet (0 im Feld valid). Die Operation O2 wird anschließend aufgrund der Abhängigkeit vom Ergebnis der Division verzögert. Um trotzdem nachfolgende Operationen bearbeiten zu können, wird O2 in der Subtraktionseinheit zwischengespeichert, und es wird im Read-Tag des Scoreboard zu beiden Quelloperanden eingetragen, daß diese von der Subtraktionseinheit noch benötigt werden (sub im Feld rd-tag). Zur Erinnerung: Diese Einträge werden einerseits benötigt, um die Subtraktionseinheit zu starten, sobald das fehlende Divisionsergebnis berechnet wurde, andererseits um die Variablen nicht durch nachfolgende Befehle zu überschreiben, solange deren alte Inhalte noch benötigt werden.

Mit der Operation O3 tritt eine WAR-Abhängigkeit auf, die über das Read-Tag erkannt werden kann. Obwohl die Quelloperanden von O3 nicht von vorange-

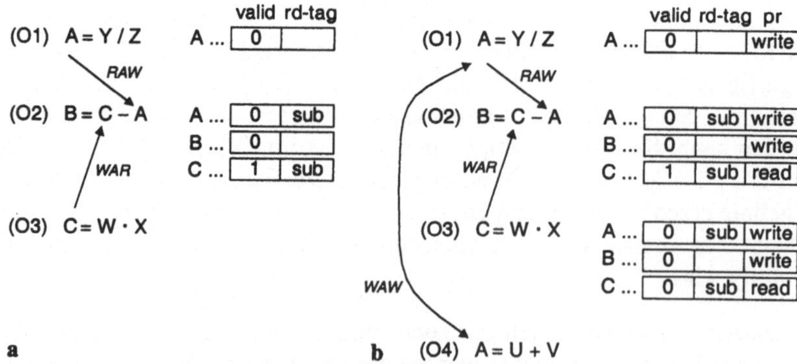

Bild 2-44. Beispiele für die Funktion eines Scoreboard. Rechts neben den Operationen sind die jeweils relevanten Einträge im zeitlichen Verlauf dargestellt. **a** Scoreboard ohne, **b** Scoreboard mit Preference-Bit pr.

henden Operationen abhängig und somit verfügbar sind, muß bei dieser einfacheren Variante des Scoreboardings die weitere Befehlsbearbeitung blockiert werden, bis die Subtraktion gestartet wurde. Es könnte ansonsten nicht mehr unterschieden werden, ob C zuerst gelesen und anschließend geschrieben werden soll oder umgekehrt (wie das z.B. für A der Fall ist). In Teilbild b ist zur Lösung dieses Problems deshalb ein Preference-Bit im Scoreboard hinzugefügt, in dem codiert ist, ob der entsprechende Operand zuerst gelesen oder geschrieben werden muß. Die Ausführung von O3 kann mit dieser Modifikation begonnen werden, O3 darf sein Ergebnis jedoch erst speichern, wenn die Subtraktion gestartet und die Lesepräferenz dadurch aufgehoben wurde.

Im weiteren Verlauf führt die WAW-Abhängigkeit der Operation O4 in Teilbild b dazu, daß keine weiteren Operationen bearbeitet werden, und zwar solange, bis O1 abgeschlossen wurde. Dies hat nämlich zur Folge, daß der Operand *a* als gültig gekennzeichnet und die Subtraktionseinheit gestartet wird, die ihrerseits die benötigten Operanden *a* und *c* liest und dabei die Read-Tags zu den entsprechenden Operanden löscht. Da die Quelloperanden von O2 nunmehr gelesen wurden, können ggf. gesetzte Lesepräferenzen in Schreibpräferenzen geändert werden. Schließlich wird O4 gestartet (da *a* als gültig gekennzeichnet und die WAW-Abhängigkeit dadurch gelöst wurde), und O3 wird beendet (da *c* von der Additionseinheit gelesen und die WAR-Abhängigkeit gelöst wurde). Die Ausführungsreihenfolge der Operationen in diesem Beispiel ist somit O1, O3, O2, O4.

Parallelisierung mit Reservierungsstationen

Operationsparallelisierung mit Reservierungsstationen

Die Semantik eines Programms wird nicht durch die Reihenfolge der auszuführenden Operationen, sondern von den Operationen und den zwischen ihnen bestehenden Datenabhängigkeiten bestimmt. Eine Änderung der Ausführungsreihenfolge ist somit möglich, wenn die bestehenden Abhängigkeiten unverändert belassen werden. Da in superskalaren Prozessoren Register benutzt werden, um die Operanden „von Operation zu Operation zu transportieren“, ist es naheliegend, den Registerspeicher so zu erweitern, daß in ihm die Abhängigkeiten protokolliert werden und die Ausführungsreihenfolge der Operationen abhängig von diesem Protokoll gesteuert wird.

Genau diese Idee liegt dem bereits beschriebenen Scoreboarding zugrunde. Das dem Registerspeicher angeheftete Scoreboard als zentrale Instanz zur Steuerung der Ausführungsreihenfolge hat jedoch einige Nachteile: So kann im Scoreboard zu einem speziellen Register gewöhnlich nur eine einzige RAW- bzw. WAR-Abhängigkeit eingetragen werden. Beim Auftreten einer zweiten Abhängigkeit oder einer einzelnen WAW-Abhängigkeit muß die Ausführung weiterer Operationen blockiert werden, bis die Abhängigkeit gelöst ist.

Diese Beschränkungen können vermieden werden, wenn die Abhängigkeiten nicht mehr zentral anhand der Register, die zur Übergabe der Ergebnisse verwendet werden, sondern dezentral anhand der Verarbeitungseinheiten, die ein Ergebnis produzieren, verwaltet werden. Bei dem von Tomasulo vorgeschlagenen Verfahren wird eine abhängige Operation nicht mehr verzögert, bis der benötigte Operand in einem Register auftaucht, sondern nur, bis das benötigte Ergebnis von einer Verarbeitungseinheit erzeugt und zur Verfügung gestellt worden ist. Dies hat z.B. den Vorteil, daß WAW-Abhängigkeiten nicht mehr dazu führen, daß die Bearbeitung weiterer Operationen blockiert werden muß, da die Ergebnisse direkt von Verarbeitungseinheit zu Verarbeitungseinheit übergeben werden. Tatsächlich können bei diesem Verfahren Operationen nur dann nicht mehr parallel gestartet werden, wenn ein Ressourcen-Konflikt vorliegt. Um dessen Häufigkeit zu vermindern, können zusätzliche Verarbeitungseinheiten vorgesehen werden, und zwar auch, indem physikalische Verarbeitungseinheiten mehrfach zeitsequentiell genutzt werden.

Die Funktionsweise des Verfahrens ist in Bild 2-45 exemplarisch dargestellt. Jeder Verarbeitungseinheit ist mindestens eine sog. Reservierungsstation vorangestellt (stark umrandet), in der sog. Reservierungsregister für jeden einzelnen Quelloperanden vorhanden sind. In den Reservierungsregistern kann entweder direkt der zu verarbeitende Operand oder indirekt eine Referenz auf die zur Erzeugung des Operanden verantwortliche Verarbeitungseinheit gespeichert sein. Ganz ähnlich müssen auch in Arbeitsregistern Operanden oder Referenzen auf Verarbeitungseinheiten gespeichert werden können. Daher darf ein Arbeitsregister verallgemeinert als Reservierungsregister angesehen werden, dem eine Verarbeitungseinheit nachgestellt ist, die den Inhalt des entsprechenden Reservierungsregisters als Ergebnis unverändert weitergibt. Im Unterschied zu den „echten“ Verarbeitungseinheiten, die als aktive Komponenten ihre Ergebnisse von sich aus bereitstellen, sobald diese vorliegen, geben die den Arbeitsregistern zuzuordnenden fiktiven Verarbeitungseinheiten als passive Komponenten ein Ergebnis jedoch erst dann weiter, wenn sie dazu aufgefordert werden.

Der dem Bild zugrundeliegende Prozessor verfügt über Verarbeitungseinheiten zur Ausführung der Division, der Multiplikation, der Addition und der Subtrak-

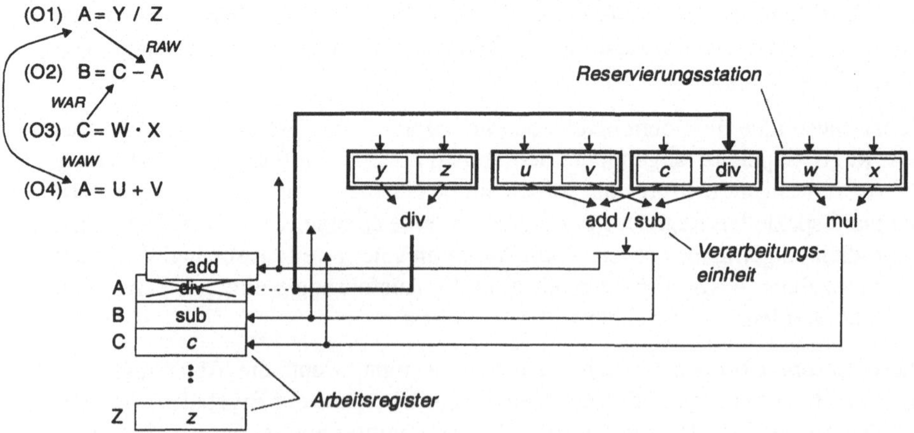

Bild 2-45. Exemplarische Darstellung des Algorithmus mit Reservierungsstationen.

tion. Additionen und Subtraktionen werden in einer gemeinsamen, zeitsequentiell arbeitenden Verarbeitungseinheit ausgeführt, der 2 Reservierungsstationen vorgeschaltet sind. Als Beispielprogramm wird die ebenfalls im Bild dargestellte und schon bei der Beschreibung des Scoreboardings benutzte Operationsfolge verwendet, wobei dort die Operation O4 die parallele Ausführung weiterer Operationen blockiert hat, bis die WAW-Abhängigkeit zu O1 gelöst war. Wie wir sehen werden, führt dies hier zu keiner Blockade.

Die Ausführung der Operation O1 beginnt damit, daß die in den Arbeitsregistern Y und Z jeweils verfügbaren Werte gelesen und in die Reservierungsregister der Divisionseinheit geschrieben werden. Da beide Operanden verfügbar sind, beginnt die Divisionseinheit sofort mit der Ausführung der Operation. Außerdem wird im Arbeitsregister A eingetragen, daß darin das Ergebnis der Divisionseinheit gespeichert werden soll, sobald es verfügbar ist (durchgestrichenes „div"). Mit der Operation O2 wird in der gleichen Weise verfahren. Anstatt des Inhalts wird hierbei jedoch die im Arbeitsregister A gespeicherte Referenz auf die Divisionseinheit in das rechte Reservierungsregister der kombinierten Additions-/Subtraktionseinheit übertragen, die nun warten muß, bis das benötigte Ergebnis von der Divisionseinheit erzeugt wurde. Um bis zum Ende der Ausführung der Subtraktion die Nichtverfügbarkeit des Subtraktionsergebnisses anzuzeigen, wird in das Arbeitsregister B die Referenz auf die Subtraktionseinheit eingetragen.

Die Operation O3 wird ähnlich wie O1 behandelt. Bemerkenswert ist, daß das Arbeitsregister C überschrieben werden darf, obwohl die Operation O2 noch auf das Ergebnis der Division wartet und als zweiten Operanden den alten Wert von C benötigt. Dies ist möglich, weil der Wert von C bereits beim Start der Addition in das entsprechende Reservierungsregister kopiert wurde. Die letzte Operation O4 kann ebenfalls verzögerungsfrei gestartet werden, da beide Quelloperanden direkt gelesen werden können und die zweite Reservierungsstation der kombinierten Additions-/Subtraktionseinheit noch frei ist. Obwohl nur eine Verarbeitungseinheit für Addition und Subtraktion zu Verfügung steht, kommt es zu keinem Ressourcen-Konflikt, solange freie Reservierungseinheiten existieren. Das Divisionsergebnis muß nach dem Start des Additionsbefehls nicht mehr in das Arbeitsregister A geschrieben werden, so daß die Referenz in A durch die Referenz auf die Subtraktionseinheit ersetzt werden kann („div" wird durch „sub" ersetzt).

Da nach O4 keine freien Einträge in den Reservierungsstationen zur Verfügung stehen, muß jede weitere Operation zu einem Ressourcen-Konflikt führen und daher verzögert werden, bis der Konflikt gelöst ist. In welcher Reihenfolge die Operationen beendet werden, ist von der Geschwindigkeit der einzelnen Verarbeitungseinheiten abhängig. Wahrscheinlich ist, daß zunächst die Addition beendet wird, wobei dies voraussetzt, daß die Ausführungsreihenfolge der Operationen in der Additions-/Subtraktionseinheit nicht von der Reihenfolge, mit der die Operanden in die beiden getrennten Reservierungsstationen geschrieben wurden, abhängt. Nachdem die Addition beendet wurde, werden mit großer Wahrscheinlichkeit die Multiplikation, dann die Division und zum Schluß die Subtraktion, die auf das Ergebnis der Division warten mußte, ausgeführt. Die Reihenfolge, in der die Operationen *beendet* werden, ist somit O4, O3, O1, O2.

Bemerkung. Reservierungsstationen werden in vielen superskalaren Prozessoren zur dynamischen Operationsparallelisierung verwendet. Jedoch sind einige Details anders implementiert als hier beschrieben. So sind die Reservierungsstationen hier den Verarbeitungseinheiten fest zugeordnet. In der Realität ist dies jedoch normalerweise nicht der Fall. Stattdessen werden die Reservierungsstationen aller Verarbeitungseinheiten in einem zentralen sog. Instruction-Pool vereint, von dem aus die jeweils auszuführenden Operationen an die Verarbeitungseinheiten verteilt werden. Tritt z.B. in dem obigen Beispiel ein Ressourcen-Konflikt auf, wenn zwei Divisionen nacheinander ausgeführt werden, geschieht dies mit dem Instruction-Pool deshalb nicht, weil die zweite Division in einer der freien Reservierungsstationen, die den Verarbeitungseinheiten nicht mehr fest zugeordnet sind, gespeichert werden kann.
Eine zweites Detail, das oft anders als hier beschrieben realisiert wird, ist, daß in den Reservierungsstationen nicht die Operanden selbst, sondern Referenzen auf die Operanden gespeichert werden, die ihrerseits in Renaming-Registern gespeichert werden. Diese Änderung vereinfacht die technische Umsetzung bei gleichbleibender Wirkung des Verfahrens.

In-der-Reihe-Befehlsbeendigung

In einem sequentiellen Programm wird implizit vorausgesetzt, daß bei Ausführung der Operationen eines Befehls alle vorangehenden Befehle in ihrer Bearbeitung vollständig abgeschlossen wurden. In einem superskalaren Prozessor muß dies jedoch nicht unbedingt der Fall sein, was problematisch ist, wenn der Befehlsfluß geändert werden soll. Es darf nämlich nicht zugelassen werden, daß Ergebnisse erzeugt und z.B. Registerinhalte verändert werden, wenn nicht sichergestellt ist, daß der ergebniserzeugende Befehl wirklich ausgeführt wird. Dies betrifft eine Situation, die auftreten kann, wenn aufgrund von Abhängigkeiten die Bearbeitung eines bedingten Sprungbefehls hinter die Bearbeitung des auf den Sprungbefehl regulär folgenden Befehls verzögert wird. Es ist zwar prinzipiell möglich, Sprungbefehle In-der-Reihe auszuführen und auf diese Weise dafür zu sorgen, daß nachfolgende Befehle nicht vor dem Sprungbefehl beendet werden können, allerdings wird ein anderes im Zusammenhang mit Befehlsflußänderungen stehendes Problem so nicht gelöst. – Angenommen, die Befehlsfolge

```
I1:  add r1, r2, r3
I2:  sub r2, r9, 1
I3:  mul r3, r2, r2  ┐ angenommener Ressourcen-Konflikt
I4:  div r4, r5, r6  ┘
I5:  add r5, r5, 1   ┐
I6:  and r6, r4, r8  ┘ RAW-Abhängigkeit (r4)
```

wird von einem Prozessor bearbeitet, der aufgrund seiner superskalaren Arbeitsweise bisher nur die nicht kursiv dargestellten Befehle beenden konnte, und angenommen, es kommt genau zu diesem Zeitpunkt zu einer Ausnahmebehandlung, weil mit dem Befehl I4 versucht wurde, eine Division durch 0 auszuführen, dann müßten nach der Ausnahmebehandlung die Befehle I3, I6 und ggf. I4 erneut gestartet werden, nicht jedoch der Befehl I5, der bereits vor Auftreten der Ausnahme bearbeitet wurde.

Das Problem tritt übrigens nur bei synchronen Ausnahmen auf, d.h. bei Ausnahmen, die von Befehlen ausgelöst wurden,[1] und zwar deshalb, weil die beteiligten Befehle unter Umständen voneinander abhängig sind. So werden I3 und I6 hier deshalb verzögert bearbeitet, weil sie von I4 abhängig sind.

Superskalare Prozessoren lösen die im Zusammenhang mit Befehlsflußänderungen stehenden Unzulänglichkeiten normalerweise, indem die Befehle in genau der Reihenfolge *beendet* werden, in der sie im Programm codiert sind. Die Befehle I1, I2 und I5 im obigen Programm können zwar gleichzeitig ausgeführt werden, es werden jedoch nur die Ergebnisse von I1 und I2 in den Registerspeicher geschrieben. Das Ergebnis von I5 wird zwischengespeichert, bis I3 und I4 beendet wurden. Ebenso werden synchrone Ausnahmen erst dann bearbeitet, wenn alle Befehle ausgeführt wurden, die regulär vor dem die Ausnahme auslösenden Befehl stehen. Kommt es also mit I4 zu einer Ausnahme, so würden I1 bis I3 beendet, I6 abgebrochen und das bereits berechnete Ergebnis von I5 verworfen. – Zur Wiederherstellung der ursprünglichen Befehlsreihenfolge gibt es zwei verbreitete Techniken, die im folgenden beschrieben werden.

Reorder-Buffer, Renaming-Register. Um die Befehlsreihenfolge in der Rückschreibphase wiederherstellen zu können, müssen die Befehle bereits in der Decodierphase entsprechend ihrer Reihenfolge gekennzeichnet werden. Hierzu wird jedem Befehl eine Position in dem als eine Art Ringpuffer[2] realisierten sog. Reorder-Buffer (Neuordnungspuffer) zugewiesen. Sobald der Befehl die Ausführungsphase passiert hat, wird das erzeugte Ergebnis in einem Extra-Register zwischengespeichert und dies im Reorder-Buffer an der zugeordneten Position vermerkt. Ein Ergebnis wird erst dann in den Registerspeicher übertragen und dabei die belegte Position des Reorder-Buffers freigegeben, wenn alle zuvor zu bearbeitenden Befehle ausgeführt wurden, was daran zu erkennen ist, daß die jeweils „älteren" Positionen des Reorder-Buffers als gefüllt markiert sind.

Die erwähnten Extra-Register heißen Renaming-Register (Umbenennungsregister). Sie sind assoziativ adressierbar, damit mehrere Ergebnisse, die für dasselbe Zielregister bestimmt sind, abgelegt und unter derselben Adresse erreicht werden können. Solange ein Ergebnis noch nicht in den Registerspeicher übertragen wurde, müssen nachfolgende Befehle, die sich auf dieses Ergebnis beziehen, auf das entsprechende Renaming-Register zugreifen. Angemerkt sei noch, daß die Steuerung des Reorder-Buffers und der Renaming-Register durch die sog. Retirement-Unit (auch als Rückzugseinheit bezeichnet) geschieht. Sie ist insbesondere dafür verantwortlich, daß im Fall einer Ausnahmebehandlung alle noch im Reorder-Buffer eingetragenen Befehle gelöscht werden.

Angenommen, die in Bild 2-46 dargestellte Befehlsfolge soll von einem superskalaren Prozessor bearbeitet werden (die Ergebnisse der Befehle sind wieder

1. d.h. Traps; bei asynchronen Ausnahmen, d.h. Interrupts, können alle decodierten Befehle vollständig beendet werden, bevor die zugehörige Service-Routine aufgerufen wird.
2. Ein Ringpuffer realisiert den Zugriffsalgorithmus first-in first-out mit zwei inkrementierbaren Zeigern.

unter der ersten Adresse verfügbar). Wegen der Abhängigkeit der Addition vom Divisionsergebnis in r7 können zunächst nur die Division, die Multiplikation und die Subtraktion gestartet werden (Ausführungsphase). Die zeitaufwendige Division blockiert jedoch während ihrer Ausführung den vollständigen Abschluß aller nachfolgenden Befehle. Deshalb werden die Ergebnisse der Multiplikation und der Subtraktion – sobald verfügbar – z.B. unter $r9_a$ und $r9_b$ in die Renaming-Register eingetragen. Nachfolgende Befehle müssen sich ab jetzt auf $r9_b$ beziehen. Trotzdem muß auch $r9_a$ weiterhin in einem Renaming-Register gespeichert bleiben, da sich prinzipiell zwischen der Multiplikation und der Subtraktion ein Befehl befinden könnte, der eine Ausnahmebehandlung auslöst. In einem solchen Fall würde nach der Ausnahmebehandlung nämlich erwartet, daß in r9 das Multiplikationsergebnis $r9_a$ und nicht das Subtraktionsergebnis $r9_b$ gespeichert ist.

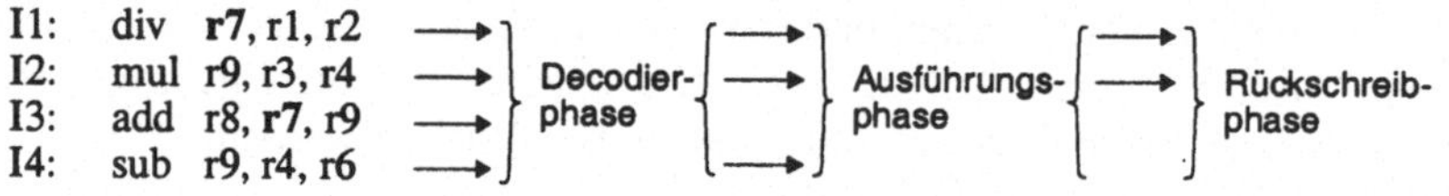

I1: div **r7**, r1, r2
I2: mul r9, r3, r4
I3: add r8, **r7**, r9
I4: sub r9, r4, r6

Decodier-phase → Ausführungs-phase → Rückschreib-phase

Bild 2-46. Bearbeitung einer Befehlsfolge in einem superskalaren Prozessor.

Sobald das Ergebnis der Division vorliegt, kann es unter $r7_a$ in die Renaming-Register eingetragen werden. So wie der Abschluß der Ausführung von Multiplikation und Subtraktion muß auch der Abschluß der Division im Reorder-Buffer vermerkt werden. Die für die Beendigung der Befehle verantwortliche Einheit kann jetzt das Ergebnis der Division und der Multiplikation in den Registerspeicher schreiben. Die restlichen Ergebnisse dürfen jedoch noch nicht übertragen werden, da der auf die Multiplikation folgende Befehl wegen der Abhängigkeit zum Divisionsergebnis bisher noch nicht ausgeführt wurde. Erst wenn das Additionsergebnis berechnet ist, können die Ergebnisse der restlichen Befehle in den Registerspeicher übertragen werden.

Die Renaming-Register haben die Aufgabe, auf der einen Seite Ergebnisse so lange zwischenzuspeichern, bis sie in den Registerspeicher übertragen werden können, und auf der anderen Seite die Operanden für nachfolgende Befehle bereitzustellen. Letzteres kann genutzt werden, um WAR- und WAW-Abhängigkeiten zu lösen und so die Aufgabe der Reservierungsstationen zu vereinfachen. In der Befehlsfolge

I1: $\mathbf{r3_b} = r3_a / 3$
I2: $r4_b = \mathbf{r3_b} + \mathbf{r2_a}$
I3: $\mathbf{r2_b} = r5_a - 1$
I4: $\mathbf{r3_c} = r3_b \cdot r4_b$

sind jeweils die physikalischen Bezüge auf Renaming-Register durch tiefergestellte Buchstaben kenntlich gemacht. – Mit I1 wird eine Division von r3 durch 3 durchgeführt. Der Operand r3 befindet sich zum Zeitpunkt der Ausführung jedoch im Register $r3_a$, was auch bedeutet, daß der Operand als Ergebnis eines vor-

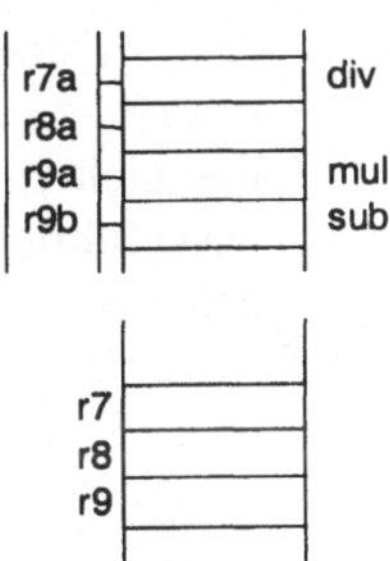

angehenden Befehls noch nicht in den Registerspeicher übertragen wurde. Da, wie beschrieben, $r3_a$ nicht verändert werden darf, wird das Ergebnis in einem neuen Register $r3_b$ gespeichert (Einmalzuweisungsprinzip). Alle nachfolgenden Befehle, z.B. auch I2, greifen bei Bedarf auf das Register $r3_b$ zu, und zwar so lange, bis entweder $r3_b$ in das Arbeitsregister r3 übertragen wird oder bis ein weiteres Ergebnis für r3 erzeugt und ein neues Renaming-Register reserviert wird. Letzteres geschieht z.B. mit I4.

WAR- oder WAW-Abhängigkeiten treten normalerweise auf, wenn ein Befehl auf ein Register schreibend zugreift, auf das vorangehend lesend oder schreibend zugegriffen wurde. Durch die laufende Umbenennung der Zielregister kann dieser Fall jedoch nicht mehr eintreten. So ist I4 weder zu I1 WAW- noch zu I2 WAR-Abhängig. Somit erübrigt es sich auch, WAW- und WAR-Abhängigkeiten von den Reservierungsstationen lösen zu lassen. Deshalb brauchen in den Operandenregistern nicht mehr 32 oder 64 Bit breite Werte gehalten zu werden, sondern es reicht aus, 5 bis 7 Bit breite Referenzen, die auf Funktionseinheiten oder Renaming-Register verweisen, zu speichern. Das Verfahren nach Tomasulo gleicht sich durch diese Änderung dem Scoreboarding an.

History-Buffer. Eine Alternative zum Reorder-Buffer ist der sog. History-Buffer (Verlaufspuffer). Anstatt die Befehle in ihrer ursprünglichen Reihenfolge zu beenden, werden sie in der Reihenfolge, in der die Ergebnisse erzeugt werden, beendet. Bei einer Ausnahme werden alle Befehle, die fälschlicherweise bereits vollständig ausgeführt wurden, in ihrer Wirkung auf den „sichtbaren Maschinenstatus" rückgängig gemacht und so ein Zustand hergestellt, als wären die Befehle in der ursprünglichen Reihenfolge beendet worden. Im History-Buffer muß dazu jeweils protokolliert werden, auf welche Register schreibend zugegriffen wurde und welcher Wert zuvor in dem entsprechenden Register gespeichert war. Außerdem wird auch hier, ähnlich wie beim Reorder-Buffer, die Information benötigt, in welcher Reihenfolge die Befehle regulär bearbeitet werden sollen.

In Bild 2-47 ist die Funktionsweise des History-Buffers an einem Beispiel dargestellt. Jeder Befehl wird bei Ausführungsbeginn zunächst in den History-Buffer eingetragen, der ähnlich dem Reorder-Buffer als Ringpuffer realisiert ist.[1] Die Reihenfolge, mit der die Befehle bearbeitet werden sollen, entspricht dabei den Positionen im History-Buffer. Sobald ein Befehl ausgeführt wurde, wird sein Ergebnis in den Registerspeicher geschrieben. Falls vorangehende Befehle noch nicht beendet wurden, wird außerdem der zuvor im jeweiligen Zielregister stehende Wert in den History-Buffer übertragen. Unter der Voraussetzung, daß die Division langsamer ausgeführt wird als die anderen im History-Buffer eingetragenen Befehle, wird bei Abschluß der Addition der Inhalt von r2 zunächst mit dem Ergebnis 143 überschrieben. Dabei wird gleichzeitig der alte Inhalt von r2

1. In der beschriebenen Anwendung kann man sich seine Wirkung als Fenster variabler Größe vorstellen, das über das Programm „läuft" und so die ausgewählten Befehle „zeigt".

(22) in den History-Buffer übertragen. Die nachfolgende Subtraktion überschreibt r2 erneut, wobei das Additionsergebnis 143 wieder im History-Buffer gespeichert wird. Mit dem and-Befehl wird in gleicher Weise verfahren. Die so ausgeführten Befehle verbleiben so lange im History-Buffer, bis die Division beendet ist.

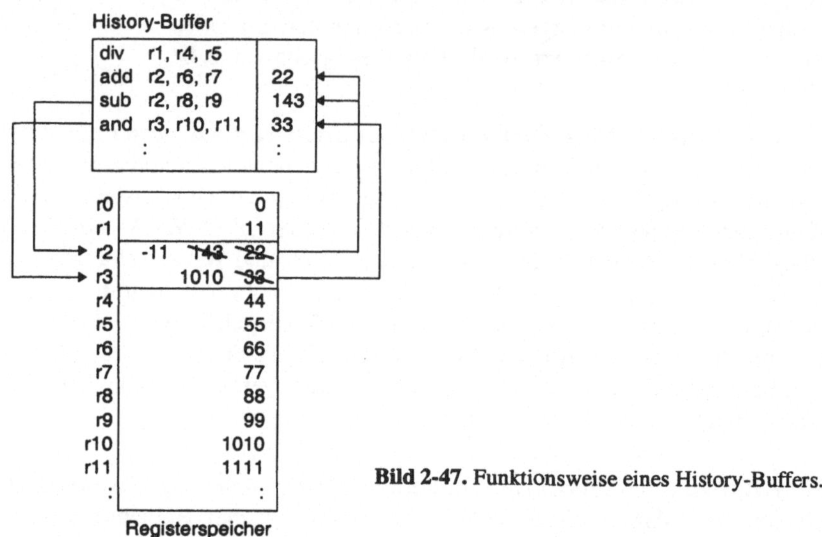

Bild 2-47. Funktionsweise eines History-Buffers.

Abhängig davon, ob die Division eine Ausnahmebehandlung auslöst oder nicht, wird mit den Einträgen des History-Buffers unterschiedlich verfahren. Wird keine Ausnahmebehandlung ausgelöst, werden alle ausgeführten Befehle am Kopf des History-Buffers gelöscht. Wurde jedoch eine Ausnahmebehandlung ausgelöst, werden die im History-Buffer gespeicherten Werte in umgekehrter Reihenfolge wieder in den Registerspeicher übertragen. Dies kann gleichzeitig oder stückweise geschehen. Falls z.B. zwei Werte pro Takt aus dem History-Buffer in den Registerspeicher übertragen werden könnten, würden zunächst 33 und 143 in die Register r3 und r2 geschrieben und anschließend 22 in das Register r2. Das Beispiel verdeutlicht die Grenzen des Verfahrens. Um im Extremfall alle Einträge eines großen History-Buffers in den Registerspeicher zurückzuschreiben, wird möglicherweise erhebliche Zeit in Anspruch genommen. Solange nur Ausnahmen auf diese Art und Weise bearbeitet werden, geht dies zu Lasten der Interrupt-Latenzzeit, was tolerierbar wäre. Falls jedoch Sprungbefehle spekulativ ausgeführt werden, müßte bei jedem falsch vorhergesagten Sprung eine möglicherweise signifikante Strafzeit in Kauf genommen werden.

3 Prozessororganisation und Assemblerprogrammierung

3.1 Rechnerbefehle, Assembleranweisungen – vom Problem zum Programm

3.1.1 Programmiersprachliche Ausdrucksmittel

Gegenstand dieses Buches ist die Auseinandersetzung mit verschiedenen Organisationsformen von Prozessoren. Diese Diskussion muß insbesondere deren Einsatz für typische, exemplarische Aufgabenstellungen einschließen. Die exemplarische Behandlung von Aufgabenstellungen wiederum muß zwangsläufig über ein Ausdrucksmittel erfolgen. Und so beginnen praktisch alle Bücher über Rechnerorganisation mit der Definition eines Prozessors, d.h. der Vorstellung einer Liste von Maschinenbefehlen und Assembleranweisungen.

In *Kapitel 1* ist ein Prozessor mit seinem Assembler definiert; beide in so einfacher Form nicht mehr anzutreffen; beide aber für dieses Buches nützlich zur Einführung in Prozessororganisation und Assemblerprogrammierung (Abschnitte 1.3 bzw. 1.4). Obwohl der Rechner*benutzer* so gut wie nicht mehr in Maschinen-/Assemblersprache programmiert, so ist es für den Rechner*bauer* nach wie vor unumgänglich, die Assemblerprogrammierung „seines" Prozessors 100%ig zu beherrschen, ja nicht nur beherrschen, er muß – auch das gehört zum Rechner*bau* – den Assembler passend zum Prozessor definieren können. Konkret heißt das, er muß sich beim Systementwurf auf die Arbeitsteilung zwischen Prozessor und Assembler festlegen, also auf das, was zur Assemblierung eines Programms (zur Assemblierzeit, assembly time) vom Assembler zu tun ist, und auf das, was bei der Ausführung des Programms (zur Ausführungszeit, Laufzeit, run time) vom Prozessor zu tun ist.

In *Kapitel 2*, insbesondere in 2.4, sind Prozessorstrukturen und Programmbeispiele *realer* Prozessoren wiedergegeben. Die damit verbundenen herstellerspezifschen programmiersprachlichen Ausdrucksmittel, also die zu den jeweiligen Prozessorprodukten gehörenden Assemblersprachen, sind (1.) von Produkt zu Produkt sehr unterschiedlich und (2.) derart mit Details überladen, daß sie weder zum Einarbeiten in Assemblerprogrammierung noch zur Verständigung zwischen Autor und Leser geeignet sind, ganz im Gegensatz zu dem „konkreten" Prozessor aus Kapitel 1, aber auch im Gegensatz zu den eher „abstrakten" Prozessoren, die hier in Kapitel 3 behandelt werden. Dennoch werden wir auch hier in Kapitel 3 den Bezug unseres gewissermaßen produktübergreifenden Ausdrucksmittels zu den industriell geprägten Ausdrucksmitteln verschiedener Computerfirmen herstellen.

Hier in *Kapitel 3* soll also weder der einfache Prozessor mit seinem Assembler aus Kapitel 1 noch einer der wirklichen Prozessoren mit ihren Assemblern aus Kapitel 2 zur Grundlage der Weiterentwicklung von Prozessor- und Assemblereigenschaften hergenommen werden. Es soll aber auch kein neuer Prozessor, etwa durch langatmiges Aufzählen seiner Systemeigenschaften, definiert werden. Stattdessen wählen wir in Kapitel 3 zunächst eine gewisse Grundmenge an elementaren, universellen Systemeigenschaften: nicht unbedingt eine minimale, aber eine praktikable Grundmenge, die wir von Fall zu Fall erweitern. Die Befehle dieser Grundmenge können wir uns vorstellen

> als Mikrobefehle eines (extrem vertikal) mikroprogrammierbaren CISC oder
>
> als Maschinenbefehle eines (extrem vertikal) maschinenprogrammierbaren RISC.

Wer trotzdem von einem Prozessor sprechen will, der betrachte den unseren hier als implizit definiert und sukzessive erweiterbar, nämlich durch laufendes Einführen neuer Systemeigenschaften. Seine Definition ist somit nach „oben hin offen“, d.h., es werden Befehle zur Ausführung von Programmen (Instruktionen) sowie Anweisungen zur Assemblierung von Programmen (Direktiven) im Laufe dieses Kapitels fallweise eingeführt. Sie werden entweder bei ihrer Benutzung unmittelbar oder durch bereits bekannte Befehls-/Anweisungsfolgen erklärt. In diesem Sinn handelt es sich also um eine Art „Open-End-Prozessor“. – Um sich auf ihn und nachfolgende Erweiterungen beziehen zu können, geben wir dem „Grund“prozessor und seinen Nachfolgern Namen, die mit den Nummern der Abschnitte dieses Kapitels in folgender Weise korrespondieren:

- *BasisProzessor*, kurz *BasisP* – Abschnitte 3.1 und 3.2, da seine Programmierung auf traditionelle Weise erfolgt (nachfolgend und S. 233)
- *SymbolProzessor*, kurz *SymbolP* – Abschnitt 3.3, da seine Programmierung auf allen Abstraktionsebenen mit symbolischen Adressen erfolgt (S. 251)
- *MakroProzessor*, kurz *MakroP* – Abschnitt 3.4, da seine Programmierung hardware-unabhängig erfolgt, d.h. mit einer Art Großbefehlen (S. 271)

Man kann also – wenn man will – unseren Basis-, Symbol-, MakroProzessor nicht nur als bloßes Gedankenspiel, sondern auch als praktisch interessante Computerarchitekturen ansehen, die zu programmieren in die CISC-Mikroprogrammierung oder in die RISC-Maschinenprogrammierung einzustufen sind.

Der BasisProzessor. Als Grundstock wählen wir die Befehle und die Anweisungen aus Kapitel 1 mit den Verallgemeinerungen, die sich aus dem Übergang von 1-Adreß-Befehlen auf Mehradreßbefehle ergeben. (Genau genommen sind die 1-Adreß-Befehle wegen der *impliziten* Angabe eines Registers im Operationscode sowieso 2-Adreß-Befehle, aber eben mit *implizit* und *überdeckt* angegebener Adresse.) Dabei belassen wir es bei der Zieladresse als erster Adresse (in Kapitel 1 implizit im Operationscode, hier explizit als Adreßangabe), womit wir die mehr computerorientierte Notierung aus Kapitel 2 mit der Angabe der Zieladresse als der letzten Adresse nicht mehr verwenden und jetzt einer an höhere Programmiersprachen angelehnten Notierung den Vorzug geben. Unser jetziges Prozessormodell folgt somit eher einer abstrakten Maschine, ohne sich aber von den konkreten Maschinen industrieller Anbieter zu sehr zu entfernen. – Es ist ja nicht das Anliegen dieses Kapitels, sich in allen Fragestellungen der Rechnerorganisation mit den Details wirklicher Prozessoren auseinanderzusetzen. Nur durch Abstraktion von der Wirklichkeit ist es möglich, der hohen Komplexität und Variabilität (bei CISCs) bzw. der niedrigen Transparenz und Primitivität (bei RISCs) wirkungsvoll zu begegnen.

Da es sich hier also nicht um die Definition einer wirklichen Assemblersprache zur Verarbeitung durch wirkliche Prozessoren handelt, sondern um ein Ausdrucksmittel zur Diskussion unter Menschen, brauchen wir nicht unbedingt den z.B. durch den ASCII-Code vorgezeichneten Reglementierungen zu folgen. Zum Beispiel benutzen wir zur Unterscheidung von Adressen prozessorinterner Speicherplätze (Register) und prozessorexterner Speicherplätze (Speicherzellen) Fett- bzw. Normaldruck, obwohl das in dem von einem wirklichen Prozessor zu verarbeitenden ASCII-Code gewöhnlich nicht unterschieden wird.

Bemerkung. Eine weitergehende Abstraktion, die sich dann aber von den heutigen konkreten Maschinen unzulässig weit entfernen würde, wäre es, auf eine Unterscheidung zwischen Registern und Speicher ganz zu verzichten. Im Prinzip kann zwar z.B. ein prozessorinternes Indexregister ebenso gut prozessorextern als Speicherzelle implementiert werden; aber eben nur im Prinzip. Denn aus Wirtschaftlichkeits- wie Leistungsgründen (kurze Adresse, kein Speicherzugriff) bringt man eben doch Rechengrößen, die oft benutzt werden, in den Registern des Prozessors unter.

Weiterhin benutzen wir anfänglich keine speziellen Befehle, so lange sie sich durch allgemeinere Entsprechungen ausdrücken lassen; d.h., wir benutzen möglichst wenige Operationscodes; man spricht von orthogonalem Befehlssatz. Wir schreiben also z.B. anstelle von

orthogonale Befehle

CLA		=	LD	**A**,	#0
INC		=	ADD	**A**,	#1
DEC		=	SUB	**A**,	#1
LDA	M	=	LD	**A**,	M
STA	M	=	LD	M,	**A**
ADD	M	=	ADD	**A**,	M
MUL	M	=	MUL	**A**,	M

Wir gehen aber nicht so weit, daß wir Befehle durch in ihrer Wirkung einfachere ersetzen, wenn sie dadurch komplizierter werden, wie z.B. bei

LDA	M	=	XOR	**A**,	M,#0
COM		=	SUB	**A**,	#0,**A**

Des weiteren beziehen wir den PC i.allg. nicht in die Entsprechungen ein, wie z.B. in

BR L = LD **PC**, #L[1]

es sei denn, wir wollen die Transportfunktion dieses Befehls besonders betonen oder interessantere Funktionen zum Ausdruck bringen, wie z.B. in

SUB **PC**, #5

Es sei an dieser Stelle noch einmal daran erinnert, daß der PC (program counter) generell auf den in der nächsten Speicherzelle stehenden Befehl zeigt, der LC (location counter) hingegen die Position der gerade assemblierten Programmzeile anzeigt.

Zusammenfassung

- Keine Definition einer Maschine (Prozessor *plus* Assembler) durch einmalige Festlegung ihrer Architektur.
- Stattdessen fallweise Einführung notwendig werdender Befehle und Anweisungen sowie bestimmter Eigenschaften von Prozessor und Assembler.
- Darstellung der Befehle durch Großbuchstaben in der Form von Mehradreßbefehlen mit Angabe der Zieladresse als der ersten Adresse.
- Darstellung der Anweisungen durch Kleinbuchstaben ohne Festlegung auf ein bestimmtes Format.
- Darstellung von Speicheradressen, d.h. prozessorexterner Speicherplätze, in Normaldruck.
- Darstellung von Registeradressen, d.h. prozessorinterner Speicherplätze, in Fettdruck.

Beispiel 3.1. Maschinenprogramme in Assemblerschreibweise. Wir schließen an Kapitel 1 an und greifen die dort in Beispiel 1.3, S. 74, benutzte Aufgabe „Addition aller natürlichen Zahlen bis einschließlich *n*" noch einmal auf. Wir schreiben sie entsprechend den neuen Konventionen mit 2-Adreß-Befehlen in zwei Formen, die sich von wirklichen Prozessoren mehr oder weniger stark unterscheiden. Reale Prozessoren sind – wie bereits ausgeführt – in den wenigsten Fällen so orthogonal konstruiert wie unser BasisP, sondern weisen hinsichtlich ihrer Register-/Speicherplatzadressierung viele Besonderheiten auf.

Speicher-/Speicher- vs. Load-/Store-Architektur

Das linke Programm benutzt ausschließlich den Speicher (Speicher-/Speicher-Architektur), das rechte Programm benutzt bis auf Laden und Speichern ausschließlich Register (Load-/Store-Architektur). Im zweiten Fall kann auf die Speicheradressierung mit Ausnahme von Load-/Store-Registerbefehlen verzichtet werden (LD Register, Speicher = LOAD Register, Speicher; LD Speicher, Re-

1. genauer LD **PC**, &L (siehe 3.2.6, S. 241).

gister = STORE Register, Speicher). – In ihrer Ausführungszeit und ihrem Speicherplatzbedarf sind beide Programme sehr unterschiedlich.

```
SUM  res   1                 SUM  res   1
N    res   1                 N    res   1
I    res   1                      :
     :                            :
     :                            LD   N,   N
     LD    SUM, #0                LD   AC,  #0
     LD    I,   #1                LD   I,   #1
L:   ADD   SUM, I            L:   ADD  AC,  I
     ADD   I,   #1                ADD  I,   #1
     CMP   I,   N                 CMP  I,   N
     BLE   L                      BLE  L
                                  LD   SUM, AC
```

Aufgabe 3.1. Das ebenfalls in Kapitel 1 benutzte Programmbeispiel der Polynomauswertung nach dem Hornerschema ist mit 2-Adreß-Befehlen neu zu formulieren. Ausgehend von seiner in Beispiel 1.6, S. 80, vorgestellten Form soll es in einer ersten Variante lediglich so umgeschrieben werden, daß es wie dort mit dem Akkumulator AC und dem Indexregister I arbeitet. In einer zweiten Variante soll es, soweit es sinnvoll ist, hauptsächlich mit Registern arbeiten, damit seine Ausführungszeit optimal wird.
Ab welcher Größe von N ist das zweite dem ersten Programm überlegen, wenn angenommen wird, daß jeder Operandenzugriff und jeder Befehlszugriff einen Speicherzyklus benötigt und jede Speicheradresse und jeder Direktoperand in einem jeden Befehl einen weiteren Speicherzyklus benötigt?

3.1.2 Programmausführung mittels Assembler und Prozessor

Wie früher schon betont, besteht die Grundaufgabe der Datenverarbeitung darin, Programme zur Lösung bestimmter Probleme für bestimmte, unterschiedliche Datensätze mit Hilfe einer Maschine auszuführen; nicht ohne Grund spricht man von maschineller Datenverarbeitung. Werden technische Randbedingungen außer acht gelassen, so erfolgt der Bau einer solchen Maschine wohl am naheliegendsten derart, daß die dem Menschen unmittelbar verständliche Formulierung des *Programms* in einer symbolischen, „sequentiellen" Sprache und die ebenso natürliche Aufschreibung der *Daten* in einer symbolischen, „assoziativen" Struktur von der *Maschine* unmittelbar „verstanden" werden und somit auch unmittelbar verarbeitet werden können. (Selbstverständlich sind die Symbole der Programmiersprache und der Datenstruktur binärcodiert; selbstverständlich arbeitet die Maschine mit den heute üblichen Binärschaltkreisen; d.h., Programme und Daten werden in Binärdarstellung gespeichert und verarbeitet.)

Tabellenverarbeitung

Bild 3-1 zeigt eine – wie man sieht – tabellenverarbeitende Maschine. Die gewählte Darstellung soll an die Tabellen einer relationalen Datenbank erinnern und auf die ab hier bewußt abstrakt gehaltene Betrachtungsweise abzielen. Aus dieser übergeordneten Sicht läßt sich somit sagen:

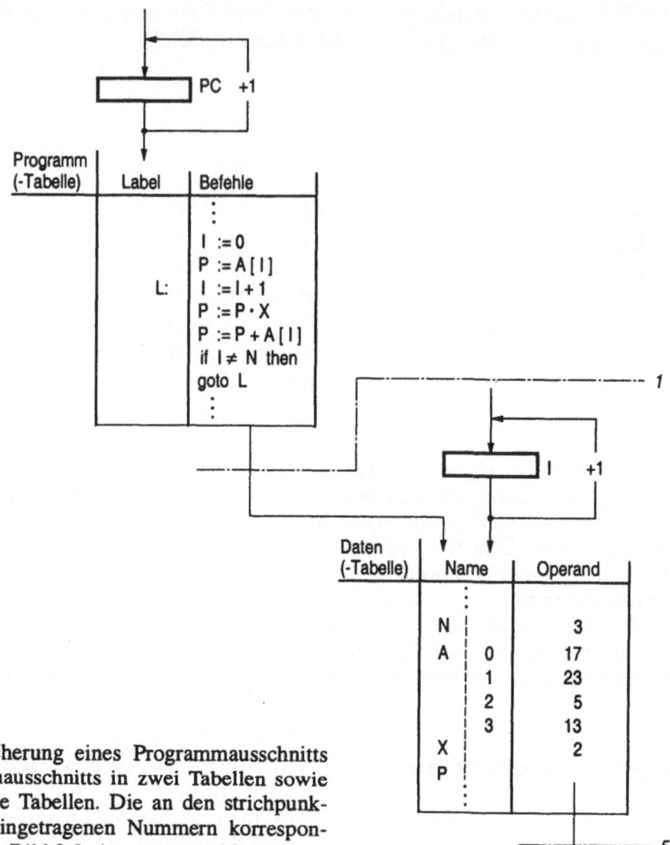

Bild 3-1. Speicherung eines Programmausschnitts und eines Datenausschnitts in zwei Tabellen sowie Zugriff auf diese Tabellen. Die an den strichpunktierten Linien eingetragenen Nummern korrespondieren mit den in Bild 3-2 eingetragenen Nummern.

- Ein Computer ist eine ganz spezielle, ganz auf die Belange der Programminterpretation zugeschnittene relationale Datenbankmaschine mit Speicherung ihrer Programm- und Datentabellen in ganz bestimmten, jeweils auf ihren Einsatz optimal zugeschnittenen Speichertypen.

In Bild 3-1 ist als Beispiel der Ausschnitt eines Programms in symbolischer, sequentieller Sprache zusammen mit seinem Datenausschnitt in symbolischer, assoziativer Struktur eingetragen. Es handelt sich dabei um die früher und auch weiterhin benutzte Polynomauswertung nach dem Hornerschema. An diesem Beispiel sollen im folgenden fünf verschiedene Maschinen (Assembler plus Prozessor) vorgestellt werden, die imstande sind, *ein* Programm mit *einem* Datensatz auszuführen (*single* instruction *single* data, SISD[1]). Das geschieht (1.) allein durch den Prozessor (prozessorunmittelbare Programmausführung), (2.) bis (4.) durch den Assembler und den Prozessor (prozessorvorherrschende, gewöhnliche,

1. gegenüber single instruction multiple data, SIMD, und multiple instruction multiple data, MIMD, siehe S. 13.

assemblervorherrschende Programmausführung), (5.) allein durch den Assembler (assemblerunmittelbare Programmausführung).

Dabei benutzen wir für den Datenzugriff anstelle einer *ein*stufigen Struktur mit ihrer technisch sehr aufwendigen ortsungebundenen, „vergleichenden", d.h. assoziierenden Speicherung der Daten (Datentabelle in Bild 3-1) eine zwar *mehr*stufige Struktur, aber mit einer technisch weniger aufwendigen ortsgebundenen, „verweisenden", d.h. referenzierenden Speicherung der Operanden (Datentabelle in Bild 3-2). Bild 3-2 zeigt die jetzt notwendige mehrstufige Struktur als hierarchisches System von Tabellen, in dem die Daten in der untersten Tabelle mit Adressen versehen sind und in aufsteigender Reihenfolge gespeichert vorliegen.

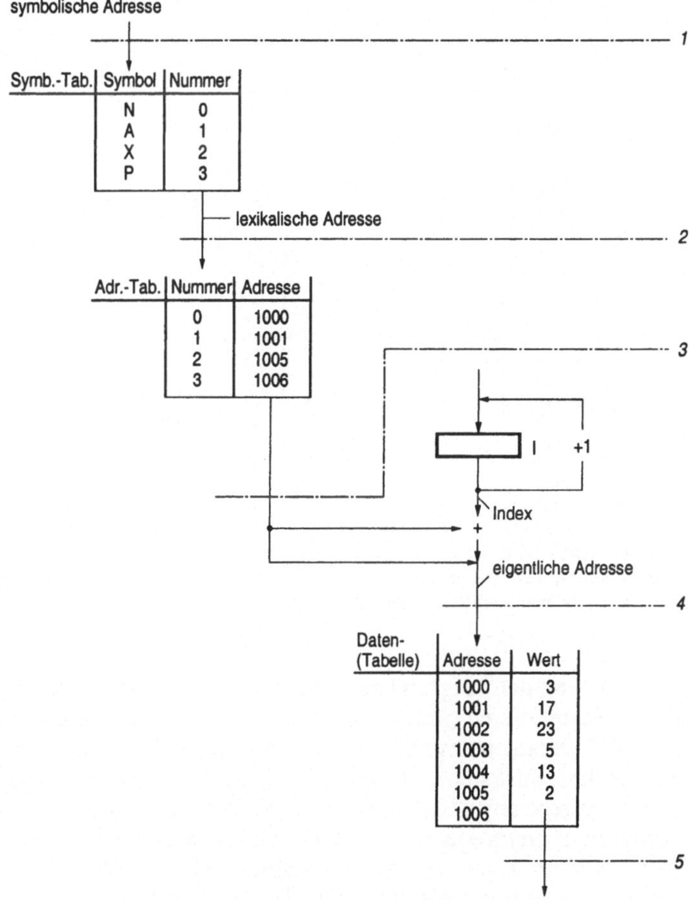

Bild 3-2. Fünf Zugriffsmöglichkeiten auf die in der untersten Tabelle der Hierarchie stehenden Daten. Das Auswerten und ggf. Verändern einer Tabelle bzw. des Index erfolgt oberhalb einer jeden strichpunktierten Linie/Schnittstelle durch den Assembler und unterhalb einer jeden strichpunktierten Linie/Schnittstelle durch den Prozessor.

Eine Analogie. Bei der folgenden Diskussion mag Bild 3-3 hilfreich sein. Hierin entsprechen die ausgezogenen Kästchen Personen, die mit bestimmten Aufgaben betraut sind (Maschinen in einem allgemeinen Sinn), und die gestrichelten Kästchen Papierblättern, auf denen die durch die Personen zu verarbeitenden bzw. zu erzeugenden Daten vorliegen (Speicher in einem allgemeinen Sinn).

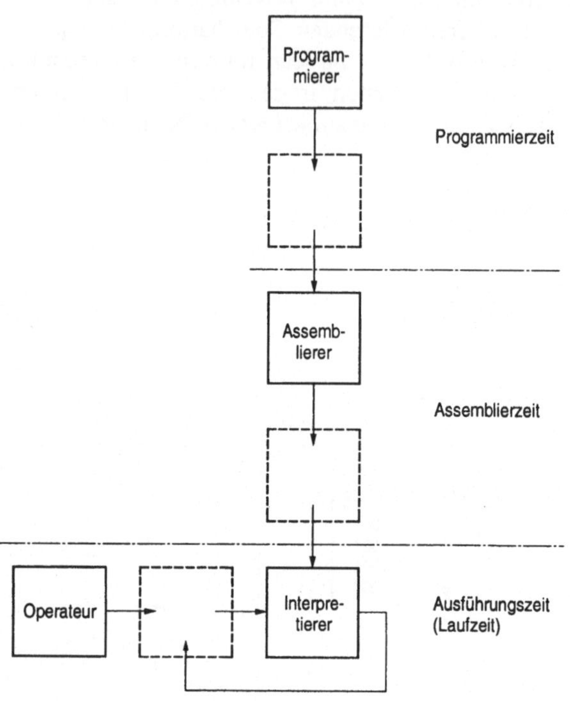

Bild 3-3. Zusammenwirken der bei der Datenverarbeitung beteiligten aktiven Komponenten, hier Personen und Automaten (ausgezogene Kästchen), und passiven Komponenten, hier Papier oder Speicher (gestrichelte Kästchen).

Man stelle sich nun vor, daß aufgrund eines Programmierauftrags ein Programmschreiber, der Programmierer (ausgezogenes Kästchen), das symbolische Programm für die fünf Varianten des Datenzugriffs jeweils in der Weise verständlich schreibt (gestricheltes Kästchen), daß es von einem Programmassemblierer, einem Assembler (ausgezogenes Kästchen), übersetzt (gestricheltes Kästchen) und von einem Programminterpretierer, einem Prozessor (ausgezogenes Kästchen), ausgeführt werden kann. Dabei ist vom Programmierer zu berücksichtigen, daß der Datenzugriff vom Interpretierer nur über die jeweils betrachtete Schnittstelle in Bild 3-2 erfolgen kann. Das entspricht der Vorstellung, eine weitere Person, ein vom Programmierer instruierter Operateur (ausgezogenes Kästchen), übergibt dem Interpretierer zur Programmlaufzeit jeweils ein Blatt mit dem von ihm tabellierten und vom Interpretierer zu vervollständigenden Datensatz (gestricheltes Kästchen). Dieser vom Programmierer via Operateur vorgegebene Datensatz hat dabei jeweils folgende Form:

bei (1.) N: 3; A: 17, 23, 5, 13; X: 2; P: ?

bei (2.) 0: 3; 1: 17, 23, 5, 13; 2: 2; 3: ?

bei (3.) 1000: 3; 1001: 17, 23, 5, 13; 1005: 2; 1006: ?

bei (4.) 1001: 17; 1002: 23; 1003: 5; 1004: 13; 1005: 2; 1006: ?

bei (5.) leer

Bei (4.) muß bereits der *Programmierer* den Grad des Polynoms durch die Angabe N: 3 berücksichtigt haben, und bei (5.) muß er sogar den gesamten Datensatz, d.h. die Angaben N: 3, A: 17, 23, 5, 13, X: 2, P: ? festgelegt haben. Man erkennt, daß bei (1.) der Assemblierer und bei (5.) der Interpretierer überflüssig ist.

Soweit nicht vom Aufgabensteller vorgegeben, sind der Assemblierer und der Interpretierer nicht an die in den Tabellen der Hierarchie in Bild 3-2 eingetragenen Größen gebunden; das Aufstellen dieser Tabellen können beide – was ihre internen Tabellenbezüge betrifft – nach eigenem Ermessen vornehmen.

Prozessorunmittelbare Programmausführung

Der Datenzugriff durch den Prozessor erfolgt nicht mehr unmittelbar auf die Datentabelle (Schnittstelle *1* in Bild 3-1), sondern nun über die Symboltabelle, d.h. über Schnittstelle *1* in Bild 3-2. Das Programm zur Polynomauswertung aus Bild 3-1 – im Text unten in der typisch tabellarischen Schreibweise einer Assemblersprache wiederholt – führt der Prozessor unmittelbar aus, wobei die Zeichen natürlich binär verschlüsselt sind, z.B. im ASCII-Code. – Man kann eine solche Rechnerarchitektur auch (Assembler-)Spracharchitektur nennen. Sie ist jedoch in der hier skizzierten Form in Industrieprodukten nicht anzutreffen, aber in durch Software nachgebildeter Form als sog. virtuelle bzw. abstrakte Maschinen, z.B. Java-Maschinen).

Programm 1, wird nicht assembliert, sondern direkt ausgeführt, d.h. der Assembler ist nicht erforderlich. Indizierung

```
        LD   I,  #0
        LD   P,  A[I]
L:      ADD  I,  #1
        MUL  P,  X
        ADD  P,  A[I]
        CMP  I,  N
        BNE  L
```

Prozessorvorherrschende Programmausführung

Der Datenzugriff durch den Prozessor erfolgt nun über die Adreßtabelle, d.h. über Schnittstelle *2* in Bild 3-2. Der Assembler muß zuvor, d.h. zur Assemblierzeit, die Funktion der Symboltabelle nachbilden. Dazu muß er die im Programm vorkommenden Variablennamen (symbolischen Adressen) in der Reihenfolge ihres Auftretens durchnumerieren, d.h. lexikalisch ordnen, und diese in den Befehlen durch ihre Nummern ersetzen, so daß im Programm nur noch Variablennummern vorkommen (lexikalische Adressen). Im Übersetzerbau erfolgt dieser Vorgang im Rahmen der sog. lexikalische Analyse. – Bei dieser Form der Rechnerarchitektur handelt es sich ebenfalls um eine Spracharchitektur, da hinsichtlich der Programmausführung bis auf die 1-zu-1-Zuordnung der Adressen keine Unterschiede zur vorher vorgestellten Architekturform bestehen (weiter mit diesem Thema in 3.1.3).

Programm 2, links vor, rechts nach der Assemblierung, vorausgesetzt, die Variablen treten davor in der Reihenfolge N, A, X, P auf.

```
      LD   I,  #0            LD   I,  #0
      LD   P,  A[I]          LD   3,  1[I]
L:    ADD  I,  #1      L:    ADD  I,  #1
      MUL  P,  X             MUL  3,  2
      ADD  P,  A[I]          ADD  3,  1[I]
      CMP  I,  N             CMP  I,  0
      BNE  L                 BNE  L
```

Gewöhnliche Programmausführung

Der Datenzugriff durch den Prozessor erfolgt direkt auf die Datentabelle, und zwar über die Schnittstelle *3* in Bild 3-2. Der Assembler hat hier die Aufgabe, die in einer neuen, aus der Zusammenfassung der ursprünglichen Symbol- und der ursprünglichen Adreßtabelle entstandenen Symboltabelle enthaltene Abbildung der Variablennamen auf die Variablenadressen vorzunehmen; anders ausgedrückt: Der Assembler muß die symbolischen Adressen im Programm jetzt durch ihre eigentlichen Adressen, d.h. durch die Ortsangaben der Operanden im Speicher, ersetzen. Er benötigt dazu Anweisungen, die den Ursprung (origin) des im Speicher abgelegten Datensatzes festlegen (org), sowie Anweisungen, die die Anzahl jeweils reservierter Speicherplätze angeben (res). – Erfolgen diese beiden Vorgänge, die Programmassemblierung und die Programmausführung, unmittelbar aufeinander und stellt man sie sich als unteilbar vor, so kann man auch hier, allerdings nur in einem abstrakten Sinn, von Spracharchitektur sprechen. Üblicherweise werden Programmassemblierung und Programmausführung jedoch als zwei unabhängige Vorgänge betrachtet, ggf. verbunden mit der Zwischenspeicherung des übersetzten Programms auf einem Hintergrundspeicher (siehe jedoch in 3.4.4, S. 276: Verzahnung von Übersetzung und Ausführung).

Direktiven org res

Die gerade skizzierte Programmausführungsform bedingt, daß die maximal mögliche Größe von n (n_{max}) bereits zur Assemblierzeit festgelegt werden muß (equ) und somit nicht ohne weiteres eine optimale, d.h. von n abhängige Speicherplatzreservierung zur Ausführungszeit (dynamische Speicherplatzreservierung) vorgenommen werden kann. Des weiteren ist es bei dieser Programmausführungsform nicht ohne weiteres möglich, ein und dasselbe Programm für ver-

Direktive equ

schiedene Datensätze (unterschiedliche Parameter) zu verwenden, die in unterschiedlichen Speicherbereichen abgelegt sind. Das liegt daran, daß die Symboltabelle zur Assemblierzeit aufgebaut wird und somit zur Ausführungszeit nicht ohne weiteres verändert werden kann. Aufgrund einer diesem Konzept innewohnenden Natürlichkeit bei der Programmerstellung und Ausgewogenheit beim Assembler-/Prozessorbau trägt diese Form der Rechnerarchitektur ebenso wie diese Art der Assemblerkonzeption keine besondere Bezeichnung (weiter mit diesem Thema ebenfalls in 3.1.3).

Programm 3, links vor, rechts nach der Assemblierung.

```
        org   1000
nmax    equ   4
N       res   1
A       res   nmax
X       res   1
P       res   1
        :
        LD    I,   #0                LD    I,     #0
        LD    P,   A[I]              LD    1006,  1001[I]
L:      ADD   I,   #1          L:    ADD   I,     #1
        MUL   P,   X                 MUL   1006,  1005
        ADD   P,   A[I]              ADD   1006,  1001[I]
        CMP   I,   N                 CMP   I,     1000
        BNE   L                      BNE   L
```

Assemblervorherrschende Programmausführung

Der Datenzugriff durch den Prozessor erfolgt wie bei der gewöhnlichen Programmausführung direkt auf die Datentabelle, jetzt aber über die Schnittstelle *4* in Bild 3-2. Dadurch muß nicht nur die Umcodierung der symbolischen Adressen, sondern auch die Inkrementierung dieser Adressen in den Befehlen zur Assemblierzeit vorgenommen werden. Der Index *i* steht dann nicht mehr in einem Prozessorregister, sondern ist eine Assemblergröße und wird dementsprechend nicht zur Ausführungszeit, sondern zur Assemblierzeit hochgezählt und ausgewertet. Entsprechendes gilt für die Größe *n*. Neben Anweisungen zur Datenerstellung im Speicher sind jetzt Anweisungen zur Wertzuweisung an Assemblergrößen (set) sowie zur Steuerung der Reihenfolge der zu assemblierenden Zeilen (if, go) nötig. Da die Auflösung der Schleife nun nicht mehr zur Ausführungszeit, sondern zur Assemblierzeit vorgenommen wird, kann sie demgemäß zur Ausführungszeit nicht mehr erscheinen. So erklärt sich die Entstehung eines „neuen" Programms, das *vor* der Assemblierung eine ganz andere Struktur (Schleifenprogramm) als *nach* der Assemblierung aufweist (Geradeausprogramm). Zur Assemblierzeit genügt es nicht mehr, nur n_{max} zu kennen, vielmehr muß auch *n* selbst bekannt sein, d.h., für jedes *n* wird ein gesondertes Programm erzeugt. – Auf diese Weise ist es möglich, bei zur Programmierzeit, spätestens bei zur Assemblierzeit bekanntem *n* in Abhängigkeit von dessen Wert verschiedene Programmtexte zu generieren, z.B. für kleine *n* ein Geradeausprogramm

Direktiven
set
if
go

und für größere *n* ein Schleifenprogramm. Man bezeichnet diese Art der Assemblerkonzeption als bedingte Assemblierung, in höheren Programmiersprachen spricht man von In-line-Code (zu diesem Thema siehe 3.4.2).

Programm 4, links vor, rechts nach der Assemblierung.

```
        org   1001
n       set   3          // Datum vom Programmierer
A       res   n+1
X       res   1
P       res   1
         :
         :
i       set   0                          LD    1006, 1001
        LD    P,    A+i                  MUL   1006, 1005
l: i    set   i+1                        ADD   1006, 1002
        MUL   P,    X                    MUL   1006, 1005
        ADD   P,    A+i                  ADD   1006, 1003
        if    i≠n                        MUL   1006, 1005
        go    1                          ADD   1006, 1004
```

Assemblerunmittelbare Programmausführung

Der Prozessor hat keine Möglichkeit des Datenzugriffs mehr und ist damit entbehrlich (Schnittstelle *5* in Bild 3-2). Die gesamte „Ausführung" des Programms erfolgt zur Assemblierzeit. Damit braucht sich der Programmierer bei der Abfassung des Programms nicht mehr an die vorgegebene Datenstrukturierung zu halten. Sämtliche Daten des Datensatzes müssen zur Programmierzeit bekannt sein; das Lesen der Operanden sowie die Wertzuweisung an sie erfolgt nicht zur Ausführungszeit, sondern ausschließlich zur Assemblierzeit. Auch hier handelt es sich bei der Art der Assemblerkonzeption um bedingte, mehr noch: um strukturierte Assemblierung (zu diesem Thema siehe ebenfalls 3.4.2).

Programm 5, wird nur assembliert und ist damit bereits ausgeführt, d.h., Interpretierer wie Operateur sind überflüssig.

```
n       set   3          // Daten vom Programmierer
a0      set   17
a1      set   23
a2      set   5
a3      set   13
x       set   2
         :
         :
i       set   0
p       set   ai                  p    set   a0
l: i    set   i+1                      do i=1 until n
p       set   p·x                 p    set   p·x
p       set   p+ai                p    set   p+ai
        if    i≠n                      enddo
        go    1
```

Bemerkungen. Programm *5*, links, ähnelte dem Programm in Bild 3-1 bzw. Programm *1*, wenn dort die Daten als Programmkonstanten bzw. Direktoperanden eingeführt würden, d.h. zur Programmierzeit bekannt wären; dann korrespondierten n set 3 mit N:=3 in Bild 3-1 bzw. mit LD N, #3 in Programm *1*, a0 set 17 mit A0:=17 in Bild 3-1 bzw. mit LD A+0, #17 in Programm *1* usw., und die Angabe der Daten als gesonderte Tabelle wäre entbehrlich.
Leistungsfähige Assembler sind ähnlich höheren Programmiersprachen in der Lage, auch einfache Schleifen, wie in Programm *5*, rechts, abzuarbeiten. Darüber hinaus sind sie sogar imstande, umfangreiche arithmetisch-logische Ausdrücke auszuwerten; dann könnte das Programm in nur einer Zeile hingeschrieben werden, in unserem Beispiel als eine einzige Anweisung, nämlich p set ((a0·x+a1)·x+a2)·x+a3. Das Ergebnis für *p* ließe sich in der Programmliste als Speicherwort durch dat p anzeigen.

Direktiven do enddo

3.1.3 Assoziativer vs. wahlfreier Datenzugriff

Obwohl assoziative Datenstrukturen und somit die Speicherung der Daten in Assoziativspeichern der Programmierung in Assemblersprache und in höheren Programmiersprachen entgegenkommen, ist die Rechnertechnik nach wie vor auf die Speicherung der Daten in Randomspeichern unterschiedlicher Größe und Leistung festgelegt. Assoziativspeicher werden zwar in der Rechnertechnik eingesetzt, wegen ihrer geringen Kapazitäten jedoch – abgesehen von Spezialanwendungen – lediglich zur Pufferung, z.B. als Programm- oder als Daten-Cache, jedoch nicht als Systemspeicher[1] wie in Bild 3-1 oder als essentieller Teil eines hierarchisch gegliederten Speichersystems ähnlich Bild 3-2.

Wenn die im vorigen Abschnitt diskutierten Möglichkeiten der prozessorvorherrschenden Programmausführung in ihren wesentlichen Punkten beibehalten bzw. erreicht werden sollen (Reservierung von Speicherplatz zur Laufzeit; wichtiger noch: Parameterversorgung von Prozeduren zur Laufzeit, siehe 3.3: Unterprogramme – Funktionen und Prozeduren), so muß in Bild 3-2 die Grenze zwischen Assembler und Prozessor auf die Schnittstelle *2* festgelegt werden. Die Adreßtabelle wird wie die Datentabelle in einem Randomspeicher gehalten, so daß eine zweistufige Hierarchie von Randomspeichern entsteht. Damit verbunden entstehen auf natürliche Weise Adressen, die ggf. auch verändert werden können und dann als Zeiger oder Pointer bezeichnet werden. Man sagt in Anlehnung an „Eine Variable hat als Wert eine Zahl“: „Ein Pointer hat als Wert eine Adresse“. Gegenüber der gewöhnlichen Programmausführung braucht der Assembler keine Speicherplatzreservierung vorzunehmen; stattdessen erfolgt – wie beschrieben – die Ermittlung der lexikalischen Adressen zur Assemblierzeit. – Die Adressen in den Befehlen sind sowohl kürzer als die symbolischen Adressen bei prozessorunmittelbarer Programmausführung wie auch kürzer als die eigentlichen Adressen bei gewöhnlicher Programmausführung, so daß die Wortlänge der Befehle insgesamt dadurch geringer ist. Diese Vorteile werden aber – wie bereits gesagt – um den Preis der Einführung von Pointern, d.h. der Einführung einer „indirekten“ Adressierung erkauft.

Pointer Zeiger

1. Wir benutzen den Begriff Systemspeicher – in Analogie zu Systembus – nur zur *Abgrenzung* gegenüber dem Begriff Registerspeicher (in beiden Fällen handelt es sich ja um (Random)speicher) oder zur *Betonung* des für den Prozessor im jeweiligen Zusammenhang wesentlichen Speichers (oft auch als Arbeitsspeicher bezeichnet).

Ausgehend von diesen Vorstellungen werden im folgenden unter Beibehaltung der Schnittstelle 2 zwischen Programmassemblierung und Programmausführung verschiedene charakteristische Möglichkeiten der Prozessorkonstruktion/-programmierung vorgestellt.

Register-/Speicher-Organisation

Die Adreßtabelle aus Bild 3-2 wird im Registerspeicher und die Datentabelle aus Bild 3-2 wird im Systemspeicher untergebracht, so daß die in Bild 3-4 gezeigte (ortssequentielle) Hintereinanderschaltung von Speichern entsteht. Aus Effizienzgründen enthält die Adreßtabelle nicht nur Operandenadressen (wie bei Programm *6*), sondern auch Operanden selbst (wie bei Programm *8*), d.h., daß der Registerspeicher wie der Systemspeicher auch zur Zwischenspeicherung von *Daten* benutzt wird. Diese Doppelnutzung des Registerspeichers zwingt uns, zwischen registerindirekter (für Adressen) und registerdirekter Adressierung (für sonstige Operanden) zu unterscheiden. In der Assemblersprache wird üblicherweise die registerindirekte Adressierung durch eine besondere Symbolik, (Rn), gekennzeichnet, wohingegen die registerdirekte Adressierung außer der Registerangabe, Rn, keine besondere Kennzeichnung erfährt.

In den folgenden Programmen benutzen wir zur *Beschreibung* der Zuordnung der Registeradressen bzw. später der Speicheradressen zu den symbolischen Adressen die Ersetze-Anweisung der Assemblersprache (set). Nach deren *Ausführung* während der Assemblierung eines so formulierten Programms entsteht das Maschinenprogramm erst einmal, sozusagen zwischenzeitlich, in symboli-

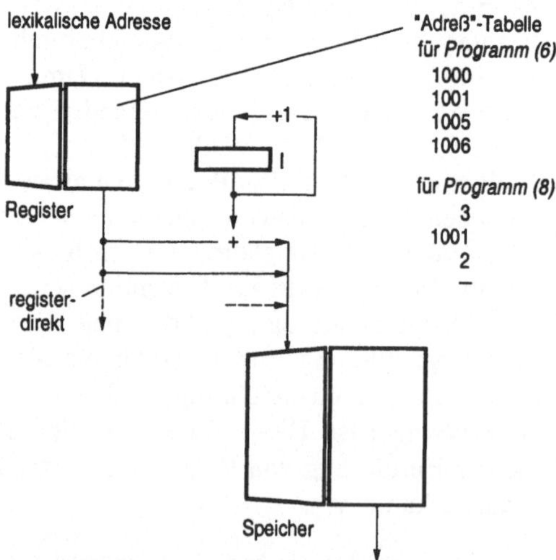

Bild 3-4. Adreßabbildung von lexikalischen in eigentliche Adressen über den Registerspeicher (I Indexregister, kann auch Teil des Registerspeichers sein).

scher Form. – Üblicherweise wird ein Programm jedoch nicht erst über den Umweg der set-Anweisungen, sondern sofort in dieser symbolischen Form geschrieben. Die set-Anweisungen in den folgenden Programmen beschreiben also eine Art Programmtransformation durch Textersetzung, hier zur Datenidentifizierung.

registerindirekte Adressierung

Programm 6, links Adreßersetzung durch den Assembler, rechts das fiktiv assemblierte Programm bzw. Adreßersetzung durch den Programmierer.

```
N    set   (R0)                   LD    I,     #0
A    set   (R1)                   LD    (R3),  (R1)[I]
X    set   (R2)              L:   ADD   I,     #1
P    set   (R3)                   MUL   (R3),  (R2)
weiter mit Programm 1             ADD   (R3),  (R1)[I]
aus 3.1.2                         CMP   I,     (R0)
                                  BNE   L
```

Speicher-/Speicher-Organisation

Die Adreßtabelle wie die Datentabelle aus Bild 3-2 werden im Systemspeicher untergebracht, so daß die in Bild 3-5 gezeigte (zeitsequentielle) Mehrfachausnutzung des Speichers entsteht. Aus Effizienzgründen enthält die Adreßtabelle wiederum nicht nur Operandenadressen (wie bei Programm 7), sondern auch Operanden selbst (wie bei Programm 9). Diese Doppelnutzung des Systemspeichers zwingt uns hier, zwischen speicherindirekter (für Adressen) und speicherdirekter Adressierung (für sonstige Operanden) zu unterscheiden. Wie bei der registerindirekten wird auch bei der speicherindirekten Adressierung eine spezielle Sym-

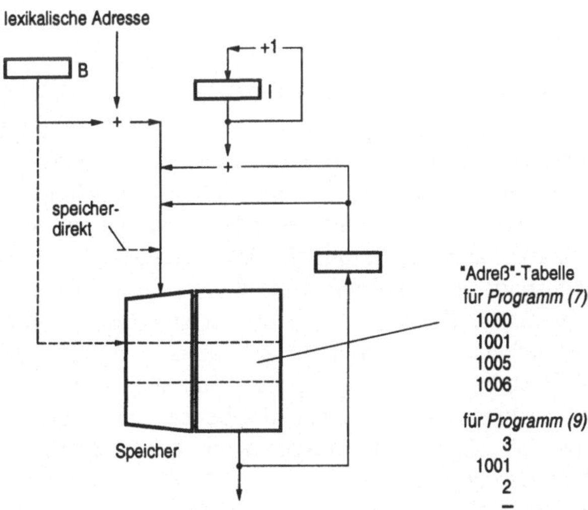

Bild 3-5. Adreßabbildung von lexikalischen in eigentliche Adressen über den Systemspeicher (B Basisregister, I Indexregister, auch als Teile des Registerspeichers möglich).

bolik, ausführlich a'M, kurz *M, zur Unterscheidung von der speicherdirekten Adressierung, M, benutzt.[1]

Bei der Speicherbeschreibung für den Datenzugriff muß jetzt berücksichtigt werden, daß die Adreßtabelle nicht wie im Registerspeicher an einer *festen* Stelle steht, sondern im Systemspeicher an *beliebiger* Stelle stehen kann. Wir sehen deshalb vor, daß die Adresse der ersten Tabelleneintragung als sog. Basisadresse in einem Register zur Ausführungszeit zur Verfügung steht (Basisregister B). Das kann ein ausgezeichnetes Register sein; dafür kann aber auch ein Register des Registerspeichers hergenommen werden, z.B. R5. Die im Befehl codierte Adresse bezieht sich also auf diese Basisadresse als einer Art Nullpunkt, sie wird deshalb als relative Adresse bezeichnet (displacement).

speicher-indirekte Adressierung

Basisadressierung

Programm 7, links Adreßersetzung durch den Assembler, rechts das fiktiv assemblierte Programm bzw. Adreßersetzung durch den Programmierer.

```
N    set   *B.0                LD    I,     #0
A    set   *B.1                LD    *B.3,  *B.1[I]
X    set   *B.2           L:   ADD   I,     #1
P    set   *B.3                MUL   *B.3,  *B.2
weiter mit Programm 1          ADD   *B.3,  *B.1[I]
aus 3.1.2                      CMP   I,     *B.0
                               BNE   L
```

Bemerkung. Wir bevorzugen die Schreibweise **B**.0, **B**.1 usw., um auf die Analogie zu **R**0, **R**1 usw. hinzuweisen. In vielen Prozessoren/Assemblern schreibt man stattdessen 0(B), 1(B) usw., in Verbindung mit der indirekten Adressierung vielfach @0(B), @1(B) usw.

Laufzeitoptimale Organisation

Bei der beschriebenen Doppelnutzung des Register- bzw. des Systemspeichers gehen wir davon aus, daß Zahlen und Adressen dieselbe Wortlänge haben, was im Rechnerbau mit der Praxis zumindest im Bereich der Integergrößen übereinstimmt. Dadurch ist es auf einfache Weise möglich, in den Adreßtabellen für skalare Größen statt deren Adressen dort deren Werte zu halten. Auf diese Weise wird jeweils der indirekte Speicherzugriff beim Lesen bzw. Schreiben einer skalaren Größe eingespart; bei vektoriellen Größen bleibt es hingegen so wie beschrieben. – *Bemerkung:* Die auf diese Weise entstehende Leistungssteigerung kann auch unter Beibehaltung *getrennter* Adressen- und Datenspeicherung erreicht werden: Wenn nämlich der Register- und der Systemspeicher gleich schnell sind und im Pipelining überlappend arbeiten, dann lassen sich auch bei der Register-/Speicher-Organisation ausgewogene Laufzeitverhältnisse und damit ein guter Durchsatz erzielen.

1. Das a in a'M (statt *M) soll darauf hinweisen, daß in M eine Adresse steht; durch o in o'M (statt M) könnte ausgedrückt werden, daß in M ein Operand steht. Auf diese Weise ließen sich im Befehl unterschiedliche Datentypen kennzeichnen; dieser Gedanke wird in 3.5 aufgenommen.

Wir drücken die Transformation von Programm *1* in ein solches laufzeitoptimales Programm wieder durch set-Anweisungen aus, verzichten aber an dieser Stelle darauf, die dabei entstehenden transformierten Programme anzugeben. Stattdessen seien die Transformationen als *Aufgabe* zur Übung empfohlen.

Programm 8, links, Zahlen N, X, P und Adresse A in den Registern. – *Programm 9,* rechts, Zahlen N, X, P und Adresse A im Speicher.

N	set	**R**0	N	set	**B**.0
A	set	(**R**1)	A	set	***B**.1
X	set	**R**2	X	set	**B**.2
P	set	**R**3	P	set	**B**.3
weiter mit Programm 1 aus 3.1.2			*weiter mit Programm 1 aus 3.1.2*		

Wählt man anstelle ausgezeichneter Register I und B beliebige Register des Registerspeichers, dann sind z.B. das Indexregister weiter zu transformieren durch I set R4 und das Basisregister durch B set R5. Das auf diese Weise weiter transformierte Programm 9 lautet dann wie folgt, und zwar jetzt sehr unübersichtlich, aber wirklichkeitsnah. (Zur Schreibweise solcher Adreßmodifizierungen bei verschiedenen marktüblichen Rechnern vgl. die jeweils rechts angeordneten Programmbeispiele in 3.3.3.)

Programm 10, Zahlen N, X, P und Adresse A im Speicher

```
        LD   R4,   #0
        LD   R5.3, *R5.1[R4]
L:      ADD  R4,   #1
        MUL  R5.3, R5.2
        ADD  R5.3, *R5.1[R4]
        CMP  R4,   R5.0
        BNE  L
```

Bemerkungen. Die beschriebene Doppelnutzung des Register- und des Systemspeichers für Adressen und sonstige Operanden erfolgt aus Rationalisierungsgründen hinsichtlich Platzbedarf und Ausführungszeit und zeichnet sich durch eine hohe Flexibilität hinsichtlich programmierbarer Adreßrechnungen aus. Die Unterscheidung beider „Datentypen" haben wir im Befehl vorgenommen, und zwar vorstellungsmäßig z.B. durch 1 Bit für die Unterscheidung zwischen Register- und Systemspeicher und durch 1 Bit für die Unterscheidung zwischen direkter und indirekter Adressierung. Bei 1-Adreß-Befehlen ist es gleichgültig, ob die Bedeutung eines solchen Bits in der symbolischen Darstellung dem Operationscode oder dem Adreßteil im Befehl zugeschlagen wird, z.B. ADD* M bzw. ADD *M. Bei 2- und Mehr-Adreß-Befehlen ist die Zuordnung zum Adreßteil besser, muß dann aber im Befehl doppelt bzw. mehrfach vorhanden sein, da dann auch unterschiedliche Kombinationen möglich sind, z.B. ADD N, *M oder ADD *N, M.
Die Unterscheidung der beiden Datentypen ist auch auf andere Weise möglich, nämlich nicht im Befehl, d.h. im Code- oder im Adreßteil, sondern bei den Operanden selbst, und zwar durch ein sog. Tag in einem gesonderten Feld, dem Tagfeld. Dann bedeutet z.B. ADD N, #1 bezüglich N, daß entweder der direkt in N stehende oder der indirekt durch N adressierte Operand inkrementiert wird, je nach dem ob der Inhalt von N durch sein Tagfeld als Zahl oder als Adresse gekennzeichnet ist. Diese Architekturform hat allerdings den Nachteil, daß eine Adresse nicht ohne weiteres als Operand benutzt werden kann, d.h. aus dem Speicher gelesen, verarbeitet und wieder zurückgeschrieben werden kann. Dieser Nachteil läßt sich aber nun wieder kompensieren, in-

dem – wie vorher schon diskutiert – in den Adreßteil oder den Operationscode die entsprechende Kennung mit aufgenommen wird. Dann ist es möglich zu unterscheiden, ob es sich um eine Adreßrechung oder eine Zahlenrechnung handelt. Wegen der Verdopplung der Kennzeichnung kann dann auch eine Überprüfung vorgenommen werden, ob der als Adresse gekennzeichnete und zu verarbeitende Operand tatsächlich eine Adresse ist oder nicht. – Das hier skizzierte Konzept hat Bedeutung in sprachorentierten Rechnerarchitekturen (siehe S. 298).

3.1.4 Wahlfreier vs. sequentieller Datenzugriff

Dem in 3.1.3 behandelten einen Extrem des assoziativen/wahlfreien Datenzugriffs steht das im folgenden erörterte andere Extrem des sequentiellen Datenzugriffs gegenüber. Wie dort, so werden auch hier die Daten nicht in speziell dafür ausgelegten Speichern gehalten (dort wären es Assoziativspeicher, hier wären es Shiftspeicher), sondern in Speichern mit „referenzierendem“ Zugriff, d.h. in Randomspeichern.

Der sequentielle Datenzugriff erfolgt entweder in nur einer Richtung, wie z.B. bei Feldern (vgl. das Lesen der Feldelemente im Beispielprogramm zur Polynomauswertung auf S. 221) oder in zwei Richtungen, wie z.B. bei Stacks (vgl. das Lesen und Schreiben der Operanden im Beispielprogramm zur Auswertung geschachtelter Ausdrücke für den 0-Adreß-Rechner auf S. 107). Wir benutzen im folgenden diese beiden Programme, um den sequentiellen Datenzugriff durch Adreßzählung zu demonstrieren.

Adreßzählung anstelle von Indizierung

Der sequentielle Zugriff auf aufeinanderfolgend gespeicherte Komponenten eines Feldes kann auf zweierlei Weise erfolgen:

wie oben, in 3.1.3, in einer eher mathematischen Art durch Indizieren und Hochzählen des Datenindex oder

wie hier, in 3.1.4, in einer eher technischen Art durch Zeigen und Hochzählen eines – wie wir ihn nennen wollen – Datenpointers.

Im betrachteten Fall dient die Adresse des Feldes als Pointer, der nach jedem Speicherzugriff inkrementiert wird. Das kann durch einen gesonderten Befehl mit einem Datenpointerregister, DP, geschehen (ADD DP, #1), oder es kann – weniger speicher- und zeitaufwendig – durch Adreßrechnung im Prozessor mit Hilfe einer entsprechenden Kennung im Adreßteil, (DP)+, geschehen (Autoinkrementierung). Das Programm nimmt hier bei gleicher Datenstruktur eine andere Form als in 3.1.3 an (vgl. Programme *6* oder *7* mit *11*).

Für die Inkrementierung stehen bei vielen Prozessoren anstelle eines ausgezeichneten Registers DP die Register des Registerspeichers zur Verfügung, dann ist z.B. das Datenpointerregister zu transformieren durch DP set R1 (vgl. Programm *10* mit *11*). Des weiteren können für eine laufzeitoptimale Programmorganisation die skalaren Größen direkt in Registern gehalten oder direkt im Speicher adressiert werden, wie in den folgenden beiden Programmen gezeigt.

Autoinkrementierung

Programm 11, links, übersichtlich mit symbolischen Speicheradressen. – *Programm 12*, rechts, unübersichtlich mit numerischen Registeradressen.

```
    LD   DP,  &A              LD   R1,    &*R4.1
    LD   P,   (DP)+           LD   R4.3,  (R1)+
L:  MUL  P,   X           L:  MUL  R4.3,  R4.2
    ADD  P,   (DP)+           ADD  R4.3,  (R1)+
    ADD  N,   #-1             ADD  R4.0,  #-1
    BNE  L                    BNE  L
```

Adreßzählung anstelle von Stack-Befehlen

Der sequentielle Zugriff auf die übereinander gespeicherten Eintragungen eines Stack, eines Stapels, kann wiederum auf zweierlei Weise erfolgen:

wie früher in 2.1.5 durch spezielle Befehle oder

wie hier in 3.1.4 durch das Dekrementieren bzw. Inkrementieren eines Stackpointers, der auf die oberste Eintragung im Stapel zeigt.

Während im ersten Fall nichts darüber ausgesagt wird, wie der Stapel verwirklicht ist (Eintragungen beweglich, ohne Pointer; oder Eintragungen feststehend, mit Pointer), ist im zweiten Fall wegen der referenzierenden Datenhaltung die Realisierung festgelegt (Eintragungen feststehend, mit Pointer).

Der bildlichen Vorstellung eines Speichers mit nach unten sich erhöhenden Adressen folgend, ist der Stackpointer (Stackpointerregister SP) die oberste Speicheradresse des Stackbereichs (top of stack, TOS). In dieser Realisierung wird der Stapel nach oben, d.h. zu niedrigeren Adressen hin gefüllt und nach unten, d.h. zu höheren Adressen hin geleert.

- Einen neuen Eintrag auf den Stapel legen (push) heißt:

  1. den Stackpointer um 1 vermindern und
  2. den Eintrag in diesen so reservierten Speicherplatz schreiben (Prädekrementierung, –(SP)).

- Einen Eintrag vom Stapel holen (pop) heißt:

  1. den Eintrag lesen und
  2. den Stackpointer um 1 erhöhen und damit den Speicherplatz freigeben (Postinkrementierung, (SP)+).

- Zwei Einträge auf dem Stapel verarbeiten heißt:

  1. pop mit dem ersten Operanden,
  2. pop mit dem zweiten Operanden,
  3. die Operanden verarbeiten,
  4. push mit dem Ergebnis,

wobei diese vier Operationen bei 2-Adreß-Befehlen in einem Befehl vereinigt sind (indirekte Adressierung mit dem Stackpointerregister).

Das betrachtete Beispielprogramm hat dabei dieselbe Struktur wie in Beispiel 2.1, S. 106. Bei Prozessoren ohne ausgezeichnetes Register SP wird wieder ein beliebiges Register des Registerspeichers als Stackpointerregister benutzt; man stelle sich z. B. vor, daß das folgende Programm *14* mit SP set R6 assembliert wird, oder man führe diese *Aufgabe* zur Übung selbst aus.

Autoinkrementierung

Autodekrementierung

Programm 13, links, für einen 0-Adreß-Rechner. – *Programm 14*, rechts, für einen 2-Adreß-Rechner.

```
PUSH A           LD   -(SP), A
PUSH #3          LD   -(SP), #3
MUL              MUL  (SP),  (SP)+
PUSH U           LD   -(SP), U
PUSH V           LD   -(SP), V
PUSH #2          LD   -(SP), #2
ADD              ADD  (SP),  (SP)+
MUL              MUL  (SP),  (SP)+
ADD              ADD  (SP),  (SP)+
POP  Z           LD   Z,     (SP)+
```

Bemerkung. Wir haben darstellerisch für bestimmte Adressierungsarten spezielle, d. h. ausgezeichnete Register benutzt, die – wie gezeigt – bei vielen Prozessoren durch beliebige, d. h. frei wählbare Register ersetzt werden. Genau genommen haben wir also keine reine Speicher-/Speicher-Organisation vor uns, da der Registerspeicher nach wie vor vorhanden ist. Zu einer reinen Speicher-/Speicher-Organisation käme man, wenn sämtliche Adreßmodifizierungen, die für Register beschrieben sind, auf den Speicher übertragen würden (oder anders herum, wenn sämtliche Adreßmodifizierungen, die für den Speicher beschrieben sind, auf die Register übertragen würden). Wegen des Wegfalls der Speicherhierarchie brauchte dann nicht mehr zwischen Register- und Systemspeicher unterschieden zu werden, und man benötigte nur noch den Begriff Speicher. Die Technik erlaubt jedoch ein so rigoroses Vorgehen nicht.

3.2 Adreßrechnung und -modifizierung

3.2.1 Register- und Speicheradressierung, immediate Adressierung

orthogonaler Befehlsatz

Aus der Vielzahl an Möglichkeiten, Befehlssätze zu definieren, wählen wir auf unserer abstrakten Ebene eine orthogonale Implementierung, das heißt:

> *Jeder* Operationscode ist auf *alle* möglichen Operanden unterschiedlichster Art anwendbar.

Ein arithmetischer Befehl darf also auf eine logische Größe (einen Bitvektor) genauso angewendet werden wie ein logischer Befehl auf eine arithmetische Größe (eine Zahl). Beide Befehlsarten wiederum dürfen gleichermaßen auf Adressen angewendet werden; für Adressen gibt es in unserer Darstellung dementsprechend keine gesonderten Befehle. Diese Gleichstellung verschiedener Operanden zielt auf absolute Flexibilität und Effektivität von Maschinenprogrammen, erfordert aber auch absolute Disziplin bei der Erstellung von solchen Programmen, was durch die Einbeziehung von Compilern in die Programmierung garantiert werden kann.

Bemerkung. Mechanismen zur Überprüfung auf Zulässigkeit der Ausführung bestimmter Operationen mit bestimmten Operanden werden i. allg. nicht *in die Prozessoren* eingebaut; sie wären dann zur *Programmlaufzeit* wirksam. Vielmehr werden sie erst *auf höheren Sprachebenen* vorgesehen und sind damit auch nur zur *Compilierzeit* wirksam – sofern sie nicht in das zum Compiler gehörende Laufzeitsystem einbezogen sind. (Das Laufzeitsystem ist Teil des Betriebssystems und bildet jene Eigenschaften der Programmiersprache durch Software nach, die der Prozessor durch Hardware nicht auszuführen imstande ist.)

Der BasisProzessor. Die Unterscheidung zwischen Adressen und sonstigen Operanden erfolgt also in unserer Darstellung nicht im Operationscode, sondern in den Adreßteilen im Befehl. – Wir erweitern unseren BasisProzessor aus 3.1 um die hier und in den folgenden Abschnitten beschriebenen Adressierungsarten (dabei handelt es sich um eine Verallgemeinerung und Systematisierung der in 1.3.5 vorgestellten Adressierungsarten; *zur Erinnerung:* die beim Operandenzugriff letztendlich wirksam werdende Adresse wird als effektive Adresse bezeichnet).

Sowohl die Register- als auch die Speicheradressierung als auch die immediate Adressierung sind in manchen Prozessoren für so gut wie alle Operationen zugelassen, in anderen wiederum auf bestimmte Operationen beschränkt. – Auf die Registeradressierung kann im Grenzfall vollständig verzichtet werden,[1] sofern die zur Adreßmodifizierung notwendigen Register als Speicherzellen mit den sich daraus ergebenden Konsequenzen verfügbar sind. – Die Registeradressierung wird insbesondere bei 1-Adreß-Rechnern nicht explizit über eine Registeradresse, sondern implizit durch den Operationscode ausgewiesen, z. B. bei ADDA (Add to AC). Die immediate Adressierung ist oft nicht explizit im Adreßteil, sondern implizit durch den Operationscode ausgewiesen, wie z. B. bei ADDI (Add Immediate).

Die nachfolgend beschriebenen Adressierungsarten sind vielfach in CISCs hardware-implementiert; in RISCs müssen sie bis auf die immediate und die registerindirekte Adressierung weitgehend durch Software nachgebildet werden. Wir nehmen das zum Anlaß, die einzelnen Adressierungsarten jeweils unter dem Stichwort CISC-Implementierung *vorzustellen* und ihre Wirkung anhand ausgewählter Beispiele unter dem Stichwort RISC-Nachbildung zu *beschreiben*. Aber *Achtung:* Dabei idealisieren wir in der Hinsicht, daß wir so tun, als wären die LD-Befehle wirkliche RISC-Maschinenbefehle (und nicht wie in Wirklichkeit „Pseudo"befehle, bestehend aus zwei Maschinenbehlen, siehe S. 157, insbesondere Bild 2-23). Insofern müßten in den folgenden RISC-Nachbildungen alle LD **R**i, M durch LD **R**j, #M plus LD **R**i, (**R**j) ersetzt werden (und entsprechend LD M, **R**i durch LD **R**j, #M plus LD (**R**j), **R**i).

---

1. oder – was auf dasselbe hinausläuft – auf die Speicheradressierung, sofern die Maschine nur einen einzigen, riesigen Registerspeicher hat; jedenfalls keine Hierarchie vorliegt.

CISC-Implementierung. Ein Operand (Bitvektor, Zahl, Adresse) kann als Variable verschiedene Werte annehmen. Vom Prozessor aus ist er entweder intern, d.h. in einem Prozessorregister, oder extern, d.h. in einer Speicherzelle oder einem prozessorexternen Register zugänglich. Oder – die dritte Möglichkeit – als Quelloperand erscheint er im Befehlswort selbst. Sind alle Operationen gleichermaßen für die Register wie für den Speicher wie für solche Direktoperanden zugelassen, so sind im Adreßteil des Befehls drei Fälle zu unterscheiden:

Die im Adreßteil stehende Information ist

1. die Adresse eines Prozessorregisters (Registeradressierung),
2. die Adresse einer Speicherzelle oder eines prozessorexternen Registers (Speicheradressierung),
3. der Operand selbst (Bitvektor, Zahl) und wird direkt verarbeitet (Direktoperand).

In der Assemblersprache unterscheiden wir diese Fälle

1. durch fettgedruckte Ziffern oder Symbole, z.B. **13**, **AC**, **I**, **R0**,
2. normal gedruckte Symbole oder Ausdrücke, z.B. 13, X, MEM, MEM+1,
3. durch ein vorangestelltes #, z.B. #13, #0hA3.[1]

Bild 3-6 illustriert diese drei Möglichkeiten der „direkten" Adressierung. – *Beispiele:* die beiden Programme aus Beispiel 3.1 und Programm *1* auf S. 221.

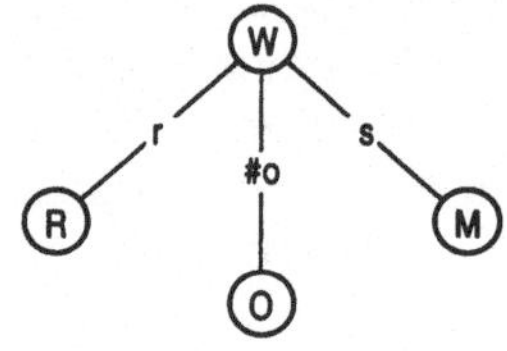

Bild 3-6. Register-, Speicher- und immediate Adressierung. r steht für eine Registeradresse und bezeichnet eine Registernummer oder ein Registersymbol, s steht für eine numerische oder eine symbolische Speicheradresse, o steht für einen Direktoperanden.
R ist die effektive Adresse für den Registerzugriff, M ist die effektive Adresse für den Speicherzugriff, O ist der Operand zur Verarbeitung gemäß Operationscode; W ist die Wurzel des Adressierungsgraphen. Diese Kennzeichnungen gelten auch für die folgenden Bilder.

RISC-Nachbildung. Bei Prozessoren, die nur durch Load- und Store-Befehle den Speicher zu adressieren erlauben, muß die Speicheradressierung für andere Befehle wie folgt nachgebildet werden.

ADD	**AC**,	X	=	LD	**R5**,	X
				ADD	**AC**,	**R5**
ADD	X,	**AC**	=	LD	**R5**,	X
				ADD	**R5**,	**AC**
				LD	X,	**R5**

1. Wir verwenden wie früher 0h zur Kennzeichnung von Hexadezimalzahlen.

```
ADD X, Y    =     LD   R5, X
                  LD   R6, Y
                  ADD  R5, R6
                  LD   X,  R5

ADD I, #-1  =     LD   R5, KON
                  ADD  I,  R5
                  :
            KON   dat  -1
```

3.2.2 Registerindirekte Adressierung

Die (direkte) Registeradressierung wird dadurch erweitert, daß auch die Adressierung einer Speicherzelle über eine in einem Prozessorregister gehaltene Adresse ermöglicht wird (r in Bild 3-7). Diese Adresse zeigt auf einen Operanden im Speicher und wird auch als Zeiger (Pointer) bezeichnet.

Die Hauptanwendung der registerindirekten Adressierung ist in Verbindung mit der Autoinkrementierung und -dekrementierung der sequentielle Zugriff auf aufeinanderfolgend gespeicherte Daten, wie sie bei Feldern oder bei Stacks auftreten. Bei einem Stack erfolgt der Zugriff auf die stapelförmig gespeicherte Information über einen in einem Register stehenden Stackpointer. Dieser zeigt auf den obersten Eintrag im Stack und kann ihn durch gegenläufiges Dekrementieren und Inkrementieren aufbauen bzw. abbauen. Die Stackeinträge werden dabei indirekt über die Adressierung des verwendeten Registers erreicht.

Die registerindirekte Adressierung ist wie die immediate Adressierung eine so elementare Operation (sie ermöglicht die Adreßsubstitution), daß sie in jedem Prozessor verwirklicht ist, bei RISCs i.allg. ohne Autoinkrementierung/-dekrementierung und nur in Verbindung mit den speicherbezogenen Befehlen, d.h. nur beim Load- und beim Store-Befehl. – Die registerindirekte Adressierung wird insbesondere bei RISCs nicht explizit über eine Registeradresse, sondern implizit durch den Operationscode ausgewiesen, wie z.B. bei Load und Store ohne Verwendung der sonst üblichen Klammern.

CISC-Implementierung. Im Adreßteil des Befehls sind vier Fälle zu unterscheiden:

Der im adressierten Register stehende Operand (Bitvektor, Zahl, Adresse) wird

1. unmittelbar verarbeitet (siehe 1., 3.2.1),
2. zur Adressierung einer Speicherzelle benutzt (registerindirekte Adressierung),
3. zur Adressierung einer Speicherzelle mit anschließender Erhöhung der Speicheradresse benutzt (Auto-Inkrement-, Postinkrement-Adressierung),
4. zur Adressierung einer Speicherzelle mit vorheriger Verminderung der Speicheradresse benutzt (Auto-Dekrement-, Prädekrement-Adressierung).

In der Assemblersprache unterscheiden wir diese Fälle

1. durch das Registersymbol selbst, z.B. **R0**, **SP**,
2. durch runde Klammern um das Registersymbol, z.B. (**R0**), (**SP**),
3. durch zusätzlich nachgestelltes Additionssymbol, z.B. (**R0**)+, (**SP**)+,
4. durch zusätzlich vorangestelltes Subtraktionssymbol, z.B. –(**R0**), –(**SP**).

Bild 3-7 illustriert die gegenüber Bild 3-6 hinzugekommenen Möglichkeiten der registerindirekten Adressierung. – *Beispiele:* Programme *6* und *8* auf S. 227 ff. sowie Programme *11*, *12* und *14* auf S. 231 ff.

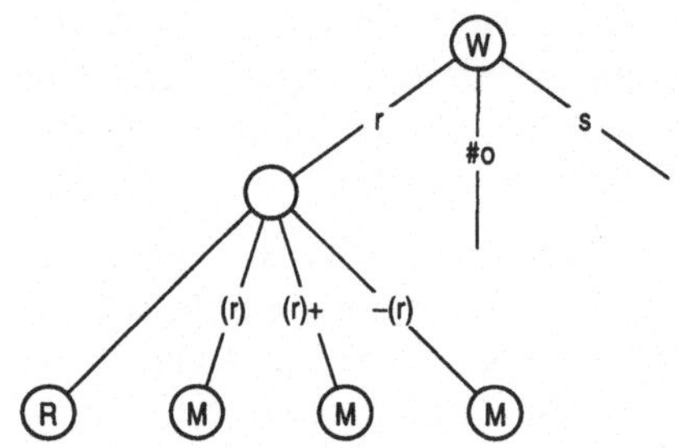

Bild 3-7. Hinzunahme der registerindirekten Adressierung. (r) bedeutet Lesen von Register r zur Ermittlung der effektiven Adresse, bei + wird danach das Register inkrementiert, bei – wird das Register zuvor dekrementiert.

RISC-Nachbildung. Bei Prozessoren ohne Autoinkrementierung und -dekrementierung kann diese mit Additions- bzw. Subtraktionsbefehlen nachgebildet werden, wie in den folgenden Entsprechungen gezeigt.

```
ADD  AC,   (R0)     =    LD   R5,   (R0)
                         ADD  AC,   R5

ADD  AC,   -(R0)    =    SUB  R0,   #1
                         LD   R5,   (R0)
                         ADD  AC,   R5

ADD  (SP), (SP)+    =    LD   R5,   (SP)
                         ADD  SP,   #1
                         LD   R6,   (SP)
                         ADD  R6,   R5
                         LD   (SP), R6
```

3.2.3 Basisadressierung

Die (direkte) Speicheradressierung wird dadurch erweitert, daß auch die Adressierung tabellenförmig gespeicherter Information über eine in einem Prozessorregister gehaltene Basisadresse ermöglicht wird (s in Bild 3-8). Diese Basis zeigt auf den Tabellenanfang, d.h. die erste Zeile der Tabelle im Speicher; alle weiteren Zeilen werden durch Addition der Zeilennummer adressiert, diese ist als Distanz im Befehl angegeben.

Basisadressierung ist in vielfältiger Form in Prozessoren eingebaut und wird sehr häufig eingesetzt. Neben festen Basisadressen zum direkten Zugriff auf Datenbereiche werden auch variable Basisadressen zum relativen Zugriff auf Daten- wie Programmbereiche verwendet; am häufigsten dient der PC als variabler Bezugspunkt zum Ausführen von Vorwärts- und Rückwärtssprüngen. Die Ermittlung der Distanz kann dabei vom Assembler vorgenommen werden, indem zur Assemblierzeit die Differenz zwischen dem Sprungziel und dem Lokationszählerstand des zu assemblierenden Befehls gebildet wird (zuzüglich minus 1, sofern der PC auf den als nächsten auszuführenden Befehl und der LC auf die gegenwärtig zu assemblierende Zeile zeigen). – Die Adressierung des PC wird bei vielen Prozessoren nicht explizit über seine Registeradresse, sondern implizit durch den Operationscode ausgewiesen, z.B. Springe um so und so viele Plätze.

CISC-Implementierung. Im Adreßteil des Befehls sind zwei Fälle zu unterscheiden:

Zu der im Adreßteil stehenden Adresse (positive Nummer) bzw. Distanz (positive oder negative Nummer) wird

1. nichts addiert und somit der Speicher unmittelbar adressiert (siehe 2., 3.2.1),
2. der Inhalt eines Registers (Basisregister, Stackpointerregister, Befehlszähler) addiert (Basisadressierung, SP-, PC-relative Adressierung).

In der Assemblersprache unterscheiden wir diese Fälle

1. durch das Speicherzellensymbol oder die Speicherzellennummer selbst, z.B. MEM, 123,
2. durch ein Registersymbol, gefolgt von einem Punkt und einer ggf. vorzeichenbehafteten Nummer, z.B. **B**.0, **PC**.-5, **SP**.-1.

Bild 3-8 illustriert die gegenüber Bild 3-6 hinzugekommene Möglichkeit der Basisadressierung. – *Beispiele:* Programme *7*, *9* und *10* auf S. 228 ff.

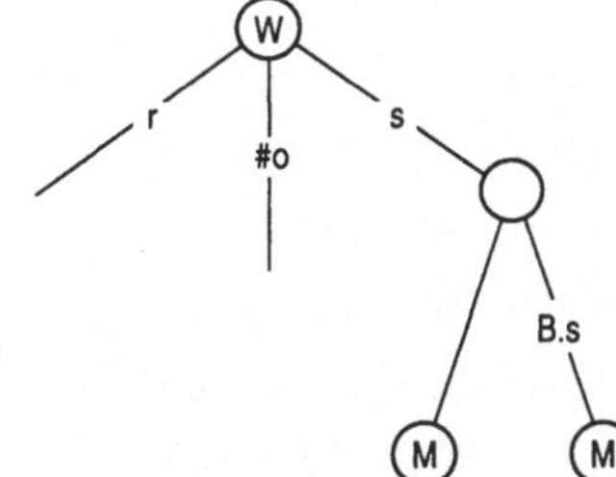

Bild 3-8. Hinzunahme der Basisadressierung. B.s bedeutet Addition von s zu Register B.

RISC-Nachbildung. Bei Prozessoren ohne Basisadressierung kann diese mit Additions- oder Subtraktionsbefehlen nachgebildet werden, wie in den folgenden Entsprechungen mit basisregister-, stackpointer- und befehlszählerrelativer Adressierung gezeigt.

```
ADD  AC,  B.0     =    LD   R5,  B
                       ADD  R5,  #0
                       LD   R5,  (R5)
                       ADD  AC,  R5

CMP  AC,  SP.-1   =    LD   R5,  PC
BNE  PC.-5             ADD  R5,  #-4
                       LD   R6,  SP
                       ADD  R6,  #-1
                       LD   R6,  (R6)
                       CMP  AC,  R7
                       BNE  (R5)
```

3.2.4 Speicherindirekte Adressierung

Die bisher eingeführten Adressierungsarten werden dadurch erweitert, daß auch die Adressierung einer Speicherzelle über eine in einer Speicherzelle gehaltene Adresse ermöglicht wird (* in Bild 3-9). Diese Adresse zeigt auf einen Operanden im Speicher (und wird als Zeiger bzw. Pointer bezeichnet).

Die speicherindirekte Adressierung wird – wie auch die registerindirekte Adressierung – vorzugsweise benutzt, wenn die eigentlichen Speicheradressen in einem Programm zum Zeitpunkt des Schreibens des Programms, d.h. zur Programmierzeit, unbekannt sind und erst zur Laufzeit bestimmt werden können. Das kann vom Betriebssystem her erfolgen. Das kann aber auch durch eine Berechnung innerhalb des Programms selbst erfolgen.

Die speicherindirekte Adressierung ist vielfach mit der Basis- und der Indexadressierung gekoppelt, kommt aber auch zusammen mit registerindirekter Adressierung vor, sogar in Verbindung mit Autoinkrementierung des PC, um – ein Trick – die Speicheradressierung bei Mehrwortbefehlen nachzubilden, ohne weitere Bits für Adressierungsarten bereitstellen zu müssen (Prozessoren der PDP-11-Serie von Digital Equipment).

CISC-Implementierung. Im Adreßteil des Befehls sind zwei Fälle zu unterscheiden:

Mit der bisher (3.2.1 bis 3.2.3) ermittelten Adresse wird ein Speicherzugriff ausgeführt und der Speicherinhalt

1. als Operand (Bitvektor, Zahl, Adresse) weiterverarbeitet (speicherdirekte Adressierung),
2. als Adresse einschließlich einer beliebigen Kombination neuer Adreßmodifizierungen interpretiert, d.h. die ursprüngliche Adresse durch diese neue Adresse ersetzt (einfache, ggf. mehrfache speicherindirekte Adressierung).

In der Assemblersprache unterscheiden wir diese Fälle

1. durch die bisher beschriebene Symbolik, z.B (**R**0), **B**.0,
2. durch ein dieser Symbolik vorangestelltes *, z.B. *(**R**0), ***B**.0.

Bild 3-9 illustriert die gegenüber Bild 3-6 hinzugekommenen Möglichkeiten der registerindirekten Adressierung, der Basisadressierung sowie der speicherindirekten Adressierung. – *Beispiele:* Programme *7*, *9* und *10* auf S. 228 ff.

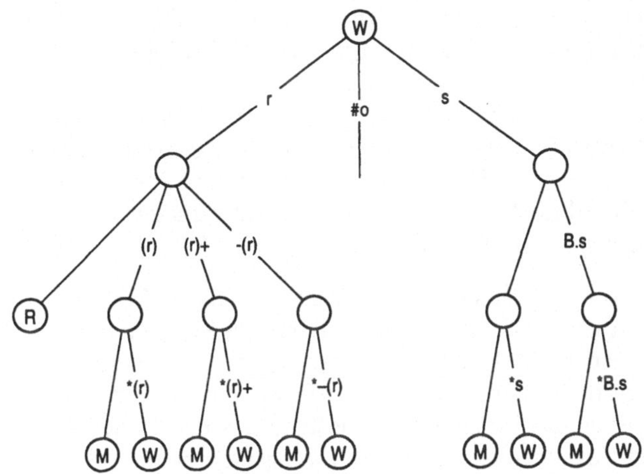

Bild 3-9. Hinzunahme der speicherindirekten Adressierung. *... bedeutet Lesen der Speicherzelle mit der bisher ermittelten Adresse; W als Wurzel des Adressierungsgraphen kann erneut erreicht werden, d.h., die Zweige des Graphen können wiederholt durchlaufen werden.

RISC-Nachbildung. Die speicherindirekte Adressierung läßt sich, auch in Kombination mit den anderen Adressierungsarten, auf die registerindirekte Adressierung und Modifizierungen mittels Addition oder Subtraktion zurückführen, wie in den folgenden Entsprechungen gezeigt.

```
ADD  AC,  *(R0)   =   LD   R5,  (R0)
                      LD   R5,  (R5)
                      ADD  AC,  R5

ADD  AC,  *B.0    =   LD   R5,  B
                      ADD  R5,  #0
                      LD   R5,  (R5)
                      LD   R5,  (R5)
                      ADD  AC,  R5
```

3.2.5 Indexadressierung

Die bisher eingeführten Adressierungsarten werden dadurch erweitert, daß auch die Adressierung feldförmig gespeicherter Information über eine als Speicheradresse angegebene Anfangsadresse ermöglicht wird ([I] in Bild 3-10). Die Anfangsadresse zeigt auf das erste Element des Felds im Speicher; alle weiteren Elemente werden durch Addition des Feldindex adressiert, dieser ist als Distanz im Register angegeben.

Die Indexadressierung (indizierte Adressierung) wird vorzugsweise benutzt, wenn Felder verarbeitet werden; dabei ist innerhalb des Feldes eine wahlfreie Adressierung möglich (durch freie Wahl des Index), d.h., die Feldelemente brauchen bei der Indexadressierung nicht wie bei der Inkrementierung/Dekrementierung sequentiell angesprochen zu werden. Ist die Indexadressierung mit indirekter Adressierung gekoppelt, so erfolgt die Addition des Index *nach* dem Holen der Adresse aus dem Register oder der Speicherzelle als letzte Modifizierung, weshalb man auch von *Nach*indizierung spricht. Bei Kopplung von Basisadressierung und speicherindirekter Adressierung erfolgt die Addition der Basis als erste Modifizierung *vor* dem Holen der Adresse aus dem Speicher, weshalb man in diesem Fall – die Ähnlichkeit der Basisadressierung mit der Indexadressierung ansprechend – auch von *Vor*indizierung spricht.

Die Indexadressierung ist das Duale zur Basisadressierung. Während dort die referenzierende Adresse des Feldanfangs, die Basis, im Register steht und die dazu relative Adresse einer Feldkomponente, der Index, im Befehl angegeben ist, dient hier als Basis die bisher modifizierte Adresse, und der Index ist im Register enthalten. Die bisher modifizierte Adresse kann aus der Speicheradressierung, aber auch aus der Registeradressierung hervorgegangen sein.

CISC-Implementierung. Im Adreßteil des Befehls sind zwei Fälle zu unterscheiden:

Zu der bisher (3.2.1 bis 3.2.4) ermittelten Adresse wird

1. nichts addiert und somit der Speicher unmittelbar adressiert – siehe 2., 3.2.1,
2. der Inhalt eines Registers (Indexregister) addiert (Indexadressierung).

In der Assemblersprache unterscheiden wir diese Fälle

1. durch die bisher beschriebene Symbolik, z.B. (**R**0), **B**.0,
2. durch ein nachgestelltes in eckige Klammern gesetztes Registersymbol, z.B. (**R**0)[**I**], **B**.0[**I**].

Bild 3-10 illustriert die gegenüber Bild 3-9 hinzugekommenen Möglichkeiten der Indexadressierung. – ***Beispiele:*** alle Programme *6* bis *14* auf S. 227 ff., von besonderem Interesse die Programme *6* und *7*.

RISC-Nachbildung. Die Indexadressierung läßt sich auf registerindirekte Adressierung und Addition des Index zurückführen, wie in den folgenden Entsprechungen gezeigt – hier in Kombination mit der speicherindirekten Adressierung.

```
ADD  AC,  *(R0)[I]  =   LD   R5,  (R0)
                        ADD  R5,  I
                        LD   R5,  (R5)
                        ADD  AC,  R5
```

```
ADD  AC,  *B.0[I]   =   LD   R5,  B
                        ADD  R5,  #0
                        LD   R5,  (R5)
                        ADD  R5,  I
                        LD   R5,  (R5)
                        ADD  AC,  R5
```

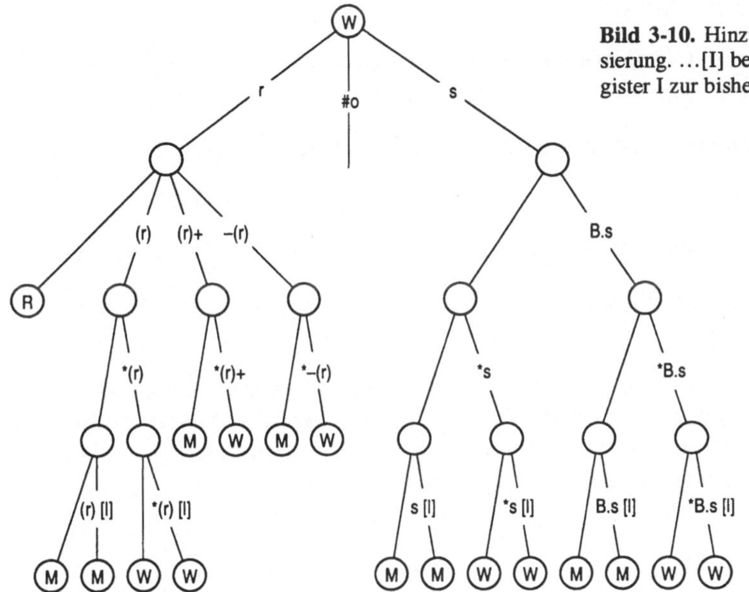

Bild 3-10. Hinzunahme der Indexadressierung. ...[I] bedeutet Addition von Register I zur bisher ermittelten Adresse.

3.2.6 Effektivadreß-Bildung

Während die ggf. im Laufe von Adreßmodifizierungen gebildete Adresse unmittelbar zur Adressierung einer Speicherzelle benutzt wurde, um den dort gespeicherten Operanden anzusprechen, ist es in vielen Fällen nützlich, mit dieser Adresse vorher noch „rechnen" zu können. Die Nützlichkeit wird zur Notwendigkeit, wenn die im Prozessor eingebauten Adressierungsarten nicht ausreichen, so daß die Adresse durch Befehle weiter modifiziert werden muß. In diesen Fällen ist die Adresse selbst Operand und muß vom Prozessor verarbeitet werden können. Dazu dient die Effektivadreß-Bildung der im Adreßteil eines Befehls stehenden Adresse unter Berücksichtigung ihrer dort stehenden Modifizierungsangaben.

Die Effektivadreß-Bildung erfolgt im einfachsten Fall mit „absoluten Adressen" und ist dann nicht zu unterscheiden von dem Direkttransport bzw. der Direktverarbeitung von „ganzen Zahlen". Diese Adreßoperation ist dann identisch mit der immediaten Adressierung. – Die Effektivadreß-Bildung ist oft nicht explizit im Adreßteil, sondern implizit durch einen Spezialbefehl ausgewiesen, z.B. LEA (Load Effective Address).

CISC-Implementierung. Im Quelladreßteil des Befehls sind zwei Fälle zu unterscheiden:

Die bisher (3.2.1 bis 3.2.5) ermittelte Information wird

1. als Adresse zur Adressierung eines im Speicher stehenden Operanden (Bitvektor, Zahl, Adresse) benutzt (Angabe der Operandenadresse im Befehl, adressierter Operand),
2. als Operand (Adresse) selbst benutzt und direkt verarbeitet (Angabe der Adresse als Operand selbst im Befehl, Effektivadreß-Bildung).

In der Assemblersprache unterscheiden wir diese Fälle

1. durch die bisher beschriebene Symbolik, z.B. 123, X, **B**.0, ***B**.0, ***B**.0[**I**],
2. durch ein vorangestelltes &, z.B. &123, &X, &**B**.0, &***B**.0, &***B**.0[**I**].

Bild 3-11 illustriert die gegenüber Bild 3-10 hinzugekommenen Möglichkeiten der Effektivadreß-Bildung. – *Beispiele:* die Programme *11* und *12* auf S. 231.

Anmerkung. Ist die Effektivadreß-Bildung in einem Prozessor nicht vorgesehen, so kann sie in ihrer einfachsten Form, d.h. ohne Kombinationen mit anderen Adressierungsarten (sie ist dann identisch mit der immediaten Adressierung), nachgebildet werden, wie in der folgenden Entsprechung gezeigt (vgl. die letzte Entsprechung auf S. 235).

```
ADD  I,   &X    =   LD   R5,  ADR
                    ADD  I,   R5
                         :
                ADR dat  X
```

RISC-Nachbildung. Die Effektivadreß-Bildung in ihrer einfachsten Form wird in RISCs benötigt, und zwar in Kombination von immediater Adressierung und registerindirekter Adressierung für den Transport zwischen Registerspeicher und Systemspeicher, d.h. auf Load-/Store-Befehle beschränkt. – Die folgenden beiden Entsprechungen illustrieren die Nachbildung der Effektivadreß-Ermittlung in Kombination *mit* den anderen behandelten Adressierungsarten für den Fall, daß das indirekt angesprochene Adreßwort keine weiteren Modifizierungen aufweist.

```
ADD  AC,  &*(R0)[I] =   LD   R5,  (R0)
                        ADD  R5,  I
                        ADD  AC,  R5

ADD  AC,  &*B.0[I]  =   LD   R5,  B
                        ADD  R5,  #0
                        LD   R5,  (R5)
                        ADD  R5,  I
                        ADD  AC,  R5
```

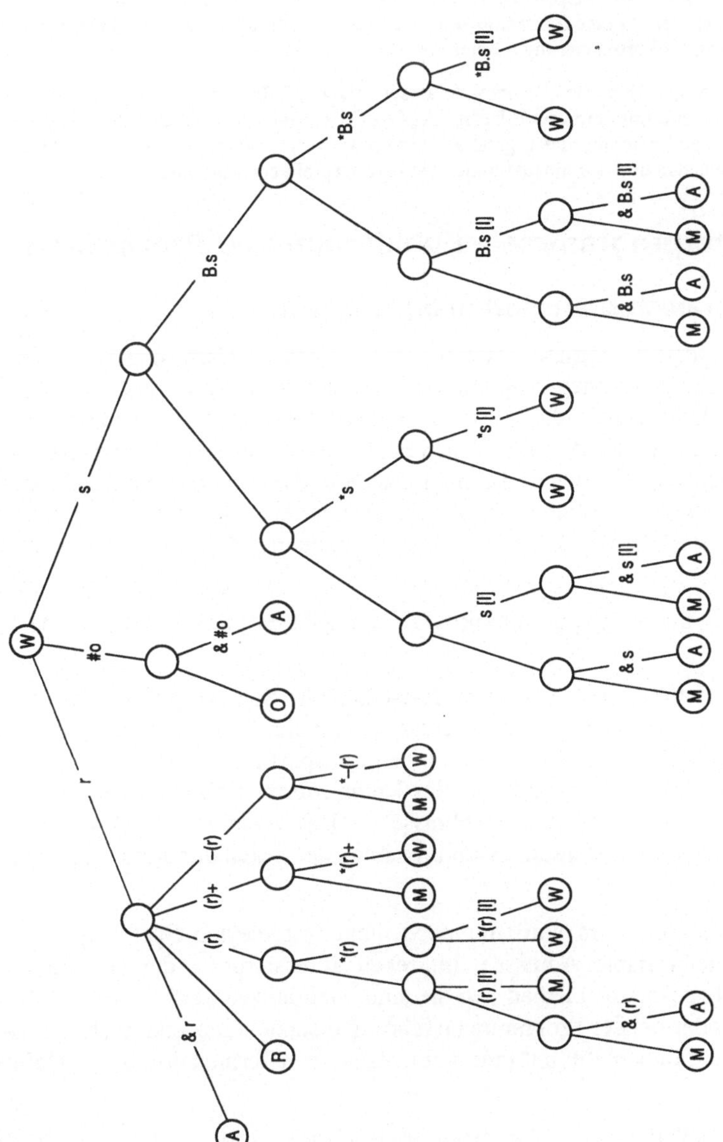

Bild 3-11. Hinzunahme der Effektivadreß-Bildung. &... bedeutet Behandlung der bisher ermittelten Adresse als Operand, A ist diese Adresse als Registeradresse, Speicheradresse bzw. Direktoperanden „adresse“.

Bemerkung. Den hier vorgestellten Kombinationsmöglichkeiten von Basis-, Index- und speicherindirekter Adressierung liegt die Idee zu Grunde, ein Abbild des (kleinen) Registerspeichers im (großen) Systemspeicher zu haben (vgl. die „Adreß"-Tabellen in den Bildern 3-4 und 3-5). So erklärt es sich, daß in dem über die Basisadresse angesprochenen Speicherbereich genau wie im Registerspeicher keine Indizierung vorgesehen ist. Es gibt allerdings Prozessoren, die dies trotzdem vorsehen, z.B. zum doppelten Indizieren. Bei ihnen wird zwischen Basisadressierung und indirekter Adressierung eine Indizierung eingeschoben, wobei dann diese und nicht etwa die Basisadressierung als Vorindizierung bezeichnet wird.

Aufgabe 3.2. Vergleichen Sie alle links stehenden ADD-AC-Befehle hinsichtlich ihrer Nachbildungen, beginnend mit dem ersten Befehl ADD AC, X, und schreiben Sie für jede hinzukommende Adreßmodifizierung die gegenüber ihren jeweiligen Vorgängern in den Nachbildungen anders auftretenden und neu hinzukommenden bzw. wegfallenden Befehle heraus.

3.3 Unterprogramme – Funktionen und Prozeduren

3.3.1 Parametertransport in die Register

Subroutine

In der Programmierungstechnik stellt sich oft das Problem, und zwar gleichermaßen zur hierarchischen Programmgliederung wie zur Ersparnis von Schreibarbeit und Speicherplatz, daß ein und dasselbe Teilprogramm (Unterprogramm, Subroutine, Funktion, Prozedur) mit verschiedenen Größen (Parametern) ausgeführt werden soll. Es gleicht das dem Problem, daß ein und dasselbe Hauptprogramm mit unterschiedlichen Operanden (Daten) ausgeführt werden soll. In beiden Fällen entstehen verschiedene Programmabläufe, d.h. unterschiedliche Prozesse.

Zur Programmierung von Unterprogrammen gibt es zwei grundsätzliche Möglichkeiten:

Eingangsparameter, Ausgangsparameter

1. Das Unterprogramm wird mit feststehenden Speicherplätzen geschrieben (konstante Adressen, direkte Adressierung); die Größen, d.h. deren Werte, werden in diesen Speicherbereich hineintransportiert (Eingangsparameter, Argumente) und nach Ausführung des Unterprogramms wieder heraustransportiert (Ausgangsparameter, Ergebnisse). – Das entspricht der Datenverarbeitungsdenkweise mit ihrem „Durchreichen" der Daten durch die Speicherhierarchie.
2. Das Unterprogramm wird mit noch nicht festgelegten Speicherplätzen geschrieben (variable Adressen, indirekte Adressierung); die Größen (Argumente, Ergebnisse) bleiben, wo sie sind, stattdessen werden deren Adressen vor der oder bei der Programmausführung ersetzt. – Das entspricht der Denkweise der Mathematik mit ihrem „Ersetzen" von Termen durch ihre Definitionen.

In beiden Fällen müssen Parameter transportiert werden, entweder als deren Werte oder als deren Adressen; man spricht in diesem Zusammenhang von Parameterübergabe *call by value* bzw. *call by reference*.

Der Ort der gemeinsam vom Unterprogramm und vom Hauptprogramm benutzten Speicherplätze für die Werte bzw. die Adressen der Parameter kann „neutral" sein (z. B. dem Unter- wie dem Hauptprogramm gleichermaßen zugängliche Prozessorregister oder Speicherzellen), ganz im Speicherbereich des Unterprogramms liegen oder ganz im Speicherbereich des Hauptprogramms liegen. Dabei ist die Art und Weise des Anschlusses eines Unterprogramms an das Hauptprogramm von den Eigenschaften des verwendeten Prozessors und seines Assemblers abhängig.

Parametersequenz gegenüber Parameterliste

Zur Demonstration elementarer Unterprogrammtechniken benutzen wir das dafür gut geeignete Programm zur Polynomauswertung, und zwar in einer weiteren Variante. Darin sind die Eingangsparameter N und X Werte, der Eingangsparameter A wie auch der Ausgangsparameter Y jedoch Adressen. Wir zeigen die Polynomauswertung zunächst als eigenständiges Programm, dann in vier Varianten als Unterprogramme mit ihren zugehörigen Hauptprogrammen. Als Speicherplätze für die Eingangsparameter werden die Register R1 bis R3 und für den Ausgangsparameter das Register R0=AC (Funktionen) bzw. R4=Y (Prozeduren) verwendet. N, A, X und Y werden als aktuelle, R1 bis R4 werden als formale Parameter bezeichnet; mit letzteren wird das Unterprogramm geschrieben, ohne daß erstere bekannt sein müssen (sie wechseln ja i. allg. von Aufruf zu Aufruf). – *Anmerkung:* Ai als Werte zu deklarieren wäre wegen zu vieler Transporte ungünstig. N und X als Adressen zu deklarieren wäre ineffizient, weil die indirekte Adressierung unnötig viele Speicherzugriffe verursachen würde.

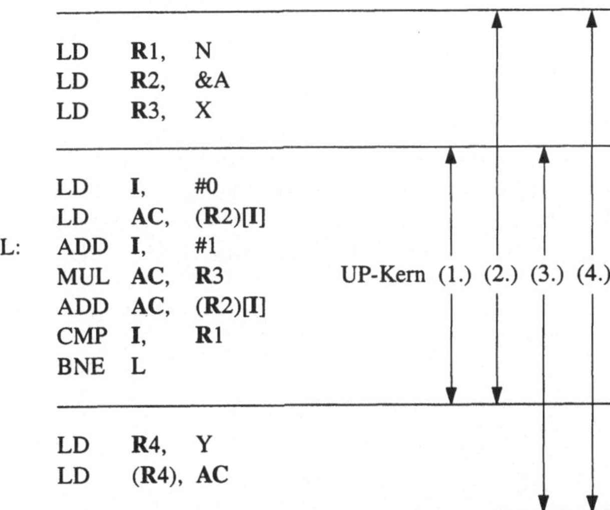

Die Implementierung der vier markierten Programmteile als Unterprogramme führt auf die folgenden Unterprogrammanschlüsse. LR bezeichnet hierbei ein Link-Register; das ist je nach Prozessor ein spezielles oder ein beliebiges Register des Registerspeichers zum Zwischenspeichern des PC.

(1.) *Funktionsaufruf mit Parametersequenz.* Der Parametertransport erfolgt im Hauptprogramm. Der Funktionswert steht nach der Rückkehr ins Hauptprogramm implizit im Akkumulator zur Verfügung (üblicherweise R0), d.h., die *Funktion* POLY(N,A,X) hat einen Wert. In höheren Programmiersprachen würde man deshalb z.B. bei einer Weiteraddition Z:=Z+POLY(N,A,X) schreiben.

```
        LD   R1,  N
        LD   R2,  &A
        LD   R3,  X
        LD   LR,  &PC.1
        BR   POLY          →    POLY: :
z.B.    ADD  Z,   AC                  :
                                      UP-Kern
                                      :
                                      :
                                      LD   PC,  LR
```

(2.) *Funktionsaufruf mit Parameterliste.* Wie (1.), jedoch erfolgt der Parametertransport im Unterprogramm.

```
        LD   LR,  &PC.1
        BR   POLY          →    POLY: LD   R1,  *LR.0
        dat  N                        LD   R2,  *LR.1
        dat  &A                       LD   R3,  *LR.2
        dat  X                        :
z.B.    ADD  Z,   AC                  :
                                      UP-Kern
                                      :
                                      :
                                      LD   PC,  &LR.3
```

(3.) *Prozeduraufruf mit Parametersequenz.* Der Parametertransport erfolgt im Hauptprogramm. Der Funktionswert steht nach der Rückkehr ins Hauptprogramm explizit als Ausgangsparameter zur Verfügung, d.h., die *Variable* Y in POLY (N,A,X,Y) hat den Polynomwert. In höheren Programmiersprachen müßte man deshalb z.B. bei einer Weiteraddition CALL POLY(N,A,X,Y); Z:=Z+Y schreiben.

```
        LD   R1,  N
        LD   R2,  &A
        LD   R3,  X
        LD   R4,  &Y
        LD   LR,  &PC.1
        BR   POLY          →    POLY: :
z.B.    ADD  Z,   Y                   :
                                      UP-Kern
                                      :
                                      :
                                      LD   (R4), AC
                                      LD   PC,  LR
```

(4.) *Prozeduraufruf mit Parameterliste.* Wie (3.), jedoch erfolgt der Parametertransport im Unterprogramm.

```
      LD   LR,  &PC.1
      BR   POLY          →   POLY: LD   R1,  *LR.0
      dat  N                       LD   R2,  *LR.1
      dat  &A                      LD   R3,  *LR.2
      dat  X                       LD   R4,  LR.3
      dat  Y                       :
z.B.  ADD  Z,   Y                  :
                                   UP-Kern
                                   :
                                   :
                                   LD   (R4), AC
                                   LD   PC,  &LR.4[1]
```

Bemerkung. Die explizite Rückübergabe des Ergebniswertes erübrigte sich bei (3.) und bei (4.), wenn anstelle des Registers AC im UP-Kern die Speicherzelle mit der Adresse (R4) unmittelbar zum „Rechnen" benutzt würde, allerdings um den Preis zusätzlicher Speicherzugriffe.

Ob der Unterprogrammanschluß mit Parametersequenz oder Parameterliste programmiert wird, ist in erster Linie Geschmacksache. Im Hauptprogramm stellt sich z.B. der Funktionsaufruf von POLY in Y:=POLY(3,A,X) folgendermaßen dar, und zwar mit Parametersequenz (links) sowie mit Parameterliste (rechts) in einer „makrobefehls"-ähnlichen Art:

```
PUSH  #3, &A, X          CALL  POLY
CALL  POLY               #3, &A, X
LD    Y, AC              LD    Y, AC
```

Während beim Aufruf mit Parametersequenz das Ziel des Parametertransports im Hauptprogramm festgelegt sein muß, braucht es beim Aufruf mit Parameterliste dem Hauptprogramm nicht bekannt zu sein (es ist im Unterprogramm „versteckt"). Dafür genügt für den Parameterzugriff beim Aufruf mit Parametersequenz die einfach indirekte Speicheradressierung gegenüber der beim Aufruf mit Parameterliste notwendigen mehrfach indirekten Speicheradressierung. Die meisten Rechnerhersteller unterstützen den im Hinblick auf geschachtelte und rekursive Unterprogrammtechniken wahrscheinlich etwas leichter zu überblickenden Aufruf mit Parametersequenz. Die in Assembler-Code dafür übersichtlichere und systematischere Methode des Aufrufs mit Parameterliste für geschachtelte und rekursive Techniken ist in 3.3.2 beschrieben, und zwar für die dort vorgestellte Erweiterung unseres BasisProzessors zum SymbolProzessor mit seinem SymbolAssembler (S. 251 und S. 254: Prozessor- bzw. Assemblerunterstützung der Parameterbehandlung).

---

1. Man mache sich folgende Entsprechungen klar: **LR**.0 hat dieselbe Wirkung wie (**LR**) und &**LR**.0 dieselbe Wirkung wie **LR**. „Ri.3" wird deshalb auch vielfach in der Form „3(**R**i)" geschrieben.

3.3.2 Parametertransport in den Stack

Neben dem behandelten Unterschied zwischen dem Transport der Parameter im Hauptprogramm (Parametersequenz) bzw. im Unterprogramm (Parameterliste) gibt es eine Reihe weiterer Unterscheidungsmerkmale in der Behandlung der Parameter. Zusammengenommen spannen diese Merkmale eine Art mehrdimensionales Gitter auf, dessen Punkte eine Vielzahl an zum Teil unübersichtlichen Realisierungsmöglichkeiten repräsentieren.

Implementierungsmerkmale für die Parameterbehandlung, auf die wir uns im folgenden beziehen, sind:[1]

1) Darstellung der Parameter
   a) als Sequenz,
   b) als Liste;

2) Ablage der Parameter
   a) in statischen Speicherbereichen,
   b) in dynamischen Speicherbereichen;

3) Ausführung des dynamischen Speichers
   a) als gewöhnlicher Stapelspeicher, d.h. mit Wörtern als den zu stapelnden Einheiten, im folgenden – wie üblich – als Stack bezeichnet,
   b) als Blockstapelspeicher, d.h. mit Blocks als den zu stapelnden Einheiten, im folgenden als Blockstack bezeichnet;

4) Implementierung des dynamischen Speichers
   a) im Registerspeicher,
   b) im Systemspeicher;

5) Ausdehnung des dynamischen Speichers
   a) zu niedrigeren Adressen hin,
   b) zu höheren Adressen hin;

6) Reservierungen im dynamischen Speicher
   a) in konstanten Einheiten, im Zusammenhang mit dem Registerspeicher vielfach als Fenster (windows) bezeichnet,
   b) in variablen Einheiten, im Zusammenhang mit dem Systemspeicher vielfach als Rahmen (frames) bezeichnet.

window

frame

Parametersequenz mit Speicher-Rahmen

Im folgenden ist nur eine einzige, eher abstrakt gehaltene Kombination dieser Merkmale beschrieben, und zwar fallstudienhaft anhand des Beispiels Polynomauswertung in zwei Varianten. Wer sich *nur* für marktübliche Prozessoren interessiert, überfliege diesen und die nächsten beiden Abschnitte und fahre fort mit 3.3.3: Organisationsformen aus der Industrie. Wer sich hingegen auch für die dahinter stehenden Prinzipien interessiert, ist auf diesen Abschnitt angewiesen, da

1. Die Merkmale 1a), 1b) und 2a) sind bereits in 3.3.1 behandelt worden.

er zur Behandlung von Prozessorunterstützung und Assemblerunterstützung für die Unterprogrammtechnik (hier in 3.3.2) sowie zur Behandlung geschachtelter und rekursiver Prozeduraufrufe benötigt wird (in 3.3.4).

Der im folgenden Beispiel 3.2 vorgestellte Aufruf ist gekennzeichnet durch den Parametertransport mittels Parametersequenz im Hauptprogramm, und zwar in einen Blockstackbereich variabler Größe des Systemspeichers (Rahmen), d.h. in unserer Systematik gekennzeichnet durch die Merkmale 1a), 2b), 3b), 4b), 5b), 6b). In beiden Unterprogrammvarianten werden die Parameter in den Blockstack in derselben Weise geschrieben. Dazu wird der Blockstackpointer BP um die Anzahl der Parameter plus 2 für den Befehlszählerstand in PC und die Datenbasisadresse in B des aufrufenden Programms (HP) erhöht und die Datenbasis für das aufgerufene Programm (UP) neu festgelegt (so daß die Parameter unter **B**.0, **B**.1 usw. erreichbar sind). – Die beiden Varianten von POLY unterscheiden sich folgendermaßen:

- In Variante *1* werden die im Unterprogramm benutzten Register auf den Blockstack „gerettet“, um sie mit den Parametern laden zu können, ohne ihre Hauptprogramm-Inhalte „zu zerstören“. Anschließend wird wie in 3.3.1 verfahren, d.h., der dort definierte Unterprogramm-Kern wird ausgeführt.
- In Variante *2* wird auf das Hin- und Hertransportieren der Registerinhalte und Parameter verzichtet und stattdessen gleich speicherindirekt „über den Blockstack“ gearbeitet. Das hat den Vorteil, daß nur ein Minimum an Statusinformation zu retten ist, aber den Nachteil, daß – sofern nicht der Blockstack im Registerspeicher des Prozessors verwirklicht ist – bei *jedem* Zugriff auf die Daten nicht über Register, sondern über den Speicher gearbeitet werden muß; normalerweise benötigt der Zugriff auf den prozessorexternen Speicher mehr Zeit als auf die prozessorinternen Register.

Zunächst sehen wir keine besonderen Befehle und Anweisungen für den Unterprogrammanschluß vor, d.h., wir folgen unserem BasisP. Aufruf und Definition des Unterprogramms POLY nehmen folgende Gestalt an (BP Blockstackpointer, kennzeichnet jeweilig das Ende des Blockstack; B Basisadresse für einen Rahmen: **B**.0, **B**.1, ... entspricht den Adressen 0, 1, ... innerhalb des Rahmens).

Beispiel 3.2. Implementierung der Merkmale 1a), 2b), 3b), 4b), 5b), 6b)

Variante 1:

```
ADD  BP,    #5
LD   BP.-5, &PC.6
LD   BP.-4, B
LD   B,     &BP.-3
LD   B.0,   N
LD   B.1,   &A
LD   B.2,   X
BR   POLY           →     POLY: ADD  BP,   #4
SUB  BP,    #2                  LD   B.3,  R1
                                LD   B.4,  R2
                                LD   B.5,  R3
```

```
        LD  R1,  B.0
        LD  R2,  B.1
        LD  R3,  B.2
        LD  B.6, I
        LD  I,   #0
        LD  AC,  *B.1[I]
L:      ADD I,   #1
        MUL AC,  B.2
        ADD AC,  *B.1[I]
        CMP I,   B.0
        BNE L
        LD  I,   B.6
        LD  R3,  B.5
        LD  R2,  B.4
        LD  R1,  B.3
        LD  BP,  B
        LD  B,   BP.-1
        LD  PC,  BP.-2
```

Variante 2:

```
ADD BP,    #5
LD  BP.-5, &PC.6
LD  BP.-4, B
LD  B,     &BP.-3
LD  B.0,   N
LD  B.1,   &A
LD  B.2,   X
BR  POLY             →     POLY:ADD BP,#1
SUB BP,    #2              LD  B.3, I
                           LD  I,   #0
                           LD  AC,  *B.1[I]
                     L:    ADD I,   #1
                           MUL AC,  B.2
                           ADD AC,  *B.1[I]
                           CMP I,   B.0
                           BNE L
                           LD  I,   B.3
                           LD  BP,  B
                           LD  B,   BP.-1
                           LD  PC,  BP.-2
```

Bild 3-12 zeigt die Wirkung der beiden Programme anhand der jeweiligen Speicherbelegungen. Darin wird das Prinzip des dynamischen Speichers deutlich. Es ist gut zu erkennen, wie Speicherbereiche unterschiedlicher Größe (Rahmen) entstehen, in denen die Information kompakt gespeichert wird. Des weiteren sieht man gut, wie im zweiten Unterprogramm nur der Speicher für die Parameterbehandlung benutzt wird, so daß nur ein Minimum an Statusinformation gerettet zu werden braucht. Es ist angeraten, das Auf und Ab des Füllens und Leerens der Blockstackbereiche als *Aufgabe* zum Verständnis der Programmabläufe selbst durchzuführen. Der den Illustrationen zu Grunde liegende Stand der Programmausführung bezieht sich auf die vollständige Belegung des Blockstack.

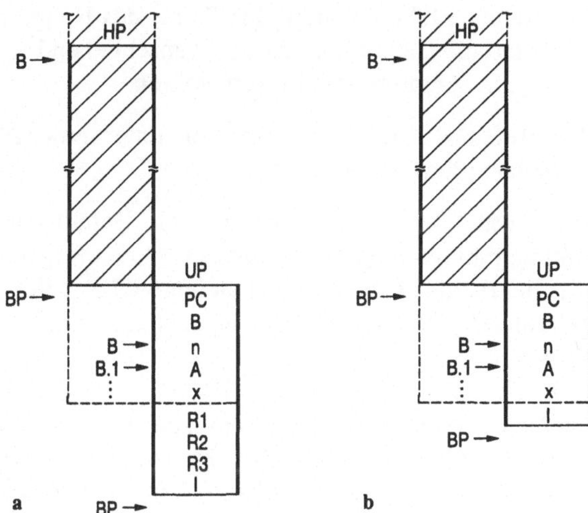

Bild 3-12. Parameterübergabe im dynamischen Speicher mit Blockstackorganisation am Beispiel des Unterprogrammaufrufs von POLY (N,A,X); **a** Parameter auch in den Registern, **b** Parameter nur im Speicher. Die Bilder zeigen die Speicherbelegung „mitten im Unterprogramm".

Aufgabe 3.3. Schreiben Sie den zweiten Unterprogrammanschluß sowie das zugehörige Unterprogramm um, indem Sie so weit wie irgend möglich Autoinkrementierung und Autodekrementierung anstelle der Basisadressierung mit dem Blockstackpointer benutzen.

Bemerkung. Die beschriebene Organisation dient der Vorbereitung auf das Ersetzen der Variablenadressierung mit Nummern (numerische Adressierung) durch die Variablenadressierung mit Namen (symbolische Adressierung, siehe S. 253: Assemblerunterstützung der Parameterbehandlung).

Prozessorunterstützung der Parameterbehandlung

Zur Demonstration höherer Unterprogrammtechniken benutzen wir ein weiteres einfaches Programmbeispiel, nämlich Aufruf und Definition eines Unterprogramms für die Addition von zwei Feldern (Vektoren) X und Y der Länge (Dimension) N mit X, Y als Quellen und Y als Ziel, und zwar in der Form einer Prozedur VADD (N, X, Y).

Der SymbolProzessor. Wir definieren eine Reihe Maschinenbefehle, die den Unterprogrammanschluß unterstützen. Wir beziehen uns auf diese Prozessorerweiterung unter dem Stichwort SymbolProzessor, da dieser – mit Assemblerunterstützung – die Programmierung mit symbolischen Adressen auch innerhalb von Unterprogrammen gestattet.

- CALL. Der Befehl CALL rettet den Status des Hauptprogramms bezüglich des Befehlszählers und der Datenbasis, transportiert die als Liste angegebenen Parameter in den Blockstack und definiert die Datenbasis „neu"; anschließend wird mit der Programmausführung im Unterprogramm fortgefahren.

- RETURN. Der Befehl RETURN stellt den Status des Hauptprogramms wieder her, d.h. definiert die Datenbasis „zurück“; anschließend wird mit der Programmausführung im Hauptprogramm fortgefahren.
- RESERVE. Der Befehl RESERVE reserviert die unter seiner Adresse angegebene Anzahl Speicherplätze im Blockstack.

CLR
INC
VALUE
IFNE

Diese und weitere, von Fall zu Fall einzuführende Befehle unterschiedlicher Adreßanzahl definieren unseren SymbolProzessor; in den folgenden Programmbeispielen mit VADD rechts betrifft das die Befehle CLR, INC, VALUE sowie IFNE, deren Erklärungen sich aus den links angegebenen Entsprechungen unseres BasisP ergeben.

call by value

Beispiel 3.3. Implementierung von CALL mit call by value. Vektoraddition; Merkmale 1a), 2b), 3b), 4b), 5b), 6b); rechts der Maschinencode des SymbolP. Die Unterscheidung zwischen Werten und Adressen erfolgt im Parameterfeld. Dies wirkt sich auf den Transport der Parameter aus und braucht somit im Unterprogramm nicht programmiert zu werden.

```
           :
           ADD  BP,   #5
           LD   BP.-5, &PC.9
           LD   BP.-4, B
           LD   BP.-3, *PC.4
           LD   BP.-2, *PC.4
           LD   BP.-1, *PC.4
           LD   B,    &BP.-3                    :
           BR   VADD                            CALL  VADD,#3
           dat  N                               N, &X, &Y
           dat  &X                              :
           dat  &Y
           SUB  BP,   #2
           :

VADD:ADD   BP,   #1                   VADD:RESERVE #1
     LD    B.3,  I                         LD   B.3,I
     LD    I,    #0                        CLR  I
L:   ADD   *B.1[I],*B.2[I]            L:   ADD  *B.1[I],*B.2[I]
     ADD   I     #1                        INC  I
     CMP   I     B.0                       IFNE I,B.0,GOTO L
     BNE   L                               LD   I,B.3
     LD    I     B.3                       RETURN
     LD    BP,   B
     LD    B,    BP.-1
     LD    PC,   BP.-2
```

Kommentar. *... im linken Programm heißt, daß alle Adreßmodifizierungen der in ... stehenden Adressen ausgeführt werden und mit der so gebildeten effektiven Adresse der Operand geholt wird. In Verbindung mit &... ist das die Adresse ... selbst. Das funktioniert entsprechend, wenn N z.B. durch #10 ersetzt wird. – Wer auf letztere Effektivadreß-Bildung verzichten möchte, ersetze die *Adresse* #10 durch den *Operanden* 10 und lasse in dem zugehörigen Transportbefehl die indirekte Adressierung weg mit der Konsequenz, daß Adreßmodifizierungen in den dat-Anweisungen verboten sind.

Beispiel 3.4. Implementierung von CALL mit call by reference. Vektoraddition; Merkmale 1a), 2b), 3b), 4b), 5b), 6b); rechts der Maschinencode des SymbolP. Die Unterscheidung zwischen Wert und Adresse erfolgt im Unterprogramm und muß somit in diesem programmiert werden.

call by reference

```
       :
       ADD  BP,   #5
       LD   BP.-5, &PC.9
       LD   BP.-4, B
       LD   BP.-3, &*PC.4
       LD   BP.-2, &*PC.4
       LD   BP.-1, &*PC.4
       LD   B,    &BP.-3                 :
       BR   VADD                         CALL  VADD,#3
       dat  N                            N, X, Y
       dat  X                            :
       dat  Y
       SUB  BP,   #2
       :

VADD:  ADD  BP,   #1              VADD:  RESERVE #1
       LD   B.0,  *B.0                   VALUE B.0
       LD   B.3,  I                      LD    B.3,I
       LD   I,    #0                     CLR   I
L:     ADD  *B.1[I],*B.2[I]       L:     ADD   *B.1[I],*B.2[I]
       ADD  I     #1                     INC   I
       CMP  I     B.0                    IFNE  I,B.0,GOTO L
       BNE  L                            LD    I,B.3
       LD   I     B.3                    RETURN
       LD   BP,   B
       LD   B,    BP.-1
       LD   PC,   BP.-2
```

Kommentar. &*... im linken Programm heißt, daß alle Adreßmodifizierungen der in ... stehenden Adresse ausgeführt werden, bevor die so gebildete effektive Adresse ins angegebene Ziel transportiert wird. Das funktioniert entsprechend, wenn N z.B. durch #10 ersetzt wird. – Wer auf letztere Effektivadreß-Bildung wieder verzichten möchte, ersetze die *Adresse* #10 durch den *Operanden* 10 und lasse in dem zugehörigen Transportbefehl die indirekte Adressierung weg mit der Konsequenz, daß Adreßmodifizierungen in den dat-Anweisungen verboten sind.

Assemblerunterstützung der Parameterbehandlung

Die Benutzung dynamischer Speicherbereiche für die Parameter und ggf. lokale Daten wie auch die Benutzung des Registerspeichers zur Verarbeitung der Daten hat zur Folge, daß die im *Hauptprogramm* übliche übersichtliche Programmierungsweise mit symbolischen Adressen im *Unterprogramm* „zu Gunsten" einer eher unübersichtlichen Programmierungsweise mit numerischen Adressen

(Nummern relativ zu einer Basis, Registernummern) aufgegeben wird. Dieser Nachteil läßt sich jedoch durch Einbeziehung zusätzlicher Assembleraktivitäten eliminieren, so daß die Programmierung innerhalb des Unterprogramms genau so wie im Hauptprogramm mit symbolischen Adressen ermöglicht wird. – Es handelt sich hierbei um eine Assemblererweiterung unseres SymbolProzessors; das nachfolgende Beispiel illustriert fallstudienhaft die Methode.

Der SymbolAssembler. Die auf S. 251 beschriebenen Befehle CALL und RESERVE werden nun auch vom Assembler ausgewertet; darüber hinaus führen wir eine Assembleranweisung ein, mit der die Zuordnung der formalen zu den aktuellen Parametern hergestellt wird.

- CALL. Als Befehl/Anweisung erlaubt es CALL, den Aufruf eines Unterprogramms übersichtlich zu gestalten. Dazu werden anstelle der Parameter*anzahl* im Adreßteil von CALL die aktuellen Parameter als Parameter*liste* angegeben, z.B. (#10, X, Y). Der Assembler speichert diese Liste im Anschluß an den Code von CALL und trägt in ihn nur die Anzahl der Listenelemente ein (CALL VADD 3); damit wird CALL in die Lage versetzt, die Parameter in den dynamischen Speicherbereich des Unterprogramms zu transportieren.
- procedure. Als Anweisung trägt procedure als erste „Adresse" den Namen des Unterprogramms und als zweite „Adresse" die Liste der Parameter in der Form symbolischer Adressen (procedure VADD (Dim, Dst, Src)). Der Name des Unterprogramms wird als Adresse der nächsten Programmzeile gewertet, und den Parametern werden der Reihe nach **B**.0, **B**.1, **B**.2,... zugeordnet.
- RESERVE. Als Befehl siehe S. 252. Als Anweisung enthält RESERVE als „Adressen" Symbole, die vom Assembler ausgewertet werden (RESERVE I, Dim): ihnen werden der Reihe nach **B**.i, **B**.i+1, ... zugewiesen. Für *i* wird der letzte Stand eines Zählers genommen, der sich aus der procedure-Anweisung und vorhergehenden RESERVE-Befehlen ergibt, anschließend wird *i* um die Anzahl der Parameter erhöht. Diese Anzahl wird dem Prozessor als Direktoperand zur Verfügung gestellt (RESERVE #2).

Diese Art der Programmierungstechnik in Verbindung mit der Verwendung *modifizierbarer* Adressen als *aktuelle* Parameter beim Unterprogrammaufruf ermöglicht es, auf einfache Weise auch geschachtelte und rekursive Unterprogramme in Assemblercode zu formulieren (zur Anwendung dieser Techniken siehe 3.3.4). Das ist in voller Allgemeinheit nur möglich, wenn die im Speicher stehenden, durch dat explizit als solche deklarierten und dementsprechend indirekt anzusprechenden Adressen denselben Adressierungsarten unterworfen werden dürfen wie die (nur implizit deklarierten und direkt verwendbaren) Adressen in den Befehlen. Dabei muß der Adressierungsgraph wiederholt durchlaufen werden können (Zyklus mit W in Bild 3-11).

Die eingeführten Prozessor- und Assembleraktivitäten dienen zum Programmieren des Unterprogrammanschlusses mit Benutzung symbolischer Adressen beim Programmieren des Unterprogramms selbst. Die Programmierung erfolgt mit un-

Programmieren des Unterprogramms selbst. Die Programmierung erfolgt mit unserem „konkreten" SymbolP bzw. mit dem in 3.4 definierten „abstrakten" MakroP (siehe S. 271).

Beispiel 3.5. Implementierung von CALL mit call by reference. Vektoraddition; Merkmale 1b), 2b), 3b), 4b), 5b), 6b); rechts der Maschinencode des SymbolP bzw. des MakroP.

```
           :                              :
           CALL  VADD, #3                 CALL  VADD (#10, X, Y)
           #10                            :
           X
           Y
           :
                                          procedure VADD (Dim, Dst, Src)
     VADD: RESERVE #1                     RESERVE I
           VALUE Dim                      VALUE Dim
           LD    B.3,  I                  LD    I,     I
           CLR   I                        CLR   I
     L:    ADD   *B.1[I],*B.2[I]     L:   ADD   *Dst[I],*Src[I]
           INC   I                        INC   I
           IFNE  I,Dim,GOTO L             IFNE  I,Dim,GOTO L
           LD    I     B.3                LD    I,     I
           RETURN                         RETURN
```

Kommentare. Die Zuordnung der symbolischen Adressen zu Speicheradressen in der Prozedur erfolgt – bei den Parametern beginnend – der Reihe nach durch Dim=**B**.0, Dst=**B**.1, Src=**B**.2, I=**B**.3.
Erlaubte der Prozessor die Indizierung mit einer Indexzelle im Systemspeicher, z.B. wenn ausschließlich dieser als Arbeitsspeicher diente, so entfielen die beiden Befehle LD I, **I** und LD **I**, I, und **I** wäre im Programm durch I zu ersetzen. Diente andererseits ausschließlich der Registerspeicher als Arbeitsspeicher, so entfielen darüber hinaus der Blockstackpointer und das Basisregister B. Die Adressen wären dann Registernummern mit festen Bedeutungen und Zuordnungen, z.B. Dim=**R**1, Dst=**R**2, Src=**R**3; I=**R**4.

3.3.3 Organisationsformen aus der Industrie

Um den Unterprogrammanschluß nicht mit sehr elementaren Befehlen programmieren zu müssen, sehen praktisch alle Rechnerhersteller in ihren Prozessoren spezielle Maschinenbefehle für den Unterprogrammanschluß vor. Sie unterstützen den Aufruf eines Unterprogramms, ggf. den Parametertransport sowie die Rückkehr ins Hauptprogramm in unterschiedlicher Weise und Komplexität. Zur Abwicklung der dabei auftretenden „gegenläufigen" Vorgänge gibt es in den einzelnen Prozessoren verschiedene Befehls„paare".

Im folgenden ist den herstellerüblichen Befehlspaaren zur Unterstützung der Unterprogrammtechnik jeweils die programmiersprachliche Ausdrucksweise in der Form unseres BasisP gegenübergestellt, präsentiert wieder fallstudienartig anhand des Programmbeispiels VADD (N, X, Y). Diese Gegenüberstellungen lassen sich auf drei Arten interpretieren, auf die geachtet werden sollte.

Die als zusammengefaßt gekennzeichneten Befehlsfolgen in den *links* stehenden Programmen können interpretiert werden:

1. als extrem vertikale *Mikro*programme, d.h. als seriell auszuführende Operationen entsprechender CISC-*Maschinen*befehle *rechts*. Das entspräche einer „totalen" *Firmware*-Realisierung der Befehlspaare, in wirklichen CISC-Implementierungen natürlich vertikal oder horizontal mikroprogrammiert.
2. als extrem horizontale *Mikro*programme, d.h. als parallel in einem Taktschritt auszuführende Operationen entsprechender RISC-*Maschinen*befehle *rechts*. Das entspräche einer „totalen" *Hardware*-Realisierung der Befehlspaare, in wirklichen RISCs natürlich nur sehr eingeschränkt implementierbar.
3. als gewöhnliche *Maschinen*programme, d.h. als seriell auszuführende Operationen entsprechender *Makro*befehle *rechts*. Das entspräche einer „totalen" *Software*-Realisierung der Befehlspaare, wobei typische CISCs wohl, typische RISCs jedoch nicht über so komplexe Adressierungsarten verfügen. Einen solcherart „gebauten" Rechner könnte man als Virtual Instruction Set Computer (VISC) bezeichnen.

Beim Studium der rechten Programme lasse man sich nicht von der Vielfalt an Ausdrucksweisen abschrecken. Die einzelnen Befehle dieser Programme sind zwar bis auf Ausnahmen nicht explizit erklärt; sie lassen sich aber ausnahmslos durch die links angegebenen entsprechenden Befehle bzw. Befehlsfolgen (implizit) erklären. Dabei beachte man, daß in den 2-Adreß-Befehlen der linken Programme die Zieladresse als erste, hingegen in denen der rechten Programme mit Ausnahme des Pentium die Zieladresse als zweite Adresse erscheint. – Die Programme sind nach dem Erscheinungsdatum ihrer Prozessoren geordnet. Der Zweck der Gegenüberstellung ist die Darstellung von Gemeinsamkeiten der so verschieden aussehenden Programme.

Digital Equipment

Unterprogrammtechnik bei den PDP-11-Prozessoren

Die PDP-11-Prozessoren von Digital Equipment (zur Prozessor-Hardware siehe 2.4.3, S. 170) verfügen über das Befehlspaar JSR/RTS (Jump to Subroutine/Return from Subroutine). Es dient zum Retten und Wiederladen des PC in ein Link-Register (R5), das gleichzeitig als Basisregister bzw. Argumentpointer verwendet werden kann.

Implementierung 1. Merkmale 1a), 2a) mit Abspeichern des PC im Stack; rechts der Maschinencode der PDP-11-Prozessoren.

```
:
LD   R2,    N                          :
LD   R3,    &X                         MOV  N,R2
LD   R4,    &Y                         MOV  #X,R3
LD   -(SP), &PC.1 ───╲                 MOV  #Y,R4
BR   VADD         ────╲─────────       JSR  PC,VADD
:                                      :
```

```
VADD: LD   R2,  *(R5)+           VADD: MOV  @(R5)+,R2
      LD   R3,  (R5)+                  MOV  (R5)+,R3
      LD   R4,  (R5)+                  MOV  (R5)+,R4
L:    ADD  (R3)+,(R4)+           L:    ADD  (R4)+,(R3)+
      SUB  R2,  #1                     DEC  R2
      BGT  L                           BGT  L
      LD   PC,  (SP)+  ——————————      RTS  PC
```

Implementierung 2. Merkmale 1b), 2a) mit Abspeichern des LR im Stack; rechts der Maschinencode der PDP-11-Prozessoren.

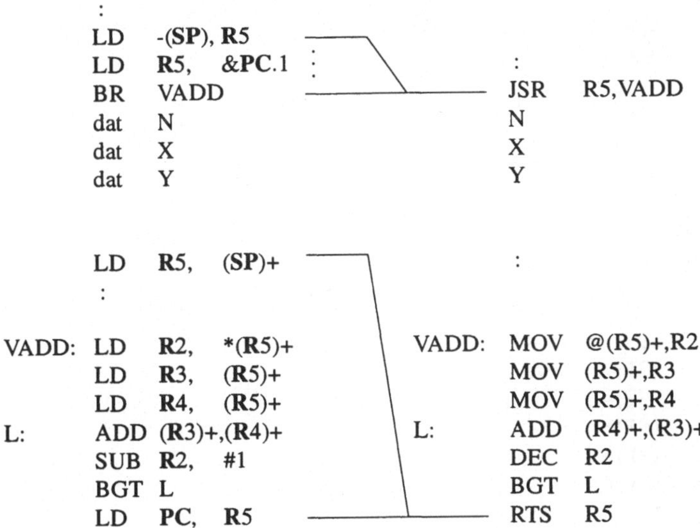

```
      :
      LD   -(SP), R5
      LD   R5,  &PC.1                  :
      BR   VADD        ——————————      JSR  R5,VADD
      dat  N                           N
      dat  X                           X
      dat  Y                           Y

      LD   R5,  (SP)+                  :
      :

VADD: LD   R2,  *(R5)+           VADD: MOV  @(R5)+,R2
      LD   R3,  (R5)+                  MOV  (R5)+,R3
      LD   R4,  (R5)+                  MOV  (R5)+,R4
L:    ADD  (R3)+,(R4)+           L:    ADD  (R4)+,(R3)+
      SUB  R2,  #1                     DEC  R2
      BGT  L                           BGT  L
      LD   PC,  R5     ——————————      RTS  R5
```

Kommentar zu den PDP-11-Prozessoren. Der Unterprogrammanschluß der PDP-11-Prozessoren leidet unter der geringen Registeranzahl, ist aber sehr flexibel: Zum Beispiel ist es möglich, die Parameter mit der Aufrufsequenz in den Stack zu bringen und mit ihnen statt registerindirekt gleich speicherindirekt über den Stack zu arbeiten. Oder man verzichtet ganz auf den Parametertransport und arbeitet gleich speicherindirekt über die Parameterliste, d.h. direkt über die ja ohnehin schon im Speicher stehenden Parameter. In beiden Fällen kann aber nicht mehr mit *Auto*-Inkrementierung gearbeitet werden, stattdessen muß die Inkrementierung programmiert werden oder auf die Indizierung zurückgegriffen werden.

Aufgabe 3.4. Schreiben Sie zwei Unterprogramme für die beiden im Kommentar genannten Fälle zusammen mit ihren Aufrufen. Dem Vorteil, auf Register verzichten zu können, steht ein Nachteil gegenüber, welcher?

Unterprogrammtechnik bei den VAX-Prozessoren

Digital Equipment

Die VAX-Prozessoren von Digital Equipment (das sind die „größeren Brüder" der PDP-11-Prozessoren) verfügen über das Befehlspaar CALLS/RET (Call Procedure with Stack Argument List/Return). Dieses Befehlspaar umfaßt den kompletten Anschluß von Unterprogrammen mit Parametersequenz im Stil höherer

Progammiersprachen, wie Fortran. Es dient neben dem Retten und Wiederladen des PC auch zum Retten und Wiederladen wählbarer Register auf den Stack sowie dem Setzen eines Argumentpointers (AP) und eines Framepointers (FP).

Implementierung. Merkmale 1a), 2b), 3a), 4b), 5a), 6a); rechts der Maschinencode der VAX-Prozessoren.

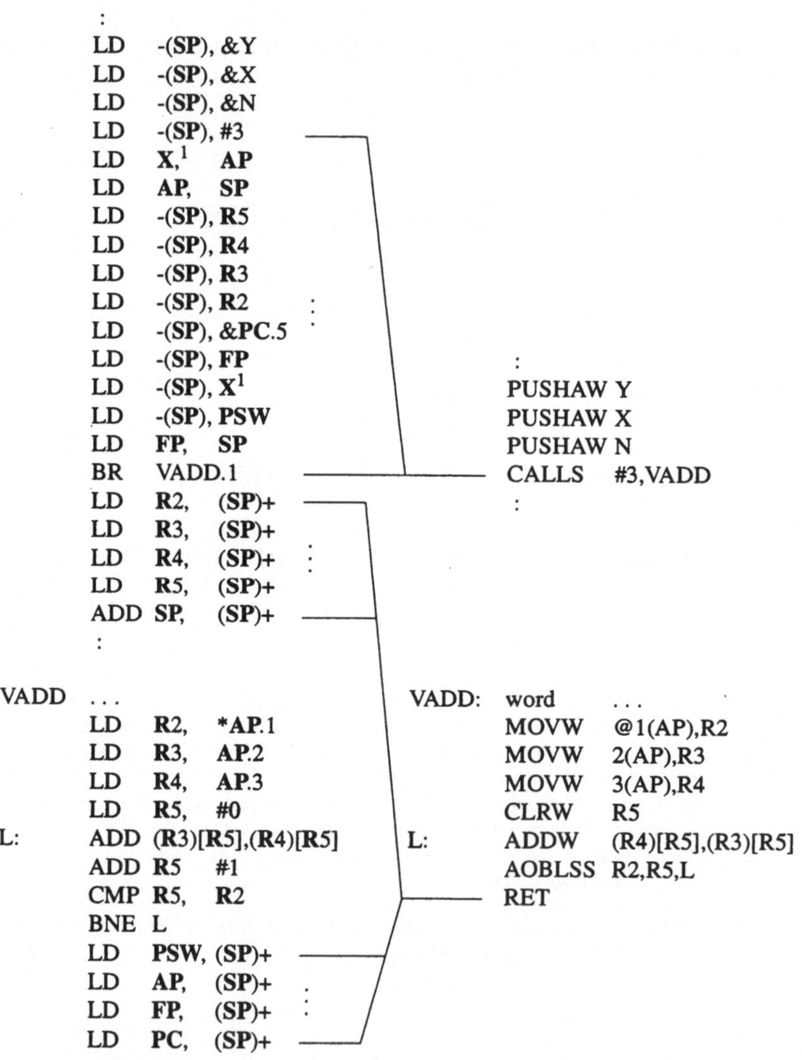

Kommentare zu den VAX-Prozessoren. Unter der Adresse VADD sind (vor dem ersten Maschinenbefehl) diejenigen Registerpositionen als gesetzte Bits gespeichert, deren Inhalte vom CALL-Befehl auf den Stack gerettet werden.

1. ein „x“-beliebiges prozessorinternes Register, in der VAX-Realisierung nur dem Mikroprogrammierer zugänglich und natürlich nicht extrem vertikal eingesetzt.

Neben dieser hier gezeigten Art der Parameterbehandlung durch Parametersequenz mit dem CALLS-Befehl erlauben die VAX-Prozessoren auch die Parameterbehandlung durch Parameterliste mit dem CALLG-Befehl (Call Procedure with General Argument List).
Das Unterprogramm kann auch mit der Autoinkrementierung anstelle der Indizierung geschrieben werden; dadurch kann einerseits das Retten und Wiederladen von R5 entfallen, andererseits kann aber der AOBLSS-Befehl (Add One and Branch Less Than) nicht benutzt werden.

Unterprogrammtechnik bei den MC680x0-Prozessoren

Motorola

Die MC680x0-Prozessoren von Motorola (zur Prozessor-Hardware siehe 2.4.4, S. 173) verfügen über das Befehlspaar BSR/RTS (Branch to Subroutine/Return from Subroutine) zum Retten und Wiederladen des PC auf den Stack sowie über das Befehlspaar LINK/UNLK (Link and Allocate/Unlink). LINK dient zum Reservieren von lokalem Speicherplatz auf dem Stack, verbunden mit dem Retten und Neusetzen eines Framepointers; UNLK stellt den ursprünglichen Status wieder her. – Der Befehl MOVEM (move multiple) ist ein Befehl zum Transport von Feldern und wird vorteilhaft zum Parametertransport eingesetzt.

Implementierung. Merkmale 1a), 2b), 3a), 4b), 5a), 6a) mit Benutzung von MOVEM für den Parametertransport; rechts der Maschinencode der MC68020-Prozessoren.

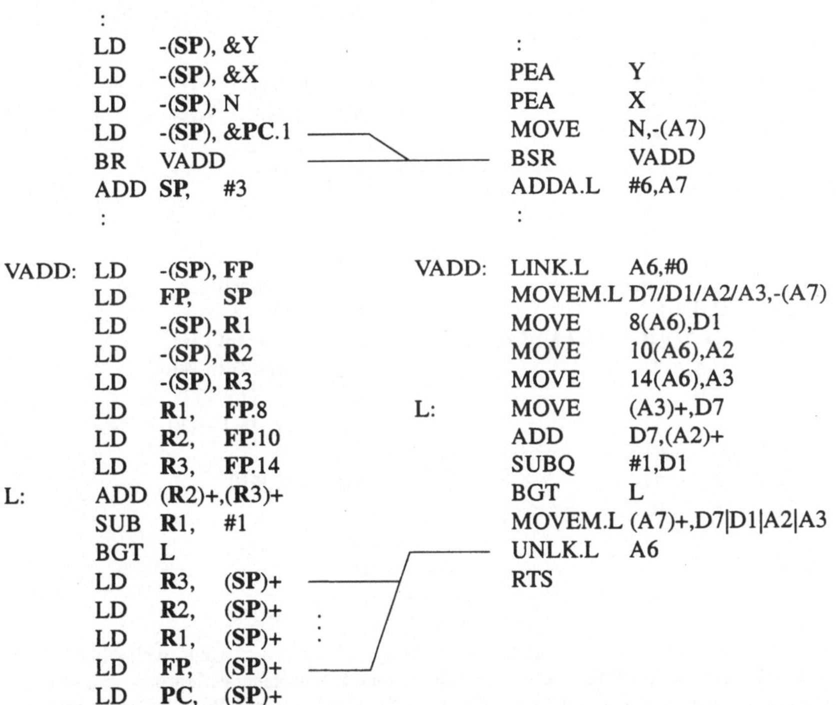

Kommentare zum MC68020-Prozessor. Die Motorola-Prozessoren besitzen 8 Daten- und 8 Adreßregister. Autoinkrementierung und Autodekrementierung sind nur mit den Adreßregistern möglich. Diese werden geladen mit dem LEA-Befehl (Load Effective Address). Ohne ihn wäre

es nicht möglich, Adressen per Software zu modifizieren. LEA übernimmt die Funktion von & aus unserem BasisP, allerdings nur in Verbindung mit dem Transportbefehl MOVE.
Die Prozessoren besitzen nur einen einzigen Speicher-/Speicher-Befehl (MOVE). Deshalb benötigt die Speicher-/Speicheraddition im obigen Programm zwei Befehle.

Sun Microsystems

Unterprogrammtechnik bei den SPARC-Prozessoren

Die SPARC-Prozessoren von Sun Microsystems (zur Prozessor-Hardware siehe 2.4.5, S. 176) verfügen über das Befehlspaar call/ret bzw. jmpl (Call and Link Instruction/Return bzw. Jump and Link Instruction) zum Retten/Wiederladen des PC sowie über das Befehlspaar save/restore (Save-Caller's-Window/Restore-Caller's-Window). Dieses Befehlspaar dient zum Umschalten der Register-Fenster, hier in unserem BasisP ausgedrückt durch Basisadressierung mit dem *Register*speicher des Prozessors. R bezeichnet ein spezielles Register, das in diesem Fall eine auf den *Register*speicher weisende Basisadresse enthält (current window pointer). Die davon ausgehenden Distanzen beziehen sich dementsprechend auf den *Register*speicher und sind deshalb *fett* gedruckt.

Implementierung. Merkmale 1a), 2b), 3b), 4a), 5a), 6a) mit einer Fenstergröße von 24, davon 8 überlappend; rechts der Maschinencode des SPARC.

```
        :
        LD   R.0,  &N                       :
        LD   R.1,  &X                       set  N,%o0
        LD   R.2,  &Y                       set  X,%o1
        LD   R.7,  &PC.1                    set  Y,%o2
        BR   VADD        ------------------ call VADD
        :                                   :

VADD:   SUB  R,    #16   ---------- VADD:   save
        LD   R.16, (R.16)                   ld   [%i0],%i0
        LD   R.8,  #0                       clr  %l0
L:      ADD  (R.17)[R.8],(R.18)[R.8]  L:    ld   [%i1+%l0],%l7
        ADD  R.8,  #1                       ld   [%i2+%l0],%l6
        CMP  R.8,  R.16                     add  %l7,%l6,%l7
        BNE  L                              st   %l7,[%i1+%l0]
        ADD  R,    #16   ----\              inc  %l0
        ADD  R.7,  #1    ----\\             cmp  %l0,%i0
        LD   PC,   R.7   ----\\\            bne  L
                              \\\           nop
                               \\\--------- ret
                                \---------- restore
```

Kommentare. Die verwendeten Befehle des SPARC-Prozessors sind weitgehend sog. Pseudobefehle, die in dieser Form nicht unmittelbar von der Maschine ausführbar sind. Der Assembler generiert daraus die wirklichen Befehle im Standard-3-Adreß-Befehlsformat, wobei – von Ausnahmen abgesehen – ein Pseudobefehl genau einem Maschinenbefehl entspricht; z. B. erzeugt der Prozessor aus dem Pseudobefehl clr %l0 den Maschinenbefehl or %g0,%g0,%l0 (das globale Register g0 enthält immer die Konstante 0; zur Bezeichnung der Register beim SPARC-Prozessor siehe 2.4.5, insbesondere Bild 2-34).

Die Befehle ret und restore sind wegen der Fließbandverarbeitung im SPARC-Prozessor gegenüber einer rein sequentiellen Befehlsabarbeitung vertauscht. Auf diese Weise ist der sonst nach ret notwendige nop-Befehl entbehrlich (restore steht im Delay-Slot, siehe 2.4.5).

Unterprogrammtechnik bei den Pentium-Prozessoren

Intel

Die Pentium-Prozessoren von Intel verfügen über das Befehlspaar CALL/RET (Call Procedure/Return from Procedure) zum Retten und Wiederladen des PC auf den Stack.

Implementierung. Merkmale 1a), 2b), 3a), 4b), 5a), 6a); rechts der Maschinencode der Pentium-Prozessoren.

```
       :
       LD   -(SP), &N                     :
       LD   -(SP), &X                     PEA    DWORT PTR (N)
       LD   -(SP), &Y                     PEA    DWORT PTR (X)
       LD   -(SP), &PC.1                  PEA    DWORT PTR (Y)
       BR   VADD                          CALL   VADD
       ADD  SP,   #3                      ADD    ESP,12
       :                                  :

VADD:  LD   -(SP), BP             VADD:   PUSH   EBP
       LD   BP,   SP                      MOV    EBP,ESP
       LD   A,    BP.16                   MOV    EAX, [EBP+16]
       LD   C,    *A                      MOV    ECX, [EAX]
       LD   S,    BP.12                   MOV    ESI, [EBP+12]
       LD   D,    BP.8                    MOV    EDI, [EBP+8]
L:     LD   A,    *S                      CLD
       ADD  S,    #4              L:      LODSD
       ADD  A,    *D                      ADD    EAX,[EDI]
       LD   *D,   A                       STOSD
       ADD  D,    #4                      LOOP   L
       SUB  C,    #1                      MOV    ESP,EBP
       BNE  L                             POP    EBP
       LD   BP,   (BP)+                   RET
       LD   PC,   (SP)+
```

Kommentare. Die Pentium-Prozessoren verfügen über 8 allgemeine 32-Bit-Arbeitsregister, und zwar EAX (Extra Akkumulator Register), EBX (Extra Base Register), ECX (Extra Count Register), EDX (Extra Data Register), ESI (Extra Source Index), EDI (Extra Destination Index), EBP (Extra Base Pointer) und ESP (Extra Stack Pointer). Die ungewöhnliche Namensgebung ist historisch begründet: Der in den 70er Jahren eingeführte Intel 8086 verfügte zunächst über 16-Bit-Arbeitsregister mit jeweils speziellen Aufgaben: AX Akkumulator, BX Base-Register für die indirekte Adressierung, CX Count-Register für Zählaufgaben usw. Mit dem i386 wurde die Prozessorarchitektur auf 32 Bits erweitert. So wurde aus AX EAX, aus BX EBX usw.
Der Zugriff auf die 16-Bit-Arbeitsregister ist aus Kompatibilitätsgründen bis heute möglich, wobei jeweils nur der untere Teil des entsprechenden 32-Bit-Registers angesprochen wird. Weiterhin besitzen die Arbeitsregister noch ihre Spezialfunktionen. Allerdings sind die meisten Befehle mittlerweile auf allen Registern gleichermaßen ausführbar.
Der Befehl CLD (Clear Direction Flag) wirkt auf die Stringbefehle LODSD und STOSD, indem bei deren Ausführung die Adressen ESI und EDI implizit inkrementiert werden.

3.3.4 Geschachtelte und rekursive Unterprogrammaufrufe

Zur Demonstration des *geschachtelten* Aufrufs von Unterprogrammen, d.h. des Aufrufs eines Unterprogramms innerhalb eines *anderen* Unterprogramms, sowie zur Demonstration des *rekursiven* Aufrufs von Unterprogrammen, d.h. des Aufrufs eines Unterprogramms innerhalb *desselben* Unterprogramms, benutzen wir zwei einfache Aufgabenstellungen, die in dieser Weise zu programmieren zwar systematisch, aber ineffizient ist.

Beim ersten Beispiel handelt es sich um die Zurückführung der ***Matrixaddition*** von zwei zweidimensionalen Integerfeldern mit den symbolischen Adressen Dst (destination) und Src (source) sowie Dim (dimension) – Unterprogramm MADD (Dim, Dst, Src) – auf die ***Vektoraddition*** korrespondierender Matrixzeilen mit den symbolischen Adressen Dst[I] und Src[I] sowie Dim – Unterprogramm VADD (Dim, Dst[I], Src[I]) – und weiter auf die ***Skalaraddition*** korrespondierender Vektorkomponenten mit den symbolischen Adressen Dst[I] und Src[I] – Befehl ADD Dst[I], Src[I] bzw. ADD *Dst[**I**], *Src[**I**] im Programm auf der nächsten Seite. Die Ineffizienz dieses Verfahrens liegt darin, daß die Schachtelung eigentlich nicht nötig ist, da z.B. zwei Matrizen X und Y der Dimension n bei Hintereinanderspeicherung ihrer Zeilen effizienter wie Vektoren der Dimension $m=n^2$ behandelt werden können.

Beim zweiten Beispiel handelt es sich um die Zurückführung der ***Summation*** der natürlichen Zahlen bis einschließlich n – Funktion SUM (N) – auf die Addition von n und die ***Summation*** der natürlichen Zahlen bis $m=n-1$ – Funktion SUM (M) –, und zwar so lange, bis bei $m<1$ das bekannte Ergebnis 0 entsteht – Befehl LD AC, #0 bzw. CLR **AC** auf S. 265. Die Ineffizienz dieses Verfahrens rührt daher, daß die Rekursion eigentlich unnötig ist, da die Summation effizienter durch Akkumulation eines sich fortwährend vergrößernden Index gewonnen werden kann (oder gleich mit Hilfe der Summenformel $n(n+1)/2$).

Geschachtelter Aufruf von Unterprogrammen

Das Programm *über* dem Unterprogramm kann selbst Unterprogramm sein, dieses kann wiederum Unterprogramm sein und so fort, bis als Programm *über allen* Unterprogrammen das Hauptprogramm erreicht ist. Auf diese Weise entsteht eine hierarchisch gegliederte Aufruffolge, die als Baum dargestellt werden kann mit dem Hauptprogramm als Wurzel und den aufruflosen Unterprogrammen als Blättern.

Der geschachtelte Aufruf von Unterprogrammen ist unproblematisch, wenn die Parameter in den Unterprogrammen genau so wie die Adressen in den Befehlen behandelt werden können, d.h., wenn mit den Parametern in den Unterprogrammaufrufen dieselben Adreßmodifizierungen wie mit den Adressen bei den Befehlsausführungen durchführbar sind; man vergleiche dazu den Unterprogrammaufruf CALL VADD innerhalb von MADD mit dem Befehls„aufruf" ADD innerhalb von VADD im folgenden Programmbeispiel. – Zur Programmierung benutzen wir hier wie in den folgenden Beispielen unseren in 3.3.2 vorgestellten SymbolP, da bei handelsüblichen Prozessoren nicht alle hier benötigten Adressierungsarten möglich sind. So sind z.B. Direktoperanden oder Registeroperanden als Parameter beim Unterprogrammaufruf üblicherweise nicht zugelassen; hier aber wohl. Bild 3-13 auf der nächsten Seite zeigt die entstehende Speicherbelegung für den

Beispielaufruf mit CALL in der Form call by reference:

```
:
CALL  MADD (#10, X, Y)
:
```

Unterprogramm Matrixaddition mit Befehlen unterschiedlicher Adreßanzahl und sich selbst erklärender Bedeutung.

```
        procedure MADD (Dim, Dst, Src)
        RESERVE I, Dimq
        VALUE Dim
        LD    I, I
        MUL  Dimq, Dim, Dim
        CLR  I
L:      CALL VADD (Dim, *Dst[I], *Src[I])
        ADD  I, Dim
        IFNE I, Dimq, GOTO L
        LD    I, I
        RETURN
```

Unterprogramm Vektoraddition mit Befehlen sich selbst erklärender Bedeutung.

```
        procedure VADD (Dim, Dst, Src)
        RESERVE I
        VALUE Dim
        LD    I, I
        CLR  I
L:      ADD  *Dst[I], *Src[I]
        INC  I,
        IFNE I, Dim, GOTO L
        LD    I, I
        RETURN
```

Wie in 3.3.2 entfiele das Speichern und Laden des Indexregisters, wenn entweder ausschließlich der Registerspeicher oder ausschließlich der Systemspeicher Arbeitsspeicher wäre.

Rekursiver Aufruf von Unterprogrammen

Das Programm *über* dem Unterprogramm kann dieses Unterprogramm selbst sein, oder es kann ein anderes Unterprogramm sein, *über dem* dieses Unterprogramm irgendwo in der Schachtelung selbst wieder erscheint. Diese Aufruffolge von Unterprogrammen kann durch einen Graphen dargestellt werden, der an mindestens einer Stelle einen Zyklus enthält.

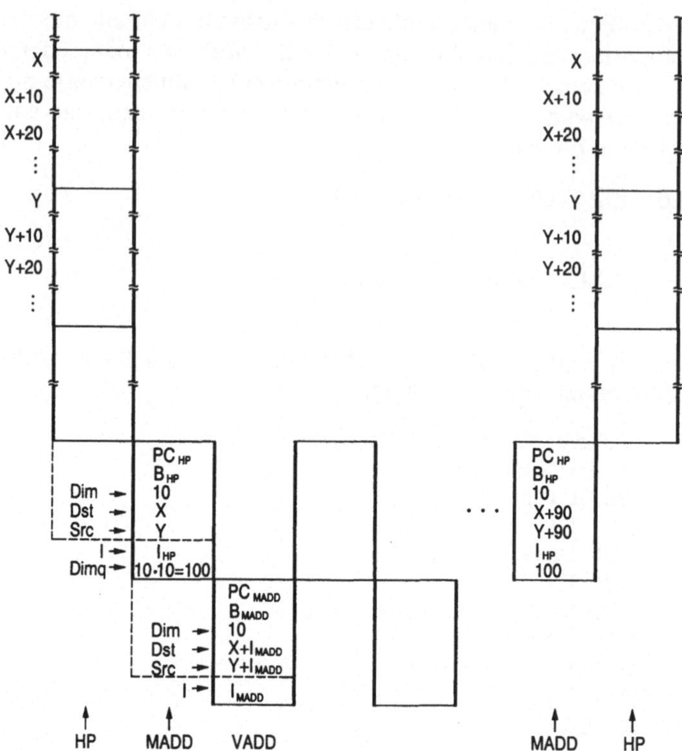

Bild 3-13. Auf- und Abbau des dynamischen Speichers beim Unterprogrammaufruf CALL MADD (#10, X, Y).

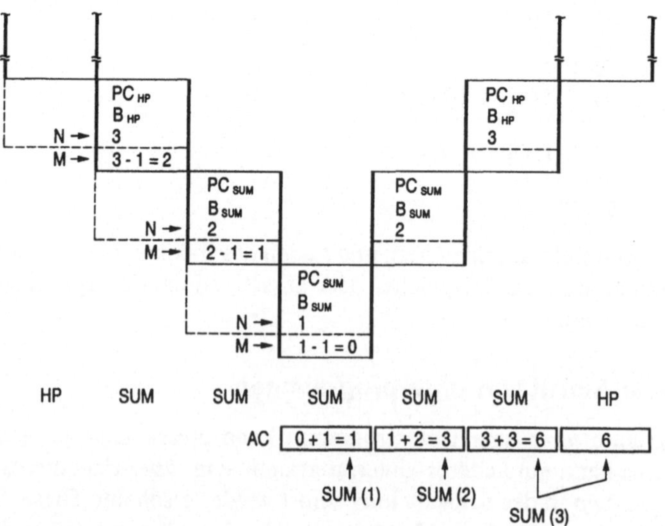

Bild 3-14. Auf- und Abbau des dynamischen Speichers beim Unterprogrammaufruf CALL SUM (#3).

Der rekursive Aufruf von Unterprogrammen ist nur dann unproblematisch, wenn neben der bei der Schachtelung notwendigen Eigenschaft der unbeschränkten Modifizierbarkeit der Parameter ein im Idealfall unbegrenzter dynamischer Speicher zur Verfügung steht. Dieser muß nämlich in der Lage sein, genügend Speicherplatz für die bei jedem Wiederaufruf notwendige Erneuerung des Datenbereichs des Unterprogramms zur Verfügung zu stellen; man betrachte die n-malige Platzreservierung beim Aufruf von SUM (N) im folgenden Programmbeispiel. Bild 3-14 auf der linken Seite zeigt die dabei entstehende Speicherbelegung für den

Beispielaufruf mit CALL in der Form call by reference:

```
      :
      CALL  SUM (#3)
      :
```

Unterprogramm Summation mit Befehlen unterschiedlicher Adreßanzahl (links) und ihren höherprogrammiersprachlichen Erklärungen (rechts).

```
      procedure SUM (N)              func SUM (n)
      RESERVE M                      m := n-1;
      VALUE N                        if m > 0
      SUB    M, N, #1                   then SUM := SUM (m)
      IFGR   M, #0, ELSE L1             else SUM := 0;
      CALL   SUM (M)                 SUM := SUM+n;
      GOTO   L2
L1:   CLR    AC
L2:   ADD    AC, N
      RETURN
```

Ein nichttriviales Beispiel für Rekursion

Die Ackermannsche Funktion ist eine aus der mathematischen Logik stammende Funktion, die gelegentlich als Test für die Leistungsfähigkeit von Unterprogrammaufrufen beim Vergleich verschiedener Prozessoren herangezogen wird. Sie wächst schon für kleine natürliche Zahlen sehr stark, so daß bereits bei kleinen Parameterwerten eine sehr große Anzahl an Unterprogrammaufrufen entsteht. Die Funktion ist eine geschachtelte rekursive Funktion, d.h., als Argument eines rekursiven Aufrufs steht wiederum ein rekursiver Aufruf. Sie ist folgendermaßen definiert:

$$\text{ack}(m, n) = \begin{cases} n+1, & \text{falls } m = 0 \\ \text{ack}(m-1, 1), & \text{falls } n = 0 \\ \text{ack}(m-1, \text{ack}(m, n-1)) & \text{sonst} \end{cases}$$

Unterprogramm Ackermannsche Funktion mit Befehlen unterschiedlicher Adreßanzahl (links) und ihren höherprogrammiersprachlichen Erklärungen (rechts).

```
      procedure ACK(M, N)             func ACK (m, n)
      RESERVE MM, NM,                 if m=0
      VALUE M, N                         then ACK := n+1
      IFEQ  M, #0, ELSE L1               else mm := m-1;
      ADD   AC, N, #1                       if n=0
      GOTO L3                               then ACK := ACK (mm, 1)
L1:   SUB   MM, M, #1                       else nm := n-1;
      IFEQ  N, #0, ELSE L2                       ACK := ACK (m, nm);
      CALL  ACK (MM, #1)                         ACK := ACK (mm, ACK);
      GOTO L3
L2:   SUB   NM, N, #1
      CALL  ACK (M, NM)
      CALL  ACK (MM, AC)
L3:   RETURN
```

3.4 Makrobefehle

3.4.1 Elementare Makroersetzungstechniken

Wie bereits in 3.1.2 kurz beschrieben, gibt es Anweisungen an den Assembler, die natürliche Reihenfolge im Assembliervorgang – eine Zeile nach der anderen – zu verlassen, d.h. den Lokationszählerstand zu verändern und somit zu einer anderen als der nächsten Zeile zu springen. Die Ähnlichkeit der Begriffe Befehlszähler PC und Lokationszähler LC ist offensichtlich: Was für den Prozessor beim Unterprogrammaufruf der PC, das ist für den Assembler bei der Makroersetzung der LC. Die folgende Gegenüberstellung einer *Funktion* und eines *Makros* für das Programmbeispiel POLY verdeutlicht diese Analogie.

Was versteht man nun unter einem Makrobefehl? Allgemein ist ein Makrobefehl eine „Zeile" Assemblercode, der wie ein Maschinenbefehl einen Operationscode (Makroname) und Adressen (Parameter) hat. Während ein *Maschinen*befehl vom Prozessor unmittelbar durch eine Reihe von *Mikro*befehlen „interpretiert" wird, wird ein *Makro*befehl vom Assembler vorbereitend in eine Reihe von *Maschinen*befehlen „übersetzt".

Beispiel 3.6. Unterprogrammaufruf gegenüber Makroersetzung. Links Aufruf und Definition von POLY für den Prozessor (Unterprogramm); rechts desgleichen für den Assembler (Makrobefehl), jedoch hier noch „elementar", d.h. ohne spezielle Hilfsmittel für Makrotechnik.

```
:                            :
LD   R1,  #3           P1    set   #3
LD   R2,  &A           P2    set   A
LD   R3,  &X           P3    set   X
LD   LR,  &PC.1        LR    set   LC+2
BR   POLY                    go    POLY
:                            :
```

POLY:	LD	**I**,	#0	POLY:	LD	**I**,	#0
	LD	**AC**,	(**R**2)[**I**]		LD	**AC**,	P2[**I**]
L:	ADD	**I**,	#1	L:	ADD	**I**,	#1
	MUL	**AC**,	(**R**3)		MUL	**AC**,	P3
	ADD	**AC**,	(**R**2)[**I**]		ADD	**AC**,	P2[**I**]
	CMP	**I**,	(**R**1)		CMP	**I**,	P1
	BNE	L			BNE	L	
	LD	**PC**,	**LR**	LC	set	LR	

Der Assembler ist ein symbolverarbeitendes Programm, und es existieren für die Ausgestaltung einer Programmzeile mehr Freiheitsgrade, als es die Maschinenbefehle eines Prozessors erlauben. So erklärt sich die Möglichkeit, einen Makroaufruf wie einen Maschinenbefehl niederzuschreiben und für seine Adressen eine beliebige Anzahl an Parametern zuzulassen; und wenn es erforderlich ist, können die Parameter auch Listen (und Listen von Listen) sein.

Ähnlich wie in 3.3.3 die einfachen „LD-Befehlsfolgen" des Unterprogrammaufrufs zu komplexeren Befehlen für den Unterprogrammanschluß zusammengefaßt worden sind, werden hier die einfachen „set-Anweisungsfolgen" zu komplexeren Anweisungen bzw. Assembleraktivitäten für die Makroersetzung zusammengesetzt. Das geschieht in der Weise, daß der Makrobefehl – ein im wörtlichen Sinn abstrakter Maschinenbefehl – wie ein konkreter Maschinenbefehl niedergeschrieben wird und vom Makroassembler durch den zwischen den Anweisungen „macro" und „endmc" stehenden Programmtext ersetzt wird. Dabei werden die in der macro-Anweisung definierten formalen Parameter durch deren aktuelle Äquivalente ersetzt.

macro
endmc

Diese Art der Parameterübergabe wird bei höheren Programmiersprachen als Namensübergabe (call by name) bezeichnet. Dabei werden zuerst die symbolischen Adressen durch die aktuellen symbolischen Adressen ersetzt und später die symbolischen Adressen durch numerische Adressen ersetzt. Es handelt sich also hierbei um eine reine Substitution von Zeichenfolgen, d.h. von Symbolen (Namen). – Wenn bei der Parameterübernahme ein Parameter nicht einen Namen, sondern einen Wert darstellt, handelt es sich um Wertübernahme (call by value). Zur optimalen Erzeugung von Befehlscode im Hinblick auf möglichst wenig Speicherplatz läßt sich Wertübernahme besonders gut einsetzen, da die optimale Codeerzeugung, z.B. die Generierung von mehr oder weniger Befehlen, dann in Abhängigkeit von einem solchen Wert vorgenommen werden kann.

call by name

Symbolische Operationscodes, die keine Makrodefinitionen haben, werden nicht im Makroersetzungsmodus, sondern erst in der auf die Makroersetzungsphase folgenden Assemblierphase abgearbeitet. Diese Reihenfolge in der Interpretation der Operationscodes erlaubt es, den Code der Standardbefehle als Makrobefehle mit veränderter Funktion zu benutzen.

Man spricht im Zusammenhang mit der Makroersetzung oft von Makroexpansion, des weiteren von offenen Unterprogrammen und In-line-Code, im Gegensatz dazu beim Unterprogrammaufruf von geschlossenen Unterprogrammen; der Begriff Off-line-Code ist hingegen nicht gebräuchlich.

offenes / geschlossenes Unterprogramm

Beispiel 3.7. Makroexpansion. Darstellung von POLY als Makrobefehl (links) und als assembliertes Programm in symbolischer Form (rechts), jedoch rechts nun „elegant“ niedergeschrieben, d.h. mit speziellen Hilfsmitteln für die Makrotechnik.

```
        :
        POLY  #3, A, X
        :

POLY    macro P1, P2, P3
        LD    I,    #0                LD    I,    #0
        LD    AC,   P2[I]             LD    AC,   A[I]
L:      ADD   I,    #1          L:    ADD   I,    #1
        MUL   AC,   P3                MUL   AC,   X
        ADD   AC,   P2[I]             ADD   AC,   A[I]
        CMP   I,    P1                CMP   I,    #3
        BNE   L                       BNE   L
        endmc
```

3.4.2 Bedingte und strukturierte Assemblierung

In 3.1.2 ist neben der go-Anweisung zur Durchführung unbedingter Sprünge für den LC (ähnlich dem BR-Befehl für den PC) auch die if-Anweisung zur Auswertung von Bedingungen zur Assemblierzeit (ähnlich der CMP/Bcc-Befehlskombination für die Ausführungszeit) eingeführt. Wir wollen diese elementare Form der bedingten Assemblierung hier verfeinern und führen zu diesem Zweck eine Reihe weiterer Assembleranweisungen bzw. -aktivitäten ein, mit der Absicht, auch die Formulierung von Programmen ohne goto's, d.h. in einer einfachen Form strukturierter Programmierung zu ermöglichen.

if then else endif

do step until enddo

Anweisungen. Zusätzlich zur go-Anweisung verwenden wir eine if-then-else-Anweisung in Verbindung mit einer endif-Anweisung zur *bedingten* Assemblierung und eine do-step-until-Anweisung in Verbindung mit einer enddo-Anweisung zur *wiederholten* Assemblierung eines Blocks von Assemblercodezeilen (in Anlehnung an entsprechende Anweisungen höherer Programmiersprachen, die dort aber zur Programmlaufzeit ausgeführt werden). Damit lassen sich bei zur Assemblierzeit bekannten Parametern auf einfache Weise Alternativen und Repetitionen programmieren, wie an dem folgenden Beispiel der Polynomauswertung zur optimalen Erzeugung von Programmcode gezeigt.

Beispiel 3.8. Bedingte Generierung von Programmcode. Polynomauswertung, links „elementar“ ohne, rechts „elegant“ mit besonderen Anweisungen zur bedingten Assemblierung (vgl. *Programme 3* und *4* aus 3.1.2, S. 223 f.).

```
        if    n>3                     if n≤3 then
        go    l2                      LD    AC,   A
i       set   0                       do i=1 until n
        LD    AC,   A+i               MUL   AC,   X
l1: i   set   i+1                     ADD   AC,   A+i
        MUL   AC,   X                 enddo
        ADD   AC,   A+i               else
```

```
        if    i≠n                      LD   I,   #0
        go    l1                       LD   AC,  A[I]
        go    l3                  L:   ADD  I,   #1
l2:     LD    I,   #0                  MUL  AC,  X
        LD    AC,  A[I]                ADD  AC,  A[I]
L:      ADD   I,   #1                  CMP  I,   #n
        MUL   AC,  X                   BNE  L
        ADD   AC,  A[I]                endif
        CMP   I    #n
        BNE   L
l3:     :
```

Führt man die Codeerzeugung per Hand durch, so stellt man fest, daß für n≤3 ein Geradeausprogramm entsteht (die Assemblerschleife wird „aufgerollt") und für n>3 ein Schleifenprogramm entsteht (die Prozessorschleife wird „erzeugt"). Faßt man die für die Bewältigung der Aufgabenstellung bestimmenden Befehlsgruppen MUL **AC**, X; ADD **AC**, A+i bzw. MUL **AC**, X; ADD **AC**, A[**I**] in einem allgemeinen Sinn als Funktionseinheiten auf, so ergibt sich eine interessante Analogie zu der in 2.2.2 behandelten ortssequentiellen bzw. zeitsequentiellen Organisation. Offenbar gelten für Funktionseinheiten in Software ähnliche Beziehungen wie für Funktionseinheiten in Hardware.

Anwendungen. Die bedingte Assemblierung wird vor allem in der Makrotechnik, und zwar innerhalb von Makrodefinitionen benutzt, um in Abhängigkeit von zur Assemblierzeit bekannten Größen unterschiedlichen, in bestimmter Hinsicht optimalen Maschinencode zu erzeugen, und zwar ohne daß diese Unterschiede beim Makroaufruf sichtbar werden. Es ist dabei auch möglich, einen Unterprogrammaufruf, d.h. die Ausführung von „Off-line"-Code, hinter einer Makroersetzung, d.h. der Erzeugung von „In-line"-Code, zu verstecken, wie wieder am folgenden Beispiel für die Polynomauswertung gezeigt.

Beispiel 3.9. Generierung von Unterprogrammanschlüssen. Polynomauswertung, mit zur Assemblierzeit bekanntem Grad P1 sowie zur Laufzeit bekannten Koeffizientenfeld P2 und Argument P3.

```
POLY  macro P1, P2, P3                  procedure POLY (P1, P2, P3)
      if P1=1 then                      RESERVE I
      LD    AC,  P2                     LD   I,    I
      MUL   AC,  P3                     CLR  I
      ADD   AC,  P2+1                   LD   AC,   *P2[I]
      endif                        L:   INC  I
      if P1>1 then                      MUL  AC,   *P3
      CALL  POLY (P1, P2, P3)           ADD  AC,   *P2[I]
      endif endmc                       IFNE I,    P1,   GOTO L
                                        LD   I,    I
                                        RETURN
```

Makroassembler stellen vielfach eine Reihe weiterer Funktionen zur Unterstützung der bedingten und strukturierten Assemblierung zur Verfügung, z.B., um auf den Namen des Makrobefehls als Parameter oder die Anzahl der Parameter des Makrobefehls Bezug nehmen zu können. Der letzte Aspekt wird hier mit number als Assemblergröße für die Anzahl der Parameter (bzw. number (P) für die Anzahl der Listenelemente des Parameters P) anhand der Abbildung des Additonsbefehls als 3-, 2-, 1- sowie 0-Adreß-Befehl auf 2-Adreß-Befehle illustriert.

number

Beispiel 3.10. Generierung konkreter Befehle aus abstrakten Befehlen. Additionsbefehl, mit unterschiedlicher Adreßanzahl, nämlich als 3-, 2-, 1- und 0-Adreß-Befehl.

```
ADD  macro P1, P2, P3
     if number=3 then
     LD   P1,  P2
     ADD  P1,  P3      endif
     if number=2 then
     ADD  P1,  P2      endif
     if number=1 then
     ADD  AC,  P1      endif
     if number=0 then
     ADD  (SP),(SP)+   endif  endmc
```

Aufgabe 3.5. Simulieren Sie die Assemblierung der in den letzten beiden Beispielen definierten Makrobefehle POLY und ADD für die Makroaufrufe POLY 1, A, X und POLY 3, A, X sowie für die Makroaufrufe ADD X, Y, Z, ADD X, Y, ADD X und ADD.

3.4.3 Implementierung abstrakter Maschinen

Wie bereits eingangs dieses Kapitels angedeutet und mit dem letzten Programmbeispiel demonstriert, können Makrobefehle als abstrakte Maschinenbefehle einer abstrakten Maschine angesehen werden, die mit den konkreten Maschinenbefehlen einer konkreten Maschine definiert werden.

Abstrakte Maschinenbefehle

Im folgenden sind abstrakte 3-Adreß-, 2-Adreß-, 1-Adreß- sowie adressenlose Befehle einer abstrakten Maschine aufgelistet, wie sie schon in 3.3.2 unter den Zwischenüberschriften Prozessorunterstützung und Assemblerunterstützung angenommen wurden, und zwar

- als Befehle des dort definierten konkreten SymbolP,
- als Befehle des hier definierten abstrakten MakroP.

Die linke Spalte der folgenden Liste enthält jeweils die erste Definitionszeile der abstrakten Befehle unter Verzicht auf das Schlüsselwort macro, die rechte Spalte enthält die auf diese Zeile folgenden Zeilen der Makrodefinitionen unter Verzicht auf das Schlüsselwort endmc, und zwar für einen als wirklich angenommenen (realen) 2-Adreß-Rechner mit der Parameterorganisation Speicher-Rahmen (S. 248). Aus einem abstrakten Befehl kann entstehen:

- ein *einziger* konkreter Befehl (vgl. z.B. INC),

- eine *konstante* Anzahl konkreter Befehle (vgl. RETURN),
- eine *variable* Anzahl an konkreten Befehlen (vgl. CALL in der folgenden Auflistung abstrakter Befehle).

Der MakroProzessor. Diese dritte Weiterentwicklung unseres SymbolProzessors ist definiert durch die Abbildung des virtuellen Befehlssatzes einer abstrakten Maschine (unseres MakroP) mit Hilfe der in diesem Kapitel vorgestellten Assembleranweisungen auf die realen 2-Adreß-Befehle einer konkreten Maschine (unseres BasisP). Der SymbolP und der MakroP sind somit in ihrer Programmierung identisch. Beide unterscheiden sich nur dadurch voneinander, daß die Befehle des ersten Maschinenbefehle, die Befehle des zweiten Makrobefehle sind.

CLR P		LD P, #0
INC P		ADD P, #1
DEC P		SUB P, #1
GOTO P		BR P
ADD Z, Q1, Q2		LD Z, Q1 ADD Z, Q2
SUB Z, Q1, Q2		LD Z, Q1 SUB Z, Q2
MUL Z, Q1, Q2		LD Z, Q1 MUL Z, Q2

IFcc Q1, Q2, mode Z		CMP Q1, Q2
		if mode=GOTO then
		Bcc Z endif
		if mode=ELSE then
		B$\overline{cc}$ Z endif

CALL NAME P	z	equ number (P)
		ADD **BP**, #z+2
		LD **BP**.-2-z,&**PC**.z+3
		LD **BP**.-1-z,**B**
		do i=0 until z-1
		LD **BP**.i-z,&P.i+1
		enddo
		LD **B**, &**BP**.-z
		BR NAME
		SUB **BP**, #2

RETURN		LD **BP**, **B**
		LD **B**, **BP**.-1
		LD **PC**, **BP**.-2

```
RESERVE P1, P2, ...            ADD  BP,  #number P

VALUE P1, P2, ...          z   equ    number P
                               do i=1 until z
                               LD     Pi,   *Pi
                               enddo
```

Abstrakte Maschinenprogramme

Mit geeignet gewählten Definitionen abstrakter Befehle können Programme geschrieben werden (1.) sowohl mit konkreten als auch abstrakten Befehlen und (2.) nur mit abstrakten Befehlen allein. Dabei reicht die Spanne von völlig unwichtigen, nur der Verschönerung dienenden abstrakten Befehlen, wie z.B. dem GOTO-Befehl, bis zu sehr nützlichen, z.B. eine konstante oder variable Anzahl an Operationen versteckenden abstrakten Befehlen, wie z.B. dem CALL-Befehl im MakroP.

Beispiele:

Zu 1. Das Unterprogramm für die *Vektoraddition* auf S. 255 rechts benutzt sowohl die abstrakten Befehle unseres MakroP als auch die konkreten Befehle unseres BasisP; nach deren Assemblierung entstehen genau die dort links wiedergegebenen Maschinenbefehle des BasisP. – Nicht *ganz* genau! Eine Ausnahme bildet der CALL-Befehl, da dieser jetzt sämtliche Parameter als *Adressen* übergibt. Die Übernahme des Wertes für Dim muß dementsprechend im *Unter*programm programmiert werden, und zwar mit dem zusätzlichen Befehl LD Dim, *Dim.

Zu 2. Das Unterprogramm für die *Ackermannsche Funktion* auf S. 266 links benutzt ausschließlich die abstrakten Befehle unseres MakroP.

Verallgemeinert ist es somit möglich, und zwar ohne daß entsprechende Prozessoren konkret vorhanden sind,

- z.B. im Code eines abstrakten „Assembly Processors“, wie unseres MakroP mit seiner symbolischen Adressierungstechnik zu programmieren,
- z.B. im Code eines abstrakten „Business Processors“ mit Dezimalarithmetik und Zeichenverarbeitung zu programmieren oder
- z.B. im Code eines abstrakten „Vector Processors“ mit Vektorarithmetik und Feldverarbeitung zu programmieren.

Der jeweilige abstrakte Maschinencode wird vom Makroassembler lediglich umgesetzt in den konkreten Maschinencode z.B. unseres BasisP.

Aufgabe 3.6. Spielen Sie die Assemblierung des rechten Programms in Beispiel 3.5 durch, und zwar mit Hilfe der oben gegebenen Definition unseres MakroP. Worin unterscheidet sich der durch die Makroexpansion erzeugte Code von CALL VADD von dem in den Beispielen 3.4 und 3.5 zugrunde gelegten Programmcode für den VADD-Aufruf?

Eine weitere Anwendung der Makrotechnik betrifft die Erzeugung von bestmöglichem (optimalem) oder übertragbarem (portablem) Maschinencode durch den Compiler einer höheren Programmiersprache. Dabei erzeugt der Compiler zunächst Code für eine abstrakte Maschine, und verschiedene Makroassembler setzen diesen in den konkreten Maschinencode unterschiedlicher realer Prozessoren um. Beim Einsatz dieser Technik zeigen sich – wie schon bei der eingeschränkten Parameterübergabe des CALL-Makrobefehls angedeutet – die Grenzen der Makrotechnik: Ohne den Zusammenhang zwischen den einzelnen Programmzeilen zu berücksichtigen – das ist typisch für Makroassembler – ist es

- z.B. bei Fließbandrechnern nicht möglich, Codeoptimierungen zur Geschwindigkeitserhöhung durchzuführen, d.h. nop-Befehle in den Delay-Slots durch sinnvolle Maschinenbefehle zu ersetzen,
- z.B. bei Load-/Store-Architekturen nicht möglich, nach einer vorgegebenen Anzahl an rekursiven Aufrufen alle Register in den Speicher zu laden, um den Registerspeicher für weitere rekursive Aufrufe frei zu machen.

Zur Lösung dieser Aufgaben helfen nur noch über einen gewissen Programmkontext hinweg optimierende Assembler bzw. – realistischer – optimierende Compiler.

3.4.4 Geschachtelte und rekursive Makroersetzungen

Wie in 3.3.4 benutzen wir zur Demonstration der geschachtelten bzw. rekursiven Ersetzung von Makrobefehlen zwei Aufgabenstellungen, die so zu programmieren zwar interessant, aber unüblich ist. – Wie dort handelt es sich beim ersten Beispiel um die Zurückführung der ***Matrixaddition*** (Makrobefehl MADD Dim, Dst, Src) auf die ***Vektoraddition*** (Makrobefehl VADD Dim, Dst+I, Src+I) und weiter auf die ***Skalaraddition*** (Maschinenbefehl ADD Dim, Dst+I, Src+I) sowie beim zweiten Beispiel um die Zurückführung der ***Summation*** der ersten n natürlichen Zahlen (SUM N) auf die Addition von n und die ***Summation*** der $m=n-1$ natürlichen Zahlen (SUM M) mit LD AC, #0 bzw. CLR AC bei $m<1$.

Geschachtelte Ersetzung von Makrobefehlen

Die geschachtelte Ersetzung von Makrobefehlen ist nur dann unproblematisch, wenn in der Makrodefinition keine Adreßmodifizierungen der Parameter stattfinden oder wenn die Adreßmodifizierungen sich ausschließlich auf den Assembler beziehen und in der Assemblierzeit durchgeführt werden (siehe S. 223: Assemblervorherrschende Programmausführung). Man vergleiche dazu den Makroaufruf VADD innerhalb von MADD mit dem Befehls„aufruf" ADD innerhalb von VADD im folgenden Programmbeispiel; die fortlaufenden Ersetzungen des Makroaufrufes MADD 10, X, Y einschließlich des entstehenden Maschinenprogramms sind nachfolgend dargestellt.

Beispiel 3.11. Matrixaddition. Makrobefehle MADD und VADD mit zur Assemblierzeit bekannter Dimension.

```
MADD  makro Dim, Dst, Src
      do I=0 step Dim until Dim*(Dim-1)
      VADD Dim, Dst+I, Src+I enddo
      endmc

VADD  makro Dim, Dst, Src
      do I=0 step 1 until Dim-1
      ADD   Dst+I, Src+I enddo
      endmc
```

Makroersetzungsvorgang für den Makroaufruf MADD 10, X, Y:

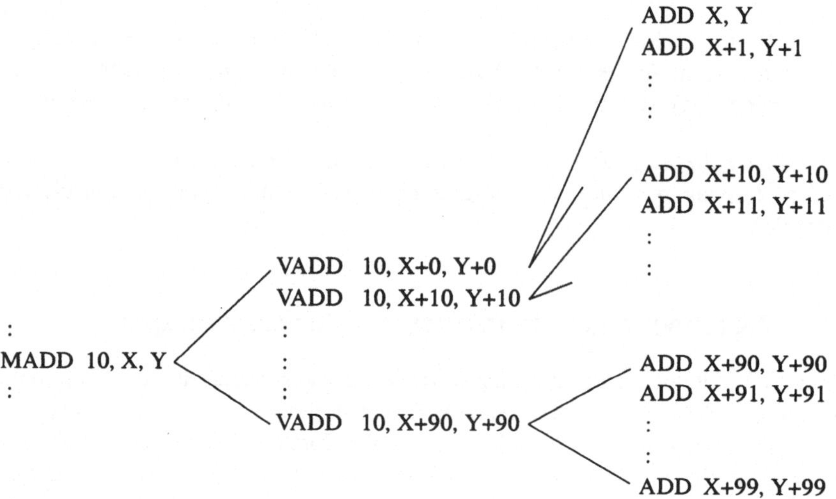

Rekursive Ersetzung von Makrobefehlen

Eine besondere Art der Generierung von „Programmtext“ entsteht, wenn die Ersetzung eines Makrobefehls durch seine eigene Definition erfolgt. Dabei wird jede Ersetzung innerhalb des rekursiven Makrobefehls durch seinen eigenen Text in der Weise vom Makroassembler durchgeführt, daß die in der Definition vorkommenden Bedingungen ausgewertet, vom Makroassembler eliminiert und lediglich die auf diese Weise ausgewählten Operationen erzeugt werden.

Der Makroassembler fungiert dabei als eine Art Vorprozessor, der in der Phase des „rekursiven“ Ersetzens das Schema zum „kursiven“ Berechnen erzeugt. Sofern der Vorprozessor neben der Auswertung der Bedingungen beim rekursiven Ersetzen auch die Operationen für das kursive Berechnen auszuführen imstande ist, kann die Auswertung des rekursiven Programms vom Vorprozessor allein durchgeführt werden. Andernfalls wird nur das rekursive Ersetzen vom Vorprozessor ausgeführt, während das kursive Berechnen vom Hauptprozessor vorgenommen wird. In diesem Zusammenhang ist der Begriff Hauptprozessor sehr weit gefaßt: Er dient nicht nur z.B. zur Ausführung mathematischer Berechnungen, wie der Addition im folgenden Beispiel der Summation, sondern auch z.B. zur Ausführung von Bewegungsabläufen, wie dem Bewegen der Scheiben im nachfolgenden Beispiel der Türme von Hanoi.

Beispiel 3.12. Summation. Makrobefehl SUM mit zur Assemblierzeit bekanntem Wert.

```
SUM   makro N
      if N>1 then
      SUM N-1
      else
      CLR  AC
      endif
      ADD  AC, #N
      endmc
```

Makroersetzungsvorgang beim Makroaufruf von SUM 3:

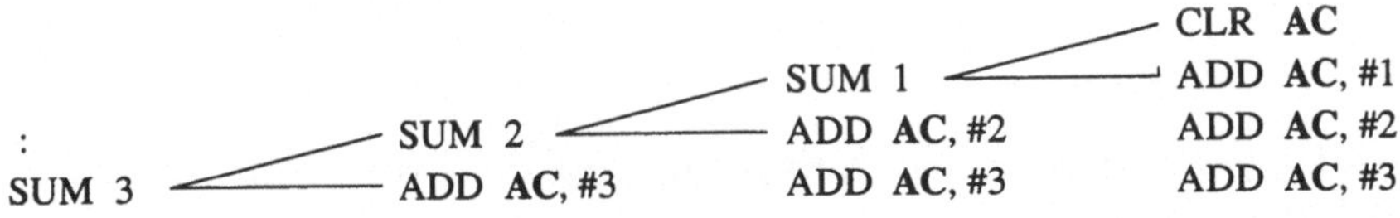

Ein nichttriviales Beispiel für Rekursion

Die Türme von Hanoi sind ein bekanntes und seit ihrer Veröffentlichung im Zusammenhang mit rekursiver Programmierung beliebtes Beispiel einer etwas komplizierteren Rekursion, bei der während des kursiven „Abstiegs" Information gewonnen wird (Information, die nicht von vornherein bekannt ist bzw. von der man nicht weiß, wie sie sich besorgen läßt: nämlich, wohin die erste Scheibe zu legen ist). – Bei diesem Spiel handelt es sich darum, einen Turm/Stapel von N nach oben hin kleiner werdenden Scheiben scheibenweise von einem Platz 1 auf einen Platz 2 unter Benutzung eines Platzes 3 umzuschichten, ohne daß im Verlaufe des Spiels eine größere auf eine kleinere Scheibe zu liegen kommt.

Report on the algorihmic language Algol 68

Die rekursive Formulierung führt das Problem mit n Scheiben auf dasselbe, jedoch „einfacher" zu lösende Problem mit $n-1$ Scheiben zurück:

- Um den Stapel von n Scheiben von Platz 1 auf Platz 2 in der geforderten Weise zu bewegen, bewege man der Reihe nach

  1. den Stapel der $n-1$ oberen Scheiben von Platz 1 nach Platz 3,
  2. die verbleibende, größere Scheibe von Platz 1 nach Platz 2 und
  3. den Stapel der $n-1$ Scheiben von Platz 3 nach Platz 2.

Das Verfahren terminiert, wenn mit $n=1$ die letzte (kleinste) Scheibe von Platz 1 nach Platz 2 bewegt ist.

Die vorstellungsmäßige Schwierigkeit des Ablaufs liegt darin, daß die drei Plätze ihre Funktion fortwährend ändern. Interessant an dem folgenden Makrobefehl ist, daß der Ersetzungsprozeß parallel durchgeführt werden kann, obwohl die drei Schritte bei ihrer Ausführung sequentiell ablaufen müssen. Bei $n=7$ beispielsweise sind vom Makroassembler 7 Durchläufe nötig, die Anzahl der assemblierten Zeilen und damit die Ausführung der einzelnen Schritte beträgt dann $2^n-1=127$. – Zum besseren Verständnis dieses rekursiv formulierten Problems sei auf die Lösung der unten stehenden Aufgabe verwiesen.

Beispiel 3.13. Türme von Hanoi. Makrobefehl MOVE mit zur Assemblierzeit bekannter Scheibenanzahl (→ steht für das Bewegen einer Scheibe).

```
MOVE macro  N, P1, P2, P3
        if N>1 then
        MOVE N-1, P1, P3, P2
        P1 → P2
        MOVE N-1, P3, P2, P1
        else
        P1 → P2
        endif endmc
```

Aufgabe 3.7. Assemblieren Sie mit Bleistift und Papier den Aufruf MOVE 4, A, B, C des Makrobefehls *Türme von Hanoi.*

Verzahnung von Übersetzung und Ausführung

Beispiele 3.11 bis 3.13 als Teile größerer Programme zeigen anschaulich, wie sinnvoll es sein kann, Programmübersetzung und Programmausführung nicht als zwei getrennte Vorgänge aufzufassen, die jeweils als Ganzes zu verschiedenen Zeitpunkten ablaufen (typischerweise 1-mal vollständig übersetzen und n-mal vollständig ausführen), sondern als zwei ineinander verzahnte Vorgänge, die wechselweise ablaufen und sich gegenseitig ergänzen (n-mal in Teilen übersetzen und n-mal in Teilen ausführen). Dann können z.B. die zur Übersetzungszeit als bekannt vorauszusetzenden Werte von Parametern zuvor, d.h. zur Ausführungszeit, eingelesen oder berechnet werden.

Angewendet auf die Makrotechnik bedeutet das, daß

zunächst vom Programmbeginn an alle Makros so weit wie möglich, d.h. soweit die Parameterwerte bekannt sind, expandiert werden,

daran anschließend das expandierte Programm ausgeführt wird, dabei die als nächstes fehlenden Parameterwerte beschafft werden,

wiederum daran anschließend die Makros so weit wie möglich expandiert werden,

wiederum daran anschließend das weiter expandierte Programm ausgeführt wird usw.

Konkret könnte man sich die angesprochene Parameterwerte-Beschaffung so vorstellen, daß sie in einer Form erfolgt, die der Prozessor nicht „kennt", wohl aber der Assembler „versteht", beispielsweise in der Form einer Verallgemeinerung der Direktoperanden„adressierung" auf die Zieladresse, z.B. LD #N, ... in den Beispielen 3.11 bis 3.13 für die Dimension der Matrizen, die Zahl der Summation bzw. die Höhe des Turms.

Das nebenstehende Schema illustriert die beschriebene verzahnte Übersetzung (Ü) und Ausführung (A) eines Programms (die kleinen Striche deuten die Maschinenbefehle an). In der beschriebenen Anwendung auf die Makrotechnik erfolgt die Übersetzung durch den Makroassembler; in verallgemeinerter Anwendung auf den Übersetzerbau erfolgt sie durch den sog. Just-in-Time-Compiler (JIT-Compiler). In beiden Anwendungen erfolgt die Ausführung der Programmteile durch den Prozessor.

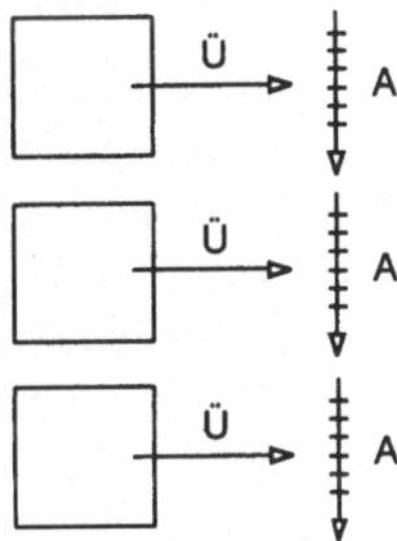

3.5 Datentypen, -formate und -strukturen sowie entsprechende Architekturaspekte

3.5.1 Die Datentypen-Problematik

Bereits in der Schule ist es üblich, die Größen, mit denen gerechnet wird, hinsichtlich ihrer Zugehörigkeit zu bestimmten Typen, oft auch bestimmten Ordnungen – genauer: zu den diese Typen und Ordnungen definierenden Mengen –, zu kennzeichnen. Tabelle 3-1 zeigt für gebräuchliche Größen der Mathematik deren Typbezeichnungen (Spalte 1), ihre Schreibweisen in Formeln am Beispiel

Tabelle 3-1. Die gebräuchlichsten Zahlentypen der Mathematik einschließlich der booleschen „Zahlen" „falsch" und „wahr" (Menge $B = \{f, w\}$ bzw. $B = \{0,1\}$)

	Typ (1)	Formel (2)	Menge (3)	Operationen (4)	erlaubt (5)	verboten (6)
1)	Wahrheitswerte	$c = a \wedge b$	$a,b,c \in B$	$\neg, \vee, \wedge$	$w \vee w = w$	
	boolesche Werte	$c = a \cdot b$		$-,+,\cdot$	$1+1=1$	$0-1$
2)	natürliche Zahlen	$k = i \cdot j$	$i,j,k \in N$	$+,\cdot$	$5+7=12$	$5-7$
3)	ganze Zahlen	$r = p \cdot q$	$p,q,r \in Z$	$+,-,\cdot$	$5-7=-2$	$5/7$
4)	reelle Zahlen	$w = u \cdot v$	$u,v,w \in R$	$+,-,\cdot,/$	$5/7 = 0{,}71$	$\mathrm{R}(-7)$
5)	komplexe Zahlen	$z = x \cdot y$	$x,y,z \in C$	$+,-,\cdot,/,\mathrm{R}(\,)$	$\mathrm{R}(-7) = \mathrm{j}2{,}64575$	

der Multiplikation (Spalte 2), ihre Mengenkennzeichnungen (Spalte 3), die für die jeweiligen Typen erlaubten Operationen (Spalte 4), Beispiele für deren Anwendung mit Angabe der erlaubten Ergebnisgrößen (Spalte 5), und schließlich Beispiele für unerlaubte Operationen ohne Angabe der Ergebnisgrößen (Spalte 6). – Wie man sieht, wird jeder *Typ* (Spalte 1) hinsichtlich seiner Eigenschaften am besten durch die Aufzählung seiner ihn charakterisierenden *Operationen* (Spalte 4) bestimmt.

In den beiden nächsten Tabellen sind die in den Spalten 2 und 3 von Tabelle 3-1 enthaltenen mathematischen Ausdrucksweisen noch einmal herausgeschrieben und den „sprachorientierten" bzw. „rechnerorientierten" Ausdrucksweisen der Informatik gegenübergestellt, und zwar in Tabelle 3-2 bezüglich der Formelschreibweisen und in Tabelle 3-3 bezüglich der Typvereinbarungen. Dabei sind Beispiele für die Verwendung von Konstanten eingearbeitet. Sie sind nicht so gewählt, daß ihr charakteristisches Aussehen in den Vordergrund tritt (z. B. 3.1415 als reelle Zahl), sondern so, daß die Einschließungsrelation ihrer Mengen zum Ausdruck kommt (z. B. 1 als boolesche „Zahl", gleichzeitig als natürliche Zahl, gleichzeitig als ganze Zahl, gleichzeitig als reelle Zahl und gleichzeitig als komplexe Zahl). Die Kennzeichen zur Unterscheidung der einzelnen Typen sind – so-

Tabelle 3-2. Gegenüberstellung von Formelschreibweisen. Darin ist „1" keine zur Charakterisierung der einzelnen Datentypen typische, aber überall vorkommende Konstante

Typ	Mathematik	Programmiersprachen	Rechnerorganisation	
1) boolesche Werte	$c = a \cdot 1$	$c = a \cdot 1$	*MUL*	*C, A, #l'1*
	$c = a \wedge w$	c := a and 'true'	AND	C, A, #-1
2) natürliche Zahlen	$k = i \cdot 1$	k := i · 1	*MUL* MULU	*K, I, #u'1* K, I, #1
3) ganze Zahlen	$r = p \cdot 1$	r := p · 1	*MUL* MUL	*R, P, #s'1* R, P, #+1
4) reelle Zahlen	$w = u \cdot 1$	w := u · 1.	*MUL* MULF	*W, U, #f'1* W, U, #1.0
5) komplexe Zahlen	$z = x \cdot 1$	z := x · [1.,0.]	*MUL* CALL dat Y fld	*Z, X, #c'(1,0* CMUL Z, X, Y 1.,0.
6) Zeichen		m := '1'	*LD* LD	*M, #ch'1* M, #'1'
7) Adressen			*LD* LDA	*M, #a'B.1[1,* M,*B.1[1]

weit möglich – durch Fettdruck hervorgehoben. Auf die Details in diesen Tabellen wird in den folgenden beiden Abschnitten Bezug genommen.

Datentypen in den Programmiersprachen

Die gebräuchlichen Programmiersprachen mit ihren anwendungsorientierten Ausdrucksweisen sind stark von der Denkweise der Mathematik geprägt. Die Tabellen 3-2 und 3-3 zeigen dazu, korrespondierend zu Tabelle 3-1, jeweils in ihrer dritten Spalte Formelschreibweisen bzw. Typvereinbarungen, wie sie in solcher oder ähnlicher Form in Programmiersprachen vorkommen. Darin sind Darstellungen, die zwar systematisch, aber unüblich sind, durch Kursivdruck gekennzeichnet. In diesen Spalten ist ein für Programmiersprachen weiterer wichtiger

Tabelle 3-3. Gegenüberstellung von Typvereinbarungen. Darin ist „1“ keine zur Charakterisierung der einzelnen Datentypen typische, aber überall vorkommende Konstante

Typ	Mathematik	Programmiersprachen	Rechnerorganisation
1) boolesche Werte	$c \in \{0, 1\}$	var c: **boolean**	*C res l'1*
	$b = 1$	*const b: 1*	*B dat l'1*
	$c \in \{f, w\}$	const b: 'true'	C res 1
	$b = w$		B dat -1
2) natürliche Zahlen	$k \in N$	var k: **natural**	*K res* ***u'1***
	$j = 1$	const j: 1	*J dat* ***u'1***
			K res 1
			J dat 1
3) ganze Zahlen	$r \in Z$	var r: **integer**	*R res s'1*
	$q = 1$	const q: 1	*Q dat s'1*
			R res 1
			Q dat 1
4) reelle Zahlen	$w \in R$	var w: **real**	*W res f'1*
	$v = 1$	const v: 1.	*V dat f'1*
			W res 2
			V fld 1.
5) komplexe Zahlen	$z \in C$	var z: **complex**	*Z res* ***c'1***
	$y = 1$	const y: [1.,0.]	*Y dat* ***c'1***
			Z res 2
			Y fld 1.,0.
6) Zeichen		var m: **char**	*M res* ***ch'1***
		const n: '1'	*N dat* ***ch'1***
			M resb 1
			N ascii '1'
7) Adressen			*M res* ***a'1***
			N dat ***a'***B.1[I]
			M res 1
			N dat X

Datentyp mit aufgenommen worden, nämlich der Datentyp Zeichen (character), mit dem üblicherweise nicht in der Mathematik, wohl aber sehr oft in der Informatik „gerechnet“ wird.

Höhere Programmiersprachen unterscheiden hinsichtlich ihrer „Rechen“-Größen zwischen *konkreten* Datentypen, das sind diejenigen, die der Compiler unmittelbar versteht, und *abstrakten* Datentypen, das sind diejenigen, die der Programmierer definieren kann und die der Compiler nur in Verbindung mit ihrer anwenderspezifischen Definition „versteht“. Wie Tabellen 3-2 und 3-3 gut demonstrieren, gibt es mal mehr, mal weniger *konkrete* Datentypen. In Fortran sind das z.B. die Datentypen in den Zeilen 1 bis 6, in Pascal in den Zeilen 1, 3, 4 und 6, in Modula-2 in den Zeilen 1 bis 4 und 6. Nur sie „versteht“ der jeweilige Compiler, d.h., nur für sie braucht der Programmierer die zugehörigen Operationen nicht zu definieren. Der in Zeile 5 benutzte Datentyp komplexe Zahlen ist hingegen in den genannten Programmiersprachen außer in Fortran ein *abstrakter* Datentyp. Ihn „versteht“ der entsprechende Compiler nur, wenn die zugehörigen Operationen vom Programmierer selbst definiert worden sind.

Aufgabe 3.8. Versuchen Sie, den Datentyp komplexe Zahlen (complex) in Pascal zu definieren, und zwar durch eine Typdeklaration als Paar zweier reeller Komponenten sowie durch die diesen Typ charakterisierenden Prozeduren. – Formulieren Sie als Beispiel einer solchen Prozedur die Prozedur CADD (x ,y, z) für die Addition zweier komplexer Zahlen x und y mit dem Ergebnis z.

Datentypen in der Rechnerorganisation

Folgte man dem geschilderten Vorgehen in mehr ideeller Weise bei der Konstruktion von Datentypen in der Rechnerorganisation, so wäre die für die Mathematik und die (höheren) Programmiersprachen charakteristische Ausdrucksweise auch auf die (niederen) Assemblersprachen zu übertragen. Die einzelnen Datentypen wären dann in der Assemblersprache nicht durch unterschiedliche Mnemos der *Maschinen*befehle, sondern durch unterschiedliche Kennzeichnungen innerhalb der *Assembler*anweisungen zu unterscheiden. – In Wirklichkeit geht man in der Rechnerorganisation jedoch nicht diesen Weg, sondern ist vielmehr in den der historischen Entwicklung folgenden Kompromissen zwischen Rechnerbau und Rechneranwendungen befangen. Das heißt, daß die einzelnen Datentypen eben *nicht* innerhalb der Assembleranweisungen unterschieden werden, sondern *doch* durch die Mnemos ihrer Maschinenbefehle.

Die Tabellen 3-2 und 3-3 zeigen wieder korrespondierend zu Tabelle 3-1, jetzt aber jeweils in ihrer vierten Spalte, Formelschreibweisen bzw. Typvereinbarungen, wie sie in solcher oder ähnlicher Form in Assemblersprachen vorkommen. Darin sind in den dritten Spalten (Programmiersprachen) und den vierten Spalten (Rechnerorganisation) wieder ideelle, unübliche Darstellungen durch Kursivdruck und die realen, üblichen Darstellungen durch Normaldruck unterschieden. Die Kennzeichnung der einzelnen Datentypen erfolgt durch Buchstaben in den Adreßfeldern oder durch unterschiedliche Mnemos in den Operationscodes. So weit möglich, ist diese Kennzeichnung in den Tabellen durch Fettdruck hervorgehoben. Darin stehen l für logical (eigentlich ein Bit, i.allg. aber ein Bitvektor), u und U für unsigned (vorzeichenlose Zahl), s für signed (vorzeichenbehaftete Zahl, d.h. 2-Komplement-Zahl), f und F für floating point (Gleitkommazahl), c und C für complex (komplexe Gleitkommazahl) und ch für character (ASCII-Zeichen). – Diese Typen werden mit Ausnahme von complex auch als Standardtypen bezeichnet.

In den vierten Spalten der Tabellen ist ein weiterer, für die Rechnerorganisation fundamentaler Datentyp mit aufgenommen. Es ist dies der Typ Adresse, mit a und A gekennzeichnet. Adressen wurden bereits in 3.2 bei der Behandlung der Adreßmodifizierungen benutzt, speziell in 3.2.4 bei der indirekten Adressierung und in 3.2.6 bei der Effektivadreß-Bildung. Dort wird allerdings zur Vereinfachung der Schreibweise statt ausführlich a' kurz * benutzt.

Auch in der Rechnerorganisation kann man unterscheiden zwischen *konkreten* Datentypen, das sind die, die der Prozessor unmittelbar „versteht", und *abstrakten* Datentypen, das sind die, die der Programmierer selbst durch Operationen mit konkreten Datentypen definieren muß, was i.allg. in Verbindung mit der Unterprogramm- oder der Makrobefehlstechnik geschieht.

Je nach Prozessortyp ist die Anzahl *konkreter* Datentypen unterschiedlich. Bei CISCs z.B. sind das üblicherweise die Datentypen in den Zeilen 1 bis 4 sowie 6 und 7, bei „reinen" RISCs dagegen nur die in den Zeilen 1 bis 3 und 7, unter Berücksichtigung von (parallel installierten) Gleitkomma-Coprozessoren bzw. Gleitkomma-Arithmetikeinheiten auch der Datentyp in Zeile 4. In Prozessoren mit spezifischen Aufgaben, wie z.B. den Signalprozessoren, können sogar alle sieben als konkrete Datentypen vertreten sein. Nur sie sind in den jeweiligen Assemblern/Prozessoren eingebaut und brauchen mithin nicht vom Programmierer definiert zu werden. Aber auch auf der Ebene der Assemblersprachen kann sich der Programmierer – wenn auch nicht in theoretisch so fundierter Weise wie auf der Ebene der Programmiersprachen – *abstrakte* Datentypen durch eigene Definitionen selbst schaffen. Der in Zeile 5 wiedergegebene Datentyp „complex" ist ein Beispiel dafür. Ihn versteht der jeweilige Prozessor nur, wenn die zugehörigen Makrobefehle und Unterprogramme vom Programmierer selbst definiert worden sind.

Aufgabe 3.9. Schreiben Sie für den Datentyp „complex" (a) eine Makroanweisung cres, die es erlaubt, komplexe Zahlen als Paar von jeweils zwei Maschinenworten zu reservieren, sowie (b) ein Unterprogramm CADD, das zwei komplexe Zahlen addiert und das Ergebnis in einer Speicherzelle ablegt.

Datentypen in der Realität

Obwohl in der Mathematik und in den Programmiersprachen systematische Ausdruckweisen im Vordergrund stehen, geht man in puncto Datentypen auch in diesen Disziplinen oft pragmatisch vor. So werden für unterschiedliche Zahlen- bzw. Datentypen oft *dieselben* Operationssymbole benutzt, z.B. + und · für natürliche, für ganze, für reelle, für komplexe Zahlen, ja sogar für Vektoren und Matrizen. Es werden aber für dieselben Zahlen- bzw. Datentypen auch *verschie-*

dene Operations- und Wertesymbole benutzt, z.B. ∨ und ∧ statt + bzw. · und f und w statt 0 bzw. 1; vor allem bei Betonung von Strukturaspekten (algebraische Strukturen) oder bei Beschränkung auf ein Arbeitsgebiet (digitale Systeme) benutzt man konsequent die übergreifenden Symbole, hier + und · sowie 0 und 1.

Dieses pragmatische Vorgehen ist nun in der Rechnerorganisation in verstärktem Maße der Fall, ja man kann sogar sagen, daß sich handelsübliche Rechner hinsichtlich der Datentypproblematik einer systematischen Darstellung regelrecht entziehen. Das heißt, um zu wirklichkeitsgetreuen oder doch wenigstens wirklichkeitsnahen Rechnerarchitekturen zu gelangen, muß man sich von dem oben geschilderten Übertragen der für die Mathematik und Programmiersprachen charakteristischen Ausdrucksweisen auf die Rechnerorganisation lösen. Tabelle 3-4 zeigt dazu in den Zeilen 1 bis 3 am Beispiel der Gleitkomma-Addition verschiedene Assemblerschreibweisen.

Tabelle 3-4. Sechs verschiedene Möglichkeiten der Darstellung eines Datentyps am Beispiel der Addition von Gleitkommazahlen (floating f bzw. F)

Maschinenbefehl			Assembleranweisung		
1)	ADD**F**	W,U,V	W	resd	1
		,#314.0	U	resd	1
			V	fld	314.0
2)	ADD'**f**	W,U,V	W	res	2
		,#314.0	U	res	2
			V	dat	314.0
3)	ADD	**f'**W,**f'**U,**f'**V	W	res	2
		,#**f'**314	U	res	2
			V	dat	314
4)	ADD	W,U,V	**f'**W	res	2
		,#**f'**314	**f'**U	res	2
			f'V	dat	314
5)	ADD	W,U,V	W	res'**f**	2
		,#**f'**314	U	res'**f**	2
			V	dat'**f**	314
6)	ADD	W,U,V	W	res	**f'**2
		,#**f'**314	U	res	**f'**2
			V	dat	**f'**314

Die Zeilen 1 und 2 zeigen, wie die Kennzeichnung der Datentypen in wirklichen Rechnern geschieht, nämlich – mal etwas unsystematisch, mal systematischer – durch die Befehlscodierung: Zur Assemblierzeit braucht diese nur in ihr Binäräquivalent umgesetzt zu werden, und zur Ausführungszeit wird aufgrund des Operationscodes zum entsprechenden Mikroprogrammabschnitt, hier der Gleitkomma-Addition, verzweigt. Bei dieser Art der Datentypdarstellung ist es im

Gegensatz zu der in Zeile 3 wiedergegebenen, nur noch in Ansätzen in wirklichen Rechnern vorkommenden Darstellung nicht möglich, verschiedene Typen durch ein und denselben Befehl miteinander zu verknüpfen, z.B. eine Gleitkommazahl in U mit einer vorzeichenlosen ganzen Zahl in V; in diesem Fall wäre in Tabelle 3-4, Zeile 3, u'V statt f'V bzw. #u'314 statt #f'314 zu schreiben.

Andererseits erfolgt z.B. die Kennzeichnung von Größen als Gleitkommazahlen in handelsüblichen Rechnern doppelt und dreifach, in Zeile 1 von Tabelle 3-4 für die Größe V einmal durch F in ADDF für den Prozessor und zweimal durch d in fld bzw. .0 in 314.0 für den Assembler. Damit ist dieser in der Lage, die Zahl 314 als Gleitkommakonstante im Doppelwortformat zu generieren. – Die *dreifache* Kennzeichnung wäre dann überflüssig, wenn man nicht mehrere Formate, wie z.B. Wort (ohne besondere Kennzeichnung) und Doppelwort (gekennzeichnet durch d in resd und fld) zuließe, sondern sich stattdessen nur auf ein Format, z.B. nur auf Doppelwort, beschränkte. Weiterhin müßte der Datentyp vom Assembler durch die Schreibweise der Konstanten ebenfalls eindeutig identifizierbar sein (wie z.B. in dat 314.0 in Zeile 2 von Tabelle 3-4). Die *doppelte* Kennzeichnung wäre überflüssig, wenn der Assembler den Datentyp aus dem Operationscode holen und auf die Konstantengenerierung anwenden würde (wie z.B. in dat 314 in Zeile 3 von Tabelle 3-4). Andererseits könnte eine mehrfache Kennzeichnung aber auch zu einer Typüberprüfung auf syntaktische Korrektheit zur Assemblierzeit herangezogen werden, worauf aber üblicherweise verzichtet wird.

Der skizzierte, in handelsüblichen Rechnern beschrittene Weg der Typkennzeichnung führt zwar leicht zu Programmierfehlern auf der Assemblerebene, gestattet es aber, die Rechenleistung auf der Maschinenebene bestmöglich auszunutzen. In wirklichen Rechnern erlaubt man, wie wir wissen, daß *alle* 0/1-Muster – egal, ob im Speicher z.B. als Gleitkommazahl deklariert oder nicht – mit *allen* Befehlen bearbeitet werden dürfen. Weiterhin wird nicht zwischen den in den Registern und den in Speicherzellen stehenden 0/1-Mustern unterschieden. Man darf also – und das Wort 0/1-Muster drückt das gut aus – *jeden* Befehl, ob „logical", „unsigned", „signed" usw. auf *jedes* 0/1-Muster anwenden; und dementsprechend ist ein und dasselbe Muster als jeder Datentyp interpretierbar, als „logical", als „unsigned" oder als „signed" usw.

Operationen mit „unsigned/signed numbers"

Die meisten Rechner unterscheiden zwar hinsichtlich der Multiplikation und der Division zwischen vorzeichenlosen (unsigned) und vorzeichenbehafteten Zahlen (signed numbers), und zwar durch unterschiedliche Operationscodes (MULU, DIVU für „unsigned" bzw. MULS, DIVS für „signed"), nicht aber hinsichtlich der Addition, der Subtraktion und des Vergleichs (ADD, SUB, CMP für sowohl „unsigned" als auch „signed"). Das heißt, daß das Ergebnis einer solchen Operation sowohl für signed als auch für unsigned hinsichtlich ihrer 0/1-Muster dasselbe ist, und zwar sowohl hinsichtlich der Zahl als auch hinsichtlich der Bedingungsbits. Es ist also durch Inaugenscheinnahme den entstehenden 0/1-Mustern nicht anzusehen, ob sie aus einer Operation mit vorzeichenlosen oder mit vorzeichenbehafteten Zahlen oder ob sie gar aus einer Mischoperation entstanden sind.

Bild 3-15 zeigt dazu drei Fälle, und zwar für die Addition mit einer verkürzten Zahlendarstellung von vier Bits. (Entsprechendes gilt für den SUB- und den CMP-Befehl; bei letzterem spiegelt sich das Vergleichsergebnis natürlich nur in den Bedingungsbits wider.) In Teilbild a ist das Ergebnis des ADD-Befehls die vorzeichenlose Zahl 9 und liegt somit innerhalb des durch die Stellenzahl vorgegebenen Zahlenbereichs von 0 bis 15. In der Betrachtung als vorzeichenbehaftete Zahl hingegen wird der vorgegebene Zahlenbereich von −8 bis +7 überschritten; dementsprechend ist das Ergebnis von −7 für die Summe falsch. Plausibel wird diese Bereichsüberschreitung hier dadurch, daß die Addition zweier positiver Zahlen zu einem negativen Ergebnis geführt hat. In Teilbild b sind die Zahlen für den ADD-Befehl so gewählt, daß der Zahlenbereich für vorzeichenlose Zahlen überschritten wird, hingegen für vorzeichenbehaftete Zahlen nicht. In Teilbild c ist eine zweimalige Addition unter Verwendung des ADDC-Befehls (add with carry) gezeigt. Die vier niederwertigen Bits der beiden Zahlen sind gleich denen aus Teilbild b gewählt. Bei der ersten Addition wird das c-Bit zu Null angenommen, bei der zweiten Addition wird das c-Bit als Ergebnis der ersten Addition wirksam. Das Ergebnis über alle acht Bits ist in beiden Zahlendarstellungen richtig, da keine Bereichsüberschreitungen aufgetreten sind.

			c v z n	vorzeichenlos		vorzeichenbehaftet	
	0101			5		+5	
	+0100			+ 4		+ +4	
a	1001		0 1 0 1	9		−7	(falsch)
	0101			5		+5	
	+1110			+ 14		+ -2	
b	0011		1 0 0 0	3	(falsch)	+3	
	0001 0101			21		+21	
	+ 1000 1110	1)	0 x x x	+ 142		+ -114	
	+ 1 1	2)	1 0 0 0	163		-93	
c	1010 0011	3)	0 0 0 1				

Bild 3-15. Beispiele für die Ergebnisinterpretation bei der Addition; **a** Befehl ADD: vorzeichenlos richtig, vorzeichenbehaftet falsch, **b** Befehl ADD: vorzeichenlos falsch, vorzeichenbehaftet richtig, **c** Befehl ADDC: vorzeichenlos und vorzeichenbehaftet richtig, Condition-Code-Bits: 1) vor der Operation, 2) nach der ersten Addition, 3) nach der zweiten Addition.

Wir halten fest: Einerseits werden die Bedingungsbits bei allen drei Befehlen – ADD, SUB und CMP – für beide Datentypen identisch gesetzt bzw. gelöscht, andererseits sollen sie für dieselben 0/1-Muster das eine mal z.B. eine Bereichsüberschreitung signalisieren und das andere mal nicht. Das kann nur so funktionieren, daß die Bedingungsbits in den beiden Fällen unterschiedliche Bedeutungen haben. Man lasse sich dabei nicht durch ihre Namensgebungen irremachen, denn diese sind einseitig auf 2-Komplement-Arithmetik ausgerichtet. Tabelle 3-5 zeigt die unterschiedlichen Bedeutungen der Bedingungsbits für vorzeichenbehaftete und vorzeichenlose Zahlen, und dementsprechend unterschiedlich sind ihre Werte in Bild 3-15 zu interpretieren. – Schöner wäre es, zwei Typen Signed- und Unsigned-Befehle zu haben, und zwar mit unterschiedlicher Wirkung auf die Bedingungsbits, so daß deren Bedeutung nicht zweideutig ist.

Tabelle 3-5. Bedeutung der CC-Bits für vorzeichenlose und vorzeichenbehaftete Zahlen

Bedingungsbit	vorzeichenlose Zahl (unsigned)	2-Komplement-Zahl (signed)
c (carry)	Übertrag, Überschreitung	Übertrag
v (overflow)	ohne Bedeutung	Überschreitung
n (negative)	größer/gleich 2^{n-1}	kleiner Null
z (zero)	gleich Null	gleich Null

Obwohl – wie gesagt – die Befehle für Addition, Subtraktion und Vergleich die beiden betrachteten Datentypen *nicht* durch verschiedene Operationscodes unterscheiden, werden beide nun aber in den bedingten Sprungbefehlen *doch* durch verschiedene Operationscodes unterschieden. Diese werten ja die Bedingungsbits aus und müssen damit den beiden unterschiedlichen Interpretationen Rechnung tragen. So gibt es einen Satz bedingter Sprungbefehle für die vorzeichenlose Interpretation und einen Satz bedingter Sprungbefehle für die vorzeichenbehaftete Interpretation der Vergleichsergebnisse. Tabelle 3-6 auf der nächsten Seite zeigt dies in einer Gegenüberstellung für vorzeichenbehaftete und vorzeichenlose Zahlen (BEQ und BNE sind natürlich für beide Datentypen gleich). – Schöner wäre es, einen CMPU-Befehl und einen CMPS-Befehl zu definieren und nur einen Satz bedingter Sprungbefehle mit entsprechend wenigen Mnemos zu haben.

3.5.2 Datentypen, -formate und -strukturen

Eng verbunden mit den *Typen* der Größen ist in der Mathematik deren *Ordnung,* z.B. skalar, vektoriell, matrixförmig, und in der numerischen Mathematik darüber hinaus deren *Darstellung*, z.B. n-stellig, halb-logarithmisch, voll-logarithmisch. Das ist in der Informatik ähnlich. Dort spricht man von Daten*strukturen*, das sind z.B. Felder, Verbunde, aber z.B. auch Stapel und Bäume, und darüber hinaus in der Rechnerorganisation von Daten*formaten*, das sind z.B. Bytes, Wörter, aber z.B. auch Bits oder Doppelwörter.

Tabelle 3-6. Bedingte Sprungbefehle für vorzeichenlose und vorzeichenbehaftete Zahlen

Beziehung	vorzeichenlose Zahl (unsigned)	2-Komplement-Zahl (signed)
>	BHI c=0 *und* z=0 higher	BGT v=n *und* z=0 greater than
≥	BHS c=0 higher or same	BGE v=n greater or equal
≤	BLS c=1 *oder* z=1 lower or same	BLE v ≠ n *oder* z=1 less or equal
<	BLO c=1 lower	BLT v ≠ n less than
=	BEQ z=1 equal	BEQ z=1 equal
≠	BNE z=0 not equal	BNE z=0 not equal

Wie bei den Datentypen unterscheidet man zwischen konkreten Datenstrukturen, das sind die im Compiler bzw. im Computer „eingebauten" Strukturen, und abstrakten Datenstrukturen, das sind die in der Programmier- bzw. Assemblersprache „ausdrückbaren" Strukturen. Zum Beispiel sind array und record in Pascal konkrete, hingegen wären stack oder tree in Pascal abstrakte Datenstrukturen. Des weiteren kann man zwischen konkreten, d.h. eingebauten, und abstrakten, d.h. definierbaren Datenformaten unterscheiden. Zum Beispiel sind in einem Prozessor vom CISC-Typ der Wortlänge 32 Bit nach unserer Terminologie Bit, Byte, Halbwort und Wort (32 Bits) konkrete Datenformate, Doppelwort (64 Bits) hingegen wäre ein abstraktes Datenformat (ausgenommen bei Gleitkommaoperationen).

Wie an der Wahl der Beispiele zu sehen, dominieren im Bereich der Programmiersprachen die Begriffe Daten*typ* und Daten*struktur*; und das Daten*format* wird i.allg. unterschlagen, da es eng mit dem Typ zusammenhängt und durch diesen implizit festgelegt ist (bei einem Compiler z.B. 1 Wort für eine Integer- und 1 Byte für eine Charakter-Größe). Hingegen dominieren im Bereich der Rechnerorganisation die Begriffe Daten*typ* und Daten*format*; und die Daten*struktur* wird i.allg. unterschlagen, da sie eng mit dem Format zusammenhängt und implizit über die Adreßmodifizierungen abgewickelt wird (z.B. ein Feld von Bytes).

Halbwort
Wort
Doppelwort

Die Datenformate ihrerseits sind eng an die Zugriffsmöglichkeiten, d.h. an die Adressierungs-Hardware des Speichers gebunden. Prozessoren mit vorrangig CISC-Eigenschaften erlauben i.allg. die unmittelbare Adressierung von Bytes und Vielfachen davon, also von Halbwörtern, Wörtern und oft Doppelwörtern. Dies erleichtert das Programmieren mit unterschiedlichen Datenformaten, erschwert aber die Organisation von Prozessor und Assembler. Bei reinen RISCs dürfte konsequenterweise nur das Wort unmittelbar adressierbar sein, was zur Einfachheit in der Prozessor- und der Assemblerorganisation beitrüge, aber zu höherer Komplexität und somit geringerer Effizienz in der Programmierung anderer Formate führte. Deshalb unterstützen Prozessoren mit vorrangig RISC-Eigenschaften auch die unmittelbare Adressierung von Bytes und Vielfachen davon, allerdings nur mit Datenausrichtung.

Obwohl es sich also beim Datenformat um eine Adressierungsinformation handelt, wird diese ähnlich der Kennzeichnung der Datentypen in Tabelle 3-4 nicht etwa wie in Zeile 3 den Adressen (f' z.B. in f'W), sondern wie in Zeile 1 dem Operationscode (F in ADDF) und dem Anweisungsmnemo (d in resd bzw. in fld) beigegeben. Üblicherweise lauten diese Zusätze b/B für Byte, h/H für Halbwort, w/W oder „nichts“ für Wort, d/D oder l/L für Doppelwort (Langwort). – Diese Formate werden auch als Standardformate bezeichnet.

Datenformate, die nicht über die normale Adressierungs-Hardware des Speichers laufen, werden entweder über spezielle Befehle angesprochen oder müssen umständlich programmiert werden (siehe die Beispiele auf den nächsten Seiten).

3.5.3 Typische Befehle handelsüblicher Prozessoren

Während bei den Programmiersprachen der Daten*typ* mit der Daten*struktur* in Erscheinung tritt und im Rahmen der Deklarationen ausgedrückt wird, z.B. array of boolean, stack of real, so erscheint in der Rechnerorganisation der Daten*typ* mit dem Daten*format* als Kenngröße, und zwar innerhalb der Operationscodes der einzelnen Befehle. Zum Beispiel gibt es Bitbefehle, Bitfeldbefehle, Stackbefehle, Queuebefehle, Stringbefehle, Feldbefehle, Listenbefehle usw., jeweils auf Bytes, Halbwörter, Wörter usw. angewendet. – Die Alternative ist, Datenstrukturen dieser Art nicht durch gesonderte Befehle zu verarbeiten, sondern hinsichtlich ihrer Verarbeitung durch Adreßmodifizierungen lediglich zu unterstützen. Zum Beispiel unterstützt registerindirekte Adressierung mit Inkrementierung/Dekrementierung und 1, 2, oder 4 als Inkrement/Dekrement die Stack- und Queueoperationen; indizierte Adressierung mit 8, 16 oder 32 Bit langen Indizes unterstützt die Feld- und Listenoperationen, und zwar jeweils mit Bytes, Halbwörtern oder Wörtern.

Es gibt aber auch Befehle, die keinen Datenstrukturen unmittelbar zugeordnet werden können, z.B. für die in diesem Buch schon oft zitierte Polynomauswertung in manchen früheren CISCs.[1] Bei einem solchen Befehl – als Maschinenbefehl in derselben Art wie ein Makrobefehl niedergeschrieben (vgl. Beispiel 3.7, S. 268) – muß man hier (Maschinenbefehl) wie dort (Makrobefehl) wissen, daß es sich im „Aufruf“ POLY N,A,X bei N um eine natürliche Zahl von Wortformat (natural), bei A um ein Feld reeller Zahlen von Doppelwortformat (array of real) und bei X um eine einzelne reelle Zahl von Doppelwortformat (real) handelt. Im Assemblerprogramm geht das höchstens bei gutem Überblick über die Zusam-

1. „alten“, wie dem TR 4 von Telefunken, oder „neueren“, wie dem VAX von Digital Equipment.

menhänge aus der unterschiedlichen Anzahl reservierter Wörter in den Deklarationen N res 1, A res 8 und X res 2 hervor. Ein Beispiel für Maschinenbefehle ganz anderer, sich nicht an Datenstrukturen, sondern eher an strukturierte/modulare Programmierung anlehnender Befehle ist der in diesem Buch wiederholt behandelte CALL-Befehl. Ein weiterer Befehl dieser Art ist der CASE-Befehl, mit dem wie bei einem Decodiervorgang auf eine Reihe von Sprungzielen verzweigt werden kann.[1]

Zur Illustration der angedeuteten Vielfalt an Möglichkeiten typ-, struktur- und formatspezifischer Maschinenbefehle sind im folgenden mehrere Beispiele angegeben, wie sie typischerweise in CISCs anzutreffen sind. Teils sind ihre RISC-ähnlichen Entsprechungen angeführt, teils ist ihre Wirkung durch Text und Bild erläutert. Bezüglich Beispiele CISC-typischer Adressierungsarten mit ihren RISC-ähnlichen Entsprechungen sei auf 3.2 verwiesen, dort allerdings ohne Berücksichtigung unterschiedlicher Datenformate.

Bitmanipulations-Befehle. Die elementaren bitverarbeitenden Operationen sind das Löschen, das Setzen, das Invertieren und das Testen eines einzelnen Bits. Das Testen tritt auch vielfach kombiniert mit Löschen, Setzen oder Invertieren des getesteten Bits auf. Das Ergebnis des Tests schlägt sich im Zero-Bit z nieder.

Die folgenden Gegenüberstellungen zeigen Befehle bzw. Befehlsfolgen für die genannten vier elementaren Operationen sowie als kombinierte Operation das Testen mit anschließendem Setzen eines Bits. Links sind diese Operationen als komplexe Maschinenbefehle dargestellt, rechts in ihrer Auflösung in elementare Maschinenbefehle. Die Zugriffe erfolgen jeweils auf Bit 5 einer Bytevariablen VAR, links unter Angabe der Bitposition als Nummer, rechts als 0/1-Muster einer Maske (ihre Binärdarstellung wird dem Assembler durch 0b angezeigt). Um die Variable VAR beim Testen nicht zu verändern, wird zusätzlich die Hilfsvariable TEMP benutzt.

CISC-Implementierung		*Nachbildung*
BCLR.B VAR, #5	=	AND.B VAR, #0b11011111
BSET.B VAR, #5	=	OR.B VAR, #0b00100000
BINV.B VAR, #5	=	XOR.B VAR, #0b00100000
BTEST.B VAR, #5	=	LD.B TEMP, VAR AND.B TEMP, #0b00100000 CMP.B TEMP, #0
BTSET.B VAR, #5	=	LD.B TEMP, VAR AND.B TEMP, #0b00100000 CMP.B TEMP, #0 OR.B VAR, #0b00100000

1. Auch diese beiden Befehle sind in den VAX-Prozessoren von Digital Equipment als konkrete Maschinenbefehle eingebaut.

Bitfeld-Befehle. Das Datenformat Bitfeld beschreibt eine variable Anzahl aufeinanderfolgend gespeicherter Bits mit einer bei 32-Bit-Prozessoren üblichen Begrenzung der Bitfeldbreite auf 32. Bei einfacheren Prozessoren muß ein Bitfeld innerhalb eines ausgerichteten Worts liegen, bei komplexeren Prozessoren kann seine Position im Speicher beliebig vorgegeben werden. Die Adressierung erfolgt durch drei Größen: (1.) durch eine Bezugsadresse (im ersten Fall eine Wortadresse, im zweite Fall eine Byteadresse), (2.) durch eine Distanz (offset), die ausgehend von der Bezugsadresse die Position des ersten Bits des Feldes angibt, und (3.) durch eine Längenangabe für die Anzahl der Bits des Feldes.

Bitfelder werden zu ihrer Verarbeitung i. allg. rechtsbündig in ein Datenregister des Prozessors geladen, wobei, um danach die Verarbeitung in den Standardformaten durchführen zu können, die freien höherwertigen Bits des Registers entweder mit Nullen (zero extension) oder mit dem höchstwertigen Bit des Bitfeldes (sign extension) aufgefüllt werden. Das Zurückschreiben des Resultats in den Speicher erfolgt so, daß genau nur diejenigen Bits im Speicher überschrieben werden, die zu dem Bitfeld gehören. Der Prozessor holt also zuerst jene Bytes aus dem Speicher, in denen das Bitfeld liegt, setzt dann das Bitfeld ein und schreibt schließlich die Bytes zurück.

zero- / sign-extension

Die folgende Gegenüberstellung zeigt einen Befehl bzw. eine Befehlsfolge für das rechtsbündige Laden eines Bitfeldes in das Prozessorregister R0 mit Auffüllen der höherwertigen Registerbits durch Sign-Extension. Die Adreßangaben sind: BITFELD, OFFSET (0 bis 31) und N (für die Länge: 1 bis 32). Die Darstellung zeigt links die Ladeoperation als komplexen Befehl und rechts ihre Auflösung in elementare Befehle.

Bei dieser Bitfeldoperation wird zunächst das Wort, in dem das Bitfeld steht, nach R0 geladen. Ist die Länge gleich 32, so entfällt das rechtsbündige Verschieben und das Auffüllen der höherwertigen Registerbits. Bei einer Länge kleiner 32 wird das Bitfeld in R0 zunächst durch einen logischen Shift linksbündig ausgerichtet und danach durch einen arithmetischen Shift rechtsbündig ausgerichtet, wobei die Vorzeichenerweiterung entsteht. (Wäre eine Erweiterung durch Nullen gefordert, so müßte der arithmetische durch einen logischen Shift ersetzt werden.)

```
CISC-Implementierung                       Nachbildung

LDSX.W R0, BITFELD, OFFSET, N    =         LD.W    R0, BITFELD
                                           CMP.B   N, #32
                                           BEQ     END
                                           LD.B    R1, #32
                                           SUB.B   R1, N
                                           SUB.B   R1, OFFSET
                                           LSL.W   R0, R1
                                           ADD.B   R1, OFFSET
                                           ASR.W   R0, R1
                                     END:  :
```

Dezimal-String-Befehle. Dezimalarithmetik wird vor allem dort eingesetzt, wo das Sichtbarmachen von Zahlen im Vordergrund steht und demgegenüber das Rechnen mit Zahlen eine untergeordnete Rolle spielt. Die Dezimalarithmetik erspart die relativ aufwendige Konvertierung zwischen der rechnerexternen Dezimaldarstellung und der rechnerinternen Ganzzahl- oder Gleitkommazahldarstellung. Sie erfordert lediglich eine einfache Codeumsetzung zwischen dem prozessorexternen Zeichencode (ASCII) und dem prozessorinternen Dezimalcode (binary coded decimal, BCD). Neben ein-/ausgabeintensiven Anwendungen gibt es eine weitere, interessante Anwendung, nämlich Zahlen exakt darstellen zu können. So ist z.B. die Dezimalzahl 0,1 als Dualzahl mit beliebig vielen Stellen nicht exakt, als BCD-Zahl jedoch mit zwei Stellen genau darstellbar. Dies ist z.B. im Bankwesen erforderlich.

BCD-Code

Zur prozessorinternen Darstellung der Dezimalziffern gibt es eine Reihe von Binärcodes, von denen der BCD-Code der gebräuchlichste ist. Bei ihm werden die Ziffern 0 bis 9 durch vier Bits mit den Wertigkeiten 8, 4, 2, 1 codiert. Das entspricht den Dualzahlen 0000 bis 1001. Aus diesen 4-Bit-Einheiten (Tetraden, nibbles) werden Dezimalzahlen zusammengesetzt. Diese Zahlen können vorzeichenbehaftet sein oder nicht. Als Vorzeichen werden z.B. die Codewörter 0000 für plus und 1001 für minus gewählt. Diese Codierung erlaubt es, die Vorzeichenabfrage auf das höchstwertige Bit einer solchen Vorzeichen-Tetrade zu beschränken, so daß man BCD-Zahlen hinsichtlich der Vorzeichenabfrage wie Dualzahlen behandeln kann. Oder es werden zwei der für die Vorzeichendarstellung nicht benötigten Codierungen 1010 bis 1111 (auch als Pseudotetraden bezeichnet) verwendet; dann ist dieses einfache Vorgehen nicht mehr möglich.

nibbles

Man bezeichnet diese kompakte Art der Dezimalzahldarstellung durch aufeinanderfolgende 4-Bit-Ziffern auch als gepackte Darstellung. Ihr gegenüber steht die ungepackte Darstellung, auch gezonte Darstellung genannt. Bei ihr belegt eine BCD-Ziffer jeweils den rechten Teil eines Bytes (Ziffernteil), der linke Teil (Zonenteil) ist durch eine Konstante festgelegt. Mit dem Zonenteil 0011 (hexadezimal 0h3) erhält man die Zeichendarstellung der Ziffern im ASCII-Code, mit dem Zonenteil 1111 (0hF) die Zeichendarstellung der Ziffern im EBCDI-Code. Der EBCDIC (extended binary coded decimal interchange code) ist ein von IBM bei großen Rechnern (mainframes) benutzter Zeichencode. Für die Umwandlung von der einen in die andere Darstellung gibt es Konvertierungsbefehle, wie PACK zur Erzeugung der gepackten und UNPACK zur Erzeugung der ungepackten Form.

ASCI-Code

EBCDIC-Code

Vielfach haben Prozessoren nur BCD-Befehle für das Byteformat, d.h. für die Verarbeitung zweistelliger Dezimalzahlen. Es gibt aber auch Prozessoren, die zusätzlich das Halbwort- und Wortformat, d.h. Dezimalzahlen mit vier und acht Stellen einbeziehen. Die Verarbeitung längerer Zahlen muß bei solchen Prozessoren unter Verwendung dieser Formate programmiert werden. Darüber hinaus gibt es aber auch Prozessoren, die Dezimalzahlen als sog. Numeric-Strings verarbeiten, und zwar als Folgen von Bytes variabler Anzahl mit jeweils zwei BCD-Zeichen pro Byte. Typisch sind hier Formate von bis zu 32 Stellen einschließlich

numeric strings

des Vorzeichens. Lokalisiert werden sie z. B. durch eine Anfangsadresse und eine Längenangabe. – Prozessoren, die BCD-Strings verarbeiten, sehen neben der Addition und der Subtraktion auch die Multiplikation und die Division vor.[1]

BCD-Addition/-Subtraktion. Wir kommen noch mal auf die Prozessoren mit den kurzen Zahlenformaten Byte, Halbwort und Wort zurück. Dort sind üblicherweise nur die BCD-Addition (ABCD) und die BCD-Subtraktion (SBCD) implementiert. Ausgeführt werden diese Operationen z. B. durch die Arithmetikeinheit, wie sie für Ganzzahloperationen vorhanden ist, aber um die Möglichkeit einer Ergebniskorrektur erweitert sein muß. Eine Korrektur ist immer dann notwendig, wenn an einzelnen Dezimalstellen Werte auftreten, die größer als 9 (1001) sind (Pseudotetraden). Dies äußert sich entweder durch ein resultierendes 0/1-Muster zwischen 1010 und 1111 im Wertebereich der Dualzahlen, das entspricht den Dezimalzahlen 10 bis 15, oder durch ein resultierendes 0/1-Muster zwischen 0000 und 0010 im Wertebereich der Dualzahlen plus einem entstehenden Übertrag für die nächste Stelle, das entspricht den Dezimalzahlen 16 bis 18. Als Korrekturfaktor wird der Wert 6, d.h. die Dualzahl 0110, zu dieser Stelle addiert.

Beispiel 3.14. BCD-Addition. Das folgende Schema illustriert die Addition der beiden vorzeichenlosen, 4-stelligen Dezimalzahlen 0891 und 1989.

0891		0000	1000	1001	0001	
+ 1989	+	0001	1001	1000	1001	
2880		1 ↲	1 ↲			Überträge
		0010	0010	0001	1010	Zwischenergebnis
	+		0110	0110	0110	Korrektur
		0010	1000	1000	0000	Ergebnis

Die Subtraktion wird üblicherweise auf die Addition zurückgeführt, indem der Subtrahend im 9-Komplement oder im 10-Komplement dargestellt wird (das entspricht dem 1-Komplement bzw. dem 2-Komplement bei Dualzahlen).

Um bei Prozessoren mit kurzen Zahlenformaten auch Operationen mit längeren Dezimalzahlen in einfacher Weise programmieren zu können, sind die Befehle ABCD und SBCD so ausgelegt, daß sie einerseits das Carry-Bit c des Statusregisters an der niedrigsten Bitposition in ihre Operationen mit einbeziehen (als Übertrag von der nächst niedrigeren Dezimalstelle) und andererseits das Carry-Bit c durch die Operation selbst beeinflussen (Übertrag in die nächst höhere Dezimalstelle).

Beispiel 3.15. BCD-Addition. Das folgende Programm illustriert eine Anwendung des ABCD-Befehls. Es zeigt die byteweise Addition zweier vorzeichenloser 10-stelliger Dezimalzahlen, die in gepackter Form in jeweils fünf aufeinan-

1. z. B. wieder bei den VAX-Prozessoren von Digital Equipment.

derfolgenden Bytes, beginnend mit den niedrigsten Stellen, unter den Adressen DEZ1 bzw. DEZ2 gespeichert vorliegen.

```
DEZ1   res   5
DEZ2   res   5
       :
       CLR   R0
       CLR   C
LOOP:  ABCD  DEZ1[R0], DEZ2[R0]
       ADD   R0,  #1
       CMP   R0,  #5
       BNE   LOOP
       :
```

Character-String-Befehle. Byte-Strings gibt es nicht nur als Numeric-Strings für die Verarbeitung von Dezimalzahlen, sondern auch als Character-Strings zur Darstellung und Verarbeitung von Zeichenfolgen. Auch hier sind die Bytes, beginnend bei einer Anfangsadresse, aufeinanderfolgend gespeichert. Jedes Byte enthält genau ein Zeichen, z.B. im ASCII-Code. Die String-Länge ist variabel; sie wird entweder durch eine Längenangabe, eine Endadresse oder ein bestimmtes Codewort des Zeichencodes vorgegeben. Verwendet wird diese Darstellung im Zusammenhang mit dem Ein- und Ausgeben von Text.

Typische Character-String-Operationen sind:

- Transportieren eines String (move string), entspricht dem Kopieren eines Blocks variabler Byteanzahl,
- Transportieren bei gleichzeitigem Umsetzen eines String (move and translate), wertet die Zeichen des Quell-String als Indizes einer 256-zeiligen Tabelle aus, die die zugehörigen Einträge des Ziel-String enthält,
- Vergleichen zweier gleichlanger Strings (compare), zeigt das Vergleichsergebnis „alle korrespondierenden Zeichen sind gleich“ oder „wenigstens ein Zeichenpaar ist ungleich“ in den Bedingungsbits an,
- Suchen nach dem Vorhandensein eines bestimmten Zeichens (locate character), zeigt ggf. die Position des ersten gefundenen Zeichens an,
- Suchen eines Substring innerhalb eines String (find substring), zeigt ggf. an, ab welcher Position der Substring im String beginnt.

In der folgenden Gegenüberstellung wird ein String aus ASCII-Zeichen, dessen Anfangsadresse in R0 steht und dessen Länge durch den Code 0h00 des letzten Zeichens vorgegeben ist, in einen Speicherbereich kopiert, dessen Anfangsadresse in R1 steht. Die Darstellung zeigt links den komplexen Befehl „Move String“ und rechts seine Nachbildung durch Nicht-String-Befehle. Wie man sieht, benötigt der String-Befehl für den gesamten Transportvorgang nur einen Befehlszugriff, während bei seiner Nachbildung für jeden Bytetransport drei Befehlszugriffe erforderlich sind.

CISC-Implementierung		*Nachbildung*
MOVES R1, R0, #0h00	=	AGAIN: MOVE.B (R1)+, (R0)
		CMP.B (R0)+, #0h00
		BNE AGAIN

3.5.4 Gleitkommabefehle

Für das Rechnen mit reellen Zahlen gibt es zwei Zahlendarstellungen: die Festkommazahlen (fixed-point numbers) und die Gleitkommazahlen (floating-point numbers). Bei der Darstellung als Festkommazahlen geht man von der Ganzzahldarstellung aus (einem Sonderfall der Darstellung von Festkommazahlen) und denkt sich das dort rechts der Einerstelle angenommene Komma um eine feste Position nach links versetzt. Arithmetische Operationen können dann wie mit ganzen Zahlen ausgeführt werden, allerdings sind Shiftkorrekturen, z.B. bei der Multiplikation, erforderlich. Rechenwerke für Festkommaarithmetik sind dementsprechend wenig aufwendig. Dennoch sind sie in nur wenigen Prozessoren vorhanden, da Festkommazahlen wie die ganzen Zahlen einen sehr eingeschränkten Zahlenbereich haben, der bei arithmetischen Operationen schnell zu Bereichsüberschreitungen führt.

Sehr viel gebräuchlicher als Festkommazahlen sind die Gleitkommazahlen. Sie werden halblogarithmisch durch Mantisse und Exponent in der Form

$$Z = m \cdot b^e$$

dargestellt, wobei die Position des Kommas durch den Wert des Exponenten bestimmt wird. Unter der Voraussetzung gleicher Stellenanzahl für die Datenformate haben sie den Vorteil, den Zahlenbereich wesentlich zu erweitern, und zwar abhängig von der vereinbarten Zahlenbasis b und der Länge des Exponenten e. Das geht allerdings zu Lasten der Genauigkeit, da die Summe der Länge des Exponenten e und der Länge der Mantisse m vorgegeben ist. Nachteilig bei Gleitkommazahlen ist, daß die getrennte Verarbeitung von Mantisse und Exponent ein sehr viel aufwendigeres Rechenwerk erfordert.

Zahlendarstellung

Gleitkommazahlen werden, wenn sie der Mensch benutzt, im Dezimalzahlensystem angegeben, d.h. zur Basis 10 und mit dezimaler Schreibweise für Mantisse und Exponent (wie bei den Taschenrechnern üblich). So hat die Zahl +0,3125 – wenn sie z.B. mit ganzzahliger Mantisse angegeben wird – die Darstellung

$$Z_{FP} = +3125_{10} \cdot 10^{-4}{}_{10} .$$

Rechnerintern wird für die Gleitkommadarstellung bevorzugt die Zahlenbasis 2 verwendet. Auch für Mantisse und Exponent sind unterschiedliche Zahlendarstellungen gebräuchlich, z.B. die der Vorzeichen-/Betragszahlen, der 2-Komplement-Zahlen, der Oktalzahlen (Basis 8) oder der Hexadezimalzahlen (Basis 16).

Mit der Zahlenbasis 2 und der Vorzeichen-/Betragsdarstellung für Mantisse und Exponent ergibt sich für die obige Zahl die Schreibweise

$$Z_{FP} = +1{,}101_2 \cdot 2^{-010_2}.$$

Der Anschaulichkeit halber wurde hier ein kurzes Datenformat gewählt, mit 4 Bits für die Mantisse und 3 Bits für den Exponenten. Üblich sind demgegenüber Datenformate mit insgesamt 32, 64 oder mehr Bits. Außerdem wurde die Lage des Kommas auf die Position nach der ersten Stelle festgelegt, mit der Maßgabe, daß die Zahl mit einer führenden Eins beginnen muß. Da diese Eins im Datenformat nicht gespeichert zu werden braucht, reduziert sich im obigen Beispiel die Mantissendarstellung auf 3 Bits, d.h. auf 3 Stellen. Diese sog. normalisierte Form gewährleistet, daß alle Stellen der Mantisse als signifikant genutzt werden können. Der Wertebereich des Betrags der Mantisse ergibt sich damit zu $1{,}0 \leq |\text{Mantisse}| < 2{,}0$.

Bild 3-16a zeigt den insgesamt zur Verfügung stehenden Zahlenbereich für die dem Beispiel zugrundeliegende Zahlendarstellung. Er besteht aus zwei Teilbereichen: einem für negative und einem für positive Zahlen. Die Null liegt aufgrund der normalisierten Darstellung außerhalb dieser Bereiche. Sie muß dementsprechend im Datenformat durch ein besonderes Codewort berücksichtigt werden. Werte, die als Ergebnis einer Gleitkommaoperation zwischen der Null und der kleinsten positiven oder der kleinsten negativen normalisierten Zahl liegen, gelten als Bereichsunterschreitung (underflow). Sie werden durch das Rechenwerk entweder näherungsweise auf Null gesetzt oder als unnormalisierte Zahlen ohne führende Eins angegeben. Ergebnisse, die größer als die größte positive oder kleiner als die kleinste negative Zahl sind, gelten als Bereichsüberschreitung (overflow). Sie werden im Datenformat wiederum durch besondere Codewörter als plus/minus Unendlich ausgewiesen.

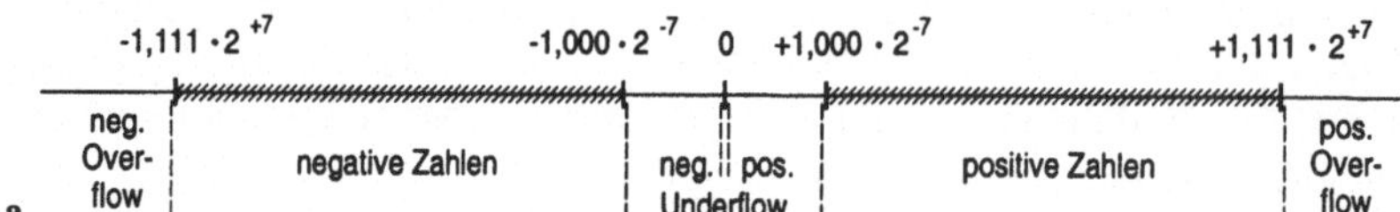

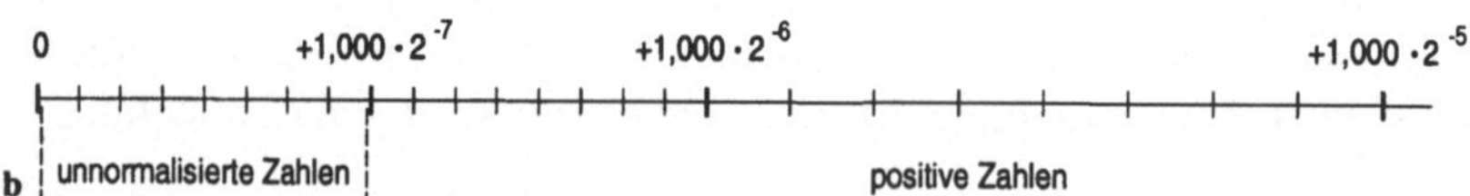

Bild 3-16. Zahlenbereiche für eine normalisierte Gleitkommadarstellung mit je drei Bits für Mantisse und Exponent (dezimal dargestellt) und je einem Vorzeichenbit (+/–); **a** gesamter Zahlenbereich einschließlich Underflow und Overflow, **b** Ausschnitt aus dem positiven Zahlenbereich einschließlich des positiven Underflow-Bereichs, hier ausgefüllt durch die unnormalisierten Zahlen.

Diskretisierung. Die begrenzte Stellenanzahl der Mantisse hat eine Diskretisierung des Zahlenkontinuums der reellen Zahlen zur Folge, d.h., der Datentyp Gleitkommazahl kann die reellen Zahlen nur mit einer begrenzten Genauigkeit beschreiben. Bild 3-16b zeigt dies an einem Ausschnitt des positiven Zahlenbereichs. Jeder der Zweierpotenz-Bereiche hat die gleiche Anzahl an darstellbaren Zahlen, abhängig von der Stellenzahl des gebrochenen Teils der Mantisse (fraction). Die führende Eins vor dem Komma ist dabei ohne Einfluß; sie wird im Gleitkommaformat deshalb üblicherweise auch nicht gespeichert, sondern vom Rechenwerk – die normalisierte Form vorausgesetzt – automatisch hinzugefügt.

Genauigkeit. Da sich die Zweierpotenz-Bereiche mit steigendem Betrag des Exponenten vergrößern, vergrößern sich auch die Abstände der Zahlen in ihnen, weshalb die absolute Genauigkeit der Zahlen mit steigendem Betrag des Exponenten abnimmt. Das erklärt, warum sich mit Gleitkommazahlen bei gleicher Wortlänge für die einzelnen Datenformate ein sehr viel größerer Zahlenbereich überspannen läßt als mit ganzen Zahlen. Die relative Genauigkeit hingegen, gegeben durch den Abstand einer Zahl zu ihrer Nachbarzahl, bezogen auf die Zweierpotenz des Zahlenbereichs der beiden Zahlen, bleibt über den gesamten Zahlenbereich hinweg konstant.

Runden. Aufgrund der Diskretisierung des Zahlenraums fallen die Rechenergebnisse meist nicht mit einem der darstellbaren Werte zusammen, weshalb sie gerundet werden müssen. Ein gebräuchliches Verfahren ist das Runden zum nächstliegenden Wert, ggf. zum geraden Wert. Dazu werden zusätzliche, im Rechenwerk geführte Bits ausgewertet, die die Mantisse nach rechts hin über das eigentliche Datenformat hinaus erweitern.

Arithmetik

Die elementaren Operationen mit Gleitkommazahlen sind die vier Grundrechenarten Addition, Subtraktion, Multiplikation und Division. Zur Durchführung dieser Operationen werden die als 0/1-Muster vorliegenden Gleitkommazahlen in ihre Bestandteile zerlegt, bei der hier beschriebenen Darstellung in die vorzeichenbehaftete Mantisse und in den vorzeichenbehafteten Exponenten. Darüber hinaus wird bei normalisierter Darstellung der Betrag der Mantisse um die im Datenformat nicht gespeicherte Eins vor dem Komma ergänzt. Die eigentliche Arithmetik läßt sich dann getrennt nach Mantisse und Exponent auf Ganzzahloperationen zurückführen.

Addition, Subtraktion. Für die Addition und die Subtraktion sind drei Schritte erforderlich, wobei vorausgesetzt wird, daß die Operanden in normalisierter Form vorliegen.

Schritt 1. Die beiden Exponenten werden miteinander verglichen. Bei Ungleichheit wird der kleinere Exponent an den größeren angeglichen. Dazu wird die zugehörige Mantisse einschließlich der führenden Eins vor dem Komma um so viele Stellen nach rechts geshiftet, wie die Differenz der beiden Exponenten vorgibt. Danach haben beide Zahlen die gleiche Stellung des Kommas. Im

Hinblick auf das Runden des Resultats (Schritt *3*) beeinflussen die bei der Shiftoperation nach rechts aus dem Format hinausgeschobenen Einsen der Mantisse drei im Rechenwerk vorgesehene Zusatzbits G (guard), R (round) und S (sticky), die für das abschließende Runden in Schritt *3* ausgewertet werden.

Schritt 2. Abhängig von der Operation und den Vorzeichenbits beider Mantissen wird entschieden, ob das Rechenwerk (a) eine Addition oder (b) eine Subtraktion auszuführen hat.

a) Die Beträge der beiden Mantissen werden addiert, wobei das Rechenwerk das Resultat um die Zusatzbits ergänzt. Tritt ein Übertrag auf, so wird die Mantisse unter Einbeziehung des Übertrags bei gleichzeitigem Inkrementieren des Exponenten um eine Stelle nach rechts geshiftet, wobei ggf. die Zusatzbits mit beeinflußt werden.

b) Die Beträge der beiden Mantissen werden subtrahiert. Entstehen dabei führende Nullen in der Mantisse, so wird das Resultat durch Linksshiften der Mantisse bei gleichzeitigem Dekrementieren des Exponenten normalisiert. Dabei werden die Zusatzbits ausgewertet.

Schritt 3. Das Ergebnis wird, falls erforderlich, unter Auswertung der Zusatzbits gerundet. Tritt dabei ein Übertrag auf, so wird die Mantisse unter Einbeziehung des Übertrags bei gleichzeitigem Erhöhen des Exponenten um eine Stelle nach rechts geshiftet.

Beispiel 3.16. Addition. Die Addition der Zahlen $X=+1{,}110\cdot 2^{+100}$ und $Y=+1{,}000\cdot 2^{+010}$ erfolgt in folgenden Schritten (die kursiv gedruckten Ziffern betreffen die Zusatzbits G, R und S);

1. Angleichung des Exponenten von Y an X: $Y = +\ 0{,}010\mathit{000}\cdot 2^{+100}$

2. Addition der Beträge der Mantissen:

$$\begin{array}{lrl} X: & 1{,}110 & \cdot 2^{+100} \\ Y: & +\ \underline{0{,}010\mathit{000}} & \cdot 2^{+100} \\ S: & 10{,}000\mathit{000} & \cdot 2^{+100} \end{array}$$

1-Bit-Rechtsshift: $S:\ 1{,}000\mathit{000}\cdot 2^{+101}$

3. Das Runden entfällt.

Multiplikation, Division. Unter der Voraussetzung normalisierter Operanden sind für die Multiplikation und die Division vier Schritte erforderlich. Ein Angleichen der Exponenten entfällt; sie werden in diesen Fällen ja einer Addition bzw. Subtraktion unterworfen.

Schritt 1. Aus den Vorzeichen der beiden Mantissen wird das Vorzeichen des Resultats ermittelt.

Schritt 2. Die Exponenten der beiden Faktoren werden addiert, bzw. der Exponent des Divisors wird vom Exponenten des Dividenden subtrahiert.

Schritt 3. Die Beträge der Mantissen werden multipliziert bzw. dividiert. Tritt bei der Multiplikation ein Übertrag auf, so wird die Mantisse unter Einbeziehung dieses Übertrags bei gleichzeitigem Erhöhen des Exponenten um eine Stelle nach rechts geshiftet. Entsteht bei der Division eine führende Null im resultierenden Betrag der Mantisse, so wird diese bei gleichzeitigem Dekrementieren des Exponenten um eine Stelle nach links geshiftet. Die Zusatzbits werden jeweils ggf. beeinflußt bzw. mit ausgewertet.

Schritt 4. Das Ergebnis wird, falls erforderlich, unter Auswertung der Zusatzbits gerundet. Tritt dabei ein Übertrag auf, so wird die Mantisse unter Einbeziehung dieses Übertrags bei gleichzeitigem Erhöhen des Exponenten um eine Stelle nach rechts geshiftet.

Beispiel 3.17. Multiplikation. Die Multiplikation der Zahlen $X=+1{,}100 \cdot 2^{+010}$ und $Y=+1{,}100 \cdot 2^{+001}$ erfolgt in folgenden Schritten:

1. Ermittlung des Vorzeichens des Produktes	P:	+
2. Addition der Exponenten:	X:	+ 010
	Y:	+ 001
	E:	+ 011
3. Multiplikation der Beträge der Mantissen:	X:	1,100
	Y:	· 1,100
	M:	10,010*000*
1-Bit-Rechtsshift:	P:	1,001*000* $\cdot 2^{+100}$
4. Das Runden entfällt.		

Bei allen vier Abläufen sind die Grenzfälle, daß aufgrund von Shiftoperationen der kleinste oder größte darstellbare Wert des Exponenten unter- bzw. überschritten wird, nicht berücksichtigt. Sie müssen vom Rechenwerk gesondert behandelt werden, indem als Resultate z.B. die Codewörter für Null, für unnormalisierte Zahlen oder für Unendlich erzeugt werden.

ANSI/IEEE-Standard 754. Zur Vereinheitlichung der Gleitkommaverarbeitung durch Hardware oder Software wurde der Standard ANSI/IEEE 754 (American National Standard Institute/Institute of Electrical and Electronics Engineers) erarbeitet und 1985 veröffentlicht. Er definiert

- mehrere Datenformate,
- die Arithmetikoperationen Addition, Subtraktion, Multiplikation, Division, Quadratwurzelbildung, Restbildung und Vergleich,
- diverse Konvertierungsoperationen zwischen den verschiedenen Gleitkommaformaten und zwischen Gleitkommaformaten und Ganzzahl- und Dezimalzahldarstellungen sowie
- die Ausnahmebehandlung bei Gleitkommaoperationen.

Die Darstellung einer Gleitkommazahl hat hier folgende Form:

$$Z_{FP} = (-1)^s (1.f) 2^{e\text{-bias}}$$

Darin ist s das Vorzeichen der Mantisse (0: positiv, 1: negativ) und $1.f$ die normalisierte Form des Betrags der Mantisse. Der im 2-Komplement zu verarbeitende Exponent wird in den Datenformaten durch einen vorzeichenlosen Wert e (biased exponent) dargestellt, aus dem bei der Verarbeitung der eigentliche Exponent durch Subtraktion eines Basiswertes (bias) ermittelt wird. Der bias-Wert ist dabei gleich dem halben Wertebereich des Exponenten.

Basisdatenformate für einfache und doppelte Genauigkeit (bias = 127 bzw. 1023) haben 1 Bit für s, 8 bzw. 11 Bits für e und 23 bzw. 52 Bits für f. Darüber hinaus gibt es zwei erweiterte Formate mit größerer Bitanzahl für die Mantisse und den Exponenten, die rechenwerksintern benutzt werden, um die Akkumulation von Rundungsfehlern zu reduzieren, d.h. die Rechengenauigkeit zu erhöhen. – Für weitere Information siehe DIN IEC 559.

3.5.5 Sprachorientierte Rechnerarchitekturen

In der Tradition der in diesem Kapitel vorgestellten Prozessor-/Assemblerorganisation ist es von gewissem Reiz, Rechner mit dem Ziel zu entwerfen, bestimmte interessante Eigenschaften höherer Programmiersprachen nicht (wie üblich) über den Compiler, sondern (eher unüblich) unmittelbar vom Computer ausführen zu lassen. Dabei handelte es sich um Fragestellungen wie

- dynamische Abarbeitung arithmetischer Ausdrücke, die vom Compiler in Postfixnotation bereitgestellt werden, z.B. $p = a_0 \cdot x^3 + a_1 \cdot x^2 + a_2 \cdot x + a_3$ in der Form $a_0 x x x \cdots a_1 x x \cdot \cdot a_2 x \cdot a_3 {+}{+}{+}$ (das führt auf die in 2.1.5 behandelten Stack-Architekturen);
- dynamische Überprüfung von Typvereinbarungen, z.B. in „c := a and b“ mit „var a, b: boolean“;
- dynamische Speicherplatzreservierung, z.B. in „array of real [1:n]“ mit „var n: natural“, oft in Verbindung mit feldverarbeitenden Operationen.

Für letztere Implementierungen haben sich Begriffe wie Sprachorientierte Rechnerarchitekturen, „high level language architectures“, „HLL architectures“ eingebürgert. – Solche Architekturen lassen sich gewissermaßen rezeptmäßig entwickeln, und zwar durch folgendes Vorgehen:[1]

1. Man wähle eine nicht zu komplexe Programmiersprache, die aber in bestimmtem Zusammenhang interessante Eigenschaften aufweist.
2. Man untersuche, welche Aufgaben zur Übersetzungszeit vom Compiler und welche zur Ausführungszeit vom Laufzeitsystem vorteilhaft wahrgenommen werden.

1. sind also mehr der Computer*entwicklung*, weniger der Computer*forschung* zuzurechnen.

3. Man wähle bestimmte Compileraktivitäten aus, die – wenn sie zur Laufzeit erfolgen – neue, interessante Möglichkeiten an Systemleistungen eröffnen.
4. Man wähle bestimmte Aktivitäten des Laufzeitsystems aus, die viel Zeit kosten und somit womöglich Ineffizienzen verursachen.

Für den Bau des neuen Rechners, d.h. für die (Mikro-)programmierung der in Punkt 3 und Punkt 4 ausgewählten Aktivitäten, gibt es nun eine Reihe von Möglichkeiten, die einzeln oder zu mehreren verfolgt werden können:

- Man (mikro)programmiere die gewählten Aktivitäten auf einem *fremd*entwickelten *maschinen*programmierbaren, d.h. einem im Handel erhältlichen gewöhnlichen Rechner;
  das entspricht einer extrem vertikalen Mikroprogrammierung (Simulation) des „neuen" Rechners – nicht sinnvoll als Computerprodukt, nur sinnvoll zur Software-Entwicklung.
- Man mikroprogrammiere die gewählten Aktivitäten auf einem *fremd*entwickelten *mikro*programmierbaren, d.h. einem im Handel mit dieser Eigenschaft erhältlichen Rechner;
  das entspricht einer vertikalen Mikroprogrammierung (Emulation) des „neuen" Rechners – sinnvoll als vorab auslieferbares Produkt oder in kleinen Stückzahlen hergestellt.
- Man mikroprogrammiere die gewählten Aktivitäten auf einem *eigen*entwickelten *mikro*programmierbaren, d.h. einem eigens für diesen Zweck selbst entwickelten Rechner;
  das entspricht einer horizontalen Mikroprogrammierung (Konstruktion) des „neuen" Rechners – sinnvoll als Endprodukt in größeren Stückzahlen hergestellt.
- Man „mikro"programmiere die gewählten Aktivitäten auf einem *eigen*entwickelten, im eigentlichen Sinne nicht mehr *mikro*programmierbaren, d.h. einem selbst anwendungsspezifisch konstruierten Rechner;
  das entspricht einer extrem horizontalen Mikroprogrammierung des „neuen" Rechners – wegen nicht zu rechtfertigenden hohen Aufwands nicht sinnvoll als Computerprodukt, sinnvoll als auf eine spezielle Anwendung zugeschnittener, d.h. anwendungsspezifischer IC (ASIC).

Entsprechend der Vielfalt höherer Programmiersprachen gab und gibt es somit eine Vielzahl an Konzepten für „Hochsprachenrechner": Algol-Maschinen, Pascal-Maschinen, Java-Maschinen usw.

Datentypaspekte. Die in der Mathematik und den Programmiersprachen gebräuchliche Ausdrucksweise – auf die Rechnerorganisation übertragen, siehe die kursiv gedruckten Befehle und Anweisungen in den beiden letzten Spalten der Tabellen 3-2 und 3-3 – sei noch einmal aufgegriffen. Sie ist in Tabelle 3-4 für Gleitkommazahlen (floating-point numbers) in den Zeilen 4 bis 6 in drei verschiedenen Varianten dargestellt, von denen die letzte den in den Tabellen 3-2 und 3-3 gewählten Darstellungen entspricht. Charakteristisch für diese drei Möglichkeiten ist, daß die Kennzeichnung des Datentyps (in der Tabelle durch Fettdruck hervorgehoben) in den Assembleranweisungen bzw. den Konstantenangaben erfolgt. Das heißt, daß zur Assemblierzeit die Information, welcher Datentyp zu verarbeiten ist, *entweder* aus den referenzierten Assembleranweisungen gewonnen und vom Assembler bei der Codierung der Maschinenbefehle in die entsprechenden Felder, z.B. den Operationscode, eingesetzt wird, *oder* diese Information wird zur Assemblierzeit in die Speicherzellen selbst, d.h. in besondere Felder zu jedem Datum eingetragen. Zur Laufzeit muß dann der Prozessor bei der Ausführung der Maschinenbefehle diese Felder nach jedem Speicherzugriff auf das referenzierte Datum auswerten und den Operationscode mit dieser zunächst fehlenden Information vervollständigen. Erst dann ist er imstande, den Befehl entsprechend dem Datentyp korrekt auszuführen.

Das Negativum einer solchen Architektur ist, daß auf die im Zusammenhang mit der Unterscheidung zwischen Adressen und sonstigen Operanden eingangs 3.2.1 hingewiesene absolute Flexibilität und Effektivität (aber auch absolute Disziplin) bei der Erstellung und Ausführung von Maschinenprogrammen verzichtet werden muß (bzw. kann), ganz im Gegensatz zu den behandelten handelsüblichen Rechnerarchitekturen. Es ist nämlich nicht ohne weiteres möglich, z.B. auf das Gleitkomma-Datum V aus Tabelle 3-4 mit einem logischen Befehl, etwa einem AND-Befehl zuzugreifen. Aber genau das kommt in der Maschinenprogrammierung oft vor, z.B. wenn das Vorzeichen der Gleitkommazahl, ihr Exponent oder ihre Mantisse isoliert weiterverarbeitet werden sollen, etwa um die Gleitkommazahl in eine ASCII-Zeichenkette umwandeln, ausgeben oder zur Anzeige bringen zu können. Noch ungünstiger ist die Situation „anders herum", wenn nämlich mit einem arithmetischen Befehl, z.B. dem ADD-Befehl aus Tabelle 3-4, auf einen Bitvektor oder gar ein Einzelbit zugegriffen werden soll, etwa um den ASCII-Code zweier Dezimalzeichenketten unter Berücksichtigung der Überträge zu addieren.

Ähnlich wie mit „Zahlen" (in weitestgehender Interpretation, deshalb in Apostrophe eingeschlossen) verhält es sich mit Adressen. Konsequenterweise dürfte ein Teil der Adreßmodifizierung nicht mehr in den Befehlen erscheinen. Das gilt insbesondere für die indirekte Adressierung, denn die Angabe, ob es sich beim referenzierten Wort um eine Adresse oder eine „Zahl" handelt, steht im Wort selbst. Das aber hätte zur Folge, daß auf eine solcherart deklarierte Adresse nicht mehr ohne weiteres zugegriffen werden könnte. Das gilt auch für Prozessoren, wenn die Effektivadreß-Bildung nicht als Extrabefehl, sondern wie bei unserem Basis-/Symbol-/MakroProzessor als Adressierungsart erscheint; z.B. könnte zwar mit LD AC, &M und M dat *N noch N, aber nicht mehr M ohne speziell für diesen Zweck konstruierte Sonderbefehle nach AC geladen werden.

Datenformat-/Datenstrukturaspekte. Neben den Typaspekten von HLL-Architekturen soll noch auf die Format- und Strukturaspekte solcher Rechnerarchitekturen eingegangen werden; entsprechende Ideen sind teilweise in industrielle Prozessoren/Assembler eingeflossen.

Wie beim Datentypkonzept die Typinformation, so muß hier nun darüber hinaus auch die Format- und die Strukturinformation in den Maschinenbefehlen oder den Assembleranweisungen untergebracht werden. Das heißt, daß die Typ-, Format- und Strukturinformation in entsprechenden Speicherzellen vorliegen muß, entweder vom Assembler generiert oder vom Prozessor geladen, und daß der Prozessor auf diese Information beim Ausführen seiner Befehle zurückgreifen können muß. Eine skalare Real-Größe, als Doppelwort, wird als solche nicht im Befehl, sondern im Datum gekennzeichnet, was der Prozessor erst nach Auslesen dieses Datums samt seiner Kennzeichnung erkennt. Eine vektorielle Real-Größe, als Feld von Doppelwörtern, wird ebenfalls nur im Datum gekennzeichnet, und zwar nicht etwa in jedem Feldelement – das würde der Idee zuwiderlaufen –, sondern als Strukturinformation in einem besonderen Wort, das nun neben Anzahl, Typ Format der Elemente insbesondere die Adresse des ersten Feldelements enthält.

Man bezeichnet allgemein eine solchermaßen durch zusätzliche Information erweiterte Adresse als Deskriptor. Zur Ausführung eines Maschinenbefehls holt sich der Prozessor diese Information und liest z.B. bei einem Vektorbefehl alle Elemente dieses Feldes als Folge aus dem Speicher. Im Operationscode braucht dann tatsächlich z.B. nicht mehr zwischen einer skalaren und einer vektoriellen Gleitkommaaddition unterschieden zu werden; der Befehl würde in beiden Fällen ADD X, Y lauten.

Schlußfolgerungen. Wie leicht zu erkennen ist, setzen die vorgestellten Konzepte einen total orthogonalen Befehlssatz voraus (man spricht in diesem Zusammenhang von generischen Befehlen). Würde man diesen implementieren, so hieße das, daß bezüglich der Datentypfrage z.B. „ADD" auf einen Bitvektor angewendet „OR" und auf ein Bit angewendet „BSET" bedeutete (BSET transportiert nur das gesetzte Bit, was der Oder-Verknüpfung entspricht). Da aber in praxi auch „Mischoperationen" benötigt werden (wofür? siehe oben!), müßte eine Reihe von Sonderbefehlen zur Konvertierung der Datentypen untereinander geschaffen werden. Das wiederum hätte zur Folge, daß einerseits die Befehlsorthogonalität verloren ginge und andererseits die Programmausführungszeiten deutlich anstiegen; damit würden die Ideen konterkariert.

Auch bezüglich der Datenformat-/Datenstrukturkonzepte sind große Schwierigkeiten zu meistern. Zum Beispiel ist zu klären, ob der Zugriff auf einen Skalar nicht besser in derselben Weise wie auf einen Vektor, nämlich auch über einen Deskriptor abzuwickeln wäre. Das bedeutete zwar einen indirekten Zugriff auch auf „einfache Zahlen", würde aber die Architektur „glatter machen"; die damit einhergehende Leistungsminderung könnte ggf. durch Fließbandverarbeitung gemildert werden.

Während die Vektoraddition ein positives Beispiel ist – nur ein Befehl und zwei „Adressen" sind zu holen, um n Gleitkommazahlen zu addieren –, bildet die Polynomauswertung ein negatives Beispiel. Das Koeffizientenfeld liegt zwar als Struktur „Feld" vor; um aber eine feldverarbeitende Operation, eine Vektoroperation, ausführen zu können, muß das Argument erst in dieselbe Struktur „Feld" gebracht werden, und zwar in diesem Fall mit den Potenzen von x als Feldelementen. Erst dann kann mit der Matrixmultiplikation die „Koeffizientenzeile" mit der „Argumentspalte" multipliziert werden. Für ein Polynom dritten Grades sähe das z. B. folgendermaßen aus:

$$p = [a_0\ a_1\ a_2\ a_3] \cdot \begin{bmatrix} x^3 \\ x^2 \\ x \\ 1 \end{bmatrix}$$

Anders ließe sich diese kleine Aufgabe konsequenterweise nicht programmieren, da man – wollte man der Architekturidee treu bleiben – nicht auf die Elemente der Datenstruktur Feld einzeln zugreifen dürfte. Wie eine solche Aufgabe dennoch effizient programmiert wird – aber eben unter Ignorierung dieser „generischen" Idee, d.h. bei völlig freiem Zugriff auf alle 0/1-Muster – zeigen die Beispiele in den vorangegangen Abschnitten und Kapiteln dieses Buches.

Die Zukunft. Ob man die angedeuteten Nachteile in Kauf nehmen *kann,* ist eine Frage der Einstellung des Konstrukteurs. Ob man diese Nachteile in Kauf nehmen *darf,* ist hingegen eine Frage des Marktes. Immerhin gibt es auch ein Positivum: Es läßt sich mit solchen Architekturen eine Überprüfung der den Datentypen zugewiesenen Zugriffsrechte zur Laufzeit realisieren und u. U. damit ein wichtiger Beitrag zur Systemsicherheit leisten. – Offenbar tritt im Rechnerbau immer wieder dieselbe Alternative in Erscheinung:

Entweder es wird eine *konsequente* Architektur mit einer *ineffizienten* Programmierung gewöhnlicher Probleme verwirklicht.

Oder es wird eine *inkonsequente* Architektur mit *effizienter* Programmierung gleichermaßen gewöhnlicher, aber auch höherer Probleme verwirklicht.

Letzteres ist im Grunde einfach zu erreichen, nämlich durch die Implementierung spezieller Befehle, z. B. von Vektorbefehlen, aber gleichzeitig auch allgemeiner Befehle, d.h. der gewöhnlichen Befehle gewöhnlicher Rechner. Im hier betrachteten Zusammenhang läuft das auf die erfolgreichen Rechnerarchitekturen mit nicht gekennzeichneten und somit nicht unterscheidbaren 0/1-Mustern als Daten hinaus.

4 Systembus- und Speicherorganisation

4.1 Datenübertragung mit den Systemkomponenten

4.1.1 Adressierung prozessorexterner Speicherzellen und Register

In technischer Terminologie bezeichnet man alle sog. aktiven Systemkomponenten, wie Prozessoren und Ein-/Ausgabecontroller, als Master und alle passiven Systemkomponenten, wie Speichereinheiten oder Ein-/Ausgabeeinheiten (soweit sie nicht Steuerungsfunktion haben), als Slaves. Alle diese Systemkomponenten besitzen Speicherzellen oder Register, auf die ein ausgezeichneter Master im System, das ist in der Regel der (zentrale) Prozessor, zugreifen können muß. Die Speicherzellen bzw. Register dienen zwei Funktionen:

Master
Slave

1. zur längerfristigen oder kurzfristigen Speicherung von Daten (Datenspeicher, Datenregister), dann werden sie als „Lager" bzw. „Puffer" vom ausgezeichneten Master im *Verlauf* einer Datenübertragung angesprochen;
2. zur Speicherung von Steuerungs- oder Statusinformation (Controlregister, Statusregister), dann werden sie vom ausgezeichneten Master in erster Linie zur *Initialisierung*, aber auch zur *Überwachung* einer Datenübertragung angesprochen.

Busstruktur

Ein einfacher Prozessor ist so konstruiert, daß er zu einer Zeit nur mit einer einzigen der Systemkomponenten kommunizieren kann, genauer, mit einem einzigen ihrer Speicherplätze. Deshalb ist es sinnvoll, alle Systemkomponenten an den Prozessor unmittelbar anzuschließen, genauer, ihn mit den Systemkomponenten an einem einzigen Punkt zu verbinden. In Wirklichkeit ist dieser „Sammelpunkt" eine „Sammelschiene", ein sog. Bus, der Systembus, mit prozessorseitig monodirektionalen Adreßleitungen, dem Adreßbus A, und bidirektionalen Datenleitungen, dem Datenbus D. Des weiteren gibt es monodirektionale und bidirektionale Steuerleitungen, die zusammengefaßt als Steuerbus bezeichnet und mit C (control) abgekürzt werden. Auch sie sind Teil des Systembusses. (Genau genommen

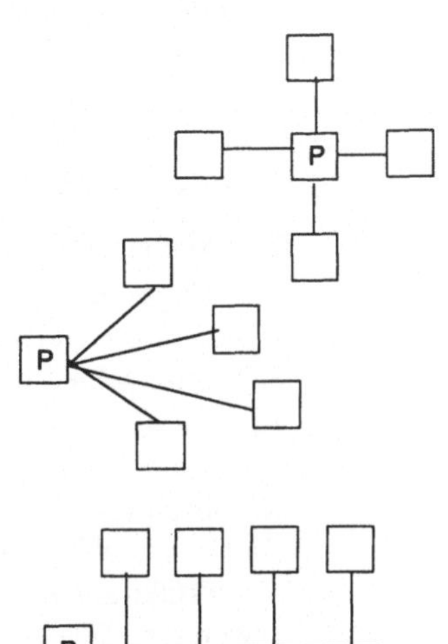

sind nicht die Leitungen monodirektional oder bidirektional, sondern die auf ihnen entweder nur in einer bzw. in beiden Richtungen „laufenden" Signale).

Signale: $A_{n-1:0}$ (address)

$D_{m-1:0}$ (data)

Bild 4-1 zeigt die Konfiguration eines solchen einfachen Systems mit einem zentralen Prozessor (links) und weiteren Systemkomponenten (oben). Bei diesen handelt es sich um Speichereinheiten (mit sehr vielen Speicherzellen) und Ein-/Ausgabeeinheiten (mit einigen wenigen Registern); zu letzteren zählen Schnittstellen- oder Interface-Adapter (kurz Interfaces oder Adapter) sowie Steuereinheiten (Controller). – Über die Steuerleitungen des Systembusses ist im Moment nichts ausgesagt, sie sind im Bild auch nicht eingezeichnet; sie werden erst eingeführt, wenn sie im Laufe der folgenden Abschnitte benötigt werden.

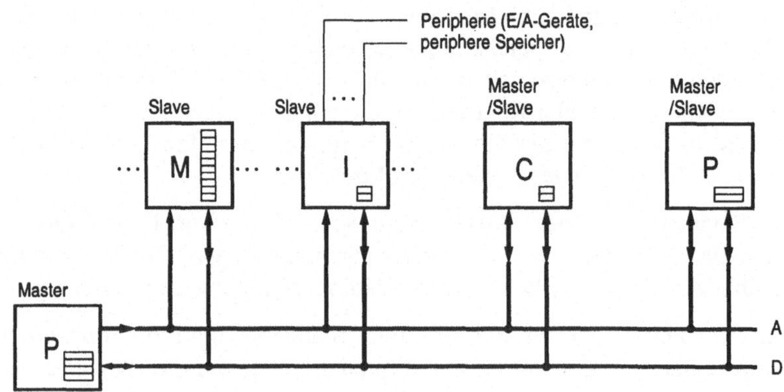

Bild 4-1. Prinzipstruktur eines einfachen Rechnersystems; P Prozessor, M Speicher (Memory), I Ein-/Ausgabeeinheit (Interface-Adapter), C Steuereinheit (Controller); A Adreßbus, D Datenbus als die beiden wichtigsten Teile des Systembusses. Die kleinen Kästchen symbolisieren Speicherzellen bzw. Register.

Anwahl der Systemkomponenten

Mit Ausnahme des zentralen Prozessors (der immer Master ist) werden alle am Bus angeschlossenen Systemkomponenten durch je ein Signal individuell angewählt. Diese individuelle Anwahl ist aus technischen Gründen notwendig, um z.B. unterschiedliche Reaktionszeiten der Systemkomponenten berücksichtigen zu können. Ebenfalls aus technischen Gründen sind die Systemkomponenten über Verstärker, sog. Treiber, an den Bus angeschlossen, die ihrerseits mit denselben Anwahlsignalen wie die zugehörigen Komponenten angesteuert werden. Diese Anwahlsignale (select, enable) werden entweder aus den Adreßsignalen allein oder aus den Adreßsignalen und speziellen Steuersignalen des Prozessors gewonnen. Wie das im einzelnen geschieht, ist in 4.2.1 beschrieben (siehe die Bilder 4-10 ff.).

Neben der Anwahl muß auch die Richtung für die Datenübertragung vom Master, in unserem Fall vom Prozessor, vorgegeben werden. Während aber zur *Anwahl* für *jede* andere Systemkomponente (ein Slave oder ein als Slave arbeitender Master[1]) genau ein Signal bereitgestellt werden muß, genügt es, für die *Richtung* der Datenübertragung vom Master zum Slave hin nur ein einziges, für *alle* Komponenten gemeinsames Signal vorzusehen (read/write). Das ist deshalb erlaubt, weil funktionell gesehen neben einem Prozessorregister als dem einen Verbindungspunkt sowieso immer nur ein einziger Speicherplatz als anderer Verbindungspunkt bei einer Datenübertragung über den Systembus aktiviert ist.

Signale: S_i (select)
$R/\overline{W}$ (read/write)

Bild 4-2 zeigt den Anschluß von einer Speicher- und zwei Ein-/Ausgabeeinheiten an den Systembus unter Verwendung einer bestimmten Symbolik. Darin ist für die Systemkomponenten bewußt nicht die übliche technisch orientierte Kästchendarstellung, sondern eine andere, funktionell betonte Darstellung gewählt worden, in der jede Einheit durch ihre Speicherzellen bzw. Register und die zugehörige Anwahllogik (ihre Decodierer) repräsentiert ist. – Diese Interpretation des Bildes mit den drei gezeichneten Einheiten ist aber nicht die einzig mögliche; vielmehr können sich z.B. hinter einem Speichersymbol mehrere Speichereinheiten verbergen, oder umgekehrt können mehrere Speichersymbole als eine einzige Speichereinheit aufgefaßt werden. – Der Prozessor ist in diesem Bild wie auch in den folgenden Blockbildern dieses Kapitels nur durch seine Schnittstelle und die im jeweils betrachteten Zusammenhang wesentlichen Signale dargestellt.

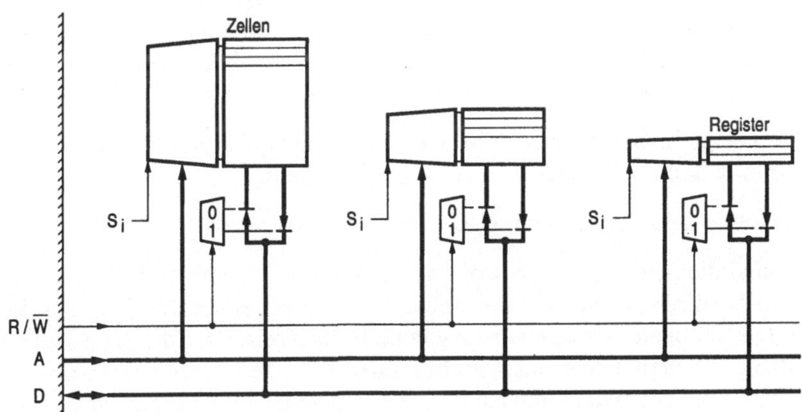

Bild 4-2. Anwahl von Systemkomponenten (physisch gesehen) oder Speicherbereichen (logisch gesehen) einschließlich Vorgabe der Übertragungsrichtung durch das Read/Write-Signal.

1. Wir bezeichnen im folgenden den Master in diesem Betriebsfall auch als Slave.

4.1.2 Abläufe für den Datentransport zwischen Prozessor und Speicher

Buszyklus
Lesen
Schreiben

In technischer Terminologie bezeichnet man den Transport eines Datums auf dem Bus als Buszyklus, den Transport Slave→Master als Lesezyklus bzw. Lesen und den Transport Master→Slave als Schreibzyklus bzw. Schreiben. Zum Lesen und Schreiben prozessorexterner Speicherplätze ist es notwendig, die Abläufe in den beteiligten Systemkomponenten in korrekte zeitliche Beziehungen zueinander zu setzen. Zur Beschreibung dieser Synchronisationsaufgabe benutzen wir beispielhaft

- den *Prozessor* als Master und den *Speicher* als Slave.

Die Herstellung der gewünschten zeitlichen Ordnung erfolgt über mehrere spezielle monodirektionale Steuerleitungen.

Abstimmung der Handlungen

Zugriffszeit
access time

Die Adressierung prozessorexterner Speicherplätze sowie deren Bereitschaft zum Übernehmen (Schreiben) bzw. Übergeben (Lesen) eines Datums an den Prozessor benötigt eine gewisse Zeit (Zugriffszeit, access time). Sofern diese Zeit für alle am Bus angeschlossenen Komponenten annähernd gleich ist und sich während der Installation des Systems nicht ändert, genügt es, nach der Bereitstellung der Adresse im Mikroprogramm des Prozessors eine feste Wartezeit von einer Dauer größer/gleich der Zugriffszeit vorzusehen. Dies erübrigt sich natürlich bei schnellen Speichern, nämlich dann, wenn der Prozessortakt länger als die Zugriffszeit ist. Sofern die Zugriffszeit jedoch für die einzelnen Systemkomponenten unterschiedlich groß ist oder irgendwann Einheiten mit zum Zeitpunkt des Prozessorentwurfs unbekannter Zugriffszeit angeschlossen werden sollen, muß der Prozessor nach einer bestimmten Anzahl von Takten, sog. Wartetakten (wait states), mit der Einheit zur Datenübernahme (beim Schreiben) bzw. Datenübergabe (beim Lesen) synchronisiert werden.

Petri-Netz

Bild 4-3 zeigt die beschriebenen beiden Fälle in einer als Petri-Netz bezeichneten Darstellung hoher Abstraktion, und zwar beispielhaft

- für das *Lesen* eines Datums aus dem *Speicher.*

Darin sind die beiden im Prozessor und im Speicher ablaufenden Prozesse durch zwei in bestimmter Weise miteinander verbundene zyklische Graphen dargestellt. Die Graphen bestehen wie gewöhnlich aus Kreisen für die Prozeßzustände („Plätze", „Stellen") und aus Strichen oder Kästchen für die Prozeßaktionen („Balken"). In jedem der Graphen befindet sich genau eine Marke, deren Positionen den jeweiligen Stand der Prozesse widerspiegeln und beim Übergang über einen Balken auf den jeweils nächsten Platz bzw. die nächste Stelle die dazwischenstehenden Aktionen auslösen.

Beide Prozesse sind zur Abstimmung ihrer Handlungen durch die Balken miteinander verbunden, so daß aus den Einzelprozessen ein Prozeßnetz, das Petri-Netz,

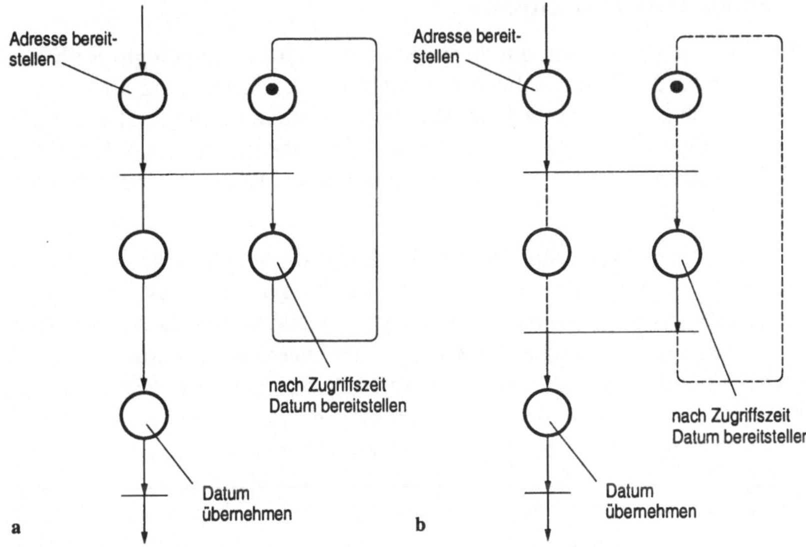

Bild 4-3. Festlegung einer zeitlichen Ordnung der Aktionen von Prozessorsteuerung und Speichersteuerung für das Lesen eines Datums (Transport Speicherplatz→Prozessor; links Prozessor, rechts Speicher); **a** Speicherzugriffszeit konstant, **b** Speicherzugriffszeit variabel. Die ablaufbestimmenden Prozesse in b sind ausgezogen gezeichnet, um ihr Wechselspiel zu verdeutlichen.

entsteht. In einem Petri-Netz gilt die Regel, daß ein (gemeinsamer) Balken nur dann von einer Marke überschritten werden darf, wenn alle Plätze vor dem Balken mit Marken besetzt sind (und alle Plätze hinter dem Balken leer sind). Eine einen Balken überschreitende Marke nimmt dabei alle anderen Marken mit, wodurch die für ein Petri-Netz typische absolute Gleichzeitigkeit von Zustandsübergängen mehrerer Prozesse als „unteilbare Handlung" ausgedrückt wird. – Jede einzelne Gesamtkonstellation von Marken bildet einen Gesamtzustand des Netzes. Alle Gesamtzustände zusammengenommen beschreiben alle erreichbaren Markenkonstellationen im Netz. Deren Verbindungen bildet den Erreichbarkeitsgraphen (der in unserem Zusammenhang keine Rolle spielt).

Die drei in Bild 4-3 vorkommenden Aktionen werden in den folgenden Bildern durch ...→A, D←M[A] und ...←D abgekürzt, nämlich unter der Vorstellung der Datenübertragung mit einem Speicher der Bezeichnung M (memory) mit einer Adresse auf A und dem Datum auf D. – Die Pünktchen stehen für „Adresse von irgend wo her im Prozessor" bzw. „Datum irgend wo hin im Prozessor".

Die beiden in Bild 4-3 dargestellten Netze bringen anschaulich zum Ausdruck, wie die Einhaltung der geforderten Reihenfolge der Prozeßaktionen erreicht wird, nämlich in Teilbild a durch die Beachtung der Zeitbedingung bzw. in Teilbild b durch den zweiten Synchronisationsbalken. – Ein vollständiger Markendurchlauf bildet einen Buszyklus, im hier beschriebenen Fall einen Lesezyklus.

Synchronisation über Signale

Aus Bild 4-3 geht zwar die durch die Synchronisation festgelegte Reihenfolge der Aktionen beider Prozesse hervor, es ist durch die Strichelung aber nur angedeutet, in welcher Situation welcher Prozeß eine aktive (tätige) und welcher eine passive (untätige, d.h. wartende) Rolle spielt. Für eine theoretische Beschreibung der Funktionsweise genügt das; für den praktischen Entwurf einer Logikschaltung jedoch nicht.

Um diesem Mangel hinsichtlich einer Realisierung abzuhelfen, wird für jeden Prozeß ein Signal eingeführt, das vom jeweils aktiven Prozeß aktiviert wird und den jeweils passiven Prozeß aus seinem Wartezustand befreit. Das heißt, der Prozessor als diejenige Systemkomponente, die die Datenübertragung einleitet (Master), weckt den Speicher als die darauf wartende Komponente (Slave) mit einem Alarm-/Wecksignal (alert), Richtung Prozessor→Speicher. Daraufhin startet die Speichersteuerung ein Zeitglied oder einen Zähler oder durchläuft einige zusätzliche Zustände (Wartezustände) und liefert nach einer Dauer t_a dem Prozessor ein Bereitsignal (ready), Richtung Prozessor←Speicher. – Man bezeichnet die beiden Signale als Handshake-Signale: sie laufen sozusagen auf den Steuerleitungen zwischen den Datenübertragungspartnern „hin“ und „her“.

Handshake-Signale

Signale: AL (alert)
RY (ready)

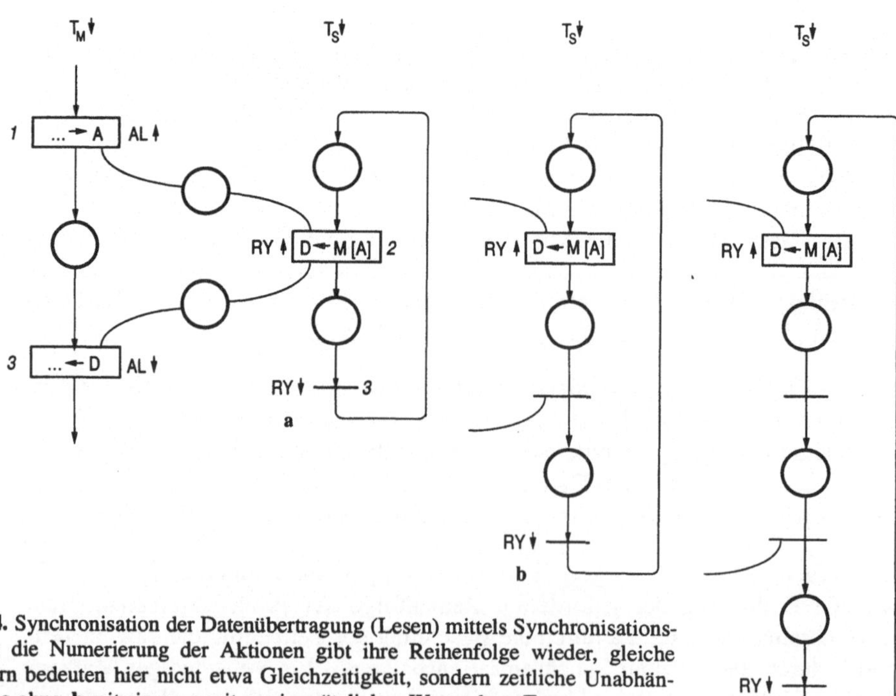

Bild 4-4. Synchronisation der Datenübertragung (Lesen) mittels Synchronisationsflipflop; die Numerierung der Aktionen gibt ihre Reihenfolge wieder, gleiche Nummern bedeuten hier nicht etwa Gleichzeitigkeit, sondern zeitliche Unabhängigkeit; **a** ohne, **b** mit einem, **c** mit zwei zusätzlichen Wartetakten T_{Slave}.

Ein erster Entwurf. Bild 4-4 zeigt korrespondierend zu Bild 4-3b den geschilderten Vorgang für das Lesen als detaillierteres Petri-Netz unter Berücksichtigung der Steuersignale. Darin ist davon ausgegangen, daß die Prozessorsteuerung (das Mikroprogramm) dem Prozessortakt T_{Master} folgt und die Speichersteuerung einen eigenständigen, von T_{Master} völlig unabhängigen Takt T_{Slave} hat.

Würde man nun aus dem gezeigten Petri-Netz unmittelbar eine Logikschaltung entwickeln, so entstünde eine Realisierung mit einem Synchronisationsflipflop, d.h., die Steuersignale würden *indirekt* von den Steuerwerken ausgewertet; wir bezeichnen diese Art der Implementierung als explizite Synchronisation. – Dieser Weg wird jedoch beim Buszyklus üblicherweise nicht beschritten; stattdessen wird das Kommunikationsprotokoll neu definiert.

explizite Synchronisation

Ein zweiter Entwurf. Bild 4-5 zeigt das gegenüber Bild 4-4 geänderte Kommunikationsprotokoll, entstanden durch willkürliches, weiteres „Legen einer Spur" mit dem Ziel, eine bestimmte Reihenfolge der in Bild 4-4 noch „offenen" Aktionen zu erzwingen. Dabei handelt es sich um die dort in ihrer Reihenfolge unbestimmten Aktionen *3*, die hier nun – wie eingetragen – in die Reihenfolge *3*, *4* gebracht werden.

Wird für dieses neue Petri-Netz ein Logikschaltungsentwurf durchgeführt, so entsteht eine Realisierung ohne ein Synchronisationsflipflop, d.h., die Steuersi-

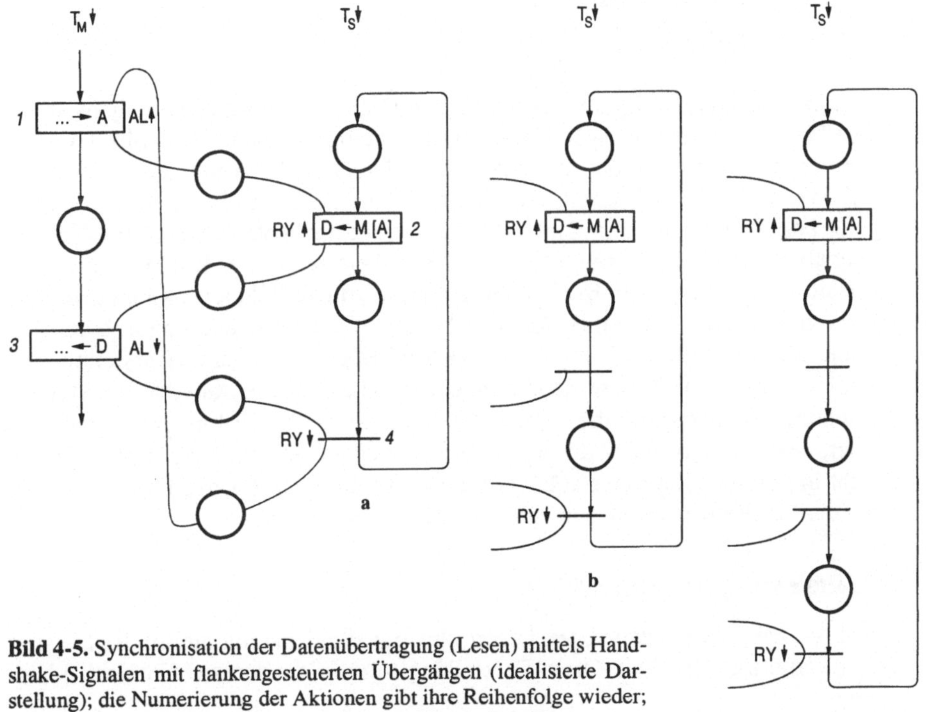

Bild 4-5. Synchronisation der Datenübertragung (Lesen) mittels Handshake-Signalen mit flankengesteuerten Übergängen (idealisierte Darstellung); die Numerierung der Aktionen gibt ihre Reihenfolge wieder; **a** ohne, **b** mit einem, **c** mit zwei zusätzlichen Wartetakten T_{Slave}.

gnale werden von den Steuerwerken *unmittelbar* ausgewertet; wir bezeichnen diese Art der Implementierung als implizite Synchronisation. – Diese Entwurfsentscheidung impliziert natürlich neben geänderter Speichersteuerung auch eine geänderte Prozessorsteuerung und ist somit Teil des Prozessorentwurfs. Für einen im Handel befindlichen Prozessor, an den ein Speicher angeschlossen werden soll, besteht dieser Freiheitsgrad nicht. Für ihn muß sich der Entwicklungsingenieur an das vorgeschriebene Kommunikationsprotokoll halten.

implizite Synchronisation

Systemstruktur Prozessor/Speicher

Für die Beschreibung der asynchronen und der synchronen Datenübertragung (nachfolgend 4.1.3 bzw. 4.1.4) legen wir die in Bild 4-6 dargestellte Systemstruktur zugrunde. Am Systembus ist neben dem Prozessor eine Speichereinheit angeschlossenen (stellvertretend auch für andere Systemkomponenten mit prozessorexternen Speicherplätzen). Das Alertsignal muß für jeden Slave individuell gebildet werden. Das geschieht durch Und-Verknüpfung des Signals S_i[1] mit einem vom Prozessor ausgehenden Steuersignal mit der über die Synchronisation hinausgehenden Funktion, die Gültigkeit der ausgegebenen Adreßbits auf dem Adreßbus anzuzeigen (address strobe). – Die Speichersteuerung ihrerseits liefert neben dem Ready-Signal für den Prozessor ein weiteres Steuersignal, und zwar für den Speicher(chip) zum Durchschalten des Datenbusses ((chip) enable).

Signale: AS (address strobe)
EN (enable)

In Bild 4-6a sind die Signale eingezeichnet. Die zeitliche Abstimmung zwischen dem Prozessor und dem Speicher erfolgt für die im nächsten Abschnitt beschriebene asynchrone Datenübertragung mittels der Handshake-Signale AS/AL und RY. Für die im übernächsten Abschnitt beschriebene synchrone Datenübertragung kommt noch eine in Bild 4-6a nicht eingezeichnete gemeinsame Taktleitung als Bestandteil des Busses hinzu. – Bild 4-6b zeigt zwei Kurzdarstellungen, wie sie künftig in diesem Buch als Abstraktion von Teilbild a verwendet werden, – wie man sieht – beide mit Unterdrückung der Speichersteuerung und der Anwahllogik sowie des Richtungs- und des Strobesignals. Die erste Darstellung *mit* dem Anwahlsignal S_i wird dann benutzt, wenn es auf die Anwahl der Systemkomponenten ankommt; die zweite Darstellung *ohne* S_i wird hingegen dann benutzt, wenn die Anwahl der Systemkomponenten als Implementierungsdetail nicht in Erscheinung treten soll. – Bild 4-6 gilt nicht nur für das Lesen, wie hier standardmäßig betrachtet, sondern auch für das Schreiben.

Realisierung des Buszyklus

Bild 4-7 zeigt den entworfenen Lesezyklus mit Handshaking nun in der Darstellung vernetzter Graphen. Diese Darstellung – im folgenden zur Unterscheidung

1. Woher dieses kommt, siehe wieder Bilder 4-10 ff.

von Petri-Netzen als Graphennetz bezeichnet – dient gewissermaßen als Basis für die später zu erörternden, praktisch vorkommenden Buszyklen. Sie enthält nicht mehr – theoretischer Darstellung folgend – die im Petri-Netz wirksamen Signal*flanken*, sondern nun – technischer Darstellung folgend – die im Graphennetz wirkenden Signal*pegel*.[1] Letztere Darstellung wird zur Verwirklichung durch eine elektronische Schaltung benötigt: Signalflanken gehen nämlich von Zustandsübergängen aus und bewirken – eben theoretisch – absolut *gleichzeitig* Zustandsübergänge im anderen Graphen; Signalpegel gehen von den Zuständen selbst aus und bewirken – nun technisch – unmittelbar *folgend* Zustandsübergänge im anderen Graphen. – Wir benutzen also Petri-Netze auf der höheren Ab-

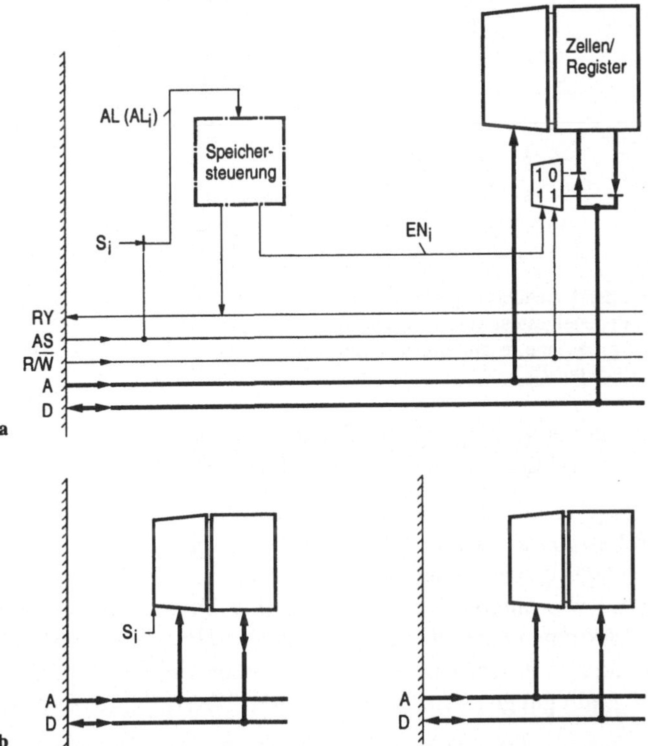

Bild 4-6. Anschluß einer Speichereinheit an den Systembus; **a** Blockbild, **b** abstrahierte Darstellungen mit bzw. ohne Anwahlleitung. Da immer mehrere Buskomponenten angeschlossen sind, bedarf es eines individuellen $AL_i = AS \cdot S_i$ (S_i wird mit dem Strobe-Signal „durchgeschaltet"). In den folgenden Graphen benutzen wir jedoch der Kürze halber weiter lediglich AL. RY wird als allen Buskomponenten gemeinsames Signal durch verdrahtetes Oder (wired or) gewonnen.

1. Zur besseren Unterscheidung kennzeichnen wir Signale mit Großbuchstaben, wenn sie als Ausgänge wirken (gesendet werden), und mit Kleinbuchstaben, wenn sie als Eingänge wirken (empfangen werden).

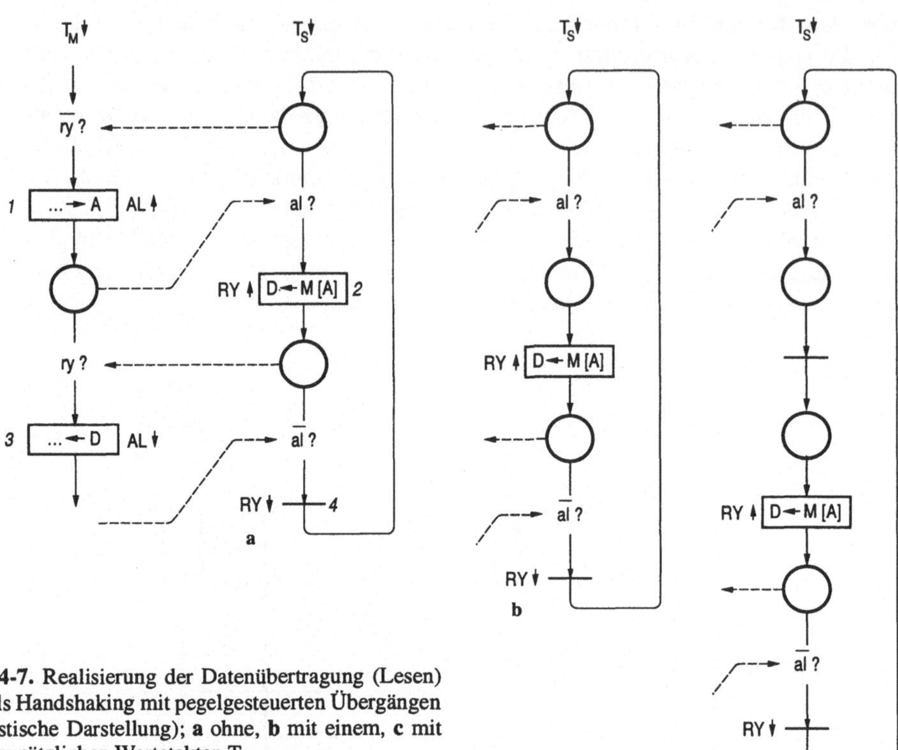

Bild 4-7. Realisierung der Datenübertragung (Lesen) mittels Handshaking mit pegelgesteuerten Übergängen (realistische Darstellung); **a** ohne, **b** mit einem, **c** mit zwei zusätzlichen Wartetakten T_{Slave}.

straktionsebene der Festlegung der Funktionsweise und Graphennetze auf der niedrigeren Abstraktionsebene der Entwicklung von Logikschaltungen.

Die ordnungsgemäße Funktionsweise des in Bild 4-7 wiedergegebenen Buszyklus ist durch das zahnradähnliche Ineinandergreifen der einzelnen Aktionen garantiert, gleichgültig wie schnell der eine und wie schnell der andere Prozeß fortschreitet, d.h., wie unterschiedlich schnell ihre Takte sind. Die einzuhaltende Abfolge der Aktionen kann aber auch anders, nämlich durch zusätzliche Bedingungen garantiert werden, wodurch die eine oder die andere Abfrage entfallen darf. Solche Bedingungen können auf zweierlei Weise eingebracht werden:

1. Vorausgesetzt, auslösende Flanken finden in Zuständen „über" den ihnen zugeordneten Abfragen immer Marken vor, so daß sie tatsächlich auch immer mitgenommen werden (d.h., die Prozesse müssen sich in den jeweiligen Zuständen befinden, *bevor* die Signalflanken erscheinen), kann die $\overline{ry}$-Abfrage im Prozessor entfallen, es entsteht *asynchrone* Datenübertragung (siehe 4.1.3).

2. Vorausgesetzt, alle Marken werden von einem allen Systemkomponenten gemeinsamen Bustakt von Zustand zu Zustand gleichzeitig befördert (d.h., Marken werden auch ohne explizite Synchronisation garantiert weiterbewegt), kann neben der $\overline{ry}$-Abfrage im Prozessor auch die $\overline{al}$-Abfrage im Speicher entfallen, es entsteht *synchrone* Datenübertragung (siehe 4.1.4).

4.1.3 Asynchroner Buszyklus

Bei einem asynchronen Bus gibt es keine zentrale Taktleitung als Bestandteil des Busses. Die neben dem Prozessor am Bus angeschlossenen Systemkomponenten arbeiten entweder jeweils mit eigenem Takt (sofern sie in Synchrontechnik aufgebaut sind), oder sie kommen ganz ohne Takt aus (wenn sie in Asynchrontechnik aufgebaut sind). Für den ersten Fall des Buszyklus bei *getakteter* Speichersteuerung zeigt Bild 4-7 die Synchronisation. Für den zweiten, in der Praxis wichtigeren Fall des Buszyklus bei *ungetakteter* Speichersteuerung vereinfacht sich Bild 4-7, und es entsteht Bild 4-8.

asynchroner Buszyklus bei ungetakteter Speichersteuerung

Kennzeichnend für diese Art der Kommunikation der Systemkomponenten ist es, daß deren Handshake-Signale nur prozessorseitig von einem Takt abgetastet werden (Zustandsübergänge ausgelöst durch die Flanken des *Takt*signals), während sie speicherseitig *unmittelbar* ausgewertet werden (Zustandsübergänge ausgelöst durch die Flanken des *Handshake*-Signals). – Die Synchronisation verläuft ordnungsgemäß, sofern die in Asynchrontechnik aufgebaute Speichersteuerung *unmittelbar* auf das Prozessorsignal AS/AL reagiert.

Bemerkung. Mit elektronischen Schaltungen lassen sich keine Flanken, sondern nur Pegel auswerten, so daß eine Flanke (als Übergang zwischen zwei Pegeln) praktisch immer nur mit ihrem neuen Pegel wirkt. In unserem Fall der Speichersteuerung wirken die Handshake-Signale also auch in Asynchrontechnik mit ihren Pegeln, aber im Gegensatz zu Synchrontechnik unmittelbar nach Erreichen ihres Aktivzustands. In dieser Technik wird immer vorausgesetzt, daß das steuernde Signal nach einer Änderung lange genug stabil bleibt, und zwar so lange, bis das gesteuerte Werk darauf definitiv reagiert, d.h. eindeutig einen stabilen Folgezustand erreicht hat. Erst dann darf sich das steuernde Signal erneut ändern und kann dadurch eine erneute Reaktion des gesteuerten Werkes auslösen. Die Änderung des Alertsignals zieht also unmittelbar die Reaktion der Speichersteuerung in der Art einer unteilbaren Handlung nach sich (anschaulich gesprochen: die

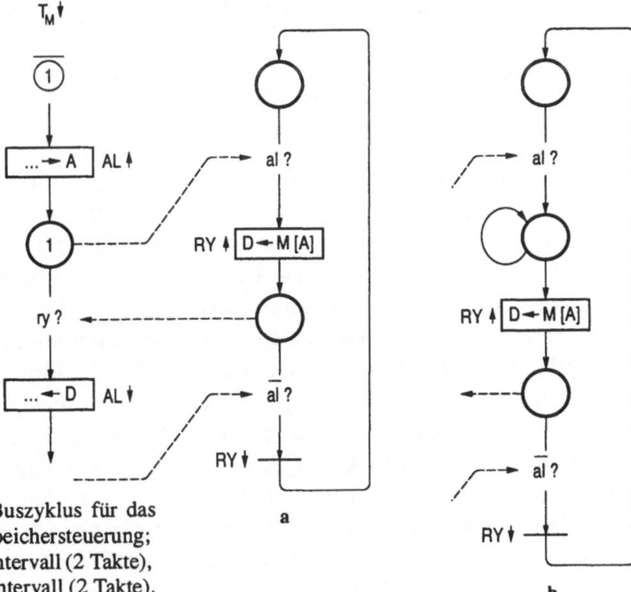

Bild 4-8. Asynchroner Buszyklus für das Lesen bei ungetakteter Speichersteuerung; **a** Zugriffszeit < T_{Master}-Intervall (2 Takte), **b** Zugriffszeit > T_{Master}-Intervall (2 Takte).

Speichersteuerung reagiert auf die *Flanke* des Alertsignals). In der Graphendarstellung können also zur besseren Veranschaulichung des Ablaufs die gestrichelten Synchronisationslinien zu den pegelgesteuerten asynchronen Zustandsübergängen auch von den auslösenden Flanken aus gezeichnet werden. – Zum Schaltungsentwurf in Asynchrontechnik siehe [Liebig/Thome].

Bild 4-8 ist gegenüber dem „Basis"-Bild 4-7 einfacher, da die Rücksynchronisation mit dem RY-Signal entfällt (oberer Rechts-links-Pfeil in Bild 4-7) und nur die Rücksynchronisation mit dem AL-Signal durchgeführt werden muß (unterer Links-rechts-Pfeil in Bild 4-7). Die Eingangsbedingung im Prozessorgraphen folgt unseren Darstellungskonventionen für Fließbandgraphen und bedeutet, daß nur bzw. erst eine neue Marke nach 1 gelangen kann, wenn in 1 keine Marke ist oder eine Marke 1 verlassen hat (Markenkonflikt). – Teilbild b zeigt mit dem zyklischen Pfeil im mittleren Zustand die Ausbildung der Zeitverzögerung in der Speichersteuerung durch ein Verzögerungsglied, das mit der positiven Flanke angestoßen wird und nach einer bestimmten Zeit auf 0 „zurückspringt".

Bemerkung. In dieser Realisierung kann das Ausbleiben eines Signals zu einer weiteren Funktion, z.B. zur Systemüberwachung, genutzt werden. Meldet sich das System nämlich bei Adressierung eines nicht vorhandenen Speicherplatzes nicht mit RY = 1, so kann im Prozessor mit Hilfe eines auf einen Wert größer als die Zugriffszeit eingestellten Zeitgebers, eines sog. Watch-dog-Timers, ein Alarm in Gestalt eines Traps ausgelöst werden.

4.1.4 Synchroner Buszyklus

Bei einem synchronen Bus werden alle am Bus angeschlossenen Systemkomponenten, im hier betrachteten Fall der Prozessor und der Speicher, mit ein und demselben Taktsignal betrieben. Auch hier sind unterschiedliche Synchronisationstechniken möglich: Die Zustandsfortschaltung kann in beiden Komponenten wechselweise mit der positiven und der negativen Taktflanke erfolgen, oder sie kann gleichzeitig mit ein und derselben Taktflanke erfolgen. Zur Entwicklung entsprechender Buszyklen bildet wieder Bild 4-7 den Ausgangspunkt. Dadurch, daß die Handshake-Signalpegel prozessor- wie speicherseits von demselben Takt abgetastet werden, dürfen sowohl die Rücksynchronisation mit dem RY-Signal als auch die Rücksynchronisation mit dem AS-Signal entfallen.

synchroner Buszyklus bei gleichen Taktflanken

Die Inspektion eines auf der Basis von Bild 4-7 konstruierten synchronen Buszyklus mit *gleichen* Taktflanken ergibt ein Minimum von 3 Takten. Um aber bei diesem wie beim asynchronen Buszyklus auf das Minimum von 2 Takten zu kommen, muß Bild 4-7 modifiziert werden, und zwar, indem die Abfrage ry? in der Prozessorsteuerung sowie das Aktivieren und Inaktivieren von RY in der Speichersteuerung um jeweils einen Zustand „nach unten" verschoben werden. Das heißt, daß in der Prozessorsteuerung die Ready-Abfrage unmittelbar vor der Datenübernahme erfolgt und ein weiterer Zustand eingeführt werden muß, siehe Bild 4-9. Diese Maßnahmen allein führen aber noch nicht auf das Minimum von 2 Takten für einen Buszyklus (gemäß den kürzest möglichen Flankenwechseln der Handshake-Signale). Dazu muß der Prozessor gleichzeitig mit der Datenübernahme des laufenden Buszyklus die Adresse des nächsten Buszyklus ausgeben bzw. – was auf dasselbe hinausläuft – gleichzeitig mit der Ausgabe der „neuen" Adresse die Übernahme des „alten" Datums abschließen; das wird durch den Zusatz „*und nicht* ready" im Markenkonflikt K im Prozessorgraphen gewährleistet, siehe Bild 4-9.

Der Prozessor arbeitet somit in den Fällen, in denen er diese Adresse noch nicht zu diesen Zeitpunkten zur Verfügung stellt, mit 3 Takten/Buszyklus (1 Marke im linken Graphen) und in den Fällen, in denen er diese Adresse bereits zu diesen Zeitpunkten vorrätig hat, mit 2 Takten/Buszyklus (2 Marken im linken Graphen). Teilbild b zeigt im Detail die Ausbildung der Zeitverzögerung in der Speichersteuerung durch einen oder mehrere zusätzliche Wartezustände; derselbe Effekt kann alternativ durch einen Zähler erreicht werden, der auf einen Wert $n<0$ voreingestellt wird und mit jedem Taktimpuls um 1 heruntergezählt wird, bis er den Zählerstand 0 erreicht hat.

wait states beim synchronen Buszyklus

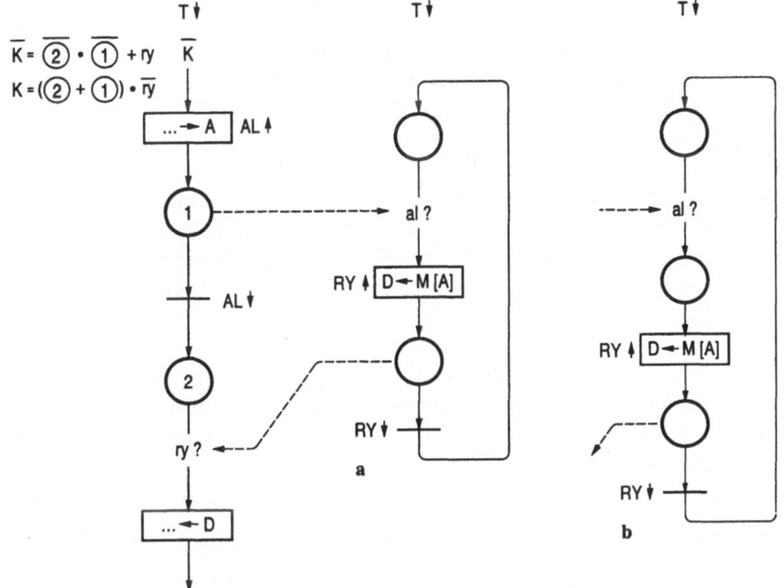

Bild 4-9. Synchroner Buszyklus für das Lesen bei gemeinsam getakteter Speichersteuerung (T Bustakt); **a** ohne Wartezustand (2 bzw. 3 Takte), **b** mit einem oder mehr Wartezuständen (3 bzw. 4 oder mehr Takte).

Aufgabe 4.1. Zeichnen Sie zwei Signaldiagramme für die in Bild 4-8b und Bild 4-9b dargestellten Lesezyklen mit jeweils zwei aufeinanderfolgenden Lesevorgängen. Gehen Sie dabei davon aus, daß die Adressen schnellstmöglich vom Prozessor bereitgestellt werden.

Aufgabe 4.2. Konstruieren Sie die zu Bild 4-8 und Bild 4-9 gehörenden asynchronen bzw. synchronen Schreibzyklen und zeichnen Sie für sie Signaldiagramme.

Aufgabe 4.3. In Bild 4-7 ist der allgemeine Fall eines (asynchronen) Buszyklus mit für beide Systemkomponenten eigenen, unterschiedlichen Takten T_{Master} und T_{Slave} dargestellt. In diesem Graphennetz ist natürlich der Fall eines synchronen Buszyklus mit für beide Systemkomponenten identischem Takt $T_{Master}=T_{Slave}=T$ enthalten. Ermitteln Sie die minimale Anzahl an Takten für einen Buszyklus, und zwar (a) bei Taktsteuerung mit gleichen und (b) bei Taktsteuerung mit wechselnden Taktflanken. Welcher der Buszyklen ist schneller? Und warum?

4.2 Strukturierung des Adreßraums

4.2.1 Aufteilung des Adreßraums mit Statussignalen

In 4.1 wurde davon ausgegangen, daß die verschiedenen Systemkomponenten bzw. Speicherbereiche durch entsprechende Anwahlsignale S_i adressiert werden. Dort ist aber nicht beschrieben, wie diese Anwahlsignale erzeugt werden und daß ggf. zwischen „physischen" und „logischen" Speicherbereichen unterschieden werden muß:

- Unter physischen Bereichen verstehen wir Speicherbereiche, die aufgrund ihrer *geräte*technischen Erscheinung getrennt aufgebaut sind und dementsprechend getrennt angewählt werden müssen.
- Unter logischen Bereichen verstehen wir hingegen Speicherbereiche, die nach *programmier*technischen Gesichtspunkten als getrennt angesehen werden und sich dementsprechend ebenfalls getrennt ansprechen lassen müssen.

Die Gesamtheit der ansprechbaren Speicherplätze im System nennt man den Adreßraum. Ohne die Einbeziehung zusätzlicher Signale ist der Adreßraum vorgegeben durch die Zweierpotenz der Anzahl an Adreßleitungen, das sind bei einem 32-Bit-Adreßbus insgesamt 2^{32} Adressen, d.h. 2^{32} theoretisch mögliche Speicherplätze.

uncodierte / codierte Anwahl

Im einfachsten Fall werden die Anwahlsignale vom Prozessor auf Einzelleitungen unmittelbar bereitgestellt (uncodierte Anwahl). Wichtiger ist jedoch der Fall, daß sie durch Decodierung der Adreßsignale gewonnen werden (codierte Anwahl). Darüber hinaus werden in der Praxis noch sog. Statussignale des Prozessors zur Anwahl herangezogen. Diese Art der Anwahl hat hierbei eine mehr übergeordnete Funktion, d.h., sie unterstützt eine mehr globale Aufteilung des Adreßraums.

Die mit der Anwahl eines Slave einhergehende Strukturierung des Adreßraums erfolgt also auf zweierlei Weise:

- nach *geräte*technischen Gesichtspunkten, z.B. bei der Anwahl der verschiedenen Einheiten, wie Speichereinheiten und Ein-/Ausgabeeinheiten,
- nach *programmier*technischen Gesichtspunkten, z.B. zur Unterscheidung von Programm- und Datenbereichen oder irgendwelcher speziell ausgewiesener Speicherbereiche, wie z.B. Stackbereiche.

Beide Arten der Aufteilung können identisch sein, z.B. bei der gleichermaßen physischen wie logischen Trennung zwischen einer Speichereinheit und einer Ein-/ Ausgabeeinheit. Sie können aber auch völlig unabhängig voneinander sein, z.B. bei der logischen Festlegung eines Daten- und eines Programmbereichs über die physischen Grenzen mehrerer Speichereinheiten hinweg.

Isolierte Adressierung

Eine übergeordnete, gleichermaßen physische wie logische Strukturierung des Gesamtspeicherbereichs ergibt sich aus der Trennung von Zugriffen auf Speichereinheiten und Zugriffen auf Ein-/Ausgabeeinheiten. Das bedingt neben dem Speicher-Adreßraum einen Extra-Ein-/Ausgabe-Adreßraum sowie zusätzlich zu den universellen Befehlen des Prozessors Extra-Ein-/Ausgabe-Befehle. Der unterschiedliche Zugriff wird durch ein Statussignal des Prozessors (memory/in-out) vorgenommen. Dieses Signal zeigt Speicherzugriffe, wie sie z.B. bei arithmetisch-logischen Befehlen mit Speicheradressierung ausgelöst werden, durch den Zustand 1 an und Speicherzugriffe, wie sie bei Ein-/Ausgabe-Befehlen ausgelöst werden, durch den Zustand 0 an.

Signal: $M/\overline{IO}$ (memory/in-out)

Das $M/\overline{IO}$-Signal bietet den Vorteil, die beiden für Speicherzugriffe und Ein-/Ausgabezugriffe erforderlichen Anwahlsignale S_i in einfacher Weise gewinnen zu können (Bild 4-10). Gleichzeitig kann dieses Statussignal als zusätzliches Adreßsignal aufgefaßt werden, da es den durch das Adreßwort insgesamt nutzbaren Adreßraum verdoppelt. (Wir haben ja zwei, getrennte Adreßräume vor uns, jeder mit einer 32-Bit-Adresse ansprechbar.)

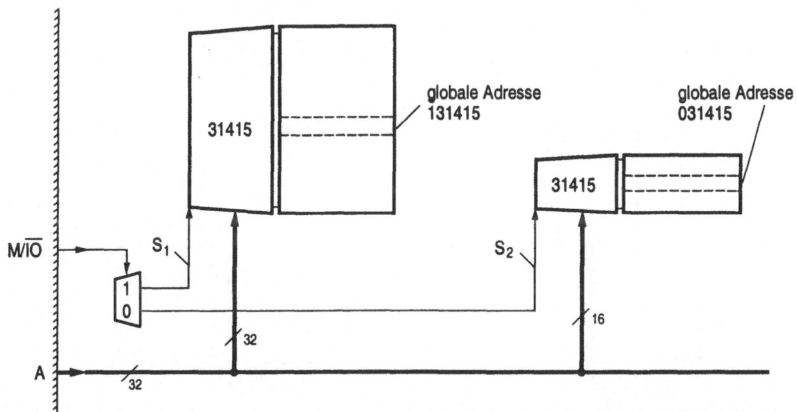

Bild 4-10. Anwahl von Speicher- und Ein-/Ausgabebereichen, isolierte Adressierung.

Bei den meisten handelsüblichen Prozessoren ist jedoch der Adreßraum für die Ein-/Ausgabe aufgrund der relativ geringen Anzahl an Speicherplätzen in den Ein-/Ausgabeeinheiten gegenüber den vielen Speicherplätzen des Speicheradreßraums stark eingeschränkt. Deshalb kann man kurze Befehlsformate für die Ein-/Ausgabebefehle vorsehen. So werden bei einem 32-Bit-Adreßwort üblicherweise nur 16 Adreßbits für die Ein-/Ausgabeadressen genutzt, d.h., neben einem Speicheradreßraum von 4 Gbyte steht ein Ein-/Ausgabeadreßraum von nur 64 Kbyte zur Verfügung. – Man bezeichnet diese Art der Adressierung, bei der die Anwahl der beiden Bereiche von der Adresse getrennt ist, als isolierte Adressierung (isolated addressing).

Speicherbezogene Adressierung

Eine zweite, ebenfalls physische wie logische Strukturierung des Adreßraums entsteht, wenn Zugriffe auf Speichereinheiten und auf Ein-/Ausgabeeinheiten vereinheitlicht werden. Hier wird auf das $M/\overline{IO}$-Signal verzichtet, als Folge davon haben entsprechende Prozessoren keine besonderen Ein-/Ausgabebefehle. Auf die Register der Ein-/Ausgabeeinheiten wird in derselben Weise wie auf die Zellen des Speichers zugegriffen. Das heißt, der Speicher und die Ein-/Ausgabeeinheiten *teilen* sich den durch das Adreßwort vorgegebenen Adreßraum; die Anwahlsignale werden hier durch Decodierung des Adreßworts gebildet (Bild 4-11, siehe auch 4.2.2). Diesem eventuellen Nachteil der nicht expliziten Unterscheidbarkeit beider Adreßräume steht der Vorteil gegenüber, daß nicht nur mit Transportbefehlen, sondern auch mit allen anderen speicherbezogenen Befehlen, d.h. auch mit Arithmetik- oder Testbefehlen, auf die Ein-/Ausgaberegister zugegriffen werden kann. Des weiteren kann der Gesamtadreßraum, hier 2^{32}, optimal ausgenutzt werden. – Man bezeichnet diese Art der Adressierung, bei der die Anwahl beider Bereiche durch die Adresse erfolgt, als speicherbezogene Adressierung (memory mapped addressing). Diese Adressierungsart wurde von Digital Equipment in der PDP-11-Serie industriell eingeführt (PDP-11/20).

UNIBUS
DEC 1970

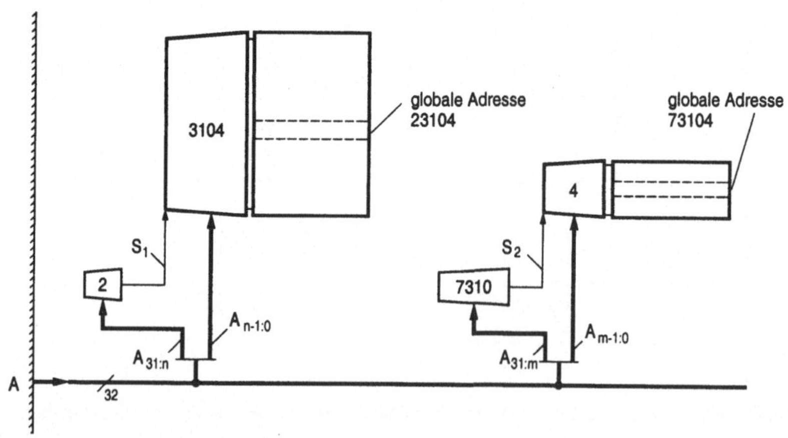

Bild 4-11. Anwahl von Speicher- und Ein-/Ausgabebereichen, speicherbezogene Adressierung.

Zugriffe in Abhängigkeit von den Betriebsebenen

Prozessoren haben üblicherweise mehrere Betriebsebenen mit unterschiedlichen Zugriffsprivilegien für die auf ihnen laufenden Programme/Prozesse. In der Auswirkung dieser Ebenen auf die Adressierung betrachten wir einen Prozessor mit zwei Ebenen, und zwar mit einer privilegierten Systemebene, der Supervisor-

Ebene, und einer nichtprivilegierten Anwenderebene, der User-Ebene. Der Prozessor zeigt die jeweils aktive Betriebsebene in seinem Statusregister durch ein Statusbit und prozessorextern durch ein gleichnamiges Statussignal (supervisor/user) an. Dieses Statussignal wird als zusätzliches Anwahlsignal z.B für die Ein-/Ausgabeeinheiten und für bestimmte Speicherbereiche genutzt, die nur den privilegierten Supervisor-Zugriffen zugänglich sein sollen. Damit werden diese gegen Zugriffe der nichtprivilegierten User-Programme geschützt.

Signal: $S/\overline{U}$ (supervisor/user)

Der in Bild 4-12 gezeigten Struktur liegt ein durch eine 32-Bit-Adresse vorgegebener Adreßraum zugrunde, dessen eine Hälfte (A_{31}=0) für Programme, die in der Betriebsebene User laufen, *nicht* zugänglich ist (linke Speichereinheit); sie wird vor User-Zugriffen ($S/\overline{U}$=0) geschützt. Programm- und Datenzugriffe von User-Programmen sind somit nur in der anderen Hälfte des Adreßraums (A_{31}=1) möglich (rechte Speichereinheit), während Supervisor-Zugriffe überall möglich sind.

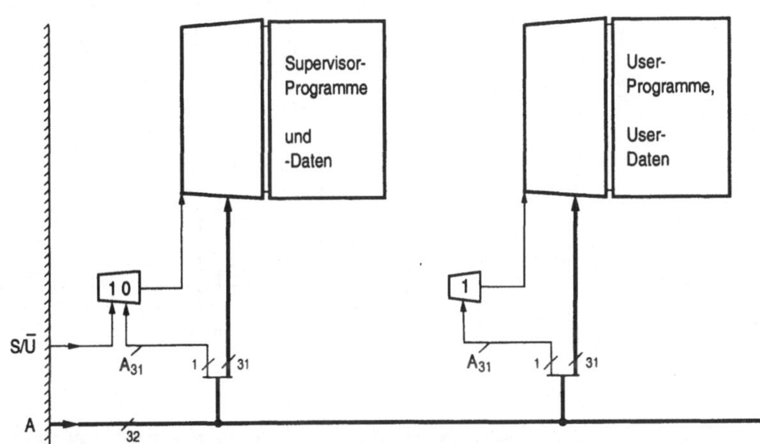

Bild 4-12. Aufteilung des Adreßraums in Abhängigkeit zweier Betriebsebenen (Statussignal $S/\overline{U}$): Zugriffsmöglichkeit im Supervisor-Modus auf den gesamten Adreßraum, im User-Modus nur auf die rechts gezeichnete Hälfte des Adreßraums.

Programm- und Datenzugriffe. Prozessoren unterscheiden grundsätzlich zwischen Programmzugriffen (instruction fetch) und Datenzugriffen (operand fetch). Programmzugriffe sind immer Lesezugriffe, Datenzugriffe können Lese- oder Schreibzugriffe sein. Angezeigt wird die Zugriffsart durch ein Statussignal des Prozessors (program/data), das zur Speicheranwahl genutzt werden kann.

Signal: $P/\overline{D}$ (program/data)

Das $P/\overline{D}$-Signal wird hauptsächlich als Speicherschutzsignal eingesetzt, um Schreibzugriffe auf den Programmbereich zu verhindern (jedenfalls in kleineren

Systemen, wie Mikrocontrollersystemen; zum Speicherschutz in größeren Systemen siehe untenstehende Bemerkung sowie 4.5). Um aber dennoch das Laden von Programmen bei Schreib-/Lesespeichern zu ermöglichen, ist ein weiteres, übergeordnetes Anwahlkriterium zur Unterscheidung zwischen dem Laden und den späteren Lesezugriffen erforderlich. Ein solches Kriterium kann aus den Betriebsebenen des Prozessors hergeleitet werden.

Bild 4-13 zeigt als Erweiterung der in Bild 4-12 vorgestellten Speicheranwahl eine zusätzliche Einengung der User-Zugriffe: bei $S/\overline{U}=0$ sind in der oberen Hälfte des User-Bereichs ($A_{31}=1$, $A_{30}=1$) nur Datenzugriffe möglich ($P/\overline{D}=0$) und in der unteren Hälfte ($A_{31}=1$, $A_{30}=0$) nur Programmzugriffe möglich ($P/\overline{D}=1$). Geladen werden die User-Programme im Supervisor-Modus ($S/\overline{U}=1$), für den diese Einschränkung des Zugriffs nicht gilt ($P/\overline{D}=$ -).

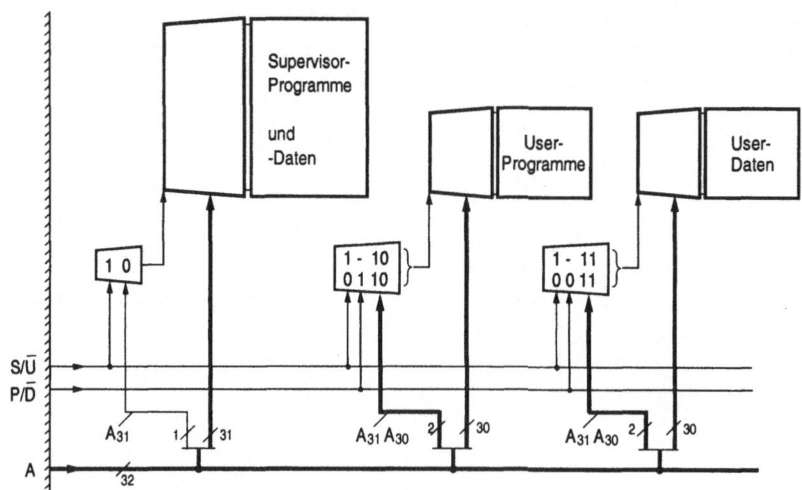

Bild 4-13. Aufteilung des Adreßraums gemäß Bild 4-12 mit zusätzlicher Einschränkung der Zugriffe im User-Modus (Statussignal $P/\overline{D}$): in der linken Hälfte des User-Bereichs sind nur Programmzugriffe, in der rechten Hälfte nur Datenzugriffe möglich. Supervisor-Zugriffe sind von dieser Einschränkung nicht betroffen.

Bemerkungen. Das $S/\overline{U}$-Signal kann nicht zur Verdoppelung des Adreßraums benutzt werden, da in der Betriebsebene Supervisor, in der die Betriebs-Software läuft, generell der gesamte Adreßraum des Systems erreichbar sein muß. Anders verhält es sich, wenn ein Festwertspeicher für die Betriebs-Software benutzt wird.

Zusätzlich zu den oben beschriebenen Prozessorsignalen können abhängig vom Prozessortyp weitere Statusinformationen für eine Adreßraumaufteilung herangezogen werden, so z.B. das Anzeigen von Zugriffen auf den Stack oder auf Registersätze prozessorexterner Funktionseinheiten, wie Coprozessoren und Speicherverwaltungseinheiten.

Die in den Bildern 4-12 und 4-13 gezeigten Aufteilungen des Adreßraums und die den Speicherbereichen zugeordneten Zugriffsattribute sind, wenn sie in den Ansteuerlogiken verdrahtet sind, völlig inflexibel. Eine flexible Bereichsaufteilung und Zuordnung von Zugriffsattributen erfordert anstelle der einfachen Decodierer eine programmierbare Anwahllogik in Form einer Speicherverwaltungseinheit (siehe 4.5).

4.2.2 Adreßraumaufteilung durch Auswertung der Adreßsignale

Abgesehen von den in 4.2.1 geschilderten Fällen, in denen Statussignale des Prozessors für eine Erweiterung des Adreßraums herangezogen werden, unterliegt die Anwahl von Speicherbereichen und Systemkomponenten in erster Linie der Auswertung der Adreßsignale. Diese geben die Adressen in codierter Form an, aus der durch entsprechende Decodierung zusammenhängender Adreßbereiche die erforderlichen Anwahlsignale S_i erzeugt werden.

Erzeugung der Anwahlsignale

Speicher- und Ein-/Ausgabeeinheiten belegen jeweils einen Teil des durch das Adreßwort des Prozessors vorgegebenen Adreßraums. Sofern ihre Kapazitäten in Bytes immer als Zweierpotenzen gewählt werden, was üblich ist, können die Anwahlsignale einfach durch Aufteilung des Adreßworts und durch Decodierung dieser Adreßteile erzeugt werden.

Bild 4-14 zeigt dazu als erstes in der linken Hälfte die Struktur einer 4-Mbyte-Speichereinheit, bestehend aus 4 in ihren Adreßbereichen aufeinanderfolgenden Speicherblocks zu je 1 Mbyte. Es zeigt ferner die Anwahllogik zur Bildung der Anwahlsignale für die gesamte Speichereinheit und für deren Speicherblocks in 2-stufiger Ausführung. Zur Vereinfachung ist die Speicherwortbreite in diesem Beispiel auf das Byteformat beschränkt. – Die der Anwahllogik zugrundegelegte Aufteilung des 32-Bit-Adreßworts ist in der gewählten Symbolik gut zu erkennen (vgl. Bild 4-16b): 10 Bits zur Anwahl des 4-Mbyte-Bereichs, 2 Bits zur Unterscheidung der vier 1-Mbyte-Blocks und 20 Bits zur Byteadressierung innerhalb der Blocks.

Die Anwahl der Speichereinheit erfolgt mittels der höchsten 10 Adreßbits durch einen Decodierer. Das eingetragene Codewort ist 0, so daß der Adreßraum der gezeigten Speichereinheit dem ersten der insgesamt 1024 verfügbaren 4-Mbyte-Bereiche zugeordnet ist. Ein ihm nachgeschalteter 1-aus-4-Decodierer wertet die weiteren 2 Adreßbits aus und bildet die Anwahlsignale für die 4 Blocks. Jeder der Blocks besteht z.B. aus acht 1-Mbit-Speicher-Chips, d.h. je einem Chip pro Bitposition der Byte-Speicherzellen (im Bild nicht gezeigt). Die verbleibenden, niedrigeren 20 Adreßbits werden dementsprechend den Adreßdecodierern aller acht Chips des angewählten Speicherblocks parallel zugeführt. Ebenso wird das Anwahlsignal des Blocks auf jeden dieser acht Chips verteilt.

Bild 4-14 zeigt als zweites in der rechten Hälfte zwei Ein-/Ausgabeeinheiten desselben Rechnersystems, nämlich einen Pufferspeicher mit 256 Bytes und einen Interface-Adapter mit 8 Registern für 8 Bytes. Die Anwahl ist 2- und 3-stufig ausgeführt. An der Symbolik sind die beiden unterschiedlichen Aufteilungen des Adreßworts, die sich aus den verschieden großen Teilbereichen der Einheiten ergeben, zu erkennen (vgl. wieder Bild 4-16b): Grundsätzlich werden hier in den ersten beiden Decodierstufen die höherwertigen 24 Adreßbits ausgewertet, womit 2^{24} 256-Byte-Bereiche unterschieden werden. Einer dieser Bereiche (mit der Anwahl 0) ist dem Pufferspeicher zugeordnet, ein zweiter Bereich (mit der

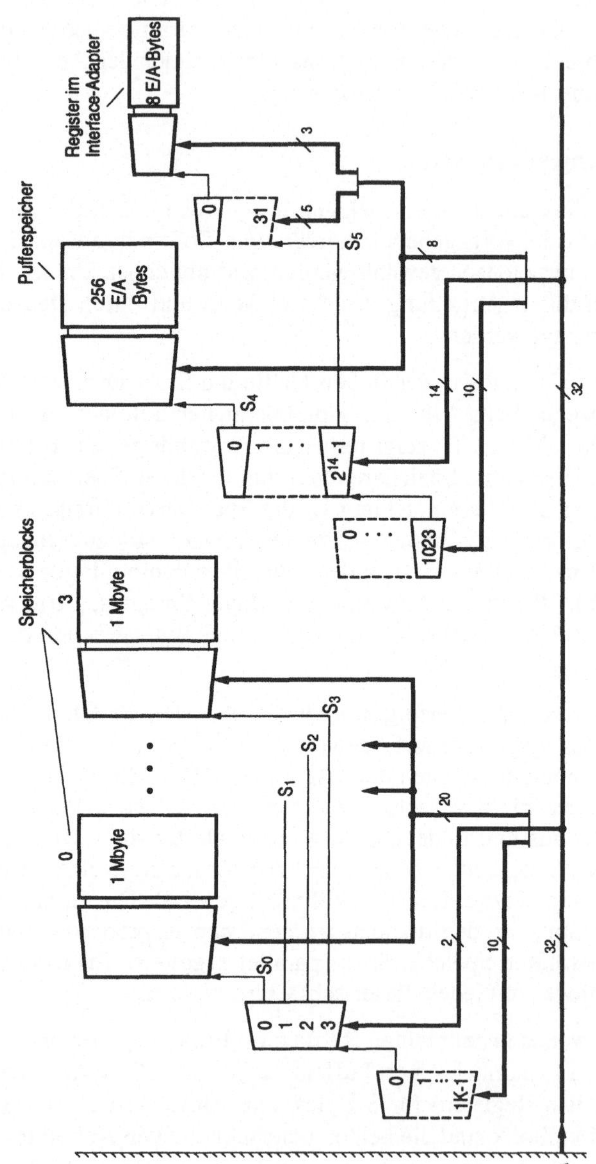

Bild 4-14. Adressierung einer 4-Mbyte-Speichereinheit mit 4 Blocks zu je 1 Mbyte (2-stufige Adreßdecodierung) sowie von 2 Ein-/Ausgabeeinheiten: einem Pufferspeicher zu 256 Bytes (2-stufige Adreßdecodierung) und einem Interface-Adapter mit 8 Byte-Registern (3-stufige Adreßdecodierung).

Anwahl $2^{14}-1$) ist in 32 8-Byte-Bereiche unterteilt, wovon der erste mittels der letzten Decodierstufe den 8 Registern des Interface-Adapters zugeordnet ist.

Realisierungsbeispiel der Adreßdecodierung. Die Anwahllogik zur Erzeugung der Anwahlsignale kann in unterschiedlicher Weise aufgebaut werden: durch Gatter-Logik, durch Gate-Arrays, durch PLAs oder sonstige programmierbare Logikbausteine (programmable logic devices, PLDs). Bild 4-15 zeigt als Beispiel für den in Bild 4-14 dargestellten Aufbau der Speicher- und Ein-/Ausgabeeinheiten eine 1-stufige Anwahl mit einem PAL (programmable array logic). Ein PAL ist ein Logikbaustein, in dem wie beim PLA der linke Teil (Decodiererteil) programmierbar ist, während der rechte Teil (Codiererteil) im Gegensatz zum PLA durch Oder-Gatter mit einer bestimmten Anzahl an Eingängen verdrahtet ist. Diese dienen im allgemeinen Fall zur Zusammenfassung der decodierten Zeilen, was in unserem speziellen Fall jedoch nicht genutzt wird.

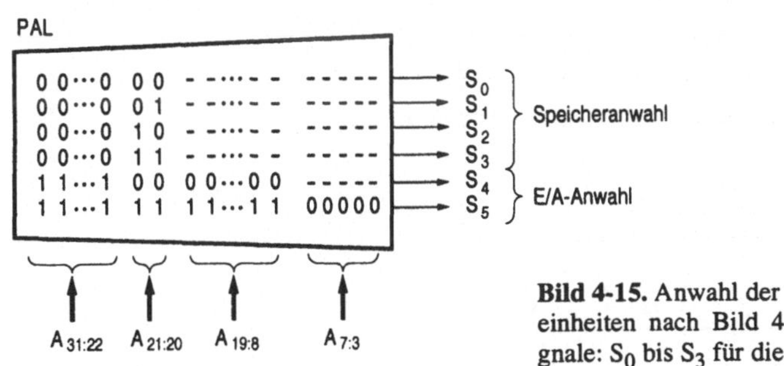

Bild 4-15. Anwahl der Speicher- und der Ein-/Ausgabeeinheiten nach Bild 4-14 mit einem PAL. Anwahlsignale: S_0 bis S_3 für die 4 Blocks der Speichereinheit, S_4 für den Pufferspeicher und S_5 für den Interface-Adapter.

Aufteilung des Adreßraums

Die Adreßdecodierungen aller Speicher- und Ein-/Ausgabeeinheiten eines Rechnersystems müssen so aufeinander abgestimmt sein, daß jedem Speicherplatz in jeder der Einheiten genau eine Adresse zugeordnet ist. Anders ausgedrückt: Jeder Einheit wird für ihre Speicherplätze ein eigener Adreßbereich innerhalb des insgesamt verfügbaren Adreßraums zugeteilt. Dieses Zuteilen des Adreßraums bezeichnet man auch als Memory-Mapping. Wie die Zuteilung in unserem Beispiel verwirklicht ist, zeigt Bild 4-16 zusammen mit der vorgenommenen Aufteilung des Adreßworts und wird im folgenden kurz kommentiert. memory mapping

Die Wahl von 4-Mbyte für die Speichereinheit (in unserem Beispiel der größte zusammenhängende Speicherbereich) führt zu einer gleichmäßigen Aufteilung des verfügbaren Adreßraums in 4-Mbyte-Schritten. Der erste dieser Bereiche wird dieser Speichereinheit zugeteilt, die anderen stehen für die weitere Zuteilung zur Verfügung. Mit jeder Zuteilung wird eine bestimmte Nummer für die höchstwertigen 10 Adreßbits vergeben.

Zur weiteren Zuteilung wird – bei optimaler Nutzung des Adreßraums – der nächst kleinere zusammenhängende Speicherbereich herangezogen, hier der Puf-

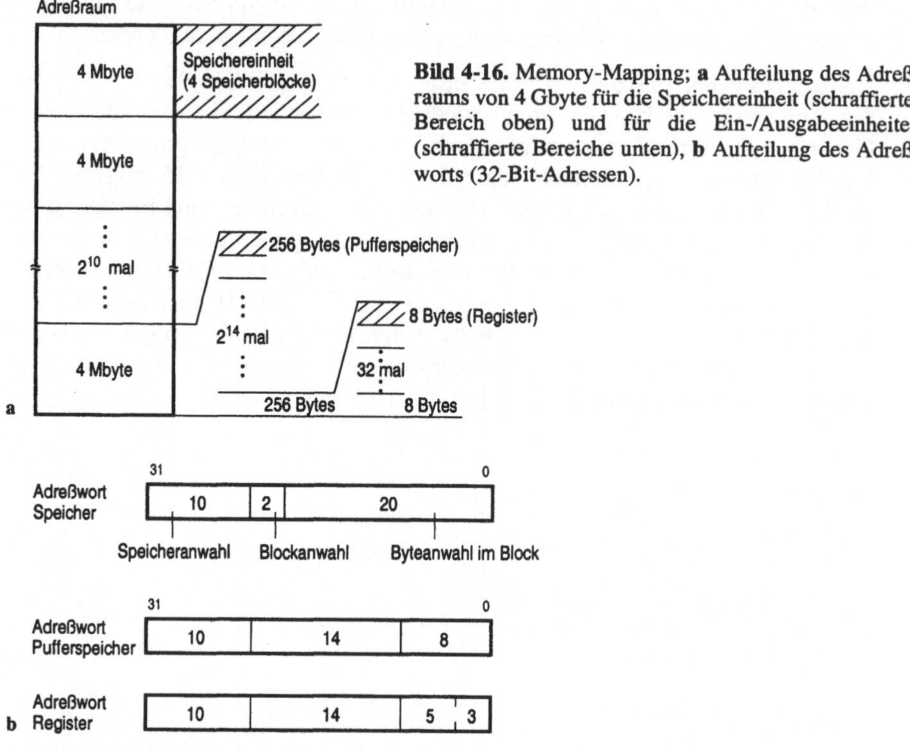

Bild 4-16. Memory-Mapping; **a** Aufteilung des Adreßraums von 4 Gbyte für die Speichereinheit (schraffierter Bereich oben) und für die Ein-/Ausgabeeinheiten (schraffierte Bereiche unten), **b** Aufteilung des Adreßworts (32-Bit-Adressen).

ferspeicher mit 256 Bytes. Für ihn wird (in unserem Beispiel) der letzte der 4-Mbyte-Bereiche in 2^{14} Bereiche zu je 256 Bytes aufgeteilt, von denen dem Pufferspeicher der erste dieser Bereiche zugeteilt wird. Jeder dieser Bereiche bekommt wiederum eine bestimmte Nummer für die mittleren 14 Adreßbits. Für den Interface-Adapter wird schließlich (in unserem Beispiel) der letzte der 256-Byte-Bereiche in 32 8-Byte-Bereiche unterteilt und dem Interface-Adapter der erste davon zugeteilt, womit das hier verfolgte Prinzip der Teilung von Adreßbereichen nach Zweierpotenzen sein Ende findet.

4.2.3 Unterschiedliche Datenformate und dynamische Busbreite

Bisher sind wir vom Datenformat Byte als „Breite" einer Speicherzelle oder eines Ein-/Ausgaberegisters ausgegangen. Diese Vereinfachung entspricht zwar bei *Ein-/Ausgabe*einheiten meist der Realität, da diese vorwiegend byteorientiert arbeiten, sie trifft jedoch für *Speicher*einheiten, obwohl sie byteadressierbar sind, i. allg. nicht zu. Speicher sind üblicherweise in ihren Zugriffsbreiten an den Datenbus angepaßt, dessen Breite sich wiederum nach der Verarbeitungsbreite des Prozessors richtet. Sie können aber auch, wenn die Datenbusbreite dynamisch festlegbar ist, eine geringere Zugriffsbreite haben.

Adressierung unterschiedlicher Datenformate

Wir gehen hier von Rechnersystemen mit 32-Bit-Prozessoren und Speichern mit Zugriffsbreiten von 32 Bits aus, die durch einen 32-Bit-Datenbus miteinander verbunden sind. Die Standard-Datenformate von 32-Bit-Prozessoren bezüglich des Speicherzugriffs sind das Byte, das Halbwort und das Wort. Entsprechend dem kürzesten dieser Datenformate, dem Byte, erzeugt der Prozessor zur Speicheranwahl Byteadressen. Zusätzlich zur Adresse gibt er während eines Buszyklus zwei Steuersignale (data size) aus, mit denen er das Datenformat des Zugriffs in codierter Form anzeigt. Der Speicher seinerseits ist, um den unterschiedlichen Datenformaten Rechnung zu tragen, – wie gesagt – byteadressierbar, und er muß unter Berücksichtigung dieser Signale in der Lage sein, nur jene Bytes einer Speicherzelle für den Transport zu aktivieren, die zu dem adressierten Datum gehören, was vor allem bei Schreibzugriffen unabdingbar ist. Dazu dienen besondere (decodierte) Anwahlsignale (byte enable).

Signale: $DSIZE_{1:0}$ (data size)

$BE_{3:0}$ (byte enable)

Bild 4-17 zeigt eine auf diese Forderungen abgestimmte 1-Mbyte-Speichereinheit, die für jede der 4 Bytepositionen ihrer 32-Bit-Speicherzellen einen durch je ein Byte-Enable-Signal BE_i getrennt anwählbaren Speicherblock aufweist. Die Anwahl der Speichereinheit erfolgt durch die oberen 12 Adreßbits A_{31} bis A_{20}, die Anwahl des Worts durch die mittleren 18 Adreßbits A_{19} bis A_2 und die Lokalisierung des Datums innerhalb des Speicherworts durch die unteren 2 Adreßbits A_1 und A_0. Die Anzahl der zu aktivierenden Bytes wird durch die beiden Data-Size-Signale $DSIZE_1$ und $DSIZE_0$ festgelegt. Sie adressieren bei einem Halbwortzugriff zusätzlich das Byte mit der nächsthöheren Byteadresse und bei einem Wortzugriff alle vier Bytes des Speicherworts (Tabelle 4-1).

Tabelle 4-1. Zuordnungen der Datenformate Byte, Halbwort und Wort zu den Bytepositionen eines 32-Bit-Speicherworts für einen Speicher mit Big-endian-byte-Ordering gemäß Bild 4-17 und Prozessoren mit Datenausrichtung

Datenformat	DSIZE	$A_{1:0}$	BE_0	BE_1	BE_2	BE_3	transportierte Byteanzahl
Byte	0 0	0 0	1	0	0	0	1
	0 0	0 1	0	1	0	0	1
	0 0	1 0	0	0	1	0	1
	0 0	1 1	0	0	0	1	1
Halbwort	0 1	0 0	1	1	0	0	2
	0 1	1 0	0	0	1	1	2
Wort	1 0	0 0	1	1	1	1	4

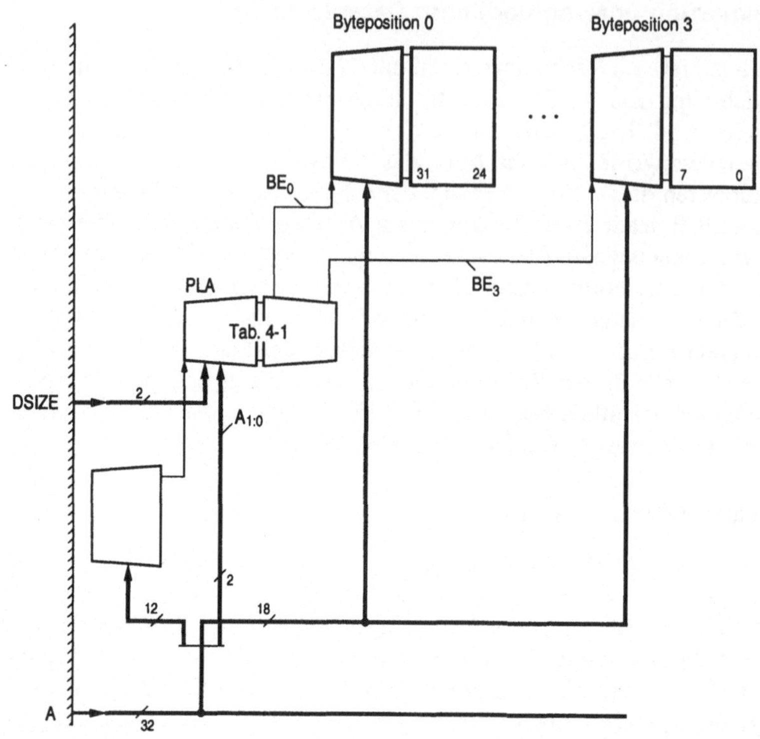

Bild 4-17. Adressierung von Bytes, Halbwörtern und Wörtern in einem byteadressierbaren Speicherblock der Kapazität 1 Mbyte mit einer Zugriffsbreite von 32 Bits und mit Big-endian-byte-Ordering; Erzeugung der Anwahlsignale BE_0 bis BE_3 entsprechend Tabelle 4-1.

little-endian / big-endian byte ordering

Anmerkung. Wenn die niedrigste Byteadresse im Wort dem untersten Byte zugeordnet ist und aufsteigende Adressen die höheren Bytes betreffen, so spricht man von „little-endian byte ordering", wenn sie (wie in Tabelle 4-1 dargestellt) dem höchsten Byte im Wort zugeordnet ist und aufsteigende Adressen die niedrigeren Bytes im Wort betreffen, so spricht man von „big-endian byte ordering".

Datenausrichtung

Bei Prozessoren mit vorrangig RISC-Eigenschaften werden Daten üblicherweise so gespeichert, daß ihre Adressen ganzzahlige Vielfache der durch das Datenformat vorgegebenen Byteanzahl sind. Diese strenge Festlegung erlaubt eine Zugriffsoptimierung in der Anzahl an Buszyklen und gewährleistet einen geringen Hardware-Aufwand für die Speicheranwahl. So kann bei einem Datenformat, das kleiner oder gleich der Datenbusbreite ist, der Zugriff immer innerhalb *eines* Buszyklus erfolgen (und ein doppelt so großes Datenformat kann in *zwei* Buszyklen transportiert werden). Sie gewährleistet außerdem, daß ein Datum immer innerhalb eines Cache-Blocks (siehe 4.4) oder einer Speicherseite (siehe 4.5) liegt, wodurch block- bzw. seitenüberschreitende Datenzugriffe vermieden werden. Man bezeichnet diese Art der Speicherung als „mit Datenausrichtung" (data alignment).

data alignment / misalignment

Die meisten Prozessoren mit vorrangig CISC-Eigenschaften weichen von einer solchen starren Festlegung ab und erlauben eine nichtausgerichtete Speicherung von Operanden, d.h. eine Speicherung beginnend bei beliebigen Byteadressen. Man bezeichnet diese Art der Speicherung als „ohne Datenausrichtung" (data misalignment). Hierbei kann ein Datum, das mehr als ein Byte umfaßt, über die Speicherwortgrenze hinweg verschoben sein, so daß in diesem Fall der Zugriff zwei Buszyklen erfordert. Jeder Buszyklus kann jetzt ein, zwei, drei oder vier Bytes umfassen, wobei der Prozessor mit seinen DSIZE-Signalen im ersten Buszyklus die dem Datenformat entsprechende Byteanzahl und im zweiten Buszyklus die noch zu transportierende Byteanzahl anzeigt. Tabelle 4-2 enthält die zu Tabelle 4-1 erforderlichen Ergänzungen für Zugriffe ohne Datenausrichtung. (Sie zeigt in der ersten Zeile den Sonderfall eines Halbworts, das zwar nicht ausgerichtet gespeichert ist, aber dennoch in einem Buszyklus transportiert werden kann, da es innerhalb des Speicherworts liegt.)

Tabelle 4-2. Ergänzungen zu Tabelle 4-1 für Prozessoren ohne Datenausrichtung

Datenformat	DSIZE	$A_{1:0}$	BE_0	BE_1	BE_2	BE_3	transportierte Byteanzahl
Halbwort	0 1	0 1	0	1	1	0	2
	0 1	1 1	0	0	0	1	1
3 Bytes	1 1	0 0	1	1	1	0	3
Wort	1 0	0 1	0	1	1	1	3
	1 0	1 0	0	0	1	1	2
	1 0	1 1	0	0	0	1	1

Bemerkung. Auch für die Speicherung von Befehlen gibt es die Unterscheidung mit und ohne Datenausrichtung. So schreiben Prozessoren, deren Befehle als Vielfache von Wörtern oder Halbwörtern gebildet werden, üblicherweise eine Speicherung mit Datenausrichtung vor, während bei Prozessoren, deren Befehle sich aus Vielfachen von Bytes zusammensetzen, die Speicherung ohne Datenausrichtung vorgegeben ist. Dennoch ist bei letzteren nicht der bei ohne Datenausrichtung notwendige Aufwand für den Speicherzugriff erforderlich, da Befehle als Befehlsströme, d.h. aufeinanderfolgend, gelesen werden und die einzelnen Befehle erst prozessorintern gegeneinander abgegrenzt werden. Die Speicherzugriffe können dementsprechend als Wortzugriffe mit Datenausrichtung ausgeführt werden.

Dynamisch festlegbare Datenbusbreite

Werden an einen 32-Bit-Datenbus Speicher- oder Ein-/Ausgabeeinheiten mit einer geringeren Zugriffsbreite als 32 Bits angeschlossen, so können diese zunächst einmal nur in Adreßsprüngen von 2 (16-Bit-Anschluß) bzw. 4 (8-Bit-Anschluß) angewählt werden, d.h., die von diesen Einheiten belegten Adreßbereiche weisen für aufeinanderfolgende Speicherplätze Sprünge von 2 bzw. von 4 in der Inkrementierung auf. Um – davon abweichend – die Adreßbereiche solcher Einheiten voll nutzen zu können, sehen Prozessoren ohne Datenausrichtung vor, daß die jeweils adressierte Einheit die von ihr nutzbare Breite des Datenbusses vorgeben kann (dynamic bus sizing). Der Prozessor wertet dazu am Ende eines jeden Buszyklus zwei von der adressierten Einheit kommende Steuersignale (port size) aus, mit denen diese ihm ihre Anschlußbreite, auch Torgröße genannt, mitteilt.

dynamic bus sizing

Signale: $PSIZE_{1:0}$ (port size)

Abhängig von der Datenspeicherung (mit/ohne Datenausrichtung, Adreßbits A_1 und A_0), vom Datenformat (DSIZE-Signale) und von der Torgröße 8, 16 oder 32 Bits (PSIZE-Signale) führt der Prozessor die erforderliche Anzahl an Buszyklen durch. Bei einem Worttransport mit einer Einheit mit Byte-Anschluß sind es z.B. vier Transporte. Die Adressierung Big-endian- oder Little-endian-byte-Ordering legt dabei fest, ob eine Einheit an den höheren Datenbusleitungen (linksbündig) oder an den niedrigeren Datenbusleitungen (rechtsbündig) anzuschließen ist. In Ergänzung zu den Tabellen 4-1 und 4-2 muß der Prozessor bei Schreibzyklen, da er die Torgröße zunächst nicht kennt, ggf. Datenanteile an mehreren Bytepositionen des Busses anbieten und bei Lesezyklen Datenanteile an der durch die Torgröße festgelegten Byteposition übernehmen können (siehe auch [Flik]).

4.3 Maßnahmen zur Beschleunigung von Speicherzugriffen

4.3.1 Verschränkte Speicheradressierung

Die Leistungsfähigkeit eines Prozessors zeigt sich u.a. in seiner maximalen Übertragungsrate, das ist die Anzahl der Bytes, die er pro Sekunde über seinen Datenbusanschluß transportieren kann. Diese Größe wird auch vielfach in Anlehnung an die sog. Bandbreite eines Signals in der Elektrotechnik (Frequenzbereich des Signals) Busbandbreite genannt. Sie wird in der Maßeinheit Mbyte/s angegeben und ergibt sich aus der Anzahl der Bustakte pro Sekunde, multipliziert mit der Datenbusbreite in Bytes, geteilt durch die für eine Übertragung mindestens erforderliche Anzahl an Takten. Letztere Einflußgröße wird auch als minimale Buszykluszeit bezeichnet (in Takten oder in Takten mal Taktdauer gemessen).

Busbandbreite

Die tatsächliche Übertragungsrate ist häufig geringer als die Busbandbreite, z.B. dann, wenn der Speicher nicht in der Lage ist, die minimale Buszykluszeit des Prozessors einzuhalten, d.h., wenn seine Zugriffszeit bzw. seine Zykluszeit größer als die minimale Buszykluszeit ist. Der Prozessor ist dann gezwungen, Wartetakte einzufügen, bis der Speicher „ready“ meldet.

Bei Zugriffen auf den Speicher unterscheidet man zwischen dessen Zugriffs- und dessen Zykluszeit. Die Zugriffszeit ist die Zeit, die der Speicher vom Aktivieren eines Speicherzugriffs durch den Prozessor bis zur Datenbereitstellung (Lesen) bzw. Datenübernahme (Schreiben) benötigt. Aus der Sicht des Prozessors ist sie die für den *einzelnen* Speicherzugriff relevante Übertragungszeit. Die Zykluszeit hingegen ist die Zeit, die der Speicher zwischen zwei Aktivierungen benötigt, d.h., sie ist gleich der Zugriffszeit plus ggf. einer sog. Erholzeit für den Speicher. Aus der Sicht des Prozessors ist sie die für unmittelbar *aufeinanderfolgende* Speicherzugriffe relevante Übertragungszeit. Bei der Verwendung von statischen RAMs (SRAMs) sind die Zugriffs- und die Zykluszeit gleich, so daß die Übertragungszeit bei aufeinanderfolgenden Zugriffen nur von der Zugriffszeit des Speichers abhängt. Bei dynamischen RAMs (DRAMs) hingegen stehen die Zugriffs- und die Zykluszeit in einem Verhältnis von ungefähr eins zu zwei, d.h., der Prozessor muß bei aufeinanderfolgenden Zugriffen gegenüber der eigentlichen Zugriffszeit eine gleichlange Verzögerung um die Erholzeit des Speichers in Kauf nehmen. Die durch diese Verzögerung bedingten Wartetakte lassen sich bei aufeinanderfolgenden Zugriffen durch eine sog. verschränkte Adressierung des Speichers vermeiden.

Zugriffszeit
Zykluszeit

Verschränkte Adressierung bedingt, daß die Speichereinheit in mehrere physisch getrennte, voneinander unabhängig arbeitende Speicherblocks unterteilt sein muß. Man nennt einen solchen eigenständigen Speicherblock eine Speicherbank. Die Bankanwahl muß dabei so ausgelegt sein, daß aufeinanderfolgende Adressen jeweils einen Bankwechsel verursachen (Speicherverschränkung, interleaving). Aufeinanderfolgende Buszyklen geben so, d.h. bei jeweiligem Bankwechsel und bei hinreichender Bankanzahl, der einzelnen Bank genügend Zeit, ihren Zyklus abzuschließen, bevor sie erneut angewählt wird. Findet bei zwei aufeinanderfolgenden Speicherzugriffen kein Bankwechsel statt, so muß der zweite Zugriff so lange verzögert werden, bis sich die Bank vom ersten Zugriff erholt hat. In diesem Fall bringt die verschränkte Adressierung keinen Zeitgewinn.

verschränkte Adressierung

Da die Bankanwahl durch Auswerten eines Teils des Adreßworts erfolgt, ist die Bankanzahl immer eine Zweierpotenz. Bei einer Erholzeit kleiner oder gleich der Zugriffszeit sind zwei Banken hinreichend; eine größere Bankanzahl erhöht jedoch die Wahrscheinlichkeit eines Bankwechsels bei nichtaufeinanderfolgenden Adressen. Ist die Erholzeit größer als die Zugriffszeit, so ist die Bankanzahl wenigstens so weit zu erhöhen, daß der Prozessor im Idealfall des Bankwechselns, d.h., wenn die Banken durch aufeinanderfolgende Adressen zyklisch angewählt werden, nicht zu warten braucht. Eine darüber hinausgehende Bankanzahl erhöht auch hier wieder die Wahrscheinlichkeit eines Bankwechsels bei nichtaufeinanderfolgenden Adressen.

Bild 4-18 zeigt den Aufbau eines Speichers mit vier 32-Bit-Speicherbanken zu je 1 Mbyte und das zugehörige Adreßwort mit seiner Aufteilung in die einzelnen Adreßteile. Die Bankanwahl erfolgt durch die niederwertigen 2 Adreßbits A_3 und A_2 (d.h. Bankwechsel bei aufeinanderfolgenden Wortadressen), die Wortanwahl innerhalb einer Bank erfolgt durch die höherwertigen 18 Adreßbits A_{21} bis

A_4. Die Adreßinformation wird für die jeweils angewählte Bank in Pufferregister (PR) geschrieben, um sie über die Zugriffszeit hinaus halten zu können.

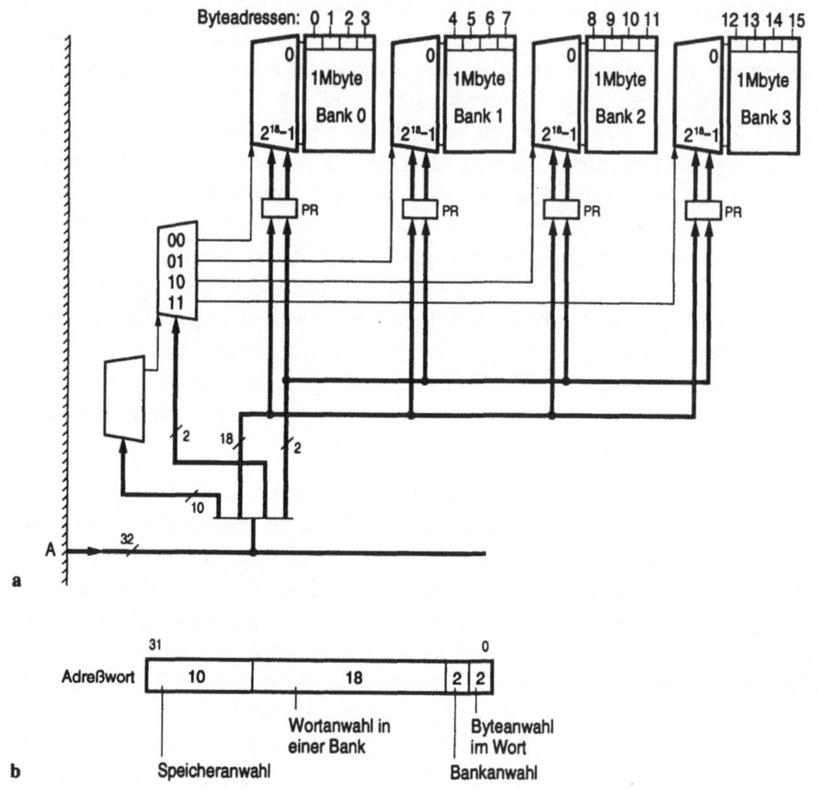

Bild 4-18. Verschränkte Adressierung einer 4-Mbyte-Speichereinheit mit 4 Speicherbanken zu je 1 Mbyte; **a** Adreßdecodierung, **b** Aufteilung des 32-Bit-Adreßworts.

Beispiel 4.1. Programmausführung bei verschränkt adressierbarem Speicher. Bild 4-19 zeigt die Wirkung eines verschränkt adressierbaren Speichers am Beispiel des Programms zur Addition der natürlichen Zahlen bis *n* aus Beispiel 3.1. Die Zugriffszeit des Speichers wurde hier gleich der minimalen Buszykluszeit des Prozessors, seine Zykluszeit als doppelt so groß angenommen. Das heißt, die Speichererholzeit ist gleich der Speicherzugriffszeit, wodurch sich eine im mindest erforderliche Bankanzahl von zwei ergibt.

Wie das Ablaufschema in Bild 4-19b zeigt, erfolgen die Speicherzugriffe bei einem Bankwechsel im Abstand der Zugriffszeit (kurze Striche), sonst im Abstand der Zykluszeit des Speichers (lange Striche). Für die innere Schleife des Programms werden damit nur 7 Buszyklen benötigt. Das gleiche Programm in einem Speicher mit unverschränkter Adressierung würde demgegenüber 10 Buszyklen benötigen, woraus sich ein Zeitverhältnis von 7 zu 10 ergibt. Bei dieser Rechnung ist nicht berücksichtigt, daß 2-Adreß-Befehle, deren Operanden im

Speicher stehen, aufgrund ihrer großen Länge mehr als ein Speicherwort belegen können. Wegen der Adressierung aufeinanderfolgender Speicherwörter würde sich dabei das Verhältnis zugunsten des verschränkten Betriebs verschieben. Auch wenn Befehle im Vorgriff in eine Befehls-Queue oder einen Programm-Cache oder Daten blockweise in einen Daten-Cache geladen werden, verbessert sich das Verhältnis zugunsten des verschränkten Betriebs.

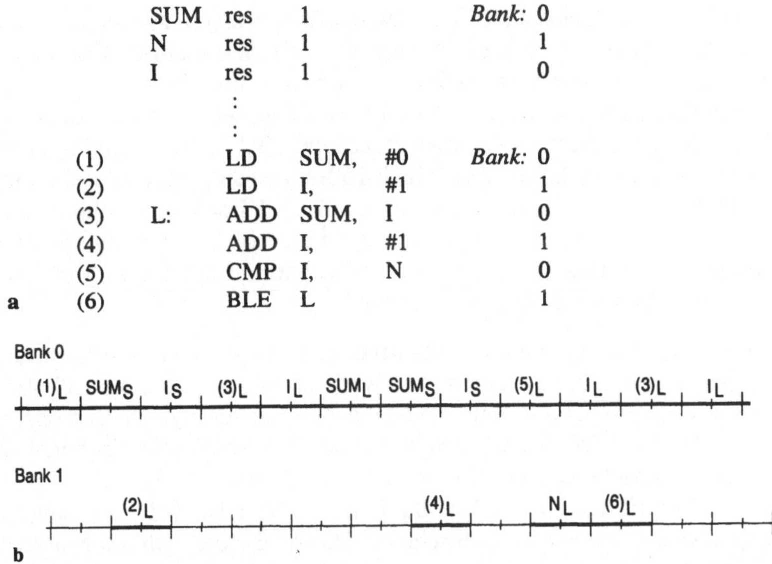

Bild 4-19. Programmausführung bei verschränkt adressierbarem Speicher mit 2 Banken; **a** Programm zur Addition der natürlichen Zahlen bis *n* mit Aufteilung von Daten und Befehlen auf die beiden Speicherbanken, **b** Ablaufschema für die Zugriffe auf Befehle und Daten (Lesen Index L, Schreiben Index S). Zeiteinheit: Speicherzugriffszeit.

Aufgabe 4.4. Für den Fall, daß der in Bild 4-19 zugrundegelegte verschränkt adressierbare Speicher mit 4 anstatt mit 2 Banken arbeitet, ist die Anzahl der Buszyklen für die innere Schleife des Programms zu ermitteln. Die Daten und das Programm beginnen jeweils bei der Bank 0.

4.3.2 Überlappung von Buszyklen

Ist bereits die Zugriffszeit des Speichers (DRAM- oder SRAM-Speicher) größer als die minimale Buszykluszeit des Prozessors, so können die daraus resultierenden Wartetakte allein durch verschränkte Speicheradressierung nicht vermieden oder verringert werden. Hierzu muß zusätzlich zur verschränkten Adressierung eine Überlappung von Buszyklen durchgeführt werden, wofür sowohl der Prozessor als auch der Speicher ausgelegt sein müssen. Überlappung von Buszyklen heißt für den Prozessor, daß er während des momentanen Buszyklus zeitlich versetzt bereits einen oder mehrere nachfolgende Buszyklen durch Ausgeben der Adressierungsinformation initiiert. Im einfachsten Fall gibt er diese Information nur für den nächsten Buszyklus oder für den nächsten und den übernächsten Buszyklus aus (Überlappung von zwei bzw. drei Buszyklen). Eine noch größere

Überlappung war früher bei Großrechnern üblich; z.B. sah der Vektorrechner CD 7600 von Control Data eine Überlappung von vier Buszyklen vor.

Die Überlappung von Buszyklen setzt wieder voraus, daß aufeinanderfolgende Speicherzugriffe unterschiedliche Banken betreffen. Die im Idealfall des Bankwechselns, d.h. bei zyklischer Anwahl der Banken dafür mindest erforderliche Bankanzahl ergibt sich als Teilungsverhältnis von Zykluszeit der Speicherbanken zu kürzest möglicher Zeitspanne zwischen den Initiierungen zweier aufeinanderfolgender Buszyklen durch den Prozessor. – *Rechenbeispiel:* Der erwähnte Rechner CD 7600 löste mit jedem Takt einen neuen Buszyklus aus, und die Zykluszeit der Speicherbanken betrug 10 Takte (4 Takte Zugriffszeit, 6 Takte Erholzeit); das Teilungsverhältnis ist dementsprechend 10:1, d.h., es sind mindestens 10 Banken erforderlich. Es werden jedoch 16 Banken eingesetzt (Zweierpotenz), um die Bankanwahl zu vereinfachen, wahlweise 32 Banken, wodurch sich die Wahrscheinlichkeit eines Bankwechsels und damit der Überlappung erhöht. (Die Überlappung von 4 Buszyklen bei diesem Rechner ist auf die Zugriffszeit der Speicherbanken von 4 Takten zugeschnitten.)

CD 7600
1969

Zusammenspiel der Systemkomponenten. Der Markenkonflikt im Buszyklus Bild 4-9 bewirkt, daß bei Speichern mit Wartezuständen selbst bei früherer Bereitschaft des Prozessors erst dann eine neue Adresse ausgegeben und damit das AL-Signal aktiviert wird, wenn der Speicher das RY-Signal gebracht hat, d.h. der Speicher für den nächsten Zugriff bereit ist. Im Fall von verschränkten Speicherbanken und Zugriff auf eine andere Bank ist der Speicher jedoch schon vorher bereit, die nächste Adresse zu übernehmen. Das heißt aber, daß der Markenkonflikt aufgelöst werden kann, und zwar mittels eines Signals (next address) vom Speicher zum Prozessor.

Signal: NA (next address)

NA signalisiert dem Prozessor, daß die nächste Adresse vom Speicher akzeptiert wird, sofern sie für eine andere Bank bestimmt ist. – Im folgenden gehen wir von einer Rechnerstruktur aus, bei der der Prozessor synchrone Buszyklen mit der in Bild 4-9 möglichen minimalen Anzahl von 2 Takten durchführt und dabei auf 2 verschränkt adressierbare Speicherbanken zugreift, die ihrerseits je 4 Takte benötigen. Bild 4-20 zeigt die durch die Handshake-Signale AS (zusammen mit S_i) und RY in Verbindung mit NA gekoppelten Graphen für den Prozessor und für die Steuerung der beiden Speicherbanken. Mit NA=1 wird der Fall des Bankwechsels signalisiert – beim Durchspielen typischer Abläufe erkennt man das Wechselspiel.

Bild 4-21 stellt dazu in schematischer Form und mit dem Bustakt als Zeitmaßstab die Zeitpunkte der Adreßausgaben und der Datenübernahmen durch den Prozessor (Lesezyklen, schräge Linien) sowie die Belegungen der beiden Speicherbanken dar. Wie rechts im Bild gezeigt, ist durch die Überlappung der Buszyklen um die halbe Speicherzeit (unter der Voraussetzung, daß mit jeder Adreßausgabe auch ein Bankwechsel stattfindet) gewährleistet, daß der Prozessor trotz

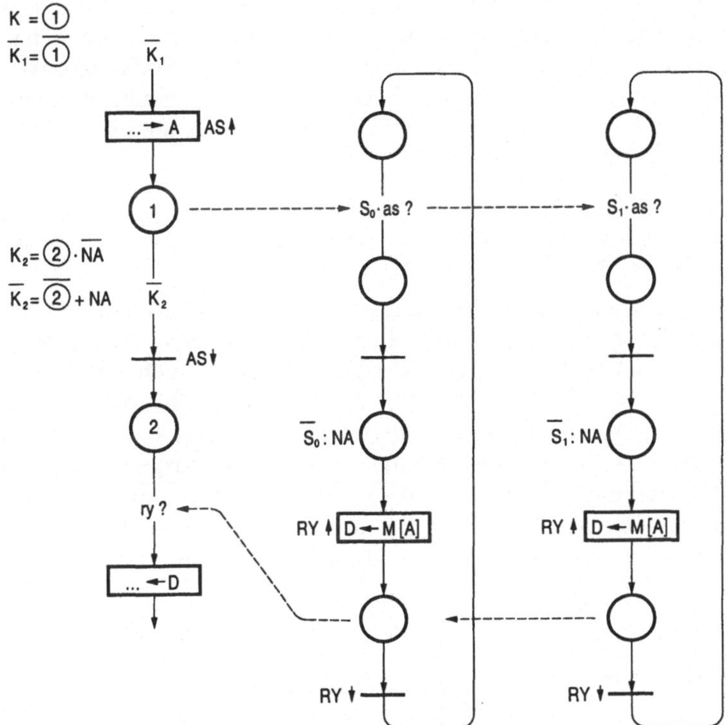

Bild 4-20. Graphen für die Überlappung von 2 Buszyklen, links Prozessor, rechts 2 verschränkt adressierbare Speicherbanken mit je 2 Wartezuständen (Abläufe siehe Bild 4-21). Letzteres läßt sich verallgemeinern, z.B. auf 2 Banken mit je 1 Wartezustand (Abläufe siehe Bild 4-22a) bzw. auf 4 Banken mit je 4 Wartezuständen (Abläufe siehe Bild 4-22b).

der Speicherzeit von 4 Takten Daten im Abstand von 2 Takten übernehmen (bzw. bei Schreibzyklen bereitstellen) kann. Als Kennzahl für diese Art der Überlappung wird das Verhältnis aus der Anzahl der Takte zwischen zwei Datentransporten zur Anzahl der Takte eines Speicherzyklus angegeben, hier also 2:4. – Bei

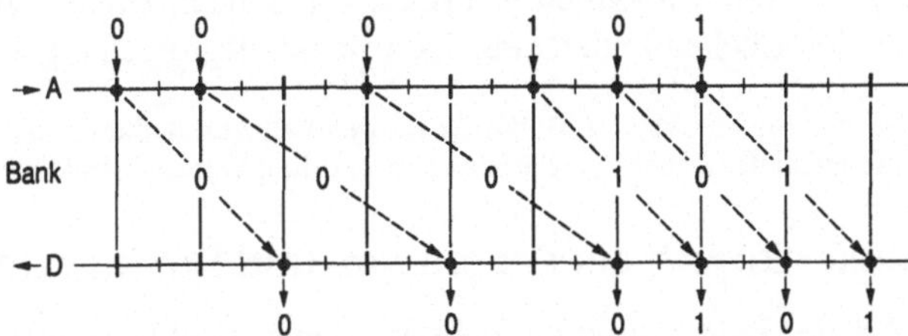

Bild 4-21. Schematische Darstellung der Überlappung bei 2 Banken 0 und 1 mit zwischenzeitlichem Aussetzen wegen wiederholten Zugriffs auf dieselbe Speicherbank. Zeiteinheit: Taktzeit.

2 aufeinanderfolgenden Zugriffen auf dieselbe Bank wird vom Prozessor, wie links im Bild gezeigt (Zugriffe auf Bank 0), zwar die zweite Adresse noch überlappend ausgegeben, sie wird jedoch von der betroffenen Speicherbank erst nach Abschluß des ersten Zugriffs, d.h. 2 Takte später, übernommen. Dementsprechend fordert die Speichersteuerung die nächste Adresse mittels des NA-Signals um ebenfalls 2 Takte verzögert an.

Aufgabe 4.5. Der in Bild 4-21 dargestellte Ablauf ist in Bild 4-20 mit hinreichend vielen Marken für den Prozessor und 2 Marken für die Speicherbanken durchzuspielen (der Prozessorzustand 2 kann mehr als eine Marke enthalten).

Varianten. Eingangs dieses Abschnitts wurden weitere Arten der Überlappung von Buszyklen genannt. Sie unterscheiden sich von dem oben beschriebenen Beispiel im Grad der Überlappung oder in der Anzahl sich überlappender Buszyklen. Zwei Beispiele dafür zeigt Bild 4-22 in der durch Bild 4-21 vorgegebenen schematischen Darstellung aufeinanderfolgender Lesezyklen. In Teilbild a sind wieder zwei verschränkt adressierbare Speicherbanken angenommen, nun aber mit je 1 Wartezustand (von 3 Zuständen insgesamt). Damit erstreckt sich die Überlappung jetzt nur über 1 Takt. Die oben eingeführte Kennzahl des Taktverhältnisses ergibt sich dementsprechend zu 2:3. In Teilbild b sind nun 4 verschränkt adressierbare Speicherbanken angenommen, und zwar mit je 4 Wartezuständen (von 6 Zuständen insgesamt). Die Kennzahl ergibt sich somit zu 2:6. Bei dieser 3-fach möglichen Überlappung würden an sich 3 Speicherbanken ausreichen, die bei optimaler Nutzung lückenlos belegt wären. Aufgrund der einfacheren Bankanwahl werden jedoch wenigstens 4 Banken eingesetzt (Zweierpotenz), wodurch sich Lücken in den einzelnen Bankbelegungen ergeben.

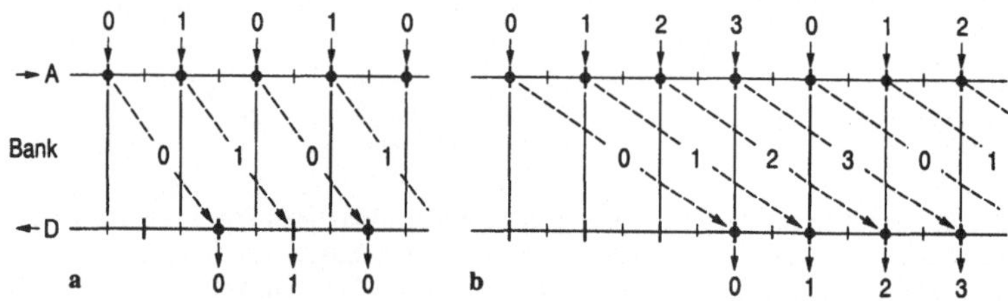

Bild 4-22. Varianten der Überlappung; **a** Überlappung bei bei 2 Banken 0 und 1, **b** bei 4 Banken 0, 1, 2 und 3. Zeiteinheit: Taktzeit.

Aufgabe 4.6. Zeichnen Sie die Abläufe Bild 4-22 für den Fall neu, daß die Speicherbanken Zugriffszeiten entsprechend der Dauer von 2 Takten haben, d.h. 2 Wartezustände haben.

4.3.3 Paralleler Zugriff auf Programm- und Datenspeicher

Eine andere Art der Überlappung von Buszyklen entsteht, wenn ein Prozessor imstande ist, das Befehl-Holen und das Befehl-Ausführen in Fließbandorganisation durchzuführen. Dann muß er für Befehls- und Operandenzugriffe zwei getrennte Speicher mit jeweils eigenen Bussen haben: an den Befehlsbus ist der

Programmspeicher und an den Datenbus der Datenspeicher angeschlossen. Bei einer solchen Systemstruktur kann der Prozessor gleichzeitig zum *Operanden-Zugriff* für den in der Verarbeitung befindlichen Befehl bereits den *Abruf* für den nächsten *Befehl* durchführen. Eine der frühen Realisierungen dieses Prinzips ist im UNIVAC 1107 von Sperry Rand zu finden (einem 1-Adreß-Rechner). UNIVAC 1107

Bei den späteren Mikroprozessoren wird das Prinzip des parallelen Zugriffs auf Programm- und Datenspeicher prozessorintern angewendet. Dabei sind die beiden Busse als On-chip-Leitungen ausgebildet, die einen On-chip-Programm-Cache mit einem On-chip-Daten-Registerspeicher verbinden (wie das im Prinzip zu sehen ist in Blockbild 2-22 auf S. 156).

Beispiel 4.2. Programmausführung bei parallelem Programm- und Datenzugriff. Bild 4-23 zeigt die Wirkung paralleler Zugriffe auf den Programm- und Datenspeicher am Beispiel des Programms zur Addition der natürlichen Zahlen bis *n*. Wie in Beispiel 4.1 wurden die Zugriffszeiten der beiden Speicher gleich der minimalen Buszykluszeit des Prozessors, ihre Zykluszeiten als doppelt so groß angenommen. – Das Ablaufschema in Bild 4-23b zeigt: Aufeinanderfolgende Zugriffe erfolgen, wenn möglich, auf beide Speicher gleichzeitig, sonst auf ein und denselben Speicher nacheinander; für die „innere" Schleife des Programms werden damit nur 8 Buszyklen benötigt. Dasselbe Programm in einem gemeinsamen

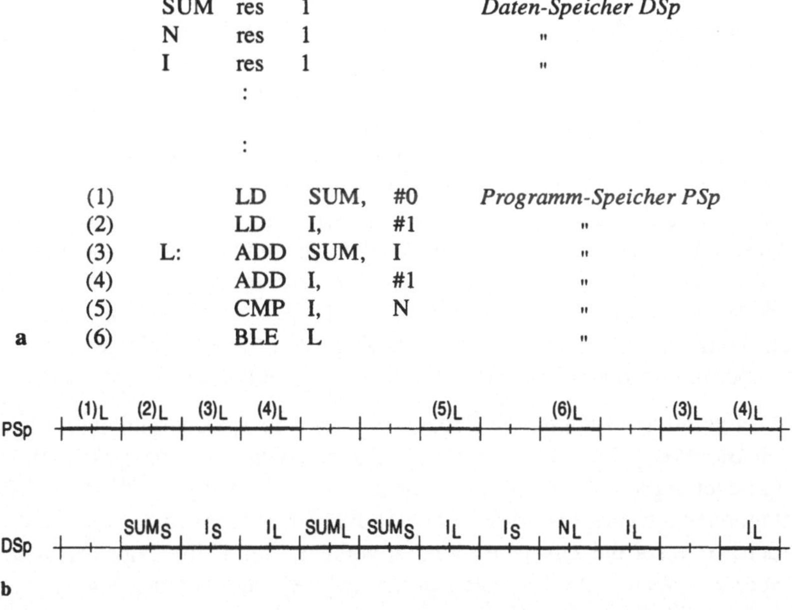

Bild 4-23. Programmausführung bei 2 parallel arbeitenden Programm- und Datenspeichern; **a** Programm zur Addition der natürlichen Zahlen bis *n* mit Aufteilung von Daten und Befehlen auf die beiden Speicher, **b** Ablaufschema für die Zugriffe auf Befehle und Daten (Lesen Index L, Schreiben Index S). Zeiteinheit: Speicherzugriffszeit.

Speicher für Programme und Daten würde demgegenüber 11 Buszyklen benötigen, woraus sich ein Zeitverhältnis von 8 zu 11 ergibt. Ein noch besseres Zeitverhältnis würde sich bei einem 1-Adreß-Rechner ohne immediate Adressierung ergeben, da bei ihm die aufeinanderfolgenden Datenzugriffe entfallen und somit ein häufigerer Speicherwechsel stattfinden würde.

Harvard-Architektur

Bemerkung. In Würdigung des 1944 an der Harvard-Universität in Betrieb genommenen Rechners MARK I wird die geschilderte Organisationsform mit getrennten Speichern auch als Harvard-Architektur bezeichnet. Sie ist nicht die erste Architektur dieser Art, da alle Rechner mit fest gespeicherten Programmen diesem Prinzip folgen (müssen), also auch die frühen Entwicklungen mit auf Kinofilm oder Lochstreifen gespeicherten Programmen, z.B. Zuses Z3 von 1941.

4.3.4 Blockbuszyklus

burst cycle

Prozessoren mit On-chip-Cache sehen meist einen besonderen Blockbuszyklus (burst cycle) vor, mit dem sie das Laden des Cache aus dem Speicher beschleunigen können (siehe nachfolgend 4.4). Grundlage hierfür ist die Blockstrukturierung von Caches mit einer z.B. bei 32-Bit-Prozessoren üblichen Blockgröße von vier Wörtern, d.h. von 16 Bytes (man spricht von einer Cache-Zeile). Da diese Blöcke im Speicher an Vielfachen der Blockgröße ausgerichtet sind (Block-Datenausrichtung und damit auch Wort-Datenausrichtung), können die einzelnen Wörter eines Blocks durch jeweils einen Buszyklus übertragen werden. Der Prozessor gibt dabei üblicherweise nur die Adresse des ersten Wortes aus und überläßt die Folgeadressierung der Speichersteuerung.

Bei dieser Art der Übertragung benötigt der Prozessor für das erste Wort wie bei einem normalen Buszyklus zwar zwei Takte (in unserem Beispiel), er kann jedoch die drei nachfolgenden Wörter in je einem Takt übertragen. Die dabei vorausgesetzte Verkürzung des Speicherzyklus bei den drei nachfolgenden Wörtern erreicht man, wenn man den Speicher mit RAMs aufbaut, die den Blockbuszyklus unterstützen. Solche RAMs erlauben verkürzte Zugriffe ab dem zweiten Zugriff, wenn dabei bestimmte Adressierungsvorgaben eingehalten werden, z.B. Adressierung von aufeinanderfolgenden Einträgen (nibble mode) oder von beliebigen Einträgen (page column mode, static column mode), jeweils bezogen auf eine Zeile der bausteininternen Speichermatrix. Diese Möglichkeiten nutzend, werden beim Blockbuszyklus vier RAM-Zugriffe aufeinanderfolgend durchgeführt, einer mit normaler Zugriffszeit und drei mit verkürzter Zugriffszeit.

Bild 4-24 zeigt die Graphen von Prozessor (a) sowie Speichereinheiten ohne (b) und mit Blockbuszyklus (c), basierend auf dem synchronen Buszyklus Bild 4-9. Der Speicher signalisiert dem Prozessor über ein Steuersignal, ob er für Blockübertragungen ausgelegt ist (block enable). Für die erste Wortübertragung durchläuft der Prozessor die Zustände 1 und 2, wobei er beim Übergang von 1 nach 2 $n-1$ Marken erzeugt und das Datenformat „Block“ mittels eines Signals an den Speicher ausgibt (block transfer).

Signale: BEN (block enable)

BTR (block transfer)

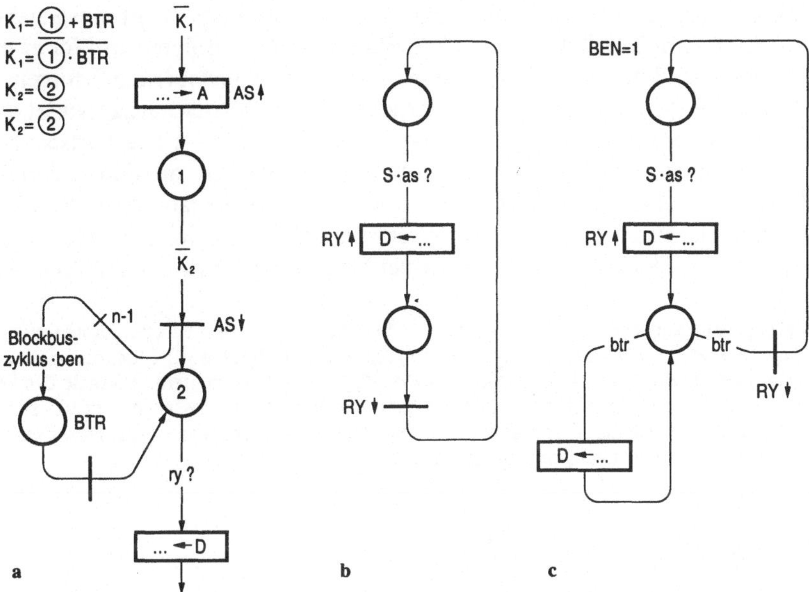

Bild 4-24. Graphen für Prozessor und Speicher für einen Blockbuszyklus mit n Datenübertragungen; **a** Prozessor, **b** Speicher ohne, **c** mit Blockbuszyklus (Abläufe für n=4 siehe Bild 4-25a).

Ist der Speicher für Blockübertragungen eingerichtet, so wird der Graph in Teilbild c im linken, unteren Teil durchlaufen; hier stellt der Speicher Takt für Takt die auf das erste Wort folgenden Wörter bereit, die einen Takt später vom Prozessor übernommen werden. Dabei vermindern sich mit jedem Takt die Marken im Prozessor (Teilbild a, unbezeichneter Platz); auf diese Weise wird das Ende des Datentransfers vom Prozessor vorgegeben. Bei n=4 dauert die Gesamtübertragung eines Blocks lediglich 5 Takte, und mit der letzten Datenübertragung wird bereits die Adresse für den nächsten Blocktransfer bereitgestellt (Bild 4-25a).

Das Verfahren kann verfeinert werden, indem der jeweils nächste Blockbuszyklus überlappend mit dem letzten Datentransfer durchgeführt wird, so daß ein lückenloser Datenstrom aufeinanderfolgender Blockbuszyklen entstehen kann. Die Gesamtübertragung eines Blocks benötigt dann nur noch das Minimum von 4 Takten (Bild 4-25b).

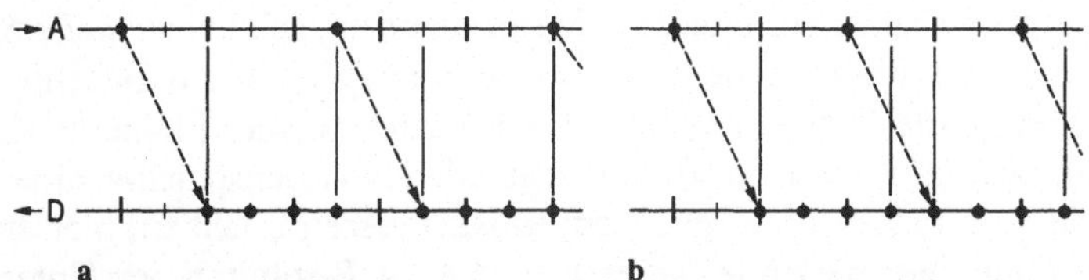

Bild 4-25. Schematische Darstellung von Blockbuszyklen mit überlappter Adreßbereitstellung; **a** ohne, **b** mit Überlappung des letzten Datentransfers. Zeiteinheit: Taktzeit.

Während eines Blockbuszyklus bleibt die für das erste Wort ausgegebene Adresse auf dem Adreßbus unverändert. Für die drei nachfolgenden Wörter muß dementsprechend die Adreßfortschaltung in der Speichersteuerung erfolgen. Da die Blöcke im Speicher immer an Vielfachen von 4 Wörtern ausgerichtet sind, betrifft die Adreßfortschaltung lediglich die Bits A_3 und A_2. Die Fortschaltung wird üblicherweise nach dem Wrap-around-Verfahren, d.h. modulo 4, durchgeführt, so daß das erste zu übertragende Wort nicht am Anfang eines Blocks zu stehen braucht. (Führt der Prozessor 4 einzeln adressierte Zyklen durch, so geht er bei der Adressierung ebenfalls von einer Datenausrichtung der 4 Wörter aus.)

Bemerkung. Blockübertragungen finden auch außerhalb von Cache-Ladeoperationen statt. So gibt es z.B. Prefetch-Operationen für Befehls-Queues, Move-Befehle für Blocktransporte, Zugriffe auf Deskriptoren von On-chip-MMUs sowie Zugriffe auf Daten, deren Formate das Wortformat des Prozessors überschreiten. Hierbei kann der Blockbuszyklus auch verkürzt sein, so z.B. beim Zugriff auf einen 64-Bit-Floating-point-Operanden oder einen 64-Bit-Deskriptor, bei dem nur zwei Wortübertragungen benötigt werden.

4.4 Cache

4.4.1 Problematik

Speicher sind wesentliche Bestandteile eines Rechners und werden für die heutzutage großen Programmpakete und Datenmengen mit entsprechend *großen Kapazitäten* benötigt. Da Speicherzugriffe den Durchsatz eines Rechners und damit ihre Leistungsfähigkeit stark beeinflussen, sind Speicher mit *kurzen Zugriffszeiten* gefordert. Beide Forderungen gleichzeitig erfüllen, d.h. Speicher mit gleichermaßen großen Kapazitäten und kurzen Zugriffszeiten haben zu wollen, führt zu hohen Kosten. – Einen Kompromiß zwischen Kosten und Leistungsfähigkeit erhält man mit einer hierarchischen Speicherstrukturierung, d.h. mit dem Aufbau eines Systems von Speichern, die auf der einen Seite große Kapazitäten bei großen Zugriffszeiten und auf der anderen Seite kurze Zugriffszeiten bei geringen Kapazitäten aufweisen (vgl. dazu Bild 4-37).

Systemstruktur

Zentraler Bestandteil einer solchen Hierarchie ist der Systemspeicher als der neben dem Registerspeicher zunächst einzige vom Prozessor direkt adressierbare Speicher der Hierarchie. *Peripherieseitig* wird dieser versorgt von Hintergrundspeichern großer Kapazität; in diesem Zusammenhang spielen *virtuelle Speicher* eine dominierende Rolle (siehe 4.5). *Prozessorseitig* ist er zur Beschleunigung des Speicherzugriffs über ein oder mehrere Pufferspeicher kleinerer Kapazität mit dem Prozessor verbunden, die als schnelle Zwischenspeicher eine Anpassung an die vom Prozessor vorgegebene Buszykluszeit erlauben; hier spielt der *Cache* die dominierende Rolle (siehe hier: 4.4). – Bezüglich der Unterschiede und der Gemeinsamkeiten beider Konzepte siehe auch die unter Bemerkung geführte Diskussion auf S. 362 f.

Caches werden entweder außerhalb des Prozessors aufgebaut (Schnittstelle *1* in nebenstehender Skizze), oder sie sind in den Prozessorchip integriert (Schnittstelle *2*); häufig werden beide Cache-Arten auch kombiniert. Bei den ersteren, den sog. Off-chip-Caches, werden üblicherweise statische RAMs verwendet, um die minimale Buszykluszeit des Prozessors einhalten zu können. Auch für die letzteren, die On-chip-Caches, werden statische RAMs verwendet, allerdings sind die Kapazitäten durch den auf dem Halbleitersubstrat verfügbaren Platz begrenzt. Der Vorteil dieser Caches ist jedoch, daß der Prozessor auf sie genau so schnell zugreifen kann wie auf seinen Registerspeicher; d.h., die Zugriffszeiten sind kürzer als die minimale Buszykluszeit und damit kürzer als die von Off-chip-Caches.

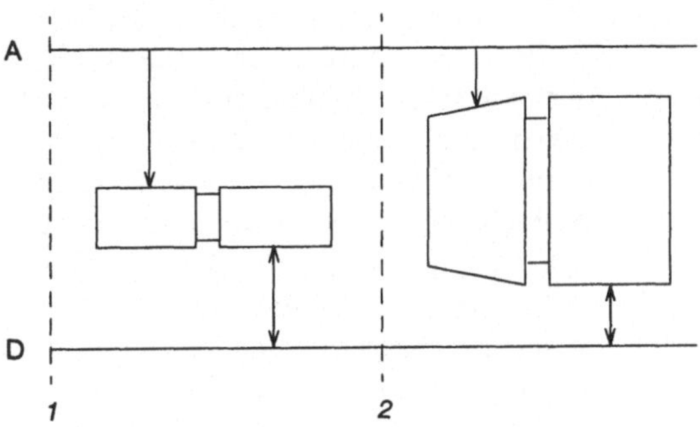

Caches dienen meistens zur Pufferung von Speicherinhalten, die unmittelbar zur Ausführung eines Programms erforderlich sind, d.h. zur Speicherung der aktuell benötigten Programmteile und Daten (aktueller Ausschnitt). Ihre Verwendung ist jedoch sehr viel allgemeiner:

- Caches können grundsätzlich zur Pufferung jeglicher, prozessorextern verfügbarer Information eingesetzt werden.

Dies wird z.B. bei Speicherverwaltungseinheiten (MMUs) genutzt. Wie später in 4.5 beschrieben, führen diese eine Adreßumsetzung über hierarchisch aufgebaute Adreßtabellen durch, wobei die Tabellen im Speicher oder sogar im Hintergrundspeicher stehen. Die Adreßumsetzung erfordert dann mehrfache Tabellenzugriffe, d.h. ein mehrfaches Zugreifen auf den Speicher und ggf. ein zusätzliches Laden des Speichers vom Hintergrundspeicher, wodurch der Umsetzungsvorgang übermäßig viel Zeit benötigt. Legt man hingegen die einmal gelesene, aktuell benötigte Adreßinformation in einem Cache ab, so werden nachfolgende Adreßumsetzungen auf einem „Kurzschluß"weg derart beschleunigt, daß der Einsatz dieser Speicherverwaltungstechniken überhaupt erst sinnvoll wird.

Abgesehen von ihrer speziellen Verwendung zur Pufferung von Tabelleninhalten werden – wie gesagt – Caches hauptsächlich zur Pufferung von Programmen und Daten eingesetzt. Dabei sind drei Varianten an Implementierungen gebräuchlich:

1) als Cache nur für Programme,

2) als Cache für Programme und Daten zusammen,

3) als je ein Cache für die Programme und die Daten.

Programm-Cache

Reine Programm-Caches, wie in allen RISCs, arbeiten sehr effizient, da sie aufgrund der häufig vorhandenen räumlichen und zeitlichen Programmlokalität,

z. B. bei Programmschleifen, eine hohe Trefferrate erzielen. Da Programme sich nicht selbst modifizieren, braucht auf Programm-Caches nur lesend zugegriffen werden, so daß sie eine einfache Verwaltung aufweisen. Daten-Caches sind demgegenüber wesentlich aufwendiger, da auf sie auch schreibend zugegriffen wird. Damit verbunden ist u. a. das Problem, die Datenkonsistenz mit dem Speicher aufrechtzuerhalten, insbesondere, wenn mehrere Master auf den Speicher zugreifen. Gegenüber den Programm-Caches weisen sie geringere Trefferraten auf, da die Lokalität von Daten i. allg. geringer als die von Programmen ist. – Die Trennung von Programm und Daten durch zwei Caches ist vor allem bei Prozessoren mit Fließbandorganisation wichtig, um auf Befehle und Daten überlappend zugreifen zu können.

Daten-Cache

Bemerkung. In Mehrprogrammsystemen hängt die Effizienz von Caches auch von der Häufigkeit des Wechselns der Prozesse ab, da mit jedem Prozeßwechsel der momentane Cache-Inhalt unbrauchbar wird und sich der neue Inhalt erst aufbauen muß. Gemessen an der Häufigkeit wirken sich dabei insbesondere Wechsel zwischen irgendeinem im User-Modus laufenden Anwenderprogramm und dem im Supervisor-Modus laufenden Betriebssystemkern aus. Eine Möglichkeit, den Effizienzverlust zu mindern, ist das Inaktivieren des Cache für die Zeit, in der der Supervisor-Modus aktiviert ist. Die Cache-Einträge bleiben dabei erhalten und sind bei erneutem Aktivieren des Anwenderprogramms wieder verfügbar. Man bezeichnet dies auch als Einfrieren der Cache-Inhalte (cache freeze). Für den Supervisor-Modus entfällt dabei die Systemverbesserung durch den Cache.
Eine andere Möglichkeit ist, Cache-Einträge nach Supervisor- und User-Einträgen zu unterscheiden. Dazu werden entweder zwei Caches getrennt aufgebaut und jeweils zwischen diesen umgeschaltet, oder es wird bei einem gemeinsamen Cache die Statusinformation Supervisor/User als Adreßwort- und Tag-Erweiterung in die Cache-Adressierung mit einbezogen.
Beide Möglichkeiten erfordern zur Erhaltung ihrer Wirkung eine Erhöhung der Cache-Kapazität.

Cache-Operationen

Wir beziehen uns im folgenden auf die in 4.4.2 beschriebenen Cache-Typen mit den dort, S. 343, etwas willkürlich gewählten „Technischen Daten". Jede Cache-Zelle bietet Platz für einen Block von 4 Wörtern zu je 4 Bytes sowie Adreßinformation für den Block. Daneben enthält sie ein Valid-Bit (V), das anzeigt, ob der Blockeintrag gültig ist oder nicht. Ist der Eintrag ungültig, so muß der Zugriff wie bei einem nicht im Cache vorhandenen Block durchgeführt werden. Ein weiteres Bit, das Dirty-Bit (D), zeigt an, ob der Block, nachdem er in den Cache geladen wurde, durch einen Schreibzugriff des Prozessors verändert wurde oder nicht. Diese Information wird zur Aktualisierung des Speichers benötigt.

Der Transportvorgang vom Speicher in den Cache umfaßt dabei immer einen Block von 4 Wörtern zu je 4 Bytes; eine solcher Block wird zusammen mit seiner Adreßinformation in eine Zelle des Cache geschrieben. Außerdem wird das Valid-Bit für diesen Eintrag gesetzt. Der Speicherzugriff erfolgt in einem Blockbuszyklus, wie in 4.3.4 beschrieben.

Da ein Cache eine wesentlich geringere Kapazität als der Speicher hat und in ihm deshalb immer nur ein Ausschnitt des Speichers gepuffert ist, gibt es eine Reihe von Problemen, deren Lösungen die Konstruktion eines Cache und die

Auslegung damit zusammenhängender Betriebssystemteile beeinflussen. Dazu gehören u.a. Strategien, mit denen „neue" Speicherinhalte im Cache platziert werden und wie dabei „alte" Cache-Inhalte ersetzt werden. Hinzu kommen Strategien, nach denen Speicher und Cache inhaltlich aktualisiert werden. Ein weiteres Problem ergibt sich bzgl. der Gewährleistung der Konsistenz von Speicher- und Cache-Inhalten, wenn sich mehrere Master am Systembus befinden. Letztere Probleme fallen thematisch in den Bereich der Betriebssysteme und werden im folgenden nicht erörtert; siehe dazu z.B. [Flik]. Stattdessen sollen hier nur einige Kommentare die größeren Zusammenhänge illustrieren.

- *Zum Zugriff auf den Cache.* Bei Lese- und Schreibzugriffen wird zur Vermeidung unnötiger Speicherzugriffe grundsätzlich zunächst der Cache adressiert. Der Cache zeigt dabei an, ob der im Speicher adressierte Block als Kopie im Cache vorhanden ist und ob diese Kopie gültig ist. Sind beide Bedingungen erfüllt, so handelt es sich um einen Trefferzugriff (cache hit), und der Zugriff wird auf den *Cache* ausgeführt. Ist eine der Bedingungen nicht erfüllt, so handelt es sich um einen Fehlzugriff (cache miss), und der Zugriff wird auf den *Speicher* ausgeführt. cache hit / cache miss

- *Zum Laden des Cache.* Das Laden des Cache mit einem im *Speicher* vorliegenden Block wird generell durch einen Fehlzugriff auf den Cache ausgelöst (read miss, write miss). Das Laden des Cache mit einem vom *Prozessor* gelieferten Datum (Byte, Halbwort, Wort) hingegen wird generell bei Schreibzyklen durchgeführt (write hit, write miss). Grundsätzlich müssen Cache und Speicher bei diesen Zugriffen so verwaltet werden, daß es keine Lesezugriffe auf nicht aktualisierte Daten (stale data), geben kann. Diese Forderung wird als Cache- oder als Datenkohärenz bezeichnet. stale data

  Vor Programmbeginn wird der Cache vom Betriebssystem zunächst als leer gekennzeichnet, indem von ihm die Valid-Bits aller Cache-Zellen gelöscht werden (Cache-clear-Operation). Nach dem Starten des Programms wird der Cache dann aufgrund der Fehlzugriffe mit Blöcken aus dem Speicher geladen und somit nach und nach gefüllt. Dieses Laden bei den ersten Zugriffen (Füllen des Cache) wie auch das Laden bei den nachfolgenden Zugriffen (Aktualisieren des Cache) erfolgt nach bestimmten Strategien, die bei unterschiedlichem Aufwand verschieden hohe Trefferraten bewirken. cache clear

  Beim *Demand-Fetching* erfolgt das Laden nach Bedarf, d.h. immer dann, wenn der Prozessor einen Fehlzugriff ausgelöst hat. Beim *Prefetching* wird zusätzlich das Laden des Cache im Vorgriff durchgeführt. Das Prefetching ist nur für kleinere Blockgrößen sinnvoll, da der im Vorgriff geladene Block nicht immer genutzt wird. (Prefetching ist im Grunde schon beim Laden eines jeden Blocks gegeben!) Demand-Fetching / Prefetching

- *Zum Aktualisieren von Cache und Speicher.* Wie bereits erwähnt, müssen bei Schreibzugriffen des Prozessors der Cache und der Speicher so verwaltet werden, daß spätere Lesezugriffe nicht auf ungültige Daten führen. Hierfür gibt es zwei unterschiedliche Vorgehensweisen, und je nach Cache-Steuerung wird entweder das eine oder das andere Verfahren angewendet. Viele Caches sehen beide Verfahren vor und erlauben die Auswahl durch Software.

Write-through-Verfahren

Beim *Write-through-Verfahren* wird das Datum grundsätzlich, d.h. unabhängig von einem Write-Hit oder Write-Miss, in den Speicher „durchgeschrieben". Das hat den Vorteil, daß der Speicher immer den aktuellen Stand der Daten aufweist, jedoch den wesentlichen Nachteil, daß der Cache bei Schreibzugriffen keinen Geschwindigkeitsvorteil bringt.

Copy-back-Verfahren

Beim *Copy-back-Verfahren*, auch *Write-back-Verfahren* genannt, wird bei einem Write-Hit grundsätzlich nur in den Cache geschrieben (auch bei einem Write-Miss; zuvor ist ja der „alte" Block durch den „neuen" Block ersetzt worden) und der so aktualisierte Cache-Block erst zu einem späteren Zeitpunkt in den Speicher „zurückkopiert", nämlich dann, wenn der Inhalt der Cache-Zelle ersetzt werden muß.

Der Vorteil des Copy-back-Verfahrens gegenüber dem Write-through-Verfahren ist, daß die Wirksamkeit des Cache bei Schreibzugriffen in gleicher Weise zum Tragen kommt wie bei Lesezugriffen. Nachteilig gegenüber dem Write-through-Verfahren ist neben einem höheren Realisierungsaufwand, daß Cache- und Speicherinhalt nach einem Write-Hit oder Write-Miss nicht mehr übereinstimmen. Bei einem Prozeßwechsel ist deshalb eine sog. Cache-flush-Operation auszuführen, bei der zunächst die als „dirty" bezeichneten Cache-Einträge in den Speicher zurückkopiert werden und danach alle Einträge des Cache als „invalid" gekennzeichnet werden. Beim Write-through-Verfahren genügt hier eine Cache-clear-Operation, bei der lediglich alle Cache-Einträge als „invalid" gekennzeichnet werden.

- *Zur Kohärenz bei mehreren Mastern.* Bei Systemen mit mehreren Mastern, die gemeinsame Datenbereiche im Speicher haben – z.B. zwei Prozessoren, von denen einer mit Cache und der andere ohne Cache ausgestattet ist, oder ein Prozessor mit Cache und ein DMA-Controller – besteht das Problem, daß die oben beschriebenen Aktualisierungsstrategien zu Zugriffen auf nicht-aktualisierte Daten (stale data) führen können. So zum Beispiel beim Write-through-Verfahren, wenn zunächst ein Block in den Cache geladen wird, danach der Block im Speicher vom zweiten Prozessor verändert wird und schließlich der erste Prozessor lesend auf den inzwischen nicht mehr aktuellen Block in seinem Cache zugreift. Oder beim Copy-back-Verfahren, wenn der erste Prozessor einen im Cache vorhandenen Block durch einen Schreibzugriff aktualisiert und danach der zweite Prozessor auf das inzwischen nicht mehr aktuelle Original im Speicher zugreift.

  Im einfachsten Fall läßt sich Kohärenz dadurch herstellen, daß man gemeinsam benutzte Daten von vornherein von einer Speicherung im Cache ausschließt (non-cachable data). Diese Technik wird nicht nur auf Bereiche des Speichers, sondern auch auf die Register von Ein-/Ausgabeeinheiten angewandt. Diese Register haben einerseits die Funktion gemeinsamer Datenbereiche, da auf sie mehrere Master im System zugreifen können, z.B. der Prozessor und ein DMA-Controller. Andererseits lösen sie bei diesen Zugriffen meist auch Aktionen aus, die bei einem ersatzweisen Zugriff auf den Cache nicht stattfinden würden, so z.B. das Ausführen der Datenübertragung einschließlich der dabei erforderlichen Synchronisationsoperationen.

Ein anderes Verfahren, die Kohärenz bei mehreren Mastern aufrechtzuerhalten, ist das sog. *Bus-Watching*. Dabei reagiert die Cache-Steuerung nicht nur auf Cache-Zugriffe des zugehörigen Prozessors, sondern auch auf die Busaktivitäten anderer Master, sofern es sich um Cache-Hits handelt. Die Steuerung „beobachtet" dazu den Systembus und führt bei jedem Buszyklus einen Vergleich zwischen der auf dem Adreßbus anliegenden Adresse und den Adreßeinträgen im Cache durch. Bei einem „Snoop-Hit" auf einen Cache-Eintrag, dessen Entsprechung im Speicher veraltet ist, kann z.B. der hit-auslösende Master am Speicherzugriff zunächst gehindert werden; sodann wird der Cache-Eintrag in den Speicher kopiert und der Zugriff für den Master wieder freigegeben. – Man bezeichnet dieses Beobachten auch als Snooping und die Steuereinrichtung dementsprechend als Snooper.

bus watching

snooping

4.4.2 Cache-Typen

Der Transport von Speicherinhalten in den Cache erfolgt aus Geschwindigkeitsgründen nicht byte- oder wortweise, sondern – wie schon gesagt – blockweise. Ein solcher Block – auf Caches bezogen – besteht aus 4 aufeinanderfolgenden Wörtern, bei einem 32-Bit-Bus zu je 4 Bytes, und wird im folgenden als „Zeile" (line) bezeichnet. Dementsprechend ist der Cache nicht byte- oder wortweise, sondern zeilenweise organisiert. Eine Zeile paßt also gerade in eine Zelle des Cache.

Zeile Line

Gegebenenfalls werden weiterhin die Zeilen zu „Seiten" oder Teilen von Seiten, z.B. „¼-Seiten", zusammengefaßt. Dabei entspricht die Größe einer Seite der Kapazität des Cache, d.h., so viele Zeilen, wie eine Seite enthält, passen auch in den Cache. Das bedeutet aber nicht, daß immer genau eine Seite (zusammenhängender Zeilen) im Cache abgelegt wird. Im Gegenteil: Die gepufferten Zeilen sind je nach Cache-Organisation mehr oder weniger und im Grenzfall gar nicht von den Seiten abhängig.

Den Speicher kann man sich also aufgeteilt denken in – ähnlich einem Buch – (fortlaufend numerierte) Seiten oder ¼-Seiten, diese wiederum in (seiten- bzw. ¼-seitenweise numerierte) Zeilen, weiterhin diese in (zeilenweise numerierte) Wörter – 4 pro Zeile – und diese in (wortweise numerierte) Bytes – 4 pro Wort. Somit ist die Adresse im Befehl, die den Adreßraum des byteweise organisierten Speichers definiert, aufgeteilt in eine Seiten- bzw. ¼-Seitennummer, eine Zeilennummer und des weiteren eine Wortnummer sowie eine Bytenummer.

Für das Platzieren der Zeilen im Cache gibt es unterschiedliche Vorgehensweisen (placement policies), die sich in unterschiedlichen Cache-Organisationsformen und dementsprechend unterschiedlichen Cache-Typen niederschlagen. Die drei

placement policy

wichtigsten Cache-Typen werden im folgenden am Beispiel einer 32-Bit-Adresse und einer Cache-Kapazität von 256 Zeilen, d.h. von 4 Kbyte, behandelt.

Bemerkung. Die Cache-Organisation in Zeilen ist typisch für größere Programm- und Daten-Caches. Kleinere Caches sind häufig wortorganisiert, wie die Programm-Caches (instruction caches) in den Bildern 2-22 und 2-32. Speziell auf einzelne Einträge ausgerichtet sind auch Caches in Speicherverwaltungseinheiten; hier richtet sich die Größe einer Cache-Zelle nach der Deskriptorgröße von z.B. einem oder zwei Worten (translation look-aside buffer, TLB, siehe 4.5.4, S. 371).

Voll assoziativer Cache (fully associative cache)

Bild 4-26 zeigt einen voll assoziativen Cache in einer tabellenorientierten Darstellung zusammen mit der für den Zugriff auf ein Byte erforderlichen Adresse. Auf der linken Tabellenseite steht die zu jeder Zeile gehörende Adreßinformation zuzüglich der oben beschriebenen Bits V und D. Beim voll assoziativen Cache ist die Adresse einer Zeile nicht weiter unterteilt. Sämtliche Zeilen sind durchnumeriert. Die Nummern fungieren als veränderliche Kennungen der Zeilen, sie werden Tags genannt. Dementsprechend erscheint der Speicher gegliedert in – vgl. die Bitaufteilung der Adresse im Bild – 2^{28}=256M Zeilen (mit je 4 Wörtern/Zeile und 4 Bytes/Wort. – Auf der rechten Tabellenseite erscheinen die gepufferten Zeilen mit ihren 16 gepufferten Bytes.

Tag

- Die 256 Zeilen im Cache (rechter Tabellenteil in Bild 4-26) sind also beim voll assoziativen Cache mit den 256 Tags (im linken Teil) allesamt verbunden (fully associated), so daß von allen Speicher-Zeilen, *gleichgültig welcher*

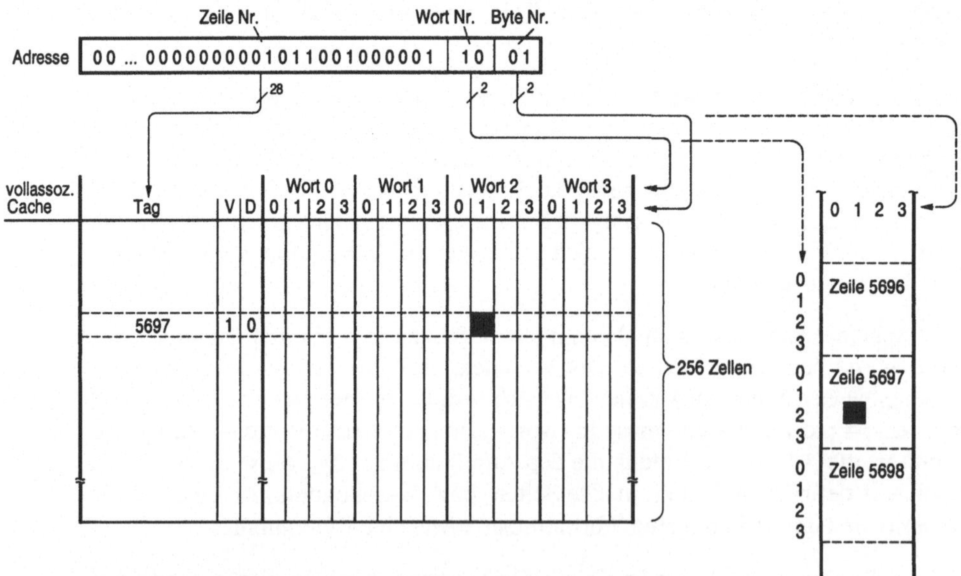

Bild 4-26. Voll assoziativer Cache mit 256 Zellen mit der für den Cache-Zugriff maßgeblichen Unterteilung der Adresse; rechts dargestellt die Lage des im Cache gezeigten Bytes im Speicher (schwarze Kästchen).

Nummer, 256 im Cache gepuffert werden können. Mit anderen Worten: Für jede Zeile gibt es im Cache 256 Möglichkeiten (256 ways), d.h. genau 256 mögliche Stellen, sie abzulegen. Beim Laden einer Zeile wird ihr Tag gleichzeitig mit der Zeile selbst in die Tabelle (d.h. den Cache) eingetragen.

Bei einem Zugriff auf den Cache wird die Zeilennummer des adressierten Bytes, 5697 im Bild, mit allen in der Tabelle eingetragenen Zeilennummern „auf einen Schlag" verglichen:

Bei *Übereinstimmung* mit einem der vorliegenden Einträge (cache hit) ist die Zeile gefunden. Die Anwahl des Bytes innerhalb der Zeile erfolgt durch die Wort- und die Bytenummer. Für die im Bild angegebene Adresse betrifft dies Wort 2 und Byte 1. Rechts im Bild ist zur Verdeutlichung der Adressierung von Cache und Speicher auch die Lage des im Beispiel adressierten Bytes im Speicher dargestellt.

Bei *Nichtübereinstimmung* mit den vorliegenden Einträgen (cache miss) muß ein Zugriff auf den Speicher durchgeführt und die Zeile mit dem adressierten Speicherbyte in eine Cache-Zelle geladen werden. Aber in welche? – Die Antwort ist im Fall des voll assoziativen Cache kompliziert und wird später gegeben (siehe auch nachfolgend: Vorteile, Nachteile).

Vorteile, Nachteile. Der Vorteil des voll assoziativen Cache liegt darin, daß Zeilen ohne Einschränkung bezüglich ihrer Numerierung im Cache abgelegt werden können. Um diese Flexibilität optimal nutzen zu können, werden beim Laden des Cache Strategien angewendet, die gewährleisten, daß der Cache immer bestmöglich die aktuell benötigten Einträge aufweist. Hierzu werden sog. Alterungsmechanismen implementiert, die bei gefülltem Cache vorgeben, welche Cache-Zelle beim nächsten Ladevorgang überschrieben wird. Diese Mechanismen werden aus Geschwindigkeitsgründen vollständig in Hardware realisiert (siehe dazu 4.4.3, S. 356). – Geschwindigkeit spielt auch beim Vergleichen der Zeilennummern eine entscheidende Rolle. Die Anwahllogik des Cache sieht deshalb für jede der 256 Zeilen einen eigenen 28-Bit-Vergleicher vor. Dieser hohe technische Aufwand verursacht hohe Kosten. Deshalb haben voll assoziative Caches heute meist eine geringere Kapazität von bis zu 64 Zellen (die Kapazität von 256 wurde hier aus Vergleichsgründen mit den anderen Cache-Typen gewählt). – Neben ihrem Einsatz als Programm- und Daten-Caches finden sie vor allem in Speicherverwaltungseinheiten zur Pufferung von Ausschnitten der Adreßabbildungstabellen Verwendung (translation look-aside buffer, TLB, siehe 4.5.4, S. 371).

Einfach assoziativer Cache (direct mapped cache)

Bild 4-27 zeigt die Struktur eines einfach assoziativen Cache in Tabellendarstellung zusammen mit der für den Zugriff auf ein Byte erforderlichen Adresse. Im Gegensatz zum voll assoziativen Cache haben wir nun eine Aufteilung der Zeilenadressen in eine Seitennummer und eine Zeilennummer innerhalb einer Seite vor uns. Sämtliche Seiten sind durchnumeriert; diese Nummern bilden nun die Tags. Die Zeilen sind seitenweise durchnumeriert (von 0 bis 255), eine solche

(Line-) Index

Nummer heißt Index. Der ganze Speicher erscheint deshalb gegliedert in – vgl. die Bitaufteilung der Adresse im Bild – $2^{20}=1$M Seiten zu je 256 Zeilen. Die Adreßinformation im Cache (links) besteht aus den Tags für die Seitennummern und den Indizes (0 bis 255) zuzüglich der Bits V und D.

- Den 256 Zeilen im Cache (rechter Tabellenteil) sind also beim einfach assoziativen Cache die 256 Indizes von 0 bis 255 direkt zugeordnet (direct mapped). Somit wird durch die Zeilennummer in der Adresse immer genau eine der 256 Zeilen ausgewählt, so daß von allen Zeilen *gleicher Nummer*, gleichgültig aus welcher Seite, immer nur eine im Cache gepuffert werden kann. Mit anderen Worten: Für jede Zeile gibt es im Cache nur 1 Möglichkeit (1 way), d.h. genau 1 mögliche Stelle, sie abzulegen. Beim Laden einer Zeile wird die Seitennummer (wie beim voll assoziativen Cache die Zeilennummer) als Tag zusammen mit der Zeile selbst in die Tabelle (d.h. den Cache) eingetragen.

Die Adressierung desselben Bytes wie in Bild 4-26 im Fall eines Cache-Hit ist in Bild 4-27 eingetragen. Die Anwahl der Zeile erfolgt durch Decodierung, die Überprüfung des Tag erfolgt durch Vergleich. Im Fall eines Cache-Miss muß die Zeile mit dem adressierten Speicherbyte in den Cache geladen werden. Aber in welche Zelle? – Die Antwort ist hier einfach (siehe nachfolgend: Vorteile und Nachteile).

Nicht im Bild dargestellt, aber gut vorstellbar ist die Einschränkung, die sich durch die Festlegung der (Line-)Indizes hinsichtlich der Pufferung der Zeilen im

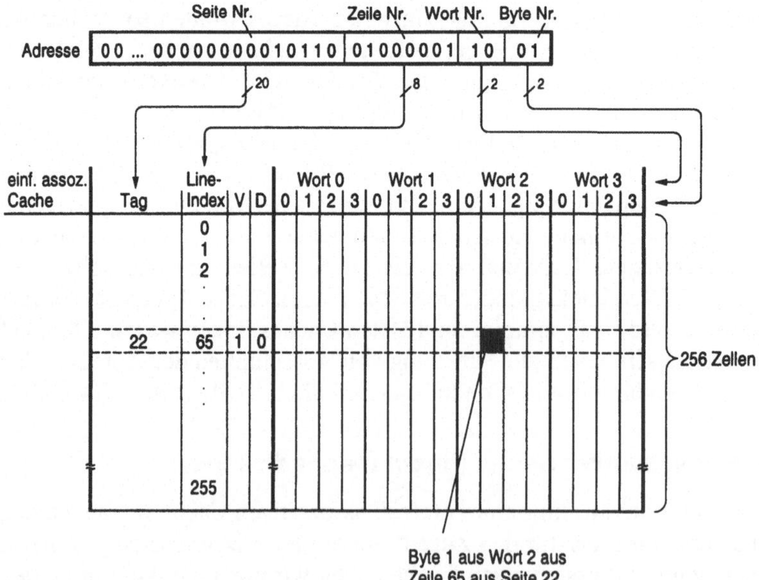

Bild 4-27. Einfach assoziativer Cache mit 256 Zeilen mit der für den Cache-Zugriff maßgeblichen Unterteilung der Adresse; Lage des im Cache gezeigten Bytes im Speicher wie in Bild 4-26 rechts.

Cache ergibt. Dazu denke man sich im einen Extrem alle Zeilen im Cache mit demselben Tag versehen, dann stammen alle 256 Zeilen aus genau 1 Seite. Im anderen Extrem sind alle Zeilen im Cache mit unterschiedlichen Tags versehen, dann stammen jeweils 256 unterschiedliche Zeilen aus 256 unterschiedlichen Seiten, d.h., aus jeder der Seiten eine andere Zeile. Der normale Betriebsfall liegt irgendwo dazwischen; dabei gilt – wie beschrieben –, daß zwar Zeilen aus beliebigen Seiten gepuffert werden können, aber nur jeweils einmal eine Zeile der gleichen Zeilennummer (des gleichen Index). – Insbesondere kann ein Speicherbereich von Seitengröße auch über die Seitengrenzen hinweg vollständig gepuffert werden (siehe auf S. 350: Überblick).

Vorteile, Nachteile. Der Vorteil des einfach assoziativen Cache ist gleichzeitig mit seinem Nachteil verbunden. Durch die vorgegebene Numerierung der Zeilen vereinfacht sich die Anwahllogik des Cache. Für die Indizes werden keine Vergleicher benötigt; es genügt ein einfacher Decodierer. Damit ergibt sich für die Anwahllogik ein geringer Hardware-Aufwand von einem einzigen 20-Bit-Vergleicher. Darüber hinaus entfällt auch die Alterungs-Hardware, da ès für eine Zeile keine Alternativen für ihre Platzierung im Cache gibt. Diese Inflexibilität kann jedoch dazu führen, daß der jeweils momentane Cache-Inhalt nicht unbedingt aktuell ist. Zum Beispiel besteht bei einem einfach assoziativen Programm-/Daten-Cache die Gefahr, daß ein Befehl in einer Programmschleife dieselbe Zeilennummer hat wie ein Operand, auf den der Befehl zugreift. Hier würden sich Befehl und Operand mit jedem Schleifendurchlauf gegenseitig aus dem Cache verdrängen, wodurch der Cache wirkungslos würde. Aus diesem Grunde werden solche Caches entweder nur für die Programm- oder nur für die Datenpufferung eingesetzt. Ein Prozessor wird dann konsequenterweise mit zwei solchen Caches ausgestattet: einem Programm-Cache und einem Daten-Cache. (Das läuft etwa auf dasselbe hinaus, statt 2 1-fach assoziativer Caches einen 2-fach assoziativen Cache vorzusehen.)

Mehrfach assoziativer Cache (set associative cache)

Bild 4-28 zeigt einen n-fach assoziativen Cache für $n=4$[1] in Tabellendarstellung, gewissermaßen als Kompromiß zwischen voll und einfach assoziativem Cache, zusammen mit der für den Zugriff auf ein Byte erforderlichen Unterteilung der Adresse. Gegenüber dem einfach assoziativen Cache ist der Speicher nun unterteilt in ¼-Seiten; diese sind durchnumeriert, und diese Nummern bilden nun die Tags. Die Zeilen sind ¼-seitenweise durchnumeriert (von 0 bis 63); wie beim einfach assoziativen Cache bilden sie die Indizes. Der ganze Speicher erscheint deshalb gegliedert in – vgl. die Bitaufteilung der Adresse im Bild in 4M ¼-Seiten zu je 64 Zeilen. Die Adreßinformation im Cache (links) besteht aus den Tags für die ¼-Seitennummern und den Indizes (0 bis 63) zuzüglich der Bits V und D.

Den 256 Zeilen im Cache stehen nun beim 4-fach assoziativen Cache die 64 Indizes von 0 bis 63 gegenüber, so daß im Cache jeweils 4 Zeilen gleicher Nummer

1. n muß keine Zweierpotenz sein, somit auch die Set-Größe bzw. die Cache-Kapazität nicht.

abgelegt werden können. Man bezeichnet diese 4er-Gruppen von Zeilen desselben Index als Sets. Noch einmal:

(Set-) Index

- Die 256 Zeilen im Cache (rechter Tabellenteil) sind beim 4-fach assoziativen Cache mit ihren 64 Indizes setweise verbunden (set associated), und durch den Index wird immer genau einer der 64 Sets ausgewählt, so daß von allen Zeilen *gleicher Nummer*, gleichgültig aus welcher ¼-Seite, immer gerade 4 im Cache gepuffert werden können. Mit anderen Worten: Für jede Zeile gibt es im Cache genau 4 Möglichkeiten (4 ways), d.h. genau 4 mögliche Stellen, sie abzulegen. Beim Laden einer Zeile wird die ¼-Seitennummer (wie beim voll assoziativen Cache die Zeilennummer) als Tag zusammen mit der Zeile selbst in die Tabelle (d.h. den Cache) eingetragen.

Die Adressierung desselben Bytes wie in den Bildern 4-26 und 4-27 im Fall eines Cache-Hit ist in Bild 4-28 eingetragen. Die Anwahl des Set erfolgt durch Decodierung, die Überprüfung des Tags erfolgt durch Vergleich. Im Fall eines Cache-Miss muß die Zeile mit dem adressierten Speicherbyte in eine Cache-Zelle geladen werden. Aber in welche? – Die Antwort ist wie beim voll assoziativen Cache nicht einfach und wird später gegeben (siehe auch nachfolgend: Vorteile und Nachteile).

Nicht im Bild dargestellt, aber gut vorstellbar ist die Einschränkung, die sich durch die Festlegung der (Set)indizes hinsichtlich der Pufferung der Zeilen im

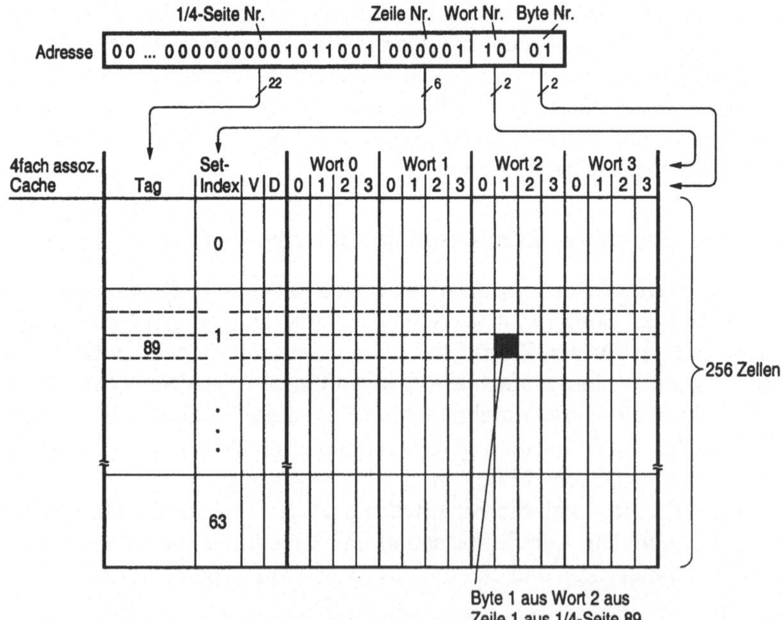

Bild 4-28. Vierfach assoziativer Cache mit 64 Set à 4 Zeilen mit der für den Cache-Zugriff maßgeblichen Unterteilung der Adresse; Lage des im Cache gezeigten Bytes im Speicher wie in Bild 4-26 rechts.

Cache ergibt. Dazu denke man sich im einen Extrem alle Cache-Sets mit 4-mal demselben Tag versehen, dann stammen sämtliche 256 Zeilen aus 4-mal denselben ¼-Seiten. Im anderen Extrem sind alle Cache-Sets mit unterschiedlichen Tags versehen, dann stammen jeweils 256 unterschiedliche Zeilen aus 256 unterschiedlichen ¼-Seiten, d.h., aus jeder ¼-Seite eine andere Zeile. Der normale Betriebsfall liegt wieder irgendwo dazwischen, dabei gilt – wie beschrieben –, daß zwar Zeilen aus beliebigen ¼-Seiten gepuffert werden können, aber nur jeweils 4-mal eine Zeile mit derselben Zeilennummer (demselben Index). – Hier können Speicherbereiche von ¼-Seitengröße, und zwar bis zu 4, über die ¼-Seitengrenzen hinweg vollständig gepuffert werden (siehe auf S. 350: Überblick).

Vorteile, Nachteile. Der Vorteil des mehrfach assoziativen Cache ist der im Vergleich zum voll assoziativen Cache geringere Hardware-Aufwand, indem für die Anwahl einer Cache-Zelle nur so viele Vergleicher benötigt werden, wie es Zellen innerhalb eines Set gibt, in unserem Beispiel 4 22-Bit-Vergleicher. Für jeden der Sets ist allerdings ein eigener Alterungsmechanismus erforderlich, der entscheidet, welche Zelle des Set beim nächsten Ladevorgang überschrieben wird. Der Aufwand hierfür ist jedoch bei gleicher Cache-Kapazität wesentlich geringer als beim voll assoziativen Cache. – Gegenüber einfach assoziativen Caches ist der Hardware-Aufwand zwar höher, dafür wird jedoch die dort als Nachteil auftretende ungewollte Verdrängung aktueller Cache-Inhalte stark reduziert.

Beispiel 4.3. Cache-Realisierung. Bild 4-29 zeigt das Blockbild eines 2-fach assoziativen Cache. Die 2 Zeilen eines jeden Set und deren zugehörige Tags sind im Gegensatz zur funktionell orientierten Darstellung in Bild 4-28 hintereinander

2-fach assoziativer Cache, realisiert mit RAMs

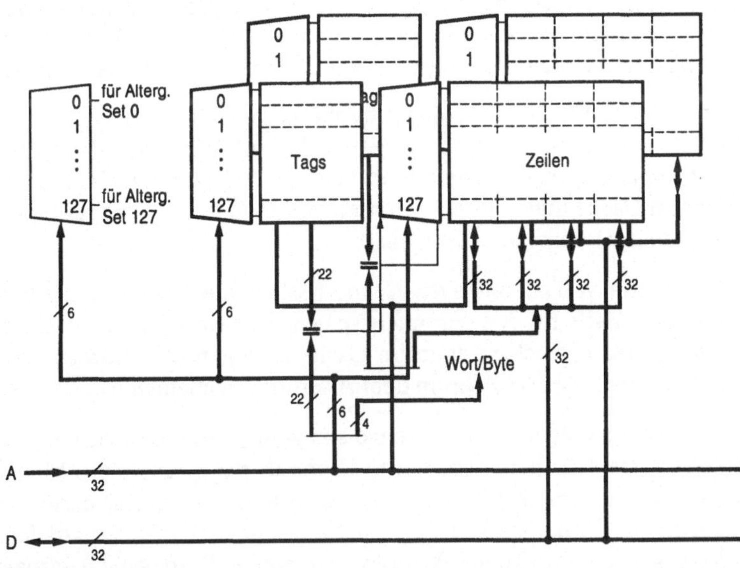

Bild 4-29. Blockbild eines 2-fach assoziativen Cache nach Bild 4-28. Unterbringung der beiden ½-Seiten eines jeden Set in 2 getrennten Speichern.

versetzt angeordnet, die Sets sind wie in Bild 4-28 vertikal angeordnet. Auf diese Weise ergeben sich 2 Einheiten, bestehend jeweils aus 1 Tag- und 1 Zeilenspeicher einschließlich Set-Decodierer sowie 1 Vergleicher pro Tagspeicher und den erforderlichen Lese- und Schreibleitungen. Links im Bild ist die Anwahlvorrichtung für die insgesamt 64 Alterungsschaltungen angedeutet (insgesamt 64 einzelne Flipflops). – An dem gewählten Schaltungsaufbau ist gut zu sehen, daß es in etwa auf dasselbe hinausläuft, 2 1-fach assoziative Caches oder 1 2-fach assoziativen Cache vorzusehen (siehe Vorteile, Nachteile auf S. 347).

Überblick

Die unterschiedliche Assoziativität der drei Cache-Typen soll anhand des Begriffs Set, wie er beim mehrfach assoziativen Cache verwendet wurde, nochmals verdeutlicht werden. So hat in unseren Beispielen der 4-fach assoziative Cache 64 Sets mit je 4 Zeilen, die assoziativ adressiert werden (4 Vergleicher). Der einfach assoziative Cache hat in Analogie dazu 256 Sets, wobei jeder Set – das ist der eine Grenzfall – genau eine assoziativ adressierbare Zeile umfaßt (1 Vergleicher). Beim voll assoziativen Cache gibt es sinngemäß hingegen nur einen Set. Dieser umfaßt jedoch – das ist der andere Grenzfall – alle 256 Zeilen, die assoziativ adressierbar sind (256 Vergleicher). Ausgehend von dieser Betrachtung zeigt Bild 4-30 im Überblick, wie der in Seiten bzw. ¼-Seiten bzw. Zeilen unterteilte Speicher auf die drei Cache-Typen abgebildet wird. Dazu ist der gesamte Speicheradreßraum für jeden der drei Caches als Matrix dargestellt, und zwar mit den Zeilen als den Matrixelementen, den Sets als den Matrixzeilen und den Seiten, ¼-Seiten bzw. Zeilen als den Matrixspalten.

- *Teilbild a.* Beim 1-fach assoziativen Cache besteht die Matrix entsprechend der 256 Sets des Cache aus 256 Zeilen, und es kann genau 1 (Speicher)zeile aus 1M Seiten innerhalb eines jeden Set im Cache untergebracht werden.
- *Teilbild b.* Beim 4-fach assoziativen Cache besteht die Matrix entsprechend der 64 Sets des Cache nur noch aus ¼ der Zeilen, dafür das 4-fache an Spalten. Hier können genau 4 (Speicher)zeilen aus 4M ¼-Seiten innerhalb eines jeden Set im Cache untergebracht werden; die Platzierung innerhalb eines Set unterliegt dem Alterungsmechanismus.
- *Teilbild c.* Beim voll assoziativen Cache besteht die Matrix schließlich nur noch aus einer Zeile für den gesamten Speicher. Darin können genau 256 von insgesamt 256M (Speicher)zeilen im Cache untergebracht werden; die Platzierung unterliegt dabei wiederum dem Alterungsmechanismus.

Die in die Matrizen eingetragenen Kreuze spiegeln je eine willkürlich gewählte Situation wider. Beim 1-fach assoziativen Cache ist nur 1 Kreuz pro Matrixzeile (Set) möglich, d.h., Zeilen gleicher Nummer können nur 1-mal berücksichtigt werden; bei einem Cache-Miss wird genau dieses eine Kreuz innerhalb der angewählten Matrixzeile auf die neue Position verschoben. Beim 4-fach assoziativen Cache sind hingegen 4 Kreuze pro Matrixzeile (Set) möglich, d.h., Zeilen gleicher Nummer können 4-mal berücksichtigt werden; bei einem Cache-Miss wird

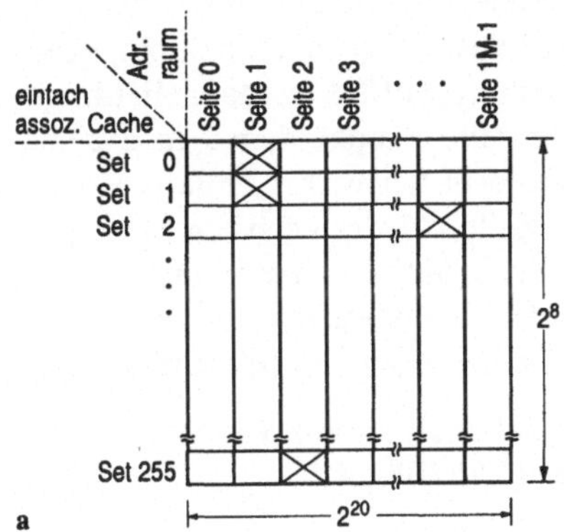

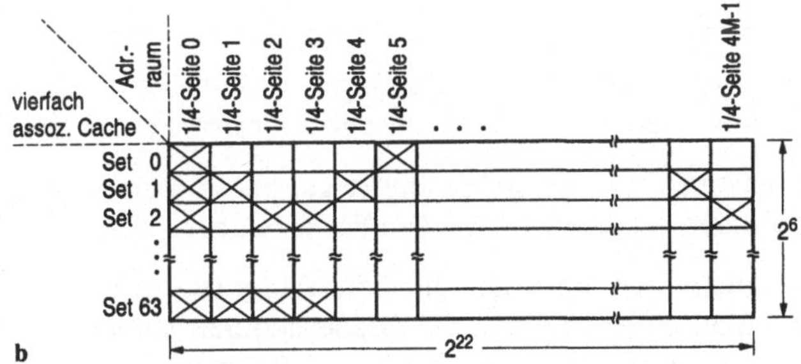

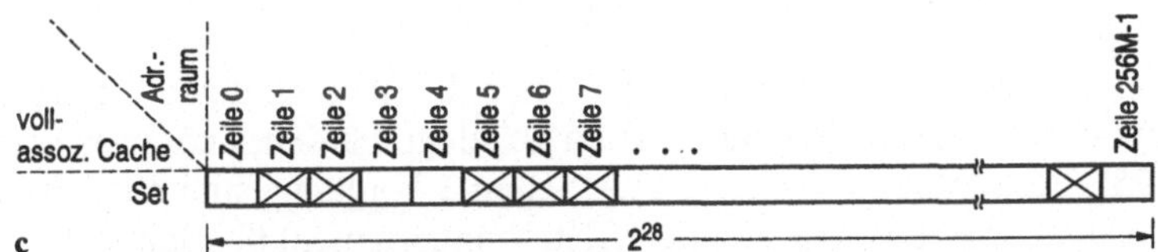

Bild 4-30. Assoziativität der in den Bildern 4-26 bis 4-28 gezeigten Caches, ausgedrückt durch die Anzahl der Sets und die auf jeden Set abbildbaren Zeilen; **a** einfach assoziativ, **b** 4-fach assoziativ, **c** voll assoziativ.

genau eines dieser Kreuze innerhalb der Matrixzeile auf die neue Position verschoben. Beim voll assoziativen Cache sind schließlich 256 Kreuze pro Matrixzeile (Set) möglich, d.h., alle Zeilen, egal welcher Nummer, können mit 256 Einträgen berücksichtigt werden; bei einem Cache-Miss wird wie beim mehrfach assoziativen Cache genau eines dieser Kreuze auf die neue Position verschoben.

Mit Hilfe von Bild 4-30 werden auch die wichtigen Betriebsfälle deutlich, nämlich die Pufferung zusammenhängender Speicherbereiche. Beim 1-fach assoziativen Cache kann nur 1 *beliebiger* zusammenhängender Speicherbereich gepuffert werden, und zwar von Seitengröße: in Teilbild a erscheinen alle Kreuze in 2 benachbarten Spalten, beginnend mit Zeile i über Zeile $i+1$ usw. bis Zeile $i-1$ der nächsten Spalte.[1] Beim 4-fach assoziativen Cache können hingegen 4 *beliebige* zusammenhängende Speicherbereiche gepuffert werden, allerdings nur von ¼-Seitengröße: in Teilbild b erscheinen alle Kreuze 4 mal in 2 benachbarten Spalten, beginnend mit Zeile i über Zeile $i+1$ usw. bis Zeile $i-1$ der nächsten Spalte, Zeile j über Zeile $j+1$ usw. bis Zeile $j-1$ der nächsten Spalte, ... Beim voll assoziativen Cache können schließlich x *beliebige* zusammenhängende Speicherbereiche der Größe i gepuffert werden, und zwar mit nun *in summa* von Seitengröße: in Teilbild c erscheinen alle Kreuze x mal in i benachbarten Spalten.

Eine Analogie. Wir stellen uns den Speicher als Archiv vor, es umfaßt 1 Million Leitz-Ordner, jeder Ordner enthält genau 256 Blätter.[2]

Im Archiv befinden sich unterschiedlich große Vorgänge, die aus zusammenhängenden Blättern bestehen. Die Vorgänge sind ohne Rücksicht auf die Ordnergröße abgelegt, sie ignorieren also deren „Grenzen". (Sie dürfen Verweisungen auf andere Vorgänge haben.)

In einem Büro werden ein oder mehrere Vorgänge zur schnellen Einsichtnahme in Kopie gehalten; drei Alternativen an Organisationsformen werden angeboten.

1. Das 1-fach assoziative Büro. Es enthält ein Regal mit 256 durchnumerierten Fächern, die Aufnahmefähigkeit eines jeden Fachs beträgt 1 Blatt.

   Alle Ordner im Archiv sind numeriert, alle 256 Blätter in einem jeden Ordner ebenfalls. Jedes Blatt enthält sowohl die Ordnernummer als auch die Blattnummer. Ein Vorgang ist im Regal so abgelegt, daß Blattnummern und Fachnummern übereinstimmen. Ob sich bei einer Anfrage ein Blatt eines Vorgangs im Regal befindet, wird dadurch festgestellt, daß die Ordnernummer der Anfrage mit der Ordnernummer des Blattes im Fach verglichen wird.

   Bei dieser Organisationsform kann ohne Einschränkungen bezüglich der Blattnummern nur 1 Vorgang im Büro abgelegt werden, und zwar von maximal 256 Blättern (d.h. Ordnergröße). Schon 2 Vorgänge sind nur mit der Einschränkung ablegbar, daß sich ihre Blattnummern nicht überlappen!

   Was passiert, wenn ein Blatt angefordert wird, das sich nicht im Büro befindet? – Es wird aus dem Archiv als Kopie besorgt und im Büro im Regal abgelegt, und zwar im Fach entsprechend seiner Blattnummer, wobei das dort befindliche Blatt entfernt wird.

2. Das 4-fach assoziative Büro. Es enthält ein Regal mit 64 durchnumerierten Fächern, die Aufnahmefähigkeit eines jeden Fachs beträgt 4 Blätter (1 Stapel).

   Alle Ordner im Archiv sind ¼-weise numeriert, das soll heißen, daß jeder Ordner für jedes Viertel eine eigene Nummer, d.h., jeder Ordner somit vier Nummern hat; alle 64 Blätter in einem jeden ¼-Ordner sind ebenfalls nume-

1. sofern i nicht gerade gleich 0 ist, dann erscheinen alle Kreuze in genau einer Spalte.
2. Die Größenordnungen sind unseren Beispielen angeglichen. Ein Leitz-Ordner hat die Größe des Cache, ein Blatt entspricht einer Zeile.

riert. Jedes Blatt enthält die ¼-Ordnernummer und die Blattnummer. Ein Vorgang ist im Regal so abgelegt, daß Blattnummern und Fachnummern übereinstimmen. Ob sich bei einer Anfrage ein Blatt eines Vorgangs im Regal befindet, wird dadurch festgestellt, daß die ¼-Ordnernummer der Anfrage mit den ¼-Ordnernummern der 4 Blätter im Fach verglichen werden.

Bei dieser Organisationsform können ohne Einschränkungen bezüglich der Blattnummern nun 4 Vorgänge im Büro abgelegt werden, und zwar von nun maximal 64 Blättern (d.h. ¼-Ordnergröße). Nun sind mehr als 4 Vorgänge nur mit der Einschränkung ablegbar, daß ein und dieselbe Blattnummer nicht mehr als 4-mal auftritt!

Bei jedem Zugriff auf ein Blatt wird dieses aus dem 4er-Stapel herausgezogen und oben auf den Stapel zurückgelegt. So befindet sich immer das zuletzt benutzte Blatt zuoberst auf dem 4er-Stapel, während die anderen 3 als jeweils um eine Stufe „gealtert" erscheinen.

Was passiert, wenn ein Blatt angefordert wird, das sich nicht im Büro befindet? – Es wird aus dem Archiv als Kopie besorgt und im Büro im Regal abgelegt, und zwar zuoberst im Fach seiner Blattnummer, wobei das dort ganz unten befindliche Blatt des 4er-Stapels entfernt wird.

3. Das voll assoziative Büro. Es enthält ein Regal mit nur 1 Fach, seine Aufnahmefähigkeit beträgt 256 Blätter (1 Stapel).

   Die Ordner im Archiv sind nun nicht mehr numeriert, stattdessen sind alle Blätter über die Ordner-Grenzen hinweg numeriert. Jedes Blatt enthält also nur seine Blattnummer. Ein Vorgang kann im Regal bezüglich seiner Blattnummern nun wahllos, d.h. ohne Berücksichtigung der Blattreihenfolge abgelegt sein. Ob sich bei einer Anfrage ein Blatt eines Vorgangs im Regal befindet, wird dadurch festgestellt, daß die Blattnummer der Anfrage mit allen Blattnummer in dem einen Fach verglichen werden.

   Bei dieser Organisationsform können ohne Einschränkungen bezüglich der Blattnummern nun beliebig viele Vorgänge im Büro abgelegt werden, mit nun von in summa 256 Blättern. Bezüglich der Ablegbarkeit hinsichtlich ihrer Blattnummern gelten keine Einschränkungen mehr.

   Bei jedem Zugriff auf ein Blatt wird dieses aus dem 256er-Stapel herausgezogen und oben auf den Stapel zurückgelegt. So befindet sich immer das zuletzt benutzte Blatt zuoberst auf dem 256er-Stapel, während die anderen 255 als jeweils um eine Stufe „gealtert" erscheinen.

   Was passiert, wenn ein Blatt angefordert wird, das sich nicht im Büro befindet? – Es wird aus dem Archiv als Kopie besorgt und im Büro im Regal abgelegt, und zwar zuoberst in dem einen Fach, wobei das dort ganz unten befindliche Blatt des 256er-Stapels entfernt wird.

Und was passiert bzw. muß passieren, und zwar bei allen Organisationsformen, wenn das aus dem Regalfach entfernte Blatt im Rahmen einer Bearbeitung des zugehörigen Vorgangs verändert wurde? Und wie muß ein Büro organisiert werden, egal welcher Organisationsform, wenn mehrere Benutzer auf die Vorgänge zugreifen und diese ggf. bearbeiten? – Man versuche als *Aufgabe*, Antworten auf diese Fragen zu finden!

Bemerkung. Der n-fach assoziative Cache wird im Englischen „n-way set associative cache" genannt. Ließe man die Anzahl m der Sets mit in die Bezeichnung eingehen, so hieße er „n-way m-set associative cache", wobei $n \times m$ die Kapazität des Cache angeben würde. Der in diesem Abschnitt entwickelten Systematik folgend wären dann die in Bild 4-30 dargestellten Cache-Typen der Reihe nach als „1-way 256-set associative cache", als „4-way 64-set associative cache" und als „256-way 1-set associative cache" zu bezeichnen.

Erste Implementierungen. Erste Implementierungen beschränkten sich auf die voll assoziative Organisation mit sehr kleinen Kapazitäten: z.B. von 4 Assoziativ„registern", um die 4 zuletzt benutzten Indexregisterinhalte im Prozessor zur Verfügung zu haben, und zwar als aktuellen Ausschnitt von insgesamt 100 Index„registern" im Speicher (TR 440 von Telefunken). Oder z.B. von 8 Assoziativ„registern", um die 8 aktuellsten Tabelleninhalte für die Adreßumsetzung von virtuellen in reale Adressen direkt im Prozessor abrufen zu können und nicht erst zweimal über den Speicher gehen zu müssen (360/67 von IBM; siehe S. 371).

TR 440
etwa 1967

IBM 360/67

IBM 360/85

Bei dem ersten Cache größerer Kapazität (360/85 von IBM) findet man bereits die beschriebene Einteilung des Speichers in Zeilen und Seiten (dort Segmente genannt) mit der Vorstellung, Programme und Daten als Text zu betrachten, der in einem Buch gespeichert ist und sich über viele Seiten erstreckt. Nur die im Moment interessierenden Seiten sind unmittelbar zugänglich und können zeilenweise gelesen werden. Um mit einem kleinen Assoziativspeicher einen großen Cache zur Programm-/Datenpufferung bauen zu können, benutzte man schon damals ein RAM als eigentlichen Puffer, dem ein CAM lediglich vorgeschaltet war. Im CAM der 360/85 waren z.B. 16 10-Bit-Seitenadressen gespeichert, ihnen zugeordnet die 16 gepufferten Seiten in Form von deren 4-Bit-Nummern zur Adressierung des RAM. Bei einer Seitengröße von 64 Zeilen zu je 16 Bytes beträgt die Pufferkapazität dann gerade $16 \times 64 \times 16 = 16$K Bytes. – Um die Transportzeiten möglichst kurz zu halten, wurde eine Zeile (16 Bytes) parallel in den Puffer transportiert. Für eine Seite mit 64 Zeilen (1024 Bytes) wurden also 64 Taktzeiten benötigt. Da das mit 1024 Bytes als Transporteinheit unter Umständen „zu viel" Information ist, unterteilte man eine Seite in Transportblöcke von 4 Zeilen (64 Bytes), die in 4 Taktzeiten zu transportieren waren, und transportierte nur diejenigen Blöcke, die benötigt wurden; dementsprechend waren 16 Blockgültigkeitsbits pro Seite vorgesehen. Auf diese Weise erreichte man ein einigermaßen ausgewogenes Verhältnis zwischen Kapazität und Ladezeit der gepufferten Programm- und Datenausschnitte.

4.4.3 Ersetzungsstrategien

Um eine (Speicher)zeile in den Cache laden und damit eine alte Zeile durch die neue Zeile ersetzen zu können, muß genau eine Cache-Zelle angewählt werden. Beim einfach assoziativen Cache geschieht das in eindeutiger Weise durch die

Zeilennummer (vgl. Bild 4-27). Beim mehrfach assoziativen Cache hingegen wählt die Zeilennummer keine einzelne Zelle, sondern nur einen Set im Cache aus und stellt frei, welche Zelle des Set für das Laden benutzt wird (vgl. Bild 4-28). Beim voll assoziativen Cache enthält die Zeilennummer keinerlei Festlegung auf eine bestimmte Zelle im Cache (vgl. Bild 4-26), so daß alle Cache-Zellen für eine Auswahl in Frage kommen. Dementsprechend muß bei diesen beiden Cache-Typen zusätzlich zur Adressierung eine Entscheidung getroffen werden, welche der Zeilen innerhalb des Set bzw. des gesamten Cache zu verwenden ist. Sind eine oder mehrere der Zeilen als „invalid" gekennzeichnet, so wird eine von diesen ausgewählt, z.B. die Zeile mit der kleinsten Nummer. Sind alle zur Auswahl stehenden Zeilen als „valid" gekennzeichnet, dann muß nach einer bestimmten Ersetzungsstrategie (replacement policy) bestimmt werden, welche der Zeilen aus dem Cache verdrängt werden soll.

replacement policy

Im folgenden werden einige gebräuchliche Ersetzungsstrategien beschrieben: (1.) die Alterungsstrategie ausführlich, (2.) die Abzählstrategie und (3.) die Zufallsstrategie kurz. Da jede dieser Strategien Entscheidungen im Bruchteil eines Cache-Zyklus treffen muß, werden sie sämtlich in Hardware aufgebaut. Welche der Strategien verwendet wird, hängt von einer Abwägung ihrer Güte (möglichst hohe Trefferrate) und ihrer Kosten (möglichst geringer Hardware-Aufwand) ab. So berücksichtigt z.B. die erste, die Alterungsstrategie, die Vorgeschichte der Einträge im Cache, so daß die Nachteile, die mit dem Verdrängen von Cache-Inhalten entstehen, möglichst gering ins Gewicht fallen; sie verursacht dafür aber aufgrund ihres hohen Hardware-Aufwands hohe Kosten. Die zweite, die Abzählstrategie, ist weniger wirkungsvoll, verursacht aber auch weniger Kosten. Die dritte, die Zufallsstrategie, hat einen vernachlässigbaren Hardware-Aufwand, nimmt allerdings auch keine Rücksicht auf die Cache-Geschichte.

Alterungsstrategie

Die wichtigste Alterungsstrategie bedient sich des sog. LRU-Verfahrens (least recently used). Bei ihm wird immer jener Eintrag ersetzt, der am längsten nicht benutzt wurde, d.h., auf den die längste Zeit nicht zugegriffen wurde. Das Prinzip dieses Verfahrens läßt sich am besten anhand einer matrixförmigen Darstellung zeigen, in der die Zellen der Matrix den Cache-Zellen entsprechen und die Spalten das Alter eines Zelleneintrags widerspiegeln (Alterungsmatrix). In jeder Zeile steht eine „1", die, abhängig von der Spalte, in der sie steht, die Altersbeziehungen zu den anderen Einträgen angibt. Da alle Einträge unterschiedlich alt sind, weist auch jede Spalte nur *eine* solche „1" auf. Bild 4-31 zeigt dazu als Beispiel zweimal eine Alterungsmatrix für einen Set eines 8-fach assoziativen Cache (bzw. einen voll assoziativen Cache der Kapazität 8) mit den auf diese Weise dargestellten Altersangaben der 8 Einträge zu einem bestimmten Zeitpunkt. In die Matrizen sind die *Änderungen* eingetragen (Pfeile), die durch zwei unterschiedliche *Zugriffssituationen* entstehen (Kreise in den beiden Matrizen). – Der jüngste Zugriff ist durch die Spalte 0, der älteste durch die Spalte 7 gekennzeichnet; die Spalten 1 bis 6 geben die dazwischenliegenden Altersstufen an.

LRU (least recently used)

Bei einem *Treffer*zugriff z. B. auf Zelle 5 wird, wie Teilbild a zeigt, die markierte Eins in Zeile 5 in die Spalte 0 gebracht und damit die zugehörige Cache-Zelle mit dem Attribut „jüngster Zugriff" gekennzeichnet (langer Pfeil). Gleichzeitig werden die bisher jüngeren Angaben (Einsen in den Spalten 0 bis 3) um eine Stufe gealtert, indem sie um eine Spalte nach rechts gerückt werden (kurze Pfeile). Bei einem *Fehl*zugriff wird, wie Teilbild b zeigt, zunächst jene Zelle für das Überschreiben ausgewählt, deren Eins in der Spalte 7 steht (ältester Zugriff, hier die markierte Eins in Zeile 1). Dieser Eintrag wird dann wie bei einem Trefferzugriff mit dem Attribut „jüngster Zugriff" versehen, indem diese „1" in die Spalte 0 gebracht wird (langer Pfeil). Gleichzeitig werden alle anderen Einträge um eine Stufe gealtert, indem ihre Einsen jeweils um eine Spaltenposition nach rechts gerückt werden (kurze Pfeile). – Zur Initialisierung der Matrix bei leerem Cache wird die Diagonale von links unten nach rechts oben mit Einsen geladen, so daß beim Füllen des Cache die Zellen in der Reihenfolge 0 bis 7 belegt werden.

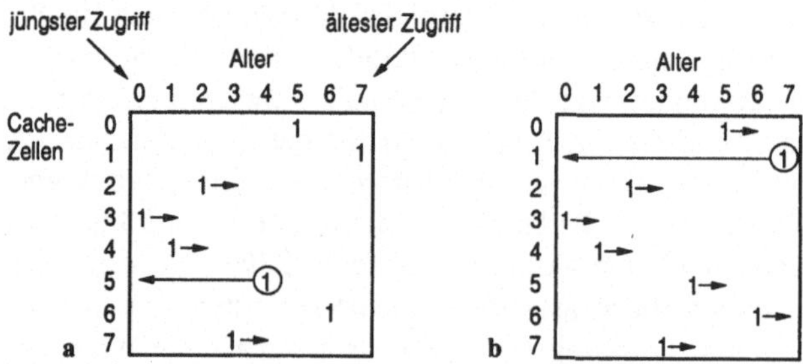

Bild 4-31. Alterungsmatrix für 8 Cache-Zellen; **a** Alterung bei einem Trefferzugriff auf Zelle 5, **b** Alterung bei einem Fehlzugriff mit Ersetzung von Zelle 1.

Für eine Realisierung in Hardware ist die Alterungsmatrix mit n^2 Bits für n Cache-Zellen zu aufwendig. Hier gibt es mehrere Möglichkeiten, dieselbe Alterungsinformation bei einem geringeren Aufwand zu liefern.

Realisierung durch Zählregister. In einer ersten Realisierung wird, ausgehend von der Alterungsmatrix, die Altersangabe einer jeden Cache-Zelle in dualcodierter Form in je einem 3-Bit-Zählregister (age register) gespeichert, wodurch sich der Aufwand auf $n \cdot \mathrm{ld}\, n$ Bits reduziert. Bild 4-32 zeigt die zu Bild 4-31 korrespondierenden Situationen. Bei einem *Treffer*zugriff wird das Zählregister der angewählten Zelle auf Null gesetzt (jüngster Zugriff), und es werden die Zählregister mit bisher geringerem Wert inkrementiert (Pfeile in Teilbild a). Bei einem *Fehl*zugriff gibt der Zählerwert 7 (ältester Zugriff) die zu ersetzende Zelle an. Der Zähler dieser Zelle wird auf Null gesetzt (jüngster Zugriff), und alle anderen Zählerwerte werden inkrementiert (Pfeile in Teilbild b). – Zur Initialisierung werden die Zählregister, bei Zelle 0 beginnend, mit abnehmenden Altersangaben, also 7 bis 0, geladen, so daß beim *Füllen* des Cache die Zellen in der Reihenfolge 0 bis 7 belegt weden.

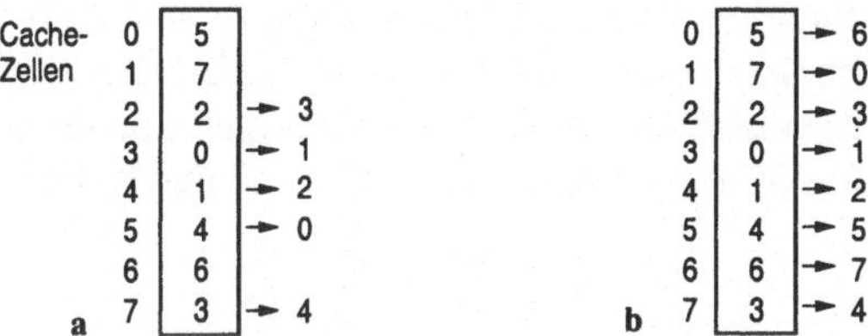

Bild 4-32. Alterung für 8 Cache-Zellen durch Zählregister; **a** Alterung bei einem Trefferzugriff auf Zelle 5, **b** Alterung bei einem Fehlzugriff mit Ersetzung von Zelle 1.

Realisierung durch Shiftregister. In einer zweiten Realisierung benötigt man ebenfalls einen Aufwand von $n \cdot \mathrm{ld}\, n$ Bits. Dabei werden anstelle der Altersangaben die Nummern der Cache-Zellen durch jeweils drei Bits codiert und diese mit zunehmendem Alter von links nach rechts in einem Shiftregister gespeichert. Bild 4-33 zeigt wieder die zu Bild 4-31 korrespondierenden Situationen. Bei einem *Treffer*zugriff wird die Nummer der angewählten Zelle durch einen „Nebenausgang" aus dem Shiftregister entnommen und von links in das Shiftregister in die Altersposition 0 geschoben (jüngster Zugriff). Die im Shiftregister links der entstandenen Lücke gespeicherten Zeilennummern werden dabei um eine Position nach rechts geschoben (Pfeile in Teilbild a). Bei einem *Fehl*zugriff gibt die ganz rechts im Shiftregister stehende Zellennummer die zu ersetzende Zelle an (ältester Zugriff). Sie wird von dort entnommen und von links in das Shiftregister hineingeschoben (jüngster Zugriff), wodurch alle anderen Zellennummern im Register um eine Position nach rechts geschoben werden (Pfeile in Teilbild b). – Zur Initialisierung wird das Shiftregister von links nach rechts mit abnehmenden Zellennummern geladen, d.h. 7 bis 0, so daß beim *Füllen* des Cache die Zellen in der Reihenfolge 0 bis 7 belegt werden.

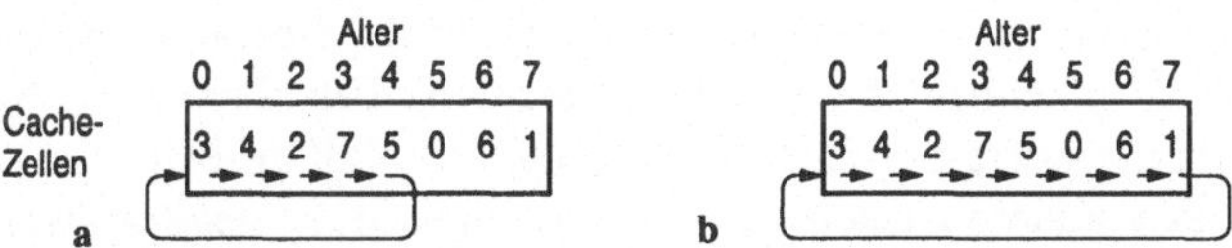

Bild 4-33. Alterung für 8 Cache-Zellen durch Shiftregister; **a** Alterung bei einem Trefferzugriff auf Zelle 5, **b** Alterung bei einem Fehlzugriff mit Ersetzung von Zelle 1.

Realisierung durch Dreiecksmatrix. Eine dritte Realisierung geht von einer Dreiecksmatrix aus, bei der sowohl die Nummern an den Matrixzeilen als auch die Nummern an den Matrixspalten die Nummern der Cache-Zellen repräsentieren. Dementsprechend stellen Nullen und Einsen an den Schnittpunkten von Zeilen und Spalten die Altersbeziehungen zwischen den Cache-Zellen dar. Die Diagonale der Dreiecksmatrix entfällt dabei, da eine Cache-Zelle nicht mit sich selbst in Beziehung gesetzt zu werden braucht. Bild 4-34a zeigt die Dreiecksmatrix für das obige Beispiel mit den Einträgen korrespondierend zu Bild 4-31a. Darunter ist angedeutet, wie die Altersbeziehungen „älter als" und „jünger als" zwischen den Matrixzeilen und den Matrixspalten zu verstehen sind. Gemäß diesen Alterungsbeziehungen ist der älteste Zugriff gekennzeichnet durch nur Nullen in einer Zeile und nur Einsen in der dazugehörigen Spalte; der jüngste Zugriff dementsprechend durch nur Einsen in der Zeile und nur Nullen in der dazugehörigen Spalte.

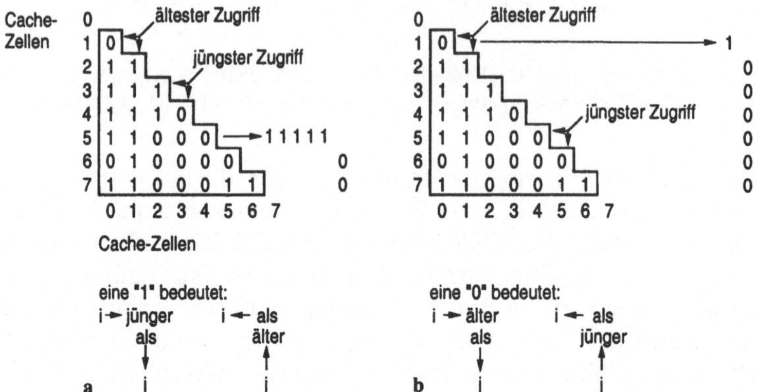

Bild 4-34. Alterung für 8 Cache-Zellen durch Dreiecksmatrix; **a** Alterung bei einem Trefferzugriff auf Zelle 5, **b** Alterung bei einem Fehlzugriff mit Ersetzung von Zelle 1.

Bei einem *Treffer*zugriff wird die angewählte Cache-Zelle (die Zelle 5 in Teilbild a) dadurch zum jüngsten Eintrag erklärt, daß sämtliche Bits ihrer Matrixzeile auf Eins und sämtliche Bits der korrespondierenden Matrixspalte auf Null gesetzt werden (durch Pfeil angezeigte Änderung rechts neben Teilbild a). Dies hat zur Folge, daß gleichzeitig auch alle bisher gegenüber dieser Zelle jüngeren Einträge um eine Stufe gealtert werden. Bei einem *Fehl*zugriff wird jene Cache-Zelle als ältester Zugriff ausgewählt, die nur Nullen in ihrer Zeile und nur Einsen in der korrespondierenden Spalte enthält (Zelle 1 in Teilbild b), und in der Matrix als jüngster Zugriff gekennzeichnet, indem sämtliche Bits ihrer Zeile auf Eins und sämtliche Bits der korrespondierenden Spalte auf Null gesetzt werden, wodurch gleichzeitig alle anderen Cache-Zellen um eine Stufe gealtert werden (durch Pfeil angezeigte Änderung rechts neben Teilbild b). – Zur Initialisierung werden sämtliche Matrixpositionen mit Nullen besetzt, so daß beim *Füllen* des Cache die Zellen in der Reihenfolge 0 bis 7 belegt werden.

Gegenüberstellung. Die LRU-Realisierung durch eine Dreiecksmatrix zeichnet sich gegenüber den anderen LRU-Realisierungen durch einen geringen Steuerungsaufwand für den Auswahlvorgang und für den Alterungsmechanismus aus. Sie benötigt jedoch $n(n-1)/2$ Bits gegenüber $n \cdot \mathrm{ld}\, n$ Bits zur Speicherung der Altersbeziehungen, weshalb sie nur für Caches mit Sets geringer Zellenzahl verwendet wird. (Man beachte, daß bei *mehrfach* assoziativen Caches so viele Alterungsmechanismen aufgebaut werden müssen, wie Sets im Cache vorhanden sind.) Die Anzahl der zu speichernden Bits ist in Tabelle 4-3 zusammenfassend dargestellt. Aus diesen Angaben darf nicht leichtfertig auf den Aufwand geschlossen werden, da in der Tabelle nur der Speicheraufwand, nicht aber die Verknüpfungsglieder der Alterungslogik berücksichtigt sind.

Tabelle 4-3. Anzahl der zur Speicherung der Altersbeziehungen erforderlichen Bits bei unterschiedlichen Realisierungen der Alterungsstrategie LRU und bei unterschiedlichen Set-Größen

Set-Größe	Anzahl der Speicherbits	
	Zählregister	Dreiecksmatrix
n	$n \cdot \mathrm{ld}$	$n \cdot (n-1)/2$
2	2	1
4	8	6
8	24	28
16	64	120
:	:	:
128	8	8.128
256	2.048	32.640

Abzähl- und Zufallsstrategie

Abzählstrategie. Während bei der Alterungsstrategie, wie gezeigt, die Zelle mit dem ältestem *Zugriff* ersetzt wird, betrifft die Ersetzung bei der *Abzähl*strategie die Zelle mit dem ältesten *Eintrag*. Das entspricht einer Warteschlange konstanter Länge mit gleichzeitigem Zu- und Abgang, bei der immer einer nach dem andern, d.h. in der Reihenfolge ihres Einfügens wieder entfernt wird; anders ausgedrückt: bei der derjenige, der als erster in die Schlange eingereiht wurde, als erster wieder aus ihr entfernt wird. Man nennt diese Strategie deshalb auch oft FIFO-Strategie (first-in, first-out), obwohl mit FIFOs gemeinhin Warteschlangen pulsierender Länge sowie unabhängiger Zu- und Abgänge bezeichnet werden. – Der Abzählmechanismus läßt sich ganz einfach durch je einen Modulo-n-Zähler (ld$n$ Bits) oder je einen Ringzähler (n Bits) pro Set realisieren, wobei der aktuelle Zählerwert die zu ersetzende Zelle angibt.

Die Abzählstrategie wird vorwiegend bei Programm-Caches angewendet und mit dem vorausschauenden Laden des Cache (prefetching) kombiniert. Dabei wird die Tatsache genutzt, daß Befehle hintereinander gespeichert sind und abgesehen von durch Sprungbefehle hervorgerufenen Programmverzweigungen nacheinander ausgeführt werden. Der im Speicher gehaltene Befehlsstrom „fließt" durch den Cache und wird dort unmittelbar verarbeitet. Bildlich gesprochen erscheint der Cache als bewegliches Fenster, durch das ein Teil des im Speicher stehenden Programms ausgeblendet wird. Ist eine Schleife im Cache untergebracht, so steht das Fenster, sonst bewegt es sich und blendet einige wenige Befehle vor dem PC-Stand (look-ahead) und einige mehr Befehle nach dem PC-Stand des Prozessors (look-behind, look-aside) aus.

Zufallsstrategie. Den geringsten Hardware-Aufwand verursachen Zufallsstrategien (random strategy). Die einfachste Realisierung basiert auf einem für alle Sets gemeinsamen Modulo-n-Zähler und benötigt bei n Zellen pro Set insgesamt nur ld$n$ Bits. Der Wert des Zählers gibt wie bei der Abzählstrategie die Nummer der als nächste zu ersetzenden Zelle an; diese Angabe ist hier für alle Sets gemeinsam. Anders als bei der Abzählstrategie wird der Zähler nicht nur bei Fehlzugriffen, sondern bei jedem Zugriff inkrementiert. Da hier der Zufall im Grunde kalkulierbar ist, spricht man auch von Pseudo-Zufallsstrategie (pseudo random strategy).

Beispiel 4.4. Voll assoziativer Programm-/Daten-Cache mit LRU-Shiftregister. Zur Illustration der Wirkungsweise eines Cache mit Alterungsmechanismus stellen wir uns einen 2-Adreß-Rechner mit einem sehr kleinen, voll assoziativen Programm-/Daten-Cache von 8 Zellen als Ersatz (!) des Registerspeichers vor. Ein solcher Rechner arbeitet mit (langen) Speicheradressen, die gleichermaßen auf den (1-Port-)Speicher wie auf den (1-Port-)Cache wirken. Load- und Store-Operationen sind unnötig, da die „Benutzung“ der 8 „Register“ des Cache nun automatisch durch die Füll-, Ersetzungs- und Rückschreibetechniken im Zusammenhang mit der hier gewählten LRU-Strategie geschieht. – Bild 4-35 auf der nächsten Seite zeigt das in Beispiel 3.1 benutzte Programm zur Addition der natürlichen Zahlen bis n zusammen mit der Cache-Belegung zu zwei willkürlich gewählten Zeitpunkten, und zwar unmittelbar vor Ausführung des Befehls CMP I, N im ersten Schleifendurchlauf (Schnappschuß 1) und im zweiten Schleifendurchlauf (Schnappschuß 2).

Aufgabe 4.7. Spielen Sie den Ablauf des in Bild 4-35 dargestellten Programms für zwei Schleifendurchläufe durch und aktualisieren Sie bei jedem Cache-Zugriff das Shiftregister und die Cache-Inhalte.

Aufgabe 4.8. Ersetzen Sie die im obigen Beispiel skizzierte hypothetische Rechnerstruktur mit sozusagen 1-Port-Register-Cache durch eine realistische Struktur mit 2-Port-Register-Speicher und diskutieren Sie die Vor- und Nachteile beider Strukturen.

4.5 Virtueller Speicher

4.5.1 Problematik

In elementarer Vorstellung beginnen alle Programme bei Adresse 0, und ihre Befehls- und Datenwörter sind fortlaufend numeriert. Im Speicher des Rechners können sie jedoch so nicht untergebracht werden, u. a.

- weil die untersten Speicherwörter reserviert sind (z. B. für die Vektortabelle des Unterbrechungssystems),
- weil andere Prozesse bereits im Speicher vorliegen (z. B. der Betriebssystemkern),
- weil der freie Speicherraum unzusammenhängend ist (z. B. bei Mehrprogrammbetrieb).

```
SUM  res   1
N    res   1
I    res   1
     :
     :
     LD    SUM,  #0
     LD    I,    #1
L:   ADD   SUM,  I
     ADD   I,    #1
     CMP   I,    N
     BLE   L
```

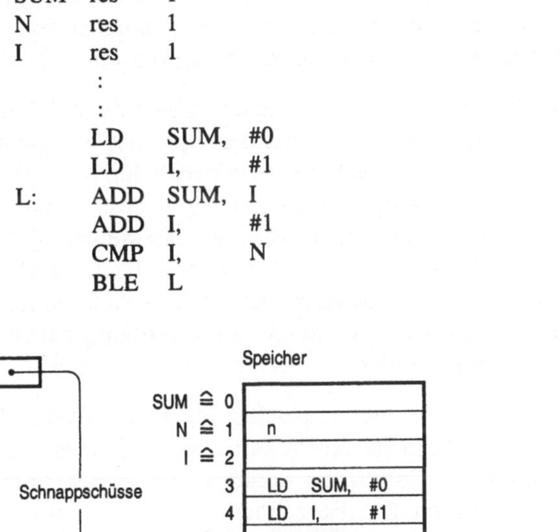

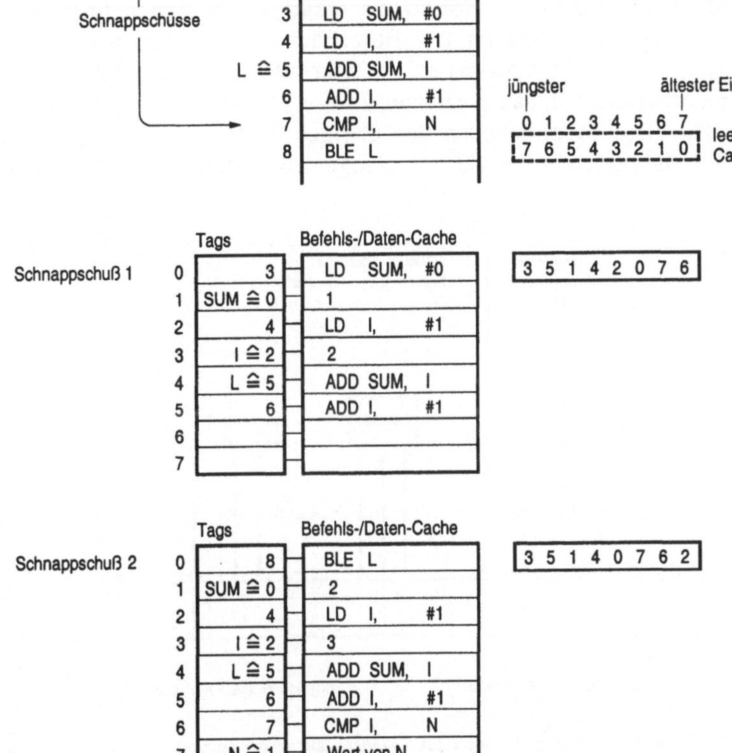

Bild 4-35. Programmausführung bei voll assoziativem Programm-/Daten-Cache mit 8 Zellen zu je einem Wort. Alterung nach LRU mit Shiftregister. Initialisierung mit abnehmenden Altersangaben bei Zelle 0 beginnend. Die Schnappschüsse erfolgen vor Ausführung des CMP-Befehls: Schnappschuß 1 beim ersten Durchgang, Schnappschuß 2 beim zweiten Durchgang der Programmschleife.

- *Fazit.* Ein Prozeß umfaßt einen fiktiven, d.h. einen scheinbaren, sog. virtuellen Adreßraum bzw. Speicher, der nicht mit dem vorhandenen, d.h. wirklichen, sog. realen Adreßraum bzw. Speicher übereinstimmt.

Die Adressen der Befehle und die Adressen in den Befehlen, mit denen der Prozessor bei der Ausführung eines Programms den Speicher anspricht, sind also andere, virtuelle, als die, die der Speicher entsprechend der wirklichen Lage des Programms und der Daten benötigt, nämlich reale Adressen. Diese Situation macht eine Adreßumsetzung von virtuellen in reale Adressen nötig, was eine besondere Systemkomponente, die Memory-Management-Unit (MMU) besorgt. – Mathematisch ausgedrückt ist die Adreßumsetzung eine Abbildung, eine Funktion, und wie immer kann eine solche durch eine Zuordnungstabelle oder eine Rechenvorschrift ausgedrückt werden.

MMU (Memory-Management-Unit)

In Bild 4-36 ist gestrichelt der virtuelle Speicher gezeichnet (der viel größer als der reale Speicher sein kann); ihn hat der Prozessor vor sich, aber eben nur virtuell. Die MMU übernimmt die Umsetzung seiner ausgegebenen Adressen in die Realität, und zwar über Tabellen bzw. Berechnungen. – Im Prinzip kann sich die Adreßumsetzung auf Speicher-Bytes, -Wörter oder -Blöcke beziehen. Für ihre Größe ist kennzeichnend, daß es sich um Zweierpotenzen von Bytes handelt; wir benutzen für diese Möglichkeiten den übergeordneten Begriff (Speicher-)Einheit: die Adreßumsetzung bezieht sich demgemäß im folgenden auf „Einheiten".

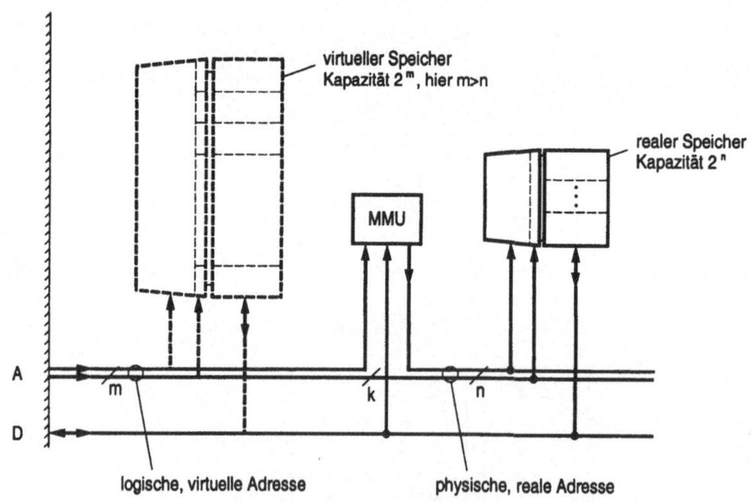

Bild 4-36. Memory-Management-Unit (MMU) zur Adreßumsetzung des virtuellen Speichers (gestrichelt) in den realen Speicher (ausgezogen). k bestimmt die Größe der umzusetzenden Einheit (Zweierpotenz).

Bemerkung. Das geschilderte Problem ist sehr ähnlich dem in 4.4 behandelten Problem der Pufferung von *System*speicherinhalten im *Cache*, hier in gewissem Sinn wiederholt als Problem der Pufferung von *Hintergrund*speicherinhalten im *Speicher* (da ja alle Prozesse „irgendwie" auf Hintergrundspeichern vorliegen), d.h. also: Pufferung eine Ebene höher.

Die „natürliche“ Lösung dieses Problemkreises ist dort und wäre auch hier die ausschnittweise Pufferung von Speicherinhalten in einem vergleichsweise viel kleineren Assoziativspeicher (dort der voll assoziative *Cache*, hier der voll assoziative *Speicher*). Der Unterschied zwischen beiden Problemkreisen liegt in den unterschiedlichen Größenordnungen und Zugriffsarten der entsprechenden realen „Puffer“speicher (aber auch teils in der Andersartigkeit der Problemstellungen). Während dort als Pufferspeicher wirklich Assoziativspeicher (voll assoziative Caches) bzw. Ableitungen davon (teil assoziative Caches) benutzt werden, und zwar zur Pufferung von *verstreut* liegenden Daten aktueller Ausschnitte aus Speichern mit *Random*zugriff, kommen hier als Pufferspeicher wegen der sehr viel höheren Pufferkapazitäten nur Randomspeicher mit organisatorischen Zusätzen infrage, und zwar nun zur Pufferung von i. allg. *zusammenhängenden* Daten aktueller Ausschnitte aus Speichern mit *seriellem* Zugriff.

Im folgenden werden zunächst die Idee skizziert und dann fortschreitend wirklichkeitsgetreue Prinzipschaltungen entwickelt. Behandelt werden nur die technischen Aspekte der Adreßumsetzung. Nicht behandelt werden Aspekte, die zum Bereich der Betriebssysteme gehören, wie Lade- und Aktualisierungsstrategien für die Tabellen, Auswertung der Verletzung von Zugriffsrechten usw. Die unseren Betrachtungen zugrundeliegende Speicherhierarchie (Hintergrund-, System-, Puffer-, Registerspeicher) mit ihren unterschiedlichen, typischen Speicherkapazitäten und Zugriffszeiten als deren wichtigste Technische Daten zeigt Bild 4-37.

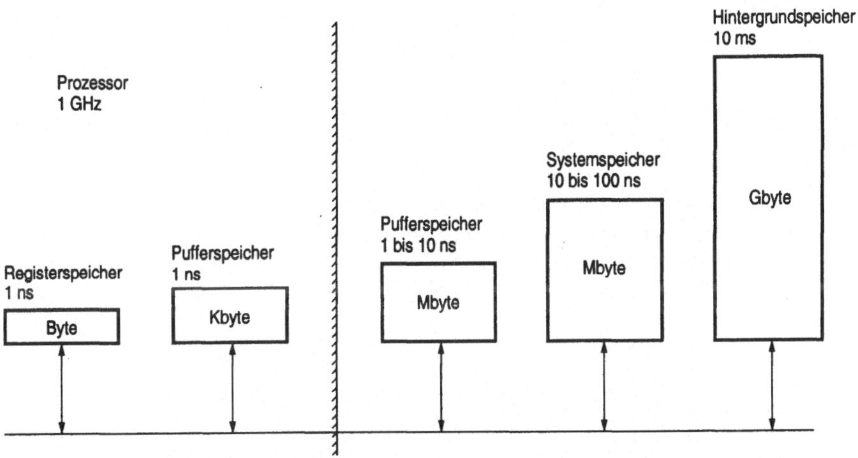

Bild 4-37. Speicherhierarchie: prozessorinterner Registerspeicher, prozessor„naher“ Pufferspeicher (sog. Level1-Cache), prozessor„ferner“ Pufferspeicher (Level2-Cache), Systemspeicher und Hintergrundspeicher mit Angabe der Größenordnung typischer Zugriffszeiten und Speicherkapazitäten.

Wie gesagt: die Adreßumsetzung des virtuellen in den realen Speicher basiert auf Funktionen, Abbildungen. Wir unterscheiden im folgenden drei Formen der Adreßabbildung. Sie werden in diesem und den nächsten Abschnitten beschrieben, und zwar unter den Spitzmarken „Die Idee“, „Erste Spezialisierung“ (die auf eine Gliederung des Adreßraums in Segmente führt, 4.5.2) sowie „Zweite Spezialisierung“ (die auf eine Gliederung des Adreßraums in Seiten führt, 4.5.3).

Die Idee. Theoretisch ist eine Adreßumsetzung des virtuellen in den realen Speicher in voller Allgemeinheit nur durch eine Tabelle darstellbar. Bild 4-38 zeigt drei Möglichkeiten:

- In Teilbild a wird von einer fortlaufenden Numerierung der Einheiten im virtuellen Speicher ausgegangen. Die gestrichelten Linien deuten „logisch" zusammenhängende Bereiche an, sog. Segmente, die – wie man sieht – unterschiedlich groß gewählt werden können. – Im realen Speicher kann die Lage der Einheiten eines Segments „physisch" völlig verstreut und somit das Segment völlig unzusammenhängend sein.

- In Teilbild b ist hingegen im Virtuellen bewußt eine Aufteilung vorgenommen, indem nun die Segmente ihrerseits, aber auch die Einheiten innerhalb eines jeden Segments, mit 0 beginnend, fortlaufend numeriert sind.

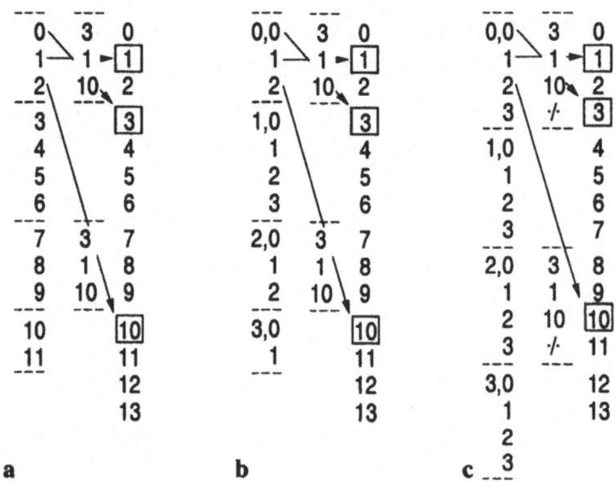

Bild 4-38. Drei Varianten zur Adreßumsetzung, **a** mit fortlaufenden Adressen (die gestrichelten Linien markieren Segmente unterschiedlicher Größe), **b** mit durchnumerierten Segmenten unterschiedlicher Größe, **c** mit durchnumerierten Segmenten gleicher Größe.

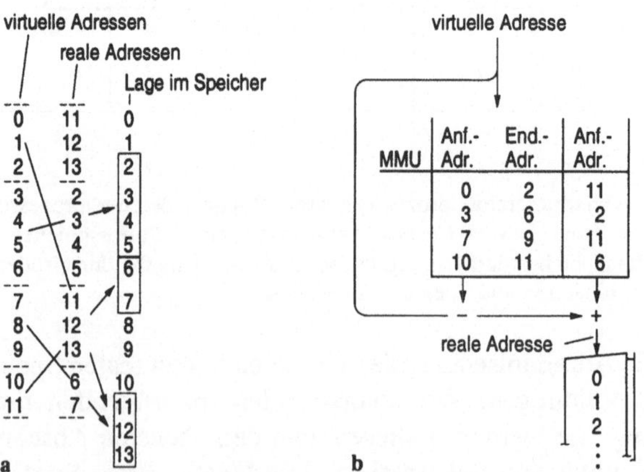

Bild 4-39. Adreßumsetzung fortlaufender Adressen in den realen Speicher; **a** Umsetzungsschema, **b** Prinzipschaltung.

- In Teilbild c schließlich wird im Virtuellen auch noch Rücksicht auf die Codierung der Nummern durch Dualzahlen genommen. In diesem Fall sind die Segmente im Virtuellen gleich groß und gleich einer Zweierpotenz, aber nun unterschiedlich gut gefüllt.

Entsprechend den drei skizzierten Arten virtueller Adressierung in Bild 4-38, nämlich ohne Numerierung (Teilbild a) und mit Numerierung der Segmente in zwei Varianten (Teilbilder b und c) ergeben sich drei Prinzipschaltungen, die jeweils in Teil b der Bilder 4-39 bis 4-41 wiedergegeben sind. In den dazugehörigen Teilbildern a finden sich die zu den Einträgen in den Schaltungen gehörenden Abbildungsschemata (nun mit anderen Zuordnungen als in Bild 4-38).

Bild 4-38a →Bild 4-39

Bild 4-38b →Bild 4-40

Bild 4-38c →Bild 4-41

4.5.2 Speicherverwaltung mit Segmenten

Erste Spezialisierung. In Bild 4-39 sind die Speicherung der Tabelle und die Berechnungen in der Tabelle sehr aufwendig: es handelt sich in jeder Zeile um einen Intervallvergleich mit Ausgabe der virtuellen Anfangsadresse. Zum Aufbau einer Schaltung vertretbaren Aufwands wählt man deshalb eine erste Spezialisierung (siehe Bild 4-40): Zur Adreßabbildung benutzt man eine wesentlich kleinere Tabelle als gemäß der Idee. Die Segmentnummer braucht lediglich decodiert zu werden, und die in der ausgewählten Zeile stehende Anfangsadresse wird ausgegeben. Und es braucht jetzt nur noch eine einfache Addition in Kauf genommen zu werden. – Diese Spezialisierung hat allerdings zur Folge, daß der Zusammenhang der Einheiten innerhalb der Segmente nun auch im Realen erhalten bleiben muß, d.h., die Segmente müssen als Ganzes behandelt werden.

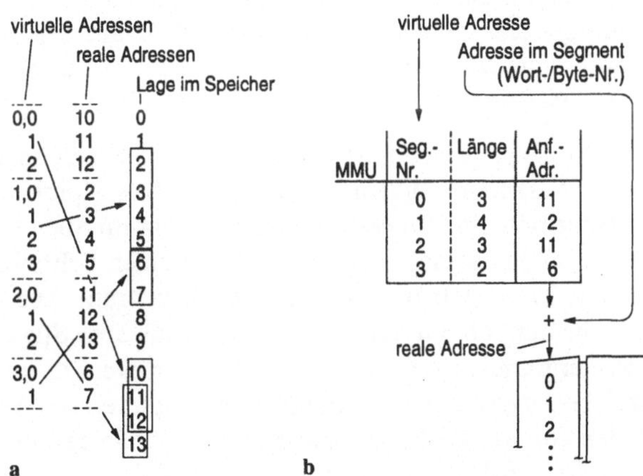

Bild 4-40. Adreßumsetzung durchnumerierter Segmente in den realen Speicher (segmenting); **a** Umsetzungsschema, **b** Prinzipschaltung.

Die zusätzliche Ausgabe der Segmentlänge ermöglicht es, unerlaubte Zugriffe auf nicht zum Segment gehörende Speichereinheiten anzeigen zu lassen (z.B. bei virtuell 3, 2 auf real 8).

Die Segmentierung mit ihrer Prinzipschaltung in Bild 4-40 hat wegen ihrer Unkompliziertheit (auch wegen der Sinnfälligkeit der Adressierung im Virtuellen) praktische Bedeutung: Die Umsetztabelle kann einfach in einem extra aufgebauten Randomspeicher abgelegt sein (in der Zeichnung „oben", *über* dem RAM aufzubauen, das ergibt Parallel-, ggf. Fließbandorganisation), sie kann aber auch im sowieso vorhandenen Randomspeicher abgelegt sein (in der Zeichnung „unten", *im* RAM, das ergibt Seriellorganisation); sie kann sogar im virtuellen Speicher untergebracht sein (wie in den VAX-Rechnern[1] von Digital Equipment).

Segmentierung mit Adreßbestandteil / Adreßerweiterung

Für die virtuelle Adresse eines Segments gibt es bezüglich deren Herkunft zwei Möglichkeiten:

1. Sie ist Bestandteil des vom Prozessor ausgegebenen Befehls. Dann sind virtuelle Segmentnummer und Nummer innerhalb des Segments (offset) hinsichtlich ihrer Breite voneinander abhängig (z.B. 8 Bits + 24 Bits bei 32 Bits vom Prozessor).

2. Sie entstammt einem (von mehreren) Registern in der MMU, das zuvor vom Prozessor geladen werden muß. Die Breite für die virtuelle Segmentnummer sowie für die Nummer innerhalb des Segments (offset) sind dann weitgehend unabhängig (z.B. 16 Bits + 32 Bits bei 32 Bits vom Prozessor).

In der Literatur werden beide Fälle unter den Stichwörtern Segmentierung mit Adreßbestandteil bzw. Segmentierung mit Adreßerweiterung behandelt [Flik].

Segment

Zusammenfassung. Segmente sind unabhängige, geschützte (Adreß)bereiche *variabler* Größe, die in beliebigen Vielfachen von Bytes (oder Wörtern oder Blökken) gebildet werden. Virtuell adressiert wird ein Byte in einem Segment durch seine Segmentnummer und seine Bytenummer innerhalb des Segments (bei 0 beginnend). Real adressiert wird ein Byte in einem Segment mittels der Segmentanfangsadresse (Basisadresse) und der darauf addierten Bytenummer.

Deskriptor

Neben der Basisadresse sind jedem Segment weitere kennzeichnende Elemente zugeordnet, mit ihr zusammen bilden sie einen sog. Deskriptor: die Längenangabe, das Zugriffsattribut, ein Hinweis, ob das Segment im Speicher geladen ist, sowie ein Hinweis, ob das geladene Segment durch einen Schreibzugriff verändert wurde (siehe S. 374: Segment- und Seitendeskriptoren). Die letzte Angabe erlaubt es zu entscheiden, ob ein Segment, wenn es aus dem Speicher verdrängt wird, auf den Hintergrundspeicher zurückgeschrieben werden muß oder ob es einfach überschrieben werden darf. Sämtliche Deskriptoren der Segmente eines Programms werden von der MMU in einer Segmenttabelle geführt, die vom Betriebssystem verwaltet wird.

Vorteile, Nachteile. Durch die Segmentierung wird der eigentlich zusammenhängende reale Adreßraum strukturiert, indem er in mehrere kleinere, jeweils nur in sich zusammenhängende Bereiche gestückelt wird. Das bietet den Vorteil, die Segmente als logische Einheiten verwalten zu können und ihnen z.B. mittels der

1. VAX steht für Virtual Address eXtension.

Deskriptoren spezifische Merkmale, wie Länge und Zugriffsattribute, auf einfache Weise zuordnen zu können. Ein weiterer Vorteil ist die Möglichkeit, Segmente je nach Wahl ihrer Basisadressen sich teilweise oder auch ganz überlappen zu lassen (shared memory). Das ist vor allem im Mehrprogrammbetrieb nützlich, wenn Programme, z.B. ein Compiler, oder Daten, z.B. eine Semaphor-Variable, von mehreren Programmen gemeinsam benutzt werden sollen (shared code bzw. shared data).

shared memory

Die Segmentierung erlaubt es darüber hinaus, die Größe eines Segments dynamisch zu verändern. So kann z.B. einem Stacksegment, das seine zunächst vorgegebene Segmentlänge zu überschreiten droht, wenn ausreichend Platz vorhanden ist, in einfacher Weise durch Änderung seiner Längenangabe ein größerer Speicherbereich zugeordnet werden.

Ein Nachteil der Segmentierung ist, daß beim Laden nicht nach physischen Kriterien verfahren werden darf, da ja logische Einheiten transportiert werden sollen. So muß z.B. ein großes Segment als Ganzes geladen werden, auch wenn momentan nur ein Teil davon benötigt wird. Oder es muß u.U. ein großes Segment vorübergehend auf den Hintergrundspeicher ausgelagert werden, um für ein anderes, ähnlich großes Segment Platz zu schaffen. Das Einlagern und Auslagern von Segmenten unterschiedlicher Größen kann schließlich – und das ist ein weiterer Nachteil – zu einer derart ungünstigen Stückelung des Speicherraums führen, daß ein größeres Segment nicht geladen werden kann, obwohl die einzelnen Freispeicherbereiche zusammengenommen ausreichend Platz bieten würden.

Als Folge der bei der Segmentierung natürlicherweise auftretenden Stückelung ist eine relativ aufwendige Freispeicherverwaltung erforderlich. Für sie gibt es unterschiedliche Strategien zur Optimierung von Aufwand und bestmöglicher Nutzung der freien Speicherbereiche, so z.B. das First-fit-, das Next-fit-, das Best-fit- und das Worst-fit-Verfahren. Diese Verfahren sind Aufgaben des Betriebssystems und werden hier nicht behandelt; siehe aber z.B. [Tanenbaum].

Ist schließlich jeder der verfügbaren freien Speicherbereiche für ein neu zu ladendes Segment zu klein, so müssen entweder ein oder mehrere bereits geladene Segmente ausgelagert werden (man nennt dies „swappen"), oder die belegten Bereiche müssen vom Betriebssystem zusammengeschoben werden, so daß die vielen kleinen freien Bereiche zu einem einzigen großen Bereich verschmelzen. Man nennt dieses sehr aufwendige Verfahren Kompaktifizierung bzw. „memory compaction" oder auch – die nicht mehr benötigten, d.h. freien Speicherbereiche als „Müll" auffassend – „garbage collection". Auch das sind wichtige Aufgaben von Betriebssystemen, siehe z.B. wieder [Tanenbaum].

4.5.3 Speicherverwaltung mit Seiten

Zweite Spezialisierung. Die Schaltungen zur Speicherverwaltung mit Segmenten vereinfachen sich, wenn – zweite Spezialisierung – die der „logischen" Aufteilung des virtuellen Speichers innewohnende Flexibilität aufgegeben wird und durch eine starre, „technische" Aufteilung des virtuellen wie des realen Speichers ersetzt wird. Dazu werden folgende Einschränkungen getroffen:

1. Alle „Segmente" sind gleich groß.
2. Ihre Größe ist gleich einer Zweierpotenz, sie wird genügend klein gewählt, um den Verschnitt bei der Adreßabbildung gering zu halten.

Darüber hinaus dürfen jetzt die „Segmente" nicht mehr an beliebigen Stellen, sondern nur noch an bestimmten Stellen im realen Speicher untergebracht werden. Dazu wird der reale Speicher in derselben Weise in „Rahmen" aufgeteilt wie der virtuelle Speicher in „Seiten", – wie die „Segmente" nun genannt werden; damit ist also eine weitere Einschränkung getroffen:

3. Seiten sind nur in Rahmen abbildbar.

Mit diesen Einschränkungen vereinfacht sich Bild 4-40 zu Bild 4-41. Links ist wieder die Adreßumsetzung in schematischer Darstellung gezeigt, rechts die nun nicht mehr weiter zu vereinfachende Prinzipschaltung. Die für die Segmente früher notwendigen Längenangaben entfallen, desgleichen der Addierer. Wie bei der „Segmentierung" (segmenting) so sind auch bei dieser „Paginierung" (paging) die dort diskutierten Realisierungen anwendbar (siehe S. 366).

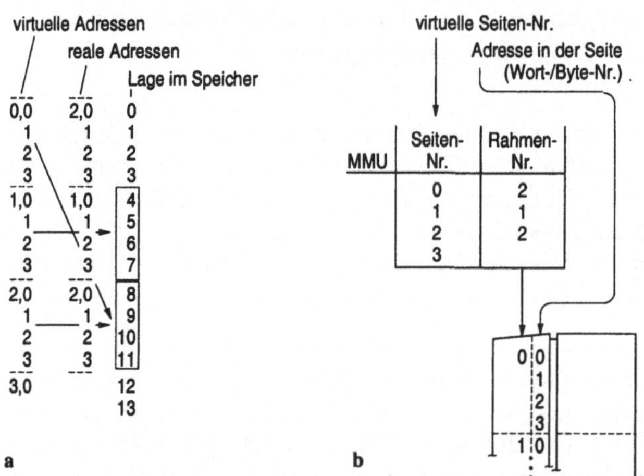

Bild 4-41. Adreßumsetzung durchnumerierter Seiten in den realen Speicher (paging); **a** Umsetzungsschema, **b** Prinzipschaltung.

Seite (page)

Zusammenfassung. Seiten (pages) sind Segmente *konstanter* Größe, die in Rahmen (frames) untergebracht werden. Die Seiten-/Rahmengröße wird als Zweierpotenz festgelegt, so daß sich eine einfache Adressierung durch eine Seiten-/Rahmennummer und eine Bytenummer ergibt.

Deskriptor

Wie bei der Segmentverwaltung wird jede Seite durch einen Deskriptor gekennzeichnet, bestehend aus der Rahmennummer, einem Zugriffsattribut, einem Hinweis, ob die Seite geladen ist, sowie einem Hinweis, ob die geladene Seite durch einen Schreibzugriff verändert wurde (siehe S. 374: Segment- und Seitendeskriptoren). Anstelle der Rahmennummer kann, wenn eine Seite nicht geladen ist, ein Hinweis auf ihre Hintergrundspeicheradresse stehen. Sämtliche Deskriptoren der Seiten eines Programms werden von der MMU in einer Seitentabelle geführt, die vom Betriebssystem verwaltet wird.

Vorteile, Nachteile. Die Seitenaufteilung ermöglicht es, nur die aktuell benötigten Teile eines Programms und seiner Daten vom Hintergrundspeicher zu laden, so daß der Speicher in seiner Kapazität kleiner als Programm und Daten sein darf. Dabei können Seiten, die in der Adressierung aufeinanderfolgen, im Speicher gestreut gespeichert werden. Damit entfällt das bei der Segmentierung auftretende Problem der möglichst guten Nutzung nichtzusammenhängender freier Speicherbereiche.

Gegenüber der Segmentierung hat die Seitenverwaltung den Nachteil, daß die logische Struktur eines Programms und seiner Daten aus den Deskriptoren nicht mehr ersichtlich ist. Darüber hinaus müssen spezifische Angaben für eine logische Einheit, z.B. das Zugriffsattribut, jetzt allen Deskriptoren dieser Einheit zugewiesen werden, was bei einer Änderung dieser Angaben entsprechenden Mehraufwand bedeutet. Zwangsläufig gibt es bei der Seitenverwaltung auch sehr viel mehr Deskriptoren als bei der Segmentverwaltung, wodurch die Tabellen, in denen sie geführt werden, sehr umfangreich werden. – Diese Nachteile führen schließlich zu Realisierungen von MMUs, bei denen die Seitenverwaltung mit der Segmentverwaltung in hierarchischer Weise kombiniert wird (siehe nachfolgend 4.5.4).

Working-Set. Man bezeichnet die aktuell benötigten und geladenen Seiten eines Programms und seiner Daten als dessen Working-Set. Um das Working-Set-Prinzip zu unterstützen, muß der Prozessor dafür eingerichtet sein, sich beim Zugriffsversuch auf eine nicht geladene Seite unterbrechen zu lassen und diesen Zugriff zu einem späteren Zeitpunkt, nämlich wenn die Seite inzwischen geladen worden ist, wieder aufzunehmen. Die Unterbrechung wird von der MMU durch einen sog. Page-Fault-Trap ausgelöst. In der daraus resultierenden Ausnahmebehandlung wird die fehlende Seite nachgeladen, und danach wird der unterbrochene Zugriff erneut aktiviert. Je nach Prozessor wird der unterbrochene Befehl entweder noch einmal ausgeführt, oder seine Ausführung wird an der Unterbrechungsstelle wieder aufgenommen. Der Prozessor muß sich dazu die für den Neustart bzw. die Fortsetzung des Befehls erforderliche Information speichern. Man bezeichnet dieses Nachladen von Seiten nach Bedarf als Demand-Paging.

Bemerkung. Bei den früheren 16-Bit-Rechnern der PDP-11-Familie von DEC mit ihren kurzen Adressen wurde die Rahmennummer mit mehr Bits als die Seitennummer dargestellt, wodurch der Speicher eine größere Kapazität haben konnte als durch die virtuelle Adresse vorgegeben. Zum Beispiel kann auf diese Weise das Adreßwort der realen Adresse von 16 auf 18 oder 20 Bits erweitert werden. Dadurch können mehrere Prozesse gleichzeitig im Speicher gehalten werden, wobei jedem von ihnen, abgesehen vom Speicherplatzbedarf des Betriebssystems, maximal der durch die Länge der virtuellen Adresse vorgegebene Adreßraum zur Verfügung steht.

4.5.4 Speicherverwaltung mit Segmenten und Seiten

Um die Vorteile der Segment- und der Seitenverwaltung gleichermaßen nutzen zu können, aber auch um im Multiprogrammbetrieb mehrere Prozesse bedienen zu können, werden beide Techniken miteinander kombiniert. So werden Seiten zu Segmenten zusammengefaßt; diese wiederum zu (Über-)Segmenten usw. – Auf diese Weise entstehen mehrstufige Adreßumsetzungen, wie sie in vielfältiger Weise in der Realität zu finden sind.

Adreßumsetzung mit mehreren Tabellen (2-stufige Umsetzung)

Die Einbeziehung von mehr als einer Umsetztabelle ermöglicht es, mehrere im Virtuellen sich überlappende Adreßräume (z.B. jeweils bei virtuell 0 beginnend) umzusetzen. Mehrere Tabellen können entweder in mehreren Speichern isoliert geführt werden. Oder sie werden in ein und demselben Speicher untergebracht, vielfach zusammen mit den Befehlen und Daten. In jedem Fall müssen die Tabellen durch zusätzliche Prozessorinformation angewählt werden.

- In kleineren Systemen können z.B. mit dem Signal $S/\overline{U}$ je ein Tabellenspeicher für den Supervisor- und den User-Modus oder mit dem Signal $P/\overline{D}$ je ein Tabellenspeicher für den Programm- und den Datenbereich selektiert werden.
- In größeren Systemen ist es hingegen üblich, insbesondere bei vielen oder großen Tabellen, die Auswahl der Tabellen über zusätzliche Adreßbits vorzunehmen.[1] Die Seiten mit ihren in einer jeden Tabelle enthaltenen virtuellen Nummern werden auf diese Weise jeweils zu größeren Einheiten, die wie früher Segmente genannt werden, zusammengefaßt, so daß jede Seitentabelle über eine eigene Segmentnummer ansprechbar ist.[2]

Bild 4-42 zeigt in Teil a eine erste Schaltung, in der die Seitentabellen in *eigenständigen*, kleineren Randomspeichern untergebracht sind, und die realen Seitennummern (in den vielen kleinen RAMs) werden über eine 2-stufige Decodierung ausgewählt. Bild 4-42 zeigt in Teil b eine zweite Schaltung, in der die Seitentabellen in einem *gemeinsamen*, größeren Randomspeicher untergebracht sind, und die realen Seitennummern (in dem einen großen RAM) werden über eine 1-stufige Decodierung ausgewählt. In beiden Fällen handelt es sich um Prinzipschaltungen, die die Wirkung der Adreßumsetzung *illustrieren* sollen (und deshalb etwas wirklichkeitsfremd in ortssequentieller Organisation gezeichnet sind).

Wie angedeutet, gibt es mehrere Möglichkeiten, die Tabellen zu speichern. Abhängig von ihrem Umfang werden sie vom Betriebssystem entweder in Registerspeichern oder im Systemspeicher oder sogar im virtuellen Speicher bereitgestellt. Tabellen, die im virtuellen Speicher stehen, unterliegen selbst wieder der Speicherverwaltung, d.h., der jeweils aktuelle Tabellenausschnitt muß vor seiner

1. Das führt im Prinzip auf dieselbe Abbildung wie in Bild 4-38c mit *Seiten* als (Speicher-)Einheiten.
2. Besser, aber umständlicher wäre die Bezeichnung *Seitentabellen*nummer anstelle von *Segment*nummer (bzw. *Seitentabellen*anfangsadresse anstelle von *Segment*basisadresse, wenn alle Tabellen im selben Speicher untergebracht sind).

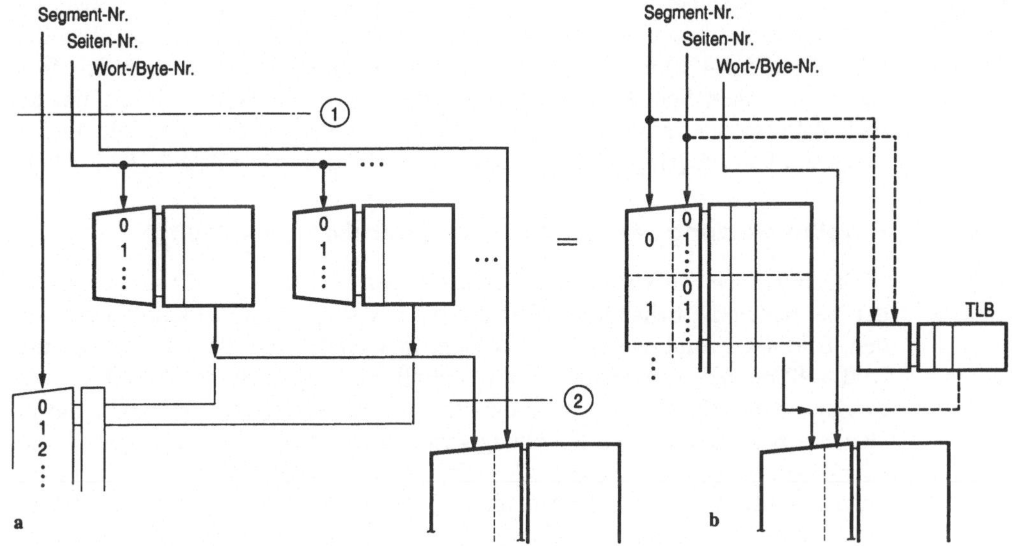

Bild 4-42. 2-stufige Adreßumsetzung durch Segment- und Seitenverwaltung; **a** mit eigenständigen Randomspeichern, **b** in einem gemeinsamen Randomspeicher. Wenn letzterer jeweils identisch mit dem darunter gezeichneten Programm-/Datenspeicher ist, wird üblicherweise ein Assoziativspeicher zur Beschleunigung des Zugriffs parallelgeschaltet (TLB). – Die Speicherung weiterer Deskriptorinformation ist durch die dünnen senkrechten Linien angedeutet.

ersten Benutzung in den Speicher geladen werden. Ändert sich die Speicherbelegung oder findet ein Prozeßwechsel statt, so müssen die Tabellen vom Betriebssystem aktualisiert oder ggf. ausgewechselt werden.

Erste Implementierungen. Während die Schaltung in Bild 4-42a bei kleineren Rechnern wie der PDP-11-Serie von Digital Equipment (mit bis zu 6 kleineren RAMs) zum Einsatz kam, war die Schaltung in Bild 4-42b größeren Rechnern vorbehalten. Dazu zählt als erster der Rechner 360/67 von IBM (erste Auslieferung 1967). Mit diesem wurde das Konzept des virtuellen Speichers in großem Stil eingeführt. Hier – wie auch in allen nachfolgenden größeren Computern – werden die Tabellen (oben in Bild 4-42b) ganz oder teilweise physisch im selben, realen Speicher untergebracht, also nicht wie im Bild gezeichnet in orts-, sondern in zeitsequentieller Organisation angesprochen. Dadurch sind aber, um einen Befehl oder einen Operanden zu holen, nun zwei zusätzliche Schritte notwendig:

DEC, 1969
PDP-11

IBM,1967
360/67

1. mit der Segmentnummer die Adresse einer Seitentabelle lesen,
2. mit der virtuellen Seitennummer die reale Seitennummer lesen (und damit und mit der Wort-/Bytenummer 3. das Wort bzw. Byte holen).

Diesem Zeitaufwand begegnete man – wie ebenfalls in allen größeren Folgemaschinen – mit einem Cache zur Pufferung der aktuellen Tabelleninhalte (siehe Bild 4-42b), im Fall der IBM-Maschine ausgelegt als voll assoziativer Cache. – Ein Cache in dieser Verwendung heißt TLB (translation look-aside buffer). TLB

DEC, 1981 VAX-11/780

Als zweiter Rechner ist der VAX-11/780 von Digital Equipment zu nennen, bei dem die Adreßumsetzung ebenfalls zeitsequentiell erfolgte, aber die Tabellen (oben in Bild 4-42b) im virtuellen Speicher untergebracht waren (natürlich Teile davon im realen Speicher). Auch hier sind zusätzliche Schritte nötig, um die reale Adresse zu ermitteln, so daß ein TLB vorgesehen wurde (siehe Bild 4-42b), in diesem Fall ausgelegt als 2-fach assoziativer Cache (siehe Bild 4-29, S. 349).

Adreßumsetzung höherer Ordnung (3-stufige Umsetzung)

Vielfach werden MMUs mit Adreßumsetzungen über mehr als 2 Stufen verwendet, bei denen die behandelten Prinzipien in vielfältiger Weise kombiniert werden. Bild 4-43 zeigt zwei Möglichkeiten. In Teilbild a ist die Adreßumsetzung Bild 4-42 doppelt verwendet (ortssequentiell, in der Gestalt von Bild 4-42b gezeichnet) und in Teilbild b in Kombination mit Bild 4-40 (ortssequentiell, hier im Gegensatz zu Bild 4-40 als Schaltung gezeichnet). Die beiden früher angedeuteten Möglichkeiten der Bereitstellungen von virtuellen Adressen, nämlich mit Segmentnummern als Adreßbestandteil sowie mit Segmentnummern als Adreßerweiterung, sind dabei beispielartig in die Bilder aufgenommen (Teilbild a bzw. Teilbild b).

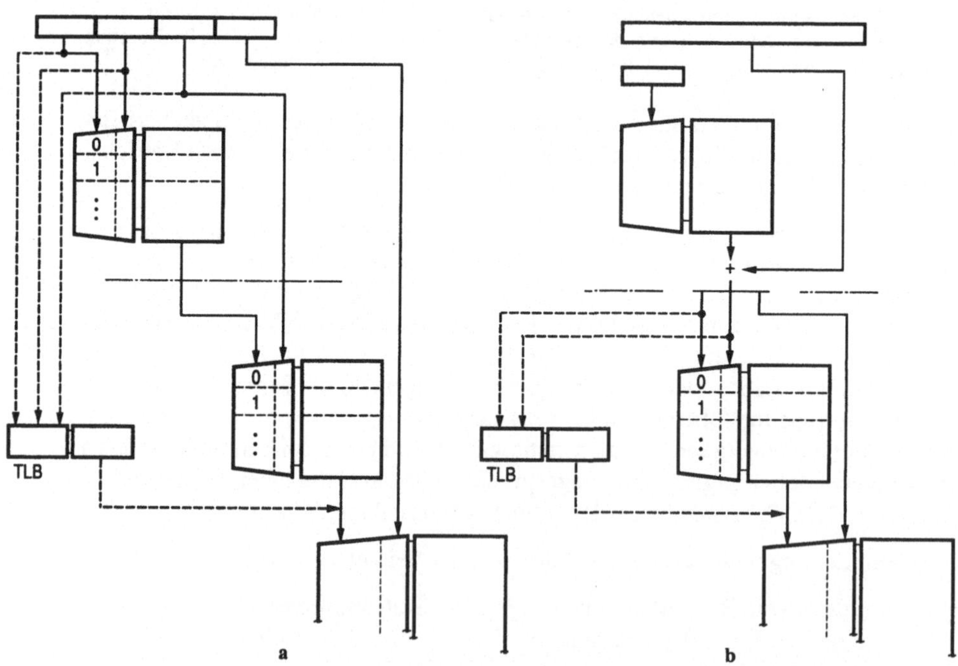

Bild 4-43. 3-stufige Adreßumsetzung durch 2-fache Segmentverwaltung, kombiniert mit Seitenverwaltung. Drei Tabellenebenen mit Abbildung von Seiten mehrerer Segmente auf Subsegmente und Abbildung der Subsegmente auf mehrere Rahmen; Überlappung der Segmente innerhalb ihrer Subsegmente möglich. **a** Segmentnummern als Adreßbestandteil, **b** Segmentnummern als Adreßerweiterung.

Bild 4-43 beschreibt gleichzeitig zwei charakteristische Firmen-Implementierungen. Teilbild a kennzeichnet die Adreßumsetzung in der MMU beim MC68060 von Motorola, in der Realität wie üblich zeitsequentiell organisiert und zur Beschleunigung mit einem TLB in der Form eines 4-fach-assoziativen Cache versehen. Teilbild b kennzeichnet die Adreßumsetzung in der MMU beim Pentium von Intel, in der Realität wieder zeitsequentiell organisiert und mit einem TLB als einfach assoziativer Cache (6 Register) versehen. – Einzelheiten über die MMUs dieser Rechner finden sich z.B. in [Flik].

MC68060

Pentium

Aufgabe 4.9. a) Zeichnen Sie zwei zeitsequentielle Schaltungen mit jeweils einem einzigen Randomspeicher und deuten Sie skizzenhaft die Lage der Tabellen an. b) Wo sind sinnvollerweise die über die reine Adreßumsetzung hinausgehenden Deskriptorangaben unterzubringen. c) Ergänzen Sie die Schaltungen durch TLBs und beschriften Sie sie mit der jeweils relevanten Information.

Mehrprogrammbetrieb

Obwohl Betriebssystemaspekte unberücksichtigt bleiben sollen, seien hier doch einige im Zusammenhang mit der Adreßumsetzung elementare Gesichtspunkte zusammengestellt. Im Mehrprogrammbetrieb können vom Betriebssystem, wie bereits erwähnt, mehrere Prozesse gleichzeitig verwaltet werden:

> Jedem dieser Prozesse sind zum einen virtuelle Adreßbereiche entsprechend seiner Segmente zugeordnet (logical address space allocation). Diese können ihrerseits in kleinere logische Einheiten, Subsegmente, unterteilt sein, was zu der im vorangehenden Abschnitt beschriebenen hierarchischen Struktur im virtuellen Adreßraum führt.
>
> Zum andern benötigt jeder Prozeß Speicherplatz für die Seiten seines aktiven Working-Set in der Form physischer Rahmen (physical address space allocation). Dabei muß die Möglichkeit gegeben sein, Seiten dynamisch, d.h. ohne im Programmcode neue Adressen generieren zu müssen, im Speicher verschieben zu können (dynamic relocation).

Der Mehrprogrammbetrieb erfordert darüber hinaus Speicherschutz (memory protection), der einerseits gewährleistet, daß keine unerlaubten Speicherzugriffe zwischen einzelnen Prozessen erfolgen, andererseits aber auch die gemeinsame Nutzung von Speicherbereichen durch zwei oder mehr Prozesse erlaubt (memory sharing). Die MMU benötigt dementsprechend für jedes Segment und jede Seite eine segment- bzw. seitenspezifische Beschreibung durch mehrere Bits.

Hierarchien. Die hierarchische Strukturierung im virtuellen Adreßraum spiegelt sich bei der Adreßumsetzung in den verschiedenen Tabellenebenen wider. An oberster Stelle in dieser Hierarchie steht die Unterscheidung zwischen Supervisor- und User-Modus. Dieser Unterscheidung wird üblicherweise durch zwei Root-Pointer-Register Rechnung getragen, und zwar für einen Supervisor- und einen User-Root-Pointer. Sie dienen zur Adressierung von zwei Segmenttabellen, der Supervisor- und der User-Segmenttabelle. Die Anwahl eines der beiden Register erfolgt durch den Prozessorstatus Supervisor oder User. Jeder der Root-Pointer kann sich auf ein Programm beziehen, das *mehrere* Prozesse umfaßt, oder er kann einem *einzelnen* Prozeß zugeordnet sein. Dementsprechend enthält die von ihm adressierte Segmenttabelle in der obersten Tabellenebene entweder die Segmente mehrerer Prozesse oder auch nur die eines einzigen Prozesses. In einer groben Strukturierung sind dies die Code-, die Daten- und die Stacksegmente, die ihrerseits entweder bereits in der obersten Tabellenebene oder in einer nachfolgenden Zwischenebene weiter unterteilt sein können. So kann z.B. ein *Code*segment durch die Codesegmente der einzelnen Prozeduren und ein *Daten*segment durch mehrere Segmente für einen allgemeinen Datenbereich, einen Array-Datenbereich, einen mit einem anderen Prozeß gemeinsame Datenbereich und durch mehrere Semaphor-Datenbereiche dargestellt sein.

Segment- und Seitendeskriptoren, Speicherschutz. Die zur Beschreibung eines Segments oder einer Seite erforderliche Information wird von der System-Software als Segment- bzw. Seitendeskriptor erzeugt. Wie früher ausgeführt, enthält ein solcher Deskriptor Angaben zur Adressierung sowie Angaben für den Speicherschutz. Zusätzlich enthält er Statusangaben, die zunächst von der System-Software initialisiert werden, dann ggf. von der MMU in Abhängigkeit der Segment- und Seitenzugriffe verändert werden und die schließlich von der System-Software im Rahmen der Speicherverwaltung ausgewertet werden. Hinzu kommen Steuerangaben, z.B. für einen Daten- oder Programm-Cache.

Bild 4-44a zeigt ein Deskriptorformat mit den wichtigsten Angaben, wie sie zur Segmentbeschreibung bei Segmentierung mit *Segmentnummer als Adreßbestandteil* üblich sind. Es betrifft die Tabelle in Bild 4-43a in zeitsequentieller Organisation (erste und zweite Ebene). Das Format sieht zunächst eine Basisangabe zur Anwahl einer Tabelle der nächst niedrigen Tabellenebene vor (Tabellenbasis). Da diese Tabellen üblicherweise Seitengröße haben, ist diese Angabe eine Rahmennummer (im Bild ist die Seitengröße 4 Kbyte, so daß die Angabe im Deskriptor 20 Bits belegt).

Ergänzt wird die Basisangabe durch eine Reihe von Bits:

Present-Bit P. Dieses Bit zeigt an, ob die Tabelle im Speicher präsent ist. Es wird von der MMU bei jedem Deskriptorzugriff ausgewertet. Ist sie nicht präsent, so kann dies zwei Gründe haben, die in der dann aktivierten Trap-Routine ermittelt werden müssen. Entweder ist die Tabelle für den Anwender definiert und lediglich nicht geladen, d.h., die Tabelle steht im virtuellen Speicher; dann muß sie von der System-Software in den Speicher geladen und danach die Adreßumsetzung vorgenommen werden, so daß die Programmausführung fortgesetzt werden kann. Oder sie ist für den Anwender nicht definiert; dann handelt es sich um eine Überschreitung der Segmentgrenze, und die Programmausführung muß aus Gründen des Speicherschutzes abgebrochen werden.

Write-Protect-Bit WP und Supervisor-Bit S. Diese Bits des Deskriptors beschreiben in übergeordneter Weise die Zugriffsschutzattribute all der Seiten, die durch den Deskriptor erreichbar sind. Mittels WP kann ein Schreibschutz für diese Seiten vorgegeben werden, mittels S kann jeglicher Zugriff auf diese Seiten für im User-Modus ausgeführte Programme unterbunden werden. Wird eine der beiden Zugriffsbedingungen verletzt, so bricht die MMU den Buszyklus ab und löst eine Programmunterbrechung aus.

Accessed-Bit A. Dieses Bit zeigt an, ob ein Zugriff auf eine über diesen Deskriptor erreichbare Seite erfolgt ist (referenced, used). Es wird zunächst von der System-Software als nicht gesetzt initialisiert und von der MMU danach beim ersten Zugriff auf diesen Deskriptor gesetzt. Dieses Bit kann von der System-Software zur Entscheidung herangezogen werden, welche Segmente bei zusätzlichem Speicherplatzbedarf mutmaßlich momentan nicht benötigt werden und deshalb überschrieben werden dürfen. Das gilt z.B. für jene Segmente, die zwar geladen sind, auf die bisher aber nicht zugegriffen wurde, genauer: auf die innerhalb eines begrenzten vorangegangenen Zeitraums nicht zugegriffen wurde (Ersetzungsstrategie NRU, not recently used). Die NRU-Ersetzung ist einfacher zu realisieren als die in 4.4 beschriebene LRU-Ersetzung, dafür aber auch nicht so leistungsfähig wie diese; siehe z.B. [Tanenbaum].

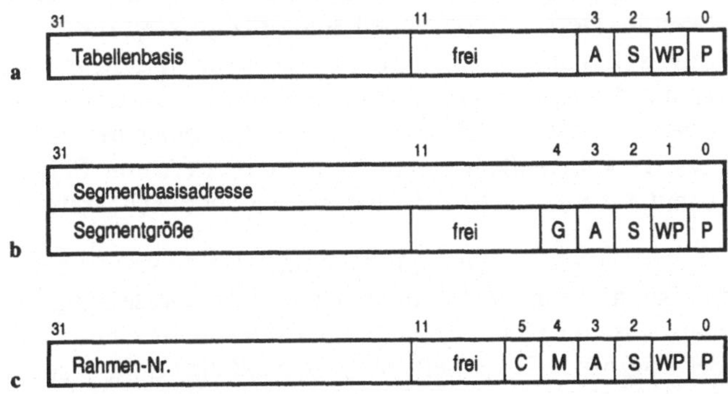

Bild 4-44. Deskriptorformate; **a** Segmentdeskriptor bei Segmentverwaltung mit Segmentnummer als Adreßbestandteil, **b** Segmentdeskriptor bei Segmentverwaltung mit Segmentnummer als Adreßerweiterung, **c** Seitendeskriptor, passend zu a und b.

Bild 4-44b zeigt ein Deskriptorformat für Segmentierung mit *Segmentnummer als Adreßerweiterung*. Es betrifft die Segmenttabellen in Bild 4-43b (erste Ebene). Es unterscheidet sich von dem in Bild 4-44a angegebenen Format dadurch, daß die Segmentbasisadresse als Byteadresse mit 32 Bits vorgegeben ist und zusätzlich eine Angabe zur Segmentgröße vorhanden ist:

Granularity-Bit G. Dieses von der System-Software initialisierte Bit legt fest, ob die Größenangabe als Byteanzahl oder als Seitenanzahl zu interpretieren ist, d.h., es können mit dem im Deskriptor dafür verwendeten Feld von 20 Bits Segmente bis zu einer Größe von 1 Mbyte (in Vielfachen von Bytes) oder bei einer Seitengröße von 4 Kbyte bis zu 4 Gbyte (in Vielfachen von Seiten) vorgegeben werden. Überschreitet die Bytenummer die Segmentgröße, so löst die MMU eine Programmunterbrechung aus.

Bild 4-44c schließlich zeigt, passend zu den beiden in den Teilbildern a und b gezeigten Segmentdeskriptorformaten, das Format eines Seitendeskriptors. Dieser hat im wesentlichen denselben Aufbau wie der Segmentdeskriptor in Teilbild a, wobei die Basisangabe (Rahmennummer) jetzt unmittelbar eine Code-, eine Daten- oder eine Stackseite im Speicher anwählt. Die Bits P, WP, S, und A in diesem Deskriptorformat haben die oben beschriebene Wirkung, beziehen sich jetzt jedoch auf eine einzelne Seite. Darüber hinaus gibt es hier zwei weitere Bits:

Cachable-Bit C. Dieses Bit ist ein Steuerbit und gibt an, ob die Inhalte der adressierten Seite im Programm-/Daten-Cache gespeichert werden dürfen oder nicht. Diese Information wird von der System-Software bereitgestellt und von der MMU beim Zugriff auf den Deskriptor als Signal an die Cache-Steuerung übermittelt.

Modified-Bit M. Dieses Bit als zusätzliches Bit für die Unterscheidung zwischen Write-through- und Copy-back-Aktualisierung wird auch als Dirty-Bit bezeichnet und ist wie das Accessed-Bit A ein Statusbit. Es wird von der System-Software zunächst als nicht gesetzt initialisiert und von der MMU dann gesetzt, wenn der Deskriptor für einen Schreibzugriff auf die Seite verwendet wird. Es zeigt somit an, ob diese Seite, während sie im Speicher stand, verändert wurde und deshalb auf den Hintergrundspeicher zurückgeschrieben werden muß, bevor der von ihr belegte Rahmen mit einer neuen Seite geladen wird. Dieses Bit kann außerdem zusammen mit A für eine Seitenersetzungsstrategie benutzt werden, z.B. zur Verfeinerung der NRU-Strategie.

Auch das von der System-Software in beliebiger Weise verwendbare freie Feld im Deskriptor kann zur Implementierung einer Seitenersetzungsstrategie verwendet werden, z.B. zur Unterbringung des Zählerstands eines Zählers, der die Häufigkeit der Zugriffe auf eine Seite anzeigt. Muß eine Seite ersetzt werden, so wird diejenige mit dem kleinsten Zählerwert ausgewählt (NFU, not frequently used). Die Implementierung läuft darauf hinaus, die Accessed-Bits der geladenen Seiten in festen Zeitabständen abzufragen und den Zählerstand einer Seite dann zu erhöhen, wenn deren Accessed-Bit im letzten Zeitraum gesetzt wurde. Wie die oben beschriebene NRU-Ersetzung stellt auch die NFU-Ersetzung eine Vereinfachung der LRU-Ersetzung mit geringerer Leistungsfähigkeit dar. Eine LRU-Ersetzung läßt sich jedoch auch implementieren. Dazu bedarf es aber eines größeren Zählers, der mit jeder Befehlsausführung inkrementiert wird und dessen Wert bei einem Speicherzugriff als Seitentabelleneintrag der betroffenen Seite gespeichert wird. Bei z.B. 64 Bits für den Zähler heißt das, daß neben dem 32-Bit-Deskriptor einer Seite zusätzlich ein Speicherplatz von 64 Bits für jede Tabellenzeile erforderlich ist (zu den Ersetzungsstrategien NFU und LRU siehe wieder z.B. [Tanenbaum]).

Das doppelte Vorhandensein der Speicherschutzattribute Write-Protect (WP) und Supervisor (S) in den Segment- und den Seitendeskriptoren ermöglicht es, Zugriffsattribute einerseits für Segmente pauschal festzulegen und andererseits diese Zugriffsvorgaben für einzelne Seiten zu durchbrechen. Ein Vorteil der pauschalen Festlegung ist, daß die Zugriffsrechte für ein Segment verändert werden können, ohne dazu jeden einzelnen Seitendeskriptor verändern zu müssen. Das

Durchbrechen der Segmentvorgaben ist z.B. dann nützlich, wenn einzelne Seiten eines Segments von mehreren Prozessen gemeinsam benutzt werden und sie dazu andere Zugriffsattribute als der davon nicht betroffene Segmentteil haben sollen (siehe unten). – Bei unterschiedlichen Write-Protect-Angaben auf Segment- und Seitenebene wird üblicherweise dem Schreibschutz Vorrang gegeben. Weisen allerdings beide Deskriptoren allein den Supervisor als zugriffsberechtigt aus, so sind unabhängig von den WP-Bits sowohl Lese- als auch Schreibzugriffe erlaubt (uneingeschränkter Zugriff für Supervisor-Aktivitäten). Treten die Angaben User (S=0) und Supervisor (S=1) gemischt auf, so resultiert daraus üblicherweise das Zugriffsattribut User.

Das doppelte Vorhandensein des Present-Bits (P) in den Segment- und den Seitendeskriptoren erlaubt es neben den oben beschriebenen Funktionen, Zugriffe auf ein Segment durch Angabe von „not present" im Segmentdeskriptor zu verbieten und durch späteres Ändern in „present" wieder zuzulassen. Das ist beim Prozeßwechsel hilfreich, wenn sich mehrere Prozesse einen Root-Pointer, d.h. eine Segmenttabelle, teilen.

Gemeinsam benutzter Speicher (shared memory). Die gemeinsame Benutzung von Speicherbereichen durch mehrere Prozesse gibt es sowohl für Datenbereiche (shared data) als auch für Programmbereiche (shared code). Ein Beispiel für einen größeren gemeinsamen *Daten*bereich ist ein Pufferbereich, der von einem ersten Prozeß E beschrieben wird (Erzeuger, z.B. Prozessor) und von einem zweiten Prozeß V gelesen wird (Verbraucher, z.B. Drucker). Ein Beispiel für einen extrem kleinen gemeinsamen *Daten*bereich ist eine Semaphor-Variable, mit der der Zugriff auf einen solchen Puffer verwaltet wird. Beispiele für gemeinsame *Programm*bereiche sind Editoren oder Compiler, die von mehreren Benutzern gleichzeitig benötigt werden, die man aber dennoch nicht mehrfach im Speicher haben möchte. Die hierbei vom Editor bzw. Compiler benötigten *Daten*bereiche werden hingegen benutzerspezifisch zugewiesen.

Der Zugriff auf einen gemeinsamen Speicherbereich wird von der System-Software mittels der Deskriptoren in den Tabellen der MMU festgelegt. Dies kann entweder auf unterster Ebene geschehen, indem die Seitendeskriptoren der von den Prozessen gemeinsam benutzten Rahmen dieselben Adreßangaben erhalten (shared page frames), oder aber, indem ganze Seitentabellen oder sogar darüberliegende Seitentabellenverzeichnisse durch dieselben Adreßangaben in den Segmentdeskriptoren von den Prozessen gemeinsam genutzt werden (shared pointer tables).

Bemerkung. Der Zugriff auf gemeinsame Speicherbereiche wird bei manchen MMUs durch die Möglichkeit der indirekten Verzeigerung unterstützt, indem z.B. ein Seitendeskriptor anstelle eines Rahmens einen Seitendeskriptor in der Seitentabelle eines anderen Prozesses adressiert. Dazu muß das Seitendeskriptorformat ein zusätzliches, oben nicht behandeltes Bit zur Anzeige dieser „Indirektion" haben. Der Vorteil dabei ist, daß die gemeinsam benutzte Seite durch nur einen einzigen Seitendeskriptor charakterisiert wird und somit die Statusinformation der Seite nur ein einziges Mal verwaltet zu werden braucht. Eventuell unterschiedliche Zugriffsrechte müssen dann allerdings auf höherer Ebene vorgegeben werden.

5 Ein-/Ausgabeorganisation in Einmaster- und Multimaster-/Multiprozessorsystemen

5.1 Prozessorinterrupt

5.1.1 Grundsätzlicher Ablauf

Im Einmastersystem ist der Prozessor die einzige aktive Systemkomponente (neben passiven, wie Interface-Adapter), so daß sämtliche Prozesse, somit auch sämtliche Ein-/Ausgabeprozesse, von ihm allein ausgeführt werden müssen. Da Ein-/Ausgabeprozesse i. allg. wesentlich langsamer vonstatten gehen, werden sie mit den Datenverarbeitungsprozessen verschachtelt und werden mit diesen verzahnt ausgeführt. Der Außenstehende merkt allerdings von dieser Verzahnung nichts. Für ihn entsteht der Eindruck, als würden mehrere Prozesse parallel ablaufen. In Wirklichkeit werden sie aber „scheibchenweise" seriell verarbeitet; man spricht in diesem Zusammenhang von Quasi-Parallelität.

Eine essentielle Voraussetzung für diese Quasi-Parallelität ist die Unterbrechbarkeit des Prozessors. Dabei unterscheidet man zwischen prozessor-synchronen und prozessor-asynchronen Unterbrechungen. Erstere sind eine Folge bestimmter Befehlsausführungen und werden vom Prozessor selbst ausgelöst (z. B. Division durch 0). Sie werden, dem Englischen entlehnt, als Traps bezeichnet. Zweitere gehen nicht vom Prozessor aus, sondern werden von der Peripherie ausgelöst (z. B. durch ein Signal). Sie werden, ebenfalls dem Englischen entlehnt (und dementsprechend englisch ausgesprochen), als Interrupts bezeichnet. – Vom Standpunkt der Rechnerorganisation aus gesehen sind Interrupts von übergeordnetem Interesse, weshalb wir uns im folgenden nur ihnen widmen.

Trap / Interrupt

Allgemein gesehen ergibt sich die Notwendigkeit eines Prozessorinterrupts aus einer Mangelverwaltung: *Mehrere* zur Ausführung bereite und untereinander oft unabhängige Prozesse wünschen Zugriff auf *einen* Prozessor, der selbst einen Prozeß ausführt. (Hätte in einem hypothetischen System jeder der unabhängigen Prozesse seinen eigenen Prozessor, so gäbe es das Interruptproblem nicht.) Die Absicht eines oder mehrerer solcher „peripheren" Prozesse, Prozessorleistung zu erhalten, muß beim Prozessor angemeldet werden. Dieser fragt dazu die entsprechenden Signale entweder mittels eines Testbefehls im *Maschinen*programm „ab und zu" ab (Software-Lösung des Problems), oder er fragt sie mittels einer Verzweigung im *Mikro*programm „fortwährend" ab (Hardware-Lösung des Problems). In beiden Fällen unterbricht der Prozessor sein gerade laufendes Programm, das *Normal*programm, und „springt" zu einem Programm, das der

Quelle, die die Unterbrechung ausgelöst hat (Interruptquelle), zugeordnet ist, dem *Ausnahme*programm (Interrupt-service-Routine, kurz Service-Routine). Um nach Abschluß eines Ausnahmeprogramms wieder an der unterbrochenen Stelle im Normalprogramm fortfahren zu können, muß vor dem Sprung ins Ausnahmeprogramm – wie beim Call-Befehl in der Unterprogrammtechnik – der Prozessorstatus gerettet, sozusagen „eingefroren“ werden und beim Rücksprung ins Normalprogramm – wie beim Return-Befehl – wieder geladen, d.h. reaktiviert werden. Man bezeichnet das als Kontextwechsel (context switch). – Die Programmverzweigung beim Prozessorinterrupt erfolgt also in ähnlicher Weise wie die Programmverzweigung beim Unterprogrammaufruf.

Service-Routine

Bild 5-1 zeigt das beschriebene wechselweise Zurverfügungstellen des Prozessors für mehrere Prozesse als Petri-Netz in hoher Abstraktion. Wie in Kapitel 4 beschrieben (siehe S. 306: Abstimmung der Handlungen), wird in einem solchen Netz der augenblickliche Stand der Prozesse durch je eine Marke in den einzelnen, durch Balken miteinander verbundenen zyklischen Graphen dargestellt. Eine Marke in einem der Graphen kann nur dann einen Balken überschreiten, wenn die Stelle, der Platz, im zugehörigen anderen Graphen ebenfalls mit einer Marke besetzt ist. Beide Marken bewegen sich dann im Sinn einer unteilbaren Handlung gleichzeitig über den Balken zu ihren Folgezuständen. – Wie man beim Durchspielen der in Bild 5-1 eingetragenen Marken sieht, befindet sich der Prozessor entweder im Zustand der *Normal*verarbeitung oder im der Zustand der *Ausnahme*verarbeitung. Dementsprechend wird entweder das Normalprogramm oder eines der Ausnahmeprogramme ausgeführt.

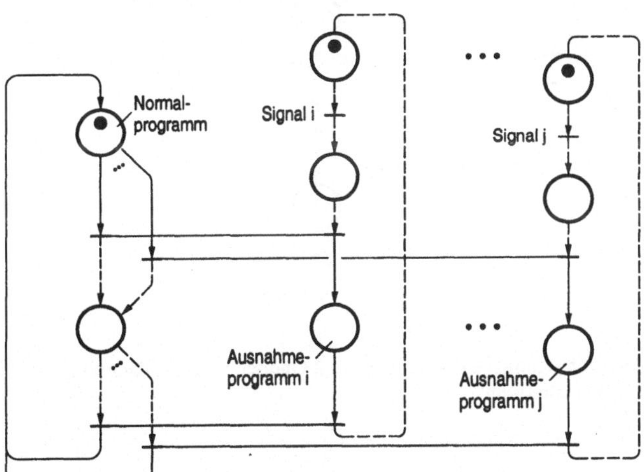

Bild 5-1. Synchronisation der Prozesse beim Interrupt. Die ablaufbestimmenden Prozeßabschnitte sind ausgezogen gezeichnet. Auf diese Weise wird das Wechselspiel dieser Abschnitte im Prozeßgeschehen deutlich.

Für denselben Sachverhalt zeigt Bild 5-2 zwei weniger abstrakte, d.h. zwei detailreichere Petri-Netze, nämlich mit Plätzen *zwischen* den Prozessen. Aus darstellerischen Gründen zeigt Teilbild a nur 2 Quellen, Teilbild b zeigt – wieder verallgemeinert – *n* Quellen. Darin sind die *n* Quellen nun nicht mehr als einzelne Graphen, sondern in einem gemeinsamen Graphen mit *n* Marken zusammengefaßt. Die kleinen Schrägstriche an den Verbindungslinien zwischen Balken und Plätzen zeigen an, wie viele Marken sich unabhängig voneinander weiterbewegen dürfen, ähnlich der Vorstellung von *n* Leitungen für die *n* Marken.[1]

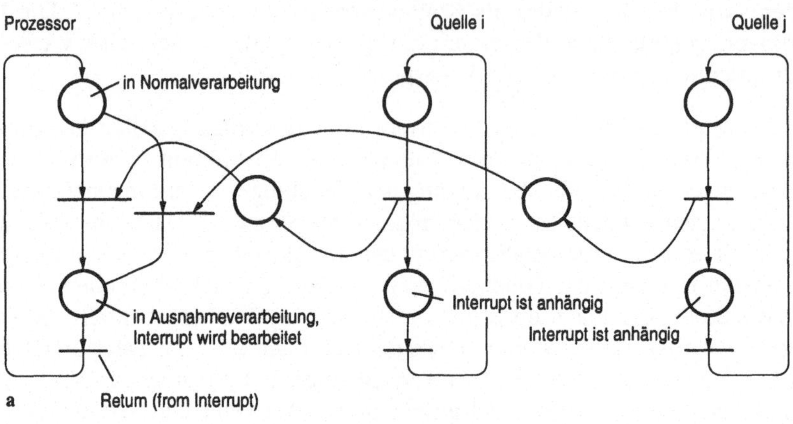

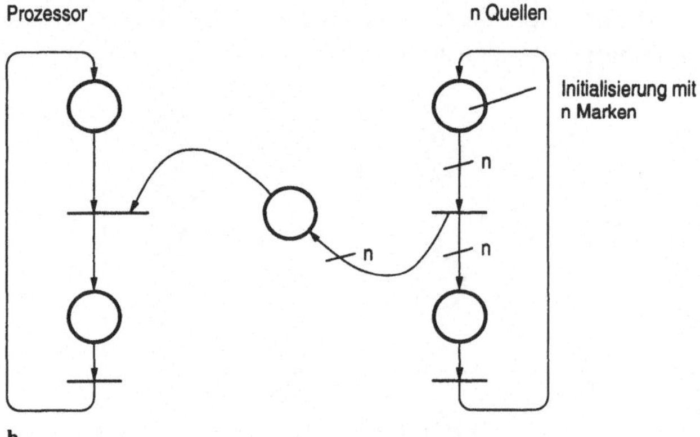

Bild 5-2. Unterbrechungsbearbeitung, **a** für 2 Quellen in Detaildarstellung, **b** für *n* Quellen in Kompaktdarstellung.

Wie bereits angedeutet, kann die Technik der Auswertung der Interruptanmeldungen ganz in Software oder ganz in Hardware ausgelegt sein. Im allgemeinen wird aber nicht einer dieser Grenzfälle, sondern eine Kombination von Hardware und Software zur Auswertung der Interrupts bevorzugt.

1. Diese Kennzeichnung wird in diesem und den folgenden Netzen nicht immer konsequent durchgeführt, da die Bilder schnell überladen wirken. Ob eine oder mehrere Marken auf einer Linie laufen dürfen, geht dann aus dem jeweiligen Zusammenhang hervor.

Sensor- versus Unterbrechungssignale

Bei der Steuerung von peripheren Vorgängen, z.B. von Ein-/Ausgabeprozessen in Betriebssystemen, aber auch von industriellen Prozessen in Realzeitapplikationen, muß der Prozessor den Zustand der Peripherie über ein *Signal* testen, um darauf reagieren zu können. Wie beschrieben, muß er dazu seinen normalen Programmablauf verlassen und die dem peripheren Signal zugeordnete Aufgabe durch die an einer bestimmten Stelle im Speicher stehende Service-Routine abarbeiten. Da der Prozessor – abgesehen von Ausnahmen, wie Interrupt durch Stromausfall – nach der Ausführung der Service-Routine an diejenige Stelle des Normalprogramms zurückkehren soll, an der er unterbrochen worden ist, muß der Prozessor folgendermaßen reagieren:

1. Ausführung eines parameterlosen Call-Befehls mit der Adresse der Service-Routine als Sprungziel,
2. Ausführung der Service-Routine,
3. Ausführung des Return-Befehls als letztem Befehl der Service-Routine.

Im folgenden beschreiben wir die Lösung dieses Problems zunächst durch Software, sie ist dann sehr zeitaufwendig, und danach durch abgestuften Einsatz von Hardware, sie ist dann fortschreitend kostenintensiv.

Test durch Software. Der Test des peripheren Signals, z.B. eines bestimmten Bits eines peripheren Statusregisters, erfolgt im *Maschinen*programm. Somit bestimmt der Programmierer durch die Anordnung des Testbefehls im Programm den Zeitpunkt der Reaktion des Prozessors. Der Prozessor spielt dabei eine aktive und die Peripherie eine passive Rolle: Der periphere Prozeß *wird* vom Prozessor *getestet.*

Sofern das hier Sensor-Pendingbit (SP) genannte Bit – ein *Sensor*signal ist *anhängig* – über den Systembus dem Prozessor zugänglich ist und somit mittels Befehl abgefragt werden kann, wird dazu keine extra ausgewiesene Sensorleitung (sense line) benötigt. Bezeichnet M die Adresse eines Statusregisters in der Peripherie und n die Position des Pendingbits innerhalb dieses Registers, so kann das Bit durch folgendes Befehlspaar ausgewertet werden:

```
BTST    M, #n
CALL    SERVR
```

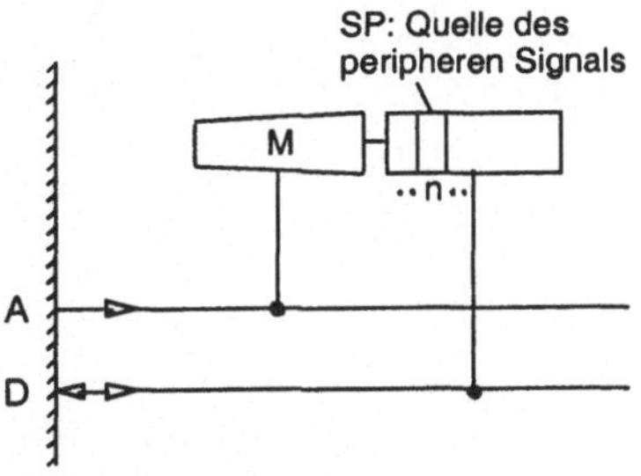

Der Bit-Test-Befehl BTST testet das adressierte Bit. Wenn es gesetzt ist, wird der auf den Test-Befehl folgende Call-Befehl ausgeführt – darin ist SERVR die Adresse der Service-Routine –, sonst wird dieser Befehl übersprungen.

Test durch Hardware. Der Test des peripheren Signals, z.B. wieder eines peripheren Statusbits, erfolgt im *Mikro*programm eines *jeden* Befehls. Somit bestimmt nicht der Programmierer, sondern – die Ausführungszeit eines Befehls ist vernachlässigbar – die Peripherie den Zeitpunkt der Reaktion des Prozessors. Der Prozessor spielt jetzt die passive und die Peripherie die aktive Rolle: Der periphere Prozeß *unterbricht* den Prozessor. – Da das jetzt Interrupt-Pendingbit (IP) genannte Bit – ein *Interrupt*signal ist *anhängig* – innerhalb des Prozessors getestet wird, ist für das Bit eine extra einzubauende Interruptleitung (interrupt request) erforderlich, die durch eine weitere Leitung, eine Art Quittungsleitung (interrupt acknowledge), ergänzt wird. Letztere wird im einfachsten Fall dazu benutzt, anstatt den nächsten Befehl des Normalprogramms zu holen (aus dem Speicher mit dem PC) den Call-Befehl für die Service-Routine zu holen (auch aus dem Speicher, nun aber mit einer dem Interrupt zugeordneten *Adresse*), ihn auszuführen und somit zum ersten Befehl des Ausnahmeprogramms zu verzweigen.

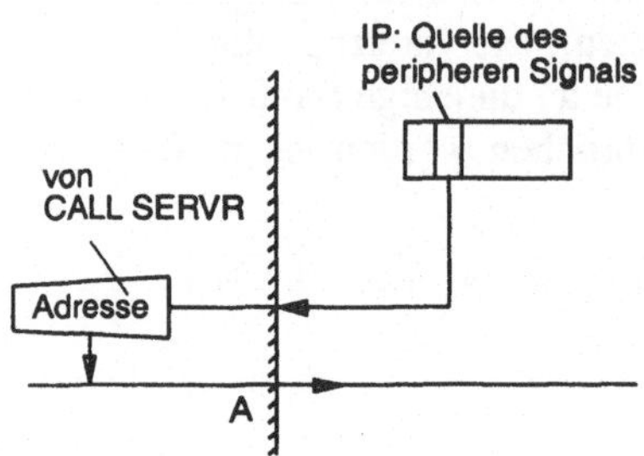

Signale: IREQ (interrupt request)

IACK (interrupt acknowledge)

Entwurf für eine Quelle. Bild 5-3 zeigt ein Petri-Netz zum Entwurf einer Logikschaltung für ein Interruptsystem mit 1 Quelle. Darin sind prozessorseits nicht wie in Bild 5-2 zwei unterschiedliche Betriebsmodi gezeichnet; vielmehr ist der allgemeine Befehlszyklus dargestellt, erweitert um den Interruptzyklus. *Zum Ablauf:* Der Ablauf folgt der Vorstellung, ein aktives Interruptsignal unterbricht den Prozessor im Programm, d.h. am Ende eines allgemeinen Befehlszyklus, durchläuft den Interruptzyklus und kehrt dann sofort in den allgemeinen Befehlszyklus zurück, um den ersten Befehl der Service-Routine auszuführen. Der Prozessor kann nun gar nicht mehr zwischen Ausnahme- und Normalpro-

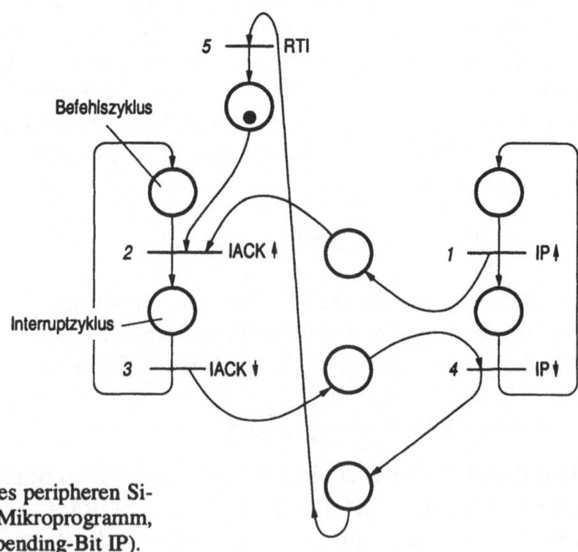

Bild 5-3. Petri-Netz für den Test eines peripheren Signals im Mikroprogramm; links das Mikroprogramm, rechts das zu testende Bit (Interrupt-pending-Bit IP).

gramm unterscheiden. Deshalb muß Vorkehrung getroffen werden, daß das die Programmunterbrechung auslösende Interruptsignal nicht erneut wirksam wird, bevor die Service-Routine vollständig abgeschlossen ist. So erklärt sich die im Petri-Netz zusätzlich hineinkonstruierte Reihenfolge der Aktionen *4* und *5*. – Eine früher oft gewählte Alternative ist, *4* und *5* zusammenzufassen, d.h. das Pendingbit mit Return-from-Interrupt (RTI) automatisch zurückzusetzen.

5.1.2 Interruptzyklus

Bild 5-4 zeigt den für die Interruptverarbeitung maßgeblichen Ausschnitt aus dem Mikroprogramm des Prozessors zusammen mit dem aus Bild 5-3 entwickelten Interruptsystem als Logikschaltung. *Zum Ablauf:* Nach der Verzweigung im Mikroprogramm aufgrund von IP-Ausgangsleitung INT=1 (interrupt!) wird nicht, wie normalerweise, mit dem aktuellen PC-Stand als Adresse der nächste Befehl gelesen. Stattdessen wird, ausnahmsweise, mit dem IACK-Signal eine der Interruptquelle zugeordnete Adresse generiert und damit der Call-Befehl gelesen und mit dessen Ausführung in die Service-Routine verzweigt – so die skizzierte Idee – bzw. anstelle des Call-Befehls eine der Interruptquelle zugeordnete sog. Vektornummer gelesen, daraus die Adresse der Service-Routine erzeugt und in diese verzweigt – so die übliche Praxis (siehe S. 385: Vektorisierung).

Signal INT

Maskierung

Die aus dem Petri-Netz entwickelte Logikschaltung[1] verhindert – wie schon angedeutet –, daß der Pegel des Interruptsignals IP=INT=1 nach der Programmverzweigung zur Service-Routine am Ende des ersten Befehls der Service-Routine wiederum einen Interruptzyklus auslöst. Die Schaltung verhindert also, daß ein Interrupt sich selbst unterbricht. Dazu wird das Interruptsignal, solange es aktiv ist, mit Hilfe eines sog. Maskenbits IM unwirksam gemacht. Man sagt, der Interrupt wird maskiert, denn er ist zwar „da“, aber für den Prozessor „unsichtbar“. Das geschieht dadurch, daß IP=INT nicht unmittelbar auf das Mikroprogramm des Prozessors wirkt, sondern nurmehr mittelbar, nämlich beeinflußt durch das Maskenbit (vgl. das Signal IREQ in Bild 5-4).

Die Demaskierung des Interrupts erfolgt durch Löschen des Maskenbits. Das darf aber erst geschehen, nachdem das Pendingbit gelöscht worden ist. Sie erfolgt normalerweise automatisch am Ende der Service-Routine, und zwar implizit innerhalb eines speziellen Return-Befehls, des Return-from-Interrupt-Befehls. Zur programmierten Demaskierung siehe S. 403.

Um die Wirkung der Maskierung im Detail zu studieren, spiele man den Ablauf der beteiligten „Mikro“prozesse vom Beginn des Interruptzyklus an durch. Die entsprechende Ausgangssituation ist im Bild markiert. Beim Durchspielen erkennt man, daß bereits im ersten Befehl der Service-Routine das Signal IREQ er-

1. in Asynchrontechnik über Erreichbarkeitstafel, Zustandsreduzierung, Verschmelzungsgraph, Zustandscodierung, Fluß- und Ausgangstafel, boolesche Flipflop- und Ausgangsgleichungen; siehe [Liebig/Thome]. Entsprechendes gilt auch für weitere Schaltungen in diesem Kapitel.

neut getestet wird; jedoch wird nun nicht zum Interrupt-, sondern zum Befehlszyklus verzweigt. Ein markiertes Maskenbit spiegelt also im Rahmen dieses Automatismus gleichzeitig die Akzeptierung einer Interrupt-Anforderung wider.

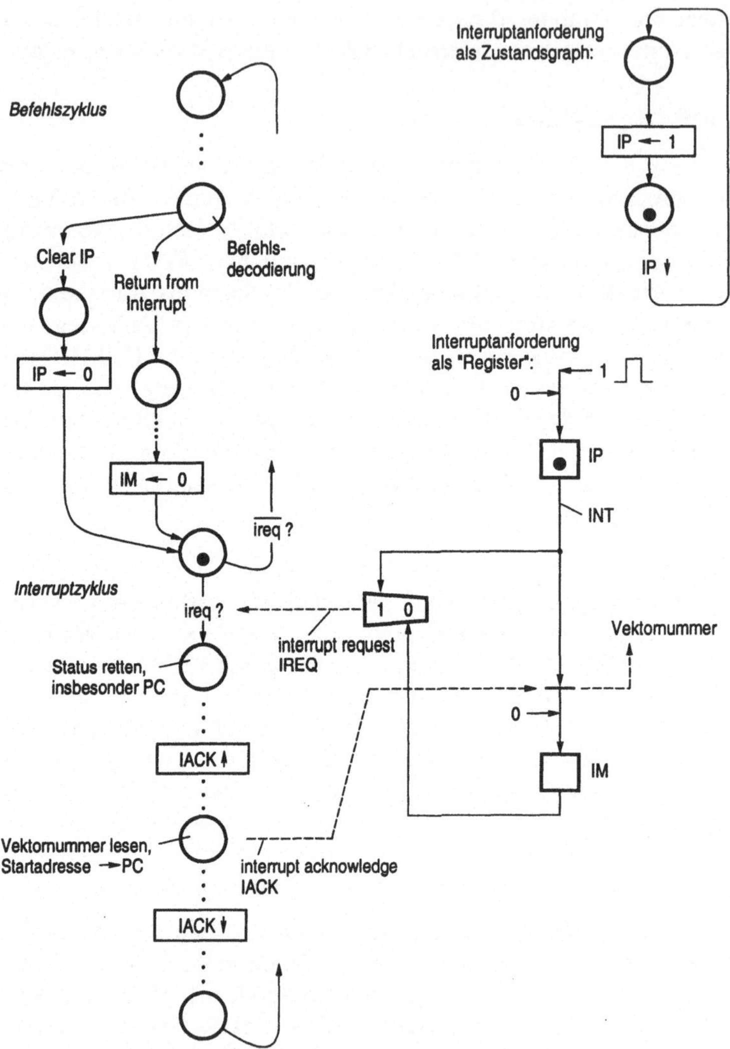

Bild 5-4. Funktionszyklus für die Interruptverarbeitung; links Graph des Prozessors, rechts oben Graph der Interruptquelle. Die Interruptschaltung einschließlich des Pendingbits ist als Blockbild dargestellt. In dieser Implementierung erfolgt das Löschen des Pendingbits durch die Software innerhalb der Service-Routine. Die eingetragenen Marken spiegeln die Situation zu Beginn eines Interruptzyklus wider.

Bemerkung. Bild 5-4 enthält neben dem Mikroprogramm des Prozessors als Graphen die Interruptanforderung zusammen mit der Interruptmaskierung als Schaltung (Blockbild). Beim Entwurf entstanden und beim Durchspielen deutlich geworden, handelt es sich bei den beiden Kästchen um Flipflops (Registerelemente), die *unabhängig* voneinander jeweils eine Marke (Eins) oder auch keine Marke (Null) enthalten. Auf diese Weise werden mit 2 solchen Elementen 4 Zustände dargestellt. Obwohl nicht sichtbar, ist dieser „Registergraph" eben so „zyklisch" wie seine beiden Nachbarn. Die im Blockbild eingetragene Markierung [IP IM]=[10] (Interrupt angefordert) wird nämlich erneut erreicht, und zwar entsteht nach IACK↑ [11] (Interrupt akzeptiert und maskiert), nach IP←0 [01] (Interrupt annulliert), nach IM←0 [00] (Interrupt demaskiert) und nach IP←1 wieder [10]. – Der Vorteil des Blockbilds gegenüber einem äquivalenten Graphen liegt in der Kompaktheit der Darstellung und somit in der in diesem Fall besseren Durchsichtigkeit auch des Ablaufs.

Der gesamte Zyklus vom Akzeptieren des Interruptsignals IP=INT=1 durch den Prozessor bis zum Zeitpunkt unmittelbar vor dem Lesen des ersten Befehls der Interrupt-service-Routine wird Interruptzyklus genannt (vgl. Bild 5-4). Seine Dauer kann je nach Komplexität über viele Prozessortakte gehen. Der Teil des Interruptzyklus, der die Verbindung zur Service-Routine herstellt, wird als Interrupt-acknowledge-Phase bezeichnet. Ihre Dauer wird durch IACK=1 angezeigt (in Bild 5-4 durch IACK↑ und IACK↓ „eingeschlossen").

Interrupt-zyklus

Interrupt-acknowledge-Phase

Bemerkungen. (1.) Das Maskenbit ist vielfach im Prozessorstatusregister untergebracht. Wenn es dort mittels Befehl *nicht* gesetzt werden kann, so kann INT nicht vorsätzlich maskiert und somit nicht ausgeschaltet werden (nichtmaskierbarer Interrupteingang).
(2.) Sitzt das Pendingbit nicht in der Quelle, sondern im Prozessor, so reagiert der Prozessor auf einen Impuls, genauer: auf die Impulsflanke des Interruptsignals; das Pendingbit wird dann sofort mit IACK↓ wieder gelöscht (flankensensitiver Interrupteingang).
(1.) mit (2.) kombiniert heißt: Der Interrupt wird immer akzeptiert und vollständig abgearbeitet.

Vektorisierung

Zum Verzweigen auf die Interrupt-service-Routine gibt es, wie immer an der Grenze zwischen Hardware und Software, viele Möglichkeiten. Üblicherweise wird im Speicher nicht der Call-Befehl, sondern nur seine Adresse SERVR gehalten und über eine Nummer, die Vektornummer, in die Service-Routine verzweigt (wie in Bild 5-4 zu sehen). – Bild 5-5 illustriert zwei der Möglichkeiten für die Bereitstellung der Vektornummer: in Teil a die Zur-Verfügung-Stellung einer *konstanten* Vektornummer VN durch den Prozessor, in Teil b die Zur-Verfügung-Stellung einer *variablen* Vektornummer VN durch die Quelle.

- *Teilbild a.* VN liegt prozessorintern gespeichert vor; der Prozessor benutzt diese zur Indizierung einer im Speicher stehenden Tabelle, der Vektortabelle. Die angewählte Tabellenzeile enthält die Adresse der Service-Routine. Der Prozessor liest diese aus dem Speicher und verzweigt zur Service-Routine. – Interrupts dieser Art werden Autovektor-Interrupts genannt.

- *Teilbild b.* VN liegt prozessorextern gespeichert vor, so daß diese vom Prozessor gelesen werden muß. Der Prozessor benutzt sie zur Indizierung der Vektortabelle und verfährt wie beschrieben. – Interrupts dieser Art werden als Vektor-Interrupts bezeichnet.

Die Benutzung einer Tabelle für die Startadressen der Service-Routinen hat den Vorteil, daß bei mehreren Interruptquellen die Startadressen, bei 0 beginnend, fortlaufend numeriert sein dürfen. Bei den üblichen byteadressierbaren Speichern ist dazu z. B. in einem 32-Bit-System eine Multiplikation der Nummer mit 4 sowie eine Addition zur Tabellenadresse nötig.

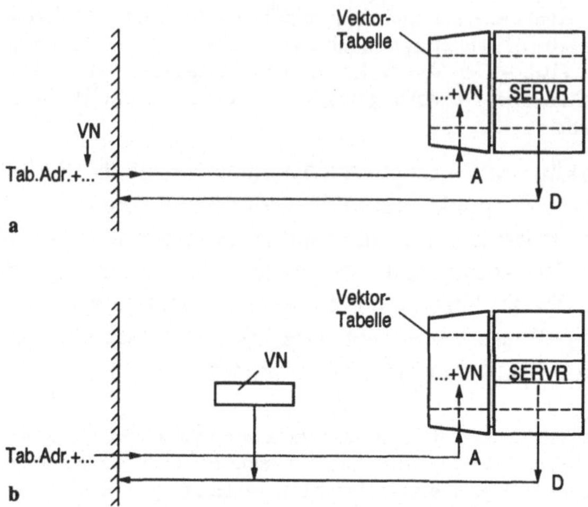

Bild 5-5. Die wichtigsten Möglichkeiten zur Verzweigung auf eine Service-Routine mit der Adresse SERVR; **a** Autovektor-Interrupt, **b** Vektor-Interrupt.

Reentrante Unterprogramme

Bei der Benutzung von Unterprogrammen innerhalb einer Service-Routine muß darauf geachtet werden, daß diese Unterprogramme wiedereintrittsfest (reentrant) sind. Ein reentrantes Unterprogramm ist eine Art rekursives Unterprogramm, dessen Wiederaufruf nicht programmiert (und damit nicht vorbestimmt), sondern zufällig erfolgt (und somit außerhalb des Einflusses des Programmierers liegt). Die Situation, in der dies geschieht, sei kurz geschildert: Der Prozessor führt z. B. innerhalb des Hauptprogramms (Prozeß 1) das Unterprogramm SUBR aus. Mitten im Unterprogramm erfolgt ein Interrupt von Prozeß 1, worauf der Prozessor zur zugeordneten Service-Routine verzweigt. Innerhalb der Service-Routine (Prozeß 2) erfolgt ein erneuter Aufruf desselben Unterprogramms SUBR. Dieses wird ausgeführt, und nach Beendigung von Prozeß 2 wird an die unterbrochene Stelle von Prozeß 1 zurückgekehrt, d. h. mit der Ausführung des unterbrochenen Unterprogramms SUBR fortgefahren.

Auf den Punkt gebracht heißt das: SUBR ist an nicht vorhersagbarer Stelle unterbrochen und erneut wieder aufgerufen worden, ohne daß SUBR ordnungsgemäß beendet worden wäre. Die Situation gleicht damit dem Wiederaufruf eines rekursiven Unterprogramms, allerdings mit dem oben beschriebenen Unterschied. Naturgemäß kann ein solcher „unbestimmter" Wiederaufruf bei *jedem* Unterprogramm passieren, das in mehreren, u. U. völlig unabhängigen Prozessen benutzt wird (shared code). Dabei kann es sich um ein kleines Unterprogramm handeln, z. B. ein jedem zugängliches Programm zur Berechnung einer trigonometrischen

Funktion (Bibliotheksprogramm). Es kann sich aber auch um ein großes „Unterprogramm" handeln, z.B. ein jedem zugängliches Programm zur Übersetzung aus einer Hochsprache in eine Maschinensprache (Compilierprogramm).

Bemerkung. Beim Schreiben reentranter Unterprogramme muß dieselbe Sorgfalt hinsichtlich der Benutzung unterprogrammlokaler Speicherplätze angewandt werden wie beim Schreiben rekursiver Unterprogramme. Es darf niemals ein Speicherplatz benutzt werden, der nicht vorher innerhalb des jeweiligen Prozesses reserviert wurde. Beim reentranten Aufruf erfolgt dies wie beim rekursiven Aufruf i.allg. über den Systemstack im Speicher. Dabei muß beim reentranten Aufruf im Unterschied zum rekursiven Aufruf darauf geachtet werden, daß der Wiederaufruf nach *jedem* Maschinenbefehl erfolgen kann, nach dem ersten genau so wie vor dem letzten Befehl des Unterprogramms (einschließlich seiner Aufrufsequenz). – Für die in 3.3.2 und 3.3.4 behandelten Unterprogrammtechniken ist diese Forderung ausnahmslos erfüllt.

5.1.3 Identifizierbarkeit

In den beiden vorhergehenden Abschnitten ist Prozessorinterrupt durch ein einziges peripheres Signal beschrieben. Prozessorinterrupt durch mehrere periphere Signale führt demgegenüber zu einer drastischen Komplexitätserhöhung; entsprechende Hardware wird unter den Überschriften Identifizierbarkeit (hier in 5.1.3), Unterbrechbarkeit (in 5.1.4) und Demaskierbarkeit (in 5.1.5) beschrieben.

Entwurf für n Quellen. Bild 5-6 zeigt zunächst die Verallgemeinerung von Bild 5-3 auf exemplarisch 3 Interruptquellen, ausgedrückt durch die 3 Marken und die 3er-Linien im Pending-Graphen.[1] In Bild 5-4 entspricht das der Erweiterung der Schaltung auf 3 Pendingbits IP_i, die „wired or" auf ein und dieselbe Leitung wirken (Leitung INT). – Die Identifizierbarkeit der aktiven Interruptquellen ist in diesen Verallgemeinerungen jedoch nicht berücksichtigt.

Identifizierbarkeit der Interruptquellen heißt, diejenige Quelle aufzufinden, die die Unterbrechung verursacht hat, z.B., um die zugeordnete Vektornummer lesen

Bild 5-6. Petri-Netz für ein Einebenen-Interruptsystem.

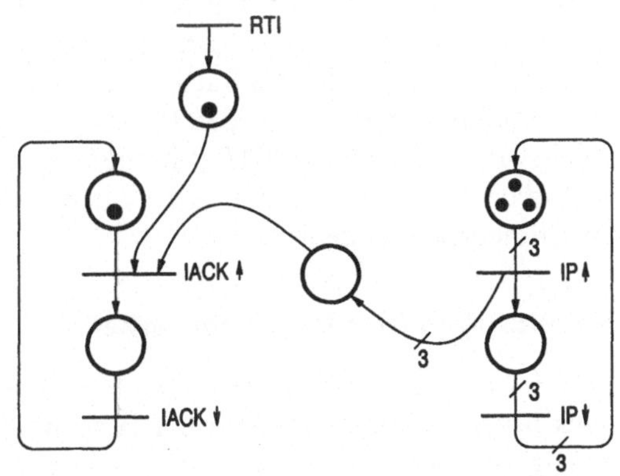

1. In diesem wie auch in den folgenden beiden Petri-Netzen, den Bildern 5-9 und 5-12, ist die „Schleife" aus Bild 5-3 zwischen IACK↓ über IP↓ und RTI aus Gründen der Übersichtlichkeit nicht gezeichnet.

und zur entsprechenden Service-Routine verzweigen zu können. Wie immer gibt es die folgenden Alternativen, dieses Problem zu lösen, nämlich

1) kostengünstig, aber zeitaufwendig durch Software,

2) kostenintensiv, aber leistungsfähig durch Hardware.

Alternative 1: Alle Quellen haben ein und dieselbe Vektornummer, so daß alle Interruptanforderungen auf ein und dieselbe Service-Routine führen. Dementsprechend können mehrere aktive Anforderungen vom Prozessor zunächst nicht unterschieden werden. Die Identifizierung geschieht in der Weise, daß innerhalb der Service-Routine die Pendingbits in einer sog. Pollingroutine der Reihe nach abgefragt werden, z. B. bei IP_n beginnend abwärtszählend. Das erste gesetzte Bit zeigt die Quelle an, deren Anforderung stattgegeben wird. Bei mehreren Anforderungen muß das nicht diejenige Quelle sein, die die Unterbrechung ausgelöst hat; vielmehr kann das erste gesetzte Bit von einer zwischenzeitlich hinzugekommenen Anforderung einer weiter „vorne" liegenden Quelle stammen. Dann wird diese identifiziert, und der Prozessor verzweigt auf den dieser Quelle zugeordneten Teil der Service-Routine. Die *Wahl* der *Reihenfolge* der Abfragen entspricht dabei einer *Festlegung* der *Prioritäten* der Interruptanforderungen; in der beschriebenen Reihenfolge hat Ebene *n* die höchste und Ebene 1 die niedrigste Priorität. Es lassen sich aber auf diese Weise auch andere Priorisierungsstrategien programmieren, z. B. Priorisierung mit sog. rotierenden Prioritäten.

Priorisierung

Alternative 2: Jede Quelle hat ihre eigene Vektornummer und somit ihre eigene Service-Routine. Die Identifizierung einer Quelle geschieht nun durch eine Priorisierungslogik. Sie funktioniert im Grunde wie die Pollingroutine: Die Reihenfolge der Auswertung der Anforderungen liegt fest, und die höchstrangige Anforderung schaltet innerhalb der Interrupt-acknowledge-Phase das IACK-Signal auf die ihr zugeordnete Vektornummer; auf diese Weise wird auf die ihr zugeordnete Service-Routine verzweigt.

Durch die Anordnung der Reihenfolge der Abfragebefehle in der Pollingroutine bzw. der Abfrageleitungen in der Priorisierungslogik bestimmt der Programmierer bzw. der Entwickler die Rangfolge bei mehreren gleichzeitig anhängigen Interruptanforderungen. In beiden Fällen hat das System für alle Quellen nur eine einzige Interruptleitung (INT), die auf das gemeinsame Maskenbit führt; man sagt, das System hat (genau) eine Interrupt*ebene* (Einebenen-Interruptsystem, kurz Einebenen-System).

Einebenen-System

Schaltungen für Identifizierbarkeit

Bild 5-7 zeigt zwei Schaltungen für den technischen Aufbau der Priorisierungslogik in einer abstrahierten Form. Die zentrale Priorisierung, Bild 5-7a, ist unabhängig von den Interruptquellen an einem Ort konzentriert, und die Interruptquellen sind über ihre Leitungen an den Priorisierungs„baustein" direkt angeschlossen. Die dezentrale Priorisierung, Bild 5-7b, ist über die Interruptquellen verteilt; diese sind leitungsmäßig über eine Priorisierungs„kette" (daisy chain)

daisy chain

miteinander verbunden. Der Priorisierungsbaustein hat gegenüber der Kette den Vorteil höherer Priorisierungsgeschwindigkeit; die Priorisierungskette hat gegenüber dem Baustein dafür den Vorteil geringeren Leitungsaufwands im Systemaufbau.

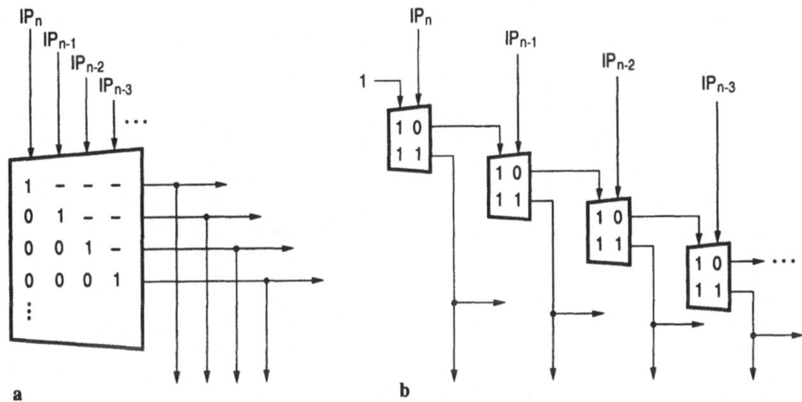

Bild 5-7. Gegenüberstellung von Priorisierungsschaltungen; **a** zentrale Struktur mit *n* UND-„Gattern" parallel, **b** dezentrale Struktur mit *n* UND-„Gattern" in Reihe. Die nach unten führenden Leitungen werden in den Bildern 5-10 und 5-13 benutzt.

Bild 5-8 zeigt ergänzend die Möglichkeit einer Codierung der Interrupt-Anforderungen sowie deren Decodierung „irgendwo" im System. Die drei Varianten vermitteln eine Vorstellung, wie unterschiedlich Interruptsysteme aufgebaut sein können, hier bezüglich dieses Details; entsprechend unterschiedlich fallen in der Praxis deren Beschreibungen aus (bei gleicher Funktion!).

In Bild 5-7 hat Ebene *n* die höchste und Ebene 1 die niedrigste Priorität. (Die Ebene 0 entspricht der Normalverarbeitung.) Die Numerierung der Pendingbits und damit der Ebenen ist jedoch keineswegs einheitlich. In industriellen Interruptsystemen wird sie vielfach nach praktischen Erwägungen vorgenommen. Zum Beispiel bezeichnet oft, umgekehrt wie hier, der Index 0 die Ebene mit der höchsten Priorität; das ist bei ausbaubaren Systemen bei der Vergabe der Nummern für hinzukommende Ebenen von Vorteil.

Aufgabe 5.1. Zeichnen Sie zwei Schaltbilder mit UND-Gatter-Symbolen für die durch Bild 5-7 beschriebene Funktion, a) einstufig passend zu Bild 5-7a, b) mehrstufig passend zu Bild 5-7b. – Sofern es die Ausgangsstufen entsprechender elektronischer Schaltkreise erlauben, die Oder-Funktion durch simples Verdrahten zu gewinnen (wired or), sind mit einer Daisy-Chain bestimmte Vorteile hinsichtlich der Systemeigenschaften zu erzielen, welche?

Charakterisierung des Einebenen-Systems. Einebenen-Systeme sind dadurch gekennzeichnet, daß mehrere Interruptquellen nur ein einziges, allen gemeinsames Maskenbit haben. Dadurch können verschiedenrangige Anforderungen bei ihrem Eintreffen nicht unterschieden werden. Das Maskenbit wird beim Akzeptieren einer Anforderung gesetzt und darf erst mit dem Return-from-Interrupt-Befehl

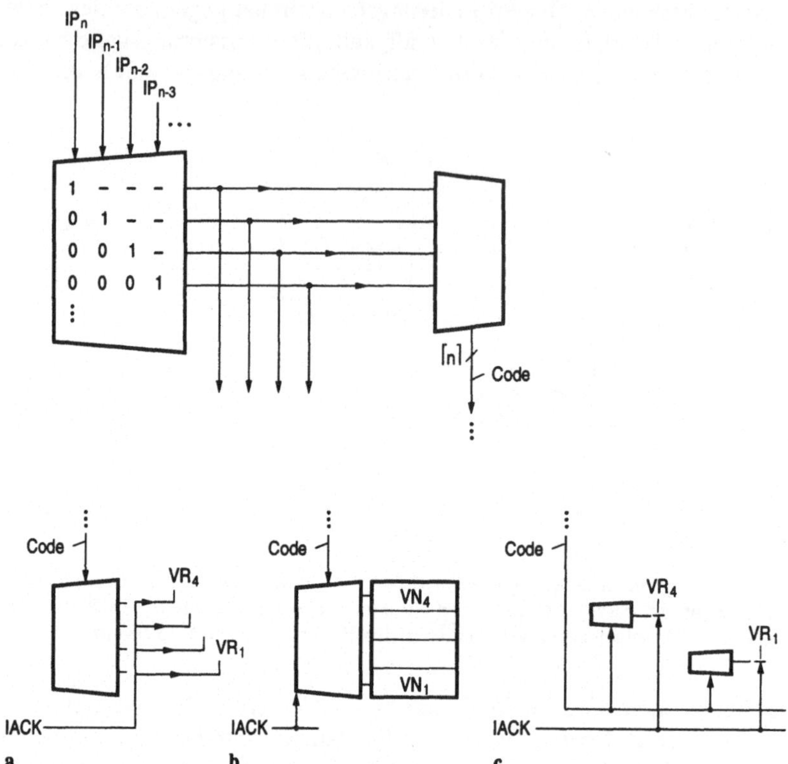

Bild 5-8. Codierung und Decodierung priorisierter Interrupt-Anforderungen für den Zugriff auf die Vektornummern (VN_i) bzw. deren Register (VR_i); **a** zentraler Aufbau mit Demultiplexer (siehe z. B. Bild 5-15a und c), **b** zentraler Aufbau mit Speicher (siehe z. B. Bild 5-11a und c), **c** dezentraler Aufbau mit IACK als Busleitung.

der zugeordneten Service-Routine zurückgesetzt werden, so daß eine Unterbrechung der Service-Routine durch eine weitere Interruptanforderung nicht ohne weiteres möglich ist. Zur Unterbrechbarkeit durch programmierte Demaskierung siehe S. 403.

5.1.4 Unterbrechbarkeit

War das im vorhergehenden Abschnitt behandelte Problem der Identifizierbarkeit mittels Software oder mittels Hardware allein zu lösen, so gilt das für die in diesem und im nächsten Abschnitt beschriebenen Probleme nicht mehr. Bei diesen beiden Problemen handelt es sich darum,

1. daß unter Berücksichtigung des unterschiedlichen Ranges der Interruptanforderungen ranghöhere Anforderungen die Service-Routinen rangniederer Anforderungen unterbrechen können (Unterbrechbarkeit),

2. daß darüber hinaus der Rang einer Interruptanforderung durch Aufhebung und Neubewertung der Rangordnung innerhalb ihrer Service-Routine geändert werden kann (Demaskierbarkeit).

Unterbrechbarkeit der Service-Routinen ist gefordert, wenn sich priorisierte Interrupts gemäß ihrer Rangordnung untereinander unterbrechen sollen. Das ist immer dann der Fall, wenn eine Interruptanforderung höherer Priorität später als eine Anforderung geringerer Priorität eintrifft, nicht aber, wenn eine Interruptanforderung geringerer Priorität später als eine Anforderung höherer Priorität eintrifft. Die Möglichkeit der Unterbrechung der Service-Routinen erfordert neben der selbstverständlichen Speicherung der *anhängigen* Anforderungen auch die Speicherung der *akzeptierten* Anforderungen, und zwar unter Berücksichtigung der zeitlichen Reihenfolge ihrer Akzeptierung. Da die Abarbeitung unterbrochener Service-Routinen wie der Aufruf geschachtelter Unterprogramme vor sich geht – angefangene Arbeiten werden liegen gelassen während dringendere Arbeiten draufgepackt werden, so daß ein Stapel zu erledigender Arbeiten entsteht (LIFO-Prinzip) –, müssen die akzeptierten Anforderungen in einem Speicher mit LIFO-Zugriff abgelegt werden. Dazu gibt es zwei Möglichkeiten, nämlich

Fall 1: die akzeptierten Anforderungen als Maskenbits der Reihe nach in numerierten Registerstellen zu halten (und sie entsprechend dem LIFO-Prinzip in der akzeptierten Folge, z.B. von rechts nach links, einzutragen und beim Verlassen der Service-Routinen in umgekehrter Richtung und Reihenfolge zu löschen),

→ Unterbrechbarkeit

Fall 2: die akzeptierten Anforderungen als Maskennummern der Reihe nach in einem Stack zu halten, i.allg. in einem Stackbereich des Speichers (und sie entsprechend dem LIFO-Prinzip in der akzeptierten Folge, z.B. von unten nach oben, einzutragen und in umgekehrter Richtung und Reihenfolge zu löschen).

→ Demaskierbarkeit

Fall *1* mit der Speicherung der Masken in einem Register wird in diesem Abschnitt beschrieben, es unterstützt nur die Unterbrechbarkeit, nicht jedoch die Demaskierbarkeit (wie wir sehen werden, ist pro Ebene kein Platz für mehrere Masken). Fall 2 mit der Speicherung der Masken in einem Stack wird hingegen im nächsten Abschnitt beschrieben, da es neben der Unterbrechbarkeit auch die Demaskierbarkeit unterstützt (es ist pro Ebene Platz für mehrere Masken).

Entwurf für Unterbrechbarkeit. Das in Bild 5-9 dargestellt Petri-Netz beschreibt ein Interruptsystem mit Unterbrechbarkeit.[1] Die Abläufe in diesem Netz sind nun, verglichen mit Bild 5-6, mannigfaltig. Das rührt daher, daß die Marken für die Quellen Nummern tragen, und zwar gemäß ihrer Rangfolge.[2] Für korrekte Abläufe ist es notwendig, daß Platz b mit einer Marke niedrigster Priorität

1. Das individuelle Setzen und Löschen der IP_i-Bits sowie das Rücksetzen der Maske mit dem Return-from-Interrupt-Befehl ist in diesem und auch in den folgenden Interruptsystemen nicht mehr gezeigt.
2. Bei Petri-Netzen wird anstelle von Nummern von Farben gesprochen; dementsprechend heißen solche Netze gefärbte Petri-Netze.

(Rang 0) initialisiert ist und daß die nicht gezeichnete Schleife zwischen IACK↓ über IP↓ und RTI (siehe Bild 5-3) nun mehrere Marken enthalten kann.

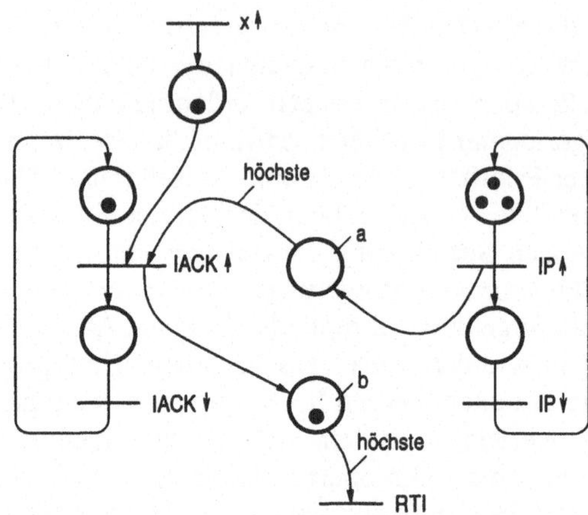

Bild 5-9. Petri-Netz für ein Mehrebenen-Interruptsystem mit Unterbrechbarkeit. x↑ ist aktiv in folgendem Fall: Die in a befindliche Marke ist von höherem Rang als die zuletzt in b eingetroffene Marke (in diesem Fall wird oben eine Marke erzeugt).

Schaltung für Unterbrechbarkeit

Mehrebenen-System mit Unterbrechbarkeit

Bild 5-10 zeigt das aus Bild 5-9 entwickelte Interruptsystem mit mehreren Interruptleitungen und dementsprechend mehreren Interruptebenen (Mehrebenen-Interruptsystem, kurz Mehrebenen-System). Dieses System bietet Platz für genau so viele Masken, wie es Ebenen hat, nämlich *n*. Strukturell können zwar die Maskenbits wie die Pendingbits über die Interruptquellen verteilt sein, funktionell erscheinen sie in Bild 5-10 jedoch zu einem Maskenregister zusammengefaßt; das ist das IM-Register im Bild. Das Maskenregister enthält so viele Einsen, wie Interruptanmeldungen vom System akzeptiert worden sind. Mit der dadurch möglichen individuellen Maskierung werden gleich- und niederrangige Anforderungen maskiert, während höherrangige Anforderungen demaskiert bleiben und somit „durchgelassen werden"; das besorgt das „>"-Schaltnetz. Die Position einer 1 im Maskenregister gibt somit die Grenze zwischen nichtmaskierten Anforderungen (Positionen links der 1) und maskierten Anforderungen (Positionen rechts einschließlich der 1) an.

Die Unterbrechung der Service-Routine einer akzeptierten Anforderung durch eine ranghöhere Anforderung wird im „>"-Schaltnetz dadurch erreicht, daß die *anhängige* ranghöchste Anforderung (1 am weitesten links vor und somit auch nach der Priorisierungslogik) mit der *akzeptierten* ranghöchsten Anforderung (1 am weitesten links im Maskenregister) verglichen wird. Immer dann, wenn die anhängige Anforderung von höherem Rang als die akzeptierte Anforderung ist, wird mit IREQ=1 ein neuer Interruptzyklus eingeleitet und mit Beginn der Acknowledge-Phase nur diese Anforderung (1 nach der Priorisierungslogik) ins Maskenregister als neue akzeptierte Anforderung übernommen, ohne daß die Anforderungen der unterbrochenen Service-Routinen gelöscht werden. Das geschieht dadurch, daß bei IACK↑ nur diese eine 1 in das Maskenregister transportiert wird (und nicht etwa der Rest Nullen am Ausgang der Priorisierungslogik mittransportiert wird).

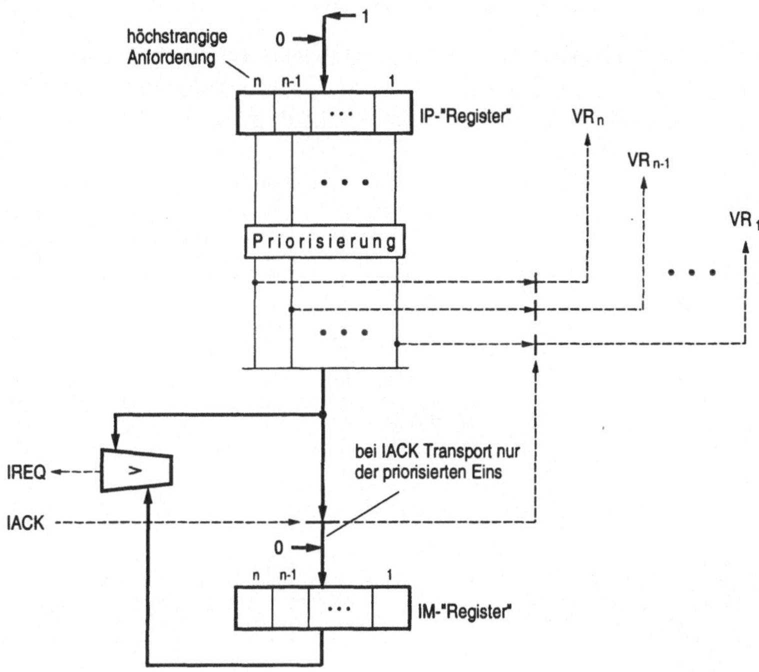

Bild 5-10. Mehrebenen-Interruptsystem mit Unterbrechbarkeit. „>“ bezeichnet den Vergleich auf „höherrangig“.

Aufgabe 5.2. Spielen Sie die in Bild 5-16a über der Zeit wiedergegebene Unterbrechungssituation mit 5 Marken entsprechend den 5 Anmeldungen 1, 3, 2, 6, 5 in Bild 5-10 durch. In Bild 5-16 zeigt Ebene 0 „keine Unterbrechung“ an, d.h., der Prozessor befindet sich im Zustand der Normalverarbeitung.

Charakterisierung des Mehrebenen-Systems mit Unterbrechbarkeit. Mehrebenen-Systeme mit Unterbrechbarkeit sind dadurch gekennzeichnet, daß jeder Interruptebene in positionscodierter Form genau ein Maskenbit zugeordnet ist und daß die Trennung zwischen nieder- und höherrangigen Anforderungen durch die Position der am weitesten links stehenden Eins definiert ist. Diese Eins wird beim Akzeptieren einer Anforderung gesetzt und darf erst mit dem Return-from-Interrupt-Befehl der zugeordneten Service-Routine zurückgesetzt werden, so daß gleich- oder niederrangige Anforderung diese Routine nicht unterbrechen kann. Zur programmierten Demaskierung siehe S. 403.

Systemaufbauten

XDS, um 1970

Bild 5-11 zeigt einige charakteristische Systemaufbauten. *Teilbild a:* Aufbau zentral, in früherer Nicht-VLSI-Technik mit bis zu 1024 Ebenen (SIGMA-Serie von Xerox Data Systems). *Teilbild b:* Aufbau dezentral, als Daisy-Chain für bis zu sechs Ebenen. *Teilbild c:* Aufbau zentral, mit einem Controller-Baustein für 8 Ebenen. Die Lage der Grenze zwischen dem Prozessor und dem Rest in Bild 5-11 erklärt sich nur aus technischen, nicht aus funktionellen Gesichtspunkten.

In allen drei Fällen handelt es sich um Mehrebenen-Systeme mit Unterbrechbarkeit; sie arbeiten entsprechend Bild 5-10 mit positionscodierten Masken. Beim System in Nicht-VLSI-Technik sind die Maskenbits, wie in Bild 5-10 gezeich-

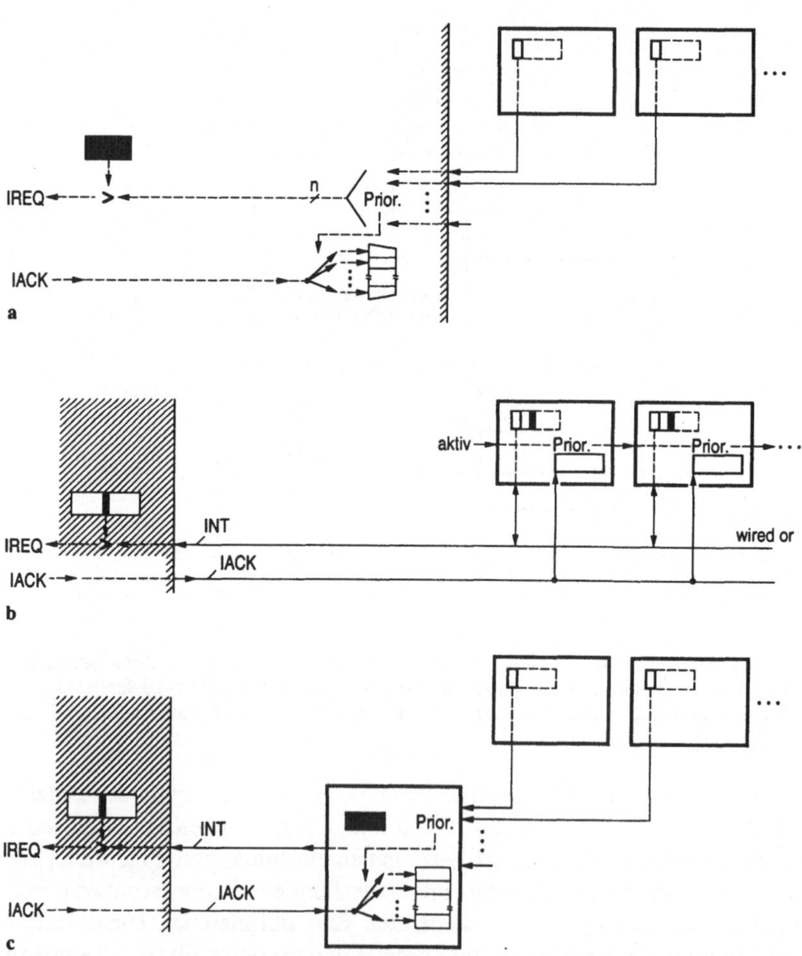

Bild 5-11. Einige Aufbauten von Interruptsystemen; **a** in nichtintegrierter Technik (Xerox Data Systems), **b** mit Priorisierungskette (nach Zilog), **c** mit Priorisierungsbaustein (nach Intel). Die Pendingbits sind weiß und die Maskenbits schwarz gezeichnet.

net, zu einem Maskenregister zusammengebaut und im Prozessor angesiedelt, beim System mit der Daisy-Chain sind sie auf die Interruptquellen verteilt, beim System mit dem Interrupt-Controller sind sie im Baustein vereinigt. In letzterem System sind die Maskenbits als Register ansprechbar, so daß sie durch Software besser manipulierbar sind (Demaskierung *trotz* fehlender Systemunterstützung). Im Controller sind auch gleich noch die Vektorregister eingebaut, so daß diese zusammengefaßt als Registerspeicher ansprechbar sind (vgl. Bild 5-8b).

Bemerkung. Eigentlich benötigten die Systemkonfigurationen b und c kein Maskenbit im Prozessor, da ihre gemeinsame Interruptleitung INT unmittelbar auf das Mikroprogrammsteuerwerk führen müßte (Eingang IREQ=INT). Trotzdem werden auch hier oft Prozessoren mit einem Maskenbit im Prozessorstatusregister benutzt, da diese dann auch ohne die dargestellten prozessorexternen Systemaufbauten als Einebenen-Systeme einsetzbar sind. Um dann jedoch die Systemeigenschaften der gezeigten Kombinationen hinsichtlich ihrer Unterbrechbarkeit ausnutzen zu können, muß in der Service-Routine als erstes das Maskenbit zurückgesetzt werden; damit wirkt INT wie IREQ (vgl. Bild 5-15b zusammen mit dem Kommentar dazu auf S. 400).

5.1.5 Demaskierbarkeit

Demaskierbarkeit einer Interrupt-service-Routine wird benötigt, wenn auf ein und derselben Interruptebene mehrere Interruptanforderungen wirksam werden sollen. Das ist z.B. dann der Fall, wenn auf der der Ebene zugeordneten Interruptleitung mehrere Quellen aufgeschaltet sind, also gewissermaßen ein hierarchisch gegliedertes System von Interruptebenen gebildet wird. Die Demaskierung einer Service-Routine erfordert zum einen den programmierten Zugang zur aktuellen Maske und ermöglicht damit die Wahl des Zeitpunktes der Demaskierung in der Routine. Zum anderen erfordert sie die Speicherung *mehrerer* akzeptierter Anforderungen *derselben* Ebene, d.h. das *mehrfache* Speichern *identischer* Masken. Das ist aber nur in Fall 2 in 5.1.4 ohne weiteres möglich, nämlich bei Speicherung der Masken in einem Stack.

Entwurf für Demaskierbarkeit. Das in Bild 5-12 dargestellt Petri-Netz beschreibt ein Interruptsystem mit Demaskierbarkeit.[1] Die Abläufe in diesem Netz sind im Vergleich zu Bild 5-9 noch mannigfaltiger. Platz b erlaubt es nämlich nun, dort befindliche Marken auszutauschen, und zwar die dort zuletzt eingetroffene Marke in zweierlei Weise: entweder (1) durch eine niederrangige Marke oder (2) durch eine noch höherrangigere Marke.

Bei (1) wird die Unterbrechbarkeit erweitert. Es eröffnet sich die Möglichkeit, die „in Arbeit“ befindliche Anforderung durch eine gleich- oder sogar niederrangige Anforderung unterbrechen zu lassen.

Bei (2) wird die Unterbrechbarkeit eingeschränkt. Es kommt nun nicht einmal die unmittelbar höherrangige Anforderung durch, ggf. sogar – im Grenzfall – gar keine Anforderung mehr.

1. genauer Um- oder Neumaskierbarkeit.

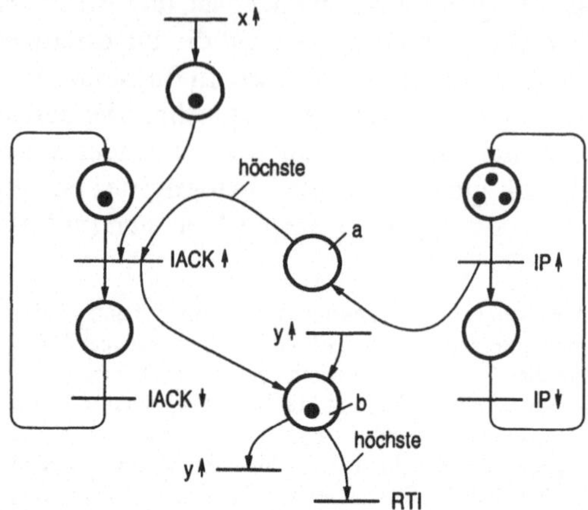

Bild 5-12. Petri-Netz für ein Mehrebenen-Interruptsystem mit Demaskierbarkeit von Interruptebenen. y↑ bedeutet: Es wird eine neue Marke erzeugt, und die zuletzt in b eingetroffene Marke verschwindet; mit anderen Worten: die zuletzt in b eingetroffene Marke wird durch eine neue Marke ersetzt (Neumaskierung).

Schaltung für Unterbrechbarkeit und Demaskierbarkeit

Mehrebenen-System mit Demaskierbarkeit

Bild 5-13 zeigt das aus Bild 5-12 entwickelte Interruptsystem mit mehreren Interruptleitungen und dementsprechend mehreren Interruptebenen (Mehrebenen-System). Dieses System bietet jetzt Platz für mehr Masken, als es Ebenen hat. Während die Masken im zuvor beschriebenen System durch ihre Position codiert sind, sind sie hier durch Zahlen codiert.[1] Wie früher sind die Interruptquellen so numeriert, daß die Quelle mit dem höchsten Rang die höchste Nummer hat. Da auch „keine Anforderung" in den Code einbezogen werden muß, stehen bei 3 Bits nur $2^3-1=7$ Nummern für die einzelnen Ebenen zur Verfügung. Die höchstrangige Anforderung hat dann die Codenummer 7, und keine Anforderung hat die Codenummer 0.

Zur Ermöglichung der Unterbrechbarkeit der Service-Routinen müssen wieder alle akzeptierten und noch nicht abgeschlossenen Anforderungen im System gespeichert sein. Funktionell gesehen erscheinen sie aber nicht wie zuvor nebeneinander in einem Register, sondern hier untereinander in einem Stack (im Bild in der Vorstellung eines Kellers[2]). Dadurch ist es jetzt auf einfache Weise möglich, auch Masken zu speichern, die innerhalb einer Service-Routine gezielt geändert wurden, wobei zu beachten ist, daß die Änderung einer Maske erst erfolgen darf, nachdem das entsprechende Pendingbit zurückgenommen worden ist.

1. Die gewählte Codierung durch Dualzahlen ist nicht zwingend. Stattdessen könnte auch hier der Positionscode oder auch irgend ein anderer Code benutzt werden, z.B. der 1-aus-n-Code; selbstverständlich beeinflußt die Entscheidung den Aufbau des „>"-Schaltnetzes.
2. Vorstellungsmäßig ist beim Stapel der Fixpunkt der „gestapelten" Teile „unten" und beim Keller der Fixpunkt der „gekellerten" Teile „oben".

Jede solche Maskenänderung hat zur Folge, daß entweder gleich- und niederrangige Anforderungen demaskiert und damit zugelassen werden (Erniedrigung des Rangs der Maske durch Verkleinerung ihrer Codenummer) oder höherrangige Anforderungen maskiert werden (Erhöhung des Rangs der Maske durch Vergrößerung ihrer Codenummer).

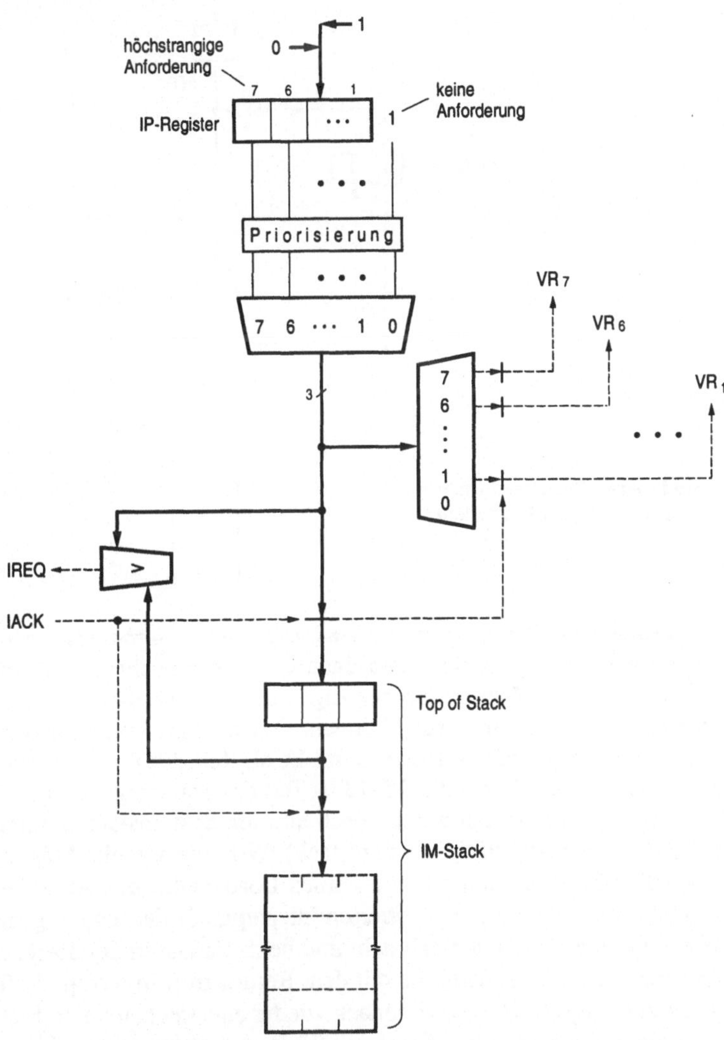

Bild 5-13. Mehrebenen-Interruptsystem mit Demaskierbarkeit. „>" bezeichnet den Vergleich auf „höherrangig".

Sonderfall. Als Sonderfall eines Mehrebenen-Systems mit Demaskierbarkeit entsteht aus Bild 5-13 ein Einebenen-System mit Demaskierbarkeit, wenn die Anzahl der Maskenbits (nicht notwendigerweise auch der Quellen, vgl. die Systemaufbauten Bild 5-11b und c) auf ein einziges reduziert wird (Bild 5-14). In

Einebenen-System mit Demaskierbarkeit

einem solchen System entfällt entsprechend der obigen Diskussion die Unterbrechbarkeit, wohl aber bleibt die Demaskierbarkeit erhalten.[1]

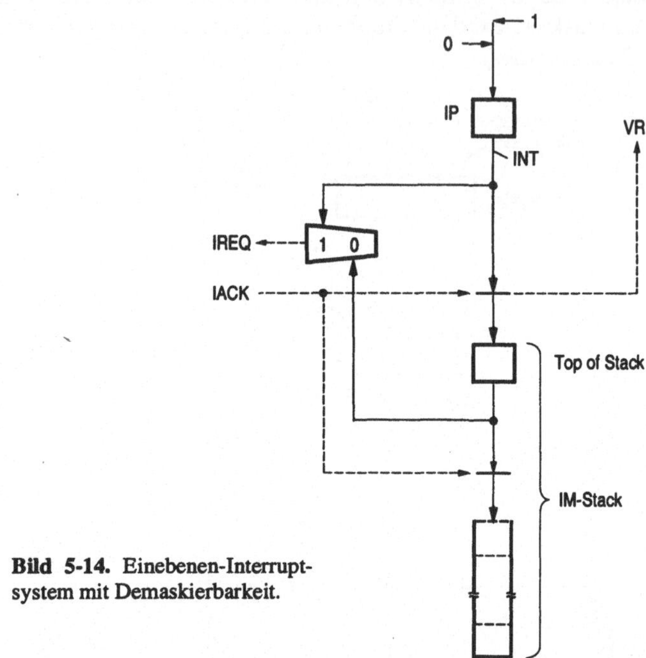

Bild 5-14. Einebenen-Interruptsystem mit Demaskierbarkeit.

Charakterisierung des Mehrebenen-Systems mit Demaskierbarkeit. Mehrebenen-Systeme mit Demaskierbarkeit sind dadurch gekennzeichnet, daß jeder Interruptebene eine eigene Maskennummer zugeordnet ist und daß zurückgesetzte Masken mehrfach gespeichert werden können. Das wird im System dadurch unterstützt, daß die jeweils aktuelle Interruptmaske als Teil des Prozessorstatus behandelt wird (der Top of Stack in Bild 5-13 ist Teil des Statusregisters) und somit bei jedem akzeptierten Interrupt automatisch auf den Systemstack gerettet wird (der Rest des IM-Stack ist Teil des Systemstack). Wird die aktuelle Maske innerhalb der aktuellen Service-Routine durch einen Load-Statusregister-Befehl verändert, so wird mit der nächsten akzeptierten Interruptanforderung die geänderte, neue Maske auf den Systemstack gebracht und beim Verlassen der dieser Anforderung zugeordneten Service-Routine mit dem Return-from-Interrupt-Befehl ins Statusregister zurückgeladen, so daß danach wieder entsprechend dem Status vor der Unterbrechung die geänderte Maske zur Wirkung kommt.

Systemaufbauten

DEC, um 1965

Bild 5-15 zeigt einige charakteristische Systemaufbauten. *Teilbild a:* Aufbau zentral, in früherer Nicht-VLSI-Technik mit 4 Ebenen, (PDP-11-Serie von Digi-

1. Da die Maske nur ein einziges Bit umfaßt, ist ihre Speicherung in einem Stack eigentlich unnötig; zur Demaskierung genügt das einfache Rücksetzen des Maskenbits.

tal Equipment). *Teilbild b:* Aufbau dezentral, aus den Anfängen der Mikroprozessortechnik mit 1 Ebene, erweitert „linien"förmig mit Daisy-Chain. *Teilbild c:* Aufbau zentral, mit Prioritäten-Codierer für 7 Ebenen, jede erweiterbar „linien"-förmig mittels dezentraler oder „fächer"förmig mittels zentraler Priorisierungsschaltungen. Bei allen drei Aufbauten handelt es sich um Interruptsysteme mit Unterbrechbarkeit und Demaskierbarkeit; sie arbeiten entsprechend Bild 5-13 mit codierten Masken; die aktuelle Maske befindet sich im Statusregister des Prozessors. – Die Lage der Grenze zwischen dem Prozessor und dem Rest in

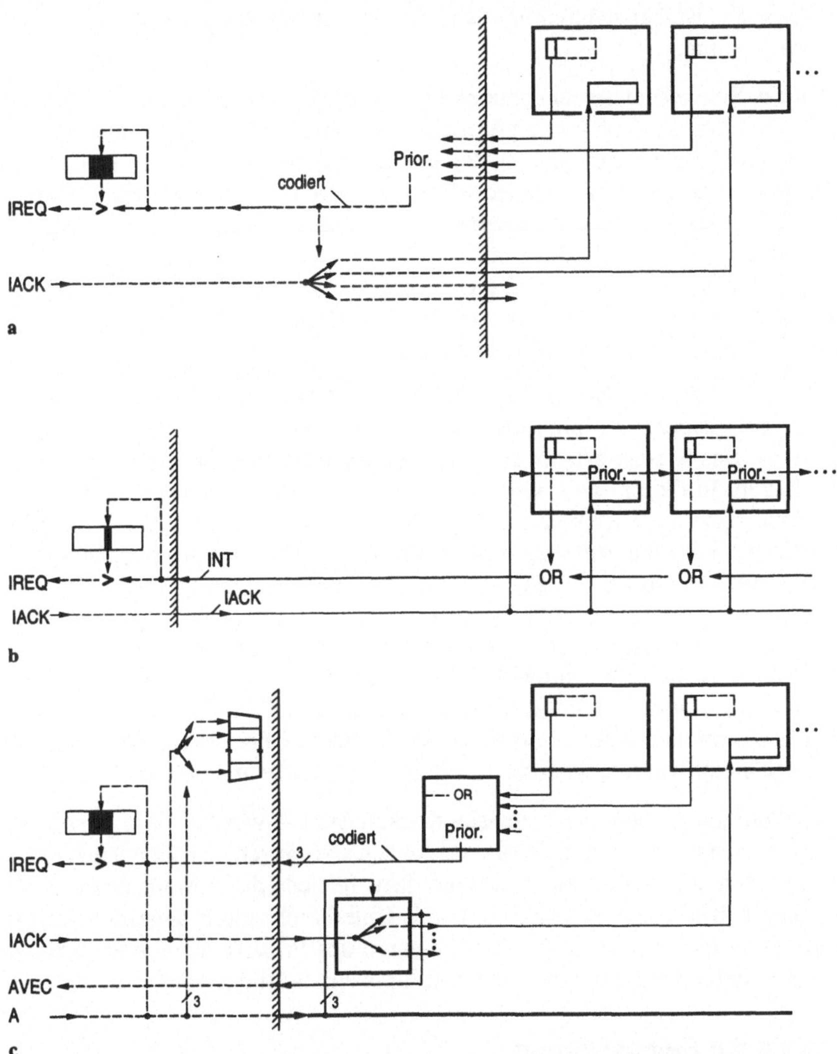

Bild 5-15. Einige Aufbauten von Interruptsystemen; **a** in nichtintegrierter Technik (DEC), **b** mit Priorisierungskette (nach Motorola), **c** mit Priorisierungsbaustein (nach Motorola, in ähnlicher, aber weit weniger leistungsfähiger Form bei Sun/SPARC). Die Pendingbits sind weiß und die Maskenbits schwarz gezeichnet.

Bild 5-15 erklärt sich wieder nur aus technischen Anforderungen. Zu den drei Systemstrukturen hier einige weitere *Kommentare:*

Teilbild a. Bei diesem System liegt die Prozessorschnittstelle zwischen Priorisierer/Demultiplexer und den Interruptquellen. Es erlaubt bei insgesamt 8 Hin- und Rückleitungen ohne weitere Schaltungsmaßnahmen den Anschluß von 4 Interruptquellen mit Vektornummern. In diesem System wird die Maske nicht automatisch für die akzeptierte Interruptanforderung geladen. Vielmehr muß sie zusammen mit der Adresse der Service-Routine in der Vektortabelle gespeichert vorliegen. Sie ist frei wählbar und bestimmt damit den Rang der Maskierung der Service-Routine.

Teilbild b. Bei diesem System handelt es sich um ein wenig leistungsfähiges Einebenen-System, in dem – wie gezeichnet – mehrere Interruptquellen oder-verdrahtet sind; insofern darf es nicht demaskiert werden, das bedeutet: keine Unterbrechbarkeit! Das System kann jedoch auf mehrere Ebenen erweitert werden, indem INT sowie IACK entsprechend 5.1.4 mit einer Daisy-Chain mit der Wirkungsweise von Bild 5-10 verbunden werden (es entsteht die Struktur Bild 5-11b!). Auf diese Weise wird die Unterbrechbarkeit innerhalb der einen Ebene unterstützt; sie wird dadurch ermöglicht, daß die Demaskierung dieser Ebene ganz am Anfang der Service-Routine erfolgt.

Teilbild c. Bei diesem System erfolgt die Identifizierung der Interruptquelle nicht mit der priorisierten Anforderung, sondern mit der aktuellen Maske über den Adreßbus. Das System erlaubt es, auch Interruptquellen ohne Vektorregister anzuschließen. In diesem Fall wird die im Prozessor für jede Quelle vorgesehene sog. Autovektornummer benutzt (Signal Autovektorinterrupt, AVEC). Zusammengefaßt bilden die Autovektornummern im Prozessor gewissermaßen einen Festspeicher, der im Fall AVEC=1 (gewonnen aus der ODER-Verknüpfung der betreffenden Demultiplexer-Ausgänge) mit IACK=1 angewählt wird. Das System erlaubt bei insgesamt 5 Leitungen an der Prozessorschnittstelle – der Adreßbus A ist ohnehin vorhanden – den Anschluß von 7 Interruptquellen. In diesem System wird die der Anforderung entsprechende Maske automatisch geladen. Sie kann innerhalb der Service-Routine durch Überschreiben des Statusregisters geändert werden, wodurch der Rang der Maskierung beeinflußt wird.

Signal AVEC

Systemkonfigurationen mit Demaskierbarkeit sind – wie bei dem Einebenen-System beschrieben – auf mehr als die zunächst vorgegebenen Ebenen erweiterbar. Bei Mehrebenen-Systemen werden dazu für jede der gewünschten Ebenen z.B. wie in Bild 5-11b Daisy-Chains mit Unterbrechbarkeit angeschlossen (an einen, an einige oder an jeden der Eingänge des Prioritätencodierers bzw. die korrespondierenden Ausgänge des Demultiplexers in Bild 5-15c).

Wirkung der Demaskierung

Bilder 5-16 und 5-17 illustrieren die Wirkung der Demaskierung, und zwar am Beispiel der Demaskierung des Interrupts Nr. 6. In den Bildern ist die Ausführung der den Interruptebenen zugeordneten Service-Routinen über der Zeitachse dargestellt. In a und b von Bild 5-16 treffen Interrupts der Reihe nach auf den Ebenen 1, 3, 2, 6 und 5 ein. Teilbild a zeigt zunächst die Ausführung der Service-Routinen ohne jegliche Demaskierung, Teilbild b nun aber mit Demaskierung der Ebene 6, und zwar um *zwei* Stufen am Anfang von Service-Routine 6 (6→4).

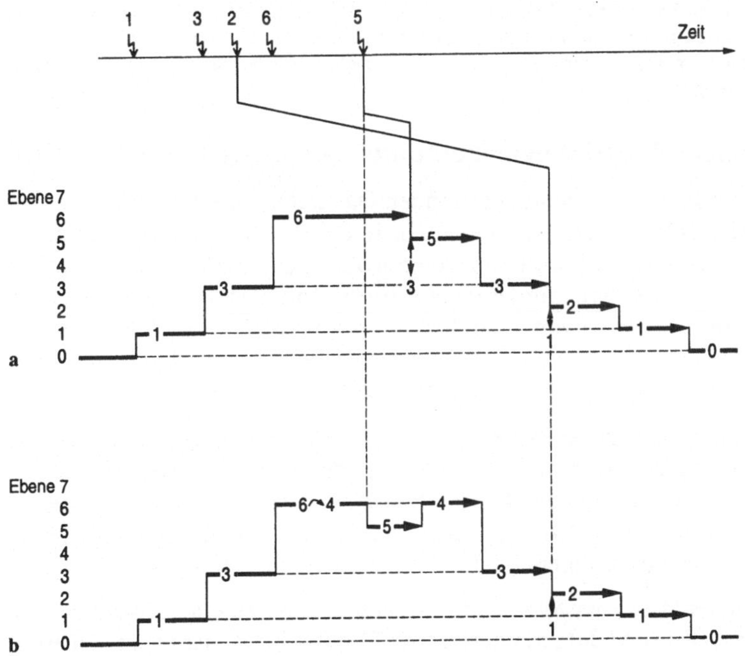

Bild 5-16. Aktivierung von Service-Routinen; **a** ohne Demaskierung, **b** mit Demaskierung der Ebene 6 um 2 Stufen.

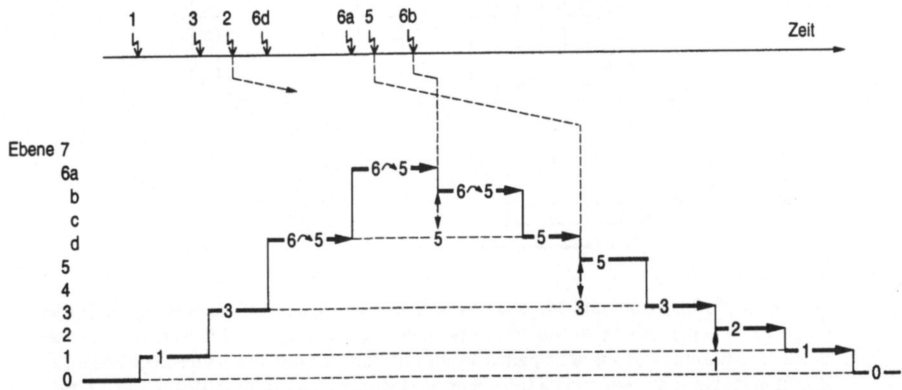

Bild 5-17. Aktivierung von Service-Routinen mit Demaskierung der Ebene 6 um 1 Stufe.

In Bild 5-17 treffen auf Ebene 6 anstelle des einen Interrupts der Reihe nach drei Interrupts auf den Unterebenen 6d, 6a und 6b mit alphabetischer Rangfolge ein; dieses Bild zeigt als Ausschnitt die Ausführung der Service-Routinen mit Demaskierung der Ebene 6, und zwar jetzt um *eine* Stufe am Anfang der Service-Routine 6 (6→5).

Aufgabe 5.3. Spielen Sie in Bild 5-13 die in den Bildern 5-16 und 5-17 wiedergegebenen Unterbrechungssituationen mit Nummern entsprechend den Ebenen durch. (In den Bildern 5-16 und 5-17 zeigt Ebene 0 „keine Unterbrechung" an, d.h., der Prozessor befindet sich im Zustand der Normalverarbeitung.)

Unterbrechbarkeit und Demaskierbarkeit aus übergeordneter Sicht

Bild 5-18 zeigt in einer zusammenfassenden Darstellung die Unterschiede zwischen den behandelten Interruptsystemen. In Teilbild a ist die in Bild 5-17 dargestellte Unterbrechungssituation in uncodierter Form unmittelbar nach dem Eintreffen der letzten Interruptanforderung auf Ebene 6b als Matrix wiedergegeben. Diese „Referenz"matrix ist von unten her durch Stapeln der einzelnen, zum Teil geänderten Masken entstanden, wobei jede gespeicherte Maske durch eine 1 dargestellt ist (und keine Interruptanforderung natürlich durch keine 1).

Dieselbe Situation wie in der Referenzmatrix ist in Teilbild b mit codierten Masken noch einmal gezeichnet; das entspricht dem beschriebenen Mehrebenen-System mit Unterbrechbarkeit und Demaskierbarkeit (Bild 5-13). Man sieht die aktuelle Maske an oberster Stelle im Stack und die zuvor gespeicherten Masken darunter angeordnet (einschließlich der 0 für keine Anforderung).

Durch Zusammenfassen der *Spalten* der Referenzmatrix zu einer Spalte entsteht Teilbild c; das entspricht dem Sonderfall von Teilbild b mit einer statt sieben Interruptebenen. Es handelt sich dementsprechend um ein Einebenen-System mit Demaskierbarkeit, aber natürlich ohne Unterbrechbarkeit (Bild 5-14). Man sieht

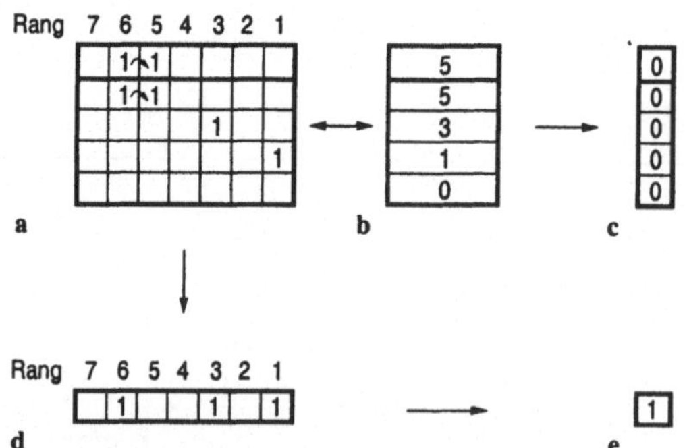

Bild 5-18. Priorisierung und Maskierung; **a** Speicherung akzeptierter Interruptanforderungen bzw. -masken in uncodierter Form, **b** Speicherung der Masken in codierter Form, **c** Zusammenfassen der Spalten in a führt zum Verlust der Unterbrechbarkeit, **d** Zusammenfassen der Zeilen in a führt zum Verlust der Demaskierbarkeit, **e** Zusammenfassen sowohl der Zeilen als auch der Spalten führt zum Verlust der Demaskierbarkeit wie der Unterbrechbarkeit.

die letzte der demaskierten akzeptierten Anforderungen an oberster Stelle und darunter die drei Nullen für die zuvor vorgenommenen drei Demaskierungen; die fünfte, unterste 0 bedeutet wieder keine Anforderung. Jede Demaskierung entspricht dabei der Freigabe des Interruptsystems.

Durch Zusammenfassen der *Zeilen* der Referenzmatrix zu einer Zeile entsteht Teilbild d; das entspricht dem beschriebenen Mehrebenen-System mit Unterbrechbarkeit, aber ohne Demaskierbarkeit (Bild 5-10). Man sieht die aktuelle Maske im Register an vorderster Position. Ihre Demaskierung ist unterblieben, weil im Register kein Platz für eine doppelte Speicherung ein und derselben Maske ist. Insofern sind nur die Masken unterschiedlicher Interruptebenen zu sehen. Da die Masken hier gewissermaßen uncodiert (genauer positionscodiert) sind, kann bei gleicher Anzahl an Eingängen des Priorisierers hier eine Interruptebene mehr vorgesehen werden („alles 0“ im Register bedeutet: keine Anforderung).

Werden alle *Zeilen* und alle *Spalten* der Referenzmatrix schließlich zu einem einzigen Bit zusammengefaßt, wie es Teilbild e zeigt, so entsteht ein Einebenen-System ohne Unterbrechbarkeit und ohne Demaskierbarkeit (Schaltung in Bild 5-4). Unmittelbar kann dieses Interruptsystem nur noch eine einzige Anforderung verarbeiten, der „Rest“ muß – wenn nötig – durch Software eingebracht werden; in der Leistungsfähigkeit ist es Bild 5-14 gleichwertig (siehe Fußnote auf S. 398).

Programmierte Demaskierung aus übergeordneter Sicht

Für alle der beschriebenen Interruptsysteme gilt, daß sie demaskierbar sind, sofern der Programmierer an die irgendwo im System gespeicherte aktuelle Maske herankommt und sie demgemäß programmiert verändern kann. Der Unterschied in den einzelnen Systemen liegt darin, daß die Demaskierung nur in Bild 5-13 (und Bild 5-14) vom System unterstützt wird, und zwar durch die Möglichkeit der Speicherung geänderter Masken im Stack, was *automatisch* bei der Akzeptierung der nächsten Interruptanforderung geschieht. Erfolgt hingegen in Bild 5-10 eine Demaskierung, so geschieht dies nicht; zur Aufrechterhaltung der Systemfunktion muß die geänderte Maske bzw. der geänderte Inhalt des Maskenregisters natürlich ebenfalls in einem Stack abgelegt werden, d.h., jetzt muß der „Rest“ der *Demaskierbarkeit* zur Akzeptierung der nächsten Interruptanforderung *programmiert* werden. (Erfolgt in 5.1.3 eine Demaskierung, so ist wegen des zurückgesetzten Maskenbits die Maskierung des ganzen Systems annulliert, aber nun muß die *Unterbrechbarkeit* zur Akzeptierung der nächsten Interruptanforderung *programmiert* werden. Opfert man schließlich auch noch die Priorisierung zur Identifizierung der Interruptquellen, so muß zur Aufrechterhaltung der Systemfunktion auch noch die *Identifizierbarkeit programmiert* werden.) – Umgekehrt ist es in allen hier beschriebenen Interruptsystemen möglich, durch programmierte *Maskierung* auch höherrangige oder sogar die höchstrangige Ebene wirkungslos zu machen und so das ganze Interruptsystem abzuschalten.

Tabelle 5-1 zeigt noch einmal in einer zusammenfassenden Darstellung die hier behandelten Interruptsysteme hinsichtlich ihrer hervorstechenden Systemeigenschaften (in den Funktionsbildern ist die Identifizierbarkeit nicht enthalten).

Tabelle 5-1. Systemeigenschaften der behandelten Interrupt-Systemstrukturen

Funktion:	Bilder	5-6	5-9	5-12
Schaltung:	Bilder	5-4+5-7[1]	5-10	5-13
Systemaufbau:	Bilder	5-15b	5-11a, b, c	5-15a, b, c
Identifizierbarkeit		ja	ja	ja
Unterbrechbarkeit		-	ja	ja
Demaskierbarkeit		-	-	ja

1. erweitert um *n* Quellen (wired or)

5.2 Ein-/Ausgabe im Einmastersystem

5.2.1 Grundsätzlicher Ablauf

Wie die in 4.1 beschriebene Datenübertragung zwischen dem Prozessor und den am Bus angeschlossenen *System*komponenten, z.B. Speicher- oder Interface-Einheiten, ist die Datenübertragung zwischen dem Prozessor und seinen *peripheren* Komponenten, wie Ein- oder Ausgabegeräten, von der Herstellung einer zeitlichen Ordnung der an der Übertragung beteiligten Prozesse geprägt. Während aber in 4.1 die beiden Prozesse, im Prozessor der Masterprozeß und in einer der anderen Systemkomponenten der Slaveprozeß, *seriell* miteinander kommunizieren, und zwar in der Weise, daß immer nur ein Prozeß aktiv ist und der andere wartet (in Bild 4-3 gestrichelt dargestellt), haben wir es hier in 5.2 mit der Kommunikation von zwei *parallelen* Prozessen zu tun: im Prozessor als dem einen Masterprozeß und im Ein-/Ausgabegerät als dem anderen Masterprozeß. Beide Prozesse sind gleichzeitig aktiv (in Bild 5-19 dementsprechend ausgezogen dargestellt) und weisen lediglich einen Synchronisationsbalken zum Zweck der Abstimmung der Übergabe- und Übernahmebereitschaft eines Datums auf.

Synchronisation bei der Datenübertragung

In 4.1 beschränkt sich das Synchronisationsproblem nur darauf, *seriell* ablaufende Prozeßaktivitäten in eine zeitliche Reihenfolge zu bringen und verschiedenen Systemkomponenten zuzuweisen:

- Der Master überträgt dem Slave die Durchführung eines Auftrags, dieser erfüllt ihn, teilt das dem Master mit, und der Master fährt in seiner Arbeit fort.

Hier in 5.2 besteht das Synchronisationsproblem vielmehr in der Aufgabe, *parallel* ablaufende Handlungen in den beteiligten Systemkomponenten aufeinander abzustimmen, d. h. zu koordinieren, zu synchronisieren:

- Der eine Master „erzeugt" etwas, „sendet" es dem anderen Master, dieser „empfängt" es und „verbraucht" es.

Natürlich dürfen beide Master gleichzeitig „erzeugen" bzw. „verbrauchen"; aber eine „Ware" muß *erst* erzeugt worden sein, *ehe* sie verbraucht werden kann. Hierin besteht die Abstimmung der Handlungen, die Sicherstellung der zeitlichen Ordnung, die Durchführung der Synchronisation.[1]

Was ist nun an Hardware zur Synchronisation grundsätzlich nötig? Die Bilder 5-19 und 5-20 zeigen in Petri-Netz-Darstellungen die Synchronisation zwischen einem Sender S und einem Empfänger E. Rein äußerlich betrachtet unterscheiden sich die beiden Bilder durch zwei verschiedene Darstellungen der Synchronisation: in Bild 5-19 – eher abstrakt gehalten – durch einen gemeinsamen Übergangsbalken und in Bild 5-20 – eher detailliert – durch Weitergeben einer Zustandsmarkierung. In diesen bewußt allgemein gehaltenen Darstellungen stecken jeweils zwei Interpretationen:

> S=Peripherie und E=Prozessor beschreibt die Eingabe: das ist die Datenübertragung Peripherie→Prozessor,
>
> S=Prozessor und E=Peripherie beschreibt die Ausgabe: das ist die Datenübertragung Prozessor→Peripherie.

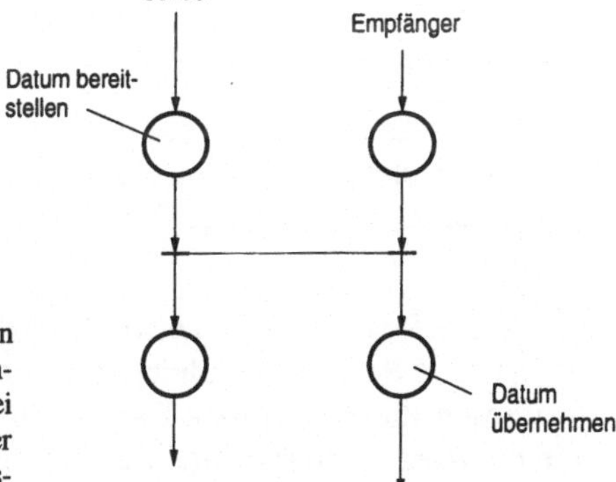

Bild 5-19. Synchronisation zwischen Sender S und Empfänger E für die Datenübertragung zwischen 2 Mastern. Bei Eingabe ist S das Eingabegerät und E der Prozessor, bei Ausgabe ist S der Prozessor und E das Ausgabegerät.

1. Die Übertragung einer Ware, einer Nachricht oder – in unserem Zusammenhang – eines Datums von einem Master, dem Sender, zu einem anderen Master, dem Empfänger, also die Übertragung zwischen einem Erzeuger (Produzenten, producer) und einem Verbraucher (Konsumenten, consumer) ist von grundsätzlicher Bedeutung und wird in der Literatur in zahlreichen Varianten unter dem Stichwort Erzeuger-/Verbraucher-Problem (producer consumer problem) behandelt.

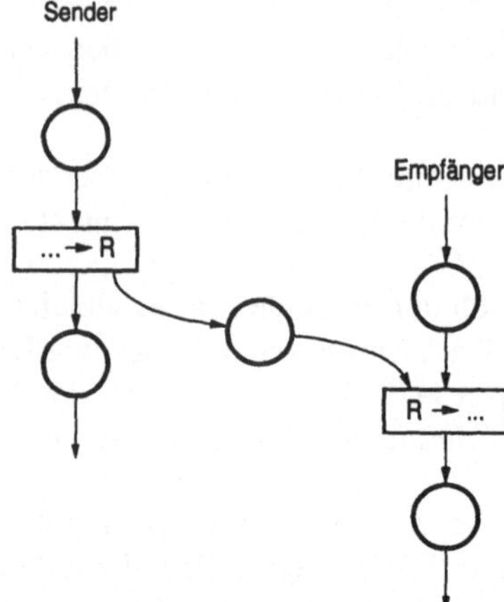

Bild 5-20. Synchronisation der Datenübertragung durch Markierung einer Stelle. R bedeutet Register.

Die Darstellung in Bild 5-19 hat Ähnlichkeit mit Bild 4-3 (Buszyklus): dort wie hier Datenübertragung, dort aber Seriellarbeit (teils gestrichelte Linien), hier Parallelarbeit (durchweg durchgezogene Linien).

Die Darstellung in Bild 5-20, ähnlich Bild 4-4, ist detaillierter, sie orientiert sich an einer Art asynchroner Datenübertragung, bei der das Datum vom Sender mit *dessen* Takt nach R über*geben* (geschrieben) wird – der *Sender* ist der aktive Übertragungspartner – und vom Empfänger von R mit *dessen* Takt über*nommen* (gelesen) wird – der *Empfänger* ist der aktive Übertragungspartner. Darin steckt natürlich auch der Fall der synchronen Datenübertragung, bei der alle am Übertragungsvorgang beteiligten Partner mit ein und demselben Takt arbeiten.

Ein erster Entwurf zur Synchronisation. Den Ausgangspunkt dazu bildet Bild 5-20. Es gilt für Materietransport genau so wie für Informationstransport. In beiden Interpretationen ist R ein Kästchen bzw. ein Register:

- R ist ein Kästchen. Das „etwas", das transportiert wird, ist Materie. Wenn es in R erscheint, ist es im „Sender" verschwunden. Aufgrund dieser Unikat-Eigenschaft sieht man R an, ob „etwas" da ist (R voll) oder nicht (R leer).

- R ist ein Register. Das „etwas", das transportiert wird, ist Information. Wenn es in R erscheint, bleibt es im Sender erhalten; es ist kopiert worden. Aufgrund dieser Duplikat-Eigenschaft sieht man R nicht an, ob „etwas" eingetroffen ist oder nicht; R enthält immer Information, entweder die alte oder die neue. Zur Kenntlichmachung, ob R voll oder R leer ist, muß zusätzliche Information her: Bild 5-20 liefert sie im mittleren Platz.

Bild 5-20 hat aber einen Fehler, nämlich daß trotz „R voll" Information in R abgelegt werden kann, d.h. ohne daß die zuvor in R abgelegte Information abgeholt worden war. Dann wird die Information in R überschrieben und ist somit verloren. Diesen Nachteil beseitigt Bild 5-21. Hier fragt der „Sender": „Ist R leer?"

„Dann lege ich in R etwas ab!" Und der „Empfänger" fragt: „Ist etwas in R?" „Dann hole ich es ab!" – Beide Prozesse dürfen dabei unabhängig voneinander beliebig schnell bzw. langsam agieren.

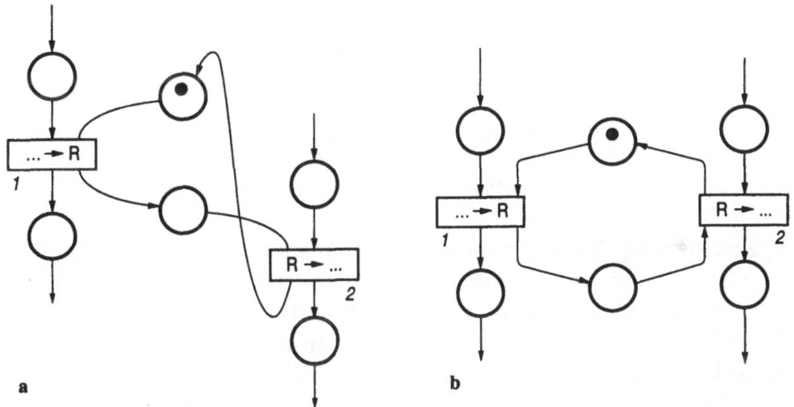

Bild 5-21. Zwei Petri-Netze für die Datenübertragung; **a** Weiterentwicklung von Bild 5-20. **b** Umzeichnung. Die Nummern an den Kästchen geben die Reihenfolge der Aktionen an.

Bild 5-21 hat ebenfalls Ähnlichkeit mit Bild 4-4 aus 4.1.2. Wie dort, so führt auch hier ein direkter Schaltungsentwurf auf Synchronisation *mit* Flipflop (X), während eine Neudefinition der Kommunikationsregeln auf Synchronisation *ohne* Flipflop führt (ohne X). Wie dort, bezeichnen wir Synchronisation mit X als explizite Synchronisation und Synchronisation ohne X als implizite Synchronisation. – Zur technischen Realisierung unterscheiden wir drei Fälle:

explizite, implizite Synchronisation

Neudefinition des Petri-Netzes Bild 5-21 führt auf implizite Synchronisation, d.h. ohne X; wird hier beschrieben bei paralleler Datenübertragung, siehe: Zweiter Entwurf zur Synchronisation, S. 413. – Die Synchronisation prozessorseits kann allein durch Software bewerkstelligt werden. →Bild 5-22

Modifikation des Petri-Netzes Bild 5-21 führt auf explizite Synchronisation, d.h. mit X; wird hier beschrieben bei serieller Datenübertragung, siehe: Dritter Entwurf zur Synchronisation, S. 419. – Die Synchronisation prozessorseits wird durch Software im Zusammenspiel mit Hardware bewerkstelligt. →Bild 5-26

Realisierung des Petri-Netzes Bild 5-21 führt auf explizite Synchronisation, d.h. mit X; wird hier nicht beschrieben. – Die Synchronisation kann nur durch Spezialbefehle (bei Prozessoren) oder durch Logikschaltungen (bei Controllern) bewerkstelligt werden (z.B. bei DMA-Controllern, siehe 5.4.2).

Die den beiden Netzen in Bild 5-21 innewohnende Symmetrie erlaubt es, daß zwar irgendwelche Aktionen in Kombination mit den Aktionen *1* oder *2* parallel stattfinden können, nicht aber die Kombinationen *1* und *2*. – Die Skizze auf der nächsten Seite zeigt den Übertragungsweg zwischen Datenquelle und Daten-

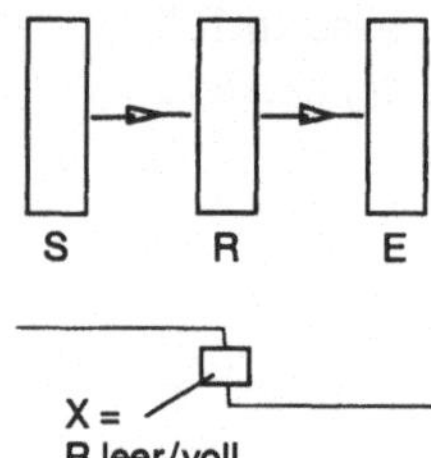

senke mit Datenübertragung von einem Sender(datenregister) S über ein Puffer(datenregister) R zu einem Empfänger(datenregister) E. X ist das Synchronisationsflipflop; bei impliziter Synchronisation fehlt es, bei expliziter Synchronisation existiert es. Dabei gilt, wie früher verabredet,

Eingabe: Datenübertragung
Peripherie→R→Prozessor,

Ausgabe: Datenübertragung
Prozessor→R→Peripherie.

Verallgemeinerung. Wenn der mittlere obere Platz in den Netzen Bild 5-21 mit *n* Marken initialisiert wird, so wird aus dem Kästchen bzw. dem Register R ein Speicher mit *n* Zellen. Damit ist aber nichts über die Reihenfolge des Füllens/Schreibens bzw. Leerens/Lesens der Zellen ausgesagt. Jedoch kommt im Zusammenhang mit der Datenübertragung eigentlich immer der Zugriffsalgorithmus „first-in first-out" zur Anwendung: die im Pufferspeicher gehaltene Information wird in derselben Reihenfolge ausgelesen, wie sie eingeschrieben worden ist. – Bild 5-21 beschreibt in gewissem Sinn den

Normalfall der Datenübertragung, und zwar mit einem Puffer*register*,
aus dem der

Sonderfall der Datenübertragung *ohne* Pufferung
sowie der

Allgemeinfall der Datenübertragung mit einem Puffer*speicher*
entwickelt werden können.

Der *Normalfall* gepufferter Datenübertragung mit einem Puffer der Kapazität $n=1$ (Pufferregister) wird durch Bild 5-21 beschrieben, und zwar mit der Maßgabe, daß genau eine Marke für die beiden Synchronisationsplätze zur Verfügung steht. Aus der Stellung dieser Marke läßt sich der Zustand des Pufferregisters ablesen. Befindet sich die Marke im oberen Platz, so ist das Register „leer", befindet sie sich im unteren Platz, so ist es „voll". Die Übergänge im Netz beschreiben das „Füllen" und das „Leeren" des Registers.

Der *Sonderfall* der ungepufferten Datenübertragung entsteht aus Bild 5-21 als Variante mit einem Puffer der Kapazität $n=0$, wenn R im Empfänger sitzt und Zielregister ist.

Der *Allgemeinfall* gepufferter Datenübertragung mit einem Puffer der Kapazität $n>1$ (Pufferspeicher mit Zugriffsalgorithmus first-in first-out) wird ebenfalls durch Bild 5-21 ausgedrückt. Die beiden Synchronisationsplätze sind nun nicht mit einer, sondern zusammengenommen mit *n* Marken belegt. Auch hier läßt sich aus der aktuellen Markierung der Füllungsgrad des FIFO ablesen: Befinden sich alle Marken im oberen Platz, so ist das FIFO „leer", befinden sich alle Marken im unteren Platz, so ist das FIFO „voll"; befinden sich Marken in beiden

Plätzen, so ist es weder „leer" noch „voll". Die Übergänge im Netz beschreiben wieder das „Füllen" und das „Leeren" des FIFO.

Aufgabe 5.4. Zur Übung im Umgang mit Petri-Netzen ist – ausgehend von Bild 5-21b mit *einem* Pufferregister (vgl. die eingezeichnete eine Marke) – ein Netz mit *drei* Pufferregistern R1 bis R3 zu konstruieren, das dem FIFO-Zugriffsalgorithmus Rechnung trägt; in diesem neuen Netz dürfen sich aber nicht mehrere Marken auf ein und demselben Platz befinden.

Technische Umsetzung. Die Datenübertragung erfolgt i.allg. – wie ausgeführt – über ein *Register*; das ist aber nicht zwingend, nämlich wenn der Sender seine Information halten kann (bis sie abgeholt ist). Synchronisation erfordert i.allg. – wie ausgeführt – ein *Flipflop* für die Aussage über den Zustand des Registers; das ist ebenfalls nicht zwingend, nämlich wenn die Information über den Füllungsgrad in den Übertragungspartnern vorliegt. *Existiert* jedoch eines oder beides, so muß es eine Schnittstelleneinheit geben mit im Prinzip zwei Schnittstellen: eine zum Systembus und eine zur Peripherie. Ihre Bezeichnung lautet oft kurz Interface, genauer jedoch Interface-Adapter. Seine Anschlüsse zur Peripherie hin werden als Tore (Ports) bezeichnet. – Wir werden meistens den letzten der beiden Begriffe benutzen oder dessen Kurzform Adapter.

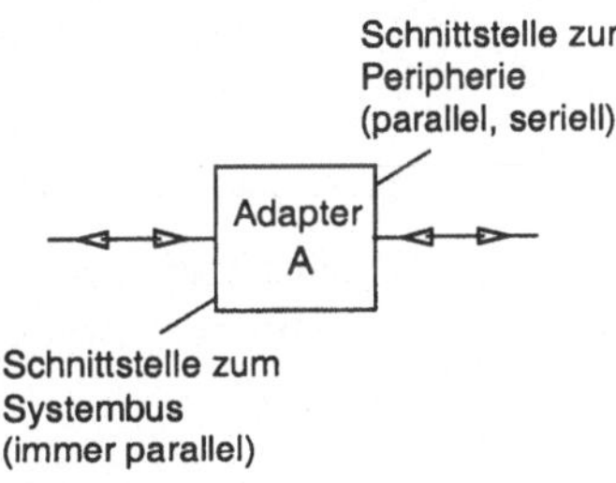

Es gibt Adapter, die konfigurierbar sind, z.B. für allgemeine Steuerungszwecke, und es gibt Adapter, die standardisiert sind, z.B. für die Druckeransteuerung mit Centronics-Schnittstelle (bzw. dessen Nachfolger-Schnittstellen entsprechend IEEE 1284).

Interface-Adapter werden in Computersysteme in unterschiedlichster Komplexität eingebaut, entweder als einzelne Bausteine oder als Teile umfassenderer Bausteine; oder sie werden als Komponenten in ein Ein-chip-Computersystem integriert. In jedem Fall sind sie *parallel* an den *Systembus* angeschlossen; dieser ist dem Prozessor zugeordnet (Bild 4-1) oder ein eigenständiger Bus (Bild 5-65).

5.2.2 Testen und Ändern der Synchronisationsinformation[1]

Zum Testen und zum Ändern der Synchronisationsinformation prozessorseits sowie peripherieseits sind viele Varianten in Gebrauch, die im wesentlichen den unterschiedlichen Aufwands- und Geschwindigkeitsanforderungen der verschiedenen Datenübertragungsarten bitparallel, asynchron-bitseriell und synchronbitseriell Rechnung tragen.

Prozessor-Schnittstelle. Wir beschreiben zuerst das Testen und anschließend das Ändern der in Bild 5-21 enthaltenen Synchronisationsinformation „X" durch den *Prozessor* (X=1: R voll bei Eingabe, Markierung unten, bzw. R leer bei Ausgabe; Markierung oben; siehe auch Bild 5-26, S. 419).

1. Dieser überblickartig gehaltene Abschnitt kann übersprungen werden.

- Das ***Testen*** von X durch den Prozessor geschieht im Einmastersystem grundsätzlich durch zwei Möglichkeiten, entweder (1) in Software vollprogrammiert oder (2) in Hardware teilprogrammiert/teilautomatisiert.[1]

  - *zu 1.* Das Testen erfolgt *vollprogrammiert*:

    X wird ohne zusätzlichen Leitungsaufwand im System mit Hilfe eines *Teste-X-Befehls* abgefragt (Software-Lösung durch Verzweigung im Maschinenprogramm):

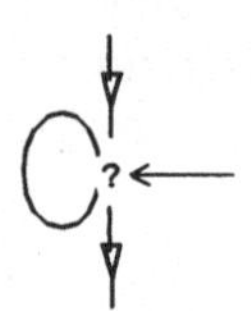

Im Fall X=0 „wartet" der Prozessor, indem er sich mit der wiederholten Ausführung dieses Test-Befehls selbst „beschäftigt": Ein-/Ausgabe mit programmiertem Warten (busy waiting).

Im Fall X=1 gelangt er zur Ein-/Ausgabeverarbeitung und führt dort die Übertragung eines Datums durch.

  - *zu 2.* Das Testen erfolgt *teilprogrammiert/teilautomatisiert:*

    X wird über eine gesonderte Leitung im System mittels eines *Prozessor-Interrupts* ausgewertet (Hardware-Lösung durch Verzweigung im Mikroprogramm):

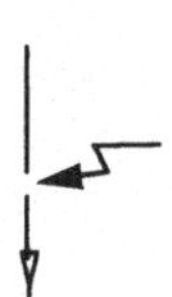

Im Fall X=0 befindet sich der Prozessor im Normalzustand der Ausführung eines Programms, das im einfachsten Fall nur aus Warten besteht (Endlosschleife), normalerweise aber ein vom Betriebssystem bereitgestelltes Programm ist (Mehrprogrammbetrieb).

Im Fall X=1 gelangt er in den Ausnahmezustand für die Ein-/Ausgabe und führt dort die Übertragung eines Datums durch: Ein-/Ausgabe mit Programmunterbrechung.

- Das ***Ändern*** von X durch den Prozessor geschieht durch Rücksetzen von X. Es erfolgt im Prinzip immer gleich, nämlich mit bzw. nach Beendigung des Buszyklus mit dem Datenregister R des Interface-Adapters entweder durch Software oder durch Hardware. Bei der *Eingabe* ist das der Lesezyklus für die Datenübertragung Adapter→Prozessor, bei der *Ausgabe* ist es der Schreibzyklus für die Datenübertragung Prozessor→Adapter.

Die Synchronisationsinformation wird entweder unmittelbar durch Hardware am Ende des erwähnten Buszyklus, z. B. bei einem Transportbefehl mit R als Quell- bzw. Zielregister, oder direkt danach durch Software mittels eines weiteren Befehls gelöscht. Aufgrund der Synchronisation bei der Datenübertragung kann es – dieser Darstellung folgend – nicht vorkommen, daß der Prozessor bei korrekter Programmierung in dieser Situation X bereits gelöscht vorfindet. Denn der Transportbefehl mit R wird erst im Ein-/Ausgabeprogramm ausgeführt, und in diesen Zustand gelangt der Prozessor nur, wenn X gesetzt ist. In den Netzen in Bild 5-21 ist diesem tatsächlichen Verhalten des Prozessors Rechnung getragen (auch im Petri-Netz Bild 5-26a, obwohl dort der doppelte Test

1. oder (3) in Multimastersystemen durch Controller vollautomatisiert.

der Synchronisationsinformation – wie erörtert – überflüssig ist, vgl. Bild 5-21b; Petri-Netze werden ja auch in erster Linie als übergeordnete Darstellung zur Abstrahierung vom wirklichen Geschehen benutzt).

Peripherie-Schnittstelle. Wir beschreiben wieder zuerst das Testen und anschließend das Ändern der in Bild 5-21 enthaltenen Synchronisationsinformations „X“, nun aber durch die *Peripherie* (X=1: R leer bei Eingabe; Markierung oben, bzw. R voll bei Ausgabe, Markierung unten).

- Das ***Testen*** von X durch die Peripherie seiner eigentlichen Bedeutung gemäß zum Zweck der Synchronisation ist nur notwendig, wenn die Peripherie Daten schneller anliefern oder abnehmen kann, als sie der Prozessor wegtransportieren kann (bei der Eingabe) bzw. hintransportieren kann (bei der Ausgabe). Es werden grundsätzlich zwei Möglichkeiten unterschieden, nämlich (1) bitparallele und (2) bitserielle Datenübertragung.

  - *zu 1.* Die Datenübertragung erfolgt *bitparallel*,

    d.h. über mehrere, i.allg. acht Übertragungsleitungen (kostenintensivere, schnellere Lösung). Sowohl bei der *parallelen Eingabe* wie bei der *parallelen Ausgabe* wird X von der Peripherie über eine besondere Leitung getestet:

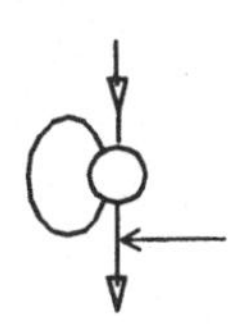

    Im Fall X=1 ist das Datum noch nicht abgeholt – R voll (X=1 bei Eingabe) – bzw. noch nicht vorrätig – R leer (X=1 bei Ausgabe) –, und die Peripherie muß warten.

    Im Fall X=0 ist das Datum vom Prozessor übernommen worden – R leer (X=0 bei Eingabe) – bzw. kann von der Peripherie übernommen werden – R voll (X=0 bei Ausgabe) –, d.h., die Peripherie kann mit ihrer nächsten Aktion fortfahren.

  - *zu 2.* Die Datenübertragung erfolgt *bitseriell*,

    d.h. über eine einzige Übertragungsleitung (kostengünstigere, langsamere Lösung):

    Bei der *seriellen Eingabe* wird X von der Peripherie nicht zur Synchronisation der Datenübertragung getestet; es wird vorausgesetzt, daß die Peripherie im Normalfall nie zu warten braucht, d.h. immer R leer (X=0 bei Eingabe) vorfindet. Ist im Ausnahmefall der Prozessor dennoch langsamer als das EA-Gerät, d.h., ist entgegen dem Normalfall noch R voll (X=1 bei Eingabe), so wird im Adapter ein besonderes Statusbit gesetzt, das den Überlauf des Datenpuffers anzeigt. Damit kann das System so ausgelegt werden, daß der Prozessor in diesem Fall in ein entsprechendes Systemprogramm verzweigt.

    Bei der *seriellen Ausgabe* wird X, obwohl es im Normalfall nicht nötig wäre, von der Peripherie im Interface-Adapter dennoch auf R voll (X=0 bei Ausgabe) getestet. Ist im Ausnahmefall der Prozessor langsamer als das

EA-Gerät, d.h., ist entgegen dem Normalfall noch R leer (X=1 bei Ausgabe), so beginnt der Adapter erst dann die eigentliche Datenübertragung mit der Peripherie, wenn der Prozessor mit R voll (X=0 bei Ausgabe) die Ankunft des Datums in R signalisiert hat. Die Peripherie wartet in diesem Fall so lange, bis es vom Adapter das Datum angeboten bekommt und synchronisiert sich mit diesem für die Übertragung. Auf diese Weise können Lücken im Datenstrom entstehen, oder der Datenstrom muß mit Leerzeichen bzw. -bits aufgefüllt werden.

- Das ***Ändern*** von X durch die *Peripherie* erfolgt durch Setzen von X. Auch hier geschieht das im Prinzip immer gleich, nämlich nach Beendigung der Datenübertragung mit dem Datenregister R des Adapters, und zwar unterschiedlich für (1) bitparallele und (2) bitserielle Datenübertragung.

  - *zu 1.* Die Datenübertragung erfolgt *bitparallel:*

    Bei der *parallelen Eingabe* wie bei der *parallelen Ausgabe* erfolgt die Synchronisation der Peripherie mit dem Interface-Adapter über eine gesonderte Steuerleitung, mit der die Übergabebereitschaft der Peripherie für das parallel auf den 8 Datenleitungen anliegende Datum bzw. dessen erfolgreich durchgeführte Übertragung in die Peripherie angezeigt wird. Der Adapter übernimmt daraufhin das anstehende Datum, d.h., R ist voll (X=1 bei Eingabe), oder es erkennt am Zustand der Steuerleitung, daß das Datum abgeholt ist, d.h., R ist leer (X=0 bei Ausgabe). – Zu den Details der parallelen Datenübertragung siehe 5.2.3.

  - *zu 2.* Die Datenübertragung erfolgt *bitseriell:*

    Bei der *seriellen Eingabe* erfolgt die Synchronisation der Peripherie mit dem Interface-Adapter ohne zusätzlichen Leitungsaufwand über die sowieso vorhandene Datenleitung, und zwar entweder durch das Startbit (asynchron-serielle Datenübertragung) oder durch ein besonderes Startzeichen (synchron-serielle Datenübertragung); nach 8 Taktschritten sind z.B. alle Bits des Datums in den Adapter übertragen, d.h., R ist gefüllt (X=1 bei Eingabe).

    Bei der *seriellen Ausgabe* erfolgt die Übertragung zwischen Interface-Adapter und Peripherie unsynchronisiert, d.h., die Peripherie muß für den Empfang einzelner Zeichen (asynchron-serielle Datenübertragung) bzw. für den Empfang eines Zeichenstroms (synchron-serielle Datenübertragung) grundsätzlich *bereit* sein; die Übertragungsgeschwindigkeit wird dabei durch den zwischen Adapter und Peripherie vereinbarten einheitlichen Übertragungstakt festgelegt. Aus der Sicht des Adapters sind z.B. nach 8 Taktschritten alle Bits des Datums in die Peripherie übertragen, d.h., R ist geleert (X=0 bei Ausgabe). – Zu den Details der asynchron-seriellen Datenübertragung siehe 5.2.4, der synchron-seriellen Datenübertragung siehe 5.2.5.

5.2.3 Parallele Datenübertragung[1]

Die Diskussion des prinzipiellen Ablaufs der Datenübertragung zwischen Prozessor und einem Ein-/Ausgabegerät aus 5.2.1 zeigt, daß unabhängig von der Kapazität des Puffers einschließlich des Sonderfalls Null die Synchronisation immer in derselben Weise erfolgt, und zwar über die beiden Zustände „Puffer voll" bzw. „Datum bereitgestellt" und „Puffer leer" bzw. „Datum übernommen". Die Diskussion stützte sich dabei auf explizite Synchronisation. Das ist nicht zwingend; es ist genau so gut möglich, parallele Datenübertragung mit impliziter Synchronisation zu verwirklichen, und zwar prozessorseits durch mehr oder weniger Software.

Das heißt, die Programmierung erfolgt entweder in allen Einzelheiten mit für jede Aktion eigenständigen Befehlen. Oder sie erfolgt auch hardware-unterstützt durch weniger oder mehr Automatismen für die jeweiligen Aktionen. Bei letzterem wird häufig auf vollständige Synchronisation verzichtet, d.h., die Prozesse sind in der Ausführungsgeschwindigkeit der einzelnen Aktionen nicht mehr völlig frei, sondern müssen aufeinander abgestimmt werden.

Zweiter Entwurf zur Synchronisation. Durch Neudefinition der Kommunikationsregeln entsteht aus Bild 5-21 Bild 5-22. Hier können nicht nur die Aktionen *1* und *2* nicht parallel stattfinden; vielmehr haben wir eine strikte Reihenfolge der

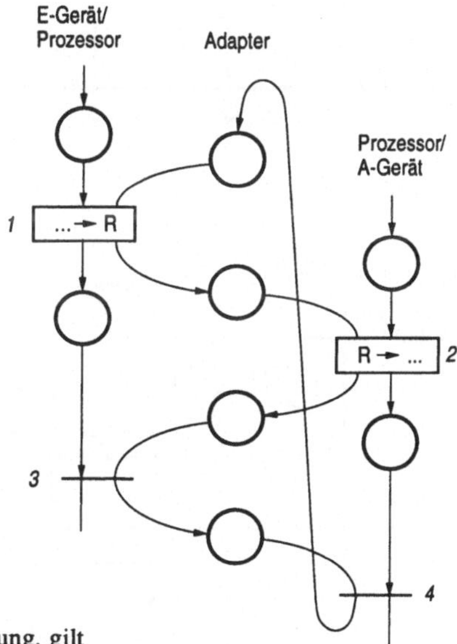

Bild 5-22. Petri-Netz für parallele Datenübertragung, gilt gleichermaßen für Eingabe (E-Gerät→R→Prozessor) wie für Ausgabe (A-Gerät→R→Peripherie).

1. Wir wählen hier aus der Fülle an Möglichkeiten *implizite* Synchronisation, stützen uns somit auf prozessorseits vollprogrammierte Datenübertragung, und behandeln vorzugsweise Ausgabe mit programmiertem Warten.

Aktionen vor uns, nämlich *1*, *2*, *3*, *4*. Der Entwurf ergibt eine Schaltung ohne Synchronisationsflipflop (vgl. den Buszyklus Bild 4-4 in 4.1.2: dort sind die Aktionen prozessorseits Mikrobefehle des Mikroprogrammsteuerwerks, hier sind sie Maschinenbefehle eines Maschinenprogramms). Zur Synchronisation sind lediglich zwei Signale nötig, die mit ihren 0- und 1-Pegeln wechselseitig von den beiden Prozessen, dem Prozessor-Prozeß und dem Peripherie-Prozeß, getestet und aktiviert bzw. inaktiviert werden (Handshake-Signale strobe und acknowledge, siehe nächste Seite).

Anschlußmöglichkeiten paralleler Interface-Adapter

Wie Bild 5-23a in einer schematischen Darstellung zeigt, gibt es eine Reihe von Anschlußmöglichkeiten von Eingabe-, Ausgabe- oder Ein-/Ausgabetoren, die in mannigfacher Weise zu Interface-Adaptern kombiniert werden können.

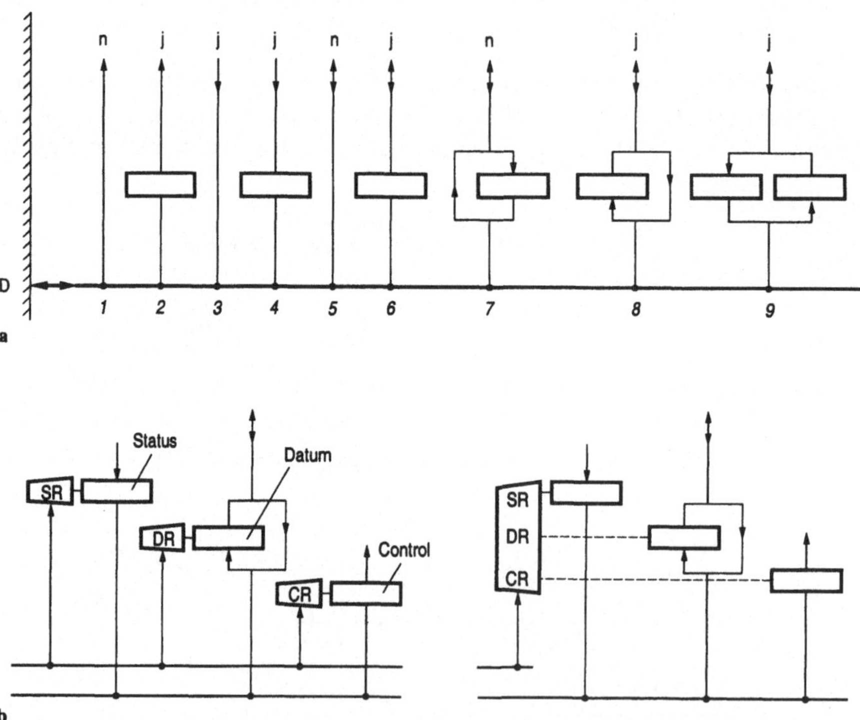

Bild 5-23. Ausgestaltungen von Interface-Adaptern bzw. deren Toren; **a** neun Varianten: *1* Ausgabe (ungepuffert), *2* Ausgabe (gepuffert), *3* Eingabe (ungepuffert), *4* Eingabe (gepuffert), *5* Ein-/Ausgabe (ungepuffert), *6* Ein-/Ausgabe (gepuffert), *7* Ein-/Ausgabe (gepuffert/ungepuffert), *8* Ein-/Ausgabe (ungepuffert/gepuffert), *9* Ein-/Ausgabe (gepuffert/gepuffert), **b** Mindestausstattung für einen EA-Adapter vom Typ *8* (Registeranwahl dezentral bzw. zentral).

Grundsätzlich gilt:

- Es existiert immer ein Datenregister DR, wo ein Datum abgelegt wird (Ausgabe) bzw. abgegriffen wird (Eingabe), bei Ausgabe im Adapter (damit der Prozessor nicht warten muß), bei Eingabe im Gerät oder zusätzlich im Adapter (die Peripherie kann warten).

Demnach sind sinnvoll nur die in Bild 5-23a mit j (ja) und n (nein) bewerteten Anordnungen. – Als Mindestausstattung für einen Ein- und Ausgabe-Adapter gilt (vgl. *Typ 8*, Bild 5-23b)

1 Datenregister DR,
1 Steuerregister CR,
1 Statusregister SR.

SR und CR sind je nach Ausgestaltung teils zusammengefaßt, teils nur gemeinsam ansprechbar. Im letzteren Fall besitzen beide eine gemeinsame Adresse; die Benutzung wird durch den Zugriff unterschieden, und zwar durch das Signal $R/\overline{W}$.

Ein Parallel-Adapter mit Beispiel für Ausgabe

Bild 5-24 zeigt einen Interface-Adapter vom *Typ 8*, d.h. mit einem gemeinsamen Tor für ungepufferte Eingabe und gepufferte Ausgabe einschließlich seines Status- und seines Steuerregisters. Es dient im folgenden als eine Art Standard zur Beschreibung der Funktion eines Parallel-Adapters, hier beispielhaft für den Fall der Ausgabe. – Für die anderen Adapter-Typen ist die Synchronisation auf der Signalebene bezüglich der Ausgabe dieselbe, so daß sich entsprechende Erörterungen erübrigen (natürlich muß die Programmierung den geänderten Registerstrukturen angepaßt werden).

Wie an Bild 5-24 zu sehen, sind sämtliche Register und somit auch die darin enthaltenen Flipflops über den Systembus adressierbar, so daß sie vom Prozessor gelesen bzw. abgefragt oder beschrieben, d.h. gesetzt oder gelöscht werden können (die zur Adressierung der Register und zur Steuerung der Übertragung notwendigen Leitungen sind in Bild 5-24 gestrichelt gezeichnet).

Unter Zugrundelegung von Bild 5-24 für die Struktur des Parallel-Adapters zeigt Bild 5-25 das Graphennetz für die Synchronisation der beiden an der Datenübertragung beteiligten Prozesse. In beiden Bildern besorgen zwei Handshake-Signale die Synchronisation.

Signale: STB (strobe)=CR7
ACK (acknowledge)=SR7

Für den in Bild 5-25 dargestellten Fall der Ausgabe haben die Handshake-Signale die Bedeutung STB=„DR voll“ und ACK=„DR leer“. Für die Eingabe ist die Funktion von Prozessor und Peripherie vertauscht, dementsprechend auch die

Bedeutung der Signale STB und ACK, d.h., STB signalisiert dann „DR leer" und ACK „DR voll" (siehe S. 418: Varianten, Einsatz).

Wie die Bilder zeigen, werden die Handshake-Signale gespeichert: STB in einem Flipflop von CR, ACK in einem Flipflop von SR. Diese Flipflops sind nicht notwendig zum Speichern der Synchronisationsinformation. Sie haben lediglich einen technischen Hintergrund: sie dienen zum Halten der Signale über mehrere, ggf. viele Schritte.

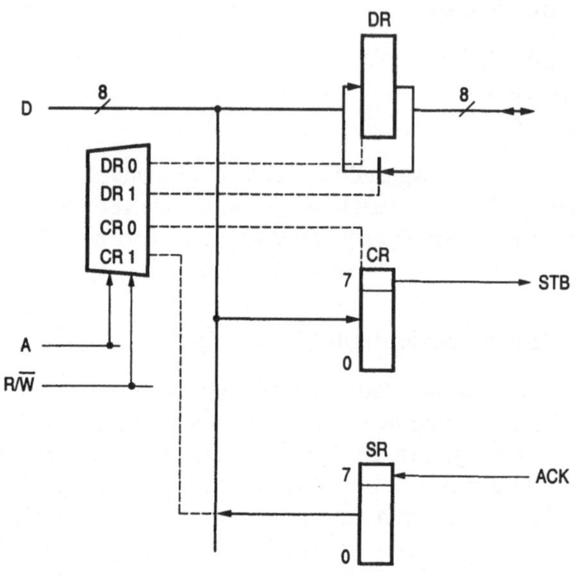

Bild 5-24. Parallele Datenübertragung für *Typ 8* gemäß Bild 5-23 (ungepufferte Ein- und gepufferte Ausgabe).
Register: DR (data register), CR (control register), SR (status register).

Das Graphennetz in Bild 5-25 folgt bezüglich der Synchronisation 100%ig dem Petri-Netz Bild 5-22. Charakteristisch in beiden Bildern ist das zahnradähnliche Ineinandergreifen beider Prozesse, d.h. die strikte Einhaltung der Reihenfolge der Aktionen links, rechts, links, rechts, was in ihrer fortlaufenden Numerierung zum Ausdruck kommt. – Im linken Graphen wird die Zustandsfortschaltung durch ein oder zwei Maschinenbefehle des Prozessors bewirkt, im rechten Graphen i.allg. durch Abfragen bzw. durch Aktionen der Peripherie-Elektronik.

Das Programm links unten in Bild 5-25 skizziert den geschilderten Ausgabevorgang (mit Synchronisation der Datenübertragung durch programmiertes Warten). Die als Kommentar im Programm erscheinenden Nummern (durch // gekennzeichnet) korrespondieren mit den im Graphen für die Aktionen angegebenen Nummern. Wenn davon ausgegangen werden kann, daß das Prozessorprogramm sich in keiner Phase des Programmablaufs „aufhängt", also gewisse Zeitbedin-

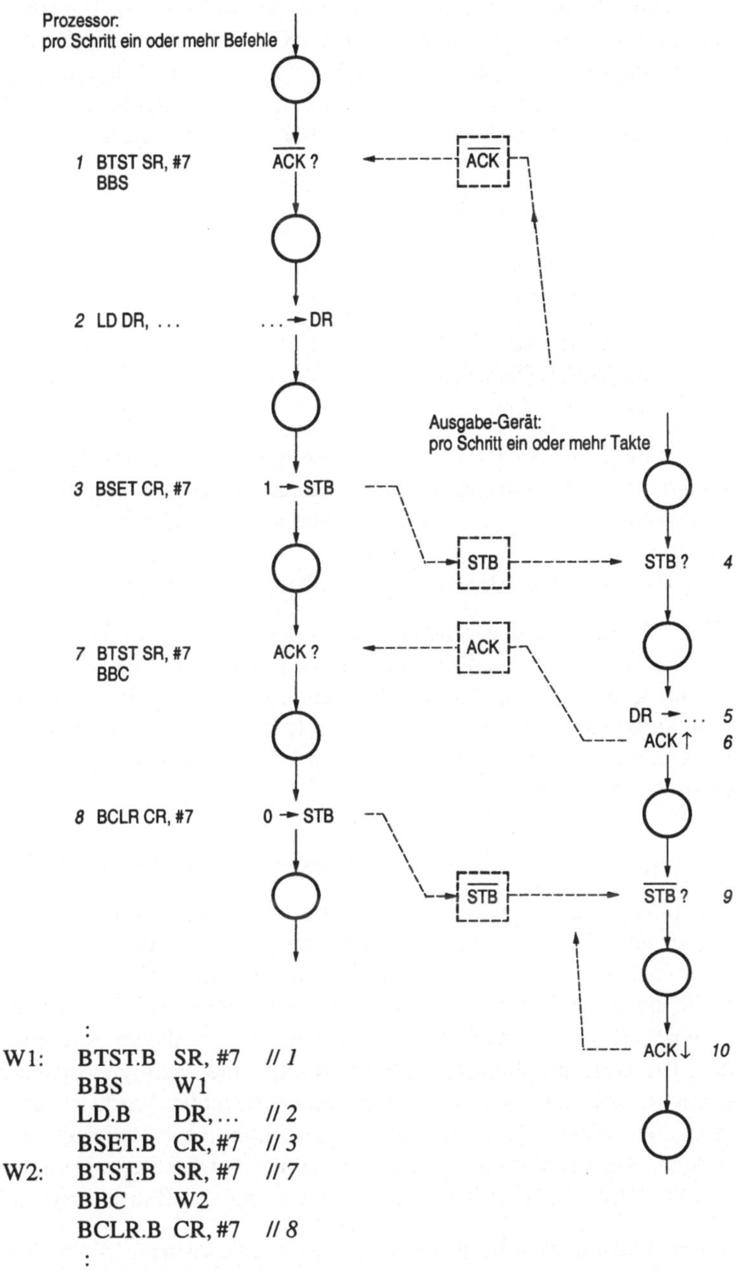


```
        :
W1:     BTST.B  SR, #7    // 1
        BBS     W1
        LD.B    DR, ...   // 2
        BSET.B  CR, #7    // 3
W2:     BTST.B  SR, #7    // 7
        BBC     W2
        BCLR.B  CR, #7    // 8
        :
```

Bild 5-25. Ablauf für Ausgabe in Software; links Prozessor, rechts Peripherie, links unten Programm. BBS – Branch if Bit Set, BBC – Branch if Bit Clear.

gungen garantiert werden, darf das Programm, ohne die Synchronisation zu beeinträchtigen, auch kürzer ausfallen (siehe nächste Seite: Varianten, Einsatz).

Varianten, Einsatz. In der Praxis gibt es zahlreiche Varianten, z.T. verbunden mit einem Bedeutungswandel der Signale und der Flipflops sowie mit Zeitvorgaben.[1] Für das gewählte Beispiel der Ausgabe brauchen z.B. die folgenden Aktionen nicht extra durch Befehle ausgelöst zu werden, sondern erfolgen zusammen mit anderen Aktionen oder „von selbst" (die Nummern in den Klammern beziehen sich auf Bild 5-25).

1→STB (*3*)	durch DR schreiben (*2*)
0→STB (*8*)	durch ACK (*6*) *oder* von selbst
ACK↓ (*10*)	durch SR lesen (*7*) *oder* durch DR lesen *oder* von selbst

Die Wendung „durch DR lesen" weist eine Besonderheit auf: Bei der Eingabe wird die gewünschte Aktion ausgelöst bei Ausführung des für das Lesen von DR zuständigen Befehls LD ..., DR. Bei der Ausgabe ist dieser Befehl zusätzlich zu programmieren, und zwar hinter „DR schreiben" (*2*), d.h. hinter dem Befehl LD DR, ...; dieser Befehl trägt die Bezeichnung „dummy read".

Typische Einsatzbereiche der parallelen Datenübertragung sind die Steuerung technischer Prozesse (hier ist der Prozessor mit dem Interface-Adapter i.allg. auf einem Chip untergebracht, wie das bei Mikrocontrollern der Fall ist) sowie die Centronics-Schnittstelle zur Druckeransteuerung (deren Vereinheitlichungen und Erweiterungen führen auf Standards, die in der internationalen Norm IEEE 1284 beschrieben sind, siehe [Flik]).

5.2.4 Asynchron-serielle Datenübertragung (UART)[2]

Die serielle Ein-/Ausgabe ist, wie bereits erwähnt, besonders kostengünstig. Sie benötigt in ihrer einfachsten Realisierung nur eine einzige Leitung pro Übertragungsrichtung (neben der aus elektrotechnischen Gründen erforderlichen Leitung für das Bezugspotential). Bei asynchroner Übertragung nach dem allgemein gebräuchlichen Start-Stopp-Verfahren ist außerdem der Hardware-Aufwand für die Steuerung der Datenübertragung äußerst gering. Eine wichtige Anwendung dieser Übertragungstechnik, wie sie im folgenden betrachten wird, ist die Ein-/Ausgabe zwischen einem Prozessor und sog. rechnernahen, langsamen Ein-/Ausgabegeräten, wie Tastatur und Bildschirm. Typische Übertragungsraten sind hier 1200, 4800, 9600 oder 19200 bit/s bei Verwendung von Bausteinen, die der

1. Zeitbedingungen für Handshake-Signale existieren, wenn beim Durchspielen des Ablaufs der *eine* Prozeß nicht mehr durch den *anderen* Prozeß „angehalten" wird. Keine Zeitbedingungen existieren, wenn der *eine* Prozeß *von sich aus* bis zum nächsten *Halte*punkt läuft, während der *andere* Prozeß *wartet* und umgekehrt.

2. Wir wählen hier *explizite* Synchronisation wegen ihrer Bedeutung im Zusammenhang mit dem UART-Baustein (universal asynchronous receiver transmitter), stützen uns somit auf prozessorseits teilprogrammierte/teilautomatisierte Datenübertragung und behandeln Eingabe und Ausgabe mit Programmunterbrechung.

Schnittstellenempfehlung V.24/V.28 der ITU (International Telecommunication Union) bzw. RS-232-C der EIA (Electronic Industries Association) folgen. Höhere Übertragungsraten erreicht man durch verbesserte Bausteine, wie sie z.B. in der Empfehlung V.10 bzw. RS-423-A vorgegeben sind. – Weitere Anwendungen der asynchron-seriellen Übertragung nach dem Start-Stopp-Verfahren sind u.a. die Datenfernübertragung über das analoge Fernsprechnetz und der Einsatz bei seriellen Bussen, z.B. in der Steuerungstechnik (Feldbusse).

Es ist nicht zwingend, aber üblich, daß die serielle Datenübertragung mit expliziter Synchronisation verwirklicht wird, wie im folgenden dargestellt. Aber auch hier wird Bild 5-21 nicht unmittelbar zur Realisierung der Datenübertragung herangezogen. Und zwar liegt das daran, daß einerseits Abfragen eines Platzes und Weiterrücken einer darin befindlichen Marke im Petri-Netz als unteilbare Handlung vorgeschrieben ist, andererseits diese Aktion prozessorseits programmiert werden muß. Speziell dafür besitzen Prozessoren aber gewöhnlich keine Extra-Befehle, so daß diese Aktion nicht durch einen einzigen Befehl programmiert werden kann.

Dritter Entwurf zur Synchronisation. Durch Modifikation der Kommunikationsregeln entsteht aus Bild 5-21 Bild 5-26a. Die Aktionen *1* und *2* bzw. *3* und *4* sind aufgrund der Programmierbarkeit getrennt. Die „vorgezogenen" Abfragebalken *1* bzw. *3* sind in einem reinen Petri-Netz nicht nötig, wie ja Bild 5-21 zeigt. Durch Verwendung gestrichelter Linien im Petri-Netz Bild 5-26a wird der Zustand der Synchronisationsplätze lediglich *abgefragt*. Das heißt, die Marken in RE bzw. RF werden beim Überschreiten des Balkens *nicht* mitgenommen; deshalb enthalten die entsprechenden gestrichelten Linien keine Pfeilspitzen. Die darunter stehenden Aktionen hingegen nehmen bei ihrer Ausführung die Marken

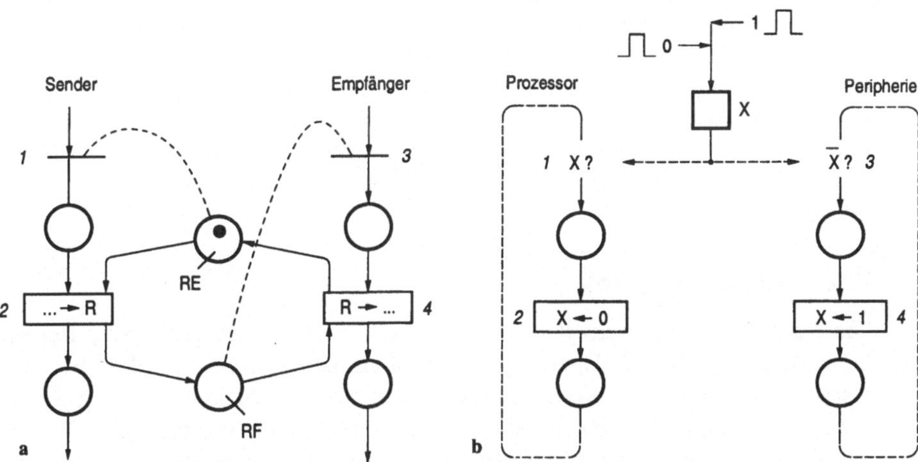

Bild 5-26. Serielle Datenübertragung, gilt gleichermaßen für Eingabe (Peripherie→R→Prozessor) wie für Ausgabe (Prozessor→R→Peripherie); **a** Petri-Netz mit Synchronisationsplätzen RE (R „leer") und RF (R „voll"), **b** Graphennetz mit Synchronisationsflipflop X; bei Eingabe signalisiert X=1 „R voll", bei Ausgabe signalisiert X=0 „R voll".

mit; im vorliegenden Petri-Netz geht das nur dann, wenn die entsprechende Marke schon im Platz vor der Aktion ist. – Der Entwurf ergibt eine Schaltung mit Synchronisationsflipflop, wie in Bild 5-26b dargestellt.

Teilbilder a und b unterscheiden sich in der Anordnung der Systemkomponenten:

Im Petri-Netz (a) sind links der Sender und rechts der Empfänger dargestellt. Eingabe und Ausgabe sind in *einer* Darstellung vereint, und Prozessor und Peripherie wechseln die Seiten: Bei der *Eingabe* ist der (programmierbare) Prozessor Empfänger (links); bei der *Ausgabe* ist der Prozessor Sender (rechts).

Im Graphennetz (b) sind links der Prozessor und rechts die Peripherie dargestellt. Auch hier sind Eingabe und Ausgabe in *einer* Darstellung vereint; nun wechseln Sender und Empfänger die Seiten: Bei der *Eingabe* ist die Peripherie der Sender und der Prozessor der Empfänger: der Datenfluß verläuft von rechts nach links. Bei der *Ausgabe* ist der Prozessor der Sender und die Peripherie der Empfänger: der Datenfluß verläuft von links nach rechts. Die Stellung des Synchronisationsbits ist dabei bezüglich Eingabe und Ausgabe komplementär.

Bild 5-26b zeigt gegenüber Bild 5-26a durch die Einbeziehung technischer Details für die Datenübertragung zwischen Prozessor und Peripherie mehr Praxisnähe. Es zeigt insbesondere links in der Abfrage *1* für den Prozessor das programmierte Warten (bzw. die Programmunterbrechung), gefolgt von dem darunter gezeichneten Kästchen *2* für die eigentliche Ein-/Ausgabeaktion (einem LD- bzw. MOVE-Befehl). Anstelle der Synchronisations*plätze* des Petri-Netzes ist ein Synchronisations*bit* getreten, wodurch auch der Steuersignalfluß deutlich wird; dabei sei nochmals auf die unterschiedliche Interpretation der Stellung des Bits bezüglich Ein- und Ausgabe hingewiesen (siehe Bildunterschrift). – Auf eine weitere Detaillierung wird an dieser Stelle verzichtet. Wie die Auswertung des Synchronisationsbits durch den Prozessor und durch die Peripherie erfolgt und wie und wo das Umschalten des Synchronisationsbits veranlaßt wird, ist unter Funktionsweise der Datenübertragung beschrieben, siehe S. 423 ff. In der Praxis wird auch hier auf vollständige Synchronisation verzichtet; das hat zur Folge, daß die Prozesse in der Ausführungsgeschwindigkeit der einzelnen Aktionen in Teilen voneinander abhängig sind, d.h. aufeinander abgestimmt werden müssen.

Übertragungsprotokoll

Die Datenübertragung erfolgt nach gewissen, international genormten Regeln, die zusammengefaßt als Übertragungsprotokoll oder kurz als Protokoll bezeichnet werden. Die asynchron-serielle Datenübertragung nach dem o.g. Start-Stopp-Verfahren erfolgt zeichenweise mit serieller Übertragung der einzelnen Bits eines Zeichens. Der Abstand zwischen zwei Zeichen kann beliebig variieren, indem der Sender den Startzeitpunkt einer jeden Zeichenübertragung von sich aus festlegt und die Zeichen dementsprechend „asynchron" zum Empfänger überträgt. Zur Vorgabe der zeitlichen Abstände der einzelnen Bits innerhalb eines Zeichens (Schrittweite) besitzen Sender und Empfänger entweder zwei getrennt laufende Taktgeneratoren gleicher Frequenz, oder, wenn sie durch eine Taktleitung miteinander verbunden sind, einen gemeinsamen Taktgenerator. Der Sender überträgt die Bits mit der Schrittweite des Takts in Form von Signalpegeln, der Empfänger synchronisiert sich mit jedem Zeichenbeginn mit dem Datensignal und tastet es um die halbe Schrittweite versetzt mittels seines Takts ab.

Bild 5-27 zeigt den vom Sender erzeugten Signalverlauf: in a für die Übertragung eines Zeichens, in b am Beispiel des ASCII-Zeichens S (das für die Übertragung an höchstwertiger Stelle D7 um ein 0-Bit auf 8 Bits erweitert ist). Die Dateninformation besteht aus 8 Datenbits, ergänzt um ein Paritätsbit zur Fehlererkennung. Das Paritätsbit wird beim Senden eines Zeichens hier so gebildet, daß die Quersumme über die Daten- und das Paritätsbit gerade ist (even parity). Vom Empfänger wird die Quersumme der empfangenen Datenbits einschließlich Paritätsbit auf gerade überprüft und ggf. ein Übertragungsfehler angezeigt. Die Datenbits und das Paritätsbit, deren Werte 0 und 1 durch Low- bzw. High-Pegel repräsentiert sind, werden von einem Startbit (Low-Pegel) und einem Stoppbit (High-Pegel) eingerahmt. Eventuelle Pausen zwischen zwei Zeichen werden wie das Stoppbit durch High-Pegel dargestellt. Dies ermöglicht dem Empfänger, das Startbit und damit den jeweiligen Beginn einer Zeichenübertragung zu erkennen.

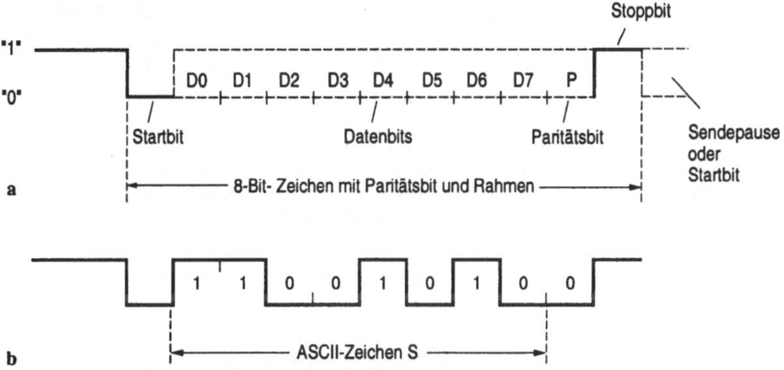

Bild 5-27. Zeichendarstellung durch Signalpegel über der Zeit nach dem Start-Stopp-Verfahren, **a** 8 Datenbits, 1 Paritätsbit, 1 Stoppbit, **b** ASCII-Zeichen S mit Paritätsbit.

Für den Anschluß asynchron-seriell arbeitender Peripherie an einen Rechner benötigt man einen asynchron-seriellen Interface-Adapter (Universal Asynchronous Receiver Transmitter, UART). Ein solcher Adapter führt die Anpassung zwischen der parallelen Datendarstellung auf dem Systembus und der seriellen Darstellung nach dem Start-Stopp-Verfahren auf der Eingabe- bzw. der Ausgabeleitung durch. Ein entsprechender Adapter ist im folgenden in seiner Struktur und seiner Funktion in einer vereinfachten Form beschrieben.

Schaltungsstruktur des UART-Adapters

Bild 5-28 zeigt die interne Struktur des UART mit den wichtigsten Registern und Bits sowie seinen im Zusammenhang mit der Datenübertragung wichtigsten Si- UART

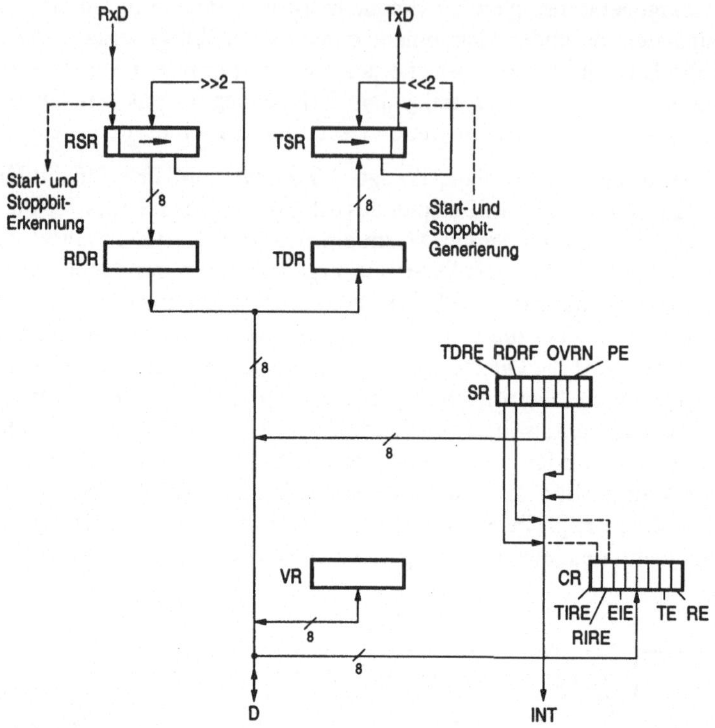

Bild 5-28. Asynchron-serieller Interface-Adapter mit Anschlüssen zur Peripherie (oben) und zum Prozessor (unten). Die Adressierung und die Steuerung zur Durchführung von Buszyklen mit den Registern ist nicht dargestellt.
Register: RDR (receiver data register), RSR (receiver shift register), TDR (transmitter data register), TSR (transmitter shift register), Statusregister SR, Steuerregister CR, Vektorregister VR.

gnalen von und zur Peripherie. Gesonderte Steuerleitungen zur Peripherie sind nicht vorhanden; die Steuerinformation wird über die beiden Datenleitungen RxD bzw. TxD übermittelt, sie ist gewissermaßen in den Datensignalen versteckt.

Signale: RxD (receive data)
TxD (transmit data)

Eingabe. Die Eingabe eines Zeichens erfolgt über die Empfangsdatenleitung RxD. Ausgelöst durch das Startbit werden die Datenbits nacheinander nach RSR übertragen. Nach Erkennen des Stoppbits wird das Zeichen nach RDR übenommen. Das Laden von RDR, d.h. die Daten*bereitstellung* durch den Adapter, wird in SR durch Setzen des Bits RDRF (RDR full) angezeigt. Wird RDR erneut geladen, bevor es vom Prozessor gelesen wurde, so wird dies als Überlauf-Fehler durch Setzen des Statusbits OVRN (overrun) angezeigt. Während des Empfangs wird eine Paritätsprüfung durchgeführt und bei Erkennen eines Übertragungsfehlers das Statusbit PE (parity error) gesetzt. Alle drei Statusbits, RDRF, OVRN und PE, können vom Prozessor durch Abfragen von SR ausgewertet werden oder, wenn neben RIRE (receiver interrupt enabled) das Steuerbit EIE (error interrupt enabled) gesetzt ist, als Interruptanforderung wirken.

Ausgabe. Die Ausgabe eines Zeichens erfolgt durch Schreiben des Zeichens nach TDR. Von dort wird es unmittelbar nach TSR gebracht und bitweise unter Hinzufügung des Startbits, ggf. des Paritätsbits und des Stoppbits auf der Sendedatenleitung TxD ausgegeben. Mit dem Transport nach TSR wird in SR das Bit TDRE (TDR empty) gesetzt, womit dem Prozessor die erneute Daten*übernahmebereitschaft* des Adapters angezeigt wird. Dieses Bit kann vom Prozessor durch Abfragen von SR ausgewertet werden oder, wenn TIRE (transmitter interrupt enabled) gesetzt ist, als Interruptanforderung wirken.

Die Funktionen für das Eingeben und Ausgeben von Zeichen sind grundsätzlich nur dann aktiviert, wenn der Empfänger bzw. der Sender des Adapters durch Setzen der Steuerbits RE (receiver enabled) bzw. TE (transmitter enabled) angeschaltet wurde. Die Anzeige der Datenbereitstellung bei der Eingabe (RDRF gesetzt) bzw. der Übernahmebereitschaft bei der Ausgabe (TDRE gesetzt) als Interruptanforderung kann durch die Steuerbits RIRE und TIRE – wie beschrieben – blockiert oder freigegeben werden. Die Interruptquelle wird mittels der in VR stehenden Vektornummer identifiziert.

Funktionsweise der Datenübertragung

Bilder 5-29 und 5-30 zeigen in a die Steuerung für die serielle Eingabe bzw. für die serielle Ausgabe. Wie in Teilbildern b zu sehen, besteht das System aus Prozessor, Speicher und Systembus (*1*), einem ersten asynchron-seriellen Interface-Adapter als Schnittstelle zwischen Systembus und Übertragungsweg (*2*), dem Übertragungsweg selbst, einem Kabel (*3*), einem zweiten asynchron-seriellen Interface-Adapter als Schnittstelle zwischen Übertragungsweg und Peripherie (*4*) und den Peripheriegeräten, hier einer Tastatur zur Eingabe und einem Bildschirm zur Ausgabe (*5*). Das Kabel verbindet die beiden Adapter so miteinander, daß ein auf der TxD-Leitung des einen Adapters seriell gesendetes Zeichen auf der RxD-Leitung des anderen Adapters seriell empfangen werden kann. Da beide Adapter sowohl Sender- als auch Empfängerfunktion haben, gibt es zwei voneinander unabhängige Übertragungsstrecken mit Spiegelsymmetrie. Diese Symmetrie weisen dementsprechend auch die beiden Graphennetze in den Teilbildern a auf.

Eingabe eines Zeichens. In unserem Beispiel erfolgt die Eingabe eines Zeichens über die Tastatur (vgl. die fett gezeichnete Linienführung in Bild 5-29b). Der Informationsfluß verläuft von der Peripherie zum Prozessor, d.h. von rechts nach links. Da er zwei Adapter durchläuft, gibt es nicht nur ein, sondern zwei Synchronisationsbits, eines auf der Peripherieseite und eines auf der Prozessorseite. Das einzugebende Zeichen wird durch Betätigen einer Taste auf der Tastatur bereitgestellt und – sofern das Synchronisationsbit des Adapters „TDR leer" anzeigt – nach TDR geschrieben; dabei wird das Synchronisationsbit auf „TDR voll" gesetzt. Der Adapter lädt danach (natürlich erst, wenn TSR die vorangegangene Zeichenübertragung abgeschlossen hat) das Zeichen nach TSR, setzt dabei sein Synchronisationsbit wieder auf „TDR leer" und gibt das Zeichen bitseriell auf seiner TxD-Leitung aus. Der prozessorseitige Adapter erkennt das auf seiner RxD-Leitung ankommende Zeichen anhand der Startbitflanke und übernimmt die Datenbits nach RSR. Er lädt dann das so empfangene Zeichen nach RDR und setzt dabei sein Synchronisationsbit auf „RDR voll" (das entspricht der beim Empfang des Zeichens in RSR erzeugten und beim Transport nach RDR weitergegebenen Marke). Der Prozessor fragt das Synchronisationsbit ab und übernimmt bei „RDR voll" das Zeichen von RDR, wodurch das Bit wieder in den Zustand „RDR leer" versetzt wird (die zuvor erzeugte Marke verschwindet wieder).

Bild 5-29. Eingabe mittels zweier UARTs; **a** Petri-Netz, **b** Systemstruktur.

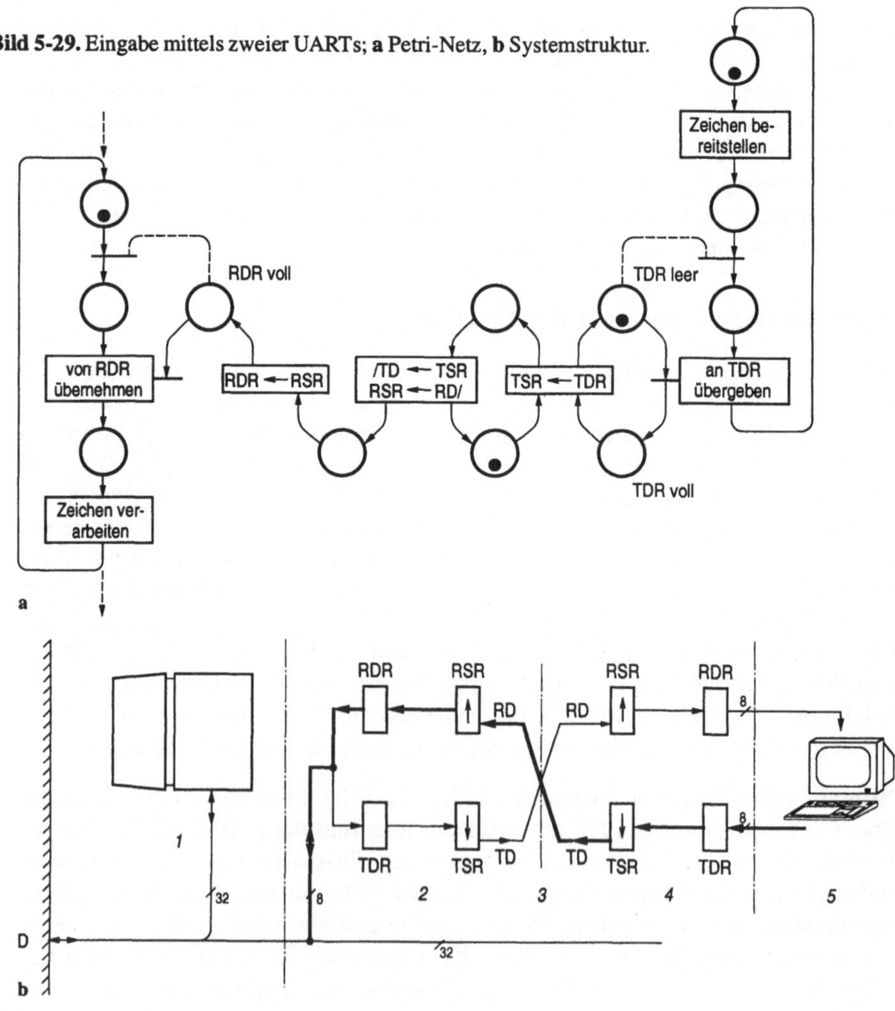

Programm zur Zeicheneingabe. Das nachstehende Programm skizziert den geschilderten Eingabevorgang mit Synchronisation der Datenübertragung durch Programmunterbrechung. Vor Beginn der Übertragung wird der prozessorseitige Adapter initialisiert, indem das Vektorregister mit der Vektornummer und das Steuerregister wie folgt geladen werden: Empfänger aktiviert (RE=1), Empfänger-Interrupt zugelassen (RIRE=1), Fehler-Interrupt blockiert (EIE=0); das Bitmuster im Befehl bezieht sich auf die Anordnung der Bits im Steuerregister gemäß Bild 5-28. – Das Herstellen des Bezugs zwischen der Vektornummer und der Startadresse der Interrupt-service-Routine, d.h. das Laden der Vektortabelle, ist im Programm nur als Kommentar aufgenommen.

Das Eintreffen eines Zeichens in RDR („RDR voll") führt aufgrund des Aktivierens des INT-Signals zum Aufruf der Service-Routine IN,[1] in der das in RDR stehende Byte übernommen wird, hier in einen Speicherbereich namens BUFFER (Index I). Mit der Datenübernahme wird vom Adapter die Interruptanforderung automatisch wieder zurückgenommen („RDR leer").

```
          :
* UART für Eingabe initialisieren
          LD.B   UART_VR, &VIN          VIN = Vektor-Nr. für Service-Routine IN
          LD.B   UART_CR, #0b010xxx01
          :

* Interrupt-service-Routine mit Befehl zur Zeichenübernahme
  IN:     :
          LD.B   BUFFER[I], UART_RDR
          :
          RTI
```

Ausgabe eines Zeichens. Die Ausgabe eines Zeichens, in unserem Beispiel an den Bildschirm, läuft im Prinzip in derselben Weise ab, nur daß jetzt der Prozessor als Sender und die Peripherie als Empfänger fungieren (vgl. die fett gezeichnete Linienführung in Bild 5-30b). Der Informationsfluß verläuft vom Prozessor zur Peripherie, d.h. von links nach rechts. Wie bei der Eingabe durchläuft er die beiden Adapter mit ihren zwei Synchronisationsbits.

Das auszugebende Zeichen wird vom Prozessor – sofern „TDR leer" – nach TDR geschrieben; dabei wird „TDR voll". Der Adapter lädt danach das Zeichen nach TSR, setzt „TDR leer" und gibt das Zeichen bitseriell auf seiner TxD-Leitung aus. Der peripherieseitige Adapter erkennt das auf seiner RxD-Leitung ankommende Zeichen anhand der Startbitflanke und übernimmt die Datenbits nach RSR. Er lädt dann das Zeichen nach RDR und setzt „RDR voll". Die Bildschirmeinheit übernimmt bei „RDR voll" das Zeichen von RDR und setzt „RDR leer".

1. Da diese aber auch aufgerufen wird, wenn ein Überlauf in RDR oder ein Paritätsfehler auftritt, muß in ihr (in den Pünktchen versteckt) eine Fehlerabfrage bezüglich der Statusbits OVRN und PE vorgenommen werden.

Programm zur Zeichenausgabe. Das nachstehende Programm skizziert den Ausgabevorgang mit Synchronisation der Datenübertragung durch Programmunterbrechung. Vor Beginn der Übertragung werden im prozessorseitigen Adapter das Vektorregister mit der Vektornummer und das Steuerregister wie folgt geladen: Sender aktiviert (TE=1), Sender-Interrupt zugelassen (TIRE=1), Fehler-Interrupt blockiert (EIE=0); das Bitmuster im Befehl bezieht sich auf die Anordnung der Bits im Steuerregister gemäß Bild 5-28.

Das Abholen eines Zeichens aus TDR („TDR leer") führt aufgrund des Aktivierens des INT-Signals zum Aufruf der Service-Routine OUT,[1] in der das nächste Byte aus einem Speicherbereich BUFFER nach TDR geschrieben wird. Der erste Interrupt wird automatisch mit dem Setzen des Interrupt-enable-Bits TIRE erzeugt. Mit der Datenübergabe wird vom Adapter die Interruptanforderung automatisch wieder zurückgenommen („TDR voll").

```
          :
* UART für Ausgabe initialisieren
          LD.B   UART_VR,   &VOUT        VOUT Vektor-Nr. für Service-Routine OUT
          LD.B   UART_CR,   #0b100xxx10
          :

* Interrupt-service-Routine mit Befehl zur Zeichenübernahme
  OUT:    :
          LD.B   UART_TDR, BUFFER[I]
          :
          RTI
```

Kommentar zum Fehlen des Platzes „RDR leer". Durch die Aufteilung der Synchronisation auf zwei Adapter und durch die Vorgehensweise, daß ein in TDR stehendes Zeichen automatisch gesendet wird, ohne die Empfangsbereitschaft der anderen Seite zu prüfen (vgl. die fehlenden Plätze auf der Empfängerseite; somit kein Warten des Senders auf „RDR leer"), kann es auf der Empfängerseite bei der *Eingabe* zu einem „Überlauf" an Daten kommen. Nämlich dann, wenn der Prozessor das in RDR stehende Zeichen noch nicht abgeholt hat, aber das nächste Zeichen schon in RSR eingetroffen ist, so daß mit dem nächsten Takt das Zeichen in RDR mit dem Zeichen in RSR überschrieben wird. In diesem Fall wird beim Empfang des Zeichens in RSR eine weitere Marke erzeugt, die danach in der Stelle „RDR voll" erscheint, so daß sich dort mehr als eine Marke befindet. Daraus wird bei der *Eingabe* die Anzeige für den Überlauf (overrun) abgeleitet.

overrun

Bei der *Ausgabe* tritt dieser Fall nicht auf, da die Peripherie so konstruiert ist, daß das in RDR befindliche Zeichen garantiert übernommen wird, und zwar durch die als gleich vereinbarte Übertragungsrate der beiden Adapter. Dabei ist die Peripherie auf die maximale Übertragungsrate ausgelegt, so daß sie zur Übernahme

1. Hier müßte für den Fall eines Paritätsfehlers Abfrage und Reaktion bezüglich des Statusbits PE programmiert werden.

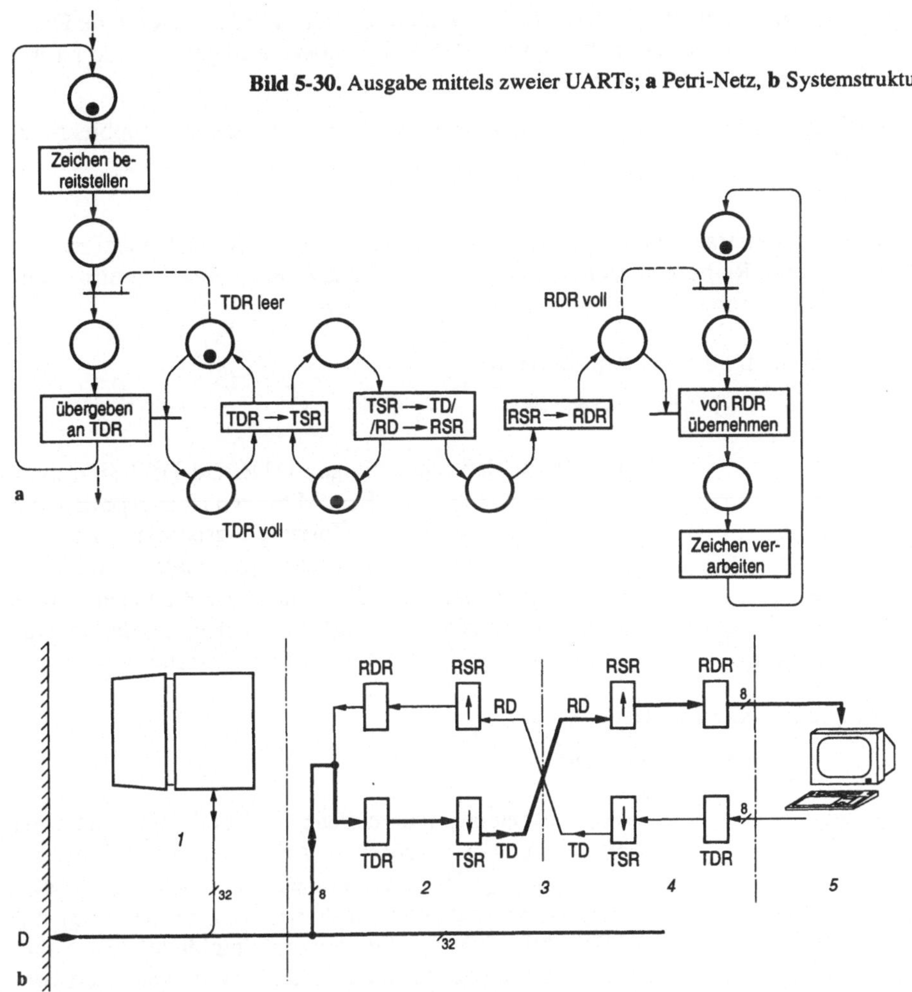

Bild 5-30. Ausgabe mittels zweier UARTs; a Petri-Netz, b Systemstruktur.

der Zeichen immer bereit ist. Mit anderen Worten: Die Peripherie ist in der Lage, die Daten genau so schnell „wegzuschaffen", wie sie ihr die beiden UARTs über ihre gemeinsame Leitung taktsynchron „zuführen" können. Und daß der Prozessor Daten nicht schneller produziert, gewährleistet das Synchronisationsbit TDRE. Beide UARTs wirken in diesem Fall, als wären sie zu einem einzigen Interface-Adapter zusammengefaßt.

Zusätzliche Funktionen. Ergänzend zur obigen Beschreibung weisen UARTs zahlreiche Eigenschaften auf, die eine größere Flexibilität bzw. größere Leistungsfähigkeit ermöglichen.

- Nicht nur 8 Datenbits, sondern auch eine geringere Zeichenlänge mit z. B. 7, 6 oder 5 Datenbits kann vorgegeben werden.

- Das Paritätsbit ist optional; die Parität kann gewählt werden, so daß die Quersumme über die Datenbits und das Paritätsbit entweder ungerade (odd parity) oder gerade ist (even parity).
- Neben 1 Stoppbit ist ist die Vorgabe von wahlweise 1½ oder 2 Stoppbits möglich.

Weitere Steuersignale. Zur Erhöhung der Zuverlässigkeit der Datenübertragung gibt es eine Reihe von Steuersignalen bzw. -zeichen, deren Bezeichnungen aus der Datenfernübertragung mittels Modems stammen.

Signale: DTR (data terminal ready)

DSR (data set ready)

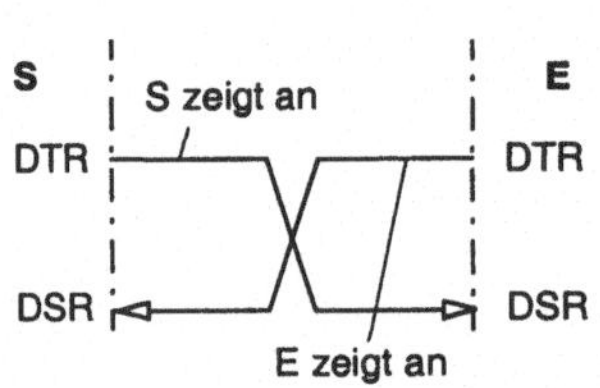

Für die beiden Steuersignale DTR und DSR sind zwei Extraleitungen vorgesehen. Mit ihnen ist es möglich, die Betriebsbereitschaft der Übertragungspartner zu testen. Der Sender zeigt seine Betriebsbereitschaft mit DTR aktiv dem Empfänger an; dieser testet DSR und zeigt seine Betriebsbereitschaft mit DTR aktiv dem Sender an, was wiederum von diesem auf DSR ausgewertet wird.

Signale: RTS (request to send)

CTS (clear to send)

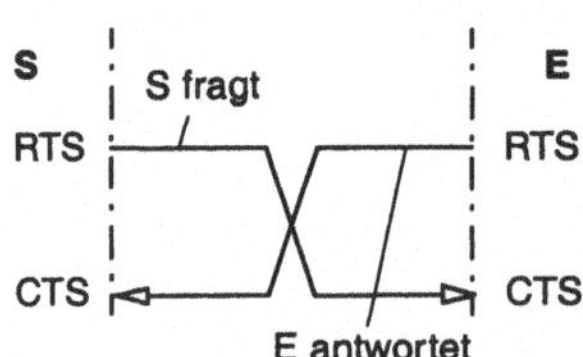

Für die beiden Steuersignale RTS und CTS sind zwei Extraleitungen vorgesehen. Mit ihnen ist es möglich, Handshaking für jedes einzelne Zeichen bzgl. Empfangsbereitschaft durchzuführen. Der Sender fragt mit RTS aktiv den Empfänger; der Empfänger testet sein CTS und antwortet mit RTS aktiv, was wiederum vom Sender auf CTS ausgewertet wird.

Zeichen: X-ON (ASCII 0h11) Datenübertragung fortsetzen

X-OFF (ASCII 0h13) Datenübertragung stoppen

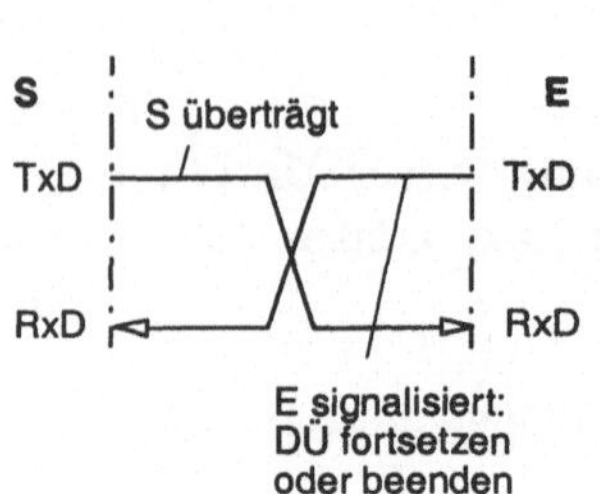

Die beiden Sonderzeichen X-ON und X-OFF benötigen keine Extraleitungen. Sie erscheinen auf den Datenleitungen und ermöglichen es, bei der Eingabe mit einem Pufferspeicher die Pufferfüllung zu kontrollieren. Der Sender überträgt wie üblich auf TxD→RxD die Daten, der Empfänger signalisiert umgekehrt auf TxD→RxD mit „X-ON“ Datenübertragung fortsetzen oder mit „X-OFF“ Datenübertragung stoppen (X-ON/X-OFF-Protokoll).

5.2.5 Synchron-serielle Datenübertragung (SDLC)[1]

Die synchron-serielle Datenübertragung erlaubt sehr viel höhere Übertragungsraten als die asynchron-serielle. Anders als diese überträgt sie nicht isoliert einzelne Zeichen mit variablen Abständen, also mit Lücken; vielmehr wird ein „Bitstrom" aufeinanderfolgender Bits beliebiger Länge lückenlos übertragen. Sie unterstützt somit Übertragungspartner, die in der Lage sind, Bitströme über einen längeren Zeitraum mit hoher Geschwindigkeit bis hin zu vielen Mbit/s aufrechtzuerhalten. Eingesetzt wird sie deshalb insondere bei der Übertragung mit schneller Peripherie sowie bei der Datenfernübertragung, d.h. bei der Übertragung von Daten von Rechner zu Rechner. Gegenüber der asynchron-seriellen Datenübertragung sind jedoch die Kosten höher, u.a., weil die für die Synchronisation von Sender und Empfänger erforderliche Datencodierung und -decodierung wie auch die Datensicherung aufwendiger sind.

Übertragungsprotokoll

Die synchron-serielle Datenübertragung erfolgt auf „logischer" Ebene zeichenweise (SDLC, synchronous data-link control, IBM 1979) oder bitweise (HDLC, high-level data-link control, ISO 1979). Bild 5-31a zeigt für SDLC das Format der Datenübertragung, nun nicht für einen lückenlosen beliebig langen Bitstrom, sondern für eine lückenlose Folge von 8-Bit-Zeichen, also einen „Bytestrom". Bild 5-31b zeigt als Beispiel den vom Sender erzeugten Signalverlauf für die Übertragung der ersten 6 Bytes eines Datenblocks, zwar mit Berücksichtigung des „0"-Einfügens (bit stuffing), jedoch ohne Berücksichtigung der Modulation; zum „0"-Einfügen und zur Modulation/Demodulation siehe nächste Seite, zur Gestalt des modulierten Signals siehe Bild 5-35 (Signal RxD). IBM 1979

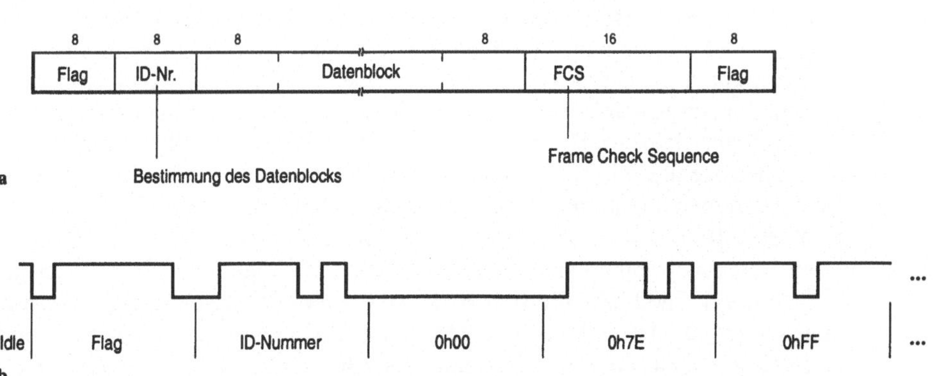

Bild 5-31. SDLC-Protokoll (unter Weglassung des Control-Felds); **a** Informationsfelder des Übertragungsformats, **b** Beispiel einer lückenlosen Zeichenkette.

1. Wir wählen hier wieder *explizite* Synchronisation wegen ihrer Bedeutung im Zusammenhang mit dem SDLC-Protokoll, stützen uns somit auf prozessorseits teilprogrammierte/teilautomatisierte Datenübertragung.

Die eigentliche Dateninformation besteht aus einer Folge beliebiger Zeichen, ergänzt im einfachsten Fall um ein 8-Bit-ID-Feld zur Bestimmung des Ziels des Datenblocks (identifier) und ein 16-Bit-FCS-Feld zur Sicherung der Datenübertragung (frame check sequence) nach dem CRC-Verfahren (cyclic redundancy check). Das Ganze wird durch zwei Kennungen der Gestalt 01111110 (Flagbytes) „eingerahmt". Eventuelle Pausen zwischen zwei „Sendungen" werden durch Einsen über mindestens 15 Takte (Idle) dargestellt. Eine weitere spezielle Bitfolge, beginnend mit einer „0", gefolgt von 7 bis 14 „1", steht für den Abbruch (Abort) einer Datenübertragung.

CRC-Verfahren

Bitfolgen mit Sonderfunktion:

Flag	01111110	für den Rahmen
Abort	01111111, ... bis	
	011111111111111	für den Abbruch
Idle	111111111111111...	für den Ruhezustand

„0"-Einfügen

Diese Protokollfestlegungen ermöglichen zusammen mit dem erwähnten „0"-Einfügen (bit stuffing) eine – wie man sagt – transparente Datenübertragung. Es wird nämlich nach jeweils 5 aufeinanderfolgenden „1" vom Sender eine „0" eingefügt, die vom Empfänger wieder eliminiert wird. Damit ist als Datenblock jede beliebige Bitfolge, eingeschlossen die oben genannten Bitfolgen mit Sonderfunktion, zugelassen. – Das Flagbyte z.B. hat nach dem Senden wegen des „0"-Einfügens die Gestalt 011111010, wird also vom Empfänger nicht als Begrenzungszeichen interpretiert.

Diese Protokollfestlegungen ermöglichen weiterhin dem Empfänger, den jeweiligen Beginn einer Übertragung zu erkennen und sich auf den Sender aufzusynchronisieren. Der Sender gibt ja nur den Startzeitpunkt einer jeden Blockübertragung vor, und Sender und Empfänger besitzen üblicherweise getrennt laufende Taktgeneratoren gleicher Frequenz, die miteinander synchronisiert werden müssen. Die Synchronisation erfolgt mit den Pegelübergängen der übertragenen Daten (den Signalflanken). Dazu ist es notwendig, daß Signalflanken nicht zu selten, sondern genügend oft vorkommen. Bei der asynchron-seriellen Datenübertragung kommen Signalflanken spätestens nach 11, 12 Bits vor (siehe Bild 5-27), so daß dort dieses Synchronisationsproblem nicht existiert. Bei der synchron-seriellen Datenübertragung sind lange „0"- bzw. „1"-Folgen jedoch nicht ausgeschlossen (vgl. 0h00 bzw. 0hFF in Bild 5-31). Hier wird deshalb eine Unterbrechung langer „0"- bzw. „1"-Folgen künstlich herbeigeführt, und zwar durch eine einschlägige Signalcodierung: Der Sender sendet das Datensignal nämlich nicht in der üblichen digitalen Darstellung 0=tiefer, 1=hoher Pegel (Fachausdruck aus der Signalcodierung non return to zero), sondern in sog. modulierter Form, die vom Empfänger wieder rückgängig gemacht, d.h. demoduliert werden muß. – Es genügt jedoch, eine Codierung zur Unterbrechung lediglich langer „0"-Folgen zu wählen, da wegen des „0"-Einfügens nach fünf „1" lange „1"-Folgen sowieso ausgeschlossen sind. Zu den Details siehe S. 434 (Modem).

Modulation, Demodulation

Schaltungsstruktur des SDLC-Adapters

Für den Anschluß von synchron-seriell arbeitender Peripherie an einen Rechner benötigt man einen Interface-Adapter, der die Anpassung zwischen der parallelen Datendarstellung auf dem Systembus und der seriellen Darstellung nach dem SDLC-Protokoll auf den Übertragungsleitungen durchführt. Im folgenden ist ein solcher SDLC-Adapter in einer einfachen Variante beschrieben (vgl. die alternative Hardware-Programmierung/-Realisierung für PLDs in [Heeb]).

Bild 5-32 zeigt die Grobstruktur des Adapters, Bild 5-33 seine Feinstruktur mit den wichtigsten Registern und Bits sowie seinen im Zusammenhang mit der Datenübertragung wichtigsten Signalen von und zur Peripherie. Gesonderte Steuerleitungen zur Peripherie sind nicht vorhanden; die Steuerinformation wird über die beiden Datenleitungen RxD bzw. TxD übermittelt, sie ist in diesen Signalen „versteckt".

Signale: RxD (receive data)
TxD (transmit data)

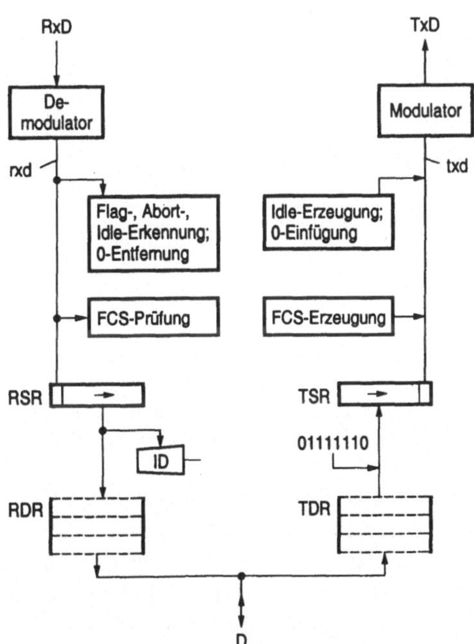

Bild 5-32. Blockbild in Grobstruktur eines synchron-seriellen Interface-Adapters mit Anschlüssen zur Peripherie (oben) und zum Prozessor (unten). Die Adressierung und die Steuerung zur Durchführung von Buszyklen sowie die üblichen Register SR, CR, und VR sind nicht dargestellt.
Register: RDR (receiver data register, erste FIFO-Zelle), RSR (receiver shift register), TDR (transmitter data register, letzte FIFO-Zelle), TSR (transmitter shift register), zusätzlich in Bild 5-33: CRC (cyclic redundancy check).

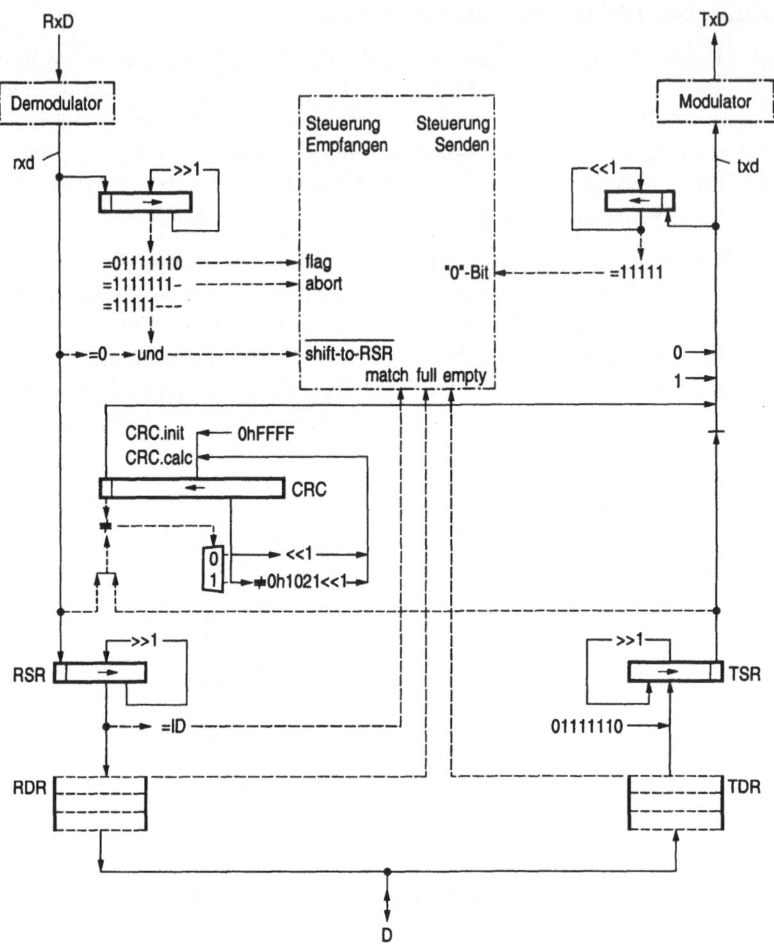

Bild 5-33. Blockbild in Feinstruktur des synchron-seriellen Interface-Adapters, nicht gezeichnet die Adressierung der Register und die vielen Steuerleitungen.

Eingabe (siehe zusammen mit Bild 5-33 das auf der nächsten Seite stehende linke, teils „in Prosa" verfaßte Hardware-Programm). Die Eingabe eines Zeichenstroms erfolgt über die Empfangsdatenleitung *RxD*, durchläuft den Demodulator und steht als Datensignal *rxd* in der üblichen Darstellung von „1" als High-Pegel und „0" als Low-Pegel dem Empfangsteil zur Verfügung (siehe auch Modem). Nachdem ein Flagbyte erkannt worden ist (*flag* im „Eingangs"-Shiftregister, Zustandsübergang 1→2) wird nach 8 Shiftschritten (bei „0" nach „11111" wird das Shiften unterdrückt) das ID-Feld decodiert. Im Aktivfall (*match* in RSR, Zustandsübergang 2→3) werden die Datenbits seriell nach RSR übernommen; nach jeweils 8 Shiftschritten liegen sie in RSR in paralleler Form vor und werden nach RDR transportiert. Das Gefülltsein von RDR, d.h. die Datenbereitstellung durch den Adapter, wird dem Prozessor im Statusregister durch Setzen des Bits RDRF (RDR nicht leer) angezeigt. – Nach erneutem Erscheinen eines Flagbytes (*flag* im „Eingangs"-Shiftregister, Zustandsübergang 3→4) wird ein Übertragungs-Endebit gesetzt (im Hardware-Programm durch Kommentar nur

```
module Demodulator

    dem: [T]
         if [↓]
         if [↑]
           R := RxD
         if [↓]
           rxd := RxD xor R
         -> dem ;
```

```
module Modulator

    mod: [T txd]
         if [↓ -]
         if [↑ 0]
           TxD := ¬TxD
         -> mod ;
```

```
module Empfänger

    #:   [shift-to-RSR]
          if [aktiv]
            RSR[7] := rxd
            RSR := RSR>>1 ;

    1:   [flag]
         if [1]  CRC.init
           -> ;
    2:   CRC.calc
         nach shift-to-RSR 8× aktiv
           [abort match]
           if [- 0]
              -> 1 ;
           if [0 1]
              -> ;
    3:   CRC.calc
         nach shift-to-RSR 8× aktiv
           [abort full flag]
           if [0 0 0]
              RDR := RSR
           if [1 - -]               // DÜ-Fehler
           if [- 1 0]               // DÜ-Fehler
              -> 1 ;
           if [ - - 1]
              -> ;
    4:   [CRC.chck]                 // DÜ-Ende
         if [1]                     // DÜ-Fehler
         -> 1 ;
```

```
module Sender

    #:   [shift-from-TSR]
          if [aktiv]
            txd := TSR[0]
            TSR := TSR>>1
          [TrCRC]
          if [aktiv]
            txd := CRC[15]
            CRC := CRC<<1 ;

    1:   txd := 1
         [empty]
         if [0]
           TSR := 01111110
           -> ;
    2:   aktiviere 8× shift-from-TSR
         nach shift-from-TSR 8× aktiv
           TSR := TDR
           CRC.init
           -> ;
    3:   [Nicht-„0"-Bit]
         if [ja]
           aktiviere 8× shift-from-TSR
           CRC.calc
         if [nein]
           txd := 0
         nach Nicht-„0"-Bit 8× ja
           [leer]
           if [0]
              TSR := TDR
           if [1]
              -> ;
    4:   [Nicht-„0"-Bit]
         if [ja]
           aktiviere 16× shift-from-CRC
         if [nein]
           txd := 0
         nach shift-from-CRC 16× aktiv
           TSR := 01111110
           -> ;
    5:   aktiviere 8× shift-from-TSR
         -> 1 ;
```

angedeutet), des weiteren die zwischen den Flags fortlaufend berechnete CRC-„Summe" getestet und ggf. ein Übertragungs-Fehlerbit gesetzt (ebenfalls durch Kommentar nur angedeutet). Erscheint stattdessen die Bitfolge für Abort oder kann RDR keine Daten mehr aufnehmen, so wird die Übertragung abgebrochen und ebenfalls das Fehlerbit gesetzt (*abort* im „Eingangs"-Shiftregister oder RDR *full*, Zustandsübergang 3→1).

Ausgabe (siehe zusammen mit Bild 5-33 das auf der vorhergehenden Seite rechte, wieder teils in Prosa verfaßte Hardware-Programm). Die Ausgabe eines Zeichenstroms auf der Sendedatenleitung *TxD* erfolgt über den Modulator, der das Signal *txd* in seiner Darstellung von „1" als High-Pegel und „0" als Low-Pegel empfängt und umformt (siehe auch Modem). Eingeleitet wird dieser Vorgang durch Schreiben eines Zeichens nach TDR. Aufgrund dessen (TDR *nicht empty*, Zustandsübergang 1→2) wird das fortlaufende Senden der Bitfolge Idle (Zustand 1) durch Senden eines Flagbytes abgelöst (Zustand 2). Danach wird die vom Prozessor bereitgestellte ID-Nummer gesendet (Zustand 3), danach die auf die ID-Nummer folgenden Bytes, und zwar so lange, bis TDR leer ist (Zustand 3) und wiederum danach die nach dem Flagbyte fortlaufend berechnete CRC-„Summe" (Zustand 4). Bei diesen Sendevorgängen wird, sofern 5 aufeinanderfolgende „1" (jeweils *Nicht-„0"-Bit*) erkannt sind (*Nicht-„0"-Bit* nein, d.h. „0"-Bit), eine „0" in den Bitstrom eingefügt (Zustände 3 und 4). Schließlich wird zum Abschluß der Datenübertragung erneut ein Flagbyte gesendet (Zustand 5). – Das Transportieren der Bytes von TDR nach TSR erfolgt alle 8 Shiftschritte. Mit aktiviertem TDRE (TDR nicht voll) im Statusregister wird dem Prozessor die erneute Datenübernahmebereitschaft des Adapters angezeigt.[1]

Modem. Die in der Digitaltechnik übliche Darstellung von „1" als „hoher Pegel" (High-Pegel) und „0" als „tiefer Pegel" (Low-Pegel) hat in der Codierungstechnik die Bezeichnung NRZ (non return to zero). Dieser Begriff ist abgeleitet aus der Darstellung „return to zero", wie sie in der Magnetspeicherung üblich ist. Bild 5-34 zeigt beide Darstellungen für ein Beispiel-Byte (Bitmuster 1001101). Während in Teilbild a jedes Bit vom „+"-Pegel bzw. „–"-Pegel zum 0-Pegel „zu-

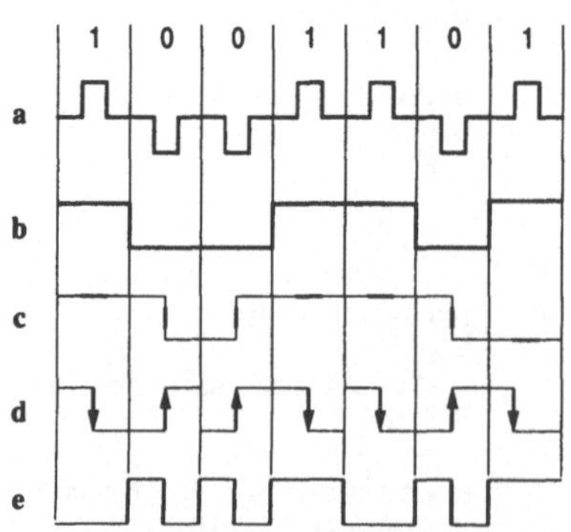

Bild 5-34. Verschiedene Signalcodierungen; **a** return to zero, **b** non return to zero (NRZ), **c** NRZ with interchange (NRZI), **d** Manchester, **e** Frequenzmodulation.

1. Die Bits RDRF und TDRE können in bekannter Weise vom Prozessor durch programmiertes Warten oder durch Programmunterbrechung ausgewertet werden.

rückkehrt", bleibt in Teilbild b der 1-Pegel für eine Folge von 1-Bits und der 0-Pegel für eine Folge von 0-Bits erhalten. Lange 1-Pegel bzw. 0-Pegel im Datenblock sind also ggf. unvermeidbar. Verschiedene Möglichkeiten, dies zu verhindern, sind in Gebrauch:

- Bild 5-34c zeigt für txd→TxD die Codierung NRZI (NRZ with interchange), bei der *jede 1* des txd-Signals als *Pegel* im TxD-Signal (hoher *oder* tiefer Pegel) und *jede 0* des txd-Signals als *Flanke* im TxD-Signal (positive *oder* negative Flanke) dargestellt werden. Hierdurch werden nur 0-Folgen unterbrochen; lange 1-Folgen sind wegen des „0"-Einfügens sowieso nicht möglich. (Das TxD-Signal läßt sich konstruieren, indem von links nach rechts, beginnend z.B. mit 1-Pegel, für jede „1" ein Pegel und für jede „0" eine Flanke gezeichnet werden. Die entstehenden Lücken werden durch Pegel aufgefüllt, so daß ein kontinuierlicher Signalverlauf entsteht.)
- Bild 5-34d zeigt für txd→TxD die Manchester-Codierung, bei der jede 1 des txd-Signals als negative Flanke und jede 0 des txd-Signals als positive Flanke im TxD-Signal erscheinen. Hierdurch werden 0-Folgen wie 1-Folgen unterbrochen, so daß es zum Zweck der Synchronisation eigentlich keines „0"-Einfügens bedarf. (Der TxD-Verlauf läßt sich konstruieren, indem zuerst die Flanken gezeichnet werden und dann die Lücken durch Pegel geschlossen werden.) – Aus dem RxD-Signal läßt sich bei dieser Modulationstechnik das Taktsignal für den Empfänger direkt ableiten.
- Bild 5-34e zeigt für txd→TxD die Codierung des txd-Signals durch Frequenzmodulation. Dabei wird jede 1 des txd-Signals durch einfachen Signalwechsel (am Übergang von Bit zu Bit) und jede 0 des txd-Signals durch zweifachen Signalwechsel dargestellt (d.h. Wechsel auch zwischen den Übergängen von Bit zu Bit). Hier bedarf es ebenfalls keines „0"-Einfügens zum Zweck der Synchronisation. (Der TxD-Verlauf läßt sich konstruieren, indem für jede 1 und für jede 0 ein „Strich" *an* den Bit*grenzen* gezeichnet wird und für jede 0 darüber hinaus ein zusätzlicher „Strich" *zwischen* den Bit*grenzen* gezeichnet wird und anschließend die Lücken mit wechselnden Pegeln aufgefüllt werden.) – Aus dem RxD-Signal läßt sich bei dieser Modulationstechnik das Taktsignal für den Empfänger direkt ableiten.

Die Decodierung bzw. Demodulation für RxD→rxd erfolgt in umgekehrter Weise. Bild 5-35 zeigt dazu einen Signalverlauf auf der RxD-Leitung mit der Rückgewinnung der übertragenen Information über rxd, RSR bis zur Darstellung in 0 und 1 bzw. als Hexadezimalzahlen empfangener 8-Bit-„Zeichen" in RDR (hier nicht mehr in zeitlicher Abfolge der einzelnen Bits, sondern der ID-Nummer 126 und der ersten drei Datenbytes 0h007EFF).

Die oben angegebenen Hardware-Programme enthalten neben den Steuerungen für Sender und Empfänger auch die Funktion des Modems; die Gewinnung des Takts aus der übertragenen Information ist hingegen darin nicht berücksichtigt. Der Sendeteil (Modulator) besteht aus dem Flipflop *TxD*, das gemäß der gewählten Codierung durch Frequenzmodulation mit der *einen* Taktflanke des Adapters *immer* wechselt und mit der *anderen* Taktflanke *zusätzlich* bei txd=0 wechselt. Der Empfangsteil des Modems (Demodulator) besteht aus dem Flipflop *R*, das mit *jeder* Taktflanke das an seinem Eingang anliegende *RxD*-Bit speichert, so daß immer die zwei benachbarten Pegel(hälften) eines jeden Bits des empfangenen Bitstroms einen Takt lang zur Verfügung stehen. Sind sie unterschiedlich, so wird nach jeder zweiten Taktflanke eine 0, sind sie gleich, eine 1 erzeugt. Auf diese Weise entsteht das *rxd*-Signal in gewohnter Form „non return to zero", und zwar um einen Takt verzögert.

Ergänzungen. Das bereits sehr früh entwickelte SDLC-Protokoll entstand, um Datenübertragungsstationen über größere Entfernungen miteinander verbinden zu können, z.B. einen Rechner mit einem „abgesetzten" Terminal (remote terminal), und zwar sowohl mit hoher Datenübertragungsrate als auch großer Übertragungssicherheit. Als Verbindungsstrukturen wurden die sog. Punkt-zu-Punkt- und die Multipunkt-Verbindung sowie die Verbindung über das Fernsprechnetz vorgesehen. In diesem Zusammenhang sind folgende, über die bisherigen, prinzipiellen Darlegungen hinausgehende Erweiterungen vorhanden:

- Einer der Verbindungsteilnehmer hat als „Primary-Station", üblicherweise ein Rechner, eine ausgezeichnete Steuerfunktion gegenüber dem oder den weiteren Teilnehmern, den „Secondary-Stations", z.B. mehreren Terminals. Letztere werden mittels des ID-Feldes angewählt; die Primary-Station wird nicht explizit adressiert.
- Die Übertragungen erfolgen in beiden Richtungen, entweder im sog. Halbduplex- oder im Vollduplexbetrieb, d.h. entweder zeitlich verzahnt über nur einen Übertragungsweg oder gleichzeitig über zwei Übertragungswege.
- Es erfolgen Übertragungen in mehreren Blöcken, die als zusammengefaßt angesehen werden (Blockübertragung). Der Empfang der einzelnen Blöcke wird quittiert, fehlerhafte Blöcke (CRC-Check) werden als solche quittiert und können dann erneut gesendet werden.
- Für die Steuerung einer Übertragung enthält das Protokoll hinter dem ID-Feld ein 8-Bit-Steuerfeld (control). In ihm lassen sich drei Arten an Übertragungen festlegen, nämlich Übertragung von Dateninformation, Übertragung von Steuerinformation sowie die Quittierung bei Blockübertragungen. Für Dateninformation enthält das Steuerfeld u.a. die aktuelle Blocknummer des in diesem

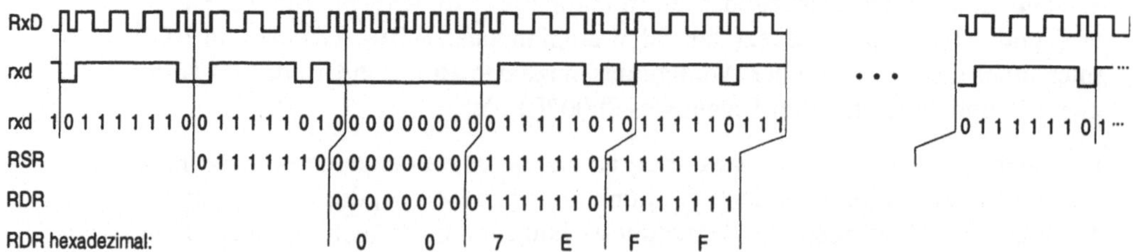

Bild 5-35. Die verschiedenen Signalformen beim SDLC-Protokoll mit Frequenzmodulation an einem Beispiel.

Rahmen gesendeten Blocks sowie die Nummer des Blocks, den die sendende Station als nächsten zu empfangen erwartet. Aufgrund der 3-Bit-Codierung dieser Angaben können bis zu sieben Blöcke als noch ausstehend verwaltet werden. Über ein weiteres Bit kann die Primary-Station eine Übertragung von der adressierten Secondary-Station anfordern.

5.3 Busarbitration

5.3.1 Grundsätzlicher Ablauf

In einem Multimastersystem gibt es neben dem Prozessor mindestens einen, i.allg. jedoch mehrere weitere Master als aktive Systemkomponenten, so daß „von Natur aus" mehrere Prozesse parallel ablaufen. Bei den Mastern kann es sich um nichtprogrammierbare Master, d.h. Master mit „fest" verdrahteter Funktion handeln (Controller, z.B. Ein-/Ausgabe-Controller) oder um programmierbare Master, d.h. Master mit „frei" programmierbarer Funktion (Prozessoren, z.B. Ein-/Ausgabe-Prozessoren). In einem abstrakten Sinn können beide Arten von Mastern als mikroprogrammiert angesehen werden. Der Controller führt sein Mikroprogramm nur sporadisch aus; es wird gestartet, durchläuft aufgrund von Steuerinformation einen bestimmten Zweig und hält dann an. Der Prozessor hingegen führt sein Mikroprogramm permanent aus; je nachdem welche Befehle gerade interpretiert werden, durchläuft es die diesen Befehlen entsprechenden Zweige des Mikroprogramms, und sei es nur für die Befehle einer programmierten Warteschleife. – Im ersten Fall, wenn neben dem „zentralen" Prozessor nur Controller existieren, spricht man von einem Einprozessorsystem, im zweiten Fall, wenn neben dem „zentralen" Prozessor noch weitere Prozessoren existieren, von einem Mehr- oder Multiprozessorsystem. In Abgrenzung zu den Abschnitten 5.1 und 5.2 von Kapitel 5, denen ein Einprozessorsystem als *Einmaster*system zugrunde liegt, handelt es sich in den Abschnitten 5.3 und 5.4 mit Ausnahme von 5.4.5 um ein Einprozessorsystem, erweitert zum *Multimaster*system. – 5.4.5 behandelt schließlich Multiprozessorsysteme; ein Multiprozessorsystem ist per se ein Multi*master*system; nur: um die Prozessoreigenschaften der Master hervorzuheben, spricht man eben von Multi*prozessor*system.

Multimastersystem

Einprozessorsystem

Multiprozessorsystem

Bezüglich der *Programm*zugriffe ist in einem Multiprozessorsystem der (Programm-)Speicher entweder ausschließlich dem jeweiligen Prozessor zugeordnet und somit nur ihm zugänglich, man spricht von einem lokalen Speicher, oder er ist auch den anderen Prozessoren zugänglich, dann handelt es sich um einen globalen Speicher. Bezüglich der *Daten*zugriffe ist der (Daten-)Speicher in jedem Fall nicht nur dem jeweiligen Prozessor, sondern auch den anderen Prozessoren zugänglich; somit handelt es sich dabei in jedem Fall um einen globalen Speicher. Entsprechendes gilt bezüglich der *Daten*zugriffe auch für die Controller in einem Einprozessorsystem.

lokaler Speicher

globaler Speicher

Die Notwendigkeit eines globalen Speichers für die Datenzugriffe geht schon daraus hervor, daß die von einem Ein-/Ausgabe-Controller in einen Speicher eingelesenen Daten in demselben Speicher vom zentralen Prozessor verarbeitet werden. Da der globale Speicher i. allg. ein Einportspeicher ist, muß dieser über „seinen" Bus mit allen Mastern im System verbunden sein, und um Zugriffskonflikte zu regulieren, bedarf es dabei eines Entscheiders, eines Schiedsrichters: englisch geschrieben, aber deutsch ausgesprochen: eines Arbiters. Den Vorgang der Entscheidungsfindung nennt man dementsprechend Busarbitration oder kurz Arbitration.

Arbiter

Allgemein gesehen handelt es sich bei der Busarbitration ähnlich dem Prozessorinterrupt um eine Mangelverwaltung: Während es beim Prozessorinterrupt darum geht, *einen* zur Verfügung stehenden Prozessor (nebst Speicher) *mehreren* prozessorlosen (ausführungsbereiten) Prozessen zur Verfügung zu stellen, handelt es sich bei der Busarbitration um das Problem, *einen* zur Verfügung stehenden Bus nebst Speicher *mehreren* prozessorbesitzenden Prozessen, d.h. *mehreren* (auf Ausführung wartenden) Mastern zur Verfügung zu stellen. Hätte in einem hypothetischen System jeder Master seinen eigenen Bus mit eigenem Speicher, so gäbe es das Problem der Arbitration nicht (allerdings nur, wenn man von Nutzung gemeinsamer Daten absähe).

Das essentielle Problem dieser Mangelverwaltung ist die „exklusive" Vergabe eines einzigen, mehreren Nutzern zugänglichen Betriebsmittels. Das ist gleichbedeutend mit der Vermeidung einer „kritischen" Phase bei der Mehrfachnutzung dieses Betriebsmittels. Der Bus sowie ein an ihn angeschlossener Slave dürfen zu einem Zeitpunkt immer nur von einem einzigen Master genutzt werden, nie darf insbesondere gleichzeitig geschrieben werden. Konkret handelt es sich bei dem Slave z.B. um eine Zelle in einer Speichereinheit oder ein Register in einer Ein-/Ausgabeeinheit. – Dieses Problem des Zugriffs auf ein mehreren Prozessen gemeinsames Betriebsmittel ist von allgemeiner Natur und spielt in der Synchronisation paralleler Prozesse eine wichtige Rolle. In der reichhaltigen Literatur zu dieser Thematik wird es unter den Stichwörtern gegenseitiger Ausschluß (mutual exclusion) und kritischer Abschnitt (critical region) geführt.

Gegenüberstellung von Interrupt und Arbitration

Im Einprozessorsystem ist normalerweise der Bus im Besitz des Prozessors, so daß er bei einer Busanforderung eines weiteren Masters in der Ausführung seines Programms unterbrochen werden muß. Anders als beim Interrupt, wo neben Bus und Speicher insbesondere der Prozessor von der ihn unterbrechenden Funktionseinheit regelrecht „benutzt wird", und zwar über einen längeren Zeitraum, wird bei der Arbitration der Prozessor von der ihn unterbrechenden Funktionseinheit (Master) lediglich „außer Betrieb gesetzt", genauer: in einen Wartezustand versetzt, und zwar nur für die Dauer von dessen Busaktivitäten, oft nur einzelner Buszyklen. Deshalb ist es im Gegensatz zum Interrupt bei der Arbitration nicht nötig, den Prozessorstatus bei der Unterbrechung zwischenzuspeichern. – Die Verwandtschaft zwischen Interrupt und Arbitration tritt besonders anschaulich bei der Datenübertragung im Cycle-stealing-Mode auf (siehe 5.4): Während in 5.2 die Datenübertragung *ohne* zusätzliche Master über *Interrupt* vollständig vom Prozessor ausgeführt wird (wodurch dem unterbrochenen Programm die Ausführungszeit des entsprechenden Unterbrechungsprogramms „gestohlen" wird), läuft in 5.4 die Datenübertragung *mit* zusätzlichen Mastern vollständig über *Arbitration* und dem zuständigen Master ab (wodurch dem unterbrochenen Programm lediglich die Ausführungszeit einzelner Buszyklen „gestohlen" wird).

Beim Interrupt führt also der unterbrochene Prozessor das Programm der ihn unterbrechenden Funktionseinheit stellvertretend für sie als in Software verwirklichtes (Maschinen-)Programm aus; bei der Arbitration wird der unterbrochene Prozessor lediglich „angehalten", und das Programm der ihn unterbrechenden Funktionseinheit, eines weiteren Masters, wird als in Hardware verwirklichtes (Mikro-)Programm von diesem Master selbst ausgeführt. In dieser klassischen Anwendung fungiert – schlagwortartig gesagt –

- der Interrupt als Software-Unterbrechung (von längerer Dauer): der Normalprozeß wird zugunsten eines Ausnahmeprozesses suspendiert,
- die Arbitration als Hardware-Unterbrechung (von wesentlich kürzerer Dauer): Prozessorbuszyklen werden zugunsten von Masterbuszyklen suspendiert.

Bild 5-36 verdeutlicht in Korrespondenz zu Bild 5-1 die Erzwingung einer zeitlichen Reihenfolge in der Aufteilung der Buszyklen zwischen dem Prozessor und weiteren Mastern auf einer hohen Abstraktionsebene. Der augenblickliche Stand der Prozesse im Prozessor und den einzelnen Mastern ist durch je eine Marke in den zyklischen Graphen dargestellt. Beim Durchspielen der in Bild 5-36 eingetragenen Marken sieht man, daß *entweder* der Prozessor *oder* einer der Master „den Bus hat".

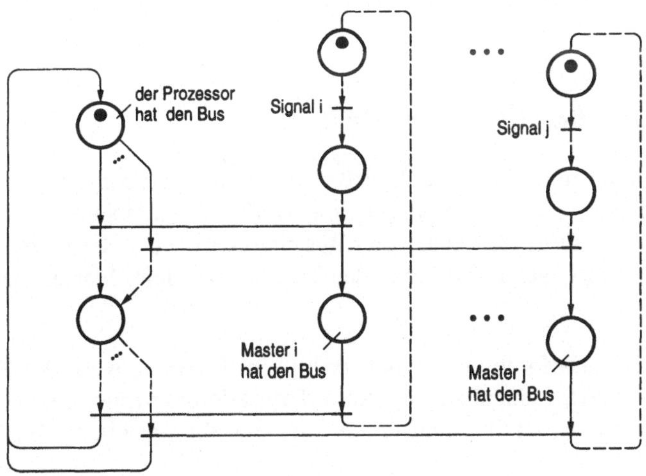

Bild 5-36. Synchronisation der Buszyklen bei der Arbitration. Die ablaufbestimmenden Prozeßabschnitte sind ausgezogen gezeichnet. Auf diese Weise wird das Wechselspiel dieser Abschnitte im Prozeßgeschehen deutlich.

Für denselben Sachverhalt zeigt Bild 5-37 ein Petri-Netz auf einer detailreicheren Ebene, nämlich mit Plätzen für Signal-Marken zwischen den Prozessen; hier wegen zu vieler Linien (und auch zusätzlicher Zustände) nicht in der gleichen ausführlichen Form gezeichnet wie in Bild 5-2a, sondern für die *n* Quellen gleich in zusammengefaßter Form mit *n* Marken wie in Bild 5-2b.

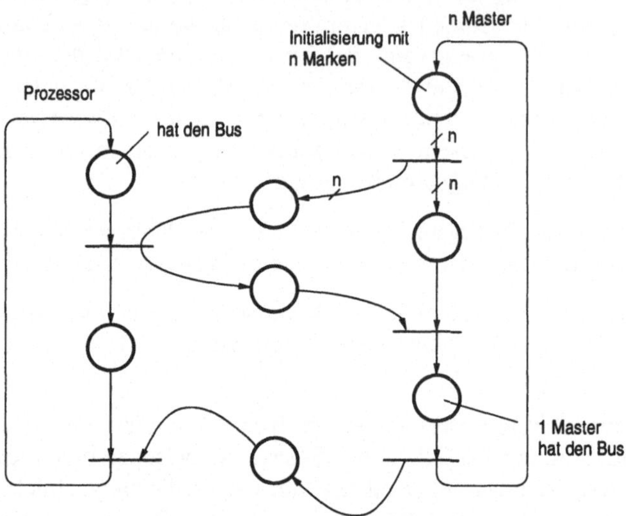

Bild 5-37. Busarbitration für *n* Master in Kompaktdarstellung. Die kleinen Schrägstriche an den Verbindungslinien zwischen Balken und Plätzen zeigen an, wie viele Marken sich unabhängig voneinander weiterbewegen dürfen (in der Vorstellung von *n* Leitungen für die *n* Marken, siehe aber Fußnote auf S. 380).

5.3.2 Arbitration bei einem Master

Wir beschreiben zunächst den Fall, daß neben dem Prozessor lediglich ein einziger weiterer Master am Bus angeschlossen ist. Zur Vereinfachung der Terminologie nennen wir diese weiteren, „den Bus anfordernden" Master im folgenden kurz Master (im Unterschied zum „den Bus besitzenden" Master, dem Prozessor).

Der Test des Busanforderungssignals erfolgt im Bussteuerwerk des Prozessors. Dafür ist eine extra einzubauende Anforderungsleitung (bus request) erforderlich, die durch eine Art Quittungsleitung, die Gewährungsleitung (bus grant), ergänzt wird.

Signale: BREQ (bus request)
BGRT (bus grant)

Bild 5-38 zeigt ein Petri-Netz für das zu entwickelnde Arbitrationssystem mit 1 Master. Darin ist links mit dem ersten Platz der „Normal“fall dargestellt, nämlich daß der Prozessor den Bus besitzt, auch wenn er ihn im Augenblick nicht benötigt (Arbitration „lokal“, siehe S. 444), und mit dem zweiten Platz der „Ausnahme“fall, daß der Prozessor vom Bus abkoppelt ist (Signale in „tristate“, siehe S. 444). – *Zum Ablauf:* Der Ablauf folgt der Vorstellung, ein Anforderungssignal „unterbricht“ den Prozessor[1] (sofern er einen Buszyklus durchführt, am Ende des Buszyklus). Der Prozessor suspendiert daraufhin seine Busaktivitäten und koppelt sich vom Bus ab. In diesem Zustand bleibt er so lange, bis ihm der Master die Freigabe des Busses signalisiert; daraufhin übernimmt der Prozessor wieder den Bus. – Auf diese Weise entsteht die im Petri-Netz eingetragene natürliche Reihenfolge der Aktionen *1*, *2*, *3*. Die vom Petri-Netz her eigentlich unnötige Konstruktion der Marken*abfrage* ohne *-mitnahme* – gestrichelt in Bild 5-38 – hat einen technischen Grund; sie dient dem Zweck, auf ein neben RQ weiteres, vom Master ausgehendes Signal verzichten zu können.

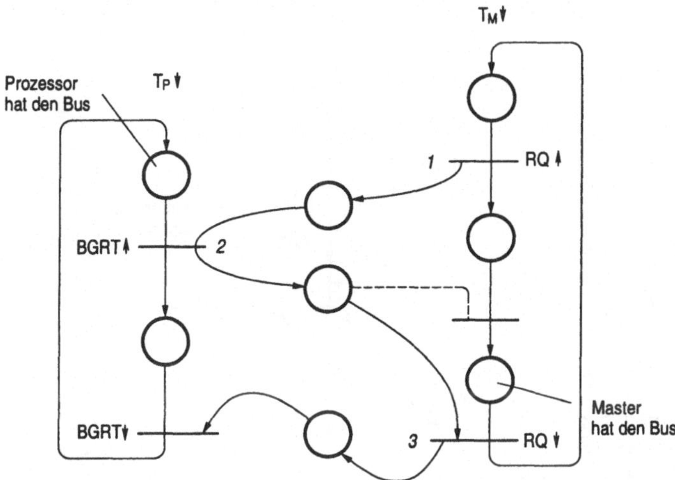

Bild 5-38. Petri-Netz für die Busarbitration zwischen Prozessor (links, Takt T_P) und einem einzigen weiteren Master (rechts, Takt T_M).

Bild 5-39 zeigt die aus Bild 5-38 entwickelte Logikschaltung für das gewünschte Arbitrationssystem zusammen mit den Graphen für den Prozessor und den Master. Es beschreibt gleichermaßen auch die Funktionsweise der Buszuteilung:

- *Kommunikation Master/Arbiter:* Der Master meldet seinen Wunsch auf Buszuteilung dem Arbiter durch ein individuelles Anforderungsbit RQ (request) mit Ausgangssignal ARB=1 (arbitrate!) und bekommt von diesem die erfolgte Buszuteilung durch ein individuelles Gewährungssignal GRT (grant) Signal ARB

1. genauer: die Bussteuerung des Prozessors hinsichtlich ihrer Busaktivitäten.

mitgeteilt. – Das Anforderungsbit wird dabei zusätzlich im Requestbit RQ' gespeichert, dem ein Decodierer (UND-Gatter) nachgeschaltet ist. Bei RQ'=1 wird das Busgewährungssignal des Prozessors durchgeschaltet, das im Fall der Busfreigabe GRT=1 liefert.

- *Kommunikation Arbiter/Prozessor:* Das Requestbit RQ' wird als Busanforderungssignal BREQ dem Prozessor zugeleitet. Dieser testet es: Ist es inaktiv, fährt der Prozessor mit seinen Busaktivitäten fort (hat den Bus weiterhin). Ist es aktiv, suspensiert er seine Busaktivitäten (gibt den Bus ab) und antwortet dem Arbiter mit dem Busgewährungssignal $\overline{\text{BGRT}}$.
- *Beendigung der Busaktivitäten:* Nach Beendigung seiner Buszyklen löscht der Master die beiden Arbitrationsbits RQ und RQ'. Damit wird das von RQ' abgeleitete Signal BREQ inaktiv, und der Prozessor kann mit BREQ=0 den Bus wieder übernehmen. (Manchmal wird ein weiteres, zunächst nicht notwendig erscheinendes Signal BUSY benutzt, um dem Prozessor die Freigabe des Busses anzuzeigen und ihn mit BUSY=0 aus dem Wartezustand zu befreien; vgl. S. 450: Schaltung für globale Arbitration mit Busverbleib).

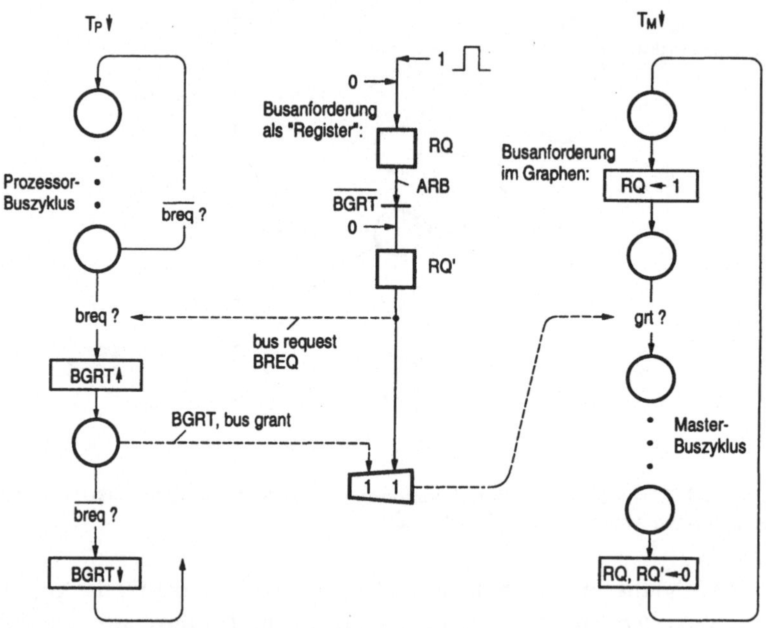

Bild 5-39. Busarbitration zwischen dem Prozessor (links, Takt T_P) und einem weiteren Master (rechts, Takt T_M) mit Arbitrationsschaltung (Mitte, ungetaktet).

Aufgabe 5.5. Überführen Sie das in Bild 5-39, Mitte, gezeigte Blockbild in einen in der Wirkung äquivalenten Graphen. Dabei ist davon auszugehen, daß das asynchrone Rücksetzen der Arbitrationsbits RQ und RQ' unmittelbar nacheinander erfolgt: der Master löscht zuerst RQ, dieses Bit löscht seinerseits RQ'.

5.3.3 Arbitration bei mehreren Mastern

Wegen der extrem hohen Geschwindigkeitsanforderungen gibt es im Gegensatz zum Interrupt für die Arbitration keine Lösungen oder Teillösungen durch Software; vielmehr müssen alle zur Arbitration notwendigen Bestandteile in Hardware ausgelegt sein. Insbesondere das dem Interrupt wie auch der Arbitration gemeinsame Problem der Priorisierung und Identifizierung von Anforderungen kann hier nicht durch Software (Pollingroutine), sondern muß durch Hardware (Priorisierungslogik) gelöst werden.

Priorisierungsstrategien

Wenn neben dem Prozessor nicht nur ein einziger, sondern mehrere Master am Bus angeschlossen sind, muß eine Reihenfolge bei der Auswertung gleichzeitig vorliegender Anmeldungen festgelegt werden (Priorisierung), nämlich um den die Arbitration auslösenden Master anwählen zu können (Identifizierung). In der Praxis werden dazu eine Rangfolge festgelegt und unterschiedliche Strategien benutzt. Die Priorisierung erfolgt in

Strategie 1 in der Weise, daß jede Anforderung einzeln zu den wartenden Anforderungen hinzugenommen und „sofort" der Priorisierung unterworfen wird, wir sprechen von Einzelpriorisierung,

Einzelpriorisierung

Strategie 2 in der Weise, daß jede Anforderung in eine (zweite) Gruppe gesteckt und „später" in der (ersten) Gruppe wartender Anforderungen der Priorisierung unterworfen wird, wir sprechen von Gruppenpriorisierung.

Gruppenpriorisierung

Analogien. Die beiden Priorisierungsarten kann man sich durch die folgenden Analogien veranschaulichen, in denen eine Menge Personen von unterschiedlichem Rang in einem Raum an einem Schalter bedient werden will.

Bei *Einzelpriorisierung* ist der Schalterraum *direkt* zugänglich, und alle Personen, die bedient werden wollen, warten im Schalterraum. Jedesmal, wenn am Schalter eine Person abgefertigt ist, bekommt die ranghöchste Person, selbst als Neuankömmling, Zugang zum Schalter.

Bei *Gruppenpriorisierung* ist der Schalterraum nur *indirekt* zugänglich, und zwar abgeschirmt durch einen Vorraum. Alle Neuankömmlinge gelangen zuerst in den Vorraum, so daß es zwei Gruppen von wartenden Personen gibt: eine im Vorraum und eine im Schalterraum. Die Tür zwischen Vorraum und Schalterraum ist breit genug, daß die Gruppe aus dem Vorraum auf einmal in den Schalterraum eintreten kann.
Die Tür zum Schalterraum ist aber nur offen, wenn sich keine Person dort befindet. In diesem Fall wird die ganze Gruppe der im Vorraum wartenden Personen auf einmal eingelassen, die Tür geschlossen und die nun im Schalterraum wartenden Personen nach ihrem Rang bedient. Wenn die letzte Person am Schalter bedient ist und den Raum verlassen hat, öffnet sich die Tür zum Vorraum wieder, und ggf. wird wiederum die Gruppe der im Vorraum wartenden Personen auf einmal eingelassen und wie beschrieben bedient.

Zuordnungsstrategien

Auf die Buszuteilung durch den Prozessor (mit BGRT↑ in den Petri-Netzen) kann verzichtet werden, wenn das prozessorexterne System dazu in der Lage ist, Priorisierung und Identifizierung der Master selbst, d.h. prozessorextern, durchzuführen. Dessen ungeachtet müssen aber der Prozessor und das externe System miteinander synchronisiert werden. Bezüglich der Zuordnung des Busses unterscheidet man zwei charakteristische Strategien, sie erfolgt in

lokale Arbitration

Strategie 1 in der Weise, daß der Prozessor den Bus permanent hat; er nimmt somit gegenüber den anderen Mastern eine ausgezeichnete Stellung ein, und die Synchronisation geschieht über die eingeführten Arbitrationssignale. Dieser lokalen Zuordnung des Busses zum Prozessor gemäß spricht man von einem System mit lokaler Arbitration.

globale Arbitration

Strategie 2 in der Weise, daß der Prozessor gleich den anderen Mastern den Bus nur sporadisch benutzt; hier besorgt das System die Synchronisation, wobei alle Master gleich behandelt werden. Dieser globalen Zuordnung des Busses gemäß spricht man von einem System mit globaler Arbitration.

Lokale Arbitration wird vorwiegend bei kleineren Systemen mit einem Prozessor und sonst nur Controllern eingesetzt, während man globale Arbitration bei größeren Systemen mit (neben Controllern) insbesondere leistungsfähigen Prozessoren vorfindet. Dementsprechend sind Multimastersysteme mit lokaler Buszuordnung i. allg. Einprozessorsysteme und Multimastersysteme mit globaler Buszuordnung i. allg. Multiprozessorsysteme. Während das Begriffspaar Einmaster-/Multimastersystem mehr die Flexibilität anspricht, betont das Begriffspaar Einprozessor-/Multiprozessorsystem mehr die Leistungsfähigkeit des Systems. – Nach einer kurzen Erörterung des Schaltungsaufbaus behandeln wir in 5.3.4 die lokale und in 5.3.5 die globale Busarbitration.

Schaltungsaufbau. Wie gesagt, man unterscheidet in Multimastersystemen Einprozessorsysteme und Multiprozessorsysteme. Einprozessorsysteme enthalten einen universellen Prozessor als ausgezeichneten Master, dem der Bus fest zugeordnet ist (lokaler Bus, lokale Arbitration). Zusätzliche Master, i. allg. Controller, fordern von diesem den Bus nach Bedarf an. Multiprozessorsysteme bestehen demgegenüber aus mehreren universellen, ggf. auch speziellen Prozessoren als Master, die auf einen gemeinsamen Bus zugreifen (globaler Bus, globale Arbitration). Anders als bei der lokalen Arbitration ist der gemeinsame Bus nicht einem der Master fest zugeordnet, sondern wird auf Anforderung vergeben.

Tristate-Ausgänge

Zuteilung des Busses bei der Arbitration heißt, daß jeweils einer der Master den Bus zugesprochen bekommt, während die übrigen Master mit ihren Adreß-, Daten- und Steuerausgängen – mit Ausnahme der Leitungen für die Arbitration – vom Bus abgekoppelt sind. Um dies zu ermöglichen, sind die Signalausgänge aller Master als Tristate-Ausgänge ausgeführt, so daß sie in den hochohmigen Zustand geschaltet werden können. Vorstellungsmäßig sind sie dann vom System abgetrennt, so als ob sie nicht vorhanden wären.

Die Schaltungen für die Buszuteilung sind entweder an einem Ort konzentriert, z.B. in einer besonderen Systemkomponente, einem Arbitermodul; dann spricht man von zentraler Priorisierung bzw. zentraler Arbitration. Oder sie sind über das System verteilt, z.B. über alle Master, und untereinander verbunden durch eine Daisy-Chain oder einen Arbitrationsbus; dann spricht man von dezentraler Priorisierung bzw. dezentraler Arbitration. Zu den Details solcher Priorisierungsschaltungen siehe Bild 5-7 bzw. Bild 5-47/5-48.

zentrale / dezentrale Arbitration

Bemerkung. Zum Thema lokale/globale, zentrale/dezentrale Busarbitration sei noch ein Hinweis auf Analogien zum Prozessorinterrupt gegeben: Im Einprozessorsystem gibt es keine Unterscheidung zwischen lokalem und globalem Interrupt, da der Prozessor immer einen Prozeß verarbeitet, und sei es auch nur einen programmierten Warteprozeß. Auch die Unterscheidung zwischen zentraler und dezentraler Priorisierung ist dort von untergeordneter Bedeutung, da eine Prozessorunterbrechung im Gegensatz zu einer Buszuteilung in Hardware *und* Software abläuft und deshalb der Geschwindigkeitsunterschied der Priorisierung bezüglich Kette/Modul unberücksichtigt bleiben kann.

5.3.4 Lokale Busarbitration

Bei der lokalen Arbitration gibt es einen Master, nämlich den (zentralen) Prozessor, der sich gegenüber den anderen Mastern auszeichnet und dafür spezielle Schaltungsteile aufweist (ausgezeichneter Master). Wir beschreiben für diese Art der Arbitration zwei charakteristische Systeme, und zwar eines mit Bevorzugung des Prozessors bei der Buszuteilung sowie eines mit Bevorzugung der anderen Master bei der Buszuteilung; das erste in Synchrontechnik (für einen synchronen Bus) und das zweite in Asynchrontechnik (für einen asynchronen Bus).

Entwürfe „mit Bevorzugung des Prozessors". Bild 5-40 zeigt zwei Petri-Netze für die beiden oben skizzierten Strategien Einzel- und Gruppenpriorisierung bei lokaler Arbitration, wobei in beiden Fällen der Prozessor gegenüber den Mastern bevorzugt ist, und zwar in dem Sinn, daß die Zuteilung des Busses immer und ausschließlich durch den Prozessor vorgenommen wird, d.h., daß nach jeder Buszuteilung der Prozessor den Bus zurückerlangt. Dabei entspricht in Bild 5-40a die Stelle grt in der Analogie dem Schalter und die Stelle breq dem Schalterraum bzw. in Bild 5-40b die Stelle grt dem Schalter, die Stelle brq dem Schalterraum und die Stelle breq dem Vorraum. In den Bildern ist vorausgesetzt, daß der Prozessor als ausgezeichneter Master bei jeder Anforderung die Buszuteilung mit BGRT↑ vornimmt. Dadurch wird die ranghöchste Marke von breq bzw. brq nach grt gebracht. Das entspricht in der Analogie dem Aufruf der ranghöchsten Person durch den Schalterbeamten.

Entwurf „mit Bevorzugung der Master". Bild 5-41 zeigt ein weiteres Petri-Netz, jetzt nur für die Strategie Gruppenpriorisierung bei lokaler Arbitration.[1] Dabei sind nun – umgekehrt – die Master gegenüber dem Prozessor bevorzugt,

1. Für die Strategie Einzelpriorisierung entwickle man ein dem Bild 5-40a entsprechendes Petri-Netz als *Aufgabe*. In diesem System, das wieder nur für Synchrontechnik geeignet ist, ist der Prozessor so lange vom Bus abgekoppelt, wie Anmeldungen der Master in breq vorliegen und berücksichtigt werden müssen.

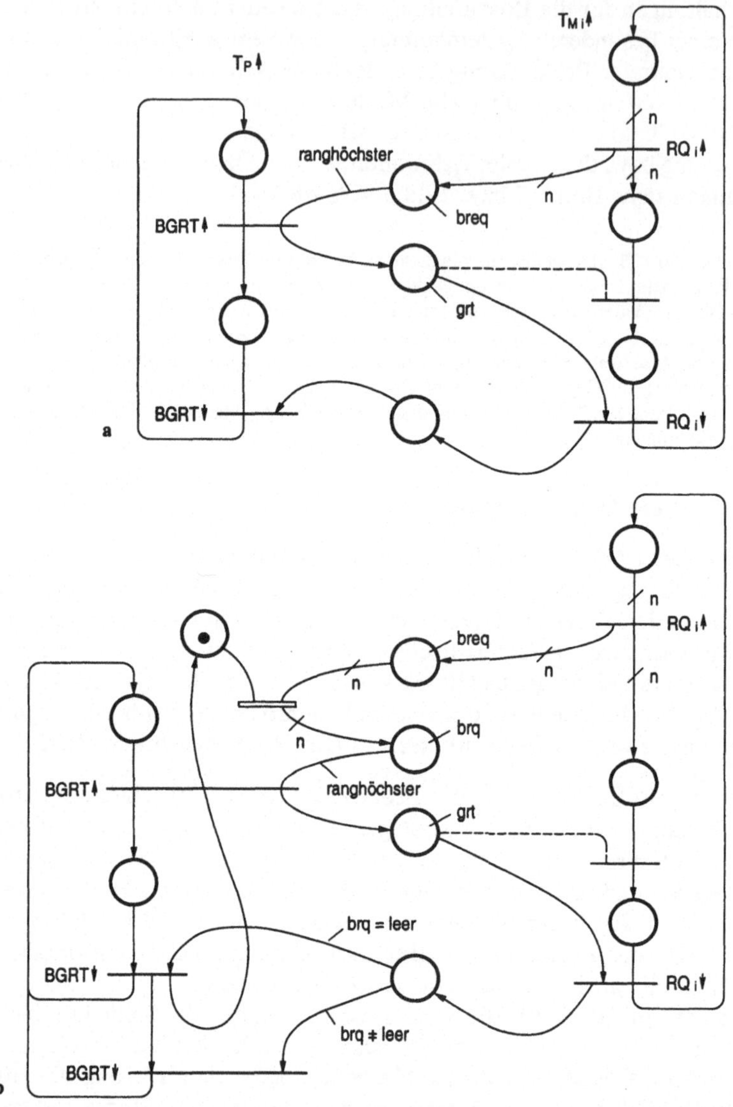

Bild 5-40. Lokale Arbitration mit Bevorzugung des Prozessors; **a** Arbitrationsstrategie Einzelpriorisierung, sinnvoll nur in Synchrontechnik ($T_P = T_{Mi}$), sonst könnte RQ_i eine laufende Priorisierung stören, **b** Arbitrationsstrategie Gruppenpriorisierung, auch für Asynchrontechnik geeignet.

und zwar in dem Sinn, daß die Zuteilung des Busses zuerst über den Prozessor läuft; danach machen die Master bei mehreren vorliegenden Anmeldungen die Buszuteilungen jedoch „unter sich aus". Dabei werden erst alle Anmeldungen einer Gruppe in breq abgearbeitet, bevor der Prozessor für mindestens einen Zyklus den Bus erhält.

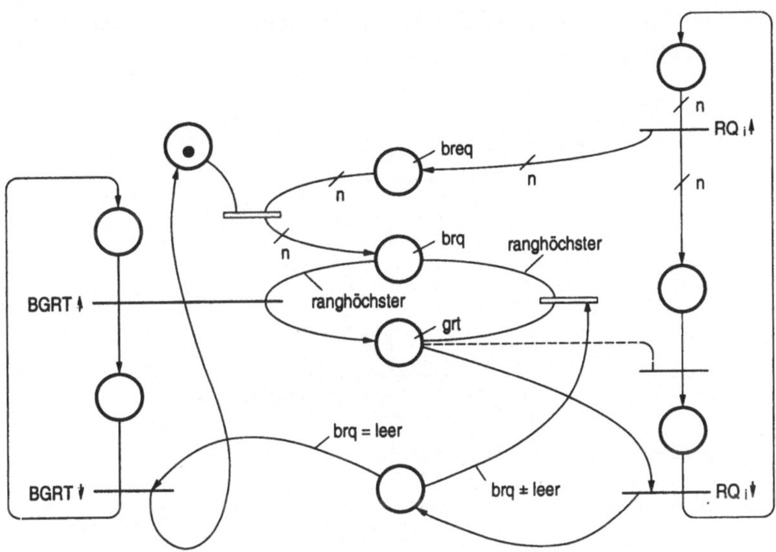

Bild 5-41. Lokale Arbitration mit Bevorzugung der Master; Arbitrationsstrategie Gruppenpriorisierung, auch für Asynchrontechnik geeignet.

Schaltung für lokale Arbitration mit Bevorzugung der Master

Wir wählen Bild 5-41, lokale Arbitration, Gruppenpriorisierung, Bevorzugung der Master, und entwickeln daraus ein Arbitrationssystem in Asynchrontechnik. Die Schaltung zeigt Bild 5-42. Ein Vergleich mit dem Petri-Netz zeigt, daß sich charakteristische Abläufe in der Schaltung einfacher durchspielen lassen als im Petri-Netz, d.h. die *Funktionsweise* des Arbitrationssystems wird in der *Schaltung* deutlicher und ist somit leichter verständlich als im *Petri-Netz*. Das weist auf Grenzen der Petri-Netzdarstellung hin, wenn die Aufgabenstellungen – wie hier – komplexer werden.

Zwei typische Systemaufbauten für lokale Arbitration sind in Bild 5-43 skizziert (die RQ_i' sind eine Art Slaves der RQ_i, insofern bleiben sie hier unberücksichtigt). Beim zentralen Aufbau mit einem Busarbiter (Teilbild a) ist die Priorisierungslogik in einer Art Carry-look-ahead-Technik aufgebaut; somit ist die Geschwindigkeit der Priorisierung keine systembestimmende Größe. Sie liegt in der Größenordnung einer Gatterlaufzeit, wie sie zur Durchschaltung eines einzelnen Signals benötigt wird (vgl. auch Bild 5-7a).[1] Beim dezentralen Aufbau als Daisy-Chain (Teilbild b) in einer Art Carry-ripple-Technik wird die Geschwindigkeit des Arbitrationssystems hingegen durch die Signallaufzeit durch die über die einzelnen Bausteine verteilte Priorisierungslogik bestimmt (vgl. auch Bild

1. Diese Aussage ist zu relativieren: die Priorisierungsgeschwindigkeit ist natürlich auch von der verwendeten Schaltungstechnik abhängig.

5-7b). Dieser Nachteil wird ggf. durch den Vorteil eines einfacheren technischen Aufbaus aufgewogen.

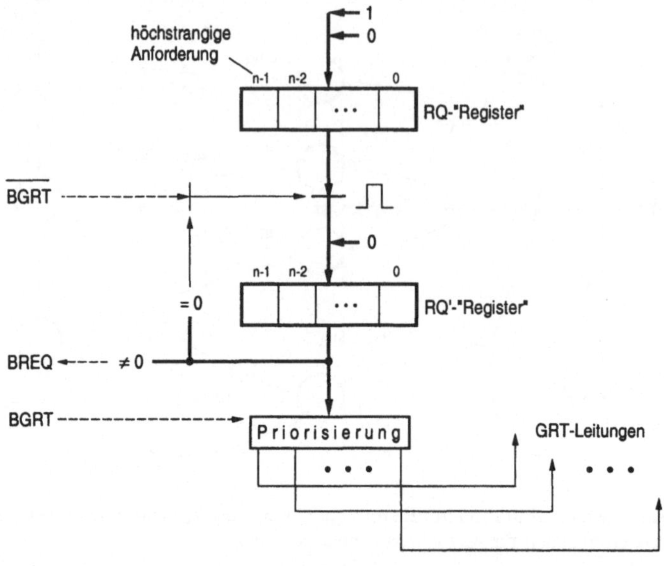

Bild 5-42. Lokales Arbitrationssystem mit Gruppenpriorisierung; Systemaufbauten siehe Bild 5-43. Die Arbitrationsrequestbits sowie die Arbitrationspendingbits sind darstellerisch zu den Registern RQ bzw. RQ' zusammengefaßt. Sie befinden sich in den einzelnen Mastern und sind dementsprechend über das System verteilt. Das Rücksetzen korrespondierender Bits erfolgt gleichzeitig.

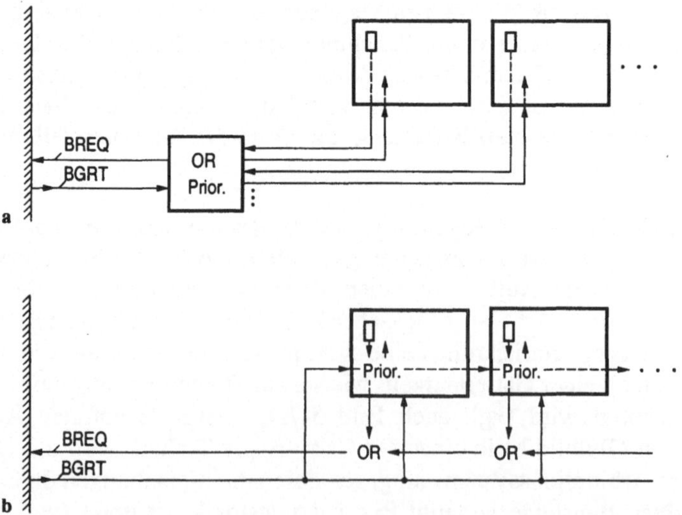

Bild 5-43. Systemkonfigurationen bei lokaler Busarbitration in Multimastersystemen; **a** Arbitration zentral, **b** Arbitration dezentral. Anforderungsbits weiß gezeichnet.

Aufgabe 5.6. Im Arbitrationssystem gemäß Bild 5-42 sind folgende Fälle von „Marken"bewegungen durchzuspielen, und zwar ab der Busfreigabe durch den busbesitzenden Master bis zu der Situation, daß alle Anmeldungen erledigt worden sind. Die Ausgangssituation ist vorgegeben durch

GRT=[00100], RQ'=[00101] und das Wechseln von RQ=[00101]→[01101].

Versuchen Sie, aus Bild 5-42 eine Logikschaltung mit Flipflops und Gattern in Asynchrontechnik für die ersten drei Master zu entwickeln (Priorisierung dezentral durch Daisy-Chain).

5.3.5 Globale Busarbitration

Bei der *lokalen* Busarbitration ist der Prozessor gegenüber den anderen Mastern ausgezeichnet, und zwar dadurch, daß er der Master mit der zwar niedrigsten Priorität, aber immerwährendem Busbesitz ist. Bei der *globalen* Arbitration gibt es hingegen keinen Master, der sich gegenüber den anderen Mastern auszeichnet und dafür spezielle Schaltungsteile aufweist. Wir beschreiben für diese Art der Arbitration zwei charakteristische Systeme: als erstes eins in Asynchrontechnik (asynchroner Bus), das mit *Busfreigabe* funktioniert (der Bus ist frei, wenn keiner der Master ihn benötigt), und als zweites eins in Synchrontechnik (synchroner Bus), das mit *Busverbleib* funktioniert (der Bus verbleibt beim letzten Master, wenn kein Master ihn benötigt).

Entwurf „mit Busfreigabe". Für das System „mit Busfreigabe" gehen wir von Bild 5-41 (Gruppenpriorisierung) aus. Durch „Wegnahme" des ausgezeichneten Masters (seiner zwei Stellen samt Balken und dazugehöriger Kanten) braucht lediglich der Platz links oben anders „angesteuert" zu werden, nämlich durch einen Balken ohne Stelle, der mit „breq *wird* leer" „gezündet" wird. (Der Prozessor als ausgezeichneter Master ist gewissermaßen „kurzgeschlossen".) Wenn kein Master den Bus benötigt, ist dieser Platz mit einer Marke besetzt, die jedoch nicht wie bei lokaler Arbitration vom ausgezeichneten Master in diese Position gelangt, sondern „von sich aus" (wegen fehlender Stelle), nämlich wenn – wie beschrieben – die Stelle brq als Gruppe wartender Master leer geworden ist. Solange keine Master den Bus wünschen (breq leer), verbleibt die Marke in dieser Position. Wenn hingegen wartende Master vorhanden sind (breq nicht leer), werden diese „von allein" weitergeführt, als Gruppe, und die Marke „links oben" wird „abgesaugt". Entsprechendes geschieht, wenn ein oder mehrere Master zu einem späteren Zeitpunkt den Bus anfordern (und Marken nach breq gelangen).

nach Schaltungen von Motorola

Aufgabe 5.7. Überführen Sie entsprechend der vorangehenden Beschreibung Bild 5-41 in ein Petri-Netz für globale Arbitration mit Busfreigabe. Zeichnen Sie das Netz und testen Sie es anhand charakteristischer Markenbewegungen. Gehen Sie dabei davon aus, daß der von Bild 5-41 stammende, verbliebene Zustand unten Mitte mit einer Marke initialisiert ist.

Entwurf „mit Busverbleib". Für das System „mit Busverbleib" gehen wir vom Petri-Netz Bild 5-40a (Einzelpriorisierung) aus; das Petri-Netz in Bild 5-44 ist diesem zwar unter Berücksichtigung des Wegfalls des ausgezeichneten Masters ähnlich, weist aber wegen des Busverbleibs eine Besonderheit auf. Die Marken tragen nämlich nun Nummern, in der Terminologie der Petri-Netze Farben, sind also unterscheidbar (gefärbtes Petri-Netz). Damit sind die im Netz nun möglichen Abläufe erheblich komplizierter:

nach Schaltungen von Intel

Erstens muß zwischen Busanforderungen $RQ_i\uparrow$ von Mastern (d.h. Bewegungen von Marken) „derselben Nummer wie in Stelle grt" bzw. von Mastern (Bewegungen von Marken) „anderer Nummer als in grt" unterschieden werden. Dementsprechend existieren zwei Wege im Graphen rechts, nämlich

ein Weg für denjenigen Master, der den Bus als letzter genutzt hat; im Netz über den Balken ohne Negationspunkt: „grt ist mit einer Marke derselben Farbe besetzt",
ein Weg für andere Master; im Netz über den Balken mit Negationspunkt: „grt ist mit einer Marke anderer Farbe besetzt".

Zweitens muß die Marke in grt im Fall anderer Farbe ersetzt werden. Wegen des Priorisierungsproblems haben wir in diesem Fall im Platz links sowie im Platz unten Mitte ungefärbte Marken vor uns.

Mit Bild 5-44 haben wir die Grenze sinnvoller Petri-Netz-Darstellungen überschritten. Denn ein Vergleich mit dem folgenden Blockbild als Realisierung auf der Registertransferebene zeigt, daß die Abläufe in der Schaltung erheblich einfacher zu verstehen sind als im vorgestellten Petri-Netz.[1]

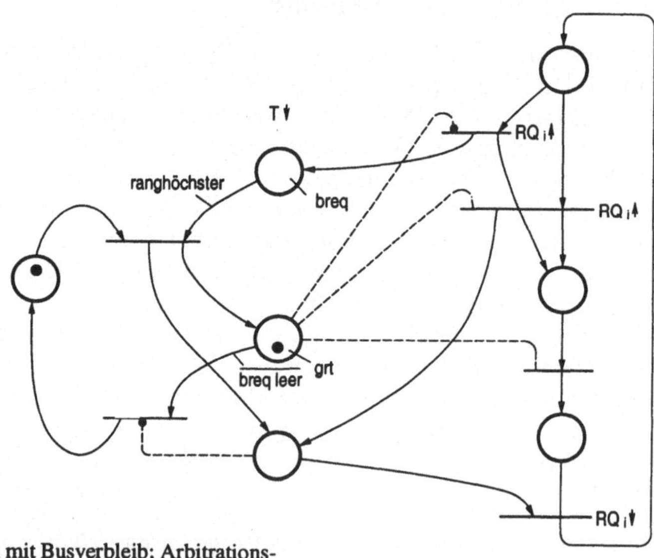

Bild 5-44. Globale Arbitration mit Busverbleib; Arbitrationsstrategie Einzelpriorisierung, nur für Synchrontechnik.

Schaltung für globale Arbitration mit Busverbleib

Bild 5-45 zeigt für Bild 5-44 eine Schaltung des Arbitrationssystem mit Busverbleib in Synchrontechnik. Während in einem System mit Busfreigabe der Bus im Fall keiner Anforderung frei, d.h. keinem Master zugeordnet ist (GRT leer bei

1. Das liegt daran, daß im Gegensatz zum Petri-Netz in der Schaltung für jede gefärbte Marke ein eigener Platz zur Verfügung steht, nämlich in der Form eines numerierten Flipflops.

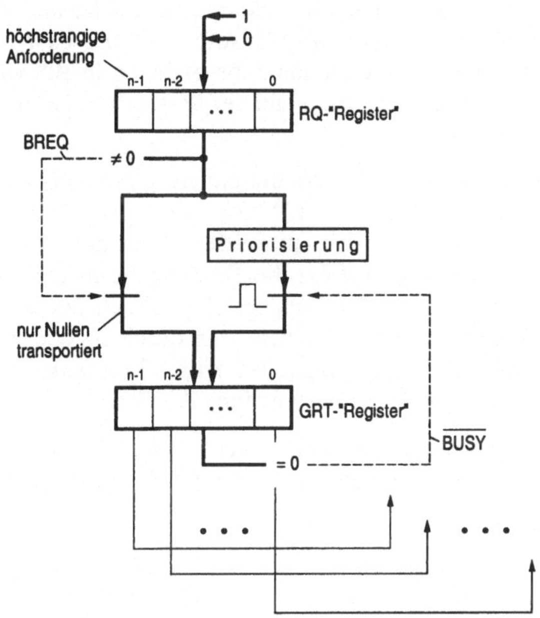

Bild 5-45. Globales Arbitrationssystem mit Busverbleib; Systemaufbauten siehe Bild 5-46, jedoch zusätzlich Bustakt-Leitung T (synchroner Bus). Die Anforderungsbits sowie die Gewährungsbits sind darstellerisch zu den Registern RQ bzw. GRT zusammengefaßt. Sie befinden sich in den einzelnen Mastern und sind dementsprechend über das System verteilt. Das Rücksetzen erfolgt durch RQ_i allein.

RQ leer), behält im System mit Busverbleib derjenige Master den Bus, der ihn zuletzt besessen hat (GRT nicht leer bei RQ leer). Dementsprechend bleibt sein Gewährungsbit gesetzt, was zur Folge hat, daß das (jetzt notwendige) Signal bus busy ($\overline{\text{BUSY}}$ im Bild, aktiv bei GRT leer) nicht *unmittelbar* als Kriterium benutzt werden kann, um festzustellen, ob der Bus zur erneuten Buszuteilung frei ist; vielmehr muß dieser Zustand erst *hergestellt* werden. Signal BUSY

Bei der Anmeldung eines Masters, der nicht bereits im Besitz des Busses ist (der Master benötigt den Bus, besitzt ihn aber nicht, d.h. RQ_i=0→1 bei GRT_i=0), wird das dadurch erreicht, daß in einem ersten Schritt der linke Zweig im Blockbild aktiviert wird. In diesem Zweig werden alle Nullen von RQ nach GRT transportiert, wodurch das Gewährungsbit des busbesitzenden Masters gelöscht und damit diesem der Bus entzogen wird. In einem zweiten Schritt wird der rechte Zweig im Blockbild durchlaufen: Mit den in RQ gespeicherten Einsen wird die Priorisierung durchgeführt und die am weitesten links stehende Eins nach GRT transportiert. Dadurch erhält der höchstrangige Master den Bus.

Bei der Anmeldung eines Masters, der hingegen bereits im Besitz des Busses ist, wird bei gesetztem Gewährungsbit zusätzlich sein Anforderungsbit gesetzt (der Master benötigt den Bus und besitzt ihn auch, d.h. RQ_i=0→1 bei GRT_i=1), ohne daß bei gleichzeitiger Anmeldung anderer, auch höherrangiger Master, eine Arbitration nach Prioritäten nötig wird. Insofern hat der busbesitzende Master den Vorteil, daß für ihn die Buszuteilung „besonders schnell" vor sich geht und er bei gleichzeitiger Anmeldung auch anderer Master mindestens für einen Buszyklus „bevorzugt wird".

Technisch gesehen arbeitet das System mit einem zentralen Bustakt, weshalb die Durchschaltungen bei „RQ *nicht* leer?" bzw. „GRT leer?", d.h. $\overline{\text{BUSY}}$, immer nur mit dem Takt (z.B. mit T↓) wirksam werden. Wenn der busbesitzende Master den Bus nicht mehr benötigt, erfolgt die Busfreigabe in diesem System nicht durch Rücksetzen seines GRT-Bits, sondern allein durch Rücksetzen seines RQ-Bits. Ein GRT-Bit kann – wie beschrieben – nur durch ein oder mehrere gesetzte RQ-Bits mit der auf das Setzen folgenden ersten Taktflanke T↓ zurückgesetzt werden; die zweite Taktflanke T↓ besorgt dann das Setzen des neuen GRT-Bits.

Bild 5-46 zeigt ohne Kommentar zwei typische Systemaufbauten für globale Arbitration, z.B. in den beschriebenen Varianten mit Busfreigabe bzw. Busverbleib.

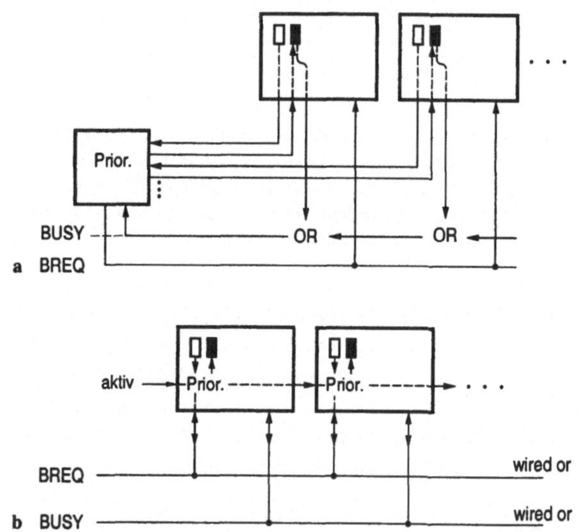

Bild 5-46. Systemkonfigurationen bei globaler Busarbitration in Multimastersystemen; **a** Arbitration zentral durch Arbiter-Baustein, **b** Arbitration dezentral durch Arbiter-Daisy-Chain. Anforderungsbits weiß, Gewährungsbits schwarz gezeichnet.

Aufgabe 5.8. Im Arbitrationssystem mit Busverbleib gemäß Bild 5-45 sind folgende Fälle von „Marken"bewegungen durchzuspielen, und zwar ab der Busfreigabe durch den busbesitzenden Master bis zu der Situation, daß alle Anmeldungen erledigt worden sind. Die Ausgangssituation ist vorgegeben

durch GRT=[00100] und den Wechsel RQ=[00000]→[01100].

Versuchen Sie, aus Bild 5-45 eine Logikschaltung mit Flipflops und Gattern in Synchrontechnik für die ersten drei Master zu entwickeln (Priorisierung zentral durch Arbiter-Baustein).

5.3.6 Numerierbare Priorisierung

Die in 5.3.5 behandelten Arbitrationssysteme haben in dem Sinn eine konstante Priorisierung, als jeder Master nach Verdrahtung (bei einer Daisy-Chain) oder nach Anschluß (an einen Arbitermodul) eine feste Rangnummer hat, die nur durch „Neuverdrahten" oder „Umstecken" geändert werden kann. Das hat zwar den Vorteil eines einfachen Systemaufbaus, aber den Nachteil einer ggf. unfairen, weil nicht zu ändernden Abarbeitungsreihenfolge der Anmeldungen der einzelnen Master. Um diesen Nachteil abzustellen, werden Arbitrationssysteme mit variabler Priorisierung eingesetzt. – Es ist jedoch nur mit erheblicher Aufwandserhöhung möglich, die Rangfolge der angeschlossenen Master variabel zu gestalten. Das kann automatisch geschehen, z.B. hardware-gesteuert durch rotierende Prioritäten, oder es kann programmiert geschehen, d.h. software-gesteuert über numerierbare Prioritäten. Wir behandeln hier nur den zweiten, allgemeineren Fall der variablen Priorisierung mit numerierbaren Prioritäten (numerierbare Priorisierung).

Schaltungsstruktur

Jeder Master besitzt ein spezielles Register, in dem eine Identifikationsnummer (ID-Nummer) gespeichert ist, die seinen Rang angibt. Zu einer eindeutigen Identifizierung müssen selbstverständlich sämtliche Nummern im System unterschiedlich gewählt sein. Die zur Priorisierung jedem Master zugeordneten Schaltnetze sind alle über einen Arbitrationsbus miteinander verbunden. Es handelt sich somit um eine dezentrale Priorisierung, die jedoch im Gegensatz zu einer Daisy-Chain unabhängig vom „Steck"platz eines Masters erfolgt (Bild 5-47).

Die Idee bei dieser Art der Priorisierung ist, anstelle der Anforderungs*bits* jeweils eine Anforderungs*nummer* zu verwenden. Der Rang einer Anmeldung ist dann nicht mehr durch ihre Position, sondern durch diese Nummer festgelegt und

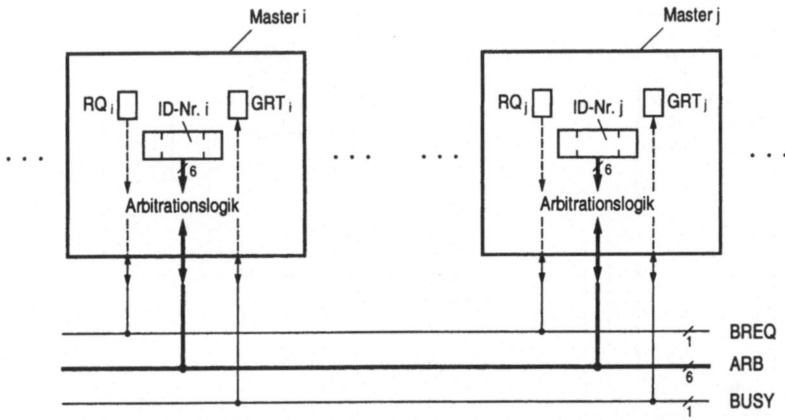

Bild 5-47. Blockbild für die Busarbitration mit numerierbarer Priorisierung (dezentraler Aufbau mit Arbitrationsbus).

somit variabel. Dieses Vorgehen entspricht in gewissem Sinn der Codierung von akzeptierten Anforderungen, wie sie sich in der Maske beim Interrupt widerspiegelt. Dabei steht man hier wie dort vor der Tatsache, auch „keine Anforderung" in den Entwurf mit einzubeziehen. Hier bei der Arbitration geht man den Weg, daß man die Anforderungsbits nicht durch ihre Anforderungsnummern *ersetzt*, sondern sie um je eine Identifikationsnummer *ergänzt*; somit braucht hier „keine Anforderung" nicht in der Codierung berücksichtigt zu werden.

Funktionsweise

Zur Beschreibung der Funktion eines Systems mit numerierbarer Priorisierung gehen wir zunächst davon aus, daß kein Master den Bus hat, d.h. BREQ=0, BUSY=0 und auf dem 6-Bit-Arbitrationsbus ARB=000000. Die Anforderungen der einzelnen Master werden mit $RQ_i=1$ an die entsprechenden Arbiterlogiken gestellt, wobei der Index i für die ID-Nummer steht. Die Anforderungen werden über eine gemeinsame, bidirektionale BREQ-Leitung weitergegeben (auf der bereits Anforderungen anderer Master zur Bearbeitung vorliegen können, was durch BREQ=1 angezeigt wird).

Diejenigen Master, deren Anforderungen auf die BREQ-Leitung durchgeschaltet sind, „legen" ihre ID-Nummern zur Priorisierung auf den Arbitrationsbus, wo sie durch „wired or" zusammengefaßt werden. Ein Anforderer mit geringerer Priorität (kleinerer Nummer, z.B. 21=010101) erkennt, daß eine Anforderung höherer Priorität (größerer Nummer, z.B. 25=011001) vorliegt (auf dem Bus „wired or" 011101) und nimmt daraufhin alle 1-Bits seiner ID-Nummer ab derjenigen Lei-

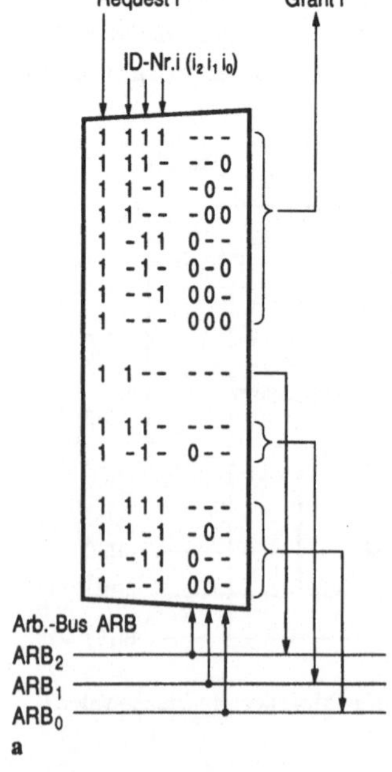

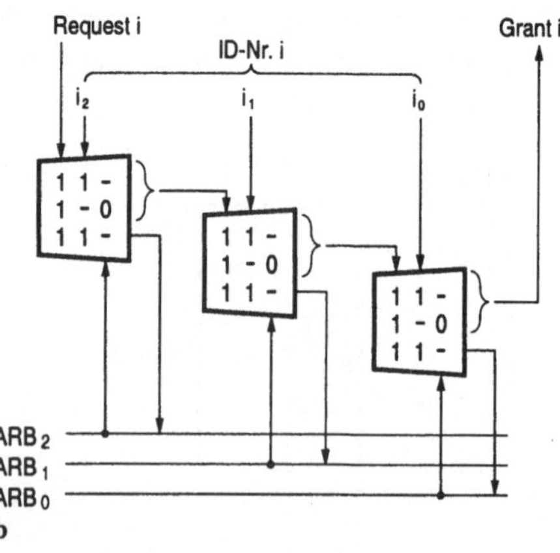

Bild 5-48. Prinzipschaltungen zur Priorisierung innerhalb des einzelnen Masters (mit 3-Bit-ID-Nummern); **a** einstufig als Schaltnetz, **b** mehrstufig als Schaltkette.

tung vom Bus zurück – im Sinn abnehmender Leitungsnummern –, bei der eine „gesendete" 0 von einer 1 auf dem Bus „reflektiert" wird (in unserem Zahlenbeispiel der erste Master 010000). Dadurch verändert sich die wired-or-Verknüpfung (011001). – In unserem Fall existiert keine gesendete 0 mehr, die von einer 1 reflektiert wird.

Die so nach einer Einschwingzeit sich auf dem Bus einstellende, verbleibende Nummer (011001) ist die Nummer des Anforderers mit der höchsten Priorität; sie erlaubt dem zugehörigen Master, den Bus zu übernehmen (in unserem Zahlenbeispiel dem Master mit der Nummer 011001=25). – Bild 5-48 auf der linken Seite zeigt in einer Darstellung ähnlich Bild 5-7 die Priorisierungslogik eines Masters in einer einstufigen Ausführung als Schaltnetz (Teilbild a) sowie in einer mehrstufigen Ausführung als Schaltkette (Teilbild b; nicht zu verwechseln mit einer Daisy-Chain, die ja die Master selbst verkettet und nicht etwa die Gatter innerhalb eines Masters).

In Synchrontechnik kann als Priorisierungsstrategie Einzel- oder Gruppenpriorisierung gewählt werden oder beides in einem System vereint werden: Im Schaltbild 5-49 erfolgt die Arbitrierung durch Einzelpriorisierung, sofern das oberste Bit der ID-Nummer (als Dualzahl) gleich 1 ist, und durch Gruppenpriorisierung, sofern das oberste Bit der ID-Nummer (als Dualzahl) gleich 0 ist; in beiden Fällen mit Busfreigabe (Multibus II). Für den Ablauf verzichten wir auf Kommentare; im Schaltbild kann die Arbitrationsstrategie durchgespielt werden, wobei die „Marken" in den Kästchen die ID-Nummern der sie repräsentierenden Master tragen. Somit wird nicht die Position, sondern die Nummer eines jeden Masters als Rang zur Priorisierung herangezogen.

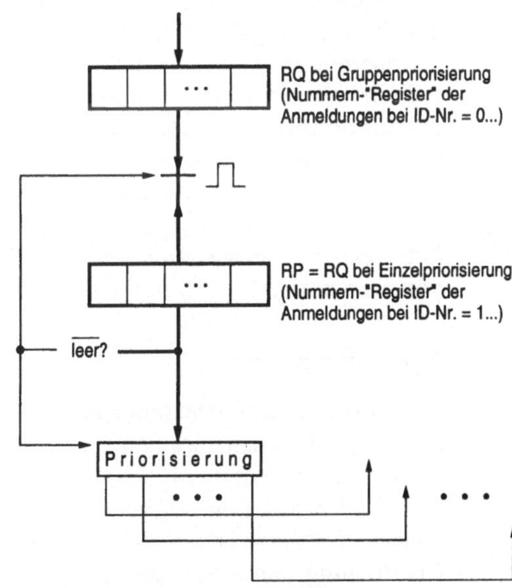

Bild 5-49. Arbitrationsstrategie bei numerierbarer Priorisierung: Einzel- und Gruppenpriorisierung mit Busfreigabe.

Aufgabe 5.9. Stellen Sie für Bild 5-48b für 2 Master mit den ID-Nummern i und j (Dualzahlen) die booleschen Gleichungen auf. Benutzen Sie als Verkettungssignale die Variablen u_i und v_i für die Master i bzw. j. Erweitern Sie dabei die ID-Nummern sowie den Arbitrationsbus auf 6 Bits bzw. Leitungen (boolesche Variablen a_5 bis a_0).
Berechnen Sie aus den Gleichungen mit $i = 21$ und $j = 29$ die Werte (Bitmuster) für die Binärvektoren $\boldsymbol{u}$, $\boldsymbol{v}$ und $\boldsymbol{a}$.

Aufgabe 5.10. In der beschriebenen Art der numerierbaren Priorisierung sind die Nummern als Dualzahlen vorgegeben, was auf die relativ aufwendigen Schaltungen von Bild 5-48 führt. Werden hingegen die Nummern im 1-aus-n-Code dargestellt, so ergeben sich beträchtliche Einsparungen. Dies wird angewendet auf die Priorisierung bei SCSI, siehe S. 477.
Konstruieren Sie zu Bild 5-48 die entsprechenden Schaltungen für eine 1-aus-n-Codierung bei einer Nummernbreite von 8 Bits.

Aufgabe 5.11. Die oben anhand eines Zahlenbeispiels erläuterte Funktionsbeschreibung zu Bild 5-49 ist mit Dualzahlen für einen 6-Bit-Arbitrationsbus nachzuspielen, wenn 6 Master mit den folgenden ID-Nummern den Systembus *gleichzeitig* anfordern: 16, 20, 13, 12, 21, 19. Weiterhin ist (mit Dezimalzahlen) die Buszuteilungs-Reihenfolge zu ermitteln, wenn während der Buszyklen von Master 21 zusätzlich zu den obigen Anforderungen die Anmeldungen 30, 17, 35, 41 erscheinen.

5.4 Ein-/Ausgabe im Multimaster-/Multiprozessorsystem

5.4.1 Grundsätzliche Systemstrukturen

Ein-/Ausgabe-Controller haben die Aufgabe, neben dem Prozessor als weitere Master die Datenübertragung zwischen der Peripherie und dem Speicher zu beschleunigen und dabei gleichzeitig den zentralen Prozessor zu entlasten bzw. von dieser Aufgabe ganz zu entbinden. Dabei wird nicht mehr wie bei der prozessorgesteuerten Ein-/Ausgabe in 5.2 die Übertragung eines einzelnen Datums als Arbeitseinheit festgelegt (die Übertragung von *einem* Datum entspricht *einem* Lauf des zugeordneten Ein-/Ausgabeprogramms). Vielmehr wird bei der controllergesteuerten Ein-/Ausgabe ein ganzer Datensatz (Datenblock) zwischen Peripherie und Speicher übertragen (die Übertragung von *einem* Datenblock entspricht *einer* Aktivierung des zugeordneten Ein-/Ausgabe-Controllers). Dazu ist – wie üblich – eine Synchronisation der an der Datenübertragung beteiligten Systemkomponenten nötig.

Synchronisation

Die Aufgabe des Prozessors aus Bild 5-19 übernimmt in Bild 5-50 der Controller, d.h., die Datenübertragung zwischen Peripherie und Speicher über den Prozessor wird ersetzt durch die Datenübertragung über den Controller. – Im Petri-Netz Bild 5-50 ist die Wirkungsrichtung der Prozeßkommunikation in der Form kleiner Pfeilspitzen einbezogen. Es beschreibt die neuen Zuständigkeiten für die Übertragung nun eines ganzen Datenblocks, wobei die Darstellung der an der Datenübertragung beteiligten *aktiven* Systemkomponenten bildbeherrschend ist (nämlich die drei *Zyklen* P Prozessor, C Controller, IO Peripherie), während die

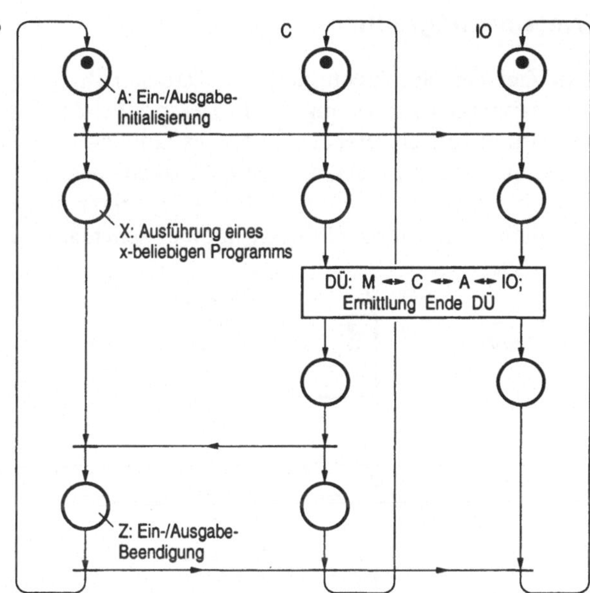

ld 5-50. Synchronisation bei ntrollergesteuerter Ein-/Ausgabe.

. Aufgabe der *passiven* Systemkomponenten in den Hintergrund tritt (im *Kästchen* M Speicher, A Interface-Adapter).

Wie man beim Durchspielen der Prozeßabläufe sieht, beschränkt sich die Funktion des Prozessors bei der controllergesteuerten Ein-/Ausgabe im wesentlichen auf zwei Aufgaben:

1. die Initialisierung des Ein-/Ausgabevorgangs, und zwar durch Laden der verschiedenen Steuerregister und Aktivieren der an der Datenübertragung beteiligten Komponenten (Zustand A),
2. die Beendigung des Ein-/Ausgabevorgangs, ggf. mit dem Auswerten von Statusbits über die ordnungsgemäße Durchführung der Datenübertragung sowie dem In-den-Ausgangszustand-Bringen der Systemkomponenten (Zustand Z).

Der Controller und die Peripherie führen die Datenübertragung zwischen Adapter und Speicher völlig selbständig durch, wobei der Controller das Zählen der Übertragungen und das Adressieren des Speichers übernimmt. Währenddessen führt der Prozessor irgendein x-beliebiges Programm aus (Zustand X).

Bemerkung. Das im Zustand X ausgeführte Programm kann ein anderes Programm sein als das, das die Ein-/Ausgabe in die Wege geleitet hat, z.B. ein vom Betriebssystem aktiviertes Programm oder das Betriebssystem selbst. Es kann aber auch Teil desselben Programms sein, das den Ein-/Ausgabevorgang eingeleitet hat und im Fall der Eingabe die eingegebenen Daten verarbeiten soll oder im Fall der Ausgabe die auszugebenden Daten bereitgestellt hat. Dann sind ggf. weitere Synchronisationsmaßnahmen vorzusehen, z.B., indem der dem Zustand X zugeordnete Programmteil in einer Warteschleife endet, die in dem durch Zustand Z gekennzeichneten Programmteil für die Beendigung des Ein-/Ausgabevorgangs aufgelöst wird.

Systemkonfigurationen

Das Ziel der Beschleunigung der Datenübertragung bei gleichzeitiger, immer weitergehender Entlastung des Prozessors bei der Ein-/Ausgabe kann in mehreren Stufen fortschreitender Leistungsfähigkeit erreicht werden. Ausgangspunkt bildet die prozessorgesteuerte Ein-/Ausgabe aus 5.2, der die Stufe *0* (Bild 5-51) zugeordnet wird. Bilder 5-51 bis 5-53 zeigen insgesamt sechs Systeme fortschreitender Leistungsfähigkeit in einer schematischen Darstellung. Die Daten-

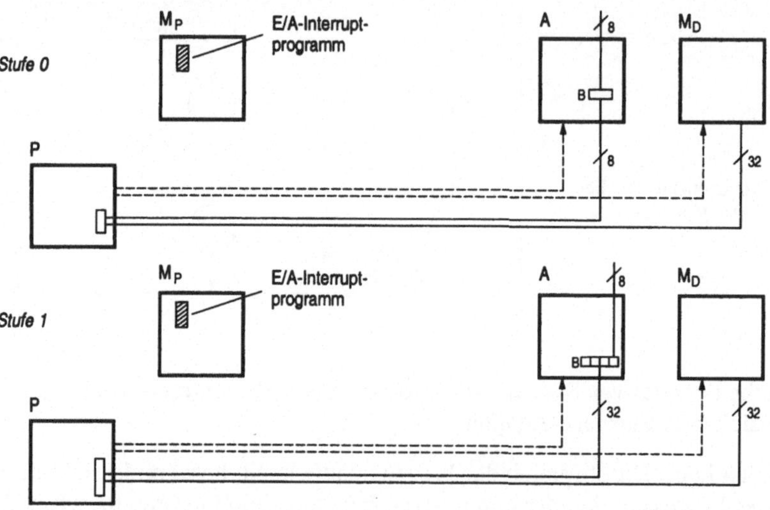

Bild 5-51. Rechnerkonfigurationen steigender Leistungsfähigkeit aus *ablauf*orientierter Sicht, hier für Einmaster-Einbus-Systeme.

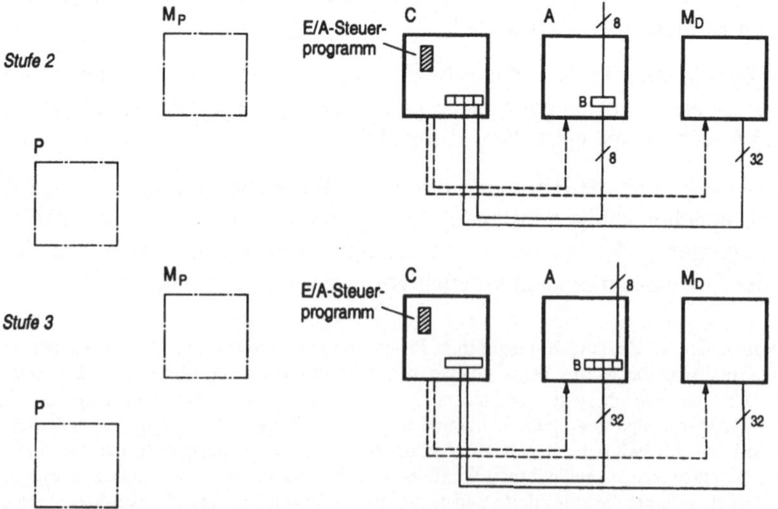

Bild 5-52. Fortsetzung von Bild 5-51: ... für Multimaster-Einbus-Systeme.

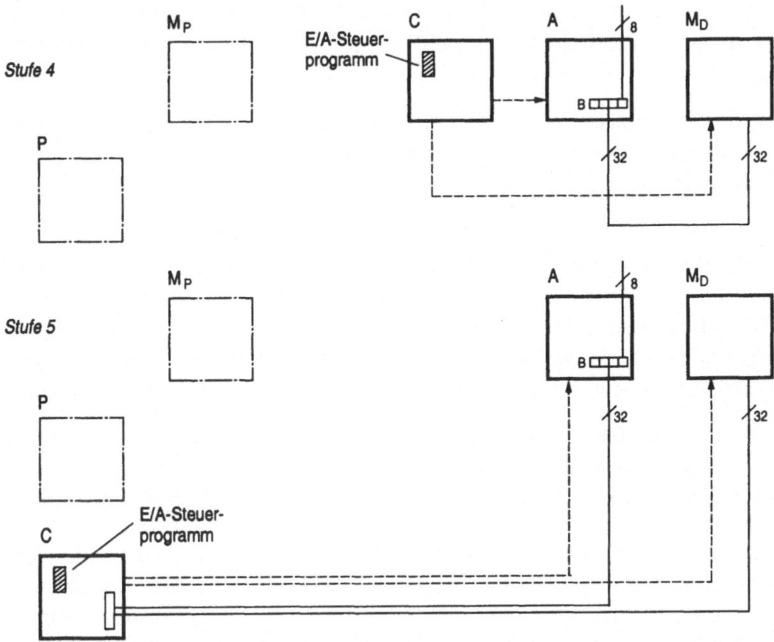

Bild 5-53. Fortsetzung von Bild 5-52. ... für Multimaster-Multibus-Systeme.

übertragung erfolgt über den Interface-Adapter A mit dem Datenspeicher M_D. Die an dem eigentlichen Übertragungsvorgang unbeteiligten Komponenten sind strichpunktiert und ihre Systembusanschlüsse sind gar nicht gezeichnet. Adreßtransporte sind gestrichelt und Datentransporte durchgezogen dargestellt. Die schraffierten Felder zeigen jeweils das Steuerprogramm zur Datenübertragung, das im Programmspeicher M_P als Software „programmiert" oder im Controller C in Hardware „verdrahtet" ist. – Im folgenden gehen wir von byteweiser Datenübertragung sowie einer Datenbusbreite und einer Speicherbreite von 4 Bytes aus (4 Bytes bilden 1 Wort). Ein Assembly-/Disassembly-Register übernimmt ggf. das „Sammeln" der Bytes zu Wörtern bzw. das „Streuen" der Wörter zu Bytes.

Assembly-/Disassembly-Register

Die Datenübertragung erfolgt in

Stufe 0 durch Prozessor und Adapter mit 1-Byte-Pufferregister B: es sind 4 Prozessorinterrupts mit dementsprechend 4 Programmläufen für die Übertragung von 1 Wort erforderlich,

Stufe 1 durch Prozessor und Adapter mit Assembly-/Disassembly-Register B: es ist 1 Prozessorinterrupt mit 1 Programmlauf für die Übertragung von 1 Wort erforderlich,

Stufe 2 durch Controller mit Assembly-/Disassembly-Register und Adapter mit 1-Byte-Pufferregister B: es sind 4 Busarbitrationen mit 5 Buszyklen für die Übertragung von 1 Wort erforderlich (der letzte Bytetransfer und der abschließende Worttransfer werden innerhalb derselben Buszuteilung ausgeführt),

Stufe 3 durch Controller und Adapter mit Assembly-/Disassembly-Register B: es ist 1 Busarbitration mit 2 Buszyklen für die Übertragung von 1 Wort erforderlich,

Stufe 4 durch Controller und Adapter mit Assembly-/Disassembly-Register B mit gesonderter Adressierung von B: es ist 1 Busarbitration mit 1 Buszyklus für die Übertragung von 1 Wort erforderlich,

Stufe 5 durch Controller mit eigenem, zweitem Systembus und Adapter mit Assembly-/Disassembly-Register B: es ist keine Busarbitration erforderlich, wenn der Prozessor über seinen Bus auf einen anderen Speicher als der Controller zugreift; es ist 1 Arbitration mit 1 Buszyklus für die Übertragung von 1 Wort erforderlich, wenn der Prozessor auf denselben Speicher wie der Controller zugreift – wir charakterisieren Stufe *5* durch Speicherarbitration.

DMA-Controller

Zur Terminologie. Der Controller in den Stufen *2* bis *5* wird DMA-Controller genannt (DMA, direct memory access). Wie der Prozessor in den Stufen *0* und *1*, so greift der Controller in den Stufen *2* und *3* zur Übertragung eines Datums auf den Speicher zu. Freilich geschieht das bei der prozessor- wie bei der controllergesteuerten Ein-/Ausgabe in den hier zugrundeliegenden Systemen über den gemeinsamen Systembus. Obwohl also der Prozessor wie der Controller keinen eigenen, d.h. *direkten*) Anschluß an den Speicher hat, trägt letzterer – mehr seine Funktion ansprechend – die Bezeichnung *direct* memory access. Dieses Attribut ist eigentlich überflüssig, denn auf was sonst als auf den Speicher sollte der Controller zugreifen.

Erst in Systemen wie in Stufe *5*, in denen der Prozessor wie der Controller über eigene Systembusse mit jeweils unabhängigen Speichermoduln verfügen, ist es möglich, das Programm „X" ungestört laufen zu lassen, d.h., laufen zu lassen, ohne dem Prozessor für die Datenübertragung durch den Controller Zyklen stehlen zu müssen. Ein Controller in einem solchen System verdient dann – auch die Struktur ansprechend – zu Recht die Bezeichnung *direct* memory access. Diese härtere Terminologie war früher üblich.

cycle stealing

burst mode

Zum weiteren Vorgehen. Die Datenübertragung in den Bildern 5-51, 5-52 bezieht sich auf Systeme mit einem Prozessor, ggf. einem Controller und *einem* Systembus. Bei der dabei angenommenen Betriebsart, dem sog. Cycle-stealing-Modus, wird dem „übergeordneten" Programm „X" bei jedem Datentransport mit dem Speicher in den Stufen *0* und *1* der Prozessor ganz entzogen, während in den Stufen *2* und *3* diesem Programm der Prozessor nur für jeweils einige bzw. einen einzigen Buszyklus entzogen („gestohlen") wird. In einer weiteren Betriebsart, dem sog. Burst-Modus, wird der Prozessor während der gesamten Blockübertragung vom Bus verdrängt, so daß der DMA-Controller seine Übertragungen durchführen kann, ohne jeweils Buszuteilungen abwarten zu müssen. – Diese Art der Datenübertragung ist in 5.4.2 und 5.4.3 beschrieben.

Die Datenübertragung in Bild 5-53 bezieht sich hingegen auf Systeme, bestehend aus einem Prozessor mit *seinem* Systembus und einem Controller mit einem *extra* Adreß„bus" bzw. bestehend aus einem Prozessor mit einem *ersten* Systembus und einem Controller mit einem *zweiten* Systembus. Die Übertragung eines Datums zwischen Speicher und Adapter kann nämlich in Bild 5-53 direkt, d.h. ohne den Umweg über den DMA-Controller erfolgen, so daß dem Prozessor anstelle von 2 Buszyklen nur 1 Buszyklus weggenommen wird (Stufe *4*) bzw. 0 Buszyklen, höchstens 1 Buszyklus weggenommen wird (Stufe *5*). – Diese Art der Datenübertragung wird in 5.4.5 nur gestreift.

Zusammenfassung. Die Rechnerkonfigurationen der Stufen *0* bis *3* sind reine 1-Bussysteme: Stufen *0* und *1* mit 1 Master und der Organisationsform Prozessorinterrupt (Bild 5-54a), Stufen *2* und *3* mit 2 Mastern und der Organisationsform Systembusarbitration (Bild 5-54b). Die Rechnerkonfigurationen der Stufen *4* und *5* sind „1½"- bzw. 2-Bussysteme mit 2 Mastern, Stufe *5* speziell mit der Organisationsform Speicherarbitration (Bild 5-54c).

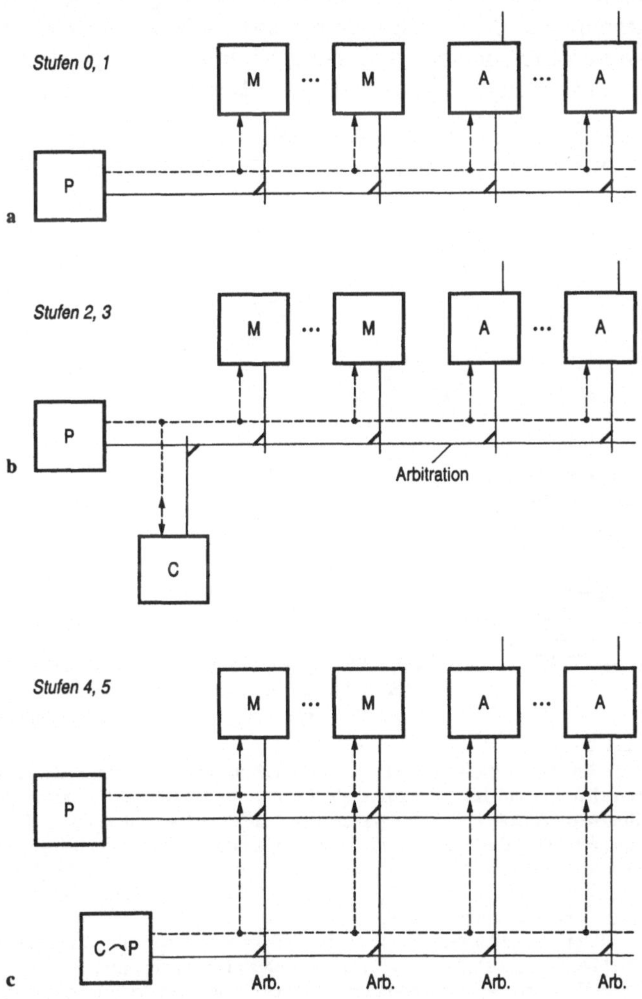

Bild 5-54. Die Rechnerkonfigurationen aus den Bildern 5-51 bis 5-53 aus *aufbau*orientierter Sicht. Organisationsformen: **a** Prozessorinterrupt, **b** Busarbitration, **c** Speicherarbitration.

Verallgemeinerung. Die Rechnerkonfigurationen in den Bildern 5-54b und c lassen Verallgemeinerungen in doppelter Hinsicht zu:

- Der Ein-/Ausgabe-Controller wird ersetzt durch einen Ein-/Ausgabe-Prozessor; damit besteht die Möglichkeit, nicht nur die eigentliche Datenübertragung, sondern darüber hinaus ein-/ausgabespezifische Operationen unabhängig vom zentralen Prozessor durch eigenständige, spezifische Programme ausführen zu können (zur Verdeutlichung: nicht durch „Mikro"programme, sondern durch „Maschinen"programme).[1]
- Der Ein-/Ausgabe-Controller wird ersetzt durch einen Universalprozessor; das Ausführen eines universellen und damit im Vergleich zu dem Ein-/Ausgabeprogramm eines Ein-/Ausgabe-Prozessors sehr viel längeren Programms des Universalprozessors bringt zusätzliche Bus- und Speicherzugriffe mit sich, was nun aber durch die universellere 2-Bus-Struktur gemildert wird.

An dieser Stelle haben wir in der Entwicklung von Ein-/Ausgabesystemen in einem gewissen Sinn eine Umdrehung in einer „Spirale" durchlaufen, in der die als

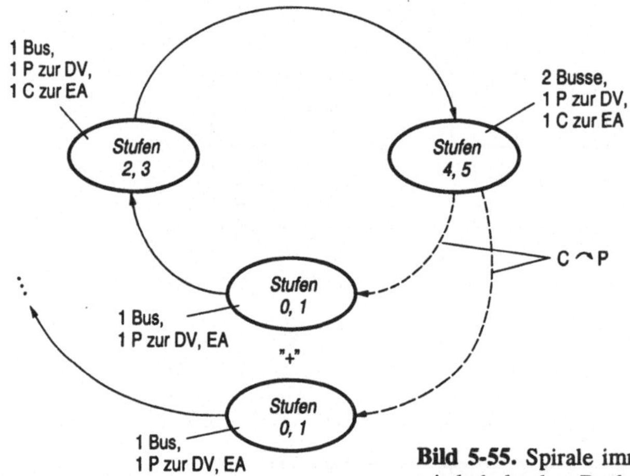

Bild 5-55. Spirale immer wieder neu entstehender, sich wiederholender Rechnerkonfigurationen („Spirale der Genese" in Anlehnung an „the wheel of reincarnation").

1. Ein-/Ausgabe-Prozessoren mit stark eingeschränkter Funktionalität bezeichnete man früher als E/A-Kanal (i/o channel) und ihre Programme als Kanalprogramm (channel program). Solche Kanäle waren Spezialprozessoren, zwar programmierbar, aber mit speziellen, auf die Ein-/Ausgabe zugeschnittenen Befehlen. Ein-/Ausgabe-Prozessoren aus heutiger Sicht sind demgegenüber Universalprozessoren, programmierbar mit normalen Befehlen, aber um spezielle Befehle für die Datenübertragung mit Direktspeicherzugriff erweitert. Dazu sind sie mit einem DMA-Controller mit meist mehreren Unterkanälen ausgestattet.
Die universelle Programmierbarkeit erlaubt es, die Vorbereitung eines Ein-/Ausgabevorgangs sowie dessen Nachbereitung, z. B. das Auswerten von Statusinformation, ihm zu übertragen und damit den zentralen Prozessor weiter zu entlasten. Darüber hinaus kann der Ein-/Ausgabe-Prozessor aber auch Datenverarbeitungsaufgaben übernehmen, die sonst nur dem zentralen Prozessor vorbehalten sind. Dazu gehören beispielsweise Formatierungen vor der Ausgabe oder nach der Eingabe eines Datensatzes oder Konvertierungen von Zahlen zwischen ihren internen Darstellungen als Dual- oder Gleitkommazahlen und ihrer externen Darstellung durch ASCII-Zeichen.

Ausgangspunkt gewählte 1-Prozessor-1-Bus-Rechnerstruktur als Teil einer 2-Prozessor-2-Bus-Rechnerstruktur selbst wieder auftaucht (Bild 5-55). *Zur Erinnerung:* Die Ausgangsstruktur bestand aus einem 1-Prozessor-System, bei dem der Prozessor sowohl die zentralen Aufgaben wahrnahm als auch die Ein-/Ausgabevorgänge steuerte (Bild 5-54a). In der Weiterentwicklung wurde die Struktur durch einen zusätzlichen Master, einen Controller, ergänzt (Bild 5-54b), der den Prozessor entlastete. Der Übergang zur 2-Bus-Struktur in Verbindung mit der Verallgemeinerung des Controllers zu einem universell programmierbaren Prozessor führt nun zu einer Struktur, in der das „Ein-/Ausgabesystem" wiederum durch ein eigenständiges 1-Prozessor-System gebildet wird (Bild 5-54c). Dieses besteht, wie das Ausgangssystem, aus einem universell programmierbaren Prozessor nebst Speicher plus Interface-Adapter und kann erneut die Spirale durchlaufen ...

5.4.2 Direct Memory Access (DMA)

Im folgenden sind Struktur und Funktion eines vereinfachten DMA-Controllers beschrieben, und zwar mit *einem* Registersatz, terminologisch etwas unglücklich auch als ein Kanal (channel) bezeichnet. Oft sind mehrere solcher Registersätze in einem Controller vorgesehen; jedoch sind nur ein einziges, für alle Registersätze gemeinsames Steuerwerk und auch nur ein einziger, für alle Registersätze gemeinsamer Datenanschluß vorhanden. In seiner Funktionsweise wirkt ein solcher Controller dadurch vervielfacht, gewissermaßen wie mehrere Controller unter einem Dach (von denen aber immer nur einer aktiv sein kann).[1] Man bezeichnet einen solchen DMA-Controller dementsprechend als Controller mit logischen Kanälen oder als Controller mit Unterkanälen.

Controllerstruktur

Bild 5-56 zeigt das Blockbild eines einfachen DMA-Controllers mit einer Arbeitsweise „unterhalb" Stufe 2, Bild 5-52, nämlich mit Pufferung nur eines einzigen Bytes (und somit ohne Assembly-/Disassembly-Funktion). In Kombination mit einem Adapter mit Pufferung von ebenfalls nur einem einzigen Byte (und somit ebenfalls ohne Assembly-/Disassembly-Funktion) sind 4 Busarbitrationen mit 8 Buszyklen für die Übertragung von 1 Wort erforderlich (gegenüber 4 Busarbitrationen mit 5 Buszyklen bei Arbeitsweise auf Stufe 2).

Bild 5-56 zeigt die wichtigsten Register und Bits sowie die im Zusammenhang mit der Datenübertragung wichtigsten Signalleitungen für den Prozessor und die Peripherie. Der Controller führt die Übertragung der einzelnen Daten gemäß der hier gewählten Arbeitsweise byteweise durch. Zunächst liest er ein Byte (bei der Eingabe vom Adapter, bei der Ausgabe vom Speicher), speichert es in seinem Datenpufferregister PR zwischen und schreibt es dann an den Zielort (bei der Eingabe in den Speicher, bei der Ausgabe in den Adapter). Das heißt, der Controller führt pro Bytetransport zwei Buszyklen durch (innerhalb ein und dersel-

1. also eine Art Multiplex-Controller.

ben Buszuteilung). Das Bytezählregister BCR wird bei der Initialisierung mit der Byteanzahl des Blocks geladen und vom Controller mit jedem Bytetransport um 1 vermindert. Ist es auf 0 heruntergezählt, d.h., ist das Blockende erreicht, so setzt der Controller das Statusbit EOB (end of block) in SR. Dieses kann vom Prozessor entweder für programmiertes Warten abgefragt oder – sofern durch das Steuerbit IRE (interrupt enable) zugelassen – als Interruptsignal INT=1 (interrupt! vgl. S. 383) ausgewertet werden. Zur Identifizierung wird vom Prozessor die bei der Initialisierung nach VR geladene Vektornummer benutzt.

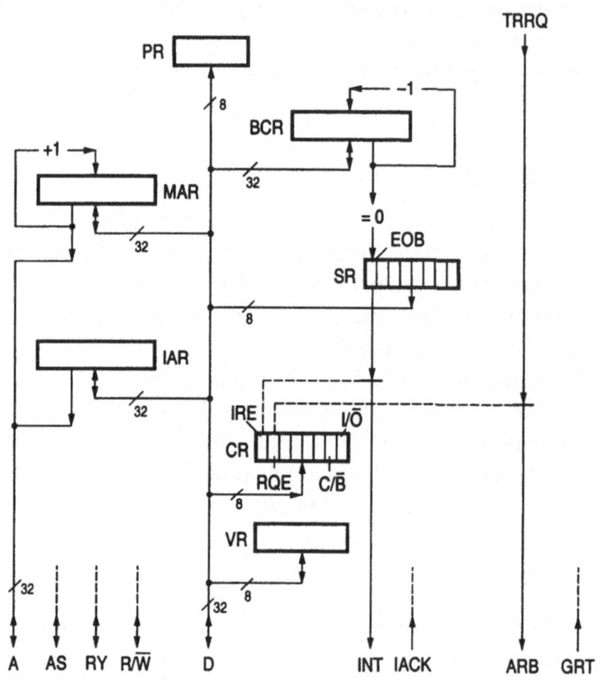

Bild 5-56. Registerstruktur eines DMA-Controllers „unterhalb" Stufe *2* mit Anschlüssen für die Übertragungsanforderungen, die Busarbitration und für den Prozessorinterrupt. Die Adressierung und Steuerung zur Durchführung von Buszyklen mit den Registern ist nicht dargestellt.
Register: Datenpufferregister PR, Bytezählregister BCR, Speicheradreßregister MAR, Interface-Adreßregister IAR, Statusregister SR, Steuerregister CR, Vektorregister VR.

Die Zählung im Speicher erfolgt ebenfalls byteweise. Das Speicheradreßregister MAR wird dazu mit der Basisadresse des zu übertragenden Blocks initialisiert und nach jeder Wortübertragung vom Controller um 1 erhöht. Das Interface-Adreßregister IAR wird mit der Adresse des Adapter-Datenregisters (DR) initialisiert; sein Inhalt bleibt während der Übertragung unverändert.

Signal TRRQ

Die Byteübertragungen werden ausgelöst durch das Anforderungssignal TRRQ (transfer request) der Peripherie. Dieses kann allerdings nur wirksam werden, wenn der DMA-Controller bei der Initialisierung durch Setzen seines Steuerbits

RQE (request enable) aktiviert wurde. TRRQ wird darüber hinaus als Anforderungssignal ARB=1 (arbitrate! vgl. S. 441) an den Busarbiter weitergeleitet, abhängig vom Steuerbit C/$\overline{\text{B}}$ in CR entweder mit jeder Übertragungsanforderung (cycle-stealing mode, C/$\overline{\text{B}}$=1) oder nur einmal zu Blockbeginn (burst mode, C/$\overline{\text{B}}$=0). Ein weiteres Steuerbit I/$\overline{\text{O}}$ legt die Übertragungsrichtung Eingabe/Ausgabe fest. Durch Rücksetzen von RQE kann die Übertragung vorzeitig, d.h. vor Erreichen von BCR=0 gestoppt werden, ansonsten wird RQE mit Erreichen von BCR=0 automatisch zurückgesetzt.

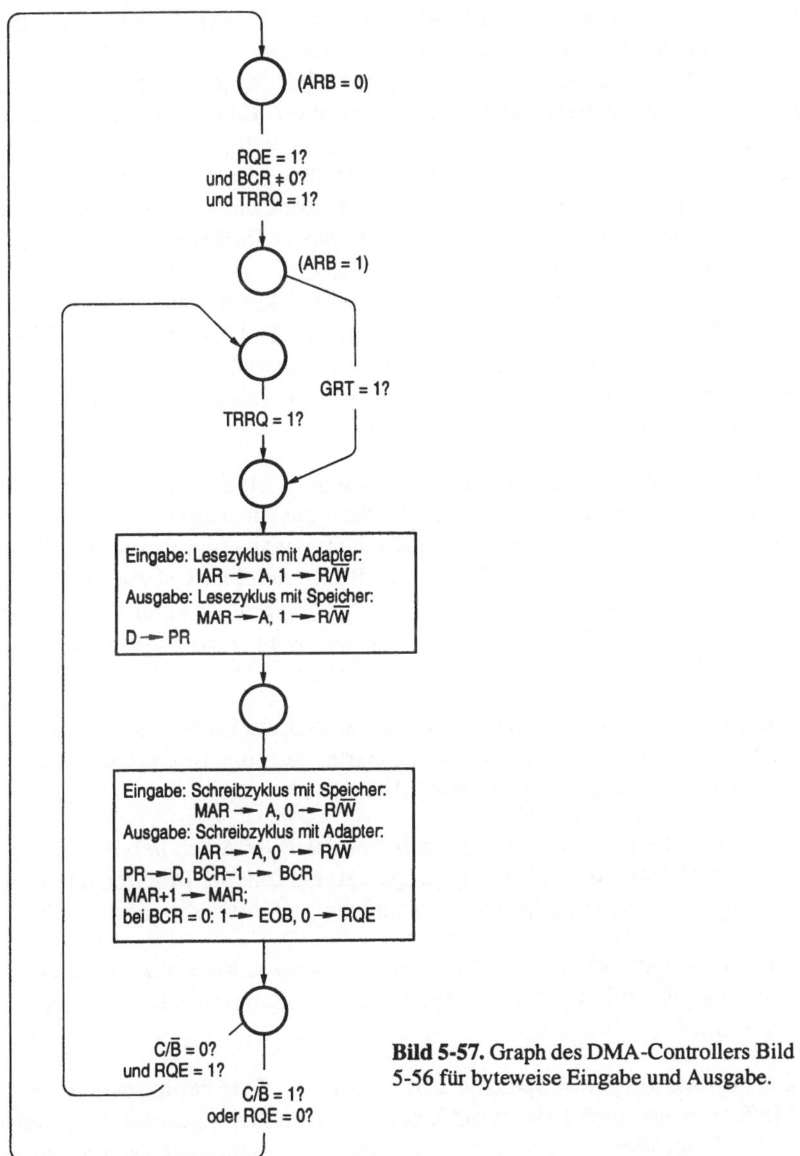

Bild 5-57. Graph des DMA-Controllers Bild 5-56 für byteweise Eingabe und Ausgabe.

Funktionsweise

Bild 5-57 zeigt die Ablaufsteuerung für den DMA-Controller und ergänzt damit Bild 5-56 um die Steuerwerksfunktion. Im Graphen wird nach dem ersten Zustandsübergang die durch TRRQ=1 ausgelöste Busanforderung ARB=1 des DMA-Controllers wirksam und somit – in Bild 5-56 nicht gezeichnet – dem Prozessor BREQ=1 gemeldet (bus request). Darauf erfolgt vom Prozessor die Busgewährung mit BGRT=1 (bus grant). Sie löst mit GRT=1 nach dem zweiten Zustandsübergang die Byteübertragungen aus, wobei bei der Eingabe zunächst ein Adapter- und dann ein Speicherzugriff und bei der Ausgabe zunächst ein Speicher- und dann ein Adapter-Zugriff durchgeführt wird (siehe die beiden Fälle in den beiden Kästchen des Graphen). Mit Abschluß des jeweils zweiten Buszyklus wird BCR dekrementiert und MAR inkrementiert. Danach verzweigt der Graph in Abhängigkeit von der Betriebsart: Im Cycle-stealing-Modus ($C/\overline{B}$=1, äußere Rückführung) gibt der DMA-Controller den Bus wieder frei und wartet auf die nächste Übertragungsanforderung TRRQ=1, um dann den Bus mit ARB=1 erneut anzufordern. Im Burst-Modus ($C/\overline{B}$=0, innere Rückführung) wartet er ebenfalls auf die nächste Übertragungsanforderung, gibt den Bus jedoch zuvor nicht frei, so daß er bei TRRQ=1 sofort mit der nächsten Byteübertragung beginnen kann. – Erreicht BCR den Wert 0, so setzt der DMA-Controller das Statusbit EOB, um das Blockende anzuzeigen, das bei IRE=1 INT=1 auslöst. Des weiteren setzt er das Steuerbit RQE zurück, um sich zu deaktivieren; mit RQE=0 (äußere Rückführung) gibt er den Bus ab.

cycle stealing mode

burst mode

Arbeitet der DMA-Controller im Cycle-stealing-Modus, so hat der Prozessor auch während der Übertragung eines Datenblocks die Möglichkeit, auf die Register des Controllers zuzugreifen, nämlich dann, wenn er im Besitz des Busses ist. Er kann dies nutzen, um den Inhalt von BCR oder MAR abzufragen, z.B. um sich über den Stand der Übertragung zu informieren. Er kann aber auch durch Software den Übertragungsvorgang vorzeitig stoppen, indem er das Steuerbit RQE zurücksetzt.

Zusätzliche Controller-Funktionen. Ergänzend zur obigen Beschreibung weisen DMA-Controller zahlreiche Eigenschaften auf, die eine größere Flexibilität bzw. größere Leistungsfähigkeit ermöglichen.

- Die Datenübertragung ist i.allg. nicht auf das Byteformat beschränkt, sondern auch für Halbwörter und Wörter ausgelegt, ggf. mit der Möglichkeit der Übertragung von Daten, die im Speicher nichtausgerichtet adressiert werden.

- Der DMA-Controller ist mit Assembly/Disassembly-Funktion ausgestattet, und zwar ggf. mit der Möglichkeit der Übertragung von 1, 2, 3 oder 4 Bytes pro Wort.

- Die Adressierung von Speicher und Adapter ist flexibler ausgelegt. Nicht nur MAR, sondern auch IAR ist mit einem Inkrementierer ausgestattet, so daß der DMA-Controller auch für Blocktransporte Speicher → Speicher eingesetzt werden kann. Üblicherweise haben MAR und IAR dann zusätzlich noch je einen Dekrementierer, d.h., die Adreßzählrichtung ist für beide Register frei wählbar.

- Vielfach sind DMA-Controller auch in der Lage, mehrere Blocks, deren Speicherbereiche nicht zusammenhängen, nacheinander zu übertragen. Man spricht dann von sammelndem Lesen (gather-read, Ausgabe) und streuendem Schreiben (scatter-write, Eingabe). Die Basisadressen und Blocklängen stehen dabei entweder in einer Liste von Blockdeskriptoren im Speicher, deren Basisadresse und Länge dem Controller bei der Initialisierung in zwei Registern mitgeteilt wird, oder die Blocks selbst werden durch diese Deskriptoren miteinander verkettet.

gather-read

scatter-write

5.4.3 Zusammenspiel der Systemkomponenten

Bild 5-58 zeigt als Beispiel das Zusammenspiel des DMA-Controllers mit dem Prozessor und mit der Steuereinheit eines Magnetplattenspeichers, einem Disk-Controller, bei der Eingabe eines Datenblocks von 512 Bytes Länge. Der Magnetplattenspeicher, hier eine Floppy-Disk, besteht aus einer rotierenden Scheibe mit zwei magnetisierbaren Oberflächen und je einem Lese-/Schreibkopf pro Scheibenoberfläche. Beide Köpfe sind miteinander verbunden und werden gemeinsam radial bewegt. Die Daten sind als Bytes aufeinanderfolgend bitseriell in konzentrischen Spuren in den Oberflächen gespeichert. Diese Spuren sind in Sektoren unterteilt, die – von der Formatierung der Spuren abhängig – eine feste Anzahl an Datenbytes enthalten, hier 512. Ein solcher Sektor ist die kleinste adressierbare Einheit. Um ihn innerhalb einer Spur lokalisieren zu können, erhält er eine Nummer (Sektornummer), die als Zusatzinformation in einem dem Datenblock vorangehenden Feld (identifier) gespeichert wird. Die Adressierung eines Datenblocks erfolgt dementsprechend durch Vorgabe des Kopfes, einer Spurnummer und einer Sektornummer.

Floppy-Disk

Der Disk-Controller, dessen Funktion im Bild vereinfacht dargestellt ist, bildet die Schnittstelle einerseits zum Systembus zur parallelen Ein-/Ausgabe mit einem 8-Bit-Datenanschluß und andererseits zum Diskettenlaufwerk mit einem bitseriellen Datenanschluß. Er hat neben den Registern DR, VR und SR mit Bits u.a. für die Anzeige eines Übertragungsfehlers (lost data) und eines Kommandoendes (end of command, EOC) sowie CR mit Bits u.a. zur Freigabe des Kommandoende-Interrupts (interrupt enable, IRE) folgende

Adressierbare Register:

CMR, Kommandoregister zur Vorgabe einer Operation, z.B. Bewegen der Lese-/Schreibköpfe um eine Spur nach innen (step in) oder nach außen (step out), Suchen einer bestimmten Spur unter Vorgabe der Spurnummer (seek track), Schreiben der Spur, um sie zu formatieren (write track), Schreiben eines Sektors der Spur (write sector) und Lesen eines Sektors der Spur (read sector),

TRR, SCR, Initialisierungsregister zur Vorgabe von Kommandoparametern, wie Spurnummer (track number) und Sektornummer (sector number).

Ablauf. Bild 5-58 sowie das Programm auf S. 470 sind mit dem folgenden Text abgestimmt (vgl. die Kästchen im Bild sowie die Kommentarzeilen im Programm mit dem Kursivdruck im Text):

Prozessor

- Vom Prozessor wird zunächst der *DMA-Controller initialisiert*. Er lädt dazu IAR mit der Datenregisteradresse des Disk-Controllers, MAR mit der Anfangsadresse des Speicherbereichs (BUFFER), BCR mit der Byteanzahl 512 und CR mit der Information Interrupt Disable (IRE=0), Request Enable (RQE=1), Burst ($C/\overline{B}$=0) und Eingabe ($I/\overline{O}$=1).

Prozessor

- Danach *bereitet* der Prozessor den *Diskettenzugriff vor*, indem er zunächst die Adressierungsinformation Spur- und Sektornummer in die Register TRR und SCR des Disk-Controllers lädt, über dessen Steuerregister den Kommandoende-Interrupt sperrt und dann das Seek-Track-Kommando in das Kommandoregister CMR schreibt. Dieses Kommando positioniert die beiden Lese-/Schreibköpfe über der angegebenen Spur; danach setzt der Disk-Controller sein Statusbit EOC (Kommandoende).

Prozessor

- Der Prozessor überprüft dieses Bit in einer Warteschleife (erster schraffierter Zustand in Bild 5-58) und fährt, sobald er EOC=1 vorfindet, mit der *Vorbereitung der Eingabe* fort. Er lädt dazu im Disk-Controller dessen Vektorregister und gibt in dessen Steuerregister jetzt den Kommandoende-Interrupt frei. Schließlich *startet* der Prozessor den *Eingabevorgang*, indem er das Read-Sector-Kommando nach CMR lädt, und gelangt danach in einen zweiten Wartezustand (im Bild ebenfalls schraffiert). Das Read-Sector-Kommando enthält zugleich die Angabe der Diskettenoberfläche, d.h. des Kopfes („oben"/„unten").

Die eigentliche Übertragung der Datenbytes des adressierten Sektors findet nun im Zusammenspiel zwischen Disk-Controller und DMA-Controller statt.

Disk-Controller

- Der Disk-Controller *sucht* zunächst den durch die Sektornummer vorgegebenen *Sektor*. Er liest dazu Byte für Byte der durch Kopfnummer und Spurnummer adressierten Spur, lokalisiert die Zusatzinformationen der aufeinanderfolgenden Sektoren und vergleicht die dort gespeicherten Sektornummern mit dem Inhalt seines SCR.

Disk-Controller

DMA-Controller

- Hat er den Sektor gefunden, so liest er das erste Byte des Datenblocks und *stellt* dieses *Byte* in seinem Datenregister *bereit*. Er zeigt dies durch Setzen des Anforderungssignals TRRQ an, woraufhin der DMA-Controller die erste *Byteübertragung* mit dem Speicher durchführt (*Lesezyklus mit Controller, Schreibzyklus mit Speicher*). Sobald der DMA-Controller das Datenregister des Disk-Controllers liest, nimmt dieser sein Anforderungssignal TRRQ zurück (im Bild zur besseren Übersicht im ersten Kästchen des DMA-Controller-Graphen angegeben). Unabhängig davon *stellt* der Disk-Controller jedoch nach einer festen Zeit, die durch die Umdrehungszahl der Scheiben und die Schreibdichte der Bits vorgegeben ist, das nächste *Datenbyte bereit*.

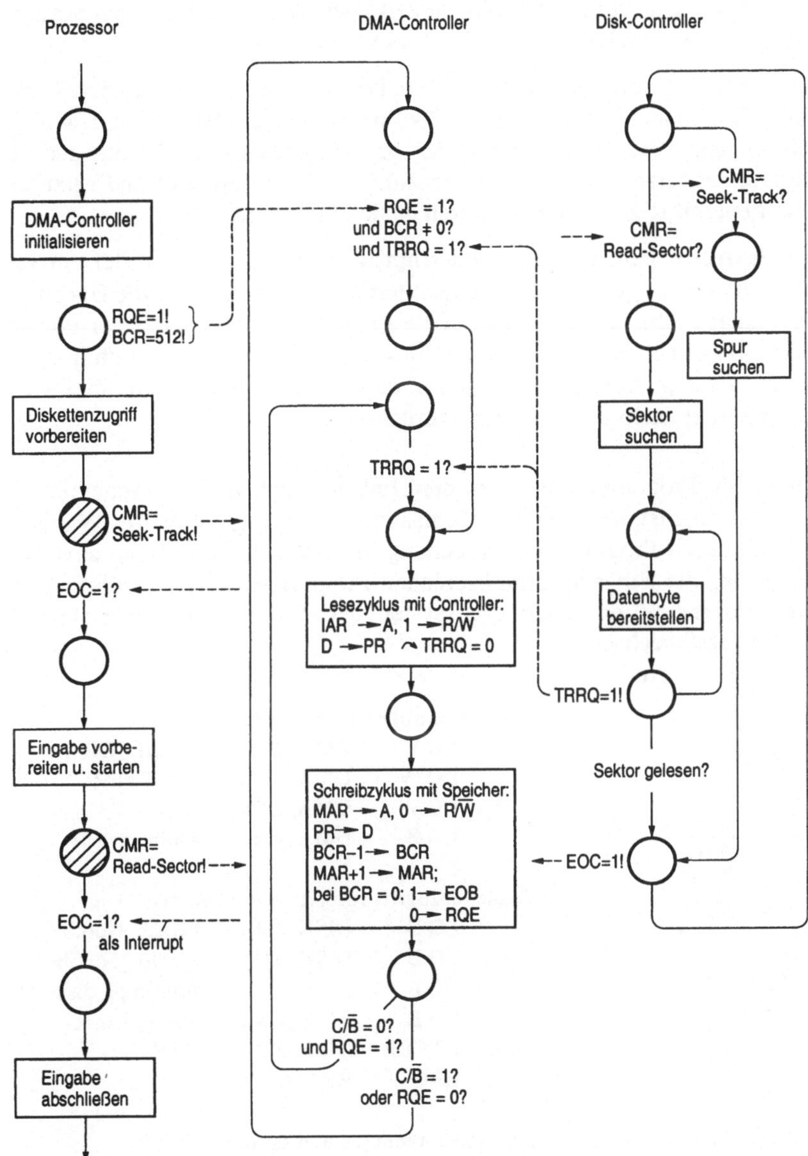

Bild 5-58. Graphennetz für das Zusammenspiel des DMA-Controllers mit dem Prozessor und einem Disk-Controller beim byteweisen Lesen eines Sektors.

Der Disk-Controller stellt auf diese Weise ein Byte nach dem andern bereit, bis der gesamte Sektor übertragen ist. Da er die Übertragungsgeschwindigkeit vorgibt, muß der DMA-Controller so schnell sein, daß er ein Byte übernehmen kann, bevor ihm das nächste Byte vom Disk-Controller angeboten wird. Schafft er das nicht, z.B. wenn er im Cycle-stealing-Modus betrieben wird und nicht rechtzeitig den Bus zugeteilt erhält, so zeigt der Disk-Controller den entstandenen Datenverlust durch das Statusbit Lost Data an.

Disk-Controller

- Hat der Disk-Controller das letzte Byte bereitgestellt, so setzt er das Statusbit EOC (Kommandoende), mit dem das Interruptsignal INT aktiviert wird, und geht in seinen Wartezustand zurück. Der DMA-Controller hat mit der Übertragung des letzten Bytes den Bytezählerstand Null erreicht und setzt somit sein Steuerbit RQE zurück, wodurch er sich inaktiviert.

Prozessor

- Der Prozessor wird durch das Interruptsignal des Disk-Controllers in seiner momentanen Programmausführung unterbrochen und so über die Beendigung der Eingabe informiert. Er *schließt* die *Eingabe ab*, indem er in der Interruptservice-Routine das Statusregister des Disk-Controllers hinsichtlich einer Fehlermeldung „Lost-Data" auswertet und im Statusregister abschließend das den Interrupt auslösende Bit EOC zurücksetzt.

Das folgende Programm entspricht dem linken Graphen des Graphennetzes in Bild 5-58. Dabei ist die erste Synchronisation durch programmiertes Warten und die zweite durch Programmunterbrechung verwirklicht, d.h. Weiterausführung entweder des die Eingabe initialisierenden Programms oder Ausführung eines anderen Programms, das das Betriebssystem dem Prozessor während dieser Zeit zuweist (Prozeßwechsel).

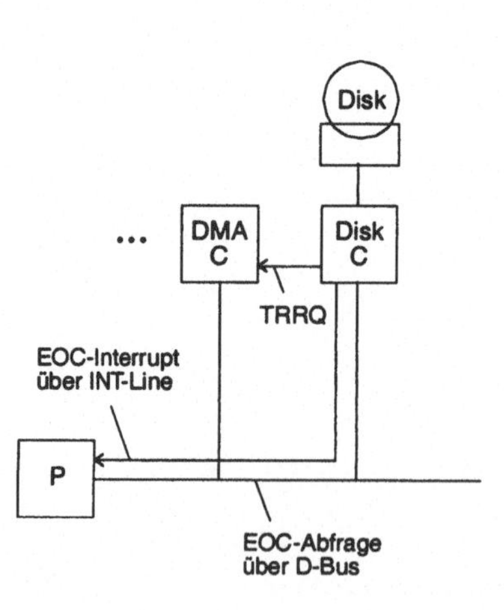


```
* DMA-Controller initialisieren
        LD.W    DMA_IAR,   &DISK_DR
        LD.W    DMA_MAR,   &BUFFER
        LD.W    DMA_BCR,   #512
        LD.B    DMA_CR,    #0b01xxxx01
*
* Diskettenzugriff vorbereiten und warten
        LD.B    DISK_TRR,  #Track_Number
        LD.B    DISK_SCR,  #Sector_Number
        LD.B    DISK_CR,   #Interrupt_disable
        LD.B    DISK_CMR,  #Seek_Track
WAIT:   BTST.B  DISK_SR,   #EOC
        BBC     WAIT
*
* Eingabe vorbereiten und starten
        LD.B    DISK_VR,   #Vector_Number
        LD.B    DISK_CR,   #Interrupt_enable
        LD.B    DISK_CMR,  #Read_Sector
        :
```

```
* Eingabe abschließen durch Interrupt
END:    BTST.B  DISK_SR, #Lost_Data
        BBC     OKAY
        :
        Fehlerbehandlung
        :
OKAY:   AND.B   DISK_SR, #EOC_Reset
        RTI
```

Aufgabe 5.12. Vergleichen Sie das in 5.2.4 wiedergegebene Interruptprogramm für programmgesteuerte Eingabe mit dem hier in 5.4.2 wiedergegebenen Programm für die controllergesteuerte Eingabe. Was sind die Unterschiede?

5.4.4 Peripheriebusse (SCSI)

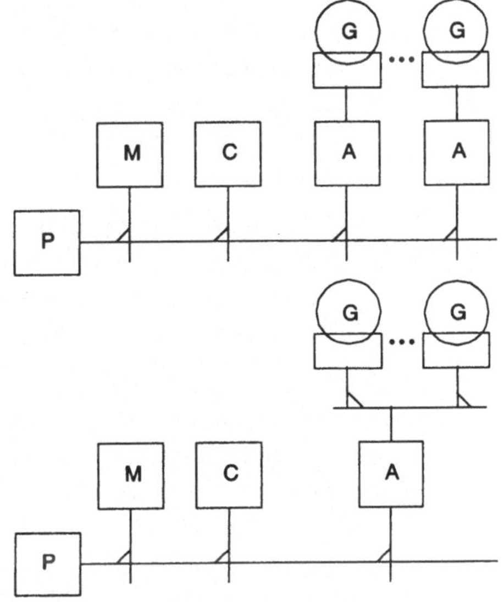

Zum Anschluß von Ein-/Ausgabegeräten gibt es, wie nebenstehend skizziert, grundsätzlich zwei Möglichkeiten. *Erstens:* jedes Gerät hat einen eigenen Interface-Adapter, *Zweitens:* mehrere Geräte haben einen gemeinsamen Interface-Adapter, nun aber versehen mit einer Art Multiplexer/Demultiplexer bzw. – was auf dasselbe hinausläuft – mit einem nur für die Ein-/Ausgabegeräte zuständigen, eigenen Bus, einem Peripheriebus.

Die frühere Sicht der Ein-/Ausgabeorganisation war geprägt von einer Zentralisierung der „Befehlsgewalt" von innen nach außen. Dieses Organisationsschema ist teilweise einer Dezentralisierung gewichen. Der damit verbundene Denkwandel wird besonders am Anschluß von Peripherie über SCSI (small computer system interface) deutlich. SCSI Nach dieser Philosophie wird die Peripherie zwar nach wie vor durch den Prozessor mit Information „versorgt", aber nun nur mit Anweisungen „im großen": nämlich *wie* die Datenübertragung vonstatten gehen soll. Die Peripherie übernimmt dann die Kontrolle und führt die Datenübertragung unter eigener Regie durch, gewissermaßen „im kleinen": im einfachsten Fall führt sie (unter Auswertung dieser Vorabinformation) die Eingabe bzw. die Ausgabe aus und ermittelt das Ende. Dieses Organisationsschema erlaubt für die Programmierung von Ein-/Ausgabevorgängen eine universelle Ausgestaltung des initiierenden Programms, ohne auf Details der angesprochenen Geräte Rücksicht nehmen zu müssen.

Wir wollen in diesem Abschnitt diesen erfolgreichen Peripheriebus zusammen mit seinem Adapter gewissermaßen aus Idee und Anforderung heraus entwikkeln. Dazu gliedern wir die folgende Rekonstruktion in drei Teilaufgaben, nämlich Kommunikation bei einem einzigen Adapter, Kommunikation bei mehreren Adaptern sowie Einsatz und Programmierung.

Teilaufgabe 1: Kommunikation bei einem einzigen Adapter

P Prozessor

A Adapter

G Gerät

Die Aufgabe besteht darin, einen universellen 8-Bit-Parallel-Adapter zum Anschluß eines bidirektionalen peripheren Busses mit bis zu 8 EA-Geräten zunächst zu spezifizieren und danach zu konstruieren. Der Adapter (A) arbeitet mit dem Prozessor (P) synchron und mit einem der Geräte (G_i) asynchron zusammen. Er hat ein Din- und ein Dout-Register.

Das Protokoll

Selektion

1) P wünscht eine Datenübertragung mit G_i. Dazu übergibt P – sofern der Peripheriebus frei ist – ein Byte mit der uncodierten Anwahlinformation i (die Gerätenummer) an das Dout-Register in A. Auf dem Peripheriebus erscheint die Gerätenummer im 1-aus-8-Code, und G_i wird ausgewählt. – Selektionsphase.[1]

Übertragung

2) G_i bestimmt im folgenden, wie und wie oft eine Datenübertragung stattfinden soll. Es entscheidet von sich aus, und zwar von Fall zu Fall, ob eine Eingabe oder eine Ausgabe stattfinden soll oder ob der EA-Vorgang beendet werden soll. – Übertragungsphase.[2]

Spezifikation. Bild 5-59 zeigt als erstes die Kommunikation zwischen den Systemkomponenten P, A und G_i als Petri-Netz, und zwar in einer Form, in der durch Zusammenlegen der Fälle Eingabe und Ausgabe sowie darüber hinaus durch zwei weitere Entwurfsentscheidungen eine Vereinfachung der Kommunikation für A entsteht:

- Die Unterscheidung zwischen Eingabe und Ausgabe wird von G_i vorgegeben (Signal IO=1 bzw. =0).
- Das Ende der Datenübertragung braucht dem Adapter vom Prozessor nicht quittiert zu werden.

Des weiteren setzen wir voraus, sämtliche Datentransporte mit Din und Dout werden durch move-Befehle ausgeführt und unterliegen somit derselben Handshake-Synchronisation.

Bild 5-60 zeigt als zweites die Kommunikation noch einmal, nun aber als Graphennetz (man sieht in Bild 5-60 deutlicher als in Bild 5-59 die drei isolierten „Kreisläufe" der Kommunikationsereignisse, nämlich im rechten Graphen: links Eingabe, rechts Ausgabe, oben Beendigung der Datenübertragung). In diesem Netz sind die im folgenden genannten Schnittstellensignale berücksichtigt.

---

1. Wenn außerdem noch andere solche Adapter am Peripheriebus angeschlossen sind, siehe Teilaufgabe 2.
2. Woher G diese Information hat, siehe Teilaufgabe 3.

Schnittstellen. Der Buszyklus des Prozessors folgt Bild 4-9. Dout und Din werden angewählt durch eine gemeinsame Adresse (intern A_0=0) und unterschieden durch $R/\overline{W}$=0 bzw. $R/\overline{W}$=1. Die Statusleitungen des Adapters werden zusammengefaßt zum „Register" Status (Adresse intern A_0=1). Die Adresse zur Anwahl des Adapters ist festgelegt durch seine Adreßbits $A_{31\text{-}1}$ (CS = 1). – Darüber hinaus existieren die folgenden Signale.[1]

Schnittstelle zum Prozessor:

- Signale (mit Pfeil als Flanke, ohne Pfeil als Pegel wirkend):

  Bz↓ (Buszyklus Ende), Richtung P→A

  Rdy (ready), Richtung A→P

  Idle, Richtung A→P

  IO, Richtung A→P

Schnittstelle zu den Geräten:

- Signale (mit Pfeil als Flanke, ohne Pfeil als Pegel wirkend):

  für die Anwahl eines Geräts G_i (Selektionsphase)

  SEL (select), Richtung A→G_i

  BSY↑ (busy), Richtung G_i→A

  für die Übertragung eines Bytes (Übertragungsphase)

  REQ↑ und REQ↓ (request), Richtung G_i→A

  ACK (acknowledge), Richtung A→G_i

  sowie für die Beendigung der Datenübertragung

  BSY↓ (busy), Richtung G_i→A

Entwurf. Bild 5-61 auf S. 476 zeigt den Adapter – wie spezifiziert – als Blockbild auf der Registertransferebene einschließlich des Kästchens für die Steuerung. Darin ist die Synchronisation der Datenübertragung zwischen Gerät und Adapter in Asynchrontechnik realisiert. Sie besteht aus je einem Flipflop mit einigen wenigen Logikgliedern zur Erzeugung von SEL sowie von Idle und Rdy.[2]

Bild 5-62 auf S. 477 zeigt den Ablauf der Datenübertragung anhand eines Signaldiagramms, das die Kommunikation zwischen G und A wiedergibt, und zwar in Teil a für die Ausgabe des ersten Bytes (Anwahlbyte) und die Ausgabe eines zweiten Bytes (Datenbyte) sowie in Teil b für die Eingabe eines letzten Bytes (Datenbyte) und für die Beendigung der Datenübertragung.

---

1. Signale zum Prozessor und zum Gerät werden durch diese abgetastet, d. h. wirken als Pegel. Signale zum Adapter dagegen veranlassen diesen unmittelbar zu Aktionen, d. h. wirken als Flanken.
2. Als Entwurfsalternative für die P-A-Schnittstelle läßt sich die Hardware auf Kosten der Programmierung vereinfachen, so daß – neben den üblichen Bussteuersignalen – nur das IO-Signal und die A-G-Schnittstellen-Signale benutzt werden. Als *Aufgabe* mache man sich Gedanken, wie dies zu bewerkstelligen ist, und modifiziere das Petri-Netz oder das Graphennetz entsprechend.

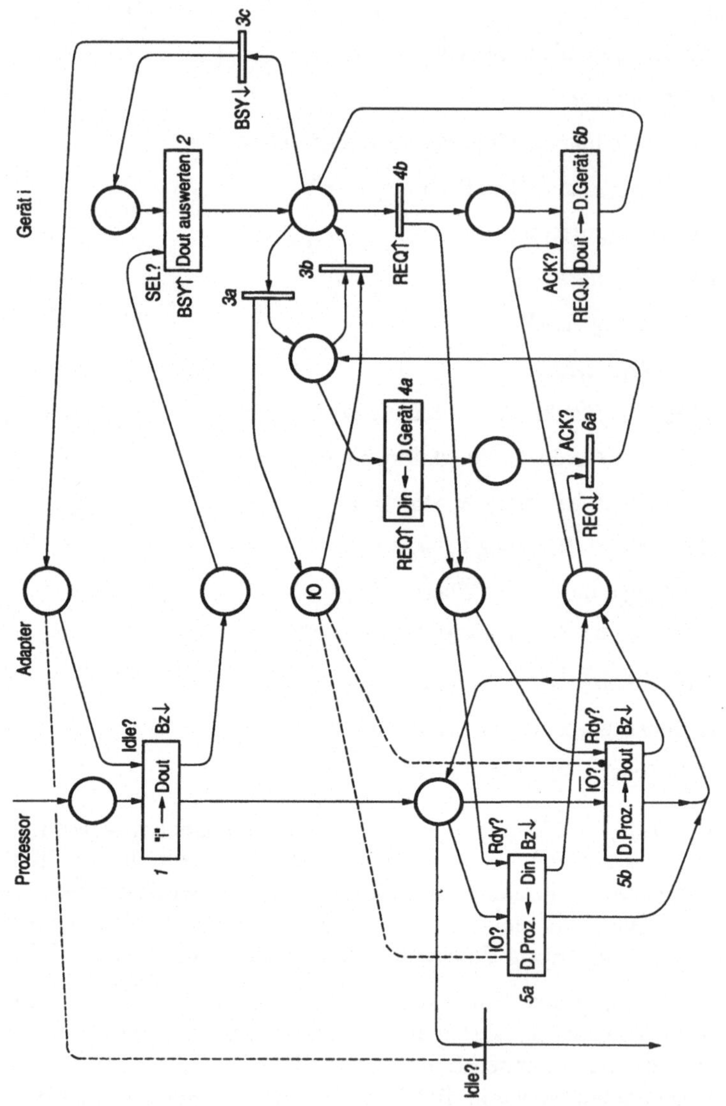

Bild 5-59. Petri-Netz für die Kommunikation zwischen Prozessor und Gerät über einen einzigen SCSI-Adapter. Die Nummern illustrieren die Reihenfolge der Aktionen, dabei bezeichnen die Buchstaben hinter den Nummern a Eingabe, b Ausgabe und c Beendigung. Die Angabe von Signalen ist im Petri-Netz unnötig; sie dient hier zur Vorbereitung auf Bild 5-60.

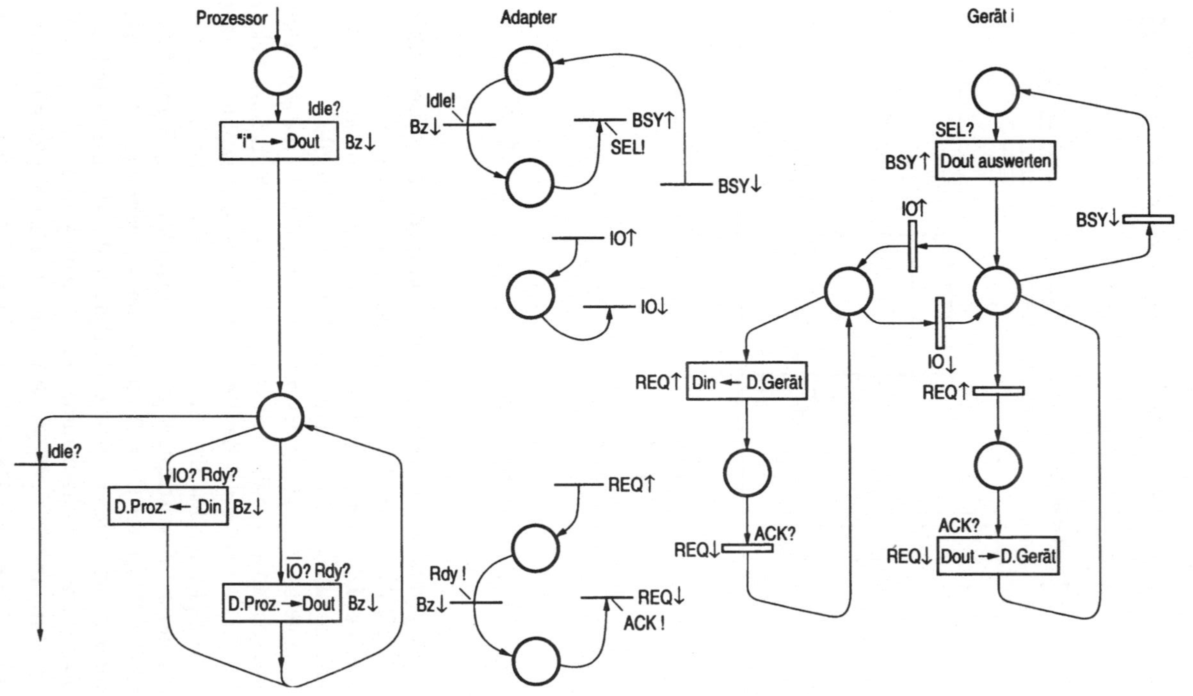

Bild 5-60. Graphennetz für die Kommunikation zwischen Prozessor und Gerät via Adapter („Umzeichnung" von Bild 5-59). Ausrufezeichen hinter Signalen bedeuten „aktiviert im Platz davor", Fragezeichen bedeuten „abgefragt im Platz davor", Markenbewegungen über „Kästchen" mit Signalflanken bewirken Markenmitnahme über gleich bezeichnete „Striche"

Bild 5-61. Blockbild des Interface-Adapters mit Steuersignalen für Anwahl und Kommunikation.

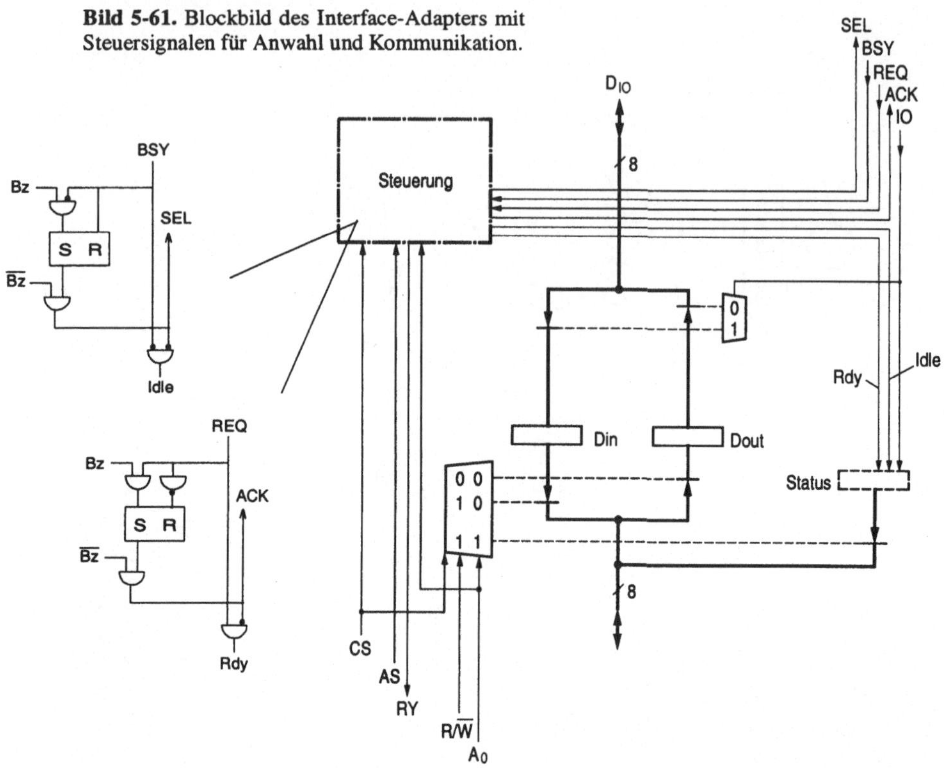

Bei Idle=1 des „Registers“ Status des Adapters schreibt der Prozessor mittels eines ersten move-Befehls mit der Adapter-Adresse die Nummer des gewünschten Geräts in das Register Dout. Damit (IO=0) erscheint diese Nummer auf dem Peripheriebus. Dies signalisiert der Adapter der Peripherie mit SEL=1 (die Bussteuerung des Adapters hat aufgrund des move-Befehls das interne Signal Bz generiert, mit dessen negativer Flanke – Buszyklus Ende – das SEL-Signal aktiviert wird). Auf diese Weise wird eines der Peripheriegeräte ausgewählt. Das ausgewählte Gerät bestätigt zunächst die Anwahl mit BSY=1 und aktiviert später REQ. Die Bussteuerung des Adapters generiert daraufhin das Signal Rdy. Bei Rdy=1 schreibt der Prozessor (IO=0) mittels eines zweiten move-Befehls mit der Adapter-Adresse das erste auszugebende Byte in das Register Dout, das somit dem Peripheriegerät zur Übernahme zur Verfügung steht. Dies signalisiert der Adapter dem Gerät mit ACK=1 (die Bussteuerung hat wiederum das interne Signal Bz generiert, mit dessen negativer Flanke das ACK-Signal aktiviert wird). Das Gerät setzt nach der Übernahme des Bytes REQ=0 und aktiviert später REQ aufs neue. Dieses REQ/ACK-Wechselspiel wiederholt sich zur Ausgabe weiterer Bytes. – Das Ende der Datenübertragung signalisiert das Peripheriegerät dem Adapter durch BSY=0, dessen interne Steuerung das Idle-Signal aktiviert. Diese Signal wird vom Prozessor im Rahmen der Datenübertragung fortwährend abgefragt, so daß der Prozessor die Programmverzweigung veranlassen kann.

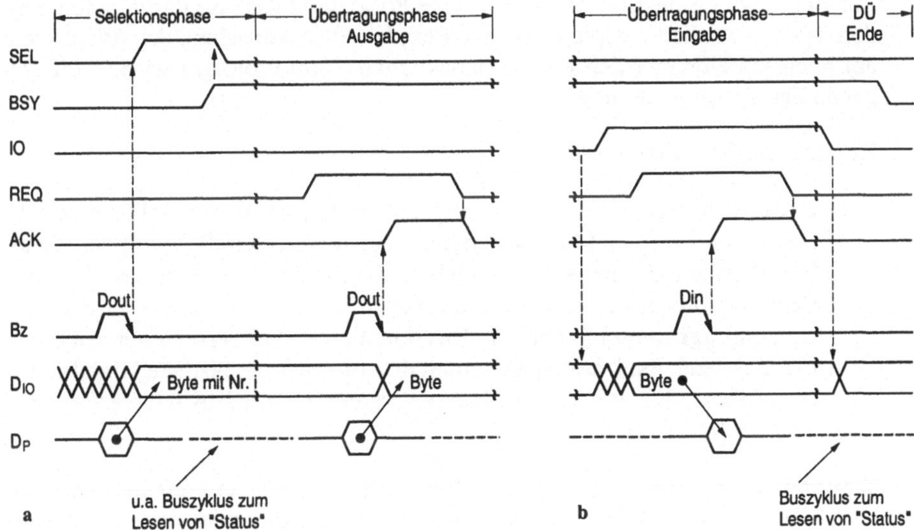

Bild 5-62. Signaldiagramme, **a** für Selektions- und Übertragungsphase (Ausgabe), **b** für Übertragungsphase (Eingabe) und Beendigung der Datenübertragung.

Teilaufgabe 2: Kommunikation bei mehreren Adaptern

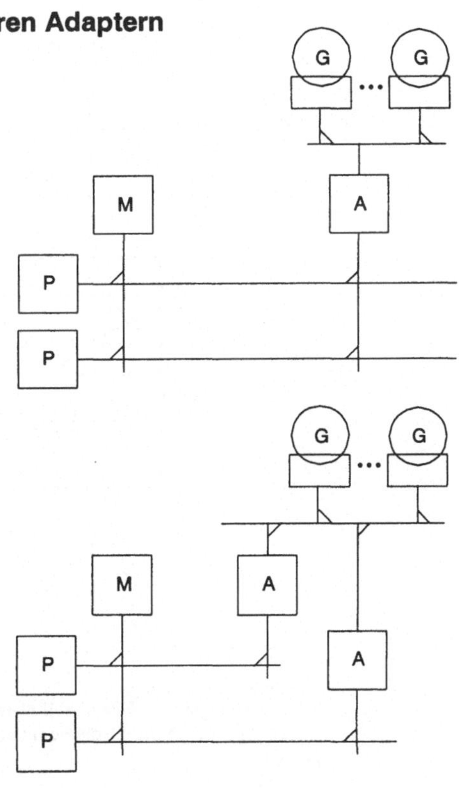

Für ein Multimastersystem bieten sich die nebenstehend skizzierten Alternativen an:
Die obere Systemkonfiguration zielt auf *Teilaufgabe 1*: das Arbitrationsproblem betrifft den gemeinsamen Adapter.
Die untere Systemkonfiguration zielt auf *Teilaufgabe 2*: das Arbitrationsproblem verlagert sich auf den Peripheriebus.
Dazu muß der Adapter aus Teilaufgabe 1 multimasterfähig werden in dem Sinn, daß an den Peripheriebus nicht nur ein, sondern mehrere solcher Adapter angeschlossen werden können (einschließlich ihrer Prozessoren). Dabei soll die Gesamtzahl der am Bus angeschlossenen Einheiten, also Adapter und Geräte zusammen, maximal 8 betragen. (2 Adapter können dementsprechend bis zu 6 Geräte bedienen). Somit steht in einem Byte für jede Einheit genau ein Bit zu ihrer Identifizierung zur Verfügung. Die Stellung des Bits gibt gleichzeitig die Priorität der Einheit an; Bit 7 soll die höchste, Bit 6 die zweithöchste Priorität haben usw.

Vor Beginn der Selektionsphase muß eine Priorisierungsphase durchlaufen werden, in der von allen Adaptern, die den Peripheriebus wünschen, der Adapter mit der höchsten Nummer den Peripheriebus erhält. – Im Protokoll wird 1) die folgende Erweiterung vorangestellt.[1]

Erweiterung des Protokolls S. 472

0) P wünscht eine Datenübertragung mit einem an A angeschlossenen G. Dazu schreibt P – sofern der Peripheriebus frei ist – ein Byte mit der Identifikationsnummer des A (Adapternummer) in sein Dout-Register. Auf dem Peripheriebus erscheint diese Nummer im 1-aus-8-Code. Sie wird verglichen mit ggf. weiteren auf dem Bus durch „wired or" erscheinenden Nummern anderer As. Derjenige A erhält den Bus, der die höchste Nummer auf dem Bus sendet, alle anderen müssen warten, bis der Bus wieder frei ist. – Arbitrationsphase.

Arbitration

Weiterentwurf. Bild 5-63 zeigt das Blockbild des Adapters auf der Registertransferebene, nun erweitert durch die für die Arbitration notwendigen Schaltungen, so daß nach dem Laden von Dout mit der Adapternummer die Busgewährung in der Arbitrationsphase (Signal A=1 in Bild 5-63) durch Din=Dout=

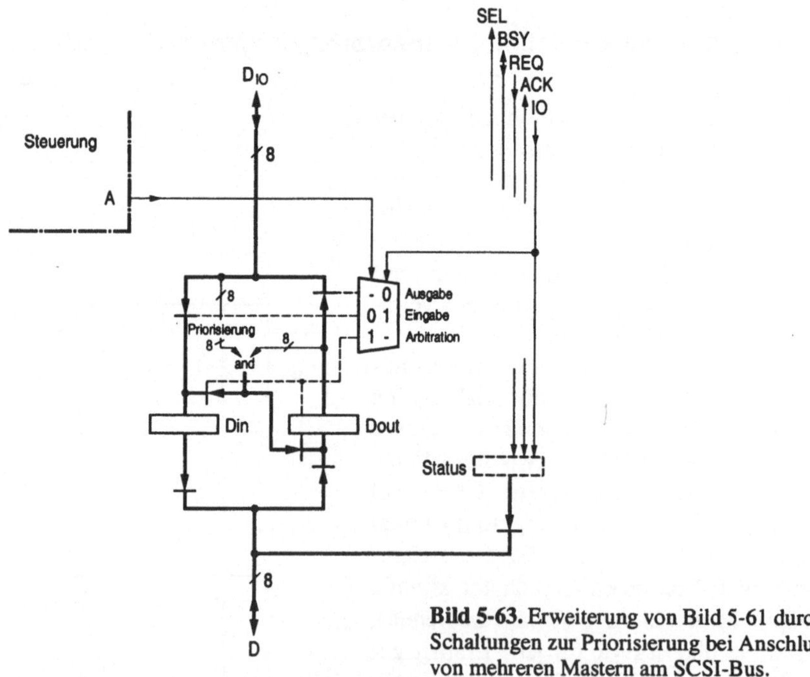

Bild 5-63. Erweiterung von Bild 5-61 durch Schaltungen zur Priorisierung bei Anschluß von mehreren Mastern am SCSI-Bus.

1. Im wirklichen SCSI-Protokoll übergibt der Prozessor in der Selektionsphase dem Adapter im selben Byte neben der Gerätenummer auch die Adapternummer , d.h., in Dout werden zwei Bits gesetzt.

Adapternummer und die Nichtgewährung durch Din=Dout=0 anzeigt wird. (Zahlenbeispiel für zwei Adapter mit den Nummern 7=10000000 und 6=01000000: $Dout_7$ 10000000, $Dout_6$ 01000000; D_{IO} 11000000; Priorisierung 10000000; *and* mit $Dout_7$ 10000000, *and* mit $Dout_6$ 00000000; Din_7 und $Dout_7$ 10000000, Din_6 und $Dout_6$ 00000000; D_{IO} 10000000; ...)

Teilaufgabe 3: Einsatz und Programmierung

Die Datenübertragung mit dem SCSI-Bus ist dadurch geprägt, daß das EA-Gerät nach seiner Anwahl die Übertragungssteuerung übernimmt. Das bedeutet, daß die Programmierung im Prozessor zwar vereinheitlicht wird, daß aber dafür die Gerätesteuerung gerätespezifisch programmiert bzw. aufgebaut werden muß. Das bedeutet weiterhin, daß Steuerungsinformation vom Prozessor über den Adapter an das Gerät übergeben werden muß.

Für die Übertragung eines Datenblocks von Bytes muß z.B. ein Kommando an das Gerät übertragen werden, in dem mindestens neben der Art der Datenübertragung, ob Eingabe oder Ausgabe, auch die Anzahl der zu übertragenden Datenbytes enthalten ist. Es ist naheliegend, diese Information unmittelbar nach der Selektionsphase durch eine feste Zahl an Kommandobytes zu übertragen, z.B. 6, und zwar genauso, wie die eigentlichen Datenbytes von P über A nach G übertragen werden. G analysiert das Kommando und ist nun imstande (wie oben vorausgesetzt) die Richtung der Datenübertragung, aber auch das Ende der Datenübertragung zu bestimmen, z.B. durch Setzen eines Zählers mit anschließendem Herunterzählen auf 0. – Um dem Prozessor anzuzeigen, ob Kommandobytes übertragen werden, sendet das Gerät auf einer zusätzlichen Leitung CD=1, sonst =0.

Signal: CD (control/data), Richtung $G_i \rightarrow A$

Im Protokoll wird 2) in der folgenden Weise ersetzt bzw. durch 3) erweitert.

Erweiterung des Protokolls S. 472 und S. 478

2) Das ausgewählte G (G_i) führt eine Ausgabe aus, erkennt an dem empfangenen Byte, aus wie vielen Bytes das Kommando besteht und führt (mittels eines Zählers) die weiteren Byte-Ausgaben aus.

3) Es interpretiert das Kommando und entscheidet daraufhin, ob eine Eingabe oder eine Ausgabe stattfinden soll und wann (wiederum mittels eines Zählers) der EA-Vorgang beendet ist.

Programm. Für den Einsatz in einem Multimaster-System ist nachfolgend links ein Programm zur Datenübertragung einschließlich Arbitrationsphase und Kommandoübergabe angegeben. Es ist weder in Assemblersprache noch in Hochsprache formuliert, sondern – für die Prozessoraktivität eher atypisch – in Hardware-Sprache. Das Programm gliedert sich in zwei Teile: Teil A beschreibt die Arbitrationsphase, Teil B die Kommandoübergabe. Dabei ist vorausgesetzt, daß ein Kommando als Block von 6 Bytes im Speicher steht und unter einer in einem

Prozessorregister stehenden Adresse registerindirekt mit Inkrementierung zu erreichen ist (ausgedrückt durch *R1++ im Programm).

```
module Prozessor                                  module SCSI-Adapter

        :                                         Idle: [BSY Bz]
A:      [SEL BSY]                                       if [0 ↓]
        if [0 0]                                          BSY .= 1
          Dout := AdapterNr ; // d.h. Bz↓                 -> ;
          -> ;                                    #:    [Din Bz]
#:      [Din]                  // d.h. Bz↓              if [=0 ↓]
        if [=0]                                           BSY .= 0
          -> A;                                           -> Idle ;
        if [≠0]                                         if [≠0 ↓]
          Dout := GeräteNr ;   // d.h. Bz↓                -> ;
          -> ;                                    #:    [Bz]
B:      [SEL BSY REQ ACK CD IO]                         if [↓]
        if [- - 1 0 1 -]                                  SEL .= 1
          Dout := *R1++ ;                                 BSY .= 0
          -> B;                                   #:    [BSY]
        if [- - 1 0 1 1]                                if [↑]
          *R1++ :=Din ;                                   SEL .= 0
          -> B;                                         :
        if [- - 1 0 1 0]
          Dout := *R1++ ;
          -> B;
        if [0 0 - - - -]
        :
```

Rechts neben dem Prozessorprogramm ist die Arbeitsweise eines Adapters für die Arbitrationsphase skizziert – nun typischerweise als Hardware-Programm. Dabei sind keine weiteren als die bisher verwendeten Signale benutzt. Des weiteren wird im Zusammenspiel der Programme (z. B. zwei Prozessor- und ihre zwei Adapter-Programme) davon ausgegangen, daß den Prozessoren Busgewährung/Nichtgewährung durch jeweils Din≠0/=0 anzeigt wird.

Bild 5-64 zeigt das Signaldiagramm für die Arbitrationsphase und die sich anschließende Selektionsphase, und zwar für denjenigen Prozessor, der eine Datenübertragung gewünscht und den Zuschlag bekommen hat; dementsprechend meldet nur er sich bei seinem Adapter für die Datenübertragung am SCSI-Bus an.

Aufgabe 5.13. Gegeben ist ein Einprozessor-System mit einem DMA-Controller, so daß die eigentliche Datenübertragung mit dem Controller anstelle des Prozessors stattfindet. Der DMA-Controller arbeite nach Stufe 2, Bild 5-52, die Eingabe werde wie in 5.4.3 beschrieben durchgeführt. – Um welche Funktionen ist der Adapter zu erweitern? Wie sieht das Programm für den Prozessor nun aus?

Ergänzungen. Der SCSI-Bus weist eine Reihe weiterer, über die bisherige, prinzipielle Darlegung hinausgehender Funktionen auf, die einerseits durch modifizierte Übertragungsformen, andererseits durch technische Maßnahmen begründet sind und sich durch hohe Übertragungsraten auszeichnen. Zu deren Beschreibung lehnen wir uns an den üblichen Sprachgebrauch an: Der Interface-Adapter wird als Host-Adapter bezeichnet, er hat normalerweise die Funktion des Initia-

Host-Adapter

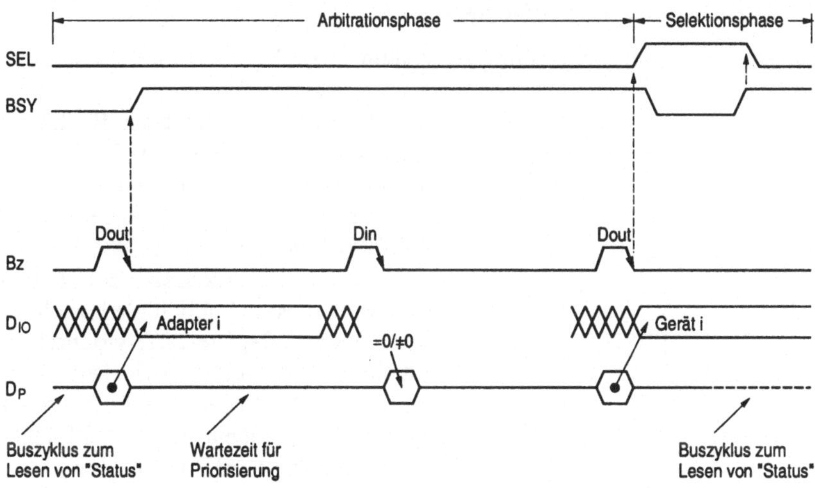

Bild 5-64. Signaldiagramm für die Arbitrationsphase und die Selektionsphase.

tors. Das EA-Gerät wird als SCSI-Gerät bezeichnet, es hat normalerweise die Funktion des Target. Initiator, Target

- Die Übertragung zwischen dem Host-Adapter (Initiator) und einem SCSI-Gerät (Target) kann vom Target unterbrochen werden, nämlich dann, wenn es erkennt, daß es eine Wartezeit benötigt (z.B. ein Festplattenlaufwerk, wenn es einen Sektor sucht und dazu seine Schreib-/Leseköpfe bewegen muß). Hierzu schickt es eine „Disconnect-Message" an den Initiator, mit der der Bus freigegeben wird und somit für eine andere Übertragung zur Verfügung steht (Disconnectphase). Die „logische" Verbindung zwischen Initiator und Target wird dabei aufrechterhalten, d.h., die in den Registern des Host-Adapters stehende Information wird gesichert. Sobald das Target für die Fortsetzung der Übertragung bereit ist, fordert es den Bus an, was eine Arbitrations- und Reselektionsphase zur Folge hat (Reconnectphase). Disconnect

- Wie angedeutet, können zwischen Initiator und Target Mitteilungen (Messages) übertragen werden. Sie werden als Message-In-Phase (Target an Initiator) und Message-Out-Phase (Initiator an Target) abgewickelt. Da auch die Steuerung der Message-Out-Phase beim Target liegt, muß der Initiator diese mittels eines Bussteuersignals anfordern. Darüber hinaus signalisiert das Target seinen Zustand beim Abschluß der Übertragung durch eines oder mehrere Statusbytes, die in einer an den Host-Adapter übertragen werden (Statusphase). Message-In Message-Out

- Auf technischer Seite werden Steigerungen der Übertragungsrate durch folgende Maßnahmen erreicht: Übergang von 8-Bit- (narrow) auf 16-Bit-Übertragung (wide), Übergang von asynchroner zu synchroner Steuerung in der Übertragungsphase, Übergang von asymmetrischer (single-ended) zu symmetrischer Signaldarstellung (differential) zur Erhöhung der Taktfrequenz und schließlich Datenübertragung mit beiden Flanken des Takts (double data rate).

5.4.5 Multibuskonfigurationen

Ausgangspunkt bildet das Multimastersystem in Bild 5-54c in der Ausprägung der Stufe *4:*

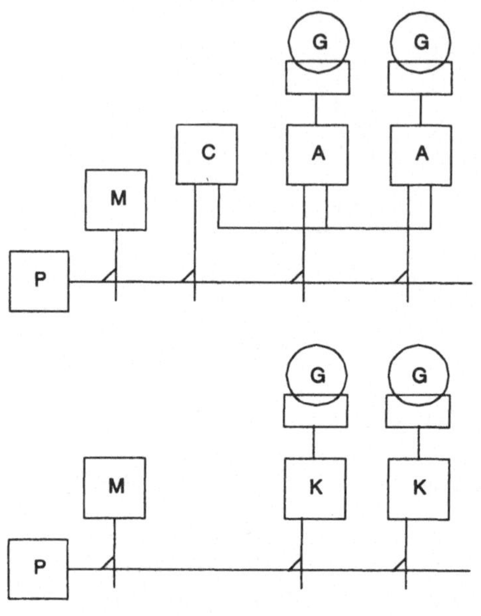

Als erstes ist nebenstehend ein Rechnersystem skizziert, bei dem ein Controller C Datenübertragungen mit mehreren Interface-Adaptern A und EA-Geräten G durchführt,[1] und zwar mit seinen Unterkanälen im Multiplexbetrieb. *Zur Erinnerung:* Jeder dieser Unterkanäle besteht aus einem eigenen Registersatz, wodurch ein schnelles Umschalten zwischen ihnen möglich ist; die Controllersteuerung hingegen ist entsprechend dem Multiplexbetrieb für alle nur einmal vorhanden.

Als zweites ist nebenstehend ein Rechnersystem skizziert, bei dem eine andere Möglichkeit des Systemaufbaus gewählt ist, nämlich Controller und Interface-Adapter jeweils zu einer Einheit K zusammenzufassen. Auf diese Weise entstehen Baugruppen, die als Ein-/Ausgabekanal bzw. Kanal bezeichnet werden können.[2]

Dabei gibt es wiederum zwei Möglichkeiten:

Erstens kann, wie oben gezeigt, für jeden Adapter ein *eigener* Controller vorgesehen werden.

Zweitens kann für mehrere Adapter ein *gemeinsamer* Controller vorgesehen werden.

Letztere Systemstruktur kann, wie unten skizziert, so oder so gezeichnet werden (vgl. die Skizzen auf S. 303), nämlich daß der Multiplexer innerhalb von K (links dargestellt) oder daß er außerhalb von K erscheint (rechts dargestellt).

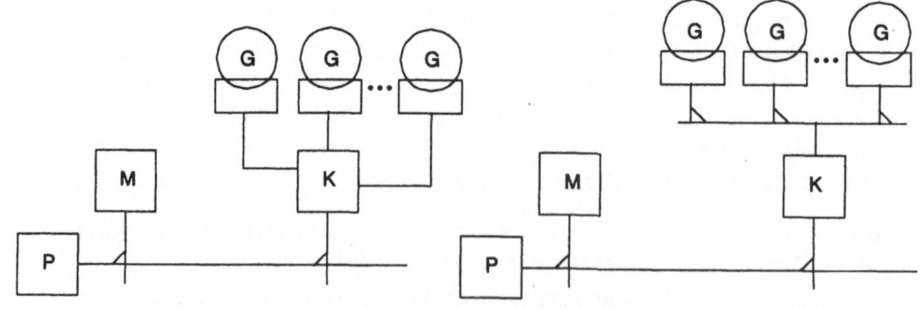

1. genauer den darin enthaltenen Gerätesteuerungen (device controllers).
2. Früher wurde das auch so aufgebaut; man sprach vom Selektorkanal (für den Anschluß eines Gerätes) oder vom Multiplexkanal (für den Anschluß mehrerer Geräte).

Die „neue“ Funktionseinheit[1] – wir bleiben bei der „neutralen“ Bezeichnung „Kanal“ – kann verallgemeinert werden. Sie kann verschiedenen Zwecken dienen und muß diesen angepaßt sein; wichtig ist:

- Sie hat gleichermaßen Schaltereigenschaft, Puffereigenschaft und Controllereigenschaft.

Puffereigenschaft wird benötigt, um unterschiedliche Leitungsbreiten, Geschwindigkeiten und Übertragungsmodi der Übertragungsleitungen aneinander anzupassen. Controllereigenschaft wird benötigt, weil es sich nicht um passive, sondern um aktive Systemkomponenten handelt, und zwar mit speziell „verdrahteten“ Steuerungen (nicht mit universell „programmierbaren“ Steuerungen; in diesem Fall würde man von Prozessoren sprechen).

PC-Buskonfiguration

Mit solcherart charakterisierten „Kanälen“ lassen sich leistungsfähige Systeme aufbauen, wie sie z.B. in der „PC-Welt“ in Gebrauch sind. Bild 5-65 zeigt ansatzweise ein solches System: eine spezielle Multibuskonfiguration, bei der der ursprüngliche Systembus gewissermaßen „nach oben verschoben“ ist.[2] Der unterste Bus ist für die Speicherorganisation zuständig, er wird als Hostbus bezeichnet; der Systembus weiter oben übernimmt die Ein-/Ausgabeorganisation; ganz oben in der Bus-Hierarchie befindet sich, über einen Adapter angeschlossen, der Peripheriebus. – Trotz gleicher Grundstruktur unterscheidet sich der Adapter vom Kanal durch das Fehlen der Controllerfunktion, jedenfalls im Prinzip (wenn dieses durchbrochen wird, wird der Adapter zum Kanal). – Wie nicht anders zu erwarten, gibt es zu der gezeigten Konfiguration zahlreiche Varianten.

Bei der in Bild 5-65 gezeigten Multibusstruktur handelt es sich ausnahmslos um PC-Busse. Wir haben mehrere, sehr unterschiedliche Busse vor uns:

„Unten“ befindet sich der Hostbus mit zwei Prozessoren einschließlich ihrer lokalen Caches.

„Eins höher“ befindet sich eine spezielle Verbindung für die schnelle Anbindung eines Graphik-Controllers an den Speicher.

„Wiederum eins höher“ ist (ggf. mit DMA-Controller) der Systembus angeschlossen.

„Wiederum eins höher“ links ist ein Ein-/Ausgabebus angeschlossen mit Tastatur und Floppy-Disk.

„Desgleichen eins höher“ rechts ist über einen Adapter ein Peripheriebus angeschlossen.

1. in einem allgemeinen Sinn ein Schalter„werk“, ein Switch. Im linken Strukturbild erinnert er an die Speichen eines Rades, im rechten Strukturbild erinnert er an eine Brücke zwischen zwei Ufern; verallgemeinert im Zusammenhang mit PC-Strukturen sind für derartige Verbindungen die Begriffe „hub“ und „bridge“ in Gebrauch.
2. In Industriebildern gerade anders herum gezeichnet mit dem bzw. den Prozessoren als „Kopf“.

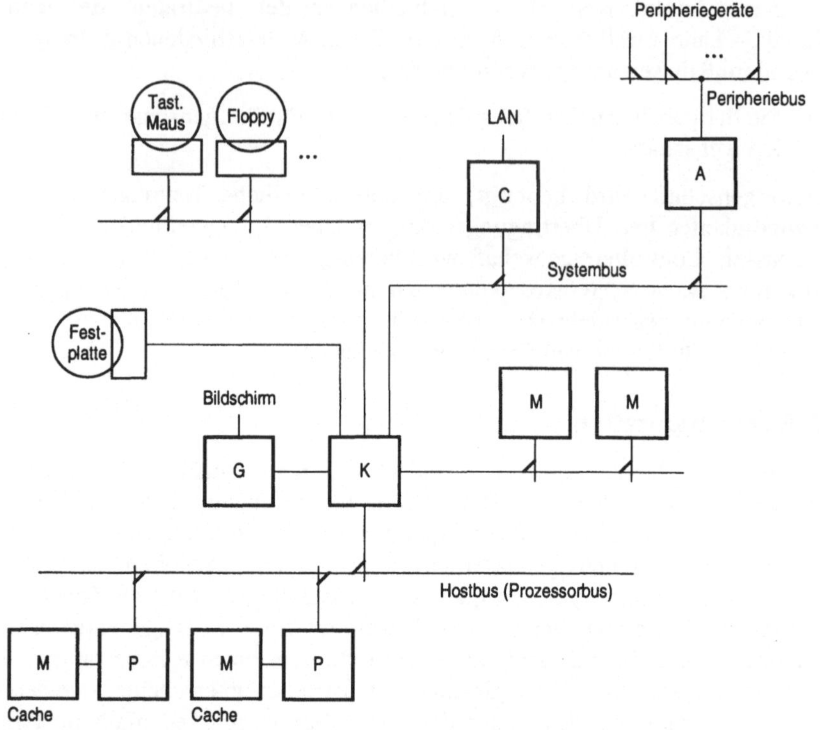

Bild 5-65. Rechnerkonfiguration mit diversen Bussen; der bzw. die Prozessoren haben lokale Speicher (als Caches ausgebildet). LAN Local Area Network.

Vollständige Vernetzung

Während es sich bei der PC-Buskonfiguration um eine auf einen bestimmten Einsatz zugeschnittene, spezielle Multibusstruktur handelt, ist im folgenden ihr Gegenstück, nämlich eine anwendungsunabhängige, universelle Multibusstruktur kurz beschrieben.

Ausgangspunkt bildet das Multimastersystem in Bild 5-54c in der Ausprägung der Stufe 5: eine 2-Bus-Struktur mit einem ersten Bus für einen ersten Prozessor (Zentralprozessor) und einem zweiten Bus für einen zweiten Prozessor (Ein-/Ausgabe- oder – verallgemeinert – ebenfalls Zentralprozessor). Da mehr als eine Speichereinheit und mehr als eine Ein-/Ausgabeeinheit vorhanden sind und jede Einheit über beide Busse erreichbar ist, können Zugriffe auf die Einheiten unabhängig voneinander ausgeführt werden. Engpässe gibt es dennoch, nämlich wenn beide Prozessoren gleichzeitig auf dieselbe Einheit zugreifen wollen, d.h., das Arbitrationsproblem verlagert sich auf die entsprechende Funktionseinheit. – Die Speicher- und Ein-/Ausgabeeinheiten sind als gemeinsamer, globaler Speicherraum für beide Prozessoren anzusehen.

Das eben skizzierte System kann verallgemeinert werden: auf mehrere Prozessoren (Master M), mehrere Kanäle (Master M), mehrere Speichereinheiten (Slaves S) und mehrere Ein-/Ausgabe-Einheiten. Jedem Master ist ein eigener Bus zugeordnet, und mindestens so viele Slaves werden vorgesehen, wie insgesamt Master vorhanden sind. In einer solchen Mehrbus-Struktur kann jeder Master (Prozessor, Kanal) mit jedem Slave (Speicher) verbunden werden, so daß bei Anwahl unterschiedlicher Slaves alle Master ihre Datentransporte gleichzeitig ausführen können, ohne sich gegenseitig zu behindern. Man bezeichnet eine solche, in Bild 5-66 dargestellte Verbindungsstruktur als vollständige Vernetzung, gelegentlich auch – die Bezeichnung stammt aus der Telefonie – als Kreuzschienenverteiler (crossbar switch). crossbar switch

Bild 5-66 zeigt gleichzeitig auch die Verallgemeinerung des Peripheriebusses zu einer vollständigen Vernetzung: Jedes Gerät ist mit jedem Kanal verbunden. Wegen deren Eigenschaft als „Nur"-Übertrager von Daten zwischen Peripherie und Speicher ist es gleichgültig, welcher der Kanäle diese Mittlerfunktion übernimmt: man wählt zur Datenübertragung mit Hilfe einer Art Priorisierung z.B. immer den ersten freien Kanal; so erklärt sich die Bezeichnung gleitende Kanäle (floating channels).

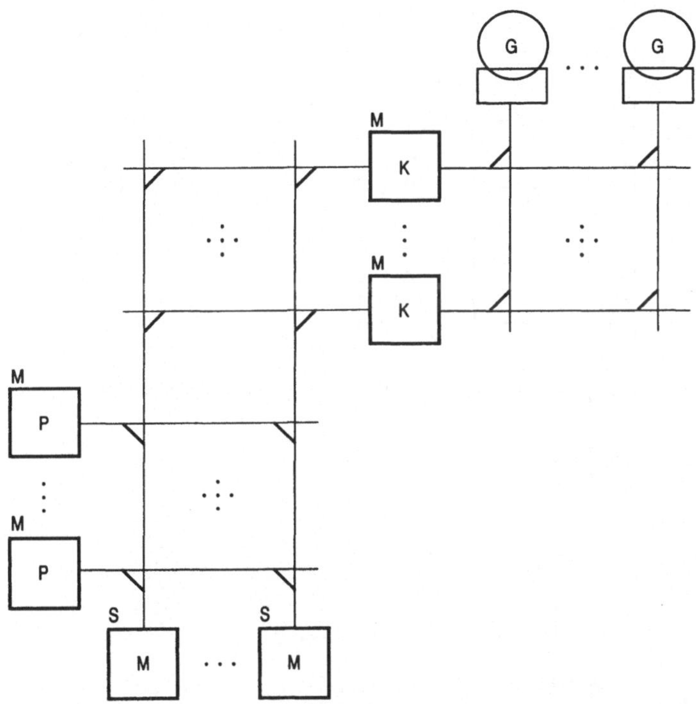

Bild 5-66. Struktur mit Vollständiger Vernetzung. Der linke Crossbar-Switch ermöglicht den Zugang eines jeden Prozessors (P) zu jedem Speicher (M). Der rechte Crossbar-Switch ermöglicht den Zugang eines jeden Kanals (K) zu jedem Peripheriegerät (G).

Permutationsnetzwerk

Die vollständige Vernetzung bietet die Möglichkeit, gleichzeitig für jeden Master eine Durchschaltung zu einem Slave herzustellen, solange genügend Slaves vorhanden sind, d.h., solange für jeden Master auch ein „eigener" Slave zur Verfügung steht. Der dafür erforderliche Hardware-Aufwand ist allerdings sehr hoch. So sind, um *n* Master mit *n* Slaves auf diese Weise zu verbinden, $n \times n$ Busschalter erforderlich.

Um den Aufwand für die Durchschaltungen zu verringern, verwendet man bei Multiprozessorsystemen anstelle von Kreuzschienenverteilern ggf. ein- oder mehrstufige Busschalternetze, sog. Permutationsnetze. Diese ermöglichen zwar, wie der Name sagt, das Herstellen sämtlicher Verbindungen zwischen den Mastern und den Slaves, es gibt aber Verbindungswege zwischen Master-Slave-Paaren, die nicht gleichzeitig durchschaltbar sind. Man bezeichnet diese Netze dementsprechend im Gegensatz zum Kreuzschienenverteiler als nicht blockierungsfrei.

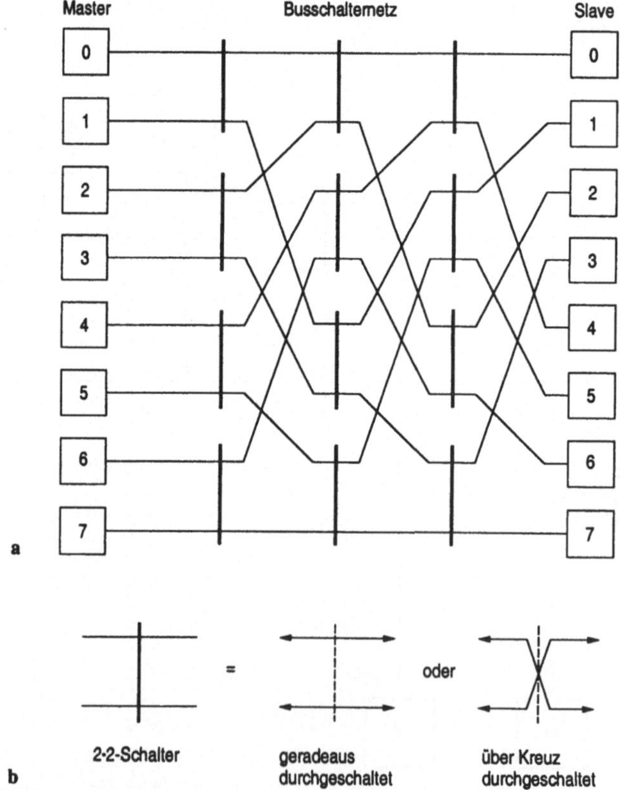

Bild 5-67. Busschalternetz für 8 Master und 8 Slaves; **a** Omega-Netz mit 2×2-Schaltern, **b** Funktionsweise der 2×2-Schalter.

Ein bekanntes Busschalternetz dieser Art ist das Omega-Netz, das in Bild 5-67 als typischer Vertreter einer Vielzahl solcher Schalternetze dargestellt ist. Es besteht aus sog. 2×2-Schaltern als Elementen, bei denen jeweils 2 Eingänge und 2 Ausgänge entweder geradeaus oder über Kreuz durchgeschaltet sein können (Teilbild b). Die erforderliche Anzahl an Elementen ergibt sich hier zu $n/2 \cdot \mathrm{ld}\,n$, liegt also für ein realistisches n erheblich niedriger als die Anzahl an Elementen von n^2 beim Kreuzschienenverteiler. – Ein Beispiel für eine Blockierung wäre der gleichzeitige Verbindungswunsch zwischen Master 0 und Slave 7 und zwischen Master 1 und Slave 1. Omega-Netz

Neben dem hier genannten Netz gibt es – wie gesagt – eine Vielzahl anderer Netzstrukturen. Zur dieser Thematik sowie allgemein zu Multiprozessorsystemen und zu Hochleistungsrechnern bzw. -systemen siehe z. B. [Ungerer], [Waldschmidt].

Literatur

Bode, A.: Prozessoren. In: Rechenberg, P.; Pomberger, G. (Hrsg.): Informatik-Handbuch. 3. Aufl. München: Hanser 2002

Heeb, B.: Debora: A System for the Development of Field Programmable Hardware and its Application to a Reconfigurable Computer. Zürich: vdf Hochschulverlag 1993

Hennessy, J. L.; Patterson, D. A.: Computer Architecture. A Quantitative Approach. 3rd. ed. San Mateo: Morgan Kaufmann 2003

Hoffmann, R.: Rechnerentwurf. 3. Aufl. München: Oldenbourg 1993

Flik, Th.: Mikroprozessortechnik. 6. Aufl. Berlin: Springer 2001

Flynn, M. J.: Computer Architecture – Pipelined and Parallel Processor Design. Boston: Jones and Barlett 1995

Liebig, H.; Flik, Th.; Rechenberg, P.: Technische Informatik. In: Czichos, H. (Hrsg.): HÜTTE. Die Grundlagen der Ingenieurwissenschaften. 31. Aufl. Berlin: Springer 1996

Liebig, H., Thome, S.: Logischer Entwurf digitaler Systeme. Berlin: Springer 1996

Omondi, A. R.: Computer Arithmetic Systems. Englewood Cliffs: Prentice Hall 1994

Patterson, D. A.; Hennessy, J. L.: Computer Organization and Design. The Hardware/Software Interface. 2nd. ed. Harcourt 1998

Ungerer, T.: Parallelrechner und parallele Programmierung. Heidelberg: Spektrum 1997

Rechenberg, P.: Was ist Informatik? 3. Aufl. München: Hanser 2000

Stallings, W.: Computer Organization and Architecture. Designing for Performance. 6th. ed. Pearson Higher Education 2002

Tanenbaum, A. S.: Moderne Betriebssysteme. Pearson Higher Education 2002

Volkert, J.: Rechnerarchitekturen. In: Rechenberg, P.; Pomberger, G. (Hrsg.): Informatik-Handbuch. 3. Aufl. München: Hanser 2002

Waldschmidt, K.: Parallelrechner. Stuttgart: Teubner 1995

Sachverzeichnis

D

E

F

G

H

I

K

L

M